食物起源事典

世界篇

[日]冈田哲 著
曹逸冰 译

上海三联书店

目录

凡例

★ 本书为先前出版的《食物起源事典：日本篇》的姐妹篇（世界篇）。笔者将放眼全球，从素材、烹饪方法、菜品、厨具、器具、样式和专业术语等角度出发，精选1240个与日本人的饮食文化密切相关的词语，围绕其起源与发祥进行归纳总结。

★ 广大日本民众以传统的日本饮食文化为基础，同时吸收世界各国的外来饮食文化，日积月累，倾注激情，终于构筑起了今日的日本饮食文化。然而回顾世界各国食物的起源与历史，我们不难发现，始于公元前的世界史洪流也在其中扮演着重要的角色。王公贵族、政治家与名人相继登上历史舞台，再加上老百姓的智慧，才造就了今日的世界美食。换言之，世界饮食史也是饱食与饥饿不断重复的历史。

★ 为查明世界各国食物的起源与发祥，笔者查阅了大量资料与文献，竭尽全力搜集信息。但笔者的目的绝非机械地积累知识。任时代如何变迁，人类总会将无限的热情倾注在“打造食物”这件重要的事情上。希望各位读者能通过本书感知到这种激情，进而思考人生的意义。如果本书能为饮食生活的进步与发展尽绵薄之力，那便是笔者之幸。

★ 正文的词条按日语五十音排序（编辑注：中文版在正文后新加汉语拼音排序索引）。外语词条以片假名书写，其他词条以平假名书写，并在括号内标明对应的原文与汉字。原文语种以英（英语）、法（法语）、德（德语）、意（意大利语）、葡（葡萄牙语）、西（西班牙语）、中（汉语）、俄（俄语）、荷（荷兰语）、韩（韩语）、希（希腊语）、瑞（瑞典语）和越（越南语）区分。相关条目以→表示，方便读者掌握更全面的知识。

★ 引用的文献名以书名号体现，并标明出版时间。公元年份与时代划分也做了尽可能详细的交代。另外，引用的部分以引号标出，其中有部分存在出版年份或作者不明的情况，但是为了方便读者理解，笔者还是决定直接引用。至于出自古代文献的语句，笔者额外添加了标点符号，或将其翻译为白话文，以便读者阅读。

★ 主要参考文献有①外国文献资料与②参考文献。书后附有按初版年份排序的参考文献一览，供读者视情况灵活参考。

序言

笔者天生嘴馋，所以总是比旁人加倍关注先人们对制作食品这件事倾注了多么炙热的激情，纷繁多样的食品又有着怎样的起源。笔者坚信，任何一种食品背后，都必定有某个时代、某个地方的某些人付出无数的汗水、智慧与巧思。《食物起源事典》出版后，有幸得到了各界友人的好评，编辑部也再三建议笔者推出续作“世界篇”。只是出版续作需要收集整理大量的文献资料，所以笔者起初也有些犹豫，但最终还是决定向这座高峰发起挑战。

同样是“探究食物的起源与发祥”，可着手开工后，笔者才逐渐意识到，这本“世界篇”与之前的“日本篇”有些许不同。首先在年代层面，两者的年数存在巨大的差异。以日本食品为主的“日本篇”始于《古事记》（712/和铜五年）与《日本书纪》（720/养老四年）等古代文献，而在“世界篇”中，笔者必须一路追溯至公元前的遥远往昔。

以“大蒜”和人类的关系为例：据说在公元前 30 世纪到 20 世纪，参与古埃及金字塔建设的劳工们就开始食用在当时还很珍贵的野生大蒜、洋葱与萝卜预防疾病，以补充精力。古希腊名医希波克拉底则将大蒜用于利尿与发汗。在 4300 年前的朝鲜半岛神话《檀君神话》中，也记载了大蒜与艾草等植物的用法。再看葡萄酒：在公元前 17 世纪的古巴比伦《汉谟拉比法典》中，就有关于葡萄酒商人的规定。翻开《旧约圣经》，葡萄酒在诺亚方舟等章节中登场了足足 500 次。说起欧美人青睐的香料与香草，公元前的轶事就更是不胜枚举了。1862 年，古埃及学家埃伯斯发现的已知最古老的医学著作“埃伯斯纸草文稿”（Ebers Papyrus）中提到了茴芹（anise / *Pimpinella anisum*）的功效，还有关于糖尿病的记录。由此可见，探寻世界各国食物的起源，其实也是在追溯人类发祥至今的漫长岁月。

接着引起笔者注意的是全球的食物随历史推动的人员移动大潮传播开来的过程。公元前 325 年，亚历山大大帝（B. C. 336—323 在位）攻入印度，将印度的盐（其实是砂糖）带回欧洲。欧洲人首次品尝到砂糖的甘甜，惊叹不已。十字军（1096—1291）的十多次大远征，也为人称“黑暗时代”的中世纪带来了各种各样的食物。尤其是对中近东的远征，成了众多香料传至欧洲的重要契机。讲到这里，自然要请食文化史中的两位关键人物——哥伦布与凯瑟琳公主隆重登场。哥伦布（1451—1506）自幼为西方大海的神秘所吸引。他以激情与坚定的决心感动了西班牙的伊莎贝拉女王（1474—1504 在位），获得了大量的资助。后来，他航行至西印度的圣萨尔瓦多（San Salvador），将中美洲的植物带回欧洲。先后三次的大航海也极大地改写了欧洲的饮食文化。玉米、土豆、南瓜、菜豆、花生、西红柿、辣椒……许多源自新大陆的食物就此踏上欧洲的土地。不仅如此，更有众多新大陆的作物通过欧洲流传到世界各地。1533 年，14 岁的凯瑟琳·德·梅第奇（1519—1589）与奥尔良公爵亨利（即后来的法王亨利二世）结婚。来自意大利的凯瑟琳公主是位一等一的美食家，为加快欧洲食物的近代化做出了巨大的贡献。比如，她出嫁时带了一批技术过硬的厨师，将炖菜、派、酱汁的烹调方法与各种甜食带到了法国。从果子露（sherbet）、杏仁奶油（frangipane）、糖渍水果（compote）、果冻、杏仁膏（marzipan）、牛轧糖和意大利的面包，到利口酒、东方的珍奇香料、刀叉、餐巾、银餐具、威尼斯玻璃、餐桌礼仪……都由她带进法国，并扎下根来的元素数不胜数。法餐的基础就此奠定，为日后华丽绚烂的波旁王朝宫廷美食埋下了伏笔。

民族间的斗争与战争也让世界各地的食物实现了飞跃性的变化与进步。拿破仑一世（1804—1814 在位）为率军远征，以悬赏的形式鼓励人们研发可长期存放的新型军用食品。现代罐头食品的雏形就是在这一时期诞生的。再将镜头转向现代——速溶咖啡也是在第二次世界大战时问世的。美军采用了这种咖啡，得到了前线将士的热烈欢迎。在战后，人们重新认识到了速溶咖啡的便捷，其品质也有了飞跃性的提升。时至今日，它已经普及到了全球各地。

世界三大菜系——西方的法国菜系、东方的中国菜系和介于两者之间的土耳其菜系也对全球的食物产生了巨大的影响。不过法国菜系和中国菜系的变迁与两者普及到世界各地的过程有着异曲同工之妙。一言以蔽之，就是“有着悠久历史的宫廷佳肴变身为平民美食，并迅速传播到世界各地”。1789 年的法国大革命推翻了波旁王朝，于是原本为宫廷与贵族服务的厨师分散到了各地的餐厅。极尽奢华、无比精致的宫廷佳肴就这样摇身一变，成了亲民的法餐，迎来了它的黄金时代。清代第六位皇帝乾隆（1735—1795 在位）是远近闻名的美食家，巡幸江南时带了不少优秀的厨师回到北京。相传慈禧太后也非常享受奢华的宫廷美食。盛极一时的清朝土崩瓦解后，御厨流向各地，使中国菜作为平民美食继续发展。杰出的厨师与餐馆在各大城市涌现。而华侨更是将中国菜普及到了世界各地。不过在日本的食物中，我们找不到这样的演变过程。

世界各民族的吃法也是各有千秋。所有民族都有过一段漫长的“手食”（用手吃饭）历史。直到今天，全球 71 亿人的 40% 还保留着这一习惯。筷子诞生于古代中国，在中国、韩国、日本、越南等地构筑起了“筷箸文化圈”。欧洲人原本也一直是用手吃饭的，直到17世纪前后，用刀、叉、勺进食的吃法才诞生于上流社会。刀叉像今天这样普及，不过是18世纪末的事情。

不同民族的饮食观（思想）也有相当大的差异。为了比较，我们不妨从日本看起。在钦明天皇治下的538年，佛教传入日本。在那之后的1200年里，日本人一直保持着忌讳吃兽肉的习惯。其实日本人是对饮食并无主见的杂食民族，不过也多亏了这种特性，日本人才能敞开胸怀接受世界各地的食物，奠定容易同化的日本型膳食生活的基础，进而催生出独特的日本料理。在此基础上，日本人还引进了世界各地的外来食物，形成了举世罕见的"日西中合璧型"饮食形态。而在中国，人们对饮食高度关注，早在3000年前就有了研究烹饪的记录。儒教中素有药食同源、药食如一的理念，形成了带有预防医学色彩的烹饪体系。基于以饮食维持健康的阴阳说与五行说，人们非常重视膳食的平衡，巧妙组合各种食材的烹饪方法高度发达，能用一口炒锅烹制、享用的美食开花结果。欧洲严苛的气候与风土对畜牧业更友好，而不适合栽种谷物。在悠久的历史中，欧洲人为了确保粮食的供给，摆脱不断反复的饥荒绞尽脑汁，终于在19世纪后确立了我们所熟悉的以肉为主的膳食形态。食物附带的宗教含义也逐渐加强，耶稣基督成了寻求食物、向往稳定生活的人们的救世主。

美洲新大陆的食物却与欧洲的食物走上了截然不同的发展道路。美国是一个多民族国家，由来自英国、法国、荷兰等国的移民和世界各民族组成，因此美国的食物也是多种多样。欧洲移民带去新大陆的甜甜圈、番茄酱、炸薯条等食品被尽数美国化，以美国的方式进行批量生产，而且也逐渐演变成了更容易进行量产的形态。比如肉扒变成了汉堡包，意式比萨变成了美式比萨，千层酥皮变成了水油酥皮。用批量生产设备制造面包、预拌粉这样的新型加工形态与零食、快餐等全新的饮食文化就此诞生。

在前言中，笔者从七个视角出发，带领大家走马观花地回顾了与世界各地食物的起源与发祥有关的历史背景。通过上面的介绍，各位读者定能理解"世界篇"的食物起源为什么会与"日本篇"的如此不同。请容笔者再次强调，我们日本人的饮食是自古以来的日本食物和世界各地的各种外来食物组合而成的结果。而且日本的食物有一大特征，那就是无论在哪个时代，最具代表性的美食都是老百姓脚踏实地、以一腔热血倾情打造的。好比在江户时代，小吃摊卖的平民美食包括糯米团子、豆包、豆沙汤、田乐、凉粉、乌冬、二八荞麦面、天妇罗、握寿司、鱿鱼烧和鳗鱼饭。而在明治维新之后接连问世的炸猪排、可乐饼、咖喱饭等日式西餐也继承了同样的特性。

若将视线转向世界，我们就会发现食物的起源与发祥貌似与始于公元前的世界史洪流及大大小小的历史事件有关。在历史的长河中，王公贵族、政治家与知识分子相继登场，再加上老百姓的智慧，才有了今天绚丽多姿的世界美食。至于每种食物背后的故事，还请浏览相应的词条。

话说开始执笔之后，笔者痛感“食物的起源”着实是个复杂的课题，有的可以明确说明，有的却只能查到各种版本的民间传说。在本书中，笔者尽可能对上述信息进行了整理与收集。另外在涉及法餐的部分，《法国饮食事典》（白水社）为笔者提供了丰富的资料与精神上的鼓舞。执笔时，笔者也将此书放在手边，不时翻阅参考。请允许笔者借此机会，致以最诚挚的谢意。

如果本书与先前的“日本篇”能为各位读者走向更美好的饮食生活尽绵薄之力，那便是笔者之大幸。

奈何笔者才疏学浅，本书的主题却相当宏大，笔者十分担心本书的记述内容与归纳方式存在谬误或疏漏。烦请各位前辈和读者不吝赐教。最后，由衷感谢出版了《日本美味探究事典》《世界美味探究事典》《食文化事典》《面粉料理探究事典》《食物起源事典：日本篇》《食文化入门百问百答》的东京堂出版欣然接下本书的出版工作。

2005 年 3 月　冈田哲

食物起源事典
世界篇

アイスクリーム

冰淇淋

英: ice cream

最具代表性的冰点。在鲜奶油或牛奶中加入蛋黄、糖、炼乳、色素、稳定剂与香料，调成糊状，在搅拌的同时使空气进入其中，冷冻后即可。充分搅拌后，体积可达初始状态的两倍。“ice cream” 从英语“iced cream（冰镇奶油）”省略而来。在英国又称“ice”。关于英语“cream”一词的词源，存在有两种说法，一种为古法语的“cresma（奶油）”，另一种为教会拉丁语“chrisma（圣油）”和后期拉丁语“cramum（奶油）”融合而成。冰点的历史可追溯到中国古代与古希腊、古罗马时期，从储藏并使用天然冰雪、为夏季延长食物保质期预留冰块、冰镇葡萄酒与水果开始。这种利用水冰（water ice）的创意从中国传往印度、波斯与阿拉伯。公元前 4 世纪前后，希腊的亚历山大大帝（B. C. 336—323 在位）在巴勒斯坦近郊设有冰窖，用于食物的冷藏。公元前 1 世纪，罗马英雄盖乌斯・尤利乌斯・恺撒（Gaius Julius Caesar，B. C. 100—44）命人深入阿尔卑斯山区采集冰雪。相传古罗马贵族好饮冰镇果汁。约 1569 年，西班牙医生发现冰与硝石相混即为制冷剂，为人工制作沙冰创造了条件。1533 年，意大利佛罗伦萨梅第奇家族的凯瑟琳公主（1519—1589）与法国的奥尔良公爵亨利（即后来的法王亨利二世）结婚，将秘传甜品果子露（sherbet）从意大利带进巴黎的宫廷。意大利人的君度（译注：Cointreau 水果类利口酒）也在同一时间亮相巴黎的咖啡厅。当时的法国饕餮将冰淇淋称为“butter ice”“cream ice”。1624 年，法王路易十三（1610—1643 在位）的妹妹亨利埃塔・玛利亚嫁给英王查理一世（1625—1649 在位），冰淇淋随之传入英国。查理一世命令随妻子来到英国的法国人杰拉尔・提尔森创作各种“cream ice”。加入鸡蛋、牛奶等原料的现代冰淇淋雏形就此成型。1686 年，意大利西西里人普洛科普（Francesco Procopio dei Coltelli）在巴黎开办“普洛科普咖啡馆（Le Procope）”，销售冰淇淋与冰糕，广受欢迎。然而当时的冰淇淋还是只能在夏季享用的珍奇美食。1750 年，Buisson（译注：疑似店名）尝试全年销售冰淇淋。此时市面上也出现了加入糖、香料等配料后冷冻的奶酪（fromage）。从 18 世纪末开始，冰淇淋（Glaces）、果子露（Sorbets）、水晶冰沙（granité）等冰点陆续登场。贝多芬（1770—1827）暂住维也纳期间（1794）在日记中写道，“今年冬天的冰少，不知道能不能吃到冰淇淋。”1867 年，制冰机在德国问

世，冰淇淋的制作难度大大降低，在欧洲各地流行起来。冰淇淋诞生于欧洲，但更值得关注的是它在美国的飞速发展。“cream ice”通过弗吉尼亚骑士传入美国，在纽约大受欢迎。据考证，“冰淇淋（ice cream）”这个称呼在1774年首次出现——受美国马里兰州州长布雷登邀请访问的威廉·布莱克（译注：William Black，风格独特的英国诗人，被誉为英国文学史上最重要的诗人之一）在感谢信中对“佐以草莓和牛奶的冰淇淋”大加赞扬。自那时起，“冰淇淋”一词开始在各路媒体出现，如《纽约公报》（New York Gazette and Weekly Mercury）1777年5月19日号和《纽约邮差报》（New York Postboy）1784年6月8日号。有说法称，美国第四任总统的夫人多莉·麦迪逊在1811年将“cream ice”改称“ice cream”，并将该词印在了菜单上。美国首任总统华盛顿（1732—1799）的夫人尤其爱吃冰淇淋，甚至在官邸安装了用于冷冻奶油的制冰机，用“cream ice”招待参加晚宴的宾客。后来这款冰点也成了华盛顿总统的最爱，逐步大众化，最终普及到世界各地。在1904年的美国圣路易斯城万国博览会上，观众可以看到冰淇淋制作方法的现场演示，进一步推高了这款美食在平民百姓中的人气。进入20世纪后，量产冰淇淋的方法在美国得以确立，催生出了冰淇淋苏打、甜筒冰淇淋与冰淇淋芭菲。顺便一提，直接从制冷机挤出后食用的软冰淇淋（soft cream）同样问世于美国。与冰淇淋有关的趣闻轶事数之不尽。相传是马可·波罗（1254—1324）将中国人用冰块和硝酸钾制冷的技术带回了欧洲。从意大利的梅第奇家族到法国的亨利埃塔公主，再到英国的查理一世，冰淇淋在上流阶级广泛普及，成为王公贵族的晚宴必备甜点。法国名厨奥古斯特·埃斯科菲耶（Georges Auguste Escoffier，1846—1935）为澳大利亚女高音歌唱家内莉·梅尔巴创制了一款名为“冰淇淋糖水桃子”（pêche Melba）的甜点，是糖水煮过的桃子、草莓酱和冰淇淋的组合。摩纳哥王室总厨简·基罗瓦发明了“惊喜蛋卷”（omelet surprise），用海绵蛋糕包裹冰淇淋，送入烤箱烘烤，再用白兰地点燃，思路近似于日本的“冰淇淋天妇罗”。

→卡萨塔→水晶冰沙→圣代→冰沙→芭菲→冻糕（parfait）→冰淇淋糖水桃子

アイスバイン

德国猪脚

德：Eisbein

德国北部的盐渍猪脚炖菜。将腌过的猪脚肉与洋葱、胡萝卜、西芹、丁香等香味蔬菜一并放入锅中长时间炖煮即可。“eis”=“冰”，“bein”=“猪脚肉”。古人将盐渍猪脚肉埋在雪里长期存放，后来就渐渐演变出了这道菜。这种储藏方法类似于西班牙菜系中的塞拉诺火腿（jamón serrano，把火腿放置在严冬的比利牛斯山脉，使其冰冻）。通常的做法是将猪脚肉泡在盐水中腌制 2 至 3 日，然后慢火炖煮或烘烤。肉质柔软甘甜，骨肉易分离，且表皮部分富含胶质，入口即化。搭配辣根（horseradish）、德国酸菜（Sauerkraut）、土豆泥、沙拉食用。蘸芥末酱格外美味。

→塞拉诺火腿→生火腿

アイリッシュコーヒー

爱尔兰咖啡

英：Irish coffee

起源于爱尔兰的咖啡。在咖啡杯中加入糖与爱尔兰威士忌，注入烘焙程度略高的热咖啡，最后在顶部挤一层奶油，在不搅浑的状态下饮用。

→咖啡

アイリッシュシチュー

爱尔兰炖肉

英：Irish stew

起源于爱尔兰的羊肉炖土豆。爱尔兰没有肥沃的土地，气候风土严苛。土豆在 16 世纪传入爱尔兰，在各地广泛种植。用土豆和羊肉做成的白汤炖菜在村井弦斋的《食道乐》（1903/明治三十六年）中被称为“爱尔炖肉（アイルシチュー）”。具体做法是盐水焯过的羊肉、土豆、洋葱、胡萝卜、芜菁、月桂叶（bay leaf）、百里香、西芹放入锅中文火慢煮，以盐与胡椒调味，最后撒入切碎的欧芹即可。

→英国菜系

赤ワイン

红葡萄酒

英：red wine

将黑葡萄或红葡萄连皮带籽碾碎发酵，便会产生酒精。在此过程中，果皮中的红色素“花青素”渗出，在葡萄自带的有机酸——即苹果酸与乳酸的作用下转化为红葡萄酒。葡萄的果皮与种子富含类黄酮类的酚，因此红葡萄酒也含有大量的酚。不仅如此，红葡萄酒还含有酚类生物活性物质（如白藜芦醇），有预防心脏病的功效。法国的波尔多、勃艮第地区是知名的红酒产地。意大利托斯卡纳地区的基安蒂红酒（Chianti）非常适合搭配实心粉饮用。红葡萄酒有三大特点：①含有独特的涩味成分，如丹宁与有机酸，适合在品尝富含蛋白质与脂肪的菜肴时饮用，可将菜肴衬托得更加鲜美；②可用作油腻菜肴的调味料，去除肉腥味，使肉质更为松软；③为菜肴注入馥郁的香味，使菜肴表面富有光泽。

→酿造酒→葡萄酒

アクアビット

阿夸维特酒

英: aquavit

源自斯堪的纳维亚地区，用土豆制成的蒸馏酒。有“aquavit”和“akvavit”两种写法。拉丁语“aqua vitae”意为“生命之水”。据说最初蒸馏出这种酒的是爱尔兰人。顺便一提，威士忌（whiskey）一词从凯尔特语的“uisgebeatha”演变而来。在中世纪，人们蒸馏的还是葡萄酒。进入18世纪后，人们才开始用麦芽糖化酒的原料——即土豆。1840年前后，丹麦启动了蒸馏的工业化。在蒸馏酒中加入葛缕子、茴芹、茴香（fennel / *Foeniculum vulgare*）、孜然（cumin / *Cuminum cyminum*）等香草，然后再次蒸馏即成阿夸维特酒。成品有着宜人的香味，酒精含量可达40%—45%，直接饮用、调制鸡尾酒两相宜。

→蒸馏酒

アスパラガス

芦笋

英: asparagus

百合科多年生草本植物石刁柏（*Asparagus officnalis*）的嫩茎。原产于地中海沿岸（欧洲南部）。日语中又称“西洋独活”“松叶独活”“和兰雉隐”。法语“asperge”、英语“asparagus”的词源为希腊语“aspάragos（新芽）”。也有说法称词源为拉丁语“asparagus”、用植物的小枝进行的洒圣水仪式（Asperges / 圣水礼）。上述词语皆为“笔直生长的植物嫩芽”之意。在16世纪被称为“sperage”，之后演变为“sparagus”，再到“sparrow grass”，最后才变为“asparagus”。早在古希腊时代，人们就开始栽培芦笋用作药材与食材了。芦笋非常合罗马人的口味，是受欢迎的前菜食材。法国人却不太喜欢芦笋，所以芦笋没能在法国普及。路易十四（1643—1715在位）品尝过芦笋后对它赞不绝口。据说他最爱吃荷兰酱（Hollandaise sauce，用蛋黄和黄油制成）拌芦笋，甚至命人在凡尔赛宫种植芦笋。“asperge（法语）”的人气逐渐升温，成为五月蔬菜之王，芦笋种植业在法国也渐成气候。绿芦笋之父正是鼎鼎大名的奥古斯特·埃斯科菲耶（1846—1935）。他在法国南部的沃克吕兹省（法文：Vaucluse）罗利地区率先采用“让芦笋的嫩芽露出地表，沐浴阳光”的种植方法。据说后来绿芦笋愈发受欢迎，几乎供不应求。在江户中期的文政年间（1818—1831），荷兰人将芦笋带到长崎。日本人起初将它用作观赏植物，种在庭院中。培土种植法的问世使芦笋分为白、绿两大类，吃的都是植株的嫩芽。水煮后用醋、橄榄油、蛋黄酱、调味汁调味即可食用。芦笋中富含人体新陈代谢所需的天门冬氨酸，在现代成了受全球人民欢迎的食材。

→埃斯科菲耶

アスピック

肉冻

英：aspic

加有肉汁的液体凝固而成。有“求肥（牛皮）”“恶魔的食物（devil's food cake）”等诙谐的别名。法语“aspic”、英语“aspic”的词源是拉丁语“aspis（毒蛇）”。名称的由来存在若干种说法，包括颜色和眼镜蛇相似、形似盘踞的蛇、冰凉的触感能让人联想到蛇等等。肉冻的历史可以追溯到古希腊时代。可将虾、蟹、白肉鱼、鸡肉、鹅肝、鸡蛋、胡萝卜、西芹冻入其中，也可用于提升菜肴的光泽。

→小龙虾

アップルパイ

苹果派

英：apple pie

用甜水烹煮苹果（但不能煮烂），然后填入酥皮烤制而成。非常适合搭配锡兰肉桂的风味。将苹果包入千层酥皮（feuilletage）是英国人的创意。在英国，生吃的苹果被称为“甜点苹果（desert apple）”，硬而酸、用于烹调的苹果则被称为“烹调苹果（cooking apple）”。一旦做成苹果派，原本口感坚硬的苹果也会变得分外美味。法国有一款乡村风味的苹果派，叫“法式苹果挞（Tarte Tatin）”。苹果派传入美国后，深受美国人的喜爱，在普通苹果派上加冰淇淋或奶酪的冰淇淋苹果派（apple pie à la mode）广为流行。1633年，波士顿牧师威廉·布莱克斯顿成为第一个在美国栽种苹果的人。荷兰移民开始在宾夕法尼亚州制作苹果酱（apple butter）。之后，苹果派成为美国最具代表性的甜点。

→千层酥皮→法式苹果挞→派→苹果

アーティチョーク

洋蓟

英：artichoke

菊科多年生草本植物。原产于地中海沿岸。日语中又称“朝鲜蓟”。外形与同属菊科的蓟相似。明治初年传入日本时，被冠以与朝鲜无关的异国蓟的名字。苏格兰的国徽中有洋蓟的图案。法语“artichaut”、英语“artichoke”的词源是阿拉伯语“alcarchoûf”。食用洋蓟的历史可追溯到古希腊、古罗马时代。洋蓟有“cynara”“scolymus”“carduus”等古名。现代洋蓟为刺菜蓟（cardoon）的改良品种。13世纪前后，阿拉伯人将洋蓟传入欧洲。到了15世纪，意大利人开始栽种食用洋蓟。1488年，在意大利的某场宴会中，用洋蓟做成的菜肴大获好评。1533年，意大利佛罗伦萨梅第奇家族的凯瑟琳公主（1519—1589）与奥尔良公爵亨利（即后来的法王亨利二世）结婚，将洋蓟传入法国。于是法国人也开始栽种洋蓟，催生出众多改良品种。亨利八世（1509—1547在位）时期，洋蓟传入英国。无论是在美国还是欧洲，洋蓟都与芦笋一样受欢迎。用盐水烹煮长出花瓣之前的花托与花芯（花萼），一片片撕下肉质厚实的苞片，佐以法式调味汁食用。富含维生素A、C。

アニス

茴芹

英：anise

伞形科一年生草本植物，原产于欧洲南部。在印度、俄罗斯、欧洲南部、美国和中国均有栽种。法语“anis”、英语“anise”的词源是希腊语“anison”。也有说法称词源为拉丁语“anisum”。在古希腊，茴芹是珍贵的药草。埃及最古老的医学著作“埃伯斯纸草文稿”中也提到了茴芹。在埃及，茴芹与孜然一样被用作防腐剂。当时的众多文献中提及了茴芹的药效与种植方法。西罗马帝国的查理曼大帝（768—814在位）也命人栽种茴芹，他下令建设的香料植物园的遗址至今留存于中欧各地。在殖民地时代的美国，茴芹被视作治疗风湿的特效药。即便是不知道“茴芹”这个名字的人，只要听到“儿童口服药的甜味”，便能想起令人怀念的童年记忆。茴芹籽含有2%—3%的茴芹油，有着独特的香味与甜味，可碾碎后加入面包、蛋糕与饼干，或是加入汤、香肠与奶酪中，是一种用途广泛的烹饪食材。

→香草

アニゼット

茴芹酒

法：anisette

有茴芹风味的无色透明利口酒。“anisette”是茴芹（anis）和指小词缀“-ette”的合成词。在法国、西班牙、荷兰广受喜爱。苦艾酒（法：absinthe）被禁之后，茴芹酒便成了替代品。其含糖量高于茴香酒（pastis），除了茴芹籽，酿制时还需加入香菜（coriander）、茴香、茴芹、锡兰肉桂和肉豆蔻衣（mace）。作为餐前酒和餐后酒兑水饮用。

→茴芹→苦艾酒→茴香酒→利口酒

アピキウス

阿比修斯

英: Marcus Gavius Apicius

公元前2世纪，古罗马皇帝提比略·克劳狄乌斯·尼禄（Tiberius Claudius Nero）在位时的贵族。著名美食家。为品尝美食珍馐不惜代价，雇佣大量厨师创造各式菜肴。他留下了和火烈鸟的舌头、用无花果干喂养的猪肝（日后演变为鹅肝）、发酵调味料鱼酱（garum）、各种香草香料、糕点（阿比修斯风糕点）有关的趣闻轶事。为推广普及美食知识，他主动开办烹饪学校，再三召开大型宴会，用尽家财，最终在宴会席上服毒自尽。著有西方最古老的食谱《关于烹饪》（De re coquinara），其抄本流传至今。直到中世纪，此书一直被视作最有权威的烹饪专业书籍。《古罗马食谱（古代ローマの料理書）》（1987）是阿比修斯著作的日语译本。

阿比修斯的侧面像（想象图）

资料：千石玲子译《古罗马烹饪笔记》小学馆 228

→鱼酱→西餐

家鴨（あひる）

家鸭

英: duck

由野生绿头鸭（*Anas platyrhynchos*）驯养而成的家禽。在中国与欧洲都是历史悠久的家禽。甚至有说法称，家鸭早在古罗马时代就已成为家禽。它是埃及神话中的女神爱西斯（Isis）的圣鸟，也在希腊神话中拯救了奥德修斯的妻子。法语“canard（鸭）”是鸭子的叫声“ca（嘎）”和拉丁语“anas（鸭）”的合成词。独特的宽大脚蹼在日本古语中称“足広（あしひろ）”。アシヒロ（ashihiro）→アヒロ（ahiro）→アヒル（ahiru）。家鸭有肉鸭、蛋鸭、两用鸭之分，作为家禽饲养的品种繁多。鸭肉菜肴的双璧在中国与法国。北京鸭是中国菜的高档食材，可做成北京烤鸭等各式佳肴。用鸭掌炒制而成的“三鲜鸭掌”更是高级珍馐，据说它和鸭舌都是慈禧太后（1835—1908）的最爱。原产法国的鲁昂幼鸭（Rouen Duck）以肉质松软著称。巴黎银塔餐厅（La Tour d’Argent）是著名的老字号鸭肉餐馆。鹅肝则是世界三大珍馐之一。

→野鸭→鹅肝→北京烤鸭

アブサン

苦艾酒

法: absinthe

加有苦艾的利口酒。"absinthe"取自苦艾的学名 *Artemisia absinthium*。法语中的"absinthe"由希腊语"apsinthion(戒享乐)"演变而成。法国大革命期间，亡命瑞士的法国医生奥迪奈尔(Pierre Ordinaire)在蒸馏酒中加入苦艾，用作健胃补品。1799年，他将酒的配方转让给法国人佩尔诺(Pernod)。佩尔诺将这种酒命名为"苦艾酒"，开始生产。1844年，北非阿尔及利亚爆发战乱时，法国陆军曾将苦艾酒用作退烧药。1845年，苦艾酒作为利口酒上市，法国政府却出台禁令，禁止其流通。1890年，梵·高(1853—1890)住进精神病院，开枪自杀，据说过量饮用苦艾酒就是他精神失常的原因。苦艾酒富含挥发成分，酒精含量高达65%—79%。主要成分是一种叫苦艾醇(absinthol，又名"苦艾脑""侧柏酮")的绿色精油，含有对神经系统有害的成分。日本的酒精中毒症患者之所以少，正是因为日本人不喝这种烈酒。在第一次世界大战后，许多国家禁止生产苦艾酒，于是加有茴芹的茴芹酒就成了替代品。茴芹酒的酒精浓度约为24%—49%，低于苦艾酒。

→茴芹酒→蒸馏酒→茴香酒→味美思→艾草→利口酒

アフタヌーンティー

下午茶

英: afternoon tea

→高茶(high tea)

アプリコット

杏

英: apricot

→杏(あんず)

アペリティフ

开胃酒

法: apéritif

→餐前酒(食前酒(しょくぜんしゅ))

アボカド

牛油果

英: avocado

樟科常绿乔木，原产于美洲热带地区，在热带至亚热带均有栽种。世界牛油果品种通常分为墨西哥系、危地马拉系、西印度系三大种群。法语

"avocat"、英语"avocado"的词源是西班牙语"avocado(律师)"。牛油果的发祥地尚无定论，存在墨西哥南下说、秘鲁北上说和非洲热带说。种植牛油果的历史可追溯到数千年前。牛油果素有"森林黄油"的美誉。16世纪，踏上美洲大陆的欧洲人发现了这种珍奇的水果，便将它带回欧洲。由于它的表皮神似鳄鱼，形状又像洋梨，在英语中又称"鳄梨(alligator pear)"。牛油果中的脂类物质含量高达10%—20%，同时也富含蛋白质与维生素B，营养价值在所有水果中数一数二。而且牛油果中的脂类有80%是不饱和脂肪酸，不必为胆固醇担心。可用于沙拉、鸡尾酒、汤、酱汁、饮料、油炸食品、冰淇淋等食品，用途广泛。牛油果爱好者在日本也呈增加趋势，最近更是成为回转寿司的人气食材。

牛油果
资料:《植物事典》东京堂出版 [251]

編(あ)みパン

辫子面包

英: braid roll

将面团搓成细绳状，取若干条编成恰当的形状后送入烤箱烘烤而成的面包。又称象形面包。古埃及人有用猪祭神的风俗，相传当年穷人用不起真猪肉，就用面粉捏成的猪代替。在未开化时代的欧洲，曾有过妻子在丈夫死后殉死陪葬的风俗。后来演变成"将妻子的头发编成辫子剪下陪葬"。辫子面包的灵感就来源于这种辫子的形状。它曾被用作祭礼、祭祀活动的供品。用于祭祀的象形面包有如下特征：①用模仿物体形象的面包与糕点表现人心；②作为向神明许愿祈祷的手段；③代替真正的牺牲品，模仿动物的外形；④将祈祷的内容具体化；⑤具体表现宗教仪式的纪念；⑥作为民族传统代代相承。例如，画在拉美西斯三世(B. C. 1204—1172在位)坟墓上的牛形面包、埃及人用于祈祷的猪形面包、圣尼古拉节与圣马丁节的人形面包、圣诞节的枞树形面包和复活节的卵型面包等等。在现代的面包店，人们可以在货架上找到心形、星形以及模仿乌龟等各种动物的面包。

→面包

アメリカ新大陸の発見

发现美洲新大陆

15 世纪，生于意大利热那亚的航海家哥伦布（1451—1506）得到了西班牙女王伊莎贝拉一世（1474—1506 在位）的资助，航行至西印度群岛的圣萨尔瓦多岛。自那时起，人们在美洲新大陆发现了各种新食物，大大改写了欧洲的饮食文化。在此之前，欧洲民众的日常餐食不外乎碎麦米、硬邦邦的干面包配上加了蔬菜和少许肉的杂烩粥。但进入近代之后，形形色色的新食物在欧洲粉墨登场。哥伦布的大航海就是它们横空出世的首要契机。1492 年，哥伦布首次远航，带回了原产于新大陆的玉米。不仅如此，他还在先后三次的大航海期间探索了中美洲沿岸。众多源自新大陆的食物传入欧洲后，欧洲的饮食文化焕然一新，实现了质的飞跃。土豆、番薯、南瓜、菜豆、花生、西红柿、辣椒……而可可树和木薯（cassava）则被移栽到了亚洲和非洲的热带地区。大多数新大陆作物经由欧洲普及到全世界。玉米从印度出发，途径东南亚，在一百年后来到日本的长崎。小麦、橄榄、甘蔗等旧大陆的作物与家畜也在同时被带往新大陆。咖啡、茶和砂糖则是从亚洲传来的。在欧洲人的助力下，栽培植物的交流在全球层面变得愈发频繁。这一变化带来的影响不可估量。比如，①为原本单调的欧洲饮食生活带来了肉眼可见的改善；②土豆和玉米提升了贫困阶级的营养水准；③人口虽在 18 世纪后半叶逐渐增加，但人们的长期营养摄入情况有所改善。

→菜豆→橄榄→南瓜→木薯→番薯→土豆→辣椒→玉米→西红柿→花生

アメリカのパン

美国面包

英: American bread

美国享有肥沃的土地与适宜的气候，适合小麦等各类农作物、家禽家畜的生长。欧洲的面包主打咸味，面粉含量高，是所谓的“lean 类面包”（低糖油配方）。这种面包传入美国后，就逐渐演变成了大量使用油脂、糖、鸡蛋、牛奶的“rich 类面包”（高糖油配方）。不间断生产、基于即黄即食（Brown ‘n Serve）冷冻面团的量产技术接连问世。世界各地的面包纷纷走上“美国化”路线，同时人们也研究出了各种有助于维持鲜度的包装方法。面包逐渐摆脱了中世纪欧洲的宗教色彩，走向了合理化。美国面包有下列特征：①以在日本被称为主食面包的白面包（方面包 = pullman bread）为主；②吐司面包、三明治面包也颇受欢迎；③有小型的汉堡面包、圆面包、热狗面包、餐桌面包（table roll）；④小甜面包（sweet roll）、咖啡伴侣糕点、英式麦芬、甜甜圈、口袋面包（pocket bread/皮塔饼）可体现出美国的合理性与个性；⑤有犹太人爱吃的贝果；⑥墨西哥的玉米卷（tacos）、玉米薄饼（tortilla），意大利的比萨饼（意式比萨）也很受欢迎。

→玉米热狗→英美式（Anglo American）面包→俱乐部三明治→咖啡伴侣糕点→芝加哥比萨→芝加哥式面包→小甜面包→自然发酵面包（salt-rising bread）→餐桌面包→甜甜圈→面包→汉堡包→比萨饼→皮塔饼（pita bread）→即黄即食→预拌粉→冷冻面包→贝果→热狗→麦芬

アメリカのワイン

美国葡萄酒

英：American wine

加利福尼亚州为主要产地，占总产量的90%。美国葡萄酒的历史并不算悠久。哥伦布发现新大陆之后，人们曾多次将欧洲葡萄引进美洲。然而冬季的严寒、夏季的湿度、葡萄根瘤蚜虫（译注：Phylloxera，美洲原生的葡萄病虫害）等难题层出不穷。直至18世纪末，人们才首次用美洲葡萄成功酿出葡萄酒，但其特有的香味使产业的发展陷入停滞。19世纪，适合酿酒的欧洲葡萄被再次引进加州。美国历经风雨，终于在1960年前后成长为高品质葡萄酒的生产国。加州北部的纳帕（Napa）与索诺玛（Sonoma）地区也发展成了优良的葡萄酒产地。

→葡萄酒

アメリカ料理（りょうり）

美国菜系

英：American cuisine

美国是来自英国、法国、荷兰等国的移民和来自世界的多样民族组成的多民族国家。幅员辽阔，物产丰富，再加上多种多样的气候风土，便形成了独树一帜的菜系。而美国菜系的核心正是英国的盎格鲁撒克逊传统。烤过的肉搭配用黄油拌的水煮蔬菜，佐以甜甜的布丁，这套组合是美国菜系的基础。从18世纪末到19世纪初，被称为“美国菜系”的菜肴从纽约、波士顿、费城周边的富裕家庭的家常菜中萌芽。美国南部新奥尔良的克里奥尔（Creole）菜是美国独有的，它们是移居美国的白人创造的法系菜肴。法国、西班牙、非洲、美国原住民的食品也在美国有机结合。美国菜系有下列特征：①有T骨牛排、一磅牛排等巨型牛排；②使用西红柿的菜肴非常多，从烹饪用的番茄酱汁，到调味汁、鸡尾酒、饮料，用途广泛；③舶来品全部以美国的方式走上了量产路线，如肉扒→汉堡包、意式比萨→美式比萨饼、千层酥皮→水油酥皮；④新的加工形态（如面包、预拌粉的批量生产）也有极具美国风范的合理性；⑤形成了从零食到快餐的全新饮食文化与习惯；⑥发展出了向顾客迅速提供菜品的美式服务（American service）；⑦拥有高水平的批量生产、储藏食品，并迅速上菜的技术；⑧也有蛤蜊浓汤（clam chowder）等创意菜。

→美国面包→美式→蛤蜊浓汤→克里奥尔菜系→卡津菜系→面包酱→炒杂碎→辣豆酱→电视晚餐→番茄酱→烧烤→饼干屑→烈火阿拉斯加→茄汁焗豆

アメリカンウイスキー

美国威士忌

英：American whiskey

英国苏格兰地区的威士忌被称为“苏格兰威士忌”（Scotch whisky），“whisky”中没有e。美国威士忌的拼法却有e。不知这种差异来源于产地、用料的不同，还是量产方式的不同。1920年，美国出台禁酒令，1933年废止。在那之后，美国人在各种法规的限制之下酿造出了多种具有美国特色的威士忌。其中最具代表性的是以玉米为主要原料的波本（肯塔基州的郡名），此外还有以黑麦、大麦、小麦、黑麦麦芽、麦芽为主要原料的品种。

→威士忌→波本威士忌

アメリカンコーヒー

美式咖啡

英：American coffee

在日本，“美式咖啡”一般指装在大号马克杯中的稀释咖啡。但美式咖啡与其他咖啡的区别原本在于咖啡豆的烘焙方法。将酸味较强的咖啡豆烘焙成浅茶色，烘焙程度会对咖啡豆芳香物质的挥发性成分产生影响。在回顾美国人喝咖啡的历史时，不得不提美国独立战争的契机，即1773年发生的波士顿倾茶事件（Boston Tea Party）。由于英国制定了《茶税法》，英国国内自不用论，北美人民更是怨声载道。装有茶叶的东印度公司货船抵达波士顿港后，走私茶叶的商人袭击了船只，高呼“乔治三世开茶会了！”，将342箱茶叶尽数倒入海中。1775年，独立战争爆发，红茶的进口愈发困难，于是人们开始从巴西大量进口咖啡。为了提升士兵的士气，不加奶、糖的黑咖啡在战场盛行。后来，这种习惯作为“美式咖啡”固定下来。独特的喝法并非来源于对健康的关注，而是历史背景使然。顺便一提，罐装咖啡也是美国人的发明。1900年，芝加哥的艾德文·诺顿取得了罐装咖啡的专利，希

尔兄弟（Hills Bros）推出了第一款罐装咖啡产品。

→咖啡

アメリカンサービス

美式服务

英: American service

→服务

アメリカンドッグ

玉米热狗

英: American dog / corn dog

■译注：American dog 是日式英语

一款诞生于美国、符合美国人喜好的面包。在日本又称“法式热狗（French dog）”。发明经过不详。将竹签插入法兰克福香肠，裹上用玉米粉、饼干粉等材料混合而成的面糊（batter），油炸后即可。游乐园、旅游景点的人气小吃。

アメリケーヌ

美式

法: américaine

“américaine”一词本身是“美国的、美式”的意思。这一称呼主要用于使用龙虾的菜肴。用西红柿和龙虾炖成的美式龙虾（homard à l'américaine）最为著名。1860年，在美国苦修多年的皮埃尔·弗雷斯（Pierre Fraisse）回到巴黎，开设“皮特餐厅（Peter's）”。有些客人是在餐厅快打烊的时候来的，没有充分的时间准备，于是主厨便将龙虾切成大块，迅速加热，做成美式龙虾上桌，得到了顾客的好评。大仲马的《烹饪大全》（1872）也有提及。

アーモンド

杏仁

英: almond

蔷薇科落叶乔木。原产于西亚。美国加州的数量最多，在澳大利亚、南非也有种植。希腊语“amygdálē”、拉丁语“amygdala”演变为古法语“amende”，再转化为中世纪英语“almande”，最后变为法语“amande”和英语“almond”。栽种杏仁的历史可追溯到古代美索不达米亚。古人用杏仁油涂抹全身，或是将其用作香水。公元前25世纪的希腊遗迹也有杏仁出土。1世纪前后从西亚传入欧洲。在古罗马时代，杏仁被称作“希腊的核桃”。19世纪，人们在美国加州成功实现杏仁的大规模种植。杏仁在江户时代从葡萄牙传入日本。由于杏仁需要夏季干燥的气候风土，日本并不适合其生长。其种植条件与柠檬、橄榄相似。杏仁分为甜杏仁和苦杏仁两种。苦杏仁含有氰酸，不宜食用。另有核果较硬的硬壳杏仁和较软的软壳杏仁。果肉薄，果仁可用于制作菜肴与糕点。

アリュメット

千层酥条

法: allumette

又称千层派。法语“allumette”源于拉丁语“illuminare（照亮）”。据说在19世纪中期，住在法国的瑞士糕点师普兰塔发明了这款甜品，用来消耗多余的皇家糖霜（Glace Royale）。“allumette”一词有“把蔬菜（如土豆）切成火柴棍似的细条”的意思。千层酥条的做法是在千层酥皮（Feuilletage）表面涂抹用蛋白和糖粉搅拌而成的皇家糖霜，然后进行烘烤。成品为长方形的派，并不像火柴棍那么细。有糖水煮苹果夹心的苹果千层酥条（Allumettes aux Pommes）是在日本问世的法式烤制甜品。

→派

アルケストラトス

阿切斯特亚图

英: Archestratos

公元前4世纪生于西西里岛的希腊诗人、美食家、美食探险家。在中近东、地中海等地旅行，创作了提及各种美味佳肴的叙事诗《美食法》。哈尔基思的舌头鱼、西库恩的星鳗、萨摩斯岛的金枪鱼……诗句中记录了各种用鱼做成的希腊美食。巴黎有名叫“阿切斯特亚图”的餐厅。

アルコール飲料（いんりょう）

酒精饮料

含有乙醇的饮料。阿拉伯语“alkuhl（阿拉伯女性用来画眉的墨粉）”演变为中世纪拉丁语“alcohol（锑粉）”，再变为近代拉丁语“alcohol vini（葡萄酒精）”，最后演变为荷兰语和英语的“alcohol”。日本酒税法将酒精含量超过1%的饮品定义为“酒类”。酒类可大致分为①酿造酒和②蒸馏酒。

→酿造酒→蒸馏酒

アルデンテ

筋道弹牙

意: al dente

发祥于意大利的意面煮法。“al dente”来源于意大利语“dente（牙齿）”。特指意面有嚼劲的状态，仿佛突然断裂的旧胶管。面条截面中央留有少许面芯。日本人长久以来吃惯了有独特嚼劲的乌冬面、荞麦面等面条，即便是在二战之后，筋道弹牙状态的意面也长期遭到冷遇。但近年来，在年轻一代的推波助澜之下，意面迅速进入"筋道弹牙时代"。煮得清脆、较硬的四季豆、芦笋等蔬菜也能用"筋道弹牙"形容。

アルマニャック

雅文邑

法: armagnac

南法热尔省（Condom dans le Gers）产的白兰地。雅文邑是法国西南部的旧地名。这款酒的历史可追溯到15世纪。该地区的白葡萄酒作为佐餐酒不太受欢迎。但是将葡萄酒蒸馏成白兰地后，酒精含量可从12%上升至40%—50%。在木桶中精酿2年以上，便会产生白兰地特有的香味。雅文邑与干邑（cognac）地区的干邑堪称白兰地双璧。1909年的政令使雅文邑产区正式成为法定AOC产区（Appellation d'Origine contrôlée，原产地命名控制）。主要原料为白葡萄酒，成品的酒精含量达40%—43%。口感辛辣，有独特的芳香。扁平的圆瓶参考巴斯克人（译注：Basque，西南欧民族）日常使用的瓶子设计而成。可用作餐后酒，或用于酱汁、甜点的制作。

→白兰地

アルルカン

剩饭菜

法: arlequin

即用剩饭烹饪而成的菜肴。东拼西凑的菜肴五颜六色，好似小丑（arlequin）的戏服，因此得名。该词来源于中世纪传说中的恶魔"Hellequin"。将法国富人阶级、高级餐厅废弃的残羹剩饭收集起来，重新烹饪即可。在19世纪之前可在大众餐馆吃到。

アロールート

竹芋

英: arrowroot

竹芋科多年生草本植物，原产于美洲热带地区。"arrowroot"有"箭根"之意。据说美洲原住民被毒箭射中时，会用它吸出毒液，因此得名。也有说法称，词源是一种名叫"粉根"的树的印第安语名字"araruta"。根茎（译注：指延长横卧的根状地下茎）中的淀粉成分称竹芋粉。广泛分布于东南亚、澳大利亚、巴西当地。"竹芋粉"原本特指原产于西印度地区的竹芋（*Maranta arundinacea*）的制品，后来演变为竹芋属（Maranta）植物制成的淀粉的统称。竹芋粉的粒径小，外观为白色无味粉末，含有23%的淀粉。加热后呈胶状。

アンギラス

昂古拉斯

西: Anguilas

源自西班牙北部巴斯克和加利西亚地区的煎幼鳗。鳗鱼的产卵地点并不明确，不过在遥远的大西洋孵化的鱼苗会在11月至3月前后乘上墨西哥湾流一路北上，来到欧洲河口。将捕到的小鳗鱼放入名叫“Cazuela”的素烧砂锅，加入橄榄油、大蒜、红辣椒，用油煸炒。揭开锅盖，便能听到“滋滋滋”的响声，大蒜与鳗鱼的香味扑鼻而来。趁热用木叉享用。独特的甜味与富有弹性的口感深受美食家的喜爱。这道菜原本是平民美食，却因为鳗鱼捕捞量的骤降变成了珍馐。

→鳗鱼→西班牙菜系

アングロアメリカン・ブレッド

英美式面包

英: Anglo American bread

回顾面包在欧洲的漫长历史，不难发现1533年意大利梅第奇家族的凯瑟琳公主（1519—1589）的出嫁是一个重要的转折点。她与法国的奥尔良公爵亨利（即后来的法王亨利二世）结婚时，意大利的面包传入法国。法国最具代表性的面包被称为大陆面包（Continental bread）。它是以面粉为主的咸面包，采用lean（低糖油）配方。而在英国，高品质面包的生产随着海外小麦的进口渐成气候。后来，这项技术也传播到了美洲新大陆，衍生出了采用rich（高糖油）配方，使用大量油脂、糖、鸡蛋、牛奶等配料的英美式面包。后来，面包产业在美国走向了彻底的合理化，基于不间断生产、冷冻面团、即黄即食（Brown ‘n Serve）的量产技术接连问世。欧洲的面包就此分化为法系和英系两派。

→美国面包→大陆面包→面包

鮟鱇（あんこう）

鮟鱇

英: goosefish、angler、black mouth、fishing frog

鮟鱇科的海鱼，分布于全球的深海。诡异的外形催生出了各种各样的叫法。比如，由于鮟鱇会抖动头顶的细长灯笼（背鳍的第一硬棘演变出的吻触手），将其伪装成食物，引诱小鱼游进自己嘴里，“angler（钓鱼人）”便成了鮟鱇的别名之一。“fishing frog（海蛤蟆）”也是它的别名。法语中的“crapaud de mer”也是同样的意思。奥克斯语“baldra（泥）”演变成普罗旺斯语“baudroi（鮟鱇）”，最后演变为法语“baudroie”。人类开始食用鮟鱇的具体时间并不明确，不过日本人不是唯一爱吃鮟鱇的民族，西班牙、法国也有鮟鱇爱好者。由于鮟鱇体表滑溜柔软，日本人一般采用“吊切法”。欧洲的厨师则将鮟鱇置于砧板，用厨房剪刀剪下柔软的鱼皮、鱼鳍等部位，然后拆下白肉。欧洲人不吃内脏，肉以外的部分弃而不用。在西班牙，人们会用盐与胡椒给鱼肉调味，用橄榄油煎过之后和西红柿一起炖。可用于海鲜饭、海鲜汤（Bouillabaisse）、炸鱼等菜肴。法餐中的“lotte”是江鳕，外形虽不同于鮟鱇，但肉质近似于鳕鱼，倒是与鮟鱇有几分相似。可用盐与胡椒调味后裹上面粉，做成黄油煎鱼（meunière）。法国人爱吃的鹅肝近似于日本人爱吃的鮟鱇鱼肝。法国美食家平时不喜鱼肝，却将鮟鱇鱼肝奉为“海中鹅肝”。

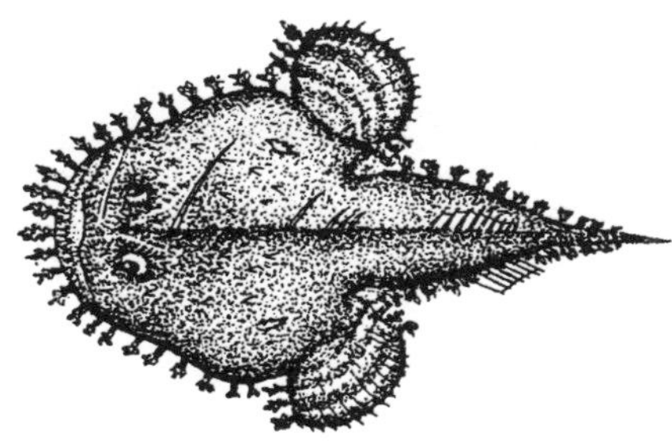

鮟鱇
资料：《鱼类事典》东京堂出版 [267]

アンジェリカ

欧白芷

英：angelica

伞形科多年生草本植物，原产于北欧，日语中又称“天使香草”“精灵香草”“盔甲草”。在德国萨克森地区开展种植。法语“angélique”、英语“angelica”的词源是拉丁语“angelicus（天使的）”。自然分布于阿尔卑斯、波希米亚、比利牛斯和北欧。据说是维京人把欧白芷传播到了各地。欧白芷有独特的芳香，种子、根、茎、叶均有用处。茎、叶可作香草，根可入药，有健胃、滋补、镇静、促进消化等功效。叶可为汤、沙拉、鱼增添风味。糖渍欧白芷的做法是将嫩茎煮软，剥皮去筋，再以糖浆腌制。如此一来，糖可渗入茎的中心。可用于装饰蛋糕，或增添蛋糕的风味。

→香草

杏（あんず）

杏

英：apricot

蔷薇科落叶乔木，原产于中国。日本古代称“唐桃”。日语“あんず”源于“杏子”一词在宋代的发音。拉丁语“praecoquus（早生）”演变为阿拉伯语“albarquq（杏）”，再变成加泰罗尼亚语“abercoq”，最后演变为法语“abricot”和英语“apricot”。杏在中国有着悠久的历史，早在公元前3000年前后，中国人就开始栽种杏树了。公元前2世纪，西汉张骞出塞，杏也随他从西亚传至印度与波斯。也有说法称，杏在亚历山大大帝（B. C. 336—323）东征时传入欧洲。公元前1世纪传至地中海沿岸，人称“亚美尼亚的苹果”。传播的脚步就此停滞。在中世纪被称为“太阳的金蛋”。16世纪传入英法，18世纪传入北美，后来加州发展为全球第一大产地。相传中国古代医仙董奉“为人治病，不取钱物，使人重病愈者，使栽杏五株，轻者一株，如此数年，计得十万余株，郁然成林”，因此中国医家以“杏林中人”自居。杏的种子含有苦杏仁苷（Amygdalin），有止咳的功效。熟透的果实易腐坏，不耐储藏，因此人们一般将其制成果干、果酱、糖浆与糖渍水果。独特的香味、甜味与酸味备受喜爱，可用于油炸食品、焗菜、汤与糕点。果核中的种子称杏仁。杏仁分苦杏仁与甜杏仁两种。前者可入药，后者可食用。用甜杏仁碾碎后榨的汁制作的中国甜品就是杏仁豆腐。

アンチョビー

凤尾鱼

英: anchovy

鳀科海鱼。用盐腌制的凤尾鱼也叫“anchovy”。法语“anchois”和英语“anchovy”的词源是西班牙巴斯克语“anchova（鱼干）”。据说腌凤尾鱼的雏形是古希腊、古罗马时代的鱼酱。用盐腌制凤尾鱼、鲭鱼、鲱鱼的内脏，发酵数月后产生的汁水即为鱼酱，可用于各类菜肴的调味。普罗旺斯地区的鳀鱼酱（pissalat）是用橄榄油匀开的盐渍凤尾鱼苗。在地中海沿岸与欧洲近海地区，人们习惯将凤尾鱼浸入橄榄油，或是用于提升菜肴的风味。凤尾鱼是优质蛋白质来源，在意大利、法国、西班牙广受欢迎。人们用盐腌制体长15至20厘米的凤尾鱼，去除头、骨与内脏，静置一段时间后卷成螺旋状，浸入橄榄油，制成瓶装凤尾鱼或凤尾鱼罐头。可用于前菜、沙拉、意式比萨、三明治、凤尾鱼汁、凤尾鱼酱。南法的普罗旺斯橄榄酱（tapenade）为形似味噌的糊状物。将凤尾鱼、黑橄榄、水瓜柳（caper）碾碎后加入大蒜、柠檬和橄榄油搅拌均匀，装入瓶中存放。适合搭配面包、开胃薄饼（canapé）、白煮蛋。

→沙丁鱼→鱼酱

アントルメ

甜点

法: entremets

西餐中最后上桌的甜品糕点。“entre”即“之间”，“mets”即“菜肴”，所以“emtremets”直译过来就是“菜肴之间”。该词原本指代在烤肉（roti）之后上桌的菜，后来才演变成“餐后甜点”的意思。古罗马人举办宴会时，会在席间安排被称为“acroama”的短剧。在中世纪（14世纪至17世纪前后）的法国，人们效仿古罗马人的做法，在下一道菜上桌之前安排一盘“间菜”，慢慢享受。法国宫廷名厨泰尔冯（Taillevent,

1310—1395）打造的间菜，还有1448年加斯顿伯爵婚宴上的奢华间菜都为人们津津乐道。渐渐地，“entremets（菜肴之间）”一词便诞生了。用完主菜后，服务员会撤下桌布，为客人送上甜点。因为主菜以肉为主，含有大量脂肪，摄入甜食可促进消化吸收，提升血糖，获得饱腹感。甜点有“entremets de cuisine”（厨师制作的甜点）和“entremets de patisserie”（糕点师制作的甜点）之分。另外可大致分为“entremets chaud”（温的）和“entremets froid”（凉的）两种。“entremets”的内容从“菜肴”变成了“甜点”，但直到今天，人们依然把负责法式靓汤、热蔬菜、鸡蛋菜肴的厨师称为“entremétier”。

→服务→甜点（desert）→桌布→艺术糕点

アントレ

主菜

法: entrée

原指前菜（头盘 Hors-d’oeuvre）。在正式的西餐中，在鱼和烤肉（Roti）之间上的肉菜。可使用牛肉、小牛肉、猪肉、羊肉、鸡肉、牛舌等食材。法语“entrée”源于拉丁语“inter（在……之间）”，该词有“入口”的意思。在19世纪末之前至少上三种，但是在现代基本只上一种。

→头盘→西餐

アンナ

安娜土豆

法: Anna

用烤箱烘烤的土豆薄片，用于搭配肉菜。据说是19世纪英国咖啡馆（Le Café Anglais）的总厨阿道夫・杜格莱烈（Adolphe Dugléré）发明了这道菜，并将其取名为“安娜”，向交际花安娜・德里昂（Anna Deslions）致意。又称“Pommes Anna”。

→土豆

イエンウオ

燕窝

→燕窝（燕（つばめ）の巣（す））

貽貝（いがい）

贻贝

英: mussel

贻贝科双壳类软体动物，原产欧洲。日语中又称“乌贝（カラスガイ）”。在全球温带水域均有分布，栖息于水体清澈处的礁石，以数百根足丝固着生活。法语"moule"、英语"mussel"的词源是拉丁语"musculus（小老鼠）"。人类从史前时代开始食用贻贝。据说古罗马人已经开始养殖贻贝了。1235年，遭遇海难的爱尔兰人偶然发现了附着在木桩上的大贻贝，成为贻贝养殖业走上轨道的契机。在日本，绳文时代的遗迹已有贻贝出土。贻贝在日语中有"东海夫人""姬贝"等别名，不过"ムール貝"（moule贝，贻贝科软体动物的统称）是人们最熟悉的叫法。贻贝类的外观与褶纹冠蚌（カラスガイ，*Cristaria plicata*）相似，内侧呈珍珠色，富有光泽，有贻贝（*Mytilus coruscus*）、紫贻贝（ムラサキガイ，*Mytilusedulis Linnaeus*）、虾夷贝等品种。欧洲人喜爱的贻贝是紫贻贝。1至3月是紫贻贝最美味的时节，据说法国比斯开湾与地中海产的紫贻贝尤其鲜美。在法国与意大利备受欢迎。可用于海鲜慢炖而成的海鲜汤、白葡萄酒蒸海鲜、海鲜饭、奶油炖菜、意式调味饭、意面和汤。在中国菜系中，用贻贝制成的干货被称为"干淡菜"。

→贻贝浓汤

イギリスのパン

英国面包

英：English bread

英国产的小麦与日本产的小麦一样，质地较软，缺乏黏性，膨胀性不佳。因此直接用火烤制的、以风味见长的圆面包（buns）在英国较为发达。比起做面包，英国的小麦更适合做蛋糕与饼干。开始从美国、加拿大大量进口用于面包的硬质小麦之后，用无盖模具烤制的三斤（译注：1斤=340 g以上）山形方吐司面包应运而生，成为英国最具代表性的面包。山形吐司有着适合与伙伴分食的形状，能轻松切成8份，继承了古希腊面包的传统。在11世纪末，"companion（伙伴）"一词广泛流行，分食一块面包成了伙伴意识的催化剂。美国的面包采用量产模式，英国却是小规模面包作坊更为多见。英国面包有如下特征：①吐司面包基本不加糖；②最具代表性的小型面包为圆面包；③英国人的早餐是烤得香脆的吐司面包、奶茶、培根鸡蛋、黄油配橘子酱；④英国人爱吃加了果干、坚果和香料的面包，比如葡萄干面包、生姜面包；⑤使用泡打粉发面的面包有传统的英式麦芬、苏格兰地区的司康饼（scone / 苏打面包）；⑥烤牛肉夹心三明治要用方面包（pullman bread使用有盖模具烤制）做。

→英式麦芬→月牙形面包→三明治→生姜面包→司康饼→苏打面包→吐司→面包→圆面包→方面包→葡萄干面包

イギリス料理（りょうり）

英国菜系

英: British cuisine

英国有许多源于悠久传统的独特菜肴。来自旧殖民地的菜肴、受法国人影响的美食也不在少数。安东尼・卡瑞蒙（Marie-Antoine Carême，1784—1833）、奥古斯特・埃斯科菲耶（1846—1935）都曾受邀前往英国掌勺。说英国是美食荒漠的人主要基于下列原因：①一年四季一成不变；②不为烹饪费时费力，菜式单调；③盐水煮的菜较多。而喜爱英国菜的人一般会列举如下理由：①有悠久的传统；②充分利用了丰富的素材；③吃法健康。英国菜系有如下特征：①用鱼制成的菜肴种类丰富，如烟熏鲱鱼或鳕鱼、炸鱼薯条、烟熏三文鱼；②传统肉菜有烤牛肉、牛排、爱尔兰炖肉；③有伍斯特沙司、番茄酱等调料，橘子酱也非常美味；④素有红茶王国的美誉，英格兰北部"边喝红茶边吃茶点"的习惯被称为"高茶"；⑤有约克夏布丁、碎肉馅派（Mince Pie）和威尔士兔子（Welsh rarebit）；⑥有麦片、三明治、生姜面包；⑦英国是苏格兰威士忌的故乡。

→爱尔兰炖肉→英国面包→威尔士兔子→伍斯特沙司→炖牛尾→屈莱弗→炸鱼薯条→约克郡布丁→烤牛肉

イクラ

盐渍鲑鱼子

俄: икра

用鲑鱼、鳟鱼的鱼卵腌制而成。俄语"икра"是"鱼的卵块"（硬鱼子）的统称。英语是"caviare"，法语是"caviar"。据说在日俄战争（1904—1905）期间，被日军俘虏的俄国人吃不到鲟鱼子做的鱼子酱，于是便用鲑鱼的卵巢代替，发明了盐渍鲑鱼子。在日本，颗粒状的鱼子称"イクラ"，卵块鱼子称"筋子（すじこ）"。

→鱼子酱→鲑鱼

医食同源（いしょくどうげん）

药食同源

→中国饮食思想

イースター・エッグ

复活节彩蛋

英: Easter egg

色彩鲜艳的鸡蛋，用作复活节的祭品。根据基督教的复活思想，被送上十字架的耶稣基督为新人类牺牲的祭品，将在死后第三天复活。所有人也会像他一样，因神的恩典在永恒的世界复活。庆祝耶稣基督复活的节日就是复活节（春分月圆后的第一个星期日）。中世纪德国的农民每逢复活节都要向领主进贡鸡蛋。在瑞士、英国和瑞典，孩子们习惯在复活节前夜往蛋壳上绘制五彩斑斓的图案与花纹。人们用面粉、鸡蛋、糖、橄榄油、盐和酵母揉成面团，煮过后将涂好颜色的白煮蛋嵌在中央，送入烤箱加热。这道菜象征小鸡历经千辛万苦啄破蛋壳来到人世，意喻新生命的诞生。各民族制作复活节彩蛋的方法与装饰彩蛋的方法各有不同。在 19 世纪，这种风俗传入北美。

→复活节

イースター・ケーキ

复活节蛋糕

英：Easter cake

用于庆祝复活节的蛋糕。形状等方面并无特殊规定，但要用能够体现生命的再生、繁殖与不灭等元素的装饰象征耶稣基督的复活。比较常用的有鸡蛋、兔子（繁殖力旺盛）、母鸡、鸭、早春的草花。也有加了葡萄干的奶油甜酥饼（short bread）、绘有十字架的小蛋糕。复活节彩蛋、重油水果蛋糕（simnel cake）也是复活节的专属元素。

→复活节彩蛋→重油水果蛋糕→复活节

イースト

酵母

英：yeast

→酵母（こうぼ）

イタリアのパン

意大利面包

英：Italian bread

意大利的面粉食品种类繁多，北部的米兰吃面包（pane），中部的罗马吃意面，南部的那不勒斯爱吃比萨。面包棒（grissini）在全国各地都能见到。意大利面包有下列特征：①白面包为寡淡的咸味，外皮较硬，面粉中只加了盐、酵母和水，不加糖，大多采用面粉为主的 lean（低糖油）类配方，直接用火烤制而成；②点心面包使用大量的黄油与鸡蛋，采用 rich（高糖油）类配方，口感柔软；③有星形切口的圆面包“小玫瑰”（Rosetta/Michetta）内部有空洞，四周的硬皮非常美味；④形似拖鞋的扁平面包“夏巴塔”（Ciabatta）适合用来夹生火腿；⑤有细长的面包棒；⑥圣诞面包“潘多洛”（Pandoro，黄金面包）是和“潘妮朵尼”（Panettone）相似的点心面包；⑦复活节的面包里有 colombo（鸽子）；⑧有意大利人最爱的比萨和潘妮朵尼。

→面包棒→潘妮朵尼→面包→意

式比萨→佛卡恰

イタリアのワイン

意大利葡萄酒

英: Italian wine

意大利是与法国齐名的葡萄酒生产国，酿制葡萄酒的历史比法国更为悠久。早在公元前800年前后，移居托斯卡纳地区的伊特鲁里亚人就开始酿酒了。在此基础上，古希腊人移植葡萄，进一步发展了酿酒业。在古罗马时代，酿酒文化传播至意大利北部的南蒂罗尔一带。随着时间的推移，意大利的葡萄种植业随着欧洲政治中心的北移出现了暂时性的衰退，之后逐渐复兴，在20世纪60年代达到了今日的水准。意大利葡萄酒有严格的品质管理体系，将酒分为4种等级：①日常餐酒（Vino da Tavola，简称VDT）、②地区餐酒（Indicazione Geografica Tipica，简称IGT）、③法定产区葡萄酒（Denominazione di Origine Controllata，简称DOC）、④原地名控制保证葡萄酒（Denominazione di Origine Controllata e Garantita，简称DOCG）。意大利与日本一样国土狭长，因此能稳定生产出多种多样的葡萄酒。皮埃蒙特（Piemonte）、威尼托（Veneto）、艾米利亚–罗马涅（Emilia-Romagna）、托斯卡纳（Toscana）、拉齐奥（Lazio）、坎帕尼亚（Campania）等大区均有酿酒业。拉齐奥大区的蒙特菲亚斯科内（Montefiascone）有一款名叫“Est！Est！Est！”的干白葡萄酒，字面意思是“就是它！就是它！就是它！”。相传1110年前后，德国的富格主教为了去罗马参加加冕典礼，带着侍从马尔丁出发。富格是位相当讲究的美食家，无论走到哪里，都要让马尔丁找些美食美酒品尝一番。他命令马尔丁一旦找到合适的店，就在门口用拉丁语写下“Est！”。马尔丁找到了一款非常美味的葡萄酒，激动过度，连写了三遍“Est！”。富格主教也为这款酒的魅力所倾倒，连加冕典礼都抛之脑后，干脆在当地定居了。另外，用坎帕尼亚大区那不勒斯近郊的维苏威火山半山腰上的葡萄酿成的酒叫“基督之泪”。

→葡萄酒

イタリア料理

意大利菜系

英: Italy cuisine

意大利由几乎位于地中海中央的意大利半岛和西西里岛、撒丁岛等岛屿组成，与法国等4个国家相邻。盛产米、麦子、玉米、豆类、橄榄油、柑橘、葡萄等农产品。气候温暖宜人。除了面包，北部还吃波伦塔（polenta），南部有意面、调味饭等等，食材丰富多样。意大利菜系的源头在于古希腊古罗马时代的宴席美食。罗马帝国土崩瓦解后，意大利进入了黑暗的中世纪。在漫长的中世纪过后，意大利分化为教皇国、王国、城国、大公国等小国，形成了各具特色的饮食文化。15 世纪，文艺复兴运动兴起，美食界也迎来了一大转机。1533 年，意大利佛罗伦萨梅第奇家族的凯瑟琳公主（1519—1589）与法国的奥尔良公爵亨利（即后来的法王亨利二世）结婚，欧洲的饮食文化开始逐渐受到法国宫廷美食的影响。1861 年，统一的意大利王国成立。受工业革命影响，意大利逐渐摆脱中世纪色彩，在博洛尼亚、威尼斯、那不勒斯、罗马、托斯卡纳等地形成了独具特色的饮食文化。意大利菜始于丰富多彩的开胃菜（antipasto），紧接着是第一道菜（primo piatto）和第二道菜（secondo piatto），最后是甜点（dolce），以菜量大著称。意大利菜系的基本食材为香蒜、橄榄油、西红柿和意面。西红柿在意大利称"pomodoro"，被誉为"沐浴着地中海阳光的金苹果"。西红柿在 16 世纪从墨西哥、秘鲁所在的新大陆传入意大利。原本多用于观赏入药，但西红柿非常适应意大利的风土环境，逐渐演变成了意面和各类菜肴不可或缺的食材。搭配马苏里拉奶酪也非常合适。意面有汤面（pasta imbrodo）、干面（pasta asciutta 把熬好的酱汁淋在面上）之分。日本人喜爱面食，将后者引入了日本的饮食文化。意大利菜系有下列特征：①使用小牛肉、鸡肉、兔肉、野鸟、鱿鱼、章鱼、青口贝、蛤蜊、虾等食材，菜式种类丰富；②意大利北部有野鸟、奶酪、海鲜、调味饭、波伦塔、手工意面等美食，多用黄油、奶油等奶制品。炖小牛腿（ossobuco，以小牛的骨髓慢炖而成）是当地名菜。意大利中部有主打鸡、羊、小牛肉的菜肴。南部有干面和比萨，常用西红柿和橄榄油；③基安蒂、马尔萨拉等葡萄酒是意大利菜必不可缺的元素；④意大利也是冰淇淋的发祥地。

→炖小牛腿→意式薄切生牛肉→意面→嫩煎肉→意式比萨→波伦塔→意式蔬菜浓汤→意式调味饭

苺（いちご）

草莓

英：strawberry

蔷薇科多年生草本植物，原产于南美。英语"strawberry"（稻草的果实）的词源不明。有说法称草莓得名于表面的籽（像稻草屑），也有说法称这个名字形容的是草莓的藤蔓，还有人说它来源于种植草莓时在地上铺的稻草，甚至有人说词源是"strêaw"（乱扔）。草莓在法语中称"fraise"，从拉丁语"fraga"演变而来。草莓在古罗马被视作珍贵的万能灵药。在欧洲，人们早在 13 世纪就开始种植草莓。在14世纪，法国也开启了草莓种植业。路易十四（1643—1715在位）爱吃草莓。1750年前后，个头大的荷兰草莓在荷兰问世。18世纪末，草莓从欧洲传入美洲。在日本江户中期的天保年间（1830—1845），草莓通过荷兰商船传入长崎。莓果可分为：①黑莓、覆盆子等空心莓和②荷兰草莓等实心莓。各大陆也有本土特有的莓果。单说“草莓”时，一般指代荷兰草莓。可食用的是草莓的花托部分。富含维生素C。除了生食、装饰蛋糕，还能用于制作果汁、糖浆、果酱、果冻与草莓酒。

無花果（いちじく）

无花果

英: fig

桑科落叶小乔木。在日语中又称“唐柿”“南蛮柿”。原产于阿拉伯南部。法语“figue”、英语“fig”的词源是拉丁语“ficus”。“fig”有“服装、无聊之物”的意思。无花果的花托肥大成囊状，花托内排列着无数小花，无法从外侧看到，因此被称为“无花果”。圣经（创世纪第三章第七节）中提到亚当与夏娃用无花果树叶遮体。古埃及金字塔的壁画中也有无花果，可见其历史之悠久。早在公元前2000年前后，古埃及人就开始种植无花果。希波克拉底、亚里士多德都用无花果汁和牛奶制作过奶酪。在罗马，人们喜欢就着火腿吃无花果，并用无花果养鹅，获取鹅肝。腓尼基人将无花果制成耐放的果干，用作航海期间的粮食。13世纪，无花果从印度传入中国。在江户前期的宽永年间（1624—1645）抵达长崎，传入日本。人们食用的是无花果的花托部分，与草莓相同。与其他水果相比，无花果的酸味较少，富含果胶，且含有无花果蛋白酶（ficin）。在法国、意大利、西班牙、美国等地颇受喜爱。除了生食，还可制成果酱、果干、冻干，或是用砂糖、糖浆腌制。有抑制咽喉炎症、缓解牙痛、止血、治疗感冒、除臭等功效。

イーフゥミエン

伊府面

和面时不加水，只用鸡蛋的面条。清乾隆年间（1735—1795）由广东潮州的伊秉绶所创。蛋白中的蛋白质使面条中的麸质组织更强韧，造就独特的宽面。水煮后油炸，再加入自选食材翻炒，或是做成汤面即可。用鸡蛋和面的面条有全蛋面、鸡蛋面等。口感较硬的面不太合日本人的口味，但有说法称发明方便面的灵感就来源于伊府面。在日本大正时代到昭和时代的家用中国菜食谱中，伊府面频频登场。

→中国面

イランのパン

伊朗面包

英: Iranian bread

早在公元前1万年前，人们便开始在美索不达米亚流域种植小麦。而面包则诞生于公元前4000年。拥有数千年历史的中近东神秘国度伊朗最具代表性的面包，是以发酵面包“馕”为主的扁面包。具体可根据原料、烤法、形状、大小和厚度细分成许多种类，如长条馕（barbari）、圆饼馕（taftoon）、薄饼馕（lavash）、石子馕（sangak）等等。烤制时使用铺有小石子的筒状烤炉，自下而上加热石子，将面团贴在烤炉的侧面直接烘烤。长条馕是用酵母发酵的优质面包。圆饼馕跟恰帕提（chapati）一样贴在炉中烤制，尺寸大，整体呈白色。薄饼馕是较硬的面团摊平后烤成的，最白也最厚（译注：原文如此，但根据网上相关图文介绍，lavash，即“薄饼馕”应为很薄的馕）。石子馕是只用全麦粉、水和盐和面的软面包。伊朗面包继承了古埃及面包的遗风。

→石子馕→馕→面包→扁面包

鰯（いわし）

沙丁鱼

英: sardine

鲱科和鳀科鱼类的统称。包括日本远东拟沙丁鱼（マイワシ，*Sardinops melanostictus*）、日本鳀鱼（カタクチイワシ，*Engraulis japonica*）、脂眼鲱（ウルメイワシ，*Etrumeus teres*）等种类。英语“sardine”和法语“sardine”的词源是拉丁语“sardina”。地中海的撒丁岛盛产沙丁鱼，但不知是先有岛名还是先有鱼名。在中世纪，人们习惯将沙丁鱼盐渍后保存。19世纪，沙丁鱼罐头问世，油浸渐成主流。沙丁鱼栖息于世界各地的温带水域，是成群结队在沿岸活动的回游鱼。盐渍鳀鱼又称凤尾鱼，在欧洲各地备受喜爱。在西班牙与葡萄牙，人们将沙丁鱼夹在铁网之间，用炭火烧烤，做成盐烤沙丁鱼，或是把大蒜和红酒调味的沙丁鱼做成铁板烧。将柠檬汁淋在生沙丁鱼上，或是用橄榄油（sardines in oil）、西红柿腌制也是不错的吃法。沙丁鱼含有可预防血栓形成的二十碳五烯酸（EPA），以及可降低胆固醇的牛磺酸，渐成受人关注的健康食品。

→凤尾鱼→沙丁鱼（sardine）

イングリッシュ・マフィン

英式麦芬

英: English muffin

诞生于英国乡间的传统面包，是早餐、下午茶（高茶）的经典选择。诞生时期不明。“muffin”在法语中是“软面包”的意思，由“pain mouffet”

演变而来。麦芬有英式与美式之分。英式麦芬的做法是将揉成圆形的面团装入麦芬模具，烘烤正反面。表面的粗糙粉末是玉米面。一切为二，可见截面上有许多大气泡。烘烤后涂抹黄油、果酱、橘子酱，夹鸡蛋、火腿、培根、生菜趁热吃为宜。麦芬传入美国后演变成了“将面糊倒入纸杯烘烤”的量产模式，迎合了美国人对小吃的喜好，迅速普及。名称也变成了“美式麦芬（American muffin）”。有的用酵母发面，有的用泡打粉发面。

→英国面包→麦芬

隠元豆（いんげんまめ）

菜豆

英: kidney bean、string bean、French bean

豆科一年生草本植物，原产于墨西哥。日语中写作“隐元豆”。由于外形与肾脏相似，在英语中被称为“kidney bean”。阿兹特克语“ayacotl”演变为古法语“harigoter（撕成碎片）”，最后变为法语“haricot”。顺便一提，菜名“haricot”指的是蔬菜炖羊肉。后来人们开始用菜豆代替原来使用的芜菁。菜豆属有250余种类植物，包括菜豆（隠元豆（いんげんまめ））、四季豆（荚隠元（さやいんげん））、绿豆等等。有只吃豆子的品种，也有连豆荚一起吃的品种。墨西哥原住民印第安人自古以来种植菜豆。有说法称，早在公元前6000年，秘鲁就有菜豆了。也有说法称，菜豆的种植始于公元前5000年的墨西哥。希腊语“phaseolus”=“kidney bean”，因此也有人认为菜豆的历史可追溯到古希腊古罗马时代。哥伦布（1451—1506）在美洲新大陆发现了菜豆，将其带回西班牙，之后普及到欧洲各地。1533年，意大利佛罗伦萨梅第奇家族的凯瑟琳公主（1519—1589）与法国的奥尔良公爵亨利（即后来的法王亨利二世）结婚，也将菜豆带去了法国。菜豆就此成为法国人心仪的食材，将它做成沙拉与配菜，用红酒煮，或是做成炖菜与奶油焗菜。16世纪传入中国，《本草纲目》（1596）中也有记载。在江户前期的1654年（承应三年），隐元禅师从明朝带回菜豆，菜豆就此传入日本。但也有说法称隐元带回日本的不是菜豆，而是扁豆（*Lablab purpureus*）。

→发现美洲新大陆

インスタント・コーヒー

速溶咖啡

英: instant coffee

用热水冲开后即成咖啡。1899年（明治三十二年），住在美国芝加哥的日本化学家加藤悟发明了速溶咖啡。1901年（明治三十四年），他在美国的博览会上推出了速溶咖啡，商品名为“可溶性咖啡（Soluble Coffee）”。但当时的速溶咖啡冲泡起来非常麻烦，口碑并不是很好。1909年（明治四十二年），生产速溶咖啡的企业在美国诞生。不过直到二战期间，速溶咖啡才真正受到世人的瞩目，因为美军将它纳入了军用食品。战后，速溶咖啡的便捷得到了世人的认可，在日本和世界各地广泛普及。速溶咖啡有喷雾干燥法和冷冻干燥法两种工艺。前者将咖啡萃取液雾化，再令雾滴中的水分蒸发，最后得到咖啡粉。后者将咖啡液置于－40℃的环境中，使其冷冻，随后在真空状态下使得水分直接升华，最后得到干燥的咖啡颗粒。

→咖啡

インドネシア料理（りょうり）

印度尼西亚菜系

英: Indonesian cuisine

印度尼西亚由13000多座大小不一的岛屿组成，存在较大的地域差异。大多数国民为穆斯林，也有印度教徒与基督教徒，不同群体的饮食习惯有相当大的区别。印度尼西亚菜系有下列特征：①常用辣椒、椰奶、大蒜等香料；②不如泰国菜辣；③穆斯林占全国总人口的90%，做菜时主要使用鸡肉与羊肉。最具代表性的美食有加多加多（gado gado，浇有椰奶酱汁的沙拉）、印度尼西亚炒饭（nasi goreng，用香蕉叶当盘子）、沙爹（sate，印度尼西亚羊肉烤串）、天贝（tempe，印度尼西亚版纳豆）。鱼类一般加工成咸鱼，便于长期存放。苏门答腊西海岸的巴丹菜较为特殊。当地穆斯林多以辣椒对水牛肉、鸡肉和鱼肉进行调味。饭店习惯在顾客面前摆10到15小盘菜肴，顾客吃了多少，就付多少盘的钱，倒也有一定的合理性。

→民族特色菜系→加多加多→沙嗲→天贝→印度尼西亚炒饭→马来菜系

インドのパン

印度面包

英: Indian bread

印度位于扁面包的发祥地，美索不达米亚的东方。印度北部盛产小麦，以馕、恰帕提为主食。用名为“坦都炉（tandoor）”的钟形烤炉烤制。东南部产米。印度的面包可根据使用的原料与制作方法分为恰帕提（chapati）、罗提（roti）、帕罗塔（paratha）、皮欧哩（puri）等品种。恰帕提是历史悠久的传统印度面包，是只用全麦面粉（atta）、盐与水制成的无发酵面包。罗提的厚度为2 cm左右，比恰帕提略厚，有加了荞麦粉、鸡蛋的款式。帕罗塔的配方略显高档，加有印度酥油（ghee，水牛的乳脂），口感香脆。皮欧哩是油炸面包。另外受英国影响，印度人也吃英国面包与小型圆面包。咖喱和恰帕提是印度最具代表性的国民美食。印度的历史、风土气候、印度教的传统（忌荤腥）对印度面包产生了巨大的影响。

→恰帕提→馕→面包→罗提

インド料理（りょうり）

印度菜系

英: Indian cuisine

印度菜不挑食材。国土辽阔造成的地域差异、多民族混住、种姓制度带来的素食习惯和忌荤腥的印度教都对印度的饮食习惯产生了影响。丰富的农产品与海鲜造就了多姿多彩的膳食生活，发展出了使用大量香料的咖喱，独具一格。至于印度香料的由来，有说法称是释迦牟尼传授的，也有说法称玄奘的记录中有记载。总之，印度自古以来便有使用香料的习惯。印度菜系可大致分为：①受伊斯兰教影响较大的西北地区的肉菜、②继承印度教传统的南部素菜、③阿拉伯海沿岸地区的鱼菜。印度菜有下列特征：①印度教徒不吃神圣的牛；②吃饭时用右手的手指；③素菜中大量使用豆类、奶类、芝麻油、芥末油等食材；④北部以小麦为主食，肉菜较多，南部以大米为主食，素菜较多。米可分为粳稻（Japonica rice）和籼稻（Indica rice）两种。粳稻颗粒圆而短，有一定的黏性。籼稻细长，黏性较弱。印度、泰国、缅甸为主要产地。印度西北部的旁遮普地区种植的小麦素以品质卓越著称；⑤印度咖喱以香蕉叶为容器。加有香料的酱汁只以洋葱增稠，味道清爽；⑥面粉被加工成恰帕提、罗提、馕等扁面包，蘸咖喱酱享用；⑦用水牛奶加工而成的印度酥油（ghee）可拌入米饭，亦可用于炒菜；⑧较少使用牛肉与猪肉，以鸡肉和羊肉为主。坦都里烤鸡（tandoori chicken）是一款香料味鲜明的烤鸡。当地盛产鱼和蔬菜，因此用这两种食材的菜肴也比较多；⑨印度的素食者不吃鱼、肉、蛋，偏爱大豆、酥油、奶和奶制品，通过它们摄入必要的蛋白质与脂肪；⑩大吉岭、阿萨姆是红茶产地。印度人偏爱甜口的印度奶茶（Chai）。乳酸饮料拉西（lassi）也非常独特。最具代表性的印度美食有烤串（kababs，将肉、海鲜、蔬菜、水果做成串用火烤）、印度扁豆酱（dhal，将豆子磨碎后加入土豆、菠菜炖煮而成）。印度的阿育吠陀（Ayurveda）思想是将生命（Ayur）和知识（Veda）结合在一起的医学，从“食物影响人体的机制”阐述膳食生活的重要性。

→民族特色菜系→咖喱菜肴→恰帕提→馕

茴香（ういきょう）

茴香

英: fennel

伞形科多年生草本植物，原产于地中海沿岸，在欧洲、中国、印度、北非、北美、日本均有种植。法语“fenouil”、英语“fennel”的词源是拉丁语“feniculum（干草）”。据说茴香是人类发现并运用的第一种香料，历史悠久，中国、印度、埃及与希腊都有使用茴香的传统。在古希腊，茴香被称为“marathon”（同“马拉松”）。茴香在马拉松赛跑的发祥地，即希腊人打赢马拉松战役的地方长得分外繁茂，因此被人们视作胜利与成功的象征。据说希波克拉底曾用茴香制作药剂。它能去除食材的臭味，因此中国人称它为茴香，取“使香回转”之意，亦可写作“回香”。李时珍的《本草纲目》（1596）中提到了“茴香、大茴香和小茴香”。清教徒做礼拜时将茴香含在嘴里，因此它也被称作“教堂的茴香籽”。之所以有“怀香”这一别名，是因为古人将茴香塞在衣襟中，得空时嚼一嚼。茴香在平安初期从中国传入日本。它有类似于茴芹的爽快甜香，香味成分是茴香烯（Anethole）。可用于鱼、肉、红菜汤、咖喱、面包、泡菜、蛋糕、派、饼干、糖果和饮料。尤其适合去除鱼腥味，又称“鱼的香草”。茴香也可入药，有健胃、明目、缓解腹痛、脚气的功效。

→香草

茴香
资料:《植物事典》东京堂出版 [251]

ヴィシソワーズ

维希奶油冷汤

法: vichyssoise

在鸡肉熬制的清汤中加入土豆、韭葱泥和鲜奶油制成的冷汤。“vichyssoise”是“维希式”的意思。维希是波旁地区的城市名，盛产知名的维希矿泉水。1917 年前后，美国纽约丽兹酒店的总厨路易・迪亚发明了这种汤。波旁是他的故乡。也有说法称，这种汤是 20 世纪 20 年代在波旁地区诞生的，因为当地本就盛产蔬菜。

ウイスキー

威士忌

英：whiskey、whisky

以大麦、黑麦等谷物为原料的蒸馏酒。苏格兰威士忌拼作“whisky”，爱尔兰、美国威士忌拼作“whiskey”。古爱尔兰语“uisge beatha”（生命之水）演变为“usquebaugh”到“whiskybae”，后来词尾“bae”消失，从 18 世纪开始，威士忌这一称呼便固定下来。至于威士忌的诞生地，有爱尔兰、苏格兰等说法。有人说威士忌是 12 世纪在爱尔兰被首次蒸馏出来的，也有人说修士圣帕特里克用大麦制造的酒才是威士忌的始祖。还有人说，是亨利二世（1154—1189 在位）1170 年远征爱尔兰时把原住民的麦芽烈酒（usquebaugh）带了回来。另外还有“从爱尔兰进口”“1494 年苏格兰修道士约翰・柯尔（John Cor）用大麦麦芽首次蒸馏出威士忌”等说法。长久以来，英国富人阶层偏爱干邑白兰地、雪莉酒和葡萄酒，威士忌的口碑并不是很好。当时的威士忌只以大麦为原料，不过是一款风格太过鲜明的本地酒。后来，人们用玉米等谷物生产出了谷物威士忌（grain whisky），以及用麦芽酒和谷物酒调配的兑和威士忌（blended whisky），口感轻盈，广受好评。苏格兰威士忌就此诞生。约 1860 年，苏格兰威士忌一进入市场，就在英国、法国等地大受欢迎。在美国南北战争时期，伊利亚・克雷格（Elijah Craig）牧师在肯塔基州的波本郡通过蒸馏玉米创造出了波本威士忌。后来，私自酿酒、走私酒类的不法行为在美国愈发猖狂。1920 年，政府制定了禁酒法，1933 年取消。之后，由谷物蒸馏而成的酒被称为“威士忌”，走上了独特的发展道路，逐渐形成了如今在全球首屈一指的市场。约 1668 年，加拿大行政长官基恩・特隆在蒙特利尔创设第一座蒸馏工厂。据说在 1853 年（日本嘉永六年），佩里来到幕末时期的远东，向琉球的首里王朝进贡了威士忌。威士忌种类繁多，可根据生产方式大致分为：①仅以大麦麦芽为原料的麦芽威士忌、②以大麦、黑麦、小麦等谷物为原料，用大麦麦芽发酵的谷物威士忌、③以谷物酒和麦芽酒调配而成的兑和威士忌、④以玉米为原料的波本威士忌。如今，苏格兰、爱尔兰、美国、加拿大、日本的兑和威士忌已成世界主流。在橡木桶中储藏 3 年以上，便会形成独特的香味与鲜艳的褐色。酒精含量较高，可达 40%—43%。

顺便一提,“水兑威士忌”是日本人的发明。原本的喝法是放一杯水在旁边,小口品味,但日本人觉得用水冲淡后饮用对胃的刺激较小,喝起来也更顺口。

→美国威士忌→蒸馏酒→餐后酒→餐前酒→苏格兰威士忌→波本威士忌

ウィンナーコーヒー

维也纳咖啡

英: Viennese coffee

源自维也纳的咖啡。相传在1683年,奥斯曼帝国的大维齐尔(相当于宰相)卡拉·穆斯塔法(Kara Mustafa,1634—1683)率军攻打奥地利首都维也纳却铩羽而归。生于波兰的奥地利士兵柯奇斯基(Fanz George Kolschitsky)因表现英勇得到了嘉奖——咖啡豆。他将糖与奶油加入滤过的咖啡,便有了维也纳咖啡的雏形。顺便一提,有说法称羊角包也是柯奇斯基的发明。土耳其国旗上有月牙,于是他就把面包做成月牙的形状,庆祝胜利。维也纳咖啡的喝法是泡一杯深度烘焙的浓咖啡,加糖后在表面挤一层鲜奶油,不搅拌,直接喝。在维也纳当地,人们习惯先在杯子里挤足量的鲜奶油,然后再倒入咖啡。

→羊角包→咖啡

ウィンナーソーセージ

维也纳香肠

英: Vienna sausage

将肉灌入绵羊或山羊的肠衣制成的香肠。尺寸偏短,只有10 cm左右,节与节之间一般以拧转的状态相连。在日语中又写作“ヴィエナソーセージ”“ヴィンナソーセージ”。19世纪初在奥地利首都维也纳诞生的就地供销香肠。在维也纳被称为“法兰克福香肠”。而在德国,同样的香肠却被称为“维也纳香肠”。将腌过的猪肉、牛肉、猪油绞成肉糜,加入调料与香料,灌入肠衣后烟熏煮熟。传入美国后衍生出了用长面包夹着吃的热狗。

→奥地利菜系→香肠

ウィンナーロール

维也纳小餐包

英: Vienna roll

硬面包的一种。又称“维也纳卷”“月牙面包卷”。这种面包的起源众说纷纭,有“纪念胜利”(把土耳其国旗上的月牙吃掉)、“模仿清真寺屋顶的装饰”“来源于最早开始栽种小麦的西南亚新月地带(巴勒斯坦、叙利亚、伊拉克、土耳其、伊朗)”等说法。中世纪的奥地利首都维也纳是神

圣罗马帝国皇帝、哈布斯堡家族的大本营。匈牙利盆地出产高品质的小麦，所以皇室培养了一批高水平的面包师，埋头创作硬面包和甜面包，使维也纳成为欧洲大陆的“面包之都”。被称为“维也纳面包（Vienna bread）”的面包往往是细长的椭圆形与月牙形，使用较多的奶、糖、油，不同于法国的面包。其中最著名的莫过于维也纳小餐包。19 世纪传入法国、德国、瑞士、荷兰、英国、丹麦等欧洲各地，对丹麦的丹麦酥、法国的羊角包、德国的史多伦（stollen）和凯撒面包（kaiser rolls）以及奥地利、德国与瑞士的盐棒（salzstangen）等面包的诞生产生了巨大的影响。

→奥地利菜系→凯撒面包→羊角包→盐棒→史多伦→丹麦酥→布里欧修

ウィーン風

维也纳式

英: Wiener、Vienna

用于描述“裹上面粉后煎炸的小牛肉或鸡肉”的词组。最具代表性的菜式有维也纳式炸肉排（Wiener Schnitzel）。有说法称，战胜拿破仑的功臣拉德斯基将军将米兰式炸猪排从意大利带回了维也纳。法国人在这道菜里加入了柠檬片与切碎了的白煮蛋，使其进一步普及。随着哈布斯堡家族的崛起，奥地利首都维也纳成为与巴黎比肩的欧洲核心城市，日渐繁荣。因此维也纳也成了很多食物的发祥地，比如维也纳咖啡、维也纳香肠、维也纳小餐包、维也纳式炸肉排等等。

→维也纳咖啡→维也纳香肠→维也纳小餐包→羊角包

ウェディングケーキ

结婚蛋糕

英: wedding cake

有说法称结婚蛋糕源自圣经，传承了分享一块面包的幸福。至于它是如何发祥的，学界众说纷纭，有古埃及、希腊、罗马、大英王朝等各种说法，尚无定论。埃及法老珍视蜂蜜，将蜜蜂纳入了纹章，爱吃用面粉、蜂蜜和牛奶制作的蜂蜜蛋糕。埃及的尼罗河三角洲产蜂蜜，所以摩西才将埃及称为“流着奶和蜜之地”。罗马贵族在婚礼上要先将用面粉和盐制作的蛋糕献给朱比特神，然后再举行由新郎新娘分食的仪式。之后，蜂蜜与基督教一同普及到欧洲各地。在法国，修道院会制作蜂蜜蛋糕。后来还出现了加有葡萄干、浸过白兰地的葡萄干蛋糕。蛋糕周围也渐渐出现了装饰，结婚蛋糕的雏形就此诞生。在英国的伊丽莎白女王时代，人们用国花玫瑰装饰蛋糕，祝福新人。纯白的玫瑰是圣母玛利亚的象征。据说代表繁荣的唐草图案源自古希腊。现在的结婚蛋糕纷繁多样，各民族都有各自的特色。英式、美式结婚蛋糕由若干层海绵蛋糕、水果蛋糕、葡萄干蛋糕组成，外侧涂抹用蛋白、糖粉和柠檬制作的皇家糖霜（royal icing）和黄油奶酪。法式结婚蛋糕多以泡芙塔、圣奥诺蛋糕（St. Honoré Cake）的形式出现，奢华亮眼。

→蛋糕→圣奥诺蛋糕→蜂蜜蛋糕→造型糕点

ウェルシュラビット

威尔士兔子

英：Welsh rabbit

源自英国威尔士地区的奶酪吐司。词源有两种说法，分别是“Welsh rabbit（威尔士的兔子）”和“Welsh rare bit（威尔士人选择的块状物）”。威尔士兔子的特点在于啤酒和奶酪（切达奶酪，cheddar）的混合。威尔士是切达奶酪的主要产地，有各种和奶酪有关的美食。将奶酪放在面包上送入烤箱，就成了比昂贵的兔肉更美味的面包。亦可将啤酒、葡萄酒、切达奶酪、卡宴辣椒煮到收汁，抹在吐司面包上，再用烤箱加热。制作方法与法国的香蒜吐司有着异曲同工之妙。

→英国菜系→切达奶酪

ウオツカ

伏特加

俄：Водка

俄罗斯、波兰最具代表性的蒸馏酒。无色、无香、无味的烈酒，酒精度数高达40%—50%。在日语中又写作“ヴォトカ”“ウォツカ”“ウオツカ”“火酒”。蒸馏酒素有“生命之水”的美誉，而伏特加的名字也来源于斯拉夫语的“voda（水）”和表示亲昵的后缀“ka”，有着与威士忌相近的词源。有说法称伏特加发祥于波兰，具体的发明经过不详。早在12至13世纪，伏特加便是沙皇与贵族热爱的饮品。长久以来，其制法一直是不得外传的机密。俄国大革命时期，流亡的白俄人将技术带出国外，传播至南欧。据说在14世纪，人们开始用黑麦、大麦制造伏特加。1933年，美国废除禁酒法，在伏特加中混入西红柿汁、橙汁、苹果汁等果汁饮料调成的烈酒（spirit）广泛流行，使伏特加迅速普及。和威士忌相比，伏特加口味清爽，适合做成鸡尾酒，而且价格低廉，人气迅速上升。伏特加在日本受到关注是二战之后的事情，三驾马车、莫罗佐夫、赫米斯、海鸥等品牌纷纷上市。在大麦、小麦、黑麦、玉米、土豆等原料中加入大麦麦芽，使其糖化发酵，之后用高精度连续式蒸馏机（Patent still）蒸馏，再用白桦树、

椰树做的活性炭过滤。现在较为常用的原料是土豆和玉米。伏特加适合用作鸡尾酒的基底酒。据说在寒冬季节饮用，能在一瞬间让身子暖和起来，是斯拉夫民族生活智慧的结晶。不过近年来，过量饮用伏特加已经成了严重影响俄罗斯国民健康的社会问题。

→蒸馏酒

ヴォローヴァン

奶油酥盒

法：vol-au-vent

常见的前菜，千层酥皮烘烤后在中间挖出圆筒形的洞，填入用贝夏梅尔酱汁（béchamel sauce）等材料做成的馅即可。在日语中又写作“ボロバン”“ボローバン”。“vol-au-vent”是“voler（飞、舞）”和“vent（风）”的合成词，意为“轻得能随风飘舞”。

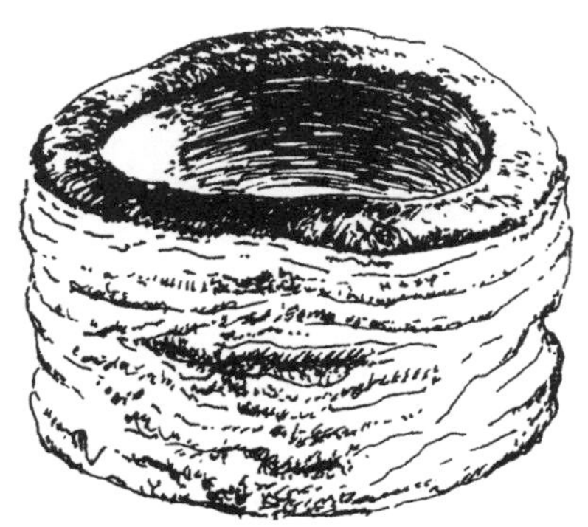

奶油酥盒
资料：《糕点辞典》东京堂出版 [275]

相传路易十四的臣子孔代亲王（1621—1686）爱吃馅饼（tourte），但这道菜有点油腻。安东尼·卡瑞蒙（1784—1833）想创作一款更清淡的菜品，便用较厚的千层酥皮做了实验，发现成品跟塔一样立了起来，口感轻盈得仿佛能被风吹走一般。还有一种说法称，奶油酥盒是波兰国王坦尼斯瓦夫·莱什琴斯基（Stanisław Leszczyński 1677—1766）的发明，而他的女儿是路易十五（1715—1774）的王后玛丽·莱什琴斯基。

→馅饼（tourte）

鬱金（うこん）、宇金（うこん）

姜黄

英：turmeric

姜科多年生草本植物，原产于亚洲热带、印支半岛。在印度、中国大陆与台湾、斯里兰卡、印度尼西亚均有种植。阿拉伯语“KurKum（番红花）”演变成拉丁语“curcuma”，最后变为法语“curcuma”。公元1世纪到2世纪，古希腊本草学家迪奥斯科里斯（Pedanius Dioscorides）在著作中提到一种形似生姜，嚼了会让牙齿变黄的植物（即姜黄）。在法国，人们误以为姜黄是印度的植物，将其称为“Safran des Indes（印度的番红花）”。在中国，7世纪的《梁书》便已提到了“郁金”。开元（唐玄宗年号，713—

741）年间，李白写下了“兰陵美酒郁金香，玉碗盛来琥珀光”的诗句。到了明朝，李时珍在《本草纲目》（1596）中写道：“郁金生蜀地及西戎。今广南、江西州郡亦有之，然不及蜀中者佳（译注：后半句出自《本草图经》）。”在江户中期的享保年间（1716—1736），姜黄从中国传入日本，作为药材和观赏植物种植。《和汉三才图会》中也提到了“薑黄（きょうおう）（黄色的生姜）”。1783年，姜黄传入加勒比海的牙买加岛，开始在西印度群岛广泛种植。地下的橙黄色根茎煮熟后可制成粉末。有辣味与苦味，也有近似于番红花、生姜的香味。可用作丝绸、羊毛、皮革等材料的黄色染料，有极高的利用价值。在印度教徒的婚礼上，新郎新娘会用姜黄把手臂染黄，用染过色的米表示庆贺。在欧洲，姜黄是比番红花更受欢迎的黄色染料。有些人没见过姜黄，但肯定见过咖喱粉、腌萝卜、芥末的颜色。做炒饭时，可用姜黄代替番红花。姜黄的黄色成分叫姜黄素，有健胃、止血、缓解关节炎的功效。

姜黄

资料：《植物事典》东京堂出版 [251]

→香料→番红花

ウスターソース

伍斯特沙司

英：Worcestershire sauce

在英国西部伍斯特郡的伍斯特市诞生的酱汁。又称“伍斯特郡酱汁”。相传19世纪，出身伍斯特郡的大英帝国驻孟加拉国总督山兹勋爵（Lord Marcus Sandys）在印度获得一种辣酱汁配方，便命伍斯特市的李派林（Lea & Perrins）公司进行生产。也有说法称，是伍斯特郡的化学家李（John Wheeley Lea）和派林（William Henry Perrins）忘不了在印度品尝过的酱汁的味道，便发明了这款酱汁。还有一种说法称，发明伍斯特沙司的是伍斯特郡的主妇。伍斯特沙司在1854年前后上市，直到今天，李派林牌伍斯特沙司仍在全球各地有售。在酱油（soy sauce）、麦芽醋（malt vinegar）、糖浆（molasses）中加入青柠汁、罗望子、辣椒、丁香、大蒜、凤尾鱼等20余种香料酿造而成。欧美素有“英国菜只有一种酱汁”的说法，法国菜极少使用这款酱汁。日本人在它的基础上发明了日式伍斯特沙司，成为日式西餐不可或缺的酱汁。

→英国菜系→酱汁

鰻（うなぎ）

鳗鱼

英: eel

鳗鲡科淡水鱼。法语“anguille”的词源是拉丁语“anguilla”。人类与鳗鱼的历史可追溯到古希腊、古罗马时代，与鳗鱼有关的历史故事不胜枚举。但丁（1256—1321）的《神曲》中提到，13世纪的教皇马丁四世因为爱吃鳗鱼，把自己活活撑死了。古希腊诗人阿里斯托芬在喜剧作品《阿卡奈人》中提到，雅典与斯巴达为伯罗奔尼撒战争议和时，科帕伊斯湖的鳗鱼成了谈判桌上的见面礼。早在当时，鳗鱼、星鳗与㓥鱼就是非常受欢迎的食材，在大型宴会频频登场。也有说法称，人工养殖鳗鱼的历史之所以悠久，是为了在不能吃肉的斋戒日吃鳗鱼。日本的绳文遗迹也有鳗鱼出土。各民族的鳗鱼美食各有千秋，比如日本的蒲烧鳗鱼、北欧的烟熏鳗鱼、德国的鳗鱼冻、意大利的红酒炖鳗鱼、西班牙的昂古拉斯。每一款鳗鱼美食背后都有将原本不方便食用的鳗鱼做得更美味的心血智慧。

→昂古拉斯

ウーブリ

欧布丽

法: oublie

法国最古老的薄饼型糕点之一，被视作沃夫饼（gaufre）的原型。在日语中又称“ウブリ”“ウーブリー”“ウーヴリ”“プレジール（plaisir）”。希腊语“obolies（跟辅币一样薄而便宜的糕点）”演变为拉丁语“oblata（领圣体的面包）”，再到法语“oublier（美味到忘我）”，最后演变为“oublie”。早在古希腊时代，欧布丽就备受欢迎。也有说法称它继承了古希腊“obalias”糕点的精神。将面粉和鸡蛋调成的面糊摊在铁板上，烤成圆形的薄脆饼即可。巴黎的欧布丽为圆形，里昂一般卷成香烟状。在中世纪，里昂成为欧布丽的根据地，人气渐渐升温。相传12世纪到13世纪，在糕点店修行的少年将剩下的面糊做成欧布丽，沿街叫卖。1270年，欧布丽工会宣告成立。

→华夫饼

ウーロン茶

乌龙茶

中国独有的半发酵茶。中国茶可大致分为六种，分别是绿茶、红茶、青茶、黄茶、白茶和黑茶。乌龙茶属于青茶，颜色跟乌鸦一般黑，形状如龙般弯曲，因此得名。在福建省、广东省、台湾省均有种植。福建省的安溪铁观音、广东省的凤凰水仙、台湾省北部的文山包种茶和中部的冻顶乌龙茶最是知名。福建省的乌龙茶早在唐代便已驰名天下，在宋代到元代是贡茶，明末清初出口欧洲。与铁观音有关的轶事比比皆是。相传清代第六位皇帝，清高宗乾隆（在位时间1735—1795）称赞铁观音“貌似观音重如铁”，赐名“铁观音”。又相传古代有位茶农姓魏名荫，他信奉观音，在观音庙的石缝中发现一棵小茶树，带回家养大后，发现树叶厚重如铁，树形如观音般优美。乌龙茶与日本的绿茶一样以产地冠名，比较好懂。用烫水冲泡，可吊出独特的香味。乌龙茶可刮油，有助于促进新陈代谢，还有消除口臭的解毒功效。绿茶与红茶已经从中国传播到了全世界，但乌龙茶中蕴藏着中国特有的茶文化传统。

→茶→中国茶

エクルヴィス

小龙虾

法: écrevisse

→小龙虾（ザリガニ）

エクレア

闪电泡芙

法: éclair

源于法国的一种泡芙类糕点。发明经过不详。德语中称“Blitzkuchen”。法语“éclair”和德语“Blitz”都有“电光、闪电”的意思。名字的由来有若干种说法：①因为奶油容易从侧面溢出，必须用电光火石的速度吃；②反光的巧克力糖看起来像闪电；③表面的裂缝像闪电。用裱花嘴把泡芙面糊挤成8 cm至10 cm的条状，烤好后注入卡仕达酱，在表面刷一层巧克力即可。

→泡芙

エジプト料理（りょうり）

埃及菜系

英: Egyptain cuisine

四大文明之一古埃及文明发祥于尼罗河流域。在漫长的历史中，本地饮食文化与欧洲、阿拉伯、西亚、非洲等外来文化以及尼罗河流域的农民乡土美食相混相融，形成了独特的埃及菜系。“埃及式”一般指使用米、西红柿和茄子的菜肴。埃及菜系有下列特征：①穆斯林占埃及总人口的90%，因此当地人偏爱羊肉；②调料以盐和胡椒为主，不会大量使用香料；③常用的食材有米、玉

米、豆类、西红柿、洋葱、洋蓟、王菜（*Corchorus olitorius*）、牛、鸡、鸭、鸽、鹅、鲻鱼、鳗鱼、鲤鱼、虾和蟹。最具代表性的埃及美食是王菜汤（shurba t mulūkhīya）。这款汤用黏稠如海藻的蔬菜做成，以盐和大蒜调味。“shurba”有“汤”的意思。在日本，王菜也成了颇受关注的健康食材。除此之外，还有“烤羊肉三明治”（shuwaruma）、将蚕豆、韭菜、香芹、香菜磨碎后搅拌均匀油炸而成的“蚕豆可乐饼”（támîya）、用特制的锅慢炖蚕豆，加入橄榄油、柠檬汁等材料制成的“富尔-梅达梅斯”（fûl midames）、羊肉串（shish kebâb）、将面粉调成的稀面糊倒在铁板上，烤成一根根细条的“shárîya”。

→民族特色菜系→面包→王菜

エシャロット

火葱

法: échalote

百合科多年生草本植物，洋葱的变种。原产于西亚。法语“échalote”、英语“shallot”的词源是拉丁语“ascalonia（以色列阿斯卡隆的洋葱）”。早在古罗马时代，人们就开始种植火葱用于烹饪了。在中世纪，十字军（1096—1291）从美索不达米亚带回了火葱。从16世纪开始在欧洲渐受关注，人工种植日益兴起。形似藠头的小球有着和大蒜相似的独特辣味与香味。5月至6月是火葱最美味的时节。作为香味蔬菜，火葱可用于制作炖菜、酱汁、汤、头盘、沙拉、火葱黄油等等。在日本，早摘藠头也被称为“火葱”，容易混淆。

→洋葱

エスカベーシュ

醋渍炸鱼

法: escabèche

源自西班牙的菜肴，将裹了面糊的鱼油炸后用醋汁腌制。属于醋腌菜的一种。“escabèche”是西班牙菜系的“escabechar（切下鱼头）”的衍生词。西班牙语“escabeche”有“为了延长保质期把东西浸在醋里”的意思。16世纪至17世纪，这道菜的烹饪方法传至比利时、法国、意大利和北非。现代常用的做法是鱼裹一层面糊油炸，然后加入切成细丝的胡萝卜、洋葱、香草与香料，用法式调味汁腌制。

→西班牙菜系

エスカルゴ

法国蜗牛

法: escargot

大蜗牛科的软体动物。在日语中也称“食用蜗牛（食用カタツブリ）”

“マイマイツブリ”“蝸牛”。“カタツブリ”是“潟（カタ＝浅滩）＋螺（ツビ）”。因为蜗牛壳呈旋涡状（カ＝渦巻），头顶长角如牛，故称“蜗牛”。近代普罗旺斯语“escargol”、拉丁语“conchylium（贝壳）”演变为通俗拉丁语“coculiu”，与拉丁语“scarabaeus（金龟子）”相混，最后演变成法语“escargot”。法国各地对蜗牛有各不相同的称呼。英语“snail”有“在地上爬的东西”的意思。法国蜗牛跟生蚝一样，雌雄同体。在餐桌上，人们把它和鱼归为一类。基督教有周五戒肉的习惯，但可以吃蜗牛。早在公元前的古罗马时代，人们就开始养殖大蜗牛了。美食家盛赞蜗牛的美味，后来这项传统传入法国。在中国，蜗牛被视作天子专享的食材，往往被做成羹汤与腌菜。中世纪的修道院也会饲养蜗牛，作为日常食材。17 世纪，蜗牛的流行曾一度衰退，但担任过外务大臣的美食家塔列朗–佩里戈尔（Charle Maurice de Talleyrand-Perigord）的登场扭转了蜗牛的颓势。在他喜爱的众多创新菜式中，有安东尼·卡瑞蒙再现的蜗牛美食。这道菜一出，法国美食家便再一次将视线投向了蜗牛。法国蜗牛爱吃葡萄叶。在雨后的日本庭院出现的蜗牛不可食用，但葡萄园的蜗牛可以吃。法国勃艮第、香槟地区冬眠前的蜗牛最为厚实肥美。烹饪前要给蜗牛断食 12 天，避免有毒植物对人体造成影响。蜗牛在英国、意大利、西班牙也颇受欢迎。将黄油打发，加入奶酪、大蒜、香芹、火葱、柠檬汁、盐与胡椒制成的勃艮第黄油（蜗牛黄油）塞入蜗牛壳中，连壳送入烤箱烘烤而成的勃艮第蜗牛（escargots à la Bourguignonne）最为知名。将蜗牛夹入圆面包，使蜗牛黄油渗入面包中也甚是美味。因为蜗牛被归为“鱼类”，所以用勃艮第的白葡萄酒佐餐非常合适。在法国，蜗牛是在深夜享用的菜肴，据说这是因为人们担心菜里加的大蒜会造成口臭。

→西餐

エスコフィエ

埃斯科菲耶

英: Auguste Escoffier

奥古斯特·埃斯科菲耶（1846—1935）被誉为近代法餐的开山鼻祖。厨艺自不用论，经营能力更是过人。他受邀参与了伦敦萨沃伊酒店的重建，在巴黎大酒店、丽兹酒店和卡尔顿酒店大放异彩。与此同时，他也全力投身于消灭贫困的战斗中，发起了援助贫穷厨师的运动，倡导不过量使用香料和不易消化的酱汁，推进简化夸张摆盘的革命。不仅如此，他还积极开发更具大众性、日常性的近代烹饪系统。埃斯科菲耶留下了比卡瑞蒙更光辉的业绩，在 1928 年荣获法国荣誉军团勋章（Légion d’honneur）。

著作《美食指南》(Le Guide Culinaire，1903）中记录了5000余种菜肴的做法，直到今日仍是法餐的圣经。他始终强调“烹饪是与时俱进的”。出版了《菜单手册》(Le Livre des menus，1912)、《我的烹调法》(Ma Cuisine，1934）等大量著作。发明了冰淇淋糖水桃子等各种菜肴与糕点，同时也是绿芦笋之父。厨师的级别越高，帽子也越高，相传这是因为埃斯科菲耶身材矮小，高帽更能体现他的威严。

→芦笋→西餐→冰淇淋糖水桃子

エストラゴン

龙蒿

法: estragon

菊科多年生草本植物，原产于俄罗斯南部、东欧。在美国、法国、荷兰、德国、西班牙、俄罗斯、前南斯拉夫均有种植。日语中又称“河原艾”。希腊语“drakon（龙）”演变为阿拉伯语“tarkhun”，再到中世纪拉丁语“tarcon”，最后演变为英语“tarragon”和法语“estragon”，意为“小龙”。据说龙蒿可用于治疗被有毒的爬虫类咬到的伤口，根的形状神似盘踞的蛇，因此得名。十字军（1096—1291）将龙蒿带回欧洲。在13世纪，西班牙药剂师伊本·贝塔尔（Ibn al-Baytar）记录了龙蒿的用途，称它可用作蔬菜的调味料、安眠药与口气清新剂。从16世纪开始，龙蒿渐成法餐常用的香草。可用于法国蜗牛制作的菜肴，也是酿制苦艾酒的材料。叶片的香味与茴芹相似。1915年（大正四年）传入日本，作为药草进行人工种植。可消除鸡肉、鸭肉、火鸡肉、野鸟肉、兔肉的腥味，用于沙拉、汤、酱汁、蛋黄酱、法式芥末酱、法国蜗牛、蛋卷、焗菜等等。将龙蒿加入葡萄酒醋，可制成龙蒿醋。作为药材，有增进食欲、健胃、缓解痛风、风湿的功效。

→香草

エスニック料理（りょうり）

民族特色美食

英: ethnic dishes

特定少数民族菜系的统称。“民族特色美食”这一称呼发源于昭和四十年代（1965—）的美国纽约周边。在日本，主打东南亚、中南美、非洲等地美食的餐厅在1980年代后期开始急剧增加，掀起一股“民族特色美食热潮”。饮食的时尚化就此开始。“ethnic”一词有人种、民族的意思。民族学的英语是“ethnology”。受语感的影响，“ethnic”在日语中也有“异国情调”“稀罕”“有点奇怪”等引申义。该词原指全球所有民族的美食，但特指某民族、国家的美食的情况较多，一般指亚洲、中近东、第三世界国家的菜肴。具体包括韩国、中国台湾、越南、柬埔寨、菲律宾、泰国、印度尼西亚、印度、阿富汗、伊朗、土耳其、墨西哥、牙买加、古巴、巴西、秘鲁、埃及、突尼斯、摩洛哥、加纳等地的菜品。不过民族特色美食的所指千差万别，可用“其他民族的美食”概括。当少数派民族穿越国境时，民族特色美食便会随着移民的出现而登场。当本地居民对少数民族的饮食文化产生兴趣时，这些美食便能作为餐饮店的菜品站稳脚跟。民族特色美食的特征视国家、民族而定，可谓多种多样，具有共性的特征有：①常用辣椒调味，口味偏辣；②东南亚菜常用鱼酱；③煎、炒、炸、炖为常用烹饪方法；④动物性脂肪偏少；⑤常用香料与香草。在美国这样的多民族国家，人们对“民族特色”“异国情调”的认识与日本人有较大的差异。对住在美国的异族人而言，“民族特色美食”就是故乡的味道。在美国，民族特色美食也是面向移民的美食。日本料理在美国也算“民族特色美食”。

→印度尼西亚菜系→印度菜系→埃及菜系→泰国菜系→中国台湾菜系

エスパニョル

西班牙式

法：espagnole

英语称“spanish”。褐酱（西班牙式酱汁，sauce espagnole）最为著名。1660年，法王路易十四（1643—1715在位）迎娶了西班牙公主。相传公主出嫁时带了西班牙的厨师，命其在宫中烹制西班牙菜系最基本的褐色酱料。这种酱汁很合法国人的口味，后来发展成了搭配鱼肉的专用酱汁。18世纪，厨师范·拉·夏贝尔尽力推广这种酱汁，为近代法餐基础的奠定做出了贡献。西班牙盛产西红柿，所以加有西红柿、甜椒、洋葱、大蒜的菜品也会被冠以“西班牙式”之名。将这款酱汁进一步熬煮收汁，就是多明格拉斯酱汁（demi-glace sauce）。

→西班牙菜系

エスプレッソ

意式浓缩咖啡

意：espresso

发祥于意大利的咖啡。意大利语“espresso”由英语“express（特快）”演变而成。18世纪至19世纪，意大利人发明了能迅速萃取咖啡的机器（即日后的意式浓缩咖啡机）。1906年，这种机器在米兰世博会上受到瞩目。也有说法称，意大利技师阿吉雷·加西亚在1938年发明了用蒸汽加压萃取咖啡的方法。由于咖啡是用蒸汽萃取的，成品非常浓郁。注入小型咖啡杯（demitasse）直接饮用最佳。

→咖啡→小型咖啡杯

エダム

埃德姆奶酪

英: Edam

一种硬质奶酪，发祥于荷兰北部阿姆斯特丹附近的埃德姆地区。英语称“红波（redball）奶酪”。在不同的国家有不同的叫法，比如“摩尔人的头”“海豹头”“猫头”等。表面被石蜡覆盖，用红色玻璃纸包装，一般呈球形或平板形。因为表面涂有红色素洋红，所以呈红色。荷兰有30种奶酪，高达奶酪（gouda）、埃德姆奶酪最为著名。埃德姆奶酪是在牛奶中加入凝乳酶（rennet）形成凝乳，分离乳清后制成的天然奶酪。比高达奶酪更软，风味温润。可用作餐桌奶酪，或用于焗菜。

→高达奶酪→奶酪

エッグノッグ

蛋奶酒

英: eggnog

加有鸡蛋的鸡尾酒，蛋酒。蛋奶酒是英国东安格利亚的烈性啤酒。法语“lait-de-poule”有“母鸡之奶”的意思。也有说法称蛋奶酒诞生于美国南部。在威士忌、白兰地、伏特加、葡萄酒、啤酒、汽水中，加入蛋黄、蛋白、牛奶、糖与香料，用搅拌机搅拌均匀，加热后饮用，有发汗的功效，是感冒的特效药。每个国家的蛋奶酒做法不同，在法国要加柑橙香精，英国人则更偏爱朗姆酒、白兰地。蛋奶酒与日本的蛋酒相似。日本人会喝热的日本酒、烧酒，但欧美国家几乎没有把酒加热后饮用的习惯，蛋奶酒是极少数的例外之一。风味视配料的组合而变。作为一种营养价值很高的饮品，一年四季均可饮用。夏天冰镇后饮用更清凉。

→鸡尾酒

エピグラム

讽刺诗

法: épigramme

原意为“警句、讽刺”。介绍一个因为搞混了“épigramme 小牛肉”与“讽刺的话题”闹的笑话：18世纪中期，混迹社交界的某位女主人邀请政治家舒瓦瑟尔一行参加晚宴。在席上，宾客们聊起沃德勒伊公爵府的“épigramme”相当了得。女主人争强好胜，肚子里却没多少墨水，便命主厨米歇尔烹制更美味的“épigramme”。épigramme 小牛肉大功告成后，女主人再次邀请这批宾客来府上，这才发现自己误会了，引得众人大笑。

エピクロス

伊壁鸠鲁

英: Epicurus

古希腊哲学家（B. C. 341—270）。生于临近小亚细亚的萨摩斯岛。在雅典开办学校，人称“伊壁鸠鲁花园”。他认为人生的目标是享受有节制的快乐，享乐乃是至善之事，倡导精神享乐主义。伊壁鸠鲁学派的创始人。日后，“épicure”一词衍生出了“享乐主义者”的意思。然而在古罗马时代，以王侯贵族为主的上流群体开始一味追求享乐，导致饮食习惯日益衰退。从 16 世纪开始，美食学在以法国为中心的地区发展起来，饮食观得以逐渐确立。

→美食学→美食家→西餐

エメンタール

埃曼塔奶酪

英: Emmental

17 世纪中期发源于瑞士首都伯尔尼东北部的埃米（Emme）河谷，是瑞士最具代表性的天然奶酪。以溪谷的名字命名，据说诞生于 1622 年前后。直径 1 米，重达 100 公斤，呈圆形，是全球最大的奶酪之王。埃曼塔奶酪是一种借助丙酸菌发酵的霉菌成熟型硬质奶酪，发酵时生成的碳酸气体会在奶酪中留下较大的气孔。不仅可用作餐桌奶酪，还是瑞士名菜奶酪火锅的必备食材。同时也是再制奶酪的原料。

→奶酪→奶酪火锅

エール

干姜水

英: ale

具有生姜风味的碳酸软饮料。又称“干姜啤酒”。配料有生姜、酒石、糖浆和酵母。相传公元前 1 世纪，这款饮品通过古罗马军队传入英吉利。在 9 世纪，基督教的修道院也开始制作这种不加啤酒花的汽水饮料了。到了 13 世纪，干姜水成为英国的国民饮品。14 世纪，加有啤酒花的干姜啤酒问世，在以德国和瑞士为中心的地区普及开来。

宴会（えんかい）

宴会

英: banquet

提供酒水餐食的宴席。法语“banquet”和英语“banquet”的词源是意大利语“banchetto（小长椅）”。相传该词诞生于 15 世纪，因为“一群人围着小长椅坐”是宴会的雏形。在古希腊，一旦出现需要探讨的重要议题，人们便会召开被称为“symposion”的宴会。而这个词正是现代的“研讨会（symposium）”的词源。在罗马，以王侯贵族为主的上流社会频频举办盛大的宴会，享受美酒佳肴，观赏各种舞乐表演。到了中世纪，席间表演的形式变得愈发多样。后来，上流社会的各种奢华宴会留下了五彩缤纷的传说。中国菜最高级别的宴席称“满汉全席”。

→西餐→中国菜系→满汉全席

エンゼル・フード・ケーキ

天使蛋糕

英：angel food cake

诞生于美国的蛋糕。又称“angel cake”“silver cake”。因为蛋糕通体纯白，口感柔滑，所以被誉为“天使的食物”。将蛋白打发，加入面粉、糖、酒石酸，调成面糊（batter），倒入正中央有洞的环状模具，送入烤箱即可。加入酒石酸有助于防止消泡，提升面糊的稳定性。之所以用环状模具，是因为面糊受热不均匀可能会导致成品半生不熟。在美国可以买到天使蛋糕预拌粉。预拌粉分成两袋，第一袋装有蛋白粉、糖和磷酸钙，第二袋装有面粉、糖、盐、奶油奶酪和香料。先将第一袋打发，然后再倒入第二袋搅拌均匀即可。与天使蛋糕相对应的是“恶魔蛋糕（devils food cake）”。因为这款蛋糕的原料包括巧克力和可可粉，呈茶色，味道浓郁，会让人联想到恶魔。

→蛋糕→恶魔蛋糕

豌豆（えんどう）

豌豆

英：pea

豆科一到二年生草本植物，是世界上最古老的植物之一。目前尚未发现野生豌豆，原产地不明。学界有说法称豌豆原产于地中海沿岸至西亚。公元前7000年的朗格多克遗迹也有豌豆的种子出土。拉丁语“pisum”演变为法语“pois”，最后演变为英语“pea”。在英语中，豌豆有“pea（单数）”“peas（复数）”“pease（集合名词）”这三种形态。相传豌豆是从西亚的高加索地区传入欧洲的，人们早在古埃及、古希腊、古罗马时代就开始种植豌豆。公元前2世纪，张骞出塞，从西域带回了“胡豆”。在16世纪的英国（伊丽莎白时代），豌豆还是一种很奢侈的食品。豌豆又称“青豆”。公元7世纪到8世纪，豌豆通过遣唐使传入日本。根据豆荚的硬度，可分为：①嫩豌豆（连豆荚一起吃）和②绿豌豆（只吃豆子）。③“split pease”是绿豌豆的干燥品，又称“snap pea”。也有豆荚和豆子都能吃的“split pease”。可用于头盘、汤、煮豆子和糕点。

→圣日耳曼

袁枚（えんばい）

袁枚

中国清代中期文学家、诗人、茶人、美食家（1716—1797），字子才，号简斋，晚年自号随园主人、随园老人。钱塘（今浙江杭州）人。于江南多地担任县令，后辞官养母，在江宁（今江苏南京）购置宅邸，改名“随园”，筑室定居，过上了吟诗弄文的生活。袁枚在美食领域也有颇深的造诣，其著作《随园食单》(1792）中记录了足足325种明菜。食单即食谱、菜单。书中收录了大量的江浙美食，关于中国菜使用的食材和烹饪方法也有详尽的论述，直到今天仍是中国菜领域的指导性史籍。

→中国菜系

燕麦（えんばく）

燕麦

英: oats

禾本科一到二年生草本植物，原产地可能是中亚。在北欧、俄罗斯、加拿大、美国的寒冷地带均有种植。在日语中也称“オート麦”“烏麦（からすむぎ）（乌麦）”。与野燕麦（*Avena fatua*，日语：野生のカラスムギ）不是同一种植物。法语“avoine”源自拉丁语“avena”。早在古罗马时代，人们就开始种植燕麦了，还用燕麦磨粉熬粥。燕麦有“有芒”和“无芒”之分，也有“春播”和“秋播”之分。燕麦富含蛋白质和脂类，碳水化合物含量较少，营养价值高。燕麦粥（oat meal)、燕麦片（rolled oats）是欧美人钟爱的早餐。燕麦也可用作酿酒的原料与饲料。在明治时期，燕麦从欧洲传入日本，却没有像大麦那样发展出多种多样的用途。

→燕麦粥→麦

エンマー小麦（こむぎ）

二粒小麦

英: emmer wheat

一种原始小麦，可能原产于中近东。在古埃及，人们从史前时代开始种植这种小麦。在古罗马时代，二粒小麦发展为主要的小麦品种。由于脱粒难度高，从公元前1世纪开始，它的地位被硬粒小麦（durum wheat）取代。后来，地中海沿岸发展出了意面文化。

→小麦

王冠（おうかん）

王冠瓶盖

英: crown

特指用于密封瓶装啤酒的瓶盖。现代人之所以能喝到量产的啤酒，多亏了三项重大技术革新：①灭菌方法、②酒瓶的完全密闭、③量产设备。1892年，美国马里兰州的威廉·潘特（William Painter）发明了可完全密封酒瓶，又能轻易打开的瓶盖。由于形似王冠，人们将其称为王冠（crown）瓶盖。这项技术使啤酒的长期储藏成为可能。顺便一提，在19世纪70年代，美国的阿道弗斯·布什（Adolphus Busch）确立了用蒸汽加热酒瓶消灭杂菌的杀菌方法（即巴氏灭菌法）。

→啤酒

大麦（おおむぎ）

大麦

英: barley

禾本科一到二年生草本植物，原产地不确定。法语“orge”、意大利语“orzo”的词源是拉丁语“hordeum”。有春播大麦和秋播大麦之分。大麦有20余种，但现在人工种植的主要是六棱大麦和二棱大麦。大麦称得上全球最古老的农作物之一。早在1万年前的新石器时代，人们就开始种植大麦了，是古人长久以来赖以生存的重要粮食。古埃及遗迹中也有大麦的种粒出土。也有说法称，大麦的种植始于公元前8000年的伊朗。大麦经由希腊、罗马传入欧洲。在查理一世（1625—1649在位）统治时期，大麦是英国农民的主食。直到18世纪，英格兰南部仍有用大麦等谷物支付工资的习惯。在英国可以进口外国的优质小麦之后，大麦面包便从市面上消失了。与小麦相比，大麦的制粉难度较高，且不易形成麸质。大麦粉做的面团不易膨胀，做成面包也不好吃，所以在近代欧洲，人们习惯用小麦、黑麦做面包，大麦主要用作饲料，或用于酿造威士忌和啤酒。在3世纪到4世纪，大麦经由朝鲜半岛从中国传入日本，比小麦登陆日本的时间更早。

→麦→麦子美食

オクラ

秋葵

英: okura、gumbo

锦葵科一年生草本植物，可能原产于北非。英语中又称“lady’s finger（淑女的手指）”。在欧美国家均有种植。有说法称“gumbo”由西非的语言演变而来。法语"gombo"、英语"gumbo"的词源是非洲班图语中的"kingombo"。早在公元前的古埃及时代，人们就已开始种植秋葵。明治中期传入日本。从1960年（昭和三十五年）前后开始受到关注，逐渐普及。秋葵的可食用部分是黄花凋谢后形成的种荚。特有的黏液由果胶、半乳聚糖、阿拉伯聚糖（araban）等多糖类物质组成，加热后黏性增强。涩味来自丹宁，搭配蛋黄酱食用风味更佳。东方人习惯生吃秋葵，享受黏滑的口感，或是焯水后做成拌菜、醋拌凉菜与炖菜。欧美人的吃法则更多样，可做成沙拉、奶油拌菜、茄汁炖菜、黄油炒菜、汤、炖菜、裹面糊油炸、油炸馅饼（fritter）等等。

お焦げ料理

锅巴

中国菜点之一。形成于锅底的锅巴风味独特。汉语中又称"锅底饭"。《世说新语·德行》中有一个关于锅巴的小故事：吴郡陈遗，家至孝。母好食铛底焦饭（锅巴），遗作郡主簿，恒装一囊，每煮食，辄贮录焦饭，归以遗母。后来，锅巴的美味一传十十传百，用高温油炸而成的锅巴就此问世。锅巴口感香脆，色香味俱全，也是非常受欢迎的宴席配菜。

→中国菜系

オースターネスト

复活节彩蛋窝

德：Osternest

德国人在复活节期间使用的鸟窝状糕点。"oster"即复活节。将发酵面团做成鸟窝的形状，刷上蛋黄送入烤箱即可。它也是盛放复活节彩蛋的容器。

→复活节

オースターラム

复活节羊羔饼干

德：Osterlamm

德国人和奥地利人在复活节时使用的羔羊状饼干。将饼干面糊装入羔羊状模具，烤好后撒上糖粉。

→复活节

オストカカ

瑞典奶酪蛋糕

瑞：ostkaka

发祥于瑞典的传统奶酪蛋糕。"ost"即"奶酪"，"kaka"即"糕点"。有说法称这种蛋糕是16世纪至17世纪在林雪平市某县诞生的。先用凝乳酶使牛奶凝固，之后再将凝乳打碎，倒入模具烤制。淋上果酱、鲜奶油食用风味更佳。

→奶油

オーストラリア料理

澳大利亚菜系

英: Australian cuisine

澳大利亚国土辽阔，足有日本的 20 倍，人口约 2300 万人，其中包括自古以来在当地居住的澳洲土著（Aborigines）。18 世纪后期，库克船长登陆植物学湾（Botany Bay，悉尼）。100 年后，人们在澳大利亚发现了金矿，掀起了空前的淘金热，以英国人为首的各国移民大举涌入澳洲。澳大利亚菜系有下列特征：①澳大利亚是多民族国家，世界各地的民族特色食品与菜肴和谐共存，存在英国、法国、意大利、印度、越南、中国等各国的美食；②不太使用香料，但是受东南亚文化的影响，咖喱类菜肴广泛普及；③人们对食材的偏好随时代变迁（羔羊肉、羊肉→牛肉、鸡肉→海鲜），预防肥胖、健康低卡成为新时尚；④出现了被称为“新式澳餐（Australian nouvelle cuisine）”“现代澳餐（modern Australian cuisine）”的新式菜肴。最具代表性的美食是用生蚝、螃蟹、龙虾等海鲜做成的海鲜冷盘（seafood cocktail）。钳子部分可食用的泥蟹（mud crab）味道鲜美，生蚝更是一年四季都能吃到，与日本不同。炖袋鼠尾巴（kangarootail stew）、澳式鸡肉咖喱（Australian chicken curry）、羊排（lamb chops，用大火烤羊肉，以盐和胡椒）也是具有澳大利亚特色的美食。澳大利亚的邻国新西兰盛产猕猴桃，受英国饮食文化的影响较大。比如：①早餐常吃燕麦粥、培根煎蛋、肉派（meat pie）；②有英式酒吧（pub），爱办居家派对（home party）；③爱吃烤羊肉（roast lamb）。

→猕猴桃

オーストラリアのパン

奥地利面包

英: Austrian bread

奥地利首都维也纳是中世纪的欧洲文化中心。维也纳面包更是和维也纳的文明一起普及到了世界各地，催生出了丹麦酥（丹麦）、布里欧修、羊角包（法国）、史多伦（德国）、圆面包（英国）、凯撒面包（德国）等品种。不同于法国面包的是，奥地利面包多为月牙形，糖、油、奶的用量大。奥地利面包有下列特征：①可粗略分为大型维也纳面包（großer brot）、维也纳面包、黑面包（Wiener schwarzbrot）、黑麦面包（roggenbrot）；②有继承了古罗马传统的凯撒面包；③表面撒有岩盐的盐棒；④加有干果、坚果的古格霍夫面包（kugelhof）；⑤加有苹果、杏子的果馅卷（strudel）；⑥形似甜甜圈的油炸圈饼（krapfen）。奥地利人长久以来用啤酒酵母做面包。1846年，奥地利人莱宁格确立了维也纳法（捞取法），在维也纳率先推出用面包酵母制作的面包。1898年（明治三十一年），日本陆军对英国、法国、德国的军用面包进行了调研，最后决定采用奥地利面包。

→凯撒面包→油炸圈饼→月牙形面包→羊角包→盐棒→丹麦酥→面包→布里欧修

オーストラリア料理

奥地利菜系

英: Austrian cuisine

从13世纪开始，哈布斯堡家族的宫廷文化在以奥地利首都维也纳为中心的地区繁荣了600余年。直到今天，其影响仍存在于奥地利文化的方方面面。奥地利人与德国人同属日耳曼民族，四周则是以斯拉夫民族为主的国家。奥地利菜系有下列特征：①受意大利、德国、法国与匈牙利等国家地区的影响，同时形成了精致的维也纳式贵族美食；②奥地利人与意大利人一样，以钟爱美食著称；③奥地利是四面环山的内陆国家，冬季严寒，在这样的气候风土中，人们养成了充分利用食材本身风味的习惯；④除了炖牛肉、野鸟与蔬菜做成的菜肴，还有维也纳式炸肉排（wiener schnitzel）；⑤匈牙利炖牛肉（gulasch）也非常知名；⑥更有萨赫蛋糕（sacher torte）等传统糕点。

→维也纳咖啡→维也纳香肠→维也纳式→奥地利面包→萨赫蛋糕→匈牙利炖牛肉

オゼイユ

酸模

法: oseille

蓼科多年生草本植物。原产于北亚、欧洲。又称“酸叶”“野菠菜”。法语“oseille”由后期拉丁语“acidus（酸）”演变而来。18世纪在欧洲开启人工种植。叶片形似菠菜，但表面有光泽，含有草酸，带来强烈的酸味。富含钾、镁、维生素C。可用于沙拉、汤、酱汁。

→香草

オックステールシチュー

炖牛尾

英: oxtail stew

相传这道菜诞生于16世纪的伦敦史密斯菲尔德（Smithfield）肉类市场周边。牛尾在关节处切断，和胡萝卜、洋葱一起炖8小时以上，便成了富含胶质、味道鲜美的汤。骨骼之间的肉跟盐腌牛肉（corned beef）一样纤维分明，且富含脂肪，入口即化。相近的菜肴有澳大利亚的炖袋鼠尾巴，

口味偏清淡。

オッソブッコ

炖小牛腿

意: ossobuco

发源于意大利北部城市米兰的炖菜。发明经过不详。“ossobuco”是合成词,“osso”即“骨”,“bucco”即“牛的小腿肉”。用加有白葡萄酒的汤汁炖煮带骨肉而成。具体做法是用橄榄油煸炒带骨肉、洋葱、胡萝卜、西芹和大蒜,再倒入白葡萄酒慢炖。有加西红柿的版本和不加西红柿的版本。加入西红柿与洋葱的米兰式炖小牛腿风靡全球。这道菜跟德国猪脚一样,很合日本人的口味。

→意大利菜系

オードブル

头盘

法: hors-d'oeuvre

西餐中最先上桌的菜。又称“前菜”“entremets”,日语中亦可写成“オールドーブル”“オードヴル”。“hors-d'oeuvre”由“hors(往外)”、“de(的)”、“oeuvre(作品)”组合而成,有“作品的附加”“餐单上没有的菜品”之意。法餐继承了古罗马奢华宴会菜品的传统,因独特而精致的技法取得了光辉的成就。从14世纪起,由于宴席中等待上菜的时间较长,主办方为了不让宾客无所事事,就养成了提供小食(前菜)的习惯,这便是头盘的由来。到了17世纪至18世纪,“hors-d'oeuvre”这一称呼逐渐固定下来。头盘有下列特征:①在汤品上桌前享用,有助于促进食欲;②其定位是“大菜之前的前菜”,形态小巧,分量也偏少;③色香味俱全,摆盘考究;④让人更期待接下来的菜品;⑤有冷有热,但冷盘偏多;⑥常见的冷盘有西芹、橄榄、甜瓜、开胃薄饼、火腿鸡蛋小馅饼、油浸沙丁鱼、醋腌凉菜、烟熏三文鱼、乌鱼子、鱼子酱、鸡尾酒、慕斯、法式肉冻和沙拉等等。常见热盘有小烤串(brochette)、炸丸子(croquette)、贝壳烤菜(coquille)、贝奈特饼(beignet)等。

→甜点→开胃薄饼→意式薄切生牛肉→扎库斯卡(zakuska)→前菜

オートミール

燕麦粥

英: oatmeal

用燕麦片或燕麦烹制的粥。历史可追溯到15世纪前,是英国苏格兰地区的农家传统早餐。又称“苏格兰燕麦粥”。在燕麦片中加入糖与牛奶后煮成粥(porridge)状。颗粒完整的燕麦不易消化,因此为了提升消化率,可将燕麦处理成：①燕麦粉（ground oats）、②压成片状的燕麦片（rolled oats）或③糊化（Gelatinization/α-化）燕麦。传入美国之后迅速普及，成为大家耳熟能详的“谷物片（cereal）”。燕麦粥易于消化，营养价值也高，富含蛋白质、脂类、钙、磷、维生素 B_1、B_2 与铁等营养物质。明治初年传入日本，但日本原来就有独特的粥与年糕汤，所以燕麦粥没有大范围普及。

→燕麦→谷物片→麦子美食

オニオン

洋葱

英：onion

即日语中的“たまねぎ”。法语称“oignon”。

→洋葱（たまねぎ）

オニオンリング

洋葱圈

英：onion ring

第二次世界大战后诞生于美国的环状油炸洋葱。将洋葱切成薄片，便有了一个个独立的洋葱环。裹上面粉油炸，即为“炸洋葱（fried onion）”。炸洋葱传入美国后，人们对做法进行了改良，先将洋葱切成碎末，再加入增加黏性的配料，送入甜甜圈塑形机成型，最后用自动油炸机油炸，实现了洋葱圈的量产。无论洋葱是大是小，最后的成品都是同样的形状。用这种手法“重组”的食品被称为“合成食品（fabricated food）”，薯片、合成肉也属于这一范畴。

→洋葱→炸洋葱

オープンサンドイッチ

开放式三明治

英：open sandwich

在以丹麦为中心的北欧地区发展起来的三明治。在切片面包上涂抹黄油、蛋黄酱，再叠加肉、海鲜、蔬菜、水果、香料等食材即可。常用的食材有鲱鱼、烟熏三文鱼、油浸沙丁鱼、小虾、鱼子酱、盐渍鲑鱼籽、冷牛肉、生火腿、白煮蛋、奶酪和蔬菜。法餐头盘“开胃薄饼”其实也是一种“一口就能吃下的小型开放式三明治”。丹麦首都哥本哈根有一家老字号餐馆，名叫“Oskar Davidsen”，菜单上足有 178 种开放式三明治供顾客选择。这家店原本主营葡萄酒。1888 年，初代店主的妻子创作了这款三明治，用作免费提供给顾客的下酒菜。后来，这家店驰名全球，可惜传到第三代就关门了。全世界最长的菜单（144 厘米）和日语版菜单仍是不朽的传说。与英式三明治（配料夹在两片面包之间）相比，开放式三明治的尺寸较大，吃的时候巴不得上刀叉。在北欧，它一直是午餐、晚餐和夜宵的人气选择。传入美国后演变出了美式开放三明治，有将温热的配料放在吐司面包上的，也有放好配料后再把面包送入烤箱加热的，更有直接把肉扒放在面包上的版本。

→三明治→斯堪的纳维亚式自助餐→北欧面包

オペラ

歌剧院蛋糕

法: opéra

1874年，建筑师查尔斯·加尼叶（Charles Garnier）耗费12年岁月打造的巴黎歌剧院大功告成。它是巴黎人引以为傲的大工程，催生出了各种用“歌剧院”冠名的菜肴和甜点。意大利语“opera”的词源是拉丁语“opera（活动、工作）”。歌剧院蛋糕由淋有咖啡味糖浆的杏仁蛋糕饼底（法: biscuit joconde）、咖啡风味的奶油霜和巧克力甘纳许交替相叠而成，顶层以金箔装饰，致敬歌剧院。它的由来有若干种说法，有人说它诞生于巴黎歌剧院附近的糕点店，有人说它的雏形是1920年糕点店Creasy打造的同名产品，也有人说它是1949年收购了达洛优（Dalloyau）的西里亚克·加维永（Cyriaque Gavillon）所创。王冠形的蛋奶布丁（custard pudding）有时也被称作“歌剧院布丁”。而最出名的“歌剧院”菜肴则是由荷包蛋和煎鸡肝组成的“歌剧院鸡肝（ウー・オペラ）”。

歌剧院蛋糕
资料:《糕点事典》东京堂出版 [277]

オマール

龙虾

英: homard

龙虾科的大型虾类。法语“homard”由丹麦语“hummer”演变而来，英语称“lobster”。栖息于欧洲大西洋沿岸与地中海沿岸，是法餐必不可缺的食材。法国西北部的布列塔尼地区有主打龙虾的高档名菜。龙虾需要5年以上才能长到12厘米长，是一种成长速度很慢的虾。前脚中有一对大小不同的钳子。跟日本龙虾（*Panulirus japonicus*，伊势海老）一样具有王者风范。外壳薄而不硬，呈半透明状，肉质柔软，适合烹制高档热菜。将龙虾纵向切开，以火葱、盐、胡椒调味后送入烤箱，淋上柠檬汁，便成了著名的烤龙虾（homard grillé）。可用于头盘（冷盘）、烤串、炖菜和焗菜。品种不同于北美东海岸产的美洲螯龙虾（American Lobster）。

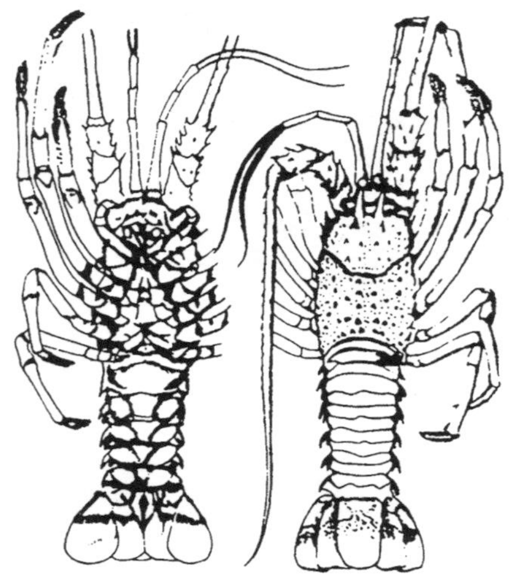

龙虾
资料：《鱼类事典》东京堂出版[267]

オムレツ

煎蛋卷

日语“オムレツ”是法语“omelette”演变而来的自造词。用平底锅制作的法式煎蛋。在日本统称为“煎蛋卷（オムレツ）”。“omelette”的词源有两种说法，一为拉丁语“ovum（蛋）”衍生出中世纪法语“alumette”，最后变为法语“omelette”，二为古法语“lamella（薄板）”演变为中世纪法语“alemelle”，最后变为法语“omelette”。古罗马时代有一款名叫“ovamellita（蜂蜜蛋卷）”的菜肴，也有人认为它正是“omelette”的词源。“ovamellita”是合成词，“mel”即“蜂蜜”，“ova”即“蛋”，蛋液中要加入蜂蜜。煎蛋卷其实就是“法式鸡蛋烧”，具体发祥地不明。介绍一则关于煎蛋卷的小故事：某日，西班牙国王出门视察领地，半路觉得肚子饿，就找了一户农家歇脚。农民即兴发挥，打了几个鸡蛋做成煎蛋卷招待国王。国王大为感动，夸道：“quel hommeleste！（手脚多麻利啊！）”在日本，《妇女杂志》（1894 / 明治二十七年）首次面向日本读者介绍煎蛋卷。煎蛋卷的做法丰富多样，比如：①只用盐与胡椒调味，除了鸡蛋不加任何配料的原味煎蛋卷（plain omelette）；②将鸡蛋与配料搅拌均匀后煎；③用蛋裹住配料；④将配料填入煎好的蛋。常用配料有洋葱、菠菜、芦笋、洋蓟、香芹、蘑菇、松露、西红柿、肉糜、（猪、牛的）肝脏、鹅肝、火腿、培根、奶酪、金枪鱼、小虾、螃蟹。煎蛋卷有下列特征：①可自选配料；②也有用作甜点的款式；③西班牙式煎蛋卷是用黄油、橄榄油、大蒜煸炒切成薄片的土豆，加入蛋液后一起煎。

→西班牙式煎蛋卷

オムレット

煎蛋卷

法：omelette

→煎蛋卷（オムレツ）

オランダ料理

荷兰菜系

英: Dutch cuisine

荷兰在17世纪至18世纪称霸世界，留下了光辉的足迹。荷兰菜系在很大程度上受印度尼西亚、越南、中国等国的影响，实现了与多元文化的融合。荷兰菜系有下列特征：①以土豆为主食，煮、煎、磨泥等烹饪手法高度发达，炸薯条就发祥于荷兰；②有醋腌鲱鱼、烟熏鳗鱼；③有用鸵鸟肉烹制的菜肴；④有驰名全球的高达奶酪和喜力啤酒。最具代表性的菜肴有磨碎的土豆、胡萝卜、洋葱混合而成的蔬菜泥（hutspot）、加入牛排骨的荷兰豌豆汤（erwtensoup）、荷兰肉丸（gehaktbal）、荷兰煎饼（pannekoeken）。荷兰菜系对日本饮食文化产生了不可估量的影响。在日本闭关锁国的17世纪至19世纪，荷兰美食通过长崎的荷兰商馆传入日本。

→炸薯条

折パイ生地

千层酥皮

法: feuilletage

以黄油包裹面粉做成的面团，反复折叠而成的酥皮。在日语中也称“折り込みパイ生地”。拉丁语“folia”演变为“feuille（叶）”，衍生出“feuilleter（折叠千层酥皮）”，最后变成法语“feuilletage”。古希腊有在面团中加油后烤制的烹饪方法，被视作千层酥皮的雏形。阿拉伯人也会制作这种酥皮。在法国，千层酥皮出现于查理五世（1364—1380在位）统治时期，将鸟兽肉填入面团烤制的肉派（法：pâté）问世。相传在15世纪，托斯卡纳公爵的宫廷厨师将千层酥皮用在了以菠菜为原料的菜肴中。至于现代人熟悉的千层酥皮是如何形成的，学界众说纷纭。有人说发明者是17世纪孔代公爵家的面点厨师长“Feuille”，也有人认为发明者是同一时代的风景画家克劳德·热莱（Claude Gellee，后来的克劳德·洛兰 Claude Lorrain）。支持前一种说法的依据是千层酥皮又称“pâte feuilletée”。至于后一种说法，相传某日克劳德·热莱在做糕点的时候忘了在面团里加黄油，后来才裹进去，烤出来一尝，口感竟然很好。1635年，巴黎糕点店弗朗索瓦·洛巴图引进了这种手法，大赚一笔。后来，克劳德受雇于佛罗伦萨的糕点店莫斯卡·安盖洛，在当地结识的德国画家的帮助下成为名垂千史的风景画家。总而言之，为现代千层酥皮奠定基础的人是安东尼·卡瑞蒙（1784—1833）。酥皮可大致分为欧式与美式。欧式酥皮又称“feuilletage”“puff paste""pâte feuilletée""折りパイ生地""折り込みパイ生地"。传入美国后，演变为易于量产的水油酥皮（shortcrust piecrust），又称"short pastry""pâte à foncer""pâte brisée"。

→苹果派→派→拿破仑

オリーブ

橄榄

英: olive

木樨科常绿小乔木，原产于地中海沿岸。自然分布于美索不达米亚、叙利亚、巴勒斯坦等中近东地区。在意大利、南法、西班牙、希腊等地中海沿岸地区和美国加州均有种植。橄榄是一种长寿的树，树龄可达1000年以上。法语"olive"、英语"olive"的词源是拉丁语"oliva"。人类种植橄榄的历史悠久，可追溯到公元前3000年前后的叙利亚。在希腊神话中，橄榄在和雅典娜（战争女神）有关的部分频频登场。在圣经中，葡萄、小麦、无花果、橄榄也是出现频率最高的植物。在创世纪中，鸽子叼回来的橄榄枝是和平的象征。在早期的奥运会中，颁给优胜者的奖品是橄榄枝编成的花冠，因为橄榄也是胜利的象征。橄榄是希腊的国树，同时也是贞节、多产、繁荣的代名词。1908年（明治四十一年），日本农商务省正式批准从意大利进口橄榄树苗。橄榄的可食用部分是果实。橄榄可大致分为青橄榄和黑橄榄，共有200多个品种。地中海沿岸尤其适合种植橄榄，因为①当地有气候温暖的丘陵地带，②有年降雨量在350 mm上下的干燥地区且③冬季气温在10 ℃以下。橄榄有强烈的涩味，不能直接吃，要先用碱性物质处理，去除涩味，水洗后用盐水腌制。内部填有红辣椒的辣椒夹心橄榄（stuffed olives）、腌熟橄榄（ripe olive）都是常见的橄榄吃法。可用凤尾鱼调味，或是加西洋醋、茴香、百里香享用。常用于头盘、调味汁、酱汁与鸡尾酒。

→橄榄油

橄榄

资料:《植物事典》东京堂出版[251]

オリーブ油

橄榄油

英: olive oil

用熟透的橄榄树果实压榨的油。橄榄油无味无臭，呈淡黄色，属于不干性油。在古希腊，档次最高的橄榄油用于涂抹身体，稍差些的用来吃，档次最低的用作灯油。天主教有七圣事（sacrament），其中的“终傅（将油抹在临终的人或病人头上，以帮助其灵魂进入永生，抑或帮助其康复）”使用的就是橄榄油，这项传统一直延续至今。英语“oil”由“olive（橄榄）”演变而来。在欧洲，橄榄油被视作昂贵、珍贵的食用油。橄榄油可大致分为初榨油（virgin oil 压榨后不做化学处理）、混合油（在精炼油中加入初榨油）和特级初榨油（extra virgin oil）。用压榨法生产的橄榄油呈淡黄色，没有臭味，口味清淡，有独特的香味。亚油酸（linolic acid）含量 4%—12%，油酸（olein acid）含量 70%—85%，富含不饱和脂肪酸，是最适合控制胆固醇的植物油。可用于调配色拉油或油浸、油炸、煎炒、炖煮食材。也可用于医药品与化妆品。是意大利菜系、西班牙菜系与希腊菜系不可或缺的食用油。

→橄榄→意面酱

オールスパイス

多香果

英: allspice

桃金娘科常绿乔木，原产于印度西部与中南美地区。主要产地为牙买加、墨西哥与洪都拉斯。16世纪下半叶，西班牙探险家弗朗西斯科·费尔南德斯（Francisco Fernández）在牙买加岛发现了多香果，将其带回欧洲。在英语中也称“Jamaica pepper（牙买加胡椒）”“pimento”。法语“piment de la Jamaïque”意为“牙买加的辣椒”，在法国也称“牙买加胡椒”。刚发现多香果时，西班牙人认为它是一种胡椒，将其称为“pimenta”“Jamaica pepper”“clove pepper”。黑色的果实与胡椒形态相似。果实须干燥后使用。“allspice”这一称呼的含义是“集锡兰肉桂、肉豆蔻、丁香等 100 种昂贵香料的香味于一身”。在中国又称“三香子”，意为“集锡兰肉桂、丁香和肉豆蔻的香味于一体”。在日本称“百味胡椒”。多香果的香味主要来源于丁香酚（eugenol）、百里香酚（thymol）、桉树脑（cineole）和水芹烯（phellandrene）。多香果有特殊的爽快香味、甜味与苦味，没有辣味，是一种用途广泛的香料，可用于各种菜肴，同时也是番茄酱、酱汁、炖菜、汤、醋腌菜、泡菜、水果蛋糕、饼干、甜甜圈等美食的配料。有去除鱼腥味、防止氧化、防腐等功效。生产火腿、香肠时也可加入多香果。

→香料

オルロフ

奥尔洛夫小牛肉

法: Orloff

为致敬俄国军事家和国务活动家阿列克谢·费多罗维奇·奥尔洛夫公爵（1786—1861）发明的菜品。奥尔洛夫在尼古拉一世（1825—1855 在位）统治时期担任了大臣与公使。巴黎托尔托尼餐厅（Tortoni）的总厨莱昂诺·舒巴尔为他创作了用小牛鞍下肉制作的“奥尔洛夫小牛肉”。后来，该餐厅的厨师波恩·杜波莱斯（Urbain Dubois）受公爵府邀请，为奥尔洛夫服务了 20 年。顺便一提，法式餐桌服务有一大弊端，那就是菜品容易变凉。从 1880 年前后开始，以“上菜时机恰当”著称的俄式服务逐渐普及开来。这也是留俄归来的杜波莱斯（1818—1901）的功劳。

→西餐

オレガノ

牛至

英: oregano

唇形科多年生草本植物，原产于地中海沿岸。在欧洲、俄罗斯南部、北美均有种植。希腊语“or（e）iganon”演变为拉丁语“origanum”，最后变为法语“origan”和英语“oregano”。该词的字面意思是“山脉的喜悦”。在英语中也称“wild majoram（野马郁兰）”。关于牛至与马郁兰的名称，在植物分类学界尚有分歧，不过学界也有人认为野马郁兰就是牛至。牛至是幸福的象征，古代男女结婚时会佩戴牛至做的花冠。阿比修斯（古罗马）在其烹饪著作中提到了牛至，称它为“让酱汁变得更美味的香料”。发现新大陆后，牛至传入北美。将叶片晾干后使用。牛至有着和青紫苏相似的芳香，也有爽快的苦味。香味的主要成分是百里香酚、香芹酚（carvacrol）。可用于伍斯特沙司、汤、炖牛肉、调味汁和煎蛋卷，还有去除鱼腥味的功效，广泛运用与各种使用西红柿的菜品。牛至也是花草茶的原材料之一。牛至非常适合搭配西红柿，是意大利的比萨酱、意面酱、墨西哥的辣椒粉、辣豆酱（chili con carne）必不可缺的配料。牛至在幕末时期传入日本，起初用作观赏植物，人称“花薄荷”。

→香草

オレンジ

橙子

英: orange

芸香科常绿灌木。原产于亚洲

东南部。人们在印度北部找到过野生橙子。橙子是全球种植量最高的柑橘类作物，在东南亚、印度、中国、非洲东海岸尤其多见。梵语“naranga”演变为阿拉伯语“nāranj”，再到法语“orange”，最后演变为英语“orange”。早在2000多年前，橙子就已传入中国。12世纪经由阿拉伯传入西欧。16世纪上半叶，葡萄牙商船将橙子从广东带回欧洲。在气候温暖的地中海沿岸，人们积极对橙子进行品种改良。到了19世纪下半叶，橙子传入美国，开始在加利福尼亚大规模种植。1890年（明治二十三年），日本开始进口美国橙子。由于世界各地都在品种改良方面取得了成功，橙子的种类非常丰富，包括橘子（mandarin orange）、柑橘（tangerine orange）、美国甜橙（American orange）、酸橙（*Citrus aurantium*）、脐橙（navel orange）、瓦伦西亚橙（valencia orange）、椪柑（凸柑）、橙子、菲律宾的橙子（dalanghita）、血橙（blood orange）等等。在日本，人们听到“橙子”一般会联想到温州蜜橘、三宝柑、椪柑、苦橙等品种。脐橙从南非、加利福尼亚进口。在美国、巴西、西班牙、意大利、以色列、墨西哥、阿根廷、中国大陆与台湾省、泰国、菲律宾均有种植。形状、色调、风味视产地而异，但每种都香甜多汁，有着恰到好处的甜味与酸味，略带苦味，并有爽快的香味。除了生食，橙子还可用于橙汁、浓缩冷冻果汁和鸡尾酒。富含维生素C，堪称美容食品的首选。

→橙汁→酸橙→脐橙→瓦伦西亚橙→佛手柑→蜜橘

オレンジジュース

橙汁

英：orange juice

橙子做的天然果汁。美国人爱喝橙汁。加利福尼亚及其周边盛产脐橙、瓦伦西亚橙。多吃橙子的确可以摄入丰富的维生素C，但同时也会摄入过量的糖，有可能导致肥胖。1932年（昭和七年），瓶装橙汁问世。人们将其视作高效摄取橙子营养成分的方法，并不断研究去除涩味与苦味、延缓变质的技术。1938年（昭和十三年），弗兰克·贝亚里（Frank Bireley）发明了瞬时杀菌法（80 ℃ /5 分钟），成功确立了可去除令人不快的涩味与苦味的橙汁生产方法。如今，人们会根据具体用途，在纯果汁、浓缩果汁、冷冻浓缩果汁、果汁粉、低卡果汁等产品中进行选择。日本的橙汁一般以温州蜜橘为原料。

→橙子→果汁

カイエンペッパー

卡宴辣椒

英：Cayenne pepper

茄科多年生草本植物，原产于南美法属圭亚那首府卡宴，在巴西、墨西哥均有种植。日语中又称“カイエンヌペッパー”“チリペッパー（chili pepper）”“レッドペッパー（red pepper）”。哥伦布（1451—1506）在大航海期间于伊斯帕尼奥拉岛（Hispaniola）发现了卡宴辣椒，并将其带回西班牙。这种辣椒就此传入欧洲。它是红辣椒（red pepper）的变种，一般对红色果实做干燥处理，然后磨粉。其辣味成分是具有脂溶性、耐热性的辣椒素（capsaicin）。所以用油煸炒后会变得非常辣。可用于调味汁、辣油、辣酱、咖喱粉、香肠。

→香料→辣椒粉→辣椒

カイザーゼンメル

凯撒面包

德：Kaisersemmel

→凯撒面包（kaiser roll）

カイザーロール

凯撒面包

英：kaiser roll

维也纳小餐包的一种。奥地利最具代表性的小餐包是凯撒面包和盐棒。在德国、瑞士也广受欢迎。德语称“kaisersemmel”。形状小而圆，表面有5条风车纹（也称梅花纹）。据说这种模仿皇冠的形状继承了古罗马的传统。凯撒面包以直火烤制，所以外皮（crust）香脆咸香，内里（crumb）柔软可口。有些款式会在表面撒一些罂粟籽或芝麻。面团用面粉、牛奶、盐、面包酵母、麦芽、油脂调配而成。发酵好的面团需手工折成5瓣，塑形工序费时费力，不过也有专用的模具。在美国，人们习惯把面团放在烤盘上，以直火烘烤。用刀切出若干道口子，抹上黄油，蘸自选果酱吃最是美味。夹火腿吃也不错。

→维也纳小餐包→奥地利面包→德国面包

カオロウ

炙子烤肉

北京最具代表性的烤肉吃法。北京菜受明清宫廷菜肴和蒙古族菜系的影响较大。据说炙子烤肉是明清时期通过蒙古族官吏推广开的。起初的吃法是将切成薄片的牛肉或羊肉摊在铁丝网上，直接用明火灼烤，蘸加有大蒜的酱油吃。后来肉的种类逐渐丰富，牛、猪、羊、鸡、鹿皆可冷冻切片。将大葱、卷心菜、豆芽、胡萝卜铺在烤热的圆盘状铁板（炙子）上，以酱油、麻油、糖、生姜、老酒、香菜调味，迅速灼烤。可以直接享用，也可以用烧饼夹着吃。加入豆腐、白菜和粉丝炖煮，就成了涮锅。炙子烤肉有下列特征：①冷冻肉不解冻，直接切成薄如纸的薄片；②便于把肉烤透，一次性能烤很多；③有独特的酱汁；④能吃到多种多样的蔬菜；⑤经济实惠，可迅速获得饱腹感；⑥北方民族在严冬中孕育的智慧结晶；⑦羊肉入胃后会膨胀，不能吃太多。

→中国菜系

カカオ豆

可可豆

英：cacao beans

梧桐科热带常绿乔木，原产于南美。阿兹特克语“cacauat”演变成西班牙语“cacao”，最后变成法语“cacao”和英语“cacao”。美洲土著玛雅人和阿兹特克人用可可豆烹制饮品。1521年，西班牙人埃尔南·科尔特斯（Hernán Cortés）攻陷阿兹特克帝国首都，将可可豆与香草带回西班牙，成为可可和巧克力诞生的契机。非洲的科特迪瓦、加纳、尼日利亚、喀麦隆是可可豆的四大产地。①将炒过的可可豆磨碎，便成了巧克力的原料可可膏（cacao mass/苦味巧克力 bitter chocolate）。②压榨后去除脂肪成分（可可脂）的粉末即为可可

可可豆

资料：《植物事典》东京堂出版[251]

烘焙、研磨可可豆的阿兹特克妇女（16世纪版画）

资料：吉田菊次郎《西点世界史》制果实验社[181]

粉（cocoa powder），是制作可可的原料。③可可脂是糕点和巧克力的原料。可可豆的涩味与苦味主要来源于生物碱“可可碱（theobromin）”，这种物质有提神、利尿的作用。

→可可树→巧克力

柿（かき）

柿子

英: persimmon

柿科落叶乔木，原产于东亚。驯化过程不明。柿子树是一种非常适应日本气候风土的果树，早在远古时代就已存在于日本。有说法称日本的野生柿子就是现代柿子的鼻祖，也有学者认为柿子是7世纪前后从中国传入日本的。在日本平安前期的《新撰姓氏录》(815/弘仁六年）中，“柿（カキ）”字首度登场。16世纪来访日本的基督教传教士在日后出版的《日葡辞典》(1603）中将柿子描述为“形似苹果的日本无花果”，可能是把柿饼误认为新鲜柿子了。1775年（日本安永四年，江户中期），瑞典植物学家通贝里（Karl Peter Thunberg）对柿子颇感兴趣，柿子的学名“*Diospyros kaki*”就是他的手笔。“Diospyros”有“神、上帝”的意思。种加词“kaki”正是“柿”字在日语中的发音。相传在19世纪，柿子从中国传入欧洲。柿子可大致分为甜柿和涩柿两种。在欧洲各地，尤其是西班牙和意大利，切成圆形薄片的甜柿是备受人们喜爱的甜点。在19世纪，柿子从日本传入法国，法语也称“kaki”。熟透的柿子被法国人视作珍馐，常被做成糖渍水果与果子露。

牡蠣（かき）

牡蛎（生蚝）

英: oyster

牡蛎科双壳类软体动物。分布于世界各地，有长牡蛎（太平洋牡蛎 *Crassostrea gigas*）、近江牡蛎（*Crassostrea ariakensis*）、花缘牡蛎（*Crossostrea nippona*）、密鳞牡蛎（*Ostrea denselamellosa*）等品种。人工养殖的一般是长牡蛎。希腊语“ostreón”、拉丁语“ostrea”演变为古法语“uistre”，最后变为法语“huître”和英语“oyster”。牡蛎是人类最早发现的食物之一。古希腊人曾用牡蛎壳投票决定要不要将不受欢迎的人驱逐出城，甚至将牡蛎壳磨成粉用作催情药。在追求美食的古罗马风潮的推动下，人们从公元前1世纪开始在那不勒斯湾养殖牡蛎，还从科西嘉岛、布列塔尼地区进口牡蛎。相传阿比修斯在图拉真（98—117在位）远征帕提亚（Parthia）时，耗时10天将新鲜的牡蛎送上了皇帝的餐桌。在罗马军队驻扎过的阿尔卑斯山区和德国内陆地

区的遗址也有牡蛎壳出土。捕捞上岸的牡蛎非常难养，需要每日更换新鲜的海水，古罗马人的保鲜方法至今成谜。阿比修斯在《古罗马食谱》中记录了鱼酱和牡蛎的烹饪方法。到了近代，牡蛎的养殖与运输技术有了显著的提升。在19世纪初的巴黎，原本昂贵的牡蛎登上了平民百姓的餐桌。西方有俗语称“不带字母R的月份不吃牡蛎”，因为5月至8月的牡蛎生殖腺发达，含有毒素，容易变质。近年来，随着冷冻与运输技术的发展，人们不必再为鲜度担心。中国南部沿海地区自古以来就有吃牡蛎的传统，以牡蛎做的鱼酱（蚝油）更是重要的调味料。而在日本，绳文时代的遗迹也有牡蛎壳出土。生蚝的风味与烹饪方法种类繁多。人们常说，冬季的法餐始于生蚝。法国西北部的布龙（Bron）、西南部的马雷内（Marennes）都是著名的牡蛎产地。美国的波士顿有洛克菲勒集团建设的大型牡蛎养殖场，9月至4月自不用论，在盛夏也能享用牡蛎。西班牙加利西亚海（Galicia）与墨西哥的加勒比海地区也盛产牡蛎。人们可以以生蚝为线索，来一场奢侈的环球旅行。欧美国家不同于日本，几乎没有生食海鲜的习惯，唯有生蚝是备受欢迎的美食。牡蛎富含蛋白质、脂类、碳水、钙、铁、锰、维生素B_1、B_2等成分，营养均衡易消化。牡蛎的鲜味来自糖原（glycogen，由葡萄糖结合而成的支链多糖）。除了生吃，牡蛎还能用于鸡尾酒、汤、培根卷、贝壳烤菜、海鲜浓汤（chowder）、开胃薄饼等以海鲜为食材的美食。在中国菜系中，牡蛎又称“蛎黄”，熬汤、油炸、煎炒皆可。耗油更是粤菜不可或缺的调味料。

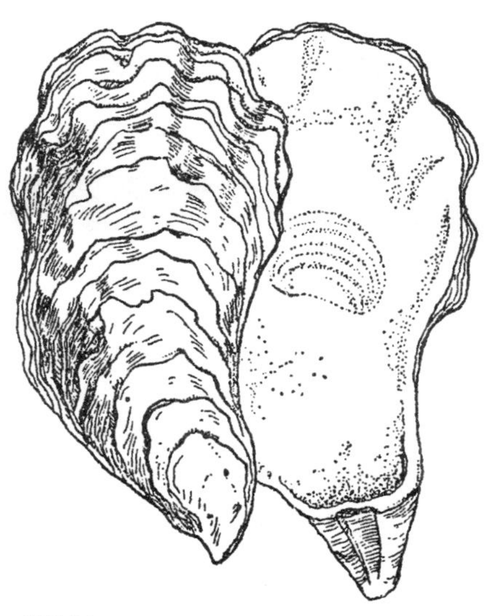

长牡蛎

资料：《动物事典》东京堂出版[249]

カクテル

鸡尾酒

英: cocktail

以蒸馏酒和其他酒精饮料或果汁调配而成的冰镇饮料的统称。除了调和酒，“cocktail”一词也可指代“冷盘”“水果拼盘”。相传19世纪，美国南部的调酒师将蛋杯（coquetier）用作酒水的容器，久而久之便演变成了“cocktail”。也有说法称，“cocktail”来源于“用雄鸡的尾羽装饰酒瓶”“为了庆祝斗鸡失而复得”。还有一种说法是，新奥尔良的药剂师在1795年将白兰地与苦味酒（bitter）调成了饮品，将其命名为“coquetier（混合而成的饮料）”，开创了鸡尾酒的先河。通过调和，威士忌、白兰地、金汤力、伏特加等度数较高的酒能呈现出不同于平时的风味。将利口酒、果汁、西红柿汁、糖浆、鸡蛋、苦味酒等材料加入基底酒，加冰后用调酒壶（shaker）搅拌。介绍几则和鸡尾酒的起源有关的小故事：相传美国独立战争（1775—1783）期间，爱尔兰人巴特里克·弗拉纳根（Patrick Flanagan）加入弗吉尼亚骑兵连队，战死沙场。1779年，连队转移至温切斯特，并在军营内开设了小卖部。巴特里克的遗孀贝茜（Becchi）用调和酒招待队员，好评如潮，久而久之就演变成了鸡尾酒。也有说法称，鸡尾酒源自在新奥尔良广受欢迎的药酒。又传在16世纪初，墨西哥王国的某个贵族配制了一款稀罕的调和酒，他的女儿克奇特露（音译）将这款酒进献给了国王。1891年，《纽约世界报》介绍了鸡尾酒。英国有苏格兰威士忌，法国有葡萄酒，德国有啤酒，而美国则是鸡尾酒的国度。18世纪，鸡尾酒在没有“名酒”的美国流行起来。受禁酒法的影响，由各种劣质酒混合而成的鸡尾酒足有2万余种，配方可谓无限多。鸡尾酒之王是马天尼（martini），曼哈顿（manhattan）则是鸡尾酒女王。马天尼的配方于19世纪末问世并固定下来。曼哈顿也诞生于同一时期。也有说法称，曼哈顿诞生于1880年前后的曼哈顿社交界，配方的发明者是英国前首相丘吉尔的母亲。又传在1846年，弗吉尼亚的霍普金斯在决斗中受伤，于是便喝了鸡尾酒振奋精神。亨德森的配方（在黑麦威士忌中加入苦味酒和糖浆）仍留存于世。总而言之，鸡尾酒象征着爱尝鲜的美国饮酒文化。一战后，鸡尾酒普及至世界各地。取冷盘之意的“cocktail”是一种前菜，将小虾、生蚝、螃蟹、金枪鱼、鲍鱼、白煮蛋装入鸡尾酒杯，淋上鸡尾酒酱汁即可。取水果拼盘之意的“cocktail”也是类似的做法。

→蛋奶酒→基尔酒→蒸馏酒→餐后酒→布朗克斯→玛格丽特→百万美元

カシア

中国肉桂

英: cassia

樟科常绿乔木。原产地可能是中国南部到印度支那周边。在日语中又称“东京肉桂（トンキンニッケイ）”。希伯来语中的“剥树皮”演变成希腊语，再到拉丁语“casia/cassia”，最后变为英语“cassia”。中国肉桂

（*Cinnamomum cassia*）与锡兰肉桂（*Cinnamomum zeylanicum*，シナモン）常被混淆。李时珍在《本草纲目》(1596) 中提到的“肉桂”应指中国肉桂。剥下树皮晾干后卷成圆筒状或磨粉后使用。学界有说法称，锡兰（斯里兰卡）肉桂与中国南部两广地区出产的中国肉桂是不同的物种，前者的品质更好。也有人称两者是同一物种，只是因产地不同导致品质有所差异。

→香料→锡兰肉桂

カーシャ

荞麦粥

俄：каша

俄式五分粥（译注：用等量的米与水熬成的粥）。将磨碎的荞麦煮好，加入鸡蛋翻炒，再加入洋葱与洋菇，用黄油、盐调味。东方与西方的烹饪方法在此交融。有时也用磨碎的小麦烹制。常被用作红菜汤的配菜。

→红菜汤→俄罗斯菜系

カシューナッツ

腰果

英：cashew nuts

树科常绿小乔木。原产于巴西。在巴西、东非、印度均有种植。法语“cajou”和英语“cashew”的词源是巴西原住民图皮族（Tupi）使用的词语“acaju（槚如树）”。明治初期传入日本，1945 年前后因美国占领军普及。花托形成的假果（cashew apple，腰果苹果）有酸味与神似苹果的香味，可做成果酱、冰淇淋、酒与软饮料。真果是假果顶端的肾形坚果，口感柔软，甜度恰到好处，可做成下酒菜、糕点。腰果营养丰富，脂类含量高达 50%，碳水含量也有 20% 之多。腰果在中国也是受人喜爱的食材，最具代表性的菜肴是腰果虾仁。

腰果
资料：《植物事典》东京堂出版 251

カスタードクリーム

卡仕达酱

英：custard cream

一种用于甜点的酱汁。发明经

过不详。也有说法称卡仕达酱诞生于17世纪。将面粉、玉米淀粉、蛋黄和糖搅拌均匀后，一边加入牛奶，一边用文火加热，最后加入香料即可。卡仕达酱的出现使糕点的种类变得丰富多彩。到了20世纪，奶油霜（butter cream）成为甜点界的主角。加有面粉的卡仕达酱在法语中称“crème pâtissière”，意为“糕点师的奶油”。不加面粉的称“crème anglaise（英式蛋奶酱）”，也是西点常用的酱汁，直译为“英式奶油”。可用作蛋糕的顶饰与馅料。

カスタードプディング

蛋奶布丁

英: custard pudding

用牛奶、鸡蛋和糖做成的柔软甜点。又称“布丁”，日语中也写作“プリン”。布丁是源自英国的传统甜点，有巧克力布丁、大米布丁（rice pudding）、李子布丁、水果布丁、栗子布丁等品种。也有用于菜肴的布丁，是烤牛肉的配菜。欧洲人偏爱布丁、慕斯、巴伐露（bavarois）、奶油、奶酪等口感顺滑、呈奶油状的食品。日本人则喜爱馎饦（ほうとう）、外郎米粉糕（ういろう）、大阪烧等糊状食品。前者属脂肪类，后者则属于淀粉类。这一事例充分体现出了马背上的民族与农耕民族在饮食文化层面的差异。

→布丁

ガストロノミー

美食学

法: gastronomie

在法国确立的关于“美味”的学问。专为享受饮食服务的学术。希腊语“gastro”意为“胃袋”，“nomie”则是“学问、法则、学术”的意思。胃袋的学问，自然就成了尽情享受美味之物的美味学。从16世纪开始，美食学在法国开启了新纪元。拉伯雷（Rabelais）在《四书》(1548）提到了“受大胃王们崇敬的美食之尊（missire Gaster）”，被认为是美食学一词的源头。诗人约瑟夫·贝尔舒（Joseph Berchoux）在1800年写下了《美食学与餐桌的田园人》。1853年，法兰西学士院正式采用“美食学”一词。回顾法国美食的历史，早在17世纪至18世纪那华丽绚烂的波旁王朝，人们就开始了对美味的追求，用于宫廷美食的烹饪技术得以确立。贝夏梅尔侯爵（1630—1703）在建设凡尔赛宫的路易十四在位时（1643—1715）创造了贝夏梅尔酱汁（béchamel sauce）。也有说法称这种酱汁是厨师的发明。到了路易十五（1715—1774在位）统治时期，市面上出现了各种烹饪书籍。路易十六（1774—1792）也命人设计了宴会菜谱。1789年，法国大革命推翻了波旁王朝。原本为宫廷与贵族服务的厨师转投各地的餐厅，造就了更亲民的法餐。美食家（gourmandise）应运而生，美食学迎来了全盛期。gourmet、gourmand、大胃王等词语广泛流行。

→伊壁鸠鲁→美食家→西餐

ガスパチョ

西班牙冷汤

西: gazpacho

不加热的西班牙蔬菜汤。相传诞生于西班牙南部的安达卢西亚地区。"gazpacho"在阿拉伯语中意为"湿透了的面包"。也有说法称"gazpacho"一词从西班牙语"gaspar（有斑点的大理石）"演变而来，意指切成丁的蔬菜。西班牙的夏季阳光灼热，气候干燥，饮用酸味较重的汤有助于促进食欲，熬过炎炎夏日，据说这是当地农民的智慧结晶。将西红柿、黄瓜、红彩椒、洋葱、香芹、大蒜、小面包片、酒醋（wine vineger）、盐、胡椒、橄榄油、柠檬汁搅拌均匀，加入水与冰冰镇即可。西班牙冷汤有下列特征：①风味随蔬菜的种类与分量而变；②加入适量的橄榄油；③冰会融化，因此初始调味较重；④不可过量饮用；⑤用粉碎机处理，口感与法式靓汤相似。

→西班牙菜系

鵞鳥（がちょう）

家鹅

英: goose

鸭科家禽。由野生大雁驯化而成。中国家鹅的祖先是鸿雁，欧洲家鹅则是灰雁。古埃及人从公元前2800年前后开始养鹅。荷马在《奥德赛》中描写了饲养家鹅的场景。到了古罗马时代，人们开始生产鹅肝。在公元前2000年前后的中国已有肉鹅。在法国，人工催肥的鹅肝是珍贵的美味。

→鹅肝

カッサータ

卡萨塔

意: cassata

诞生于意大利的三色冰淇淋。在日语中也写作"カサータ""カサート"。意大利语"cassata"由阿拉伯语"quas at（深碗）"演变而来。"cassa"有"盒子"的意思。阿拉伯人将这种冰淇淋的做法传至西西里岛。诺曼人加以改良，演变为修道院的甜点。在长方形的模具中灌入香草味与草莓味的冰淇淋和卡萨塔糊制成的西西里式卡萨塔（cassata siciliana）最为著名。可用于圣诞节、复活节和结婚蛋糕。用利口酒浸泡切成薄片的海绵蛋糕，配以乳清奶酪（ricotta cheese）、糖、香

草、朗姆酒、巧克力、糖渍水果混合而成的夹心，叠放5到6层，四周涂抹巧克力，送入冰箱使其凝固。

→乳清奶酪

カッテージチーズ

茅屋奶酪

英：cottage cheese

没有发酵工序的鲜奶酪。关于其发祥地，有美国、荷兰、英国等说法。“cottage”有“在农舍制作”的意思。又称“壶奶酪（pot cheese）”、“农夫奶酪（farmer's cheese）”。在冷藏状态下，保质期仅有一星期，幸而提升耐储藏性的容器问世，使这种奶酪得以普及。在荷兰等中欧国家较受欢迎，同时也是美国人喜爱的奶酪之一。原料为脱脂奶或脱脂奶粉，加入酸与酶使其凝固。因为茅屋奶酪是不发酵的软奶酪，脂类含量少，有适度的酸味与爽口的风味。可用于水果沙拉、三明治、奶酪蛋糕。有调理肠胃的功效，适合肥胖、高胆固醇人群食用。

→奶酪

カップケーキ

纸杯蛋糕

英：cupcake

将面糊灌入纸杯模具，以便批量生产的海绵蛋糕与磅蛋糕。诞生于二战后的美国。1955年前后（昭和三十年）开始在日本流行起来。纸杯蛋糕有下列特征：①便于批量生产；②无需费时费力切开；③便于脱模；④卫生；⑤方便享用。只是纸杯蛋糕欠缺欧式手作蛋糕的魅力，是美式量产型蛋糕的象征。

→蛋糕

ガトー

蛋糕

法：gâteau

在小麦面粉中加入鸡蛋、黄油、糖、香料后烤制而成的甜味蛋糕的统称。法语称“gâteau”，英语称“cake”，日语称“洋菓子”。“gâteau”由12世纪时意为“食物/菜肴”的中世纪法语“gastel”演变而来。也有说法称，是拉丁语“vastare（使腐坏）”演变成了法语“gâter（溺爱、招待）”，再变成“gâterie（小孩子的糖果）”，最后变成今天的“gâteau”。也许是因为母亲会在复活节、圣诞节时亲手制作甜味糕点给孩子，于是便有了这个词。

→蛋糕（荷：koek）→蛋糕（cake）

ガドガド

加多加多

英：gadogado

源自印度尼西亚的沙拉。爪哇

语“gado”是“小菜”的意思。印度尼西亚语“gadogado”则是“若干种东西混合而成”的意思。将蔬菜拌匀，淋上磨碎的花生做的酱汁即可。配料有西红柿、卷心菜、菠菜、菜豆、豆芽、西芹、胡萝卜、土豆、豆腐，酱汁用花生、大蒜、辣椒、椰奶、柠檬汁、盐、糖调成。

→印度尼西亚菜系

カトリーヌ姫

凯瑟琳公主

Catherine de Médicis

凯瑟琳·德·梅第奇（1519—1589）。在文艺复兴时期将意大利佛罗伦萨的文化带到法国，为欧洲饮食文化日后的焕然一新做出了巨大的贡献。1533年，14岁的凯瑟琳公主与法王弗朗索瓦一世次子奥尔良公爵亨利（即后来的法王亨利二世）结婚。她出嫁时带了一批高水平的厨师，将炖菜、派、酱汁的烹调方法与各种甜食带去法国。糕点师则把制作果子露、杏仁奶油、糖渍水果、果冻、杏仁膏、牛轧糖和意大利面包的技术传授给了法国人。利口酒、东方的珍奇香料、刀叉、餐巾、银餐具、威尼斯玻璃、遮阳伞、餐桌礼仪等文化也由她一并带进法国，奠定了法国宫廷美食的基础。

→服务→餐盘→西餐

カトル・カール

四合蛋糕

法: quatre-quarts

在法语中指黄油蛋糕，也是最基本、最传统的蛋糕。“quatre”即“4”，“curl”即1/4，合起来就是“用等量的面粉、糖、黄油、鸡蛋做成的蛋糕”。发明经过不详。磅蛋糕（pound cake）也因“原料各取1磅”得名，与四合蛋糕有着异曲同工之妙。

→蛋糕

ガナッシュ

甘纳许

法: ganache

用加热过的鲜奶油和巧克力调成的巧克力奶油。也有加入黄油、牛奶、利口酒的版本。法语“ganache”由法国西南部方言“ganacher（在泥泞中艰难行走）”演变而来。关于甘纳许的发祥地，有“法国西南部”“1850年前后诞生于巴黎糕点店Siraudin”等说法。可以夹在蛋糕里，也可用于夹心巧克力（chocolate bonbon）的夹心与松露巧克力。

→莫乔莲蛋糕

カナペ

开胃薄饼

法: canapé

法餐头盘的常见菜式，尺寸迷你，可一口吞下。日语中也写作“カナッペ”。希腊语“konopeion（埃及的华盖床）”演变成拉丁语“conopeum”，进而衍生出中世纪法语“conopé”。“canapé”在法语中是“长椅、安乐椅”的意思，因为它呈长方形，神似长椅。法餐头盘的雏形是扎库斯卡（zakuska），具体做法是在吐司、短暂油炸过的薄面包片上涂抹黄油，摆放各种配料加以装饰，为宴会增光添彩。常用配料有烤牛肉、鸡肉、火腿、香肠、肝酱（liver paste）、鹅肝、生蚝、烟熏三文鱼、油浸沙丁鱼、盐渍鲱鱼、海胆、小虾、白煮蛋、鱼子酱、奶酪、西红柿、芦笋、蘑菇。面包的形状有三角形、圆形、菱形等种类，不一定是长方形。至于面包的种类，有白面包、黑面包、小餐包等等，甚至可以用咸饼干、派代替面包。亦可涂抹黄油和切碎的香芹、用滤网压成泥的鸡蛋或沙丁鱼调成的混合黄油或蛋黄酱。

→扎库斯卡

カーニバル

狂欢节

英: carnival

谢肉节。基督教四旬斋前饮宴和狂欢的节日，持续时间为3天到1周。法语“carnaval”和英语“carnival”的词源是拉丁语“caro（肉）”和“levare（去除）”的合成词。民间也有说法称词源是拉丁语“carne（肉）”和“vale（再见）”的组合。复活节前有为期40天的大斋期，即四旬斋（lent）。为纪念耶稣在荒野中徘徊的40天，人们要少吃，不能吃肉。因此在斋期开始之前，人们会大肆吃肉。到了前一天，还会像现代的巴西里约狂欢节那样，戴上面具纵情舞蹈。也有比较安静的狂欢节。狂欢节在英国是忏悔的日子，在德国则是斋戒的日子。古罗马时代有庆祝大地恩赐的农神节（12月17日至1月1日），而基督教徒继承了这一风习。北方国家在室内过圣诞节，南方国家则在户外过狂欢节，载歌载舞，纵情欢乐。

→圣诞节→四旬节

カヌレ

可露丽

法: cannelé

源自法国波尔多地区的焦茶色小蛋糕。在专用模具中涂抹黄油，倒入用面粉、糖、牛奶、鸡蛋混合而成的面糊烤制而成。诱人的焦茶色、香味和富有弹性的口感是它的特征。相传可露丽在16世纪至17世纪诞生于女子修道院。配方曾因战争失传，直到1790年前后，人们才根据文献记录再现了这种糕点。“cannelé”有“带沟槽的”之意。“canne”有拐杖的意思，也有说法称可露丽原本呈杖形。

→蛋糕

可露丽
资料:《糕点事典》东京堂出版 275

カネロニ

意大利面卷

意: cannelloni

发祥于意大利的一种意面。意大利语“cannello（去节芦苇/粗管）”加扩大化后缀“one”，便成了“canneloni”。也有说法称它是可丽饼的进化版。为了塞进东西，面卷是比较大的圆筒。将火腿、鸡蛋、肉糜、洋葱塞入煮好的面卷，浇上番茄酱、黄油、帕玛森奶酪，送入烤箱加热即可。

→意面

カービング

分菜

英: carving

在餐桌上将肉菜、鱼菜切开。法语称“découpage”。相传在古罗马时代已有这项技术。在中世纪的法国发展起来。在路易十四（1643—1715）统治时期，分菜是宴会东道主的工作，但后来这种习惯被逐渐废弃，改由佣人在后厨完成。

→刀叉文化

蕪（かぶ）

芜菁

英: turnip、rapini

十字花科一至二年草本植物，原产地有欧洲、西亚（阿富汗）两种说法。古希腊时期已有人工种植的芜菁。自16世纪开始，在法国、英国等世界各地均有种植。在日本绳文时代从中国传入日本，在弥生时代后期开始人工种植，在日本料理、西餐和中国菜中都很常用。可按尺寸分成大、中、小三类，也可按颜色分成红、白两种，还有东方芜菁、欧洲芜菁、杂交芜菁等各类品种。

カフェ

咖啡馆

法：café

法语“café”有两层意思，“咖啡”和“主要提供咖啡的餐饮店”。阿拉伯语“quahwah（饮品、酒）”演变为意大利语“caffè”，再到法语“café”。也有说法称词源是阿拉伯语“quhwa”、土耳其语“kahvé”。本词条重点讲解“café”的第二种意思：在9世纪，人们在埃塞俄比亚的修道院后院中偶然发现了咖啡豆。在500年后的14世纪，波斯出现了第一家售卖咖啡饮品的店。之后，咖啡馆于1420年和1550年分别出现在亚丁（也门）和土耳其的伊斯坦布尔。1615年在罗马登场，1640年出现在威尼斯。欧洲最古老的咖啡馆之一“弗洛瑞安（Florian）”至今仍在营业。后来，咖啡馆迅速普及，1654年开到马赛，1672年登陆伦敦。1645年，土耳其大使苏莱曼·阿加在巴黎首次用咖啡招待来客。至于咖啡馆出现在巴黎的年份，有1672年和1674年两种说法。1686年，普罗可布（Procope）在巴黎开设正统咖啡馆，之后咖啡馆数量日益增加。17世纪至18世纪，咖啡馆成为作家与评论家的聚集地。据说在1807年，巴黎的咖啡厅已突破4000家。1888年（明治二十一年），中国人郑永庆在东京下谷的黑门町开设了日本第一家咖啡厅“可否茶馆”。

カフェインレスコーヒー

脱因咖啡

英：caffeinless coffee

将咖啡因含量缩减到0.05%的咖啡。1930年，咖啡因造成的失眠与肠胃疾病渐成社会问题，脱因咖啡应运而生。1960年，用冷冻真空干燥法（freeze-dry）生产的速溶脱因咖啡在美国普及开来。

→咖啡

カフェ・オ・レ

欧蕾咖啡

法：café au lait

法国人钟爱的早安咖啡。牛奶咖啡的一种，“lait”即“牛奶”，由拉丁语“lac（牛奶）”演变而来。据说欧蕾咖啡的雏形是表面有鲜奶油的维也纳咖啡。17世纪，咖啡从维也纳传入法国，逐渐发展出加牛奶喝的习惯。坊间盛传牛奶咖啡能治感冒，因此迅速普及。从奥地利哈布斯堡家族嫁入法国王室的玛丽·安托瓦内特（1755—1793）十分喜爱这种咖啡。烘焙程度略深（法式烘焙）的咖啡中加入等量的热牛奶即可。

→咖啡

カフェラッテ

拿铁咖啡

意：caffelatte

意大利人钟爱的牛奶咖啡。“latte”即“牛奶”。在意式浓缩咖啡中加入用蒸汽加热过的牛奶，分量约为咖啡的1/3。兼有苦味与醇香。发明经过不详。1990年前后在美国西海岸的西雅图风靡一时。美国人的习惯是在大号咖啡杯中倒入较浓的咖啡，再注入热牛奶，最后盖上奶泡。拿铁传入日本的时间大约是1992年（平成四年）。

→咖啡

カプチーノ

卡布奇诺

意：cappuccino

意大利人钟爱的咖啡。将意式特浓咖啡（用意式烘焙的咖啡豆萃取而成）注入小型咖啡杯，再加入热牛奶搅拌，或将打发的奶油（whipped cream）挤到咖啡表面。可用锡兰肉桂、橙皮增甜香味，也可视个人口味加糖。与法国欧蕾咖啡、奥地利的维也纳咖啡相似。介绍两则关于卡布奇诺名称由来的典故。其一，1525年从方济各会独立出来的嘉布遣修会（Capuchin）习惯用白色头巾配咖啡色僧服，颜色组合与咖啡和奶油相似。其二，相传在1774年前后，巴西嘉布遣修会的修道士开始在教堂的院子里种植咖啡树，于是便有了“卡布奇诺”这一名称。卡布奇诺的诞生，应该是“在意式特浓中加入大量牛奶更顺口”的思维所致。

→咖啡

南瓜（かぼちゃ）

南瓜

英：pumpkin、squash

葫芦科一年生蔓生草本植物，原产于美洲大陆。在日语中又称“唐茄子（トウナス）”“ボウブラ”“南京”。南瓜有长达2000年的人工种植史，在世界各地广受欢迎，品种繁多。可大致分为日本南瓜、西洋南瓜、变形南瓜三类。关于“カボチャ”这一名称的由来，学界众说纷纭，尚无定论。古希腊大型瓜类“pepon”演变成拉丁语“pepo”，再到法语“pompon”，衍生出英语“pompion”，加上后缀“kin”，便有了今日的“pumpkin”。英语“pumpkin”指原产于北美西南部的南瓜，而“squash”则是美国原产的南瓜。法语“citrouille”原指西瓜，后来却演变成了南瓜的称呼。一般情况下，用法语说南瓜时用“courge”。15世纪，哥伦布（1451—1506）将南瓜带回欧洲。16世纪传入中国福建与浙江一带。在日本室町后期的天文年间（1532—1555）通过葡萄牙商船登陆日本，传入当时的丰后国（译注：今天的日本大分县中南部）。西洋南瓜（鉞南瓜直译为“板斧南瓜”）在1863年（日本文久三年幕末时期）从北美传入日本。关于南瓜何时来到日本，以及日本人何时开始种植南瓜，学界众说纷纭。中文称“南瓜”，日语称“南瓜”“唐茄子”，取“来自南蛮国度的瓜”之意。也有说法称，日本南瓜来自柬埔寨。在日本九州地区，人们将南瓜称为“ボウブラ”。这一称法的词源是葡萄牙语“aboboreira”。上述称呼也有“笨蛋、废物、傻瓜、愚者、窝囊废、胆小鬼”等贬义，因为南瓜①个头大、②头重脚轻、③没有个性、④味道清淡。可用于西餐的汤品与派，油炸亦可。同样适用于中国菜的炒菜、炖菜。南瓜子可加工成零食。

→发现美洲新大陆→西葫芦→南瓜派

カマンベール

卡蒙贝尔奶酪

英: Camembert

原产于法国北部诺曼底地区卡蒙贝尔村的天然奶酪，被誉为“奶酪女王”。在法国出产的400余种奶酪中，它与布里奶酪（brie）是最负盛名的两款霉菌软奶酪。相传卡蒙贝尔奶酪的命名者是法皇拿破仑一世（1804—1814在位）。话说1791年，拿破仑率军经过法国西北部的诺曼底地区，品尝了卡蒙贝尔村的农妇玛丽·哈热尔（Marie Harel）亲手制作的奶酪，被其美味所感动，于是便赐了名。但也有人对这种说法抱有异议，据说在奶酪得名在拿破仑称帝之前，当时玛丽·哈热尔年仅4岁。后来，卡蒙贝尔奶酪在美国风靡一时，以至于奶酪商人乔伊·克里姆为玛丽·哈热尔建了胸像。还有说法称，玛丽·哈热尔在法国大革命时躲进修道院，把奶酪的制作方法传授给了亡命英国的修道士。卡蒙贝尔奶酪是一款不耐储藏的奶酪。1890年，法国工程师里德尔（Ridel）发明了包装这种奶酪的圆盘状木制容器，推动了它的普及。先使牛奶凝固，再加入青霉属的白霉。白霉将蛋白质分解，形成独特的温润风味和顺滑的口感，用作甜点奶酪最合适不过。风味视发酵程度而异，也有美食家认为过熟（over ripening）的卡蒙贝尔奶酪最是美味。它是脱淀粉酶（deamylase）型奶酪，因此也有人认为它不合日本人的口味。脂类含量高达45%—50%。表面为白霉菌丝覆盖，内部呈柔软的奶油状。一般做成250 g左右的小型圆盘状。

→奶酪

鴨（かも）

野鸭

英: duck

鸭科候鸟。全球各地栖息着 120 种野鸭，如绿头鸭、绿翅鸭（*Anas crecca*）、黑海鸭（*Melanitta nigra*）、针尾鸭（*Anas acuta*）、鸳鸯等。家鸭由绿头鸭驯化而来。绿头鸭和家鸭杂交便成了杂交鸭（アイガモ）。野鸭肉最好吃的时节是天气寒冷的 11 月至 3 月，比鸡肉略肥，口味清淡而鲜美。在日本，野鸭是冬季狩猎的首选目标。西餐中常用的烹饪手法是烘烤、用铁丝网烤、做成烤串与炖菜。在中国菜中可整只烘烤，亦可油炸。

→家鸭

芥子（からし）

芥末

英: mustard

十字花科植物芥菜（*Brassica juncea*）的种子烘干制成的粉末。原产于地中海、中亚。日语中也称“洋芥子”。在中国、日本、印度、俄罗斯、加拿大、美国均有种植。拉丁语“mostoardent（辣葡萄汁）”演变为古法语“moustarde”，最后变成法语“moustarde”和英语“mustard”。《旧约圣经》中也提到了“芥菜种”。将芥末用作香料的历史可追溯到古罗马时代。4 世纪，法国勃艮第地区开始生产芥末。法国的第戎（Dijon）是以芥末著称的美食之城，有黑色的第戎芥末酱。Maille 牌芥末酱以芥末、大蒜、松露和凤尾鱼制成。1634 年，醋与芥末酱工会成立。18 世纪，勃艮第人奈根（Jean Naigeon）用酸葡萄汁代替醋加入芥黄粉中，造就了今日的第戎芥末酱。1720 年，在英国的达勒姆郡（Durham）诞生了粉末状的芥末粉，人们将其命名为“达勒姆芥末粉”。因为蜜蜂钟爱芥菜的花，美国西部各州均有种植芥菜，用作蜜源。芥末可大致分为棕色的日本芥末（和ガラシ）和白色 / 黑色的西洋芥末（洋ガラシ）。种子有香味，没有辣味。磨成粉用温水调成糊状，芥末的甙类（日本芥末、黑芥末为芥子苷（sinigrin），白芥末为硫代葡萄糖苷（sinalbin）就会在水解酶“黑芥子酶（myrosinase）”的作用下转变为有辣味的芥末油。各种芥末的特征如下：①日本芥末在中国、日本、印度较受欢迎。未经脱脂，所以涩味较重，需做除涩处理。调成较厚的糊状，用纱布裹住，在热水中浸泡片刻即可；②黑芥末的辣味成分异硫氰酸烯丙酯是挥发性物质，因此辣味、刺激性气味较重，但鲜味略逊一筹。在英国、法国、美国更受欢迎；③白芥末的辣味与刺激性气味较为温和。辣味成分硫氰酸羟基苄酯是非挥发性物质，因此鲜味明显。英国人偏爱的英式芥末（English mastard）就以白芥末、黑芥末、面粉、姜黄调配而成。多用于肉扒、三明治和热狗。此外还有各种配方的芥末酱。

→香料

唐墨（からすみ）

乌鱼子

英：botargo

盐渍鲻鱼（*Mugil cephalus*）的卵巢。形似中国唐朝的墨，所以日本人称之为“唐墨”。法语“boutargue”和英语“botargo”的词源是阿拉伯语“boutharka”。据说发祥于古希腊、土耳其一带，经中国传入日本。相传当年中国大陆（福建、广东）的渔民前往台湾高雄周边打渔，使鲻鱼与乌鱼子传入台湾。乌鱼子有时也用金枪鱼的卵巢制作。在欧洲常用于头盘。在南法、意大利、西班牙、土耳其、埃及备受喜爱。江户时期的“天下三大珍馐”是肥前的乌鱼子、尾张的海参肠（コノワタ）和越前的海胆。世界三大珍馐则是鹅肝、鱼子酱和乌鱼子（也有人将松露列入其中）。欧美人不喜鱼卵，唯独鱼子酱和乌鱼子例外。鲻鱼在日本有着“发迹鱼”（译注：出世鱼因为不同发育阶段的鲻鱼有不同的叫法）的美誉，在中国也是受欢迎的食材。在中国台湾省，鲻鱼称“乌鱼”。享用乌鱼子时，要先将外侧薄膜仔细剥去，整根浸入酒中，使表面略湿，再以炭火稍稍灼烤表面，但不能烤焦，最后切成薄片即可。烤透了反而有损鲜味。适合搭配大蒜、葱、白萝卜。夹着吃是中国人的吃法。顺便一提，鲻鱼的算盘珠状“肚脐”（胃幽门，近似于鸡的砂囊）非常适合撒盐烤着吃。在中国台湾省，烘干的鲻鱼“肚脐”被称为“乌鱼腱”，常与乌鱼子一同出现在货架上。

ガラムマサラ

葛拉姆马萨拉

英：garam masala

印度万能混合香料。在印地语中，“garam”即“辣味”，“masala”即混合物。在辣味香料中加入以香味见长的香料调配而成。家家都有独到的配方，食谱由母亲传递给女儿。发明经过不详。乌尔都语演变成阿拉伯语，最后发展为英语“garam masala”。常用的辣味香料有生姜、胡椒、红辣椒。用于增添香味的香料主要有丁香、小豆蔻（cardamom）、香菜、孜然、锡兰肉桂、肉豆蔻（nutmeg）、大蒜、葛缕子。有粉末状、糊状（wet masala）可选。具体混合哪些香料，取决于主要食材是肉、鱼还是蔬菜，以及各家的口味。关火时撒入，香气扑鼻。可有效去除肝脏的腥味。葛拉姆马萨拉中不加姜黄与辣椒，所以不像咖喱粉那样黄，也没有浓重的辣味。在红茶中加入葛拉姆马萨拉，就成了马萨拉茶。

→香料

カラメル

焦糖

英: caramel

熬成黑褐色的糖。拉丁语“canna（筒 / 芦苇）和 mel（蜂蜜）”组合成了中世纪拉丁语“cannamella（甘蔗）”，进而演变成法语和英语“caramel”。诞生于欧洲的具体时期不明。在室町后期的天文年间（1532—1555）通过葡萄牙商船传入日本。焦糖可制成焦糖酱，用作黑啤、黑面包和白兰地的染色剂，有着糖烧焦时特有的香味与苦味。焦糖加水便成了焦糖酱，常用于蛋奶布丁。

→奶糖

カランツ

无核小葡萄干

英: currants

希腊产的无核葡萄干。这种葡萄干在伯罗奔尼撒半岛（Morea）与周边小岛生产，从科林斯（Corinth）市发货。科林斯在法语中称“Corinthe”。“currants” 由“raisins of Corauntz” 演变而来。在中世纪，无籽葡萄干是缓解干渴的宝贵营养源，是旅行者随身携带的干粮。常用于葡萄干面包与蛋糕。“plum”是李子，但是在英国，人们把加有无核小葡萄干的圣诞糕点称为“plum cake（葡萄干蛋糕）”和“plum pudding（葡萄干布丁）”。

→葡萄干布丁

カランツ

醋栗

英: currants

虎耳草科植物山麻子的果实。由于形似无籽葡萄干，在英语中也称“currants”。有红、白、黑三种。原产于英国北部、苏格兰、欧洲大陆。常用于葡萄酒、果冻、白兰地与果汁。

カリソン

卡里颂杏仁饼

法: calisson

诞生于普罗旺斯地区艾克斯（Aix-en-Provence）的名点。拉丁语“canna（芦苇）”演变为普罗旺斯语“calissoun/canissoun”，再到法语“calisson”。据说古人会把糕点摆放在芦苇席上晾干。

将杏仁、糖渍甜瓜等水果和杏仁膏捣成糊状，倒入叶片形模具，表面浇上皇家糖霜即可。朴实无华，风味却优雅而有深度。相传一位不会笑的王妃在婚礼上吃了这款糕点，竟不禁露出微笑。这件事一传十十传百，人们都说这款糕点就像“calm（油嘴滑舌之人）”一样能逗人开心，于是便有了“calisson”这个名字。

→蛋糕

カリフラワー

花菜

英: cauliflower

十字花科一至二年生草本植物。卷心菜的变种。原产于地中海东部。日语中也称“花椰菜”“ハナキャベツ”。意大利语“cavolfiore（菜花）”演变成法语“choufleur”，再到英语“cauliflower”。人类食用花菜的历史可追溯到古罗马时代。11世纪传入西班牙，16世纪传入法国，18世纪传入英国，19世纪传入美国。昭和三十年代以后（1955—）在日本普及。花菜是野生卷心菜的改良品种，吃的是中心处的花蕾。同样原产于地中海地区的西兰花是花菜的原型。常用于沙拉、鸡尾酒、汤，裹面糊油炸、做成油炸馅饼亦可。还可以与黄瓜、洋葱一起做成西式腌菜。法餐中有一道菜叫“焗花菜（choufleur au gratin）”，富含维生素B1、B2、C、铁。

顆粒状小麦粉（かりゅうじょうこむぎこ）

颗粒粉

英: granulated flour

二战后在美国问世的二次加工小麦面粉。用水蒸气将面粉的小粒子弄湿，使颗粒结合，形成略大的粒子。颗粒表面多孔粗糙，麸质的粘性不易显现。制作优质的油面酱（roux）需要熟练的技巧，如何添加黄油、如何在煎炒时防止烧焦都很有讲究，但是使用颗粒粉的话，只需将适量的粉撒入菜品，就成了不易结块的油面酱。如此看来，颗粒粉的发明思路非常有“量产大国美利坚”的风范。

→油面酱

花梨（かりん）

木瓜

英: Chinese quince

蔷薇科落叶乔木，原产中国（*Pseudocydonia sinensis*）。日语中又称“唐梨（カラナシ）”。在中国已有2000多年的入药历史。日本平安时期从中国传入日本。果实为黄色，形似洋梨，成倒卵形，质地坚硬，不适合生食。表面凹凸不平，所以有“花梨头”的说法。可制成果酱、果

冻、糖渍木瓜、木瓜酒。作为中药材有止咳的功效。易与榅桲(marmelo *Cydonia oblonga*)混淆，但榅桲的果皮长有细密的绒毛，但木瓜无毛。

→榅桲

カルヴァドス

卡尔瓦多斯酒

法: calvados

法国产的苹果白兰地。诺曼底大区的卡尔瓦多斯省盛产苹果，也是卡尔瓦多斯酒的故乡。1558年，西班牙无敌舰队有一艘名为“卡尔瓦多”的战船进攻诺曼底海域，触礁沉没。那座礁石被命名为“卡尔瓦多”，后来这个词演变成了省名。在1900年前后，人们以省名称呼当地产的苹果白兰地，但这种酒具体开始生产的时间不明。在美国被称为“apple jack(以苹果酒 cider 蒸馏而成的白兰地)”。不少白兰地以葡萄、莓果、李子等本地特产为原料。而卡尔瓦多斯酒以法国诺曼底地区出产的苹果(兼具甜味与酸味)为原料，先酿苹果酒，再进行蒸馏，酒精度数高达42%。陈酿10年以上的卡尔瓦多斯酒呈黄褐色，是一种有特殊香味的烈酒。作为一款亲民的白兰地，它常被用作餐前酒、餐后酒，也可以在用糖水煮苹果时加一些增甜香味。

→白兰地→苹果

カルクッス

刀切面

韩: 칼국수

朝鲜半岛的刀切面条，又称“切面”。“칼”即“菜刀”，“국수”即“掬水”，合起来就是“捞起水洗过的面条”。相对于压出来的朝鲜冷面，刀切面采用手工擀制的方法。“면”和“국수”都指代面条，但前者来源于中文“面”。刀切面有温面和冷面之分。烹制方法在17世纪从中国传入朝鲜半岛。朝鲜王朝时代的烹饪书籍《饮食知味方》中提到，切面以荞麦粉为主，掺入少许小麦面粉增加黏性。同一时期的另一部文献提到的制作方法是用糯米的淘米水和面(荞麦粉)。在王氏高丽时期，小麦面粉需从华北进口，价格昂贵，而刀切面是只会出现在喜宴上的美味佳肴。没有小麦面粉可用的时候，人们使用加了糊化绿豆淀粉的荞麦粉做面条。现代刀切面有下列特征：①在小麦的丰收季只用小麦面粉制作，类似于日本的手打乌冬面；②在小麦面粉中加入鸡蛋、色拉油和盐，和好后擀开，用刀切成条状；③刀切面是夏季常吃的面条，一般是把新鲜做好的生面下到汤里煮；④除了肉汤，也可以用小鱼干、酱油、盐调制面汤。小麦的产量在18世纪显著上升，推动了刀切面的流行。东南亚的刀切面也在近年普及开来。

→朝鲜面

カルダモン

小豆蔻

英: cardamom

姜科多年生草本植物。原产于斯里兰卡与印度南部。在印度、危地马拉、坦桑尼亚、斯里兰卡的热带高原地区均有种植。日语中也称“小豆蔻(しょうずく)”。希腊语“kardamomon”、拉丁语“cardamomum”演变成法语“cardamome”和英语“cardamom”。古希腊植物学家狄奥弗拉斯图(Theophrastus B. C. 372—287)将小豆蔻描述为“产自东方的芳香植物”。印度与中近东地区自古以来便有使用小豆蔻的传统。后来，它通过阿拉伯商人传入欧洲。小豆蔻是价格仅次于番红花和香草的高价香料，使用的是豆荚中的小粒种子。神似樟脑的独特香味来源于桉叶素(cineole)、乙酸萜品酯(terpinyl acetate)，香味视其含量而异。有甜味和微弱的苦味，是葛拉姆马萨拉不可或缺的材料。常用于咖喱粉、酱汁、西式腌菜、面包、蛋糕、布丁、苹果派、利口酒。可消除肉类的腥味。在阿拉伯国家，人们习惯用小豆蔻咖啡(gahwa)欢迎宾客。宾客喝咖啡时要发出响声，以示咖啡美味。小豆蔻糖(cardamon sugar)用于为西点增甜香味。小豆蔻也有治疗消化不良、利尿的功效。

→香料

カルディナル・ソース

卡蒂娜酱汁

英: cardinal sauce

西餐中的一种白酱，发明经过不详。在法语中称“sauce cardinal”。“cardinal”是罗马教宗册封的枢机主教。因为帽子和法衣是深红色，又称“红衣主教”。所以人们也将龙虾称作“海里的红衣主教”。卡蒂娜酱汁以牛奶做的贝夏梅尔酱汁为基础，加入用鱼熬制的高汤(fond)、虾酱(shrimp butter)、卡宴辣椒调味而成。在蒸煮海鲜时比较常用。

→酱汁

ガルニテュール ガルニチュール

西餐配菜

法: garniture

法兰克语“warnjan(小心、保护)”演变成法语“garnie(准备必要的东西)”，最后变成法语“garniture”和英语“garnish”。在17世纪成为烹饪专用术语。用于搭配主菜，可以①衬托菜品的外观、②突出菜品的美味、③保证营养均衡。常用蔬菜、薯类、蛋类、橄榄、香芹、豆瓣菜(cresson)制作。

→西餐

カルパッチョ

意式薄切生牛肉

意: carpaccio

诞生于意大利的头盘菜式。相传在1950年前后，威尼斯伯爵夫人阿玛丽亚·纳妮·莫切尼戈（Amalia Nani Mocenigo）在医生的建议下采用饮食疗法，不吃熟肉。餐厅"哈利酒吧（Harry's Bar）"的总厨朱塞佩·齐普里亚尼（Giuseppe Cipriani）便为她创作了一款用切成生火腿状的牛里脊肉制作的头盘，得到了夫人的好评。顺便一提，哈利酒吧也是欧内斯特·海明威、奥逊·威尔斯、杜鲁门·卡波特等名人经常光顾的名店。这道菜问世时，著名画家卡尔巴乔刚好在开画展。因为画中的红色和生牛肉的颜色相似，人们就给这道菜冠上了画家的名字。将生牛肉切成薄片，缀以芝麻菜（rocket salad），再撒上帕玛森奶酪即可。有时也用金枪鱼、鲑鱼制作。

→意大利菜系→头盘

ガルバンゾ

埃及豆

西: garbanzo

→鹰嘴豆

カルボナーラ

奶油培根意面

意: carbonara

意大利罗马最具代表性的实心粉。用橄榄油煸炒切成丝的培根、火腿，加入实心粉和蛋黄搅拌均匀，撒上帕玛森奶酪即可。这款意面是二战后进驻罗马，且钟爱培根的美军士兵的发明。当时正是战后的物资匮乏时期，如此制作而成的意面就相当于"用残羹剩饭炒的大杂烩"。有说法称这款意面最初使用拉齐奥（Lazio）山脉的木炭（carbone）制作的特殊意面烹制，故名"carbonara"。在动荡不安的战后，"spaghetti alla carbonara"得到了意大利人的广泛欢迎。在意大利想随便吃点意面的时候，选择这款意面最为合适。也可以视情况将实心粉改成通心粉（macaroni）、斜管面（penne）、宽面（fettuccine）。

→意面

ガルム

鱼酱

意: garum

→鱼酱（ぎょしょう）

カレー

咖喱

英: curry

发祥于印度的咖喱美食的统称。在英语中拼成“kari”“carry”“curry”“currie”。咖喱饭则写成“curry and rice”“curried rice”“curry with rice”。法语“curry”和英语“curry”的词源是北印度泰米尔语“kari”。也有说法称，词源是印度西南部马拉地语“cari”。16世纪，葡萄牙博物学家加西亚·德·奥尔塔（Garcia de Orta）首次在书中提到名为“caril”的菜肴。1772年，英国首任驻印度孟加拉国总督沃伦·黑斯廷斯（Warren Hastings）将各种香料和印度大米带回英国，同时也让印度咖喱进入了英国人的视野。1748年，咖喱首次出现在英国的烹饪书籍中。到了18世纪，全球首家制造咖喱粉的公司C&B（Crosse & Blackwell）在英国成立。用印度香料打造出浓郁香味的咖喱就此演变为加有油面酱、风味温润的咖喱菜品。传入法国后，衍生出“咖喱饭（cari au riz）”。20世纪初，“爱德华七世咖喱”在巴黎的餐厅风靡一时。他是英国的国王，同时也是印度皇帝。后来，咖喱传入欧洲各国，并在明治初期从英国传入日本。咖喱是用混有各种香料的汤汁炖煮而成的菜肴。在印度，常用的香料有丁香、卡宴辣椒、姜黄、八角、百里香、香菜、孜然、茴香、种子粉（seeds）、肉豆蔻衣、锡兰肉桂、多香果、肉豆蔻、彩椒、罗勒、牛至、葛缕子、月桂叶、生姜、大蒜、芥末、红辣椒等等，可根据个人喜好混合。挑选的香料和香料的用法决定了菜品的风味。咖喱有颗粒状、粉状和糊状可选。日本的咖喱粉一般由30余种香料调配而成，将姜黄（色泽）、茴香（香味）和红辣椒（辣味）组合在一起。摩洛哥群岛、马达加斯加也出产上述香料。咖喱有香味，能去除肉腥味，因此适用于肉菜。还有健胃、强身健体的功效。回顾历史，不难发现这些珍贵的香料引发了一场场争夺战。印度是香料的聚集地，占尽地利，形成了独具一格的印度菜系。咖喱也普及到了东南亚全境。至于咖喱的配菜，印度是酸辣酱（chutney），欧洲是西式腌菜，日本则是福神渍。

→印度菜系→香料

ガレット

格雷饼

法: galette

庆祝圣诞节的烤制糕点。将未经发酵的面团揉成圆形烤制而成的硬面包。“galette”有“小石子（galet）”的意思。在公元前4000年前后，未经发酵的格雷饼就已经出现了。在古埃及初期王朝时代（公元前3000年）的古坟也有格雷饼和发酵面包一同出土。法国有用国王饼（galette des rois）庆祝喜事的习惯。用酥皮包裹奶油，揉成扁平的圆形后烘烤而成。

制作方法与形状视国家与地区而异，也有用沙布烈（sablé）面胚、海绵蛋糕面胚制作的款式。面胚一般用荞麦粉、黑麦粉、大麦粉混合而成，成品的饼皮较厚。东方教会庆祝耶稣诞生的节日是1月6日的主显节（Epiphany）。这个节日恰逢一年里最为寒冷、阳光最少的季节。耶稣诞生后，东方三博士前来朝拜，赠予黄金、乳香和没药。赠送圣诞礼物的习惯由此而来。这是犹太教中非常重要的信仰传说。过主显节时要摆出伯利恒的马厩（耶稣诞生的地方），供奉格雷饼。19世纪末，人们开始在格雷饼中放置陶瓷小人（fève），每次只放一个，谁吃到了有小人的饼，谁就是那一天的国王/女王，得到大家的祝福。在古希腊，放进饼里的不是小人，而是用作司法官选票的蚕豆。在路易十四居住的凡尔赛宫，人们会精心设计，让国王吃到有蚕豆的那一块。在葡萄牙，人们也有在圣诞节吃的国王蛋糕（bolo rei）里塞戒指、奖牌的风俗。

→圣诞蛋糕→蚕豆→面包

カレーム

卡瑞蒙

Marie-Antoine Carême

马利・安东尼・卡瑞蒙（1784—1833）。他出生在有25个孩子的贫困家庭，10岁时被打短工的父亲抛弃，后来被一位餐厅老板收养。自此之后，他一头栽进王家图书馆，学习版画、雕塑和建筑方面的知识。学习的成果就是各种甜点、夏洛特（charlotte）、布丁、舒芙蕾（soufflé）、艺术糕点等众多杰作的诞生。与拿破仑麾下的外交家塔列朗（Charles-Maurice de Talleyrand，1753—1838）的邂逅，使卡瑞蒙的才华开花结果。在维也纳会议上，他为各国贵宾呈现了法餐的精粹，演绎了精彩的“美食外交”。经此一役，卡瑞蒙驰名欧洲各国。他熟练掌握各种烹饪技术，曾担任沙皇亚历山大一世、奥地利皇帝弗朗茨一世、英国王太子（日后的乔治四世）等王公贵族的厨师长。他将建

安东尼・卡瑞蒙

资料：冢田孝雄《食悦奇谭》时事通信社 215

筑学元素、丰富多彩的素材和水晶制品引进了菜品摆盘领域，将烹饪升华成一门艺术。现代法餐有大半的样式是他的手笔，堪称近代高级法餐鼻祖与一代法餐宗师。他尤其擅长大规模的宴会，论装盘之精美、烹饪技术之多样，在19世纪独领风骚。他也被誉为法式糕点的守护神、建筑家糕点师。著有《美妙的糕点师》(le pâtissier pittoresque，1815)、《对比古今美食》(le Parallèle de la cuisine，1822)、《巴黎的王室糕点师》(Le Patissier royal parisien，1825)、《19世纪的法国烹饪技术》(l'Art de la cuisine française au XIXe siècle，1833)等。

→夏洛特→西餐→巴伐露→造型糕点

梘水/鹹水

かんすい かんすい

碱水

制作中式面条、馒头、包子、饺子皮时使用的碱性添加剂。又称“梘水”。在粤语中，“梘”有“碱”的意思。日语之所以称“梘水”，是因为碱水自广东传来。在中国的唐宋时期，人们已经开始用碱性添加剂调节面的质地了。加过碱水的面食会产生独特的口感，不同于日本的乌冬面与荞麦面。起初，人们使用的是①草木灰(唐灰)、②碱水湖的碱石与碱水等天然碱性物质(碳酸钠)。加有碱水的面在中国也称“碱水面”。中国东北到西北部有强碱性土壤，有取之不尽用之不竭的碱。许是酸性的水难以制作面条，所以古人试着加了碱水，结果发现面质变得柔滑了，便有了这一习惯。现代的碱水以碳酸钾、碳酸钠、磷酸钾、磷酸钠调配而成，有粉末、液体、固体可选。用量一般是面粉的1%左右。碱水中的碱性成分使面粉中的黄酮类色素(flavonoids)呈现出黄色，麸质更具黏性与弹性，产生独特的色泽、柔滑感与口感。碱水使用过量时，面会发皱。碱水还能防腐，有助于延长面的保质期。顺便一提，中国也有不加碱水的面条，比如用水和盐和面的拨鱼面、加鸡蛋的伊府面、全蛋面等等。在受福建影响较大的冲绳，人们发明了加有碱水(榕树或甘蔗渣烧成灰，兑水后取上层清液)的冲绳荞麦面。到了明治时期，碱水通过南京町的华侨传入日本。

→中国面

甘草

かんぞう

甘草

英: licorice、liquorice

豆科多年生草本植物，自然分布于中国北部、蒙古、土耳其。原产于小亚细亚和欧洲东南部。在土耳其、欧洲、北美、澳大利亚均有种植。希腊语“glukurrhiza(甜根)”演变为后期拉丁语“liquiritia”，最后变为法语“réglisse”和英语“licorice”。

在《神农本草经》中被称为“蜜草 / 美草”，因其甘甜如糖。也有说法称，甘草是甘肃省（甘州）的特产，因此得名。南北朝时代的《名医别录》中称甘草“能安和草石而解诸毒”，且“治七十二种乳石毒，解一千二百般草木毒，调和众药有功”。有乌拉尔甘草、光果甘草、黄甘草之分。将红褐色的根部晾干，就能尝到甘草皂苷（glycyrrhizin）特有的甜味，甜度达蔗糖的 150 倍，怡人的甜味在口中经久不散。不仅常用于利口酒和糕点，还可为烟草增加甜味，更是减盐酱油的原材料之一。对结核、十二指肠溃疡、传染性肝炎和冻伤有一定的疗效，亦可镇痛止咳。

→香草

カンタループ

罗马甜瓜

英: cantaloupe

葫芦科一年生草本植物，原产地可能是中近东。甜瓜的一种。在日语中也称“キャンタロープ”“キャンタロップ”“カンタルー”。美国人的发音听起来像日语“勘太郎”，所以直接用日语说“堪太郎”，美国人也能听懂，倒是奇妙得很。15 世纪，意大利传教士从亚美尼亚带回这种瓜，在教皇领地坎塔卢坡开始人工种植。也有说法称，这种瓜是在哥伦布（1451—1506）发现美洲新大陆的两年后（1494 年）传入美洲的。它与白兰瓜（honeydew）、克伦肖瓜（crenshaw）、波斯甜瓜并称为美国最具代表性的甜瓜。外皮与夕张甜瓜相似，呈浓橘色，果肉甜美多汁。在以法国为中心的欧洲南部栽培的品种个头较小，果肉略硬。除了生吃，也可制成西式腌菜、果子露和汤品。

→甜瓜

缶詰（かんづめ）

罐头食品

英: canned food

将烹饪加工过的食品装入用马口铁等金属制成的罐状容器中，密封杀菌，就成了可长期储藏的食品。日语“缶詰”是“can（英语）”和“詰め（日语）”的合成词，起初写作“管诘”。镀锡薄铁板（马口铁）有不易氧化的优点。说起罐头食品的开发经过，相传在 1795 年，拿破仑一世（1804—1814 在位）率军远征时用盐腌、烟熏、糖渍、风干等方法延长军粮的保质期，但是在运输、烹饪、鲜度、品质和营养层面还不能满足军队的需求。于是拿破仑悬赏征集新的食品储藏方法。1804 年，尼古拉·阿佩尔（Nicolas Appert）耗费 10 年岁月，终于发明了将食品装入玻璃瓶，以软木塞密封，再用 100 ℃沸水加热处理的方法。只要隔绝空气，容易腐坏的食品也能长期储藏。后

来，阿佩尔出版了《动植物食品储藏法》(1831）一书。1809年，他获得了12000法郎的赏金。之后，英国人彼得·杜伦（Peter Durand）取得了马口铁罐头的专利。1812年，英国人布莱恩·唐金（Bryan Donkin）和约翰·霍尔（John Hall）利用这项专利，创设了世界首家罐头工厂。1852年，尼古拉·阿佩尔的侄子谢瓦利尔·阿佩尔（Chevalier Appert）发明了加压蒸汽杀菌器。1873年，路易·巴斯德（Louis Pasteur）证实腐败由细菌引起。在美国南北战争（1861—1865）时期，罐头食品作为军粮大显神威。1871年（明治四年），日本广运馆司长松田雅典在长崎得到法国技师莱昂·杜里（Léon Dury）的指点，制作了油浸沙丁鱼罐头实验品。随着技术的发展，罐头的材质有马口铁、铝、TFS（仿液压成型 Techo Forming System）等多种选择。

カンパリ

金巴利 / 康帕利

意：campari

意大利最具代表性的红色苦味酒。1860年，米兰人加斯帕里·坎帕里（Gaspare Campari）在法国发明了这种酒，后在米兰生产。这是一种在蒸馏酒中加入糖浆、药草、香草和果实的利口酒，有着独特的甜味与风味。以苦橙（bitter orange）为主要原料，佐以葛缕子、香菜和小豆蔻，再添加糖分。液体呈宝石红（ruby red），有爽口的苦味与甜味。酒精含量为24%。常用于餐前酒、鸡尾酒。有进补、健胃的功效。

→利口酒

キウイフルーツ

猕猴桃

英：Kiwi fruit

猕猴桃科藤本植物，原产于中国长江以南。在新西兰、美国加利福尼亚、意大利、法国均有种植。在日语中也称“キーウィ”“鬼木天蓼（おにまたたび）”等。原为野生物种，自然分布在温暖多雨的山坡。《诗经》(公元前3世纪）有云，“隰有苌楚（猕猴桃的古名），猗傩其枝”。1906年，猕猴桃被引进新西兰。人们对其进行品种改良，催生出了海沃德（Hayward）、艾博特（Abbott）、布鲁诺（Bruno）等品种。在西方国家，猕猴桃起初被称为“Chinese gooseberry（中国醋栗）”。在新西兰，人们用珍贵的大型鸟类“奇异鸟（Kiwi）”命名猕猴桃。奇异鸟是夜行性动物，属鹬鸟类中最原始的鸟类，素有活化石之称，因其尖锐的叫声“keee-weee”而得名，全身长有茶色羽毛，与猕猴桃同色。1980年，新西兰的猕猴桃出口量已达16500吨。美国加州也盛产猕猴桃。“kiwi”也是土生土长的新西兰人的绰号。猕猴桃在1965年（昭和四十年）传入日本，当时被称为“蔬菜水果（vegetable fruit）”。猕猴桃种植业从1940年前后走上轨道，在1980年代日渐兴盛。猕猴桃有下列特征：①果肉半透明，呈鲜艳的翠绿色；②形似无花果的黑褐色种子呈同心圆状排列，一咬即破；③酸甜多汁，清爽的酸味来自柠檬酸（citric acid）和苹果酸（malic acid）；④含有中华猕猴桃蛋白酶（actinidine），有助于消化鱼和肉；⑤食用明胶无法使猕猴桃果肉凝固，必须使用琼脂，或加热果肉，使酶失活后再用明胶；⑥富含维生素C、叶绿素（chlorophyll）；⑦温暖多雨、适合种植蜜橘的地区也同样适合猕猴桃。常用于沙拉、汤、果酱、酱汁、派、巴伐露、酸奶和各种甜品。适合做成西餐与日本料理的配菜。

木耳（きくらげ）

木耳

英: Jew’s ear

真菌门担子菌亚门的食用菌。从春季到秋季，自然生长于栎树、桑树、橡树、栗树、胡颓子等树种的朽木上。干燥处理后储藏。有黑、白两种。黑色的称“黑木耳”，白色的称“白木耳”“银耳”。因形似人耳，在英语中称“Jew’s ear”，直译是“希伯来（犹太）人的耳朵”。在中国，木耳早在南北朝时代就已被用于烹饪。相传仙人长寿的秘诀就是吃松子和白木耳。湖南、湖北、四川、云南产黑木耳，四川、云南、贵州产白木耳。白木耳是价格相对较高的中国菜食材。口味清淡，近乎无味，但口感爽脆，神似海蜇，深受中国人的喜爱。富含组成人体关节与软骨的主要成分骨胶。钙质含量比其他菌类更高。干木耳用温水泡发后，体积是原来的三倍。

雉（きじ） 雉子（きじ）

雉鸡

英: pheasant

雉科野鸟，原产于亚洲。也有说法称雉鸡是日本独有的鸟。希腊语“phasianos（法希斯之鸟）”演变为拉丁语“phasianus”，最后变为法语“faisan”和英语“pheasant”。雉鸡自古以来是猎人喜爱的猎物。在中世纪初的欧洲，王公贵族专设养殖场繁殖雉鸡，也爱吃雉鸡做的菜肴。相传尚蒂伊城堡（Château de Chantilly）的孔代公爵（1621—1686）在一星期内料理了120只雉鸡。在雉鸡的各种烹饪方法中，最值得一提的是野味熟成法（faisander）。打到雉鸡后不去除内脏，放置2至3天，肠道细菌就会分解蛋白质，使肉质变得柔软，风味也更好。不过要是没把握好时间，肉就会腐败。雉鸡也是法国传奇美食家布里亚−萨瓦兰（Brillat-Savarin）的最爱。雉鸡是日本的国鸟，也是中世（译注：镰仓幕府成立到江户幕府成立）到江户时期最为人熟知的野鸟。《徒然草》(约1330/元德二年）中提到，“鸟肉当选雉鸡”。雉鸡做成的菜品在当时非常珍贵，比较独特的有“青がち”（译注：拍打雉鸡的肠子，加入味噌，放进锅里煎烤后加入高汤，再放入鸟肉，用盐调味）、“羽节酒”。

キーシュ

法式咸派

法：quiche

日语也写作“キッシユ”。德语“Kuchen（蛋糕）”演变为阿尔萨斯语“Küeche”，最后变为法语“quiche”。据说是亨利三世（1574—1589在位）统治时期诞生于法国东北部洛林地区的奶酪派。常用作头盘（热盘）。将火腿、培根、奶酪、菠菜、彩椒、鸡蛋、牛奶、鲜奶油、面粉混合而成的面糊倒入挞形酥皮，送入烤箱即可。新鲜出炉时最是美味。法国人钟爱咸派，发明了各种款式，比如奶酪咸派（quiche au fromage）、火腿咸派（quiche au jambon）、加有培根细丝的洛林名点“洛林咸派（quiche à la lorraine）”。

→派

貴腐（きふ）ワイン

贵腐葡萄酒

英：nobel rot wine

用贵腐葡萄酿制的金黄色超甜口葡萄酒。“贵腐”意为“高贵的腐败”。法语称“vin de pourriture noble”。当灰葡萄孢菌（*Botrytis cinereal*，一种霉菌）在特定气象条件下于熟透的、特定品种的酿酒葡萄繁殖时，便会发生“贵腐”现象。用这种葡萄酿制的酒就是贵腐葡萄酒。菌丝侵入葡萄果皮蜡层，使果实中的水分蒸发，于是葡萄逐渐干瘪，糖度则相应升至极高的水准。糖分高度浓缩，最终造就长寿的葡萄酒。灰葡萄孢菌一般会对蔬菜等作物造成危害，使其感染灰霉病。至于借助这种亦正亦邪的神奇霉菌酿酒的起源，学界众说纷纭，并无定论。知名的贵腐葡萄酒品种有逐粒精选葡萄干葡萄酒（Trockenbeerenauslese，德国）、索泰尔纳（Sauterne，法国）、托卡伊阿苏（Tokaji Aszu，匈牙利）。

→滴金酒庄（Château d' Yquem）

キムチ

朝鲜泡菜

韩: 김치

朝鲜半岛各种泡菜的统称。日语中也称“沈漬”“沈菜”“朝鮮づけ（朝鲜泡菜）”。“김치”由“沈菜（浸菜）”演变而来。据说朝鲜泡菜的鼻祖是《诗经》中提到过的“菹”（不用辣椒的蔬菜泡菜）。也有说法称，朝鲜泡菜早在公元前1世纪就已经出现了。在朝鲜王朝时代（1392—1910），泡菜衍生出多样的品种，逐渐普及。进入17世纪之后，人们开始在腌制时使用辣椒。哥伦布（1451—1506）从美洲带回了辣椒。16世纪，辣椒通过葡萄牙人传入日本，又在17世纪从日本传入朝鲜半岛，后来发展成泡菜的核心调味料。《山林经济》（1715）中有关于辣椒种植的内容。《增补山林经济》（1765）提到人们开始用辣椒腌制泡菜。朝鲜半岛冬季寒冷漫长，所以当地人用盐腌制蔬菜以备过冬。泡菜多达200余种，有着形形色色的外观，营养价值丰富，是美味的发酵食品。即便是同一种类的泡菜，不同地区、家庭的腌制方法、发酵时间、咸淡和调料的选择也是各不相同，从这个角度看，泡菜的种类可谓无穷多。常见的种类有辣白菜泡菜（배추김치）、开城特色包卷泡菜（보쌈김치）、萝卜块泡菜（깍두기）、小萝卜泡菜（총각김치）、黄瓜泡菜（오이김치）、生泡菜（풋김치）、整颗辣白菜泡菜（물김치）。每逢11月，家家户户都要腌制大量的泡菜。众人齐心协力一起腌制泡菜的活动被称为“김장”，是朝鲜族的传统风俗。腌好的泡菜用席子裹好，埋入土中，在最合适的温度条件（5℃）下存放，使其逐渐发酵。腌制泡菜的诀窍在于白菜的咸淡。泡菜一般用盐、辣椒、大蒜、牡蛎与咸糠虾、鱼干、干贝、梨、苹果、栗子、葱和生姜调味。除了直接食用，泡菜还是烹制各种菜肴的素材，比如：①加入猪肉、蔬菜炒制的炒辣白菜（김치볶음）、②加入咸鳕鱼子的泡菜汤泡饭（김치국밥）、③用面粉、荞麦粉、绿豆粉和泡菜混合而成的面糊煎成的泡菜饼（김치전）、④泡菜锅（김치찌개）和⑤泡菜汤（김치국）。泡菜是韩国的民族食品，首尔甚至有泡菜博物馆。直到二战后，日本人才逐渐习惯大蒜味，泡菜也在这一时期逐渐普及，后来在年轻人的推动下发展为日本主流腌菜之一。

→朝鲜菜系→辣椒

キャッサバ

木薯

英: cassava

大戟科热带灌木，原产于中南美。有说法称是哥伦布（1451—

1506）在西印度群岛最先发现了这种植物。根茎肥大，含有大量淀粉，是马来西亚、印度尼西亚、菲律宾、西印度群岛、巴西等热带地区的重要淀粉来源。表皮中的氰苷类物质有毒，需去皮后反复水洗，清除纤维，以清除毒素。精制后得到的淀粉在英语中称“tapioca”，词源是中南美语言中的“typyoca”。印第安人的主食面包“卡萨贝”就是用去除了毒素的豆渣状木薯淀粉在砂锅中摊成的薄饼。“cassava（manioc）”这一称呼也来源于这种面包。木薯产量高，保质期长，因此成为受关注的淀粉源。糊化木薯淀粉透明度高，具有特殊的粘性，不易老化，口感顺滑而有弹性，比糊化小麦面粉更有光泽。人们利用木薯的这种特性，将其用作增稠剂，或用于制作面条、布丁、派、蛋糕。加工成小颗粒的木薯粉珍珠可加入椰奶做成饮品，也可用于汤品和糕点的点缀。

→发现美洲新大陆

木薯
资料:《植物事典》东京堂出版 251

キャビア

鱼子酱

英: caviar、caviare

盐渍鲟鱼籽。鱼子酱、鹅肝和乌鱼子是世界三大珍馐。法语“caviar”、古意大利语“caviaro”、英语“caviar”的词源是土耳其语“khâviâr”。也有说法称词源是波斯语“khaviyar”。“khaya” 即“卵”，“dar”即“生下……的”。俄语中称“ikra”。相传渔民自古以来便有制作鱼子酱的习惯。16世纪，讽刺作家拉伯雷在《巨人传》(1532—1564）中提到了“鱼子酱”。1925年，俄国人佩特罗西昂（Petrossian）兄弟在巴黎世博会上宣传了鱼子酱的美味，促使其迅速普及。鱼子酱也是沙俄女皇叶卡捷琳娜二世（1762—1796在位）的最爱，堪称罗曼诺夫王朝（1613—1917）宫廷美食的核心食材之一。19世纪末，用于长期储藏鱼子酱的瓶、罐头和加工方法传入法国。伊朗产的灰绿色大白鲟鱼子酱等级最高。鲟鱼有在里海沿岸的俄罗斯和亚洲一侧的大河洄游的习性，能在注入黑海、里海、亚速海的河川中捕到。俄罗斯与伊朗贡献了全球鱼子酱产量的大半。近年来，对鲟鱼的过度捕捞导致了资源枯竭的危机。制作鱼子酱时，需去除卵膜，将鱼子一一分离，以盐腌制。鲟鱼体长可达1米至1.5米，体表有5处形似蝴蝶的鳞片，在春夏两季产卵。大白鲟、奥西特拉鲟、闪光鲟是较为著名的品种。颗粒大、呈茶色、黄色或金色的鱼子为佳。可搭配切成片的白煮蛋，或用于开胃薄饼、三明治。滴少许柠檬汁，待油脂凝固，稍有白浊时品尝风味最佳。黑色的鱼子酱是后期染色的平价产品。鱼子酱有着颗粒分明的口感与神秘感，以及黏稠的鲜味。非常适合搭配伏特加或香槟。也有美食家说，淋了柠檬汁的鱼子酱最是美味。烟熏鲟鱼本身也是珍馐。以北欧的圆鳍鱼（lumpfish）的黑色小颗粒鱼子为原料的产品常被作为“鱼子酱”进口日本。

→盐渍鲑鱼子

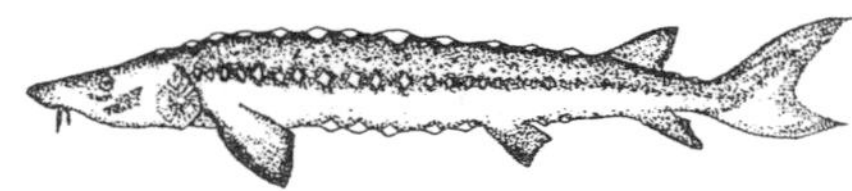

鲟鱼
资料：《鱼类事典》东京堂出版[267]

キャベツ

卷心菜

英：cabbage

十字花科一至二年生草本植物，原产于欧洲西南部沿海地区。在全球各地均有种植，品种丰富。在日语中又称“甘蓝”“玉菜（タマナ）”“叶牡丹”“牡丹菜”“荷兰菜（オランダナ）”。英语“cabbage”从古法语中的诺曼庇卡底方言“caboche（头、圆的东西）”演变而来。也有说法称“cabbage”来源于法语和拉丁语“caput（头）”的混淆。日语“キャベツ”源于英语。法语“chou”的词源是拉丁语“calius”。卷心菜是一种历史悠久的蔬菜，陪伴人类走到今天。在古埃及，人们会在宴会前吃些卷心菜预防醉酒。古希腊人吃卷心菜也出于同样的目的。在希腊神话中，斯巴达王利库尔戈斯某日试图将葡萄藤连根拔起，惹怒了酒神狄俄尼索斯（巴克斯），双目失明。他的泪水滴到地上，便有了卷心菜。希波克拉底（B. C. 460—377）建议腹痛的人吃盐水煮的卷心菜。古罗马政治家加图（Marcus Porcius Cato，B. C. 235—149）将卷心菜视作万能灵药，认为它有缓解肌肉疼痛等功效。老普林尼（Plinius，23—79）在《博物志》（Naturalis Historia，1 世纪）中提到，卷心菜有调理肠道的作用，有三个品种：①叶宽茎粗、②卷叶、③茎细且光滑柔软。亚历山大大帝（B. C. 336—323 在位）将卷心菜带到欧洲，后来卷心菜按高卢（法国）→不列颠（英国）→日耳曼尼亚（德国）的顺序，在改良的同时逐渐普及。到了 13 世纪就已经有结球、不结球之分了。在 16 世纪，卷心菜普及到欧洲全境。在中世纪的苏格兰，每逢万圣节（11 月 1 日）前夜，未婚男女都会用地里的卷心菜占卜姻缘。卷心菜在江户中期的正德年间（1711—1716）通过荷兰商船传入日本（长崎），起初用作观赏植物。花菜和西兰花也是卷心菜的亲戚。可用于菜丝沙拉、德国酸菜、包菜卷。抱子甘蓝个头小，易于使用。紫甘蓝有独特的口感，常用于沙拉，也可制成色泽鲜艳的红色醋腌菜。皱叶卷心菜（savoy cabbage）比较硬，适合做成炖菜。卷心菜富含钾、钙、维生素A、B、C、U，有助于改善虚弱体质，维持孕妇与幼儿的健康，对胃溃疡也有一定的疗效。

→花菜→菜丝沙拉→苤蓝→德国酸菜→泡芙→法国酸菜→西兰花→抱子甘蓝→包菜卷

キャラウエイ

葛缕子

英: caraway

伞形科二年生草本植物，原产于东欧、西亚。在荷兰、英国、德国、俄罗斯均有种植。日语中又称“姬茴香”。希腊语“káron”演变为阿拉伯语“karawiya”，再到中世纪拉丁语“carvi”，最后变成英语“caraway”。相传葛缕子由阿拉伯人途经西班牙带入欧洲。早在公元前10世纪，人类便已开始使用这种植物。在古罗马时期，葛缕子跟芥末一样被用作面包的调味料。葛缕子有促进消化的功效，因此古罗马人习惯在餐后食用它的种子或种子做的蛋糕。也有说法称，葛缕子是12世纪在摩洛哥改良而成的，还有人说阿拉伯人在13世纪开创了人工种植葛缕子的先河。葛缕子与孜然（枯茗）是两种植物，但是在法语中，葛缕子被称为“牧场的孜然”，在英语中则被称为“美国的孜然”，可见两者容易混淆。葛缕子常用于德奥两国的菜肴。除了增添香味，还可用于沙拉、泡菜、汤、黑麦面包、德国酸菜、奶酪、曲奇饼干、蛋糕、糖果和利口酒。用葛缕子增添风味的利口酒在德语中称“顾美露（kummel）”。丹麦的阿夸维特酒的香气也来源于葛缕子，日本的碳酸煎饼中也用到了这种植物。葛缕子有神似西芹的爽快香味与甜味，嚼一嚼有丝丝苦味。香味主要来源于香芹酮和柠檬烯。葛缕子有增进食欲、促进消化的功效，因为有神秘的香味，也被古人用作除魔药与媚药的原料。

→顾美露→香草

キャラメル

奶糖

英: caramel

软糖的一种。关于“caramel”的词源，学界众说纷纭，有拉丁语“calamus（管子）”、西班牙语“caramelo”、中世纪拉丁语“cannamella（甘蔗）”、“caramelize（焦糖）”等说法。日本

"南蛮果子（译注：安土桃山时代由传教士、商人带入日本的糕点）"之一"轻目烧（karumeyaki）"的词源是葡萄牙语"caramelo"。19 世纪上半叶，土耳其、地中海东岸移民将这种食品带往北美，进而传入英国，1882 年在伦敦首次启动生产。日本的奶糖诞生于 1899 年（明治三十二年）旅美归来的森永太一郎在东京赤坂的储水池边建设的西点工厂。

→奶糖（カラメル）→糖果

キャンデー

糖果

英: candy

以砂糖为原料的西式干点。有软糖、硬糖、果冻、棉花糖、夹心糖（bonbon）等各种款式，诞生的经过也是各有千秋。至于"candy"的词源，有说法称是梵语"khanda（一片）"演变成了英语的"sugar candy"，简称"candy"，也有说法称阿拉伯语"quandi（糖的）"、中世纪法语"sucrecandi（结晶状砂糖）"才是词源。在古希腊时代，人们就已经发明了糖渍水果的雏形（用蜂蜜炖煮水果）。在古埃及，人们也将蜂蜜掺入切碎的椰枣、无花果制作甜食。哥伦布（1451—1506）的大航海推动了制糖产业，进而丰富了糕点甜食的种类。16 世纪，出现了用糖和阿拉伯胶（译注：也称为阿拉伯树胶，来源于豆科的金合欢树属的树干渗出物）混合而成的膏体制作的甜食。在 17 世纪的法国诞生了糖衣杏仁（dragée）。1701 年，法国的勃艮第伯爵在从西班牙回领地的途中，接受了蒙特利马（Montélimar）市民赠送的牛轧糖。到了 18 世纪，糖豆、糖衣杏仁、糖渍果皮等甜食逐渐普及。1860 年，加糖炼乳在美国问世，后来传入欧洲，使糖果的世界变得更加多姿多彩。1892 年，奶油太妃糖（cream taffy）在英国问世。在制作糖果的过程中，可通过控制糖液的温度将产品加工成各种各样的形状。低温成型的软糖有牛轧糖、太妃糖、奶糖、棉花糖，高温成型的硬糖有糖豆、黄油硬糖（butterscotch）、太妃糖。

→奶糖→糖衣杏仁→糖豆→牛轧糖→夹心糖→棉花糖

キュイジーヌ

烹饪 / 厨房

法: cuisine

烹饪、烹饪间、厨房、烹饪技术。法语"cuisine"由拉丁语"coquere（加热烹饪）"演变而来。英语"cooking"也有同样的词源。用于"新式法餐（nouvelle cuisine）"等场合。

→新式法餐

牛肉（ぎゅうにく）

牛肉

英: beef

牛科哺乳类动物“牛”的肉。早在新石器时代，人类已将牛驯化为家畜，用于农耕。在世界各地均有养殖，可大致分为肉牛、奶牛与肉奶两用牛。肉牛品种短角牛（shorthorn）、长角牛（longhorn）、德文牛、安格斯牛、阿伯丁牛、赫里福德牛、加洛韦牛原产英国。拉丁语“bos（公牛）”演变为古法语“bœuf/buef”，最后变成法语“bœuf”和英语“beef”。在英语中，公牛称“ox”，母牛称“cow”，小牛是“calf”，小牛肉则是“veal”，牛肉是“beef”。这些称呼源于梵语。在古代中国，牛是献祭天帝的重要牲畜，平民百姓只能吃猪肉和羊肉。牛在印度享有神圣的地位，禁止屠杀。在日本的奈良时期，从天武天皇四年（675）开始的1200年时间里，人们遵守佛教的杀生禁令，忌讳吃肉。在中世纪之前，肉牛价格高昂，是老百姓高不可攀的美食。到了18世纪，肉牛养殖业在英国兴起，逐渐发展到欧洲各国、北美与澳洲。之所以按部位给牛肉分门别类，是因为不同部位有着不同的烹饪特性。一般来说，富含脂肪的部分适合做热菜，精瘦的部分适合做冷菜。用铁丝网烤的、做成牛排的、用于涮锅的、烤肉的、做成味噌腌肉的都是不同的部位。具体来说，等级最高的是里脊（fillet）、上腰肉（沙朗 sirloin）、肋排（rib roast），还有牛肩肉、肩腰肉、牛臀肉（rump）、内大腿肉、外大腿肉、胸腹肉、牛腿肉（leg）、牛颈肉（neck）等等。

→盐腌牛肉→沙朗牛排→夏多布里昂牛排→排→罗西尼→炖牛肉→施特罗加诺夫炖牛肉

牛乳（ぎゅうにゅう）

牛奶

英: cow’s milk

牛的奶水。印度人不吃牛肉，但常喝牛奶。“milk”一词的词源众说纷纭，有古英语“milc、meolc（牛奶）”、印欧语“melg（挤奶）”、日耳曼语“melkan（挤奶）”、条顿语“melk（挤奶）”、梵语“aduh”等说法。英语“daughter”是“女儿”的意思。法语“lait（奶）”由拉丁语“lac”演变而成。相传埃及艳后克利奥帕特拉七世（B. C. 69—30 在位）常用牛奶沐浴，所以有美艳的肌肤。公元前4000年前后的古埃及壁画中也有给牛挤奶的场景。除了牛奶，人们自古以来也喝绵羊、山羊、马、骆驼和驴的奶。在《旧约圣经》的“出埃及记”中，埃及被称为“流着奶和蜜之地”。奶是丰饶的象征。早在古希腊、古罗马时代，牛就因为犄角形似月牙被视作圣兽，而牛奶也成了献给天神的祭品。在亨利四世（1589—1610 在位）统治时期，巴黎塞纳河的岛上养有母牛。出于宗教原因忌畜肉的民族往往可以喝牛奶、吃鸡蛋。牛奶的营养价值高，是一种亲民的食材。有说法称牛奶早在古坟时代就已传入日本，但是在中国与日本等东方国家，牛奶长久以来并不受人喜爱。这也与欧美人体内的乳糖酶较多，东方人体内较少这一事实相符。主要的奶牛品种有荷尔斯泰因牛、泽西牛、更赛牛（guernsey）、短角牛、爱尔夏牛（Ayrshire）。牛奶是菜肴、酱汁不可或缺的食材，鲜奶油、黄油、奶酪、酸奶等奶制品均以牛奶为原料。牛奶易于消化吸收，营养价值高，富含脂类、蛋白质、铁、维生素 A、B_2，更是宝贵的钙质来源。牛奶中的蛋白质有 80% 是酪蛋白，另外 20% 是乳清，是优质的蛋白源。据说大量饮用牛奶也不用担心血清胆固醇上升。

→黄油

胡瓜（きゅうり）

黄瓜

英: cucumber

葫芦科一年生蔓生草本植物，原产地可能是喜马拉雅南麓。自古以来在全球广为人知的蔬菜之一，有 400 多个品种。据说有人发掘出了 1 万年前的黄瓜种子。早在 3000 年前，印度就有了人工种植的黄瓜。后来，黄瓜从中亚传播至西亚，在公元前传入欧洲。在汉代经西域传入中国，在华北地区扎根落户。“胡瓜”也有“来自西域的瓜”之意。隋炀帝（604—618 在位）不喜欢这个名字，将胡瓜改名为黄瓜，沿用至今。中国还有一种从印度传入华南的“华南型黄瓜”。在奈良时代（9—10 世纪），中国的华南型黄瓜通过遣唐使传入日本。也有说法称，这种黄瓜是显宗天皇（485—487 在位）时期经由朝鲜半岛传入日本的。黄瓜特有的清香来自黄瓜醇（不饱和醇）。黄瓜可加工成菜肴、腌菜，用途广泛。

キュラソー

库拉索酒

法: curaçao

加有苦橙的利口酒，用靠近南美委内瑞拉海岸的荷属库拉索岛产的橙皮制成。法语“curaçao”由葡萄牙语“curaçau”演变而来，意为“耶稣的心”。库拉索酒的主要产地是西班牙与荷兰。经干燥处理的称“dutch curacao”，更为珍贵。这种酒有橙子的浓香与苦味，有橙色、白色、蓝色、甜口、辣口等品种。酒精浓度在 40% 左右，有增进食欲、促进消化的功效。可用作餐前酒、餐后酒、鸡尾酒，也可用于给糕点增添香味。用于鸡尾酒

的库拉索酒有浅黄色、黄褐色、绿色、透明等各种颜色。

→柑曼怡→利口酒

キュルノンスキー

古农斯基

法：Curnonsky

法国作家、记者、烹饪研究家、美食家莫里斯·爱德蒙·萨扬（Maurice Edmond Sailland，1872—1956）的笔名。"Curnonsky"由拉丁语"cur（为什么）"和"non（不行）"组合而成，直译就是"为什么sky不行"。"sky"是个略带"俄国味"的称呼，以至于古农斯基在一战时曾一度被怀疑是俄国的间谍。1927年被评为"美食王子"。1922年至1928年在米其林的赞助下开车游遍法国各地，进行了一场美食之旅，为《米其林红色指南》贡献良多。著有未完成的巨作，长达28册的《美食在法国（La France Gastronomique）》。1930年创立法国美食学院，担任第一任会长。学院由40名美食家和烹饪研究家组成，直到今日仍致力于编撰辞典、普及美食知识，一贯倡导发掘地方特色美食、发挥食材原有的味道和简化酱汁。古农斯基与布里亚-萨瓦兰英雄所见略同，与今日的新式法餐思维也是不谋而合。

→西餐→新式法餐

キュンメル

顾美露

德：kümmel

源自荷兰，用葛缕子籽增添风味的利口酒。德语"kümmel"由德语"kümmi（孜然）"演变而来。在葛缕子籽的基础上加入锡兰肉桂、茴芹、香菜与柠檬进行蒸馏，再添加熬煮过的糖浆，便有了无色透明的利口酒。可根据糖分和酒精含量大致分为：①柏林顾美露（糖分10%—20%，酒精40%）、②阿拉西顾美露（Allash Kummel 糖分30%，酒精45%）、③水晶顾美露（糖分40%，酒精50%—60%）。

→葛缕子→利口酒

ギョーザ

饺子

中式点心。发明经过不详。1959年，中国新疆维吾尔族自治区吐鲁番的阿斯塔那唐墓出土了饺子。也有说法称饺子发祥于明清时期。三国时期魏国张揖所撰的《广雅》（译注：我国最早的百科词典）中提到了"馄饨饺"，这应该是饺子在古代文献中的首次登场。直到今天，中国仍有"北方吃饺子、南方吃馄饨"的文化。也有人认为半月形的饺子出现在南北朝时代。到了唐代，又出现了被称为

“馄饨”“汤中牢丸”的汤饼（水饺）。在宋代，人们开始油炸、蒸饺子。饺子的词源“角子”也出现在这一时期。在明代，因为半月形的饺子形似银元宝、马蹄银，饺子与财运联系在一起。春节要吃饺子招财进宝，除夕与年初一吃的饺子叫“更岁交子”（旧的一年与新的一年交会于零点）。有人在饺子里加花生，祈求健康长寿。也有人加糖，象征生活甜美。更有人在饺子里塞铜钱求财运。据说“饺子”这一称法在明朝逐渐固定下来。在中国的东北地区，饺子因为与“交子”同音成为多子多孙的象征，是春节必不可缺的美食。同样成书于明代的《明宫史》中提到，“饮椒柏酒，吃水点心，即扁食也。或暗包银钱一二于内，得之者以卜一岁之吉”。清朝的慈禧太后（1835—1908）很喜欢这种叫“咬春”的游戏，每逢年初一必要玩上一回，占卜新年的运势。出版于清朝的《燕京岁时记》记载，“是日（大年初一），无论贫富贵贱，皆以白面作角食之，谓之煮饽饽（水饺）”。相传清太祖努尔哈赤（1616—1626在位）在某年除夕于某村打死了一头老虎，然后村人便用面皮包裹虎肉，享用了胜利的果实。从那时起，人们便养成了正月里吃饽饽的习惯，以称颂努尔哈赤的英勇。还有吃饺子祈求旅途顺利的习俗，这也是因为“饺子”与“脚子”同音。饺子和中国南方的烧卖一样，是深受老百姓喜爱的点心。秦始皇陵所在的西安更是以饺子著称，有各种各样的小蒸饺。西安是杨贵妃等名人辈出的李唐首都，也有说法称西安才是饺子的发祥地。饺子的做法是将小麦粉做的面团摊成薄薄的面皮，包入猪肉、牛肉、鸡肉、虾、竹笋、卷心菜、白菜、茼蒿、香菇、葱、韭菜、生姜、麻油等材料混合而成的馅。根据加热方法，可大致分为水饺、蒸饺和锅贴（煎饺）三类。日本人偏爱锅贴。若是细分，饺子的种类足有100多种。饺子在江户中期传入日本，在日本文献中的首次登场可追溯到江户时期出版的中国菜食谱《卓子调烹法》（1778）。到了明治大正时期，爱吃中国菜的人有所增加，但饺子迟迟没有流行起来。直到二战结束后，从大陆撤回日本的人带回了饺子，才使其迅速普及到日本全国。

→中国菜系→点心

魚醤（ぎょしょう）

鱼酱

意: garum

用河海鲜酿造的发酵调料，又称“鱼露”“鱼酱油”。希腊语“gáron”演变成拉丁语“garum”，最后变为意大利语“garum”和法语“garum”。全球的鲜味调料可分为两大类，分别是①谷酱和②鱼酱。日本最具代表性的谷酱正是味噌和酱油。古希腊、古罗马时代的调味料也是用鱼发酵而成的鱼酱。阿比修斯的《古罗马食谱》中

也提到了“发酵调味料鱼酱”，以沙丁鱼、青鱼、金枪鱼的内脏为原料，加盐后放置在日光下使其发酵即可。西班牙产的黑鱼酱（以青鱼为原料）格外珍贵。后来，欧洲的主流鱼酱演变为凤尾鱼酱。而中国的酱也起源于肉酱（鱼酱）。话说“番茄酱（ketchup）”的词源正是意为腌鱼汁的“茄酱”。东南亚的调味料以鱼酱为主。鱼酱的制作方法是用盐腌制河海鲜，储藏发酵一年以上。酶与微生物会进行自我消化，分解蛋白质，形成独特的腥味与鲜味。盐分浓度为25%，即便是热带地区也能在常温环境下存放。中国有糊状虾酱和牡蛎做的耗油，朝鲜半岛有海鲜酱（젓갈），东南亚则有越南鱼酱（nuóc mãm）、泰国鱼酱（nam pla）、菲律宾鱼酱（patis）、柬埔寨鱼酱（tuk trey）、老挝鱼酱（nam pla）、印度尼西亚鱼酱（kecap ikan），欧洲有凤尾鱼酱。日本也有秋田的盐汁鱼酱（ショッツル）、香川的玉筋鱼酱油（イカナゴ醤油）、石川的鱼汁（イシル）和鹿儿岛的鲣鱼煎汁（カツオノセンジ）。

→阿比修斯→凤尾鱼→番茄酱→越南鱼酱→越南菜系

ギリシア料理

希腊菜系

英：Greek cuisine

古希腊是西方文明的发祥地。早在公元前，用肉类、蔬菜、橄榄油和香草烹制的菜肴就已高度发达。公元前2世纪，希腊被罗马人征服，之后又经历了奥斯曼土耳其帝国的统治，逐渐形成了阿拉伯色彩较为浓重的饮食文化。希腊有款待宾客的传统与习惯。古希腊有“宾客权”的概念，认为“所有宾客都是宙斯送来的，必须款待”。希腊菜系有下列特征：①常用西红柿、橄榄油，用西红柿炖煮、口味浓重的菜肴较多，香料用得较少；②希腊人不常吃猪肉；③经常使用小牛肉、小羊肉、鸡肉、章鱼、鱿鱼、土豆、茄子、黄瓜、甜椒、菌菇；④爱喝土耳其咖啡，将浓稠的咖啡注入小型咖啡杯，慢慢品味。最具代表性的希腊美食有头盘小菜“mezedes”，用咸鳕鱼子和土豆沙拉做成的鱼籽土豆泥（taramosalata），用黄瓜、茄子、甜椒和菌菇加醋拌成的沙拉“toursi”，牛羊肉糜加洋葱、香料以橄榄油煸炒的“木莎卡（musakka）”，羊肉内脏香肠做成的希腊烤串“kokoretsi”，用葡萄酒腌制的鱼油炸而成的“marida”，加油松香的葡萄酒“松香酒（retsina）”以及甜点“巴克拉瓦（baklava）”。

→木莎卡

キール

基尔酒

法：Kir

一种白葡萄酒与黑加仑利口酒

做成的鸡尾酒。名称来源于法国勃艮第地区的第戎市前市长费利克斯·基尔（Felix Kir）。1945 年，他将本地白葡萄酒与黑加仑利口酒调成鸡尾酒，用作正式宴会的餐前酒，备受好评，于是就用自己的名字命名了这款酒。

→鸡尾酒

キルシュ

樱桃酒

法：kirsch

黑樱桃白兰地。法语“kirsch”由德语“Kirsch wasser（樱桃水 / 酒）”演变而来。德国是樱桃酒的故乡，在法国、荷兰、丹麦也有生产。在 17 世纪的巴黎，樱桃酒的定位是药酒。1634 年，富热罗勒（Fougerolles）爆发霍乱疫情，促使人们大量消费樱桃酒。这款酒无色透明，有樱桃特有的香味，但不同于欧美人偏爱的樱桃白兰地。不勾兑的樱桃酒是适合男性饮用的餐后酒，而樱桃白兰地则是更适合女性的餐前酒。樱桃酒的酒精浓度为 45%，常用于调和酒、为糕点增添香味。

→樱桃→樱桃白兰地→白兰地

グアバ

番石榴

英：guava

桃金娘科常绿灌木，原产于美洲热带。在美国本土、夏威夷、墨西哥、巴西、马来西亚、印度尼西亚、中国大陆与台湾省等热带、亚热带国家与地区均有种植。又称“芭乐”。英语“guava”由海地原住民语言中的“guavayus”演变而来。番石榴和柠檬一般大，果实成熟后，绿色的果皮会变成黄色。果肉的颜色有粉色、白色、黄色等等。果肉多汁，略有黏性，具有特殊的香味。香味的主要成分是丁香酚（eugenol）。富含钙质和维生素 C，果胶含量多，可制成果冻。除了生食，还能加工成果汁、果泥、果冻、果酱和糖浆。树叶与树皮含有丹宁，煎成药汤喝下有止泻的功效。

クアハダ

西班牙凝乳

西：cuajada

西班牙的凝乳类点心（curd

dessert）。发祥于畜牧业发达的西班牙北部。历史悠久，但发明经过不详。用牛奶、山羊奶制作奶酪时，分离出来的凝乳就称“cuajada”。加入蜂蜜、果酱食用更美味。

→西班牙菜系→甜点

クイックブレッド

速食面包

英：quick bread

在高筋粉和低筋粉混合而成的轻型面团中加入化学膨胀剂（泡打粉）发面的面包。在日语中又称“クイックパン”“即製（そくせい）パン”。制作用面包酵母发面的面包需要特殊的设备，也比较费时。二战期间，为了向世界各地的前线将士提供质地柔软、品质统一、热气腾腾的面包，美国发明了军用面包预拌粉，衍生出了日后的速食面包。预拌粉出厂时，已经把所有必要的原料都加进了面粉中，只需加水和面，再送入烤箱加热即可，非常方便。也有人将诞生于英国的饼干型“爱尔兰苏打面包”和司康饼视作速食面包的起源。消费者能在早晨的面包店买到这种面包，在家中也能轻松制作。加有泡打粉的麦芬、司康饼、软饼干都属于这一范畴。

→麦芬

クーク

酥皮糕点

法：couque

法国北部用发酵折叠酥皮制作的糕点的统称。法语“couque”来源于荷兰语“koek（蛋糕）”，与英语“cake”、德语“kuchen”同根同源。在法国，糕点一般被称为“gâteau”，布里欧修、丹麦酥等用千层酥皮制作的糕点统称为“couque”。从广义上讲，羊角包也算“couque”。酥皮糕点可烤制成各种形状，也有在表面略加装饰、挂糖粉的品种。

→蛋糕（gâteau）→蛋糕（cake）

クグロフ

咕咕洛夫

法：kougloff

发祥于德法边境阿尔萨斯地区的葡萄干布里欧修。周日早餐的经典选择。日语中也写作“クーグロフ”“グーゲロフ”。被认为是朗姆巴巴、萨瓦兰蛋糕的始祖。在阿尔萨斯地区称“Kugelhof（德语）”。这个词由“Kugel（球状）”和“Hof（中庭、宫殿、日冕）”组合而成。也有说法称，词源是14世纪流行于阿尔萨斯地区的带披肩僧帽“Gugelhete”。关于咕咕洛夫的趣闻轶事不胜枚举。它可以做成各种形状，比如圣诞节的星星、复活节的羔羊、主显节的百合花、婚礼的螯虾（法：écrevisse）。据说新娘的嫁妆里一定会有咕咕洛夫的模具。在阿尔萨斯地区，每年6月的第二个星期天是“咕咕洛夫节”。咕咕洛夫是波兰与奥地利的传统糕点，也有说法称它是通过阿尔萨斯传入法国的。路易十五（1715—1774在位）的岳丈坦尼斯瓦夫·莱什琴斯基非常爱吃这款糕点。他的主厨把朗姆糖浆浇在咕咕洛夫上，引火燃烧，称之为“阿里巴巴”。它正是日后的名点萨瓦兰蛋糕的雏形。路易十六（1774—1793在位）的王妃、来自奥地利哈布斯堡家族的玛丽·安托瓦内特也非常喜欢这款蛋糕，带动了它在法国的流行。有说法称，推动咕咕洛夫普及的是安东尼·卡瑞蒙（1784—1833）。也有人说，是奥地利大使馆主厨欧仁把秘方透露给了卡瑞蒙。相传1840年在巴黎率先做出咕咕洛夫的是阿尔萨斯的糕点师乔治。在圣诞期间最常见的是形似土耳其帽子的葡萄干咕咕洛夫。将葡萄干、橙皮、柠檬皮拌入面团，发酵后烤制而成。出炉冷却后撒上糖粉即可。原本用啤酒酵母发酵，后改用面包酵母。模具有14条褶子，呼应东方三博士翻越14座山谷朝拜刚诞生的耶稣。

→萨瓦兰蛋糕

咕咕洛夫

资料：《糕点辞典》东京堂出版[275]

くこ 枸杞

枸杞

英：chinese matrimony-vine

茄科落叶灌木，长有棘刺，果实为红色。在中国也称“红果子”、“明目子”。早在3000年至4000年前，中国人便已开始使用枸杞，中国最古老的诗歌总集《诗经》和最早的本草学著作《神农本草经》中均有提及。唐代的《食疗本草》称枸杞能“坚筋骨，去虚劳，补精气”。明代的《本草纲目》称枸杞“补肾、润肺、生精、益气，此乃平补之药”。中国甘肃中宁、天津的枸杞最出名。中宁流传着枸杞神现身人间，使大地长出茂盛枸杞林的传说。枸杞在日本也有种植。枸杞常用于中国菜系的粥、汤、炒菜与拌菜。枸杞自古以来就被视作药用价值高的植物，用于滋养保健、强身健体、恢复肾功能、强化视力、改善虚弱体质、防止贫血、提升免疫力。可能有一定的抗癌功效。果肉厚实而有甜味，富含有机物质和各种营养成分，如甜菜碱（betain）、蛋氨酸（methionine）、卵磷脂（lecithin）、钙、维生素 B_1、B_2、C。枸杞子（枸杞的果实）可以和猪肉、蔬菜一起蒸煮，嫩芽也可用于拌菜与炒菜，其特有的甜味有助于提升菜肴的风味。用热水使枸杞叶中的酶失活，烘干后磨粉，即为枸杞茶。枸杞酒是泡有枸杞子的烧酒。

クスクス

古斯古斯

英: couscous

阿尔及利亚、突尼斯、摩纳哥等北非国家最具代表性的美食。沙漠地带的珍贵储备粮。又称“couscoussier”。英语“couscous”由阿拉伯语“keskes”演变而来，意为“用来蒸麦片的小碗”。相传古斯古斯是数千年前马格里布（Maghreb，突尼斯、阿尔及利亚、摩洛哥三国的总称）地区的柏柏尔人（Berber）的发明，是历史悠久的糊状主食。1830 年，查理十世（1824—1830 在位）征服了阿尔及利亚，古斯古斯就此传入法国。具体做法是用手将麦片搓成小米一般大的颗粒，烘干后蒸熟，然后再次烘干，盛入陶碗。淀粉会在这个过程中糊化，直接吃也没有问题，不过一般会淋上加有肉与蔬菜的辣汤，用左手抓着吃。市面上也有加入大麦、玉米、面包屑的古斯古斯粉。具体使用的食材因地区而异，有鸡肉、羊肉、山羊肉、骆驼肉、洋葱、卷心菜、胡萝卜、土豆、芜菁、豆类、西红柿、葡萄干、橄榄、柠檬、大蒜、番红花、橄榄油、香料、奶酪等等，可谓多姿多彩。加热时使用专门的双层蒸锅“古斯锅”。下层炖肉与蔬菜，利用产生的蒸汽加热上层的谷物颗粒。这种无法在欧洲的厨房找到的蒸锅是古斯古斯的一大特色。蒸菜在东亚、东南亚与印度较为多见，分布区域与粒食文化（吃大米等杂粮）占主导地位的区域基本重合。而粉食文化（吃麦子磨的粉）占主导地位的地区，烤面包的烤炉更为发达。但使用蒸锅加热的北非古斯古斯不属于上述两种类型，站在食文化史的层面看也非常耐人寻味。在伊斯兰教的安息日（星期五）、婚礼等喜庆场合也会烹制古斯古斯。据说在突尼斯，古斯古斯还寄托着“祝福新婚夫妇早日融入社会”的美好愿望。有人觉得它不好吃，但也有人一吃就上瘾。对糊状主食的偏好因民族而异。在巴黎，阿拉伯人偏爱的古斯古斯餐厅相当受欢迎。

クッキー

曲奇

英: cookie、cooky

以面粉为主要原料的西式烤点。在美国，人们习惯把甜饼干统称为曲奇。英语“cookie”由荷兰语“koikje（小蛋糕）”演变而来。相传曲奇来源于18世纪移居北美的荷兰人亲手烤制的蛋糕。荷式曲奇一般会用到杏仁。饼干与曲奇的区别并不明确。英国只有饼干，没有曲奇。美国有软饼干，统称为曲奇。根据日本颁布的公平竞争规约（昭和四十六年，即1971年），糖分与油分的总含量在40%以上、外观有手作感的软饼干称“曲奇”。具体做法是在面粉中加入糖、油脂、蛋、脱脂奶粉、泡打粉和香料，和面后擀开成型，送入烤箱。成型方法有三种，分别是①使用钢琴线（wire cutter）、②挤条切割（route press）和③挤浆成型（depositor）。美国的曲奇大多走家庭手作路线，加有巧克力片的巧克力碎曲奇（chocolate crunch cookie）备受欢迎。曲奇与咸饼干在美国走上量产路线，广泛普及。

→沙布烈→饼干→幸运饼干→波尔沃隆杏仁酥饼

クネッケブロード

瑞典脆面包

德: Knäckebrot

北欧的板状带孔干面包。日语中也写作“クネッケ”。在瑞典有着悠久的历史，但发明经过不详。“Knäcke”有“干脆、咔啦咔啦作响”的意思，“brot”即“面包”。可搭配各种食材，做成开放式三明治。做法是用小麦面粉、黑麦粉、大麦粉和面，然后擀薄，送入烤炉。可用蒸汽使面团膨胀，或加入面包酵母。富含维生素与矿物质，易于消化吸收。保质期长，有谷物的朴素香味和独特的口感。

→北欧面包

クネーデル

丸子

德: Knödel

源自德国、奥地利等欧洲东部国家的土豆丸。日语中也写作“クヌーデル”。德语“Knödel”是德语“Knollen（圆形物体）”的派生词。各地区的丸子多种多样，口味也有甜、咸两种，是只需几个就能吃饱的德式“汤团”。做法是在小麦面粉中加入面包屑与土豆和面，揉成乒乓球大小的球状，煮熟即可。也有加入肝脏、培根的款式。常用于点缀汤品，做配菜也合适。比起在家手工制作，人们更倾向于选择去商店购买冷冻丸子。类似的食品有发祥于英国的汤团（dumpling）。

→肉丸 / 鱼丸→汤团→德国菜系→意大利面疙瘩→阿尔萨斯丸子

クネル

肉丸 / 鱼丸

法：quenelle

鸡肉、牛肉、鱼、虾、鹅肝磨碎，加入面包屑、小麦面粉、鸡蛋、牛奶、黄油、葡萄酒、盐与胡椒，搅拌均匀做成球形、圆形或卵形，煮、蒸、炸成的丸子。英语和法语“quenelle”由德语“Knödel（丸子）”演变而来。发明经过不详，但古罗马阿比修斯的菜谱中已有其雏形（用牡蛎、龙虾和小虾制成）。常用作配菜、派馅，也可点缀汤品。兽肉做的称“肉丸（meat ball）”，鱼肉做的称“鱼丸（fish ball）”。

→丸子

クーペ

纺锤形面包

法：coupé

→纺锤形面包（コッペ）

熊の掌

熊掌

中国菜系中的名贵食材。日语中也称“くまのてのひら”。中国菜系中有一类被称为“干货”的植物性、动物性特殊食材。干货有下列特征：①通常难以获得；②可能有一定的药理效果；③可激发美食家的探究心；④部分属于珍馐的范畴。符合④的食材有所谓的“八珍”，即龙肝、凤髓、豹胎、鲤尾、鸮炙、猩唇、熊掌、酥酪蝉。其中唯有熊掌流传下来，至今仍是价格高昂的珍馐食材。在古代中国，熊掌是王者专属的美食，与之相关的趣闻轶事不计其数。比如在公元前 4 世纪的《孟子 · 梁惠王》中，孟子曰：“鱼，我所欲也。熊掌，亦我所欲也。二者不可得兼，舍鱼而取熊掌者也。”相传殷纣王以玉杯饮美酒，以象牙筷吃熊掌。楚成王（B. C. 671—626 在位）遭太子逼宫，哀求儿子再让他吃一顿熊掌，却遭到拒绝，一命呜呼。同时期的晋灵公（B. C. 624—607 在位）也留下了类似的传说。这些传说使熊掌成为王朝政权更迭的象征。到了战国时代，熊掌更是成为王公贵族的最爱。不可思议的是，袁枚（清）的《随园食单》中并未提到熊掌。据说熊在漫长的冬眠期间靠舔舐左脚（手）维持生命。栖息在东北、四川与云南的黑熊尤其珍贵。论价值，前脚高于后脚，左脚（手）高于右脚。因为熊爱吃蜂蜜，而且是左撇子，人们坚信左侧熊掌渗有日积月累的蜂蜜。作为食材，熊掌要经过干燥、冷冻处理后储藏，搭配葱、生姜、牛蒡炖煮一昼夜食用。可用于汤品、蒸菜、炖菜和砂锅。质地柔软，易于消化，没有怪味。用酱油炖煮而成的红烧熊掌最为著名。

→中国菜系

クミス

马奶酒

英: koumiss、kumiss、kumys

中亚与西伯利亚地区的发酵奶，用马奶酿制的酒精饮品。蒙古语称“其格”。马奶酒是中亚、高加索游牧民的发明，在装有马奶的皮袋中加入酵母，使乳糖发酵而成。自成吉思汗时代以来，亚洲游牧民族吉尔吉斯人和鞑靼人一直钟爱这款饮品。13 世纪的蒙古族记录提到，“夏日里有马奶酒足矣，别无所求”。酒精含量在 3%—5% 左右，人们几乎将其视作软饮料。马奶酒为白浊液体，有乳酸带来的微弱酸味。在缺乏蔬菜的草原生活中，马奶酒是重要的保健饮品，有预防贫血症、坏血病、结核、去除肉毒的功效。用骆驼奶制作的饮品称“苏巴特（Shubat）”。

→中国酒→奶酒

クミン

孜然

英: cumin

伞形科一年生草本植物，原产于埃及与地中海沿岸。在印度、摩洛哥、埃及、墨西哥均有种植。希腊语“kuminon”演变成拉丁语“cuminum”，再到古英语“cymen”，最后演变成英语“cumin”。也有说法称词源是希伯来语“kammon”。孜然与茴芹一样，都是人工栽培史最为悠久的香料。关于孜然的趣闻轶事比比皆是。《新约圣经·马太福音》的第 23 章也提到了孜然（译注：在圣经中往往被翻成茴香），人们用孜然缴税，维持教会运营。相传在公元前 720 年前后，也就是先知以赛亚的时代，人们用孜然防止爱人移情别恋，或是用它下咒防止家禽迷路走失。在公元前 5 世纪，古希腊医师希波克拉底在著作中用“与王者相称”来形容孜然。早在古希腊、古罗马时代，人们便开始用孜然延长肉类的保质期、为烤鱼增添风味以及增进食欲。到了中世纪，孜然进一步成为用途广泛的香料。孜然的种子经干燥处理后可长期储藏，有强烈的香味、微弱的辣味与苦味。特有的香味成分是枯茗醛（cuminaldehyde），与其他香味成分混合后会形成独特的香味。孜然是汤、酱汁、咖喱粉、辣椒粉的重要原料。常用于制作奶酪、香肠、面包、蛋糕、西式腌菜和印度酸辣酱。在印度咖喱中，孜然也是最具特征的一款香料，更是墨西哥的辣豆酱、北非的古斯古斯不可或缺的素材。

→香料

クラクラン

脆饼干

法: craquelin

一种轻饼干。法语"craquelin"由荷兰语"krakeling（八字形）"演变而来。戒肉、圣诞期间的常见食品。存在多种多样的配方。送入烤炉，用大火烘烤后裹上糖衣即可。

→饼干

グラス

玻璃器皿

英: glass

盛放饮品的玻璃容器。日耳曼语"glasam（杯子）"、印欧语"ghel（发光）"演变成古英语"glaes（琥珀、杯子）"，衍生出现代英语"glass"。法语"verre"来源于拉丁语"vitrum"。公元前4世纪，古埃及生产的玻璃器皿出现在各种壁画中，用作香水和香油的容器。在罗马，玻璃器皿发展出了方瓶、长颈瓶等各种形状，尺寸较大。无脚杯在6世纪登场。玻璃在古代是奢侈品，直到中世纪，人们主要使用的还是陶瓷与金属做的器皿。到了14世纪，玻璃器皿才普及到家家户户的餐桌。16世纪，无色透明的水晶玻璃在威尼斯诞生。17世纪，英国人乔治·拉文思克罗夫特（George Ravenscroft）发明了在玻璃中加铅的技法，制造出了透光性能更好的铅玻璃。1816年，法国的巴卡拉（Baccarat）开始生产和现代形状相同的玻璃器皿。在19世纪至20世纪，玻璃器皿的生产技术飞速进步，工业化生产成为可能，产品也日趋多样化。时至今日，玻璃器皿可根据用途分为平底杯（tumbler）、复古杯（old-fashioned glass）、高脚杯（goblet）、白兰地杯、鸡尾酒杯、香槟酒杯、葡萄酒杯、潘趣酒杯等品种。

グラタン

焗菜

法: gratin

表面烤至微焦的一种菜肴。词源之一是古法语"gratter（搓下）"，后衍生出"食材黏在锅上的菜品"的意思。现代法语"gratin"由法兰克语"grattôn（刮削）"演变而来。焗菜的本质是烘烤时不加盖的千层酥皮（feuilletage），与挞（tarte）有着异曲同工之妙。发明经过不详。据说制作方法大致相同的挞诞生于15世纪至16世纪。焗菜的做法视国家而异，法国不加盖，英国用千层酥皮加盖。意大利的焗通心粉（macaroni gratin）则用奶酪粉或面包屑盖住下方食材。在冬季严寒的欧洲，人们习惯吃热腾腾的焗菜取暖。具体做法是在焗菜器皿刷一层黄油，铺上烹煮过的牛肉、猪肉、鸡肉、火腿、培根、海鲜和蔬菜，顶层是黄油、贝夏梅尔酱汁、莫纳酱、奶酪粉或面包屑，送入烤炉，上火加热，使表面出现焦痕。用贝壳盛放的焗菜称“贝壳烤菜”。日本人偏爱通心粉焗菜、焗洋葱、焗土豆、焗米饭。

→贝壳烤菜

クラッカー

咸饼干

英：cracker

以小麦面粉为主要原料的烤制点心，有神似硬面包的咸味，可归入轻饼干的范畴。诞生于英国，但发明经过不详。据说在1739年首次出现在文献中。做法是面粉加油脂、盐（有时也加碳酸氢钠，即小苏打），在不加糖的状态下用酵母发酵。“crack”是拟声词，形象生动地体现了松脆的口感。英国有奶油咸饼干，美国有苏打咸饼干。苏打咸饼干里加的是小苏打。这种饼干传入美国后，人们改良了配方，开始使用小苏打。在用面包酵母发酵而成的酸性面团中加入碳酸氢钠，酸碱中和，成品的口味、风味更佳，且易于消化。此外还有奶酪咸饼干、格雷厄姆咸饼干、燕麦咸饼干、葡萄干咸饼干等品种。纽结饼也算咸饼干。咸饼干在日本没能普及的原因在于：①爱吃肉的欧美人对碱性食品有一定的需求；②日本原来就有名为“煎饼”的脆饼干。随着年轻人逐渐养成吃肉的习惯，也许有朝一日，咸饼干在日本的普及程度会与欧美相当。

→格雷厄姆咸饼干→纽结饼

グーラッシュ

匈牙利炖牛肉

英：goulash

→匈牙利炖牛肉（Hungary goulash）

グラッパ

格拉巴酒

意：grappa

源自意大利北部的白兰地。各地区有不同的叫法，比如皮埃蒙特称“branda”，伦巴第称“grapa”。用酿造葡萄酒时剩下的酒渣发酵、蒸馏而成。格拉巴酒的生产始于 11 世纪至 12 世纪，起初以自产自用为主，到了 18 世纪至 19 世纪才逐渐作为一种产品普及开来。酒精度数为 40%—50%。

→白兰地

グラニテ

水晶冰沙

法: granité

含有颗粒状冰晶的法国冰点，加有果汁的果子露。“granité”一词有“像花岗岩那样含有颗粒”的意思，生动形象地凸显了冰沙的碎石感。发祥于意大利，但发明经过不详。19 世纪，巴黎的“托尔托尼咖啡馆（Cafe Tortoni）”推出这种冰点，风靡一时。在法式全席中，常在烤肉类菜肴之前上桌，有爽口的功效。

→冰淇淋→果子露

グラハムクラッカー

格雷厄姆咸饼干

英: graham cracker

用全麦粉（格雷厄姆粉 /graham flour）制成的咸饼干。1839 年，美国新英格兰的医生、牧师西尔维斯特·格雷厄姆（Sylvester Graham 1794—1851）发明了用整粒小麦直接研磨而成的全麦粉。小麦胚芽富含矿物质、维生素 B_1、B_2、E 和膳食纤维，但是在生产小麦面粉时，胚芽会被剔除，这是为了便于加工，延长面粉的保质期。但胚芽毕竟是营养的宝库，因此以含有胚芽的全麦粉制作的饼干称得上健康食品。也有格雷厄姆饼干、格雷厄姆面包。

→咸饼干

クラフティ

克拉芙蒂

法: clafoutis

法国乡土糕点，风味醇厚，据说发源于法国中部的利穆赞（Limousin）地区。相传该地区中心城市利摩日（Limoges）周边的传统糕点“芙纽多（flagnarde）”是克拉芙蒂的原型。法语“clafoutis”由利穆赞方言“clafir（附加）”演变而来。做法是用面粉、

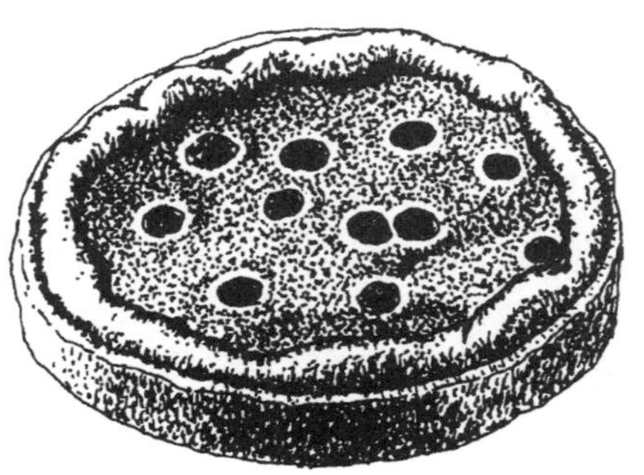

克拉芙蒂
资料:《糕点辞典》东京堂出版 275

鸡蛋、牛奶、糖调制可丽饼面糊，加入黑樱桃、红醋栗（groseille）、苹果、梨、李子、黑莓等应季水果，倒入模具烘烤即可。

→蛋糕→芙纽多（flognarde）

クラブハウスサンドイッチ

俱乐部三明治

英：club house sandwich

诞生于美国乡村俱乐部（country club，打高尔夫、网球的运动俱乐部）的三明治。也称“club sandwich”“American club house sandwich”“open face sandwich”。发祥于英国的三明治是一种半餐分量的轻食，将面包切成薄片，夹入烤牛肉享用。传入美国后，三明治的分量变大了。在略加烘烤的面包上涂抹黄油，夹入烤鸡肉、培根、火腿、西红柿、黄瓜、生菜、豆瓣菜、西式腌菜、蛋黄酱，而且面包共有三层，要用刀叉吃，是吃一份就管饱的小吃。也有提前切好，方便顾客享用的款式。

→美国面包→三明治

クラプフェン

油炸圈饼

德：krapfen

发祥于德国、奥地利及其周边的一种酵母甜甜圈，中心无洞。发明经过不详。又称“德国甜甜圈”“维也纳油炸圈饼”。原本是天主教徒庆祝谢肉节的糕点，后普及为日常食品。在小麦面粉中加入朗姆酒、柠檬皮，混合发酵后裹入杏子、覆盆子果酱，下锅油炸即可。

→德国面包→甜甜圈

クラムチャウダー

蛤蜊浓汤

英：clam chowder

源自美国东海岸新英格兰地区的朴素快手汤，主要原料是形似文蛤（*Meretrix lusoria*）的蛤蜊。有说法称发明者是漂流到波士顿附近的科德角（Cape Cod）的法国渔夫。英语“chowder”由法语“chaudiére（锅、釜）”演变而来。蛤蜊浓汤能让人联想到开拓者时代的美国。将蛤蜊、培根、洋葱、土豆、香芹、西芹、百里香倒入锅中，加入小麦面粉做的油面酱炖煮，装盘后撒入咸饼干。也有做法类似的牡蛎浓汤（oyster chowder），以及加入牛奶炖煮的新英格兰蛤蜊浓汤（New England clam chowder，类似于奶油浓汤）、用番茄泥炖煮的曼哈顿蛤蜊浓汤（Manhattan clam chowder）。

→杂烩浓汤（chowder）→文蛤（ハマグリ）

クランベリー

覆盆子

英: cranberry

杜鹃花科多年生草本植物，原产于美国北部。又称“鹤莓（ツルコケモモ）”。法语称“canneberge”。现代人吃到的覆盆子以原住民吃的、生长在泥炭土壤的野生品种为基础改良而成。红色的小果实有着爽口的酸味与甜味。由于酸味较强，不适合生吃，常用于酱汁、果酱、果汁、果冻与各类甜点。覆盆子酱常被用来搭配火鸡肉与野鸟肉。

→火鸡

グラン・マルニエ

柑曼怡

法: Grand marnier

一种橙味库拉索酒。1880年由法国马尼埃·拉博丝特（Marnier Lapostolle）家族所创。用酒腌制海地苦橙，然后蒸馏橙皮，加入干邑，装入橡木桶陈酿，即为“红丝带（Cordon Rouge）”。加入白兰地，就成了香味比橙子更强劲的“黄丝带（Cordon Jaune）”。常用于鸡尾酒、餐前酒、蛋糕与各类甜点。

→库拉索酒

栗（くり）

栗子

英: chestnut

壳斗科（山毛榉科）落叶乔木。英语“chestnut”由希腊语“kastanéa”演变而来。法语“marron”源自早期罗曼语“marr（小石头）”。法语“châtaigne”源自拉丁语“castanea（栗子）”。通过多年的品种改良，刺果中只有一颗栗子的称“marron”，有2到3颗的称“châtaigne”。早在古希腊时期，栗子就已经出现了人工种植的品种。在古罗马时代，栗子存在8个品种，是重要的储备粮。阿比修斯的食谱中也有用栗子、兵豆（*Lens culinaris*）烹制的汤。在路易十五（1715—1774在位）统治时期诞生了糖渍栗子（marron glacé）。弗朗索瓦一世（1515—1547在位）和亨利二世（1547—1559在位）的司法大臣奥利维耶曾盛赞萨尔顿栗子与塔司坎栗子的品质。栗子分布于世界各地，可大致分为日本板栗、美国板栗、欧洲板栗和中国板栗。美国板栗分布于美国东部，适合做成糕点。欧洲板栗分布于南欧到北非，每逢秋天，卖烤栗子的小摊便会出现在城市的街角，加工成糖渍栗子也美味。在中国，栗子广泛分布于华北至云南，天津甘栗最为著名。栗子富含淀粉、碳水化合物、钾与维生素C，薄皮与果肉含有大量丹宁，容易褐变，因此剥去薄皮后储藏更好。

クリスマス

圣诞节

英: Christmas、X'mas

为纪念耶稣基督（Jesus Christ）出生的日子，后人将每年12月25日定为圣诞节。12月24日称平安夜，教堂会举行子夜弥撒。英语“Christmas”由古英语“Crîstes（基督的）”和“mœsse（弥撒）”演变而来。也可写作“X'mas”，X是希腊语“Χριστός（基督）”的首字母。法语“Noël”的词源是古罗马掌管诞生的神“那塔利斯（Natalis）”。庆祝耶稣降生的仪式原本并没有固定的日子，有1月6日、3月21日（春分）、12月25日等多个版本。在公元354年，罗马教会（西方教会）将12月25日定为圣诞节，希腊教会（东方教会）也遵循这一决定，于是便有了今日的圣诞节。换言之，罗马教会为增加信徒引入了罗马人的风俗，用圣诞节替代了冬至的农神节（农神＝萨图耳努斯，庆祝太阳复活）。

→狂欢节→圣诞蛋糕→圣诞美食→圣诞老人

クリスマスケーキ

圣诞蛋糕

英: Christmas cake

用于庆祝圣诞节的面包与蛋糕。在日本一般使用装饰过的海绵蛋糕。在欧美，每个国家都有遵循各自传统的节庆糕点。强大的罗马帝国灭亡后，中世纪的欧洲陷入了长期的混乱状态。制作面包和蛋糕的技术由罗马教会继承下来。因此欧洲的面包与蛋糕有不少带有浓重的宗教色彩。每逢圣诞节这样的宗教节日，节庆面包与蛋糕必不可少。北欧的冬至蛋糕（julekage）是裹有糖衣的果干酵母糕点。德国的史多伦是一种白色的面包，制作时要在面粉中加入足量的糖、鸡蛋和黄油，和面时加入果干和坚果，烤好后撒上糖粉，表现白雪皑皑的世界。其外形模仿的是基督的摇篮，马厩的干草桶。俄罗斯的库里奇蛋糕（kulich）是加有水果的筒形面包，外侧以翻糖（fondant）装点，用甜面团制作。奥地利的水果面包用料奢华，加有保质期较长的果干。意大利的潘妮朵尼是伦巴第地区的名点，历史可追溯到11世纪。面团中加有米兰近郊的科莫湖畔的天然酵母，发酵后烤制而成，是一款半球形的扎实面包。配料还包括柠檬皮、葡萄干和生柠檬。保质期长达数月，称得上神似蛋糕的面包。法国的圣诞树桩蛋糕（bûche de Noël）将蛋糕卷装点成树桩的模样，配上糕点做的“蘑菇”，倍显梦幻，颇具法式风情。英国的葡萄干蛋糕是在普通黄油蛋糕的基础上加入了果干和坚果，还要浸泡白兰地，保质期也很长。在美国也有制作葡萄干蛋糕庆祝圣诞节的习惯。除此以外，还有碎肉馅派、圣诞曲奇、德国圣诞姜饼（lebkuchen）、香辛料小圆饼（pfeffernüsse）等多姿多彩的圣诞糕点。

→格雷饼→圣诞节→圣诞美食→蛋糕→史多伦→潘妮朵尼→潘多洛→圣诞树桩蛋糕→碎肉馅派→德国圣诞姜饼

クリスマス料理（りょうり）

圣诞美食

英: Christmas dishes

庆祝耶稣基督诞生的食品。最具代表性的有烤火鸡、烤猪、香肠、碎肉馅派、葡萄干布丁、圣诞蛋糕。不同民族、国家的圣诞美食各有千秋。圣诞节的原型是古罗马的农神节。所谓农神节，是向农神萨图耳努斯表示感谢的收获节，从每年12月17日开始，为期3天。平民百姓自不用说，奴隶的镣铐也会被解开。皇帝大行德政，四处分发面包、肉、蔬菜、水果和糕点，纾解民众的压力。公元354年，罗马教会（西方教会）引进异教的风习，定12月25日为基督诞生日，于是便有了今天的圣诞节。而圣诞树的诞生则是引进北欧神话风俗的结果。相传掌管农业、武力与智慧的大神奥丁是要求凡人牺牲的邪神，会将活人供品吊在柏树上。8世纪，在德国传教的圣博义（Bonifatius）将供品挂在冷杉上。到了18世纪，便发展出了将孩子的玩具挂在树上庆祝节日的风俗。在18世纪，这一风俗从德国传入英法，又在19世纪后半叶从英国传入北美。使用的树种也愈发多样，有鱼鳞松、松树、柊树、槲寄生等等。这一风俗延续至今。圣诞老人的原型尚无定论，有人说是北欧雷神托尔，也有人说是小亚细亚的圣尼古拉。17世纪，在圣诞节吃火鸡的习惯从美国传入欧洲。在英美两国，人们习惯在火鸡上淋覆盆子酱汁。在法国，人们用猪肉制作香肠与培根，烤火鸡或鸡肉庆祝节日。圣诞蛋糕始于洒有糖粉或糖渍的水果，后来各民族都发展出了独特的圣诞蛋糕。

→圣诞节→圣诞蛋糕→火鸡

グリッシーニ

面包棒

意: grissini

发祥于意大利、咸味明显的细长棒状面包。日语中又称“グリシニ”“イタリアンスティック（Italian stick）”“テーブルパン（餐桌面包）”“ビアスティック（beer stick）”“クリシニ（crissini）”。面包棒遍及意大利全境。意大利的厨师做事细致，所以客人点单后要等很久才能吃到菜，闲着无聊，便顺手拿起桌上的面包棒啃两口，一不小心就会吃多。皮埃蒙特地区的都灵盛产最

高品质的面包棒。具体做法是在小麦面粉中加入糖、油脂、脱脂奶粉、面包酵母和麦芽，混合均匀，再让发好的面团通过筒状模具，挤成面条状，再送入烤炉。面包棒的水分含量低，所以和面包干（rusk）一样耐储藏。法国也有类似的棍形面包干。

→意大利面包

クーリビヤーク

长形大烤饼

法：coulibiac

肉、鱼或蔬菜馅的烤派。德国有卷心菜馅烤饼（kohlgebäck）。德国移民将这道菜带去了俄罗斯，当地人将其称为“coulibiac”。传入派的故乡法国后，人们用鲑鱼、鸡肉、白煮蛋、蘑菇做的馅代替了卷心菜馅。

→派

クリームソーダー

冰淇淋苏打水

英：cream soda

表面漂浮着冰淇淋的碳酸饮料。又称“soda float”“ice cream soda”。在16世纪的英国，人工生产碳酸的技术问世，推动了柠檬水、弹珠汽水（ラムネ）、苹果酒（cider）等碳酸饮料的迅速普及。在丰富多彩的软饮料中，冰淇淋苏打水和浮冰咖啡（coffee float）一同流传至今。

グリュイエール

格吕耶尔奶酪

法：Gruyère

发祥于瑞士弗里堡（Freiburg）省格吕耶尔村的硬奶酪。9世纪初，阿尔卑斯地区的伯爵家发明了这种奶酪，以地名命名。据说伯爵家的家徽是“grue（鹤）”。格吕耶尔奶酪的原料是牛奶，发酵时间长达5个月到1年，含水量较少，个性鲜明。它跟意大利的帕玛森奶酪一样尺寸巨大，足有40多公斤重，享用时要切成小块。格吕耶尔奶酪和埃曼塔奶酪比较接近，但气孔相对更少，也更小，风味醇香浓郁。不仅可用作餐桌奶酪，用于烹饪也非常合适，更是奶酪火锅不可或缺的原料。法国侏罗（Jura）、萨瓦（Savoie）地区出产的格吕耶尔奶酪常用于法餐菜品。

→奶酪→奶酪火锅

グリンピース

豌豆

英：green pea

→豌豆（えんどう）

くるみ
胡桃

核桃
英: walnuts

胡桃科落叶乔木。日语中也写作“呉実(くるみ)”(吴＝中国在日本的别称)。核桃遍布世界各地，种类繁多。最具代表性的是波斯核桃。可食用的部分是壳果中的果仁。在古希腊，核桃称“宙斯的果实”，在古罗马称“朱庇特的果实”，两种称呼中都有神祇的名字。核桃自古以来就是多产的象征。也有说法称攻入波斯的罗马军队带回了核桃。随着日耳曼民族的移动，核桃传入罗马。在英格兰，核桃被称为“walnut(外国树果)”，“wal”即外国。公元前2世纪，西汉张骞出塞，从西域带回了这种果子，故称“胡”桃(蛮夷之地＝胡)。在中国，核桃仁因为形似人脑，被视作补脑、美肤的佳品，慈禧太后也爱吃。唐代的《食疗本草》中提到，核桃“补肾通脑，有益智慧”。在中药的理论体系中，果壳中的分心木(内果皮中的木质隔膜)更是治疗耳鸣的特效药，十分贵重。厚而硬的外壳用核桃夹子夹碎，内侧的薄皮用热水烫一下更好剥。核桃有独特的风味，富含蛋白质与脂类，营养价值高。在江户时代，核桃从中国传入日本。到了明治中期，又从美国引进了波斯核桃。本土品种日本核桃(*Juglans mandshuricavar. sachalinensis*)外壳小而硬。波斯核桃的外壳更大。中国名菜中有核桃腰子(北京菜，核桃炒猪腰)和凤肝核桃(粤菜，核桃炒鸡肝)。在西餐中，核桃常用于沙拉、开胃薄饼、曲奇和蛋糕。

日本核桃
资料:《植物事典》东京堂出版[251]

グルメ

美食家
法: gourmet

法语“gourmet”一词原指“有能力选择、评价葡萄酒的人”，由古法语“gromet(仆人、葡萄酒商人的仆从)”演变而来。在18世纪引申为“追求美食的人”。1802年，贵族出身的律师格里蒙·德·拉雷涅(Alexandre Balthazar Laurent Grimod de la Reynière）出版美食指南《老饕年鉴》(Almanach des gourmands)，成为现代美食情报杂志的鼻祖。

→美食学→西餐→米其林

クレオール料理（りょうり）

克里奥尔菜系

英：creole cuisine

美国南部路易斯安那州的爵士乐之乡，新奥尔良地区的美食。英语"creole"源自西班牙语，意为"在外地出生的欧洲人"，指代法裔、西班牙裔的混血移民，是和土生土长的法国人相对应的概念。传承宫廷文化的法餐是与西班牙、墨西哥、意大利、原住民的民族特色美食相融的结果，受西印度群岛饮食文化的影响。克里奥尔菜系有下列特征：①路易斯安那州盛产大米，所以米是常用食材；②用西红柿去除鱼腥味；③不太吃肉，偏爱虾、蟹等海鲜；④新奥尔良高温多湿，因此常用辣味明显的路易斯安那产塔巴斯科辣酱（tabasco）；⑤用油面酱勾芡的菜品多；⑥用铁锅烹制，以文火慢炖的菜品多；⑦炖煮洋葱、甜椒、西红柿、龙虾与牡蛎时，常用秋葵增加汤汁的黏稠度（当地称"gumbo"= 秋葵浓汤）。克里奥尔菜系中有不少日本人偏爱的食材，还有神似西班牙海鲜饭的什锦饭（jambalaya）。不仅如此，路易斯安那州还有经由加拿大来到美国的法国移民发明的，以克里奥尔菜系为基础的卡津（Cajun）菜系。

→美国菜系→卡津菜系→番茄酱

クレセント

月牙形糕点

英：crescent

月牙形面包、蛋糕的统称。相当于法语"croissant（羊角包）"。用加有黄油的面包面团制作。"crescent"有"月牙""弦月""土耳其国旗上的符号"等含义。

→奥地利面包

クレセントロール

月牙形面包

英：crescent roll

诞生于英国，深受英国人喜爱的小餐包。将黄油小餐包、甜餐包的面团做成月牙形烤制而成。成型方法是将面团擀成三角形，卷成左右对称即可。既像月牙，又像虾。

→英国面包

クレソン

豆瓣菜

法：cresson

十字花科多年生草本植物，原

产于欧洲中部，属于芹菜的一种。又称“オランダガラシ（荷兰芥子）”“ミズガラシ（水芥子）”“ミズセリ（水芹）”。法语“cresson”由法兰克语“kresso（豆瓣菜）”演变而来。英语称“watercress”，有“生长”之意。早在古希腊、古罗马时代，豆瓣菜就已入药。据说波斯人尤其喜爱豆瓣菜。人工种植豆瓣菜的历史可追溯到14世纪。当时，法国宫廷名厨泰尔冯（1310—1395）首次将豆瓣菜用于宫廷美食，作为肉菜、鱼菜之后的爽口小菜。17世纪，豆瓣菜的水培在德国的德累斯顿（Dresden）取得成功。1811年，豆瓣菜传入法国，广泛流行。19世纪的英国药典称，豆瓣菜可治疗坏血病。1890年前后从英国传入香港。日本明治维新时期通过外国传教士传入日本，在东京的外国人居留地附近的水边繁殖野化，长遍全国。可根据叶片的颜色分成绿、黑等品种。自然分布在浅浅清流中的豆瓣菜长有绿色的细茎，有爽口的香味与辣味，教人食欲大振。辣味成分是黑芥子苷（sinigrin）。常用于汤品、沙拉、三明治、酱汁，做肉菜的配菜也合适。

→烤牛肉

グレナデンシロップ

石榴糖浆

英: grenadine syrup

用石榴果汁制成的红色糖浆，如宝石般通透。发明经过不详。石榴是石榴科落叶乔木，原产波斯（伊朗）。相传是西汉张骞从西域的安石国（今天的伊朗周边）带回的，因此也称“安石榴”。奈良时期从中国传入日本。果肉的红色源自花青素，有特殊的颜色与香味。欧洲人尤其喜爱石榴汁，将其制成糖浆、果冻、鸡尾酒、果子露、冰淇淋和蛋糕。顺便一提，石榴石（garnet）也因其通透的鲜红色得名。

→石榴

クレープ

可丽饼

法: crêpe

法国的松饼，属于烤点的范畴。发祥于法国西北部布列塔尼地区的乡土美食。据说其雏形是摊在烧烫的石头上加热的粥。拉丁语“crispus（掀起波浪）”演变成中世纪法语“cresp”，最后变为法语“crêpe”。在法语中也称“panequet（pancake）”。“crêpe”一词有“薄如丝绸，皱如波浪”的意思。16世纪的可丽饼是布列塔尼农民的救荒食品，在黑麦粉、荞麦粉中加入鸡蛋和盐，摊成薄饼，用作面包与零食。到了17世纪，可丽饼开始走进寻常人家，并成为2月2日圣烛节（纪念圣母玛利亚行洁净礼的基督教节日）的供品。左手金

币，右手平底锅，将锅中的可丽饼高高抛起，看它能否落回原处的“可丽饼占卜”也非常流行。据说拿破仑一世（1804—1814 在位）也热衷于这种占卜。可丽饼的用料比美国的松饼更奢华，面粉仅占 15%—20%。将加有牛奶、鸡蛋、糖、盐与黄油的面糊（batter）倒入厚重、热容大的可丽饼锅，用中火煎成薄饼即可。成品薄如丝绸，口感顺滑，有着法式糕点所特有的优雅。制作方法简单，最适合在寒冷的夜晚温暖身心。可用于甜点、主菜等各种场合，当得了开场的前菜，也担得住压轴甜品的重任。可以夹奶油、果酱、巧克力吃，也可以搭配菠萝、苹果、草莓、香蕉、桃子、冰淇淋、奶酪、火腿、香肠等等。用橙子酱烹煮，再加入干邑，便成了苏塞特可丽饼（crêpe suzette）。

→苏塞特→松饼（panne-quet）→松饼（pancake）→扁面包→芙纽多

グレープフルーツ

葡萄柚

英: grapefruit

芸香科常绿果树，原产于西印度群岛的巴巴多斯（Barbados）。荷兰语“pompelmoes（大柠檬）”演变成英语“pompelmouse”，再到法语“pamplemousse”。因挂果时果实密集，仿佛葡萄成串垂吊，故英语中称“葡萄”柚。在美国也称“pomelo”。1750 年前后，人们在加勒比海的巴巴多斯发现了这种由亚洲的柚子突然变异而成的植物。1814 年，“葡萄柚”这一名称在牙买加诞生。约 1880 年，西班牙人将葡萄柚带到北美佛罗里达。加利福尼亚与佛罗里达迅速发展出了葡萄柚种植业，如今全球的葡萄柚有一大半来自这两大产区。在美国，人们也将葡萄柚称作“佛罗里达的黄太阳”。葡萄柚有果肉呈白色的邓肯（Duncan）、马叙（Marsh），果肉呈粉色的福斯特（Foster）、汤姆逊（Thompson）、果肉呈红色的红宝石等品种。葡萄柚有爽口的甜味、酸味与苦味，可口多汁，在世界各地的酒店早餐不可或缺的水果，因此也有“Breakfast Fruit（早餐水果）”的美誉。富含维生素 C、钙与柠檬酸。果肉中的红色素是西红柿红素，苦味来自柚皮苷（naringin）。可以切成圆片撒糖吃，做成果汁也合适。葡萄柚汁有浓缩、冷冻或粉末可供选择。

クレーム・シャンティイ

香缇奶油

法: crème Chantilly

鲜奶油打发而成，也称“crème fouettée”。英语称“whipped cream”。高卢语“crama（奶油）”演变成古法语“craime”→“cresme”，最后变成法语“crème”和英语“cream”。香缇是

巴黎北部地名，当地畜牧业发达。因此"crème Chantilly"直译过来就是"香缇地区的奶油"。相传在17世纪，香缇奶油在当地问世。当时名厨弗朗索瓦-瓦戴尔（François Vatel）就在孔代公爵（1621—1686）的宫廷担任总厨，留下了各种传世名菜。相传在迎接法王路易十四（1643—1715在位）的宴会上，他端出用黄杨和柳条打发的奶油，将其命名为"香缇"奶油（因为香缇城主正是孔代公爵）。也有说法称，打发的奶油可以拉出细细的尖角，好似香缇城堡的尖塔。也有人说，是凯瑟琳公主（1519—1589）的陪嫁糕点师用金雀花的小枝搅打奶油，发明了香缇奶油。打发鲜奶油的诀窍是"充分冷却"，一边用冰块冷却一边操作更容易成功。有时也会在奶油中加入糖、香料和洋酒。常用于装饰蛋糕、咖啡与红茶。

→奶油霜

クレームブリュレ

法式焦糖布丁

法：crème brûlée

法国的甜点布丁，也称"焦糖蛋奶布丁（caramel custard）"。"brûlée"有"烤透、焦了"的意思。关于焦糖布丁的诞生存在若干种说法。其一，厨师保罗·博古斯（Paul Bocuse）在1970年前后对奶油盅（Pot de Crème）进行了改良，把容器从壶改成了小碟，于是便有了焦糖布丁。其二，焦糖布丁发祥于西班牙东部的加泰罗尼亚。其三，通过法国嫁去苏格兰的贵妇传开。将鲜奶油和蛋黄调成的卡仕达酱倒入碟子，表面撒上粗糖（casonade），加热至焦糖状即可。表面香脆可口，下层布丁入口即化。

→布丁

クロカンブッシュ

泡芙塔

法：croquembouche

用传统法式泡芙砌成的造型糕点。日语中也写作"クロッカンブーシュ""クロカンブシユ"。"croquembouche"由"bouche（在嘴里）"和"croquant（香脆）"组合而成。用较

泡芙塔
资料：《糕点辞典》东京堂出版[275]

硬的焦糖将柔软的泡芙串起，便能在口中形成香脆的口感。发明经过不详。安东尼・卡瑞蒙（1784—1833）因为创作了许多高高堆起、用料奢华的大型艺术糕点广受好评。而泡芙塔正是一款用小巧的泡芙皮或泡芙堆成的大型蛋糕，成品呈圆锥形，以焦糖为黏着剂。在婚礼、洗礼、领圣体等重要场合与喜庆场合，泡芙塔常用于点缀装饰台。

→蛋糕→泡芙→艺术糕点

クロケット

可乐饼

法：croquette

即"コロッケ"。"croquer（咔啦咔啦的声音）"和指小词缀"-ette"的合成词。将食材切碎，加入土豆和贝夏梅尔酱汁，拌匀后做成圆筒形，裹上面包屑油炸而成。

→可乐饼（コロッケ）

グロッグ

格洛格酒

英：grog

在朗姆酒、白兰地、干邑中加入糖与柠檬汁，用热水勾兑而成的热饮。1740年（又称1776年），率舰队拿下西属波尔图贝洛（Portobelo）的英国海军军官爱德华・弗农（Edward Vernon，1684—1757）要求水兵喝用水勾兑的朗姆酒，勾兑比例为1∶2（也有说法称是1∶4）。这位军官爱穿丝毛混纺、质地粗糙的格罗格兰姆呢（grogram）外套，于是"grog"便成了这种酒的名字。

→朗姆酒

クロックムッシュー

库克先生三明治

法：croque-monsieur

巴黎人钟爱的热三明治。"croque-monsieur"由"croquer（咔啦咔啦的声音）"和"monsieur（男性、绅士）"组合而成。相传在大约1910年，这款三明治诞生于歌剧院附近的咖啡馆。夹心是里脊火腿与格吕耶尔奶酪，面包两面均涂抹黄油，烤至香脆，再切掉四边。趁奶酪遇热融化牵丝时享用最美味。还有一款"库克太太三明治（法：croque-madame）"，是"库克先生"的变体。夹心为鸡肉、高达奶酪与西红柿，最后要盖上荷包蛋。

→三明治

くろパン

黑面包

英：black bread

黑麦面包的别称。

→黑麦面包

クローブ

丁香

英: clove

→丁香（丁字）

クロメスキー

波兰炸肉饼

法: cromesqui

源自波兰的一种可乐饼。法语“cromesqui”由波兰语“Kromka（薄薄一片）”演变而来。将肉、鱼、蟹、虾、蔬菜切成丁，加入酱汁、蛋黄拌匀后做成圆形，裹上面糊油炸即可。可根据使用的食材分成许多种类。常用作头盘与甜点。

→可乐饼

クロワッサン

羊角包

法: croissant

发祥于奥地利维也纳的三角形面包，或用卷成月牙形的酥皮制作的面包。法语“croissant”由拉丁语“crescere（成长）”演变而来，有“月牙形”的意思。1683年，奥斯曼土耳其帝国派25万人围攻维也纳，却被奥地利军队击败。奥地利人将面包做成和土耳其国徽上的月牙相同的形状，庆祝这场胜利。在土耳其军队挖掘地道，埋藏火药的时候，早起的面包师察觉到了异样，及时通报，为奥地利奠定了胜局。因这项功绩，波兰国王扬三世·索别斯基（1674—1696在位）允许面包师制作以土耳其国徽为原型的面包，意喻“吃掉土耳其”。不仅如此，面包师还获得了纽结饼形状的荣誉勋章。直到今天，羊角包仍是维也纳面包房的标志性符号。1770年，奥地利哈布斯堡家族的四公主玛丽·安托瓦内特（1755—1793）与法国波旁王朝的王子（日后的路易十六）结婚。陪嫁的维也纳面包师将这种面包的做法带去了法国。也有说法称，羊角包是1683年前后从奥地利传入法国的。起初使用的是擀薄的面包面团。在上世纪20年代，巴黎的面包房发明了将黄油叠入酥皮的技法。在德国，人们一般将这种面包称为“维也纳小餐包（Vienna roll）”，意为“维也纳发祥的面包”。也有说法称，羊角包发祥于匈牙利的布达佩斯。巴黎酒店的早餐必有巴黎人钟爱的羊角包和欧蕾咖啡。这种面包也非常合美国人的口味。

→维也纳小餐包→奥地利面包→丹麦酥→法国面包→纽结饼

け

ケイジャン料理（りょうり）

卡津菜系

英: Cajun cuisine

美国南部路易斯安那州西部密西西比河周边的美食。“Cajun”指经由加拿大，定居在路易斯安那州的法国移民。他们来自加拿大的新斯科舍（Nova Scotia），称“阿卡迪亚人（Acadian）”，后演变成“Cajun”。18世纪后半叶，他们因《乌得勒支和约》移居路易斯安那。卡津人的居住地毗邻密西西比河，森林、湖泊与岛屿繁多，因此牡蛎、小龙虾、螃蟹等河海鲜资源非常丰富。北美印第安菜系与法餐在这片土地相融，形成了大量使用塔巴斯科、辣椒等辣味鲜明的香料的独特菜系。最具代表性的菜品有秋葵浓汤（gumbo）、神似西班牙海鲜饭的什锦饭（jambalaya）。对临近大海的新奥尔良地区的克里奥尔菜系也产生了巨大的影响。

→克里奥尔菜系

鶏肉（けいにく）

鸡肉

英: chicken

→鸡肉（鶏肉（とりにく））

ケーキ

蛋糕

英: cake

西点的统称。典型的蛋糕做法是在小麦面粉中加入糖、鸡蛋、油脂、泡打粉，调成面糊（batter），倒入模具，送入烤箱加热。在欧美国家有许多大量使用果干的蛋糕。在法国，加有果干的水果蛋糕称“cake”，其他蛋糕称“gâteau”。糕点店称“pâtisserie”。蛋糕的制作方法、风味与用途纷繁多样，各国、各民族都有历史悠久的特色蛋糕。古条顿语“kaka”在13世纪演变成英语，最后变成“cake”。葡萄牙语称“bolo”，德语称“Kuchen”，意大利语称“dolce”，西班牙语称“pastel”，荷兰语称“koek”，瑞典语称“torte”，拉丁语则是“coquere”，与英语“cook”词源相同，有“烹饪”的意思。古人认为，无论是做菜还是做糕点，都有类似的烹饪操作。拉丁语“vastare（使腐坏）”演变成了法语“gâter（溺爱、招待）”，再变成“gâterie（小孩子的糖果）”，最后变成今天的“gâteau”。蛋糕的原型是扁平的两面煎小面包。公元前4000年，美索不达米亚出现了一种被称为“格雷饼”的非发酵扁平硬面包。从中世纪后期开始，人们在面包中加入了甜味与香料，用料日趋奢侈，催生出了不同于普通烤面包的糕点，款式丰富多彩。古埃及法老钟爱蜂蜜，在面粉中加入蜂蜜与奶制成的蜂蜜蛋糕是贵族的最爱，后来传入欧洲各地。在英国有加入葡萄干、用白兰地浸泡的葡萄干蛋糕。强大的罗马帝国灭亡后，中世纪欧洲迎来了长达千年的黑暗时代。但制作面包与蛋糕的技术被修道院、教会与领主垄断，世代相传。因此欧洲的面包与蛋糕有不少带有浓重的宗教色彩。在圣诞节等宗教仪式上，面包与蛋糕也是不可或缺的元素。1533年，意大利梅第奇家族的凯瑟琳公主（1519—1589）与法国的奥尔良公爵亨利（即后来的法王亨利二世）结婚，布里欧修、蛋白霜等大量糕点制作技术随她传入法国。从那时起，欧洲的糕点进入百花齐放的阶段。尤其是在法国、德国、瑞士、意大利、西班牙、葡萄牙和美国，以海绵糕点面团、黄油蛋糕面团、酥皮、泡芙皮、发酵面团、饼干面团为基础的美味蛋糕接连问世。具体介绍详见各种蛋糕的词条。现代蛋糕呈现出向低脂、低糖、低卡的方向发展的趋势，大有开创“新派糕点”的势头。“南蛮果子”在明治的文明开化时期传入日本，加有牛奶与黄油的新式西点陆续出现。1874年（明治七年），法国人经营的西点店在横滨登场，并迅速普及。欧洲的手作蛋糕需通过搅打使空气进入面糊，如此一来面糊才能稳定。但蛋糕传入美国后，人们改用乳化剂使面糊稳定，使量产成为可能，还催生出了方便的蛋糕预拌粉。

→结婚蛋糕→天使蛋糕→瑞典奶酪蛋糕→纸杯蛋糕→蛋糕（gâteau）→四合蛋糕→可露丽→无核小葡萄干→酥皮糕点→克拉芙蒂→圣诞蛋糕→泡芙塔→漫步蛋糕→蛋糕（法：cake）→萨赫蛋糕→萨利伦恩→戚风蛋糕→重油水果蛋糕→夏洛特→黑森林蛋糕→泡芙→小蛋糕→达克瓦兹蛋糕→炸蛋糕→邓迪蛋糕→意式奶蛋盅→提拉米苏→恶魔蛋糕→三兄弟→年轮蛋糕→巴塔克兰→艺术糕点→杏仁飞扬蛋糕→佛罗伦萨脆饼→马卡龙→马德拉蛋糕→玛德莲→马拉科夫蛋糕→马里涅蛋糕→“manqué”形蛋糕→麦子美食→摩卡蛋糕→蒙布朗

ケーキウォーク

漫步蛋糕

英：cake walk

诞生于美国的海绵蛋糕。传播者是17至18世纪的美国黑奴。蛋糕表面用可可粉或糖粉画有跳舞男女的剪影。原本称“walk around”，后改称“cake walk”。在欧洲也颇受欢迎。德彪西甚至创作了题为《木偶的步态舞（Golliwogg’s Cake Walk）》的乐曲。“Golliwogg”指黑人小木偶。

→蛋糕

漫步蛋糕
资料：《糕点辞典》东京堂出版[275]

ケーキドーナツ

蛋糕甜甜圈

英: cake doughnut

在小麦面粉中加入糖、蛋、奶、泡打粉，成型后油炸而成。甜甜圈可大致分成三种：①用面包酵母发酵的面包面团制作的酵母甜甜圈、②用加有泡打粉的低筋粉蛋糕面团炸成的蛋糕甜甜圈以及③用泡芙面团油炸而成的“炸纽绞（cruller）”。手工制作的甜甜圈使用以小麦面粉、糖、奶粉、蛋、泡打粉和香料混合而成的面团，用擀面杖擀薄后，用模具抠成圆形，下锅油炸。因为口感略硬，被称为“硬甜甜圈（hard doughnut）”。在美国称“老派甜甜圈（old-fashined doughnut）”。后来，用机器设备把比耳垂还柔软的蛋糕面团抠成特定形状的技术在美国诞生，催生出了软甜甜圈（soft doughnut）。二战期间，美国最为重视的军用食品正是咖啡、培根和甜甜圈。美国军方根据德国的推测统计学，研发向全球各地的战场同时提供新鲜且美味的食品的技术，并加以实施。蛋糕甜甜圈专用的纵向自动油炸机应运而生，被运往各地前线。于是前线的将士们也能享用到新鲜出炉的软甜甜圈了。1955 年（昭和三十年），这款油炸机登陆日本，启动了日本的蛋糕甜甜圈（软甜甜圈）产业。从 1971 年（昭和四十六年）前后开始，唐恩都乐（Dunkin' Donuts）、美仕唐纳滋（Mister Donut）等美国企业进军日本市场，同时引进了甜甜圈预拌粉。预拌粉完美契合了年轻人的生活方式，拉开了“新小吃时代”的帷幕。

→蛋糕预拌粉→甜甜圈→预拌粉

ケーキミックス

蛋糕预拌粉

英: cake mix

在美国研发问世的糕点制作技术，宣传口号为“nothing but water（只需加水）”。方便易用，可归入“预拌粉（pre-mix）”的范畴。在 19 世纪 80 年代，松饼预拌粉（pancake mix）于美国诞生。在此基础上加入谷物粉、糖、奶粉、油脂、泡打粉、香料等必要材料的甜甜圈预拌粉、曲奇预拌粉、磅蛋糕预拌粉等产品接连登场。仅基础配方就有 400 到 500 种之多。蛋糕

预拌粉的技术是美式合理主义的绝佳体现。将高乳化油脂和入面团，使其稳定，适合送入机械设备批量生产。在欧洲发展起来的手工蛋糕制作工艺在美国改头换面，走上了量产之路。换言之，糖油拌和法作为制作顶级蛋糕的技法在欧洲取得了长足的发展。而在美国，人们通过巧妙组合乳化剂研发出了蛋糕面糊法（译注：粉油拌和法?）。制作蛋糕面糊时无需设法防止麸质形成，而是通过充分的搅拌使麸质被彻底释放，进而得到稳定的面糊。用蛋糕预拌粉制作的蛋糕甜味鲜明，质地细腻柔软，老化速度慢，但也有脆弱易坏的缺点。日本的蛋糕产业继承了欧洲的蛋糕面糊制作方法，但也在朝量产化的方向发展，使日本成为仅次于美国的蛋糕预拌粉大国。

→蛋糕甜甜圈→甜甜圈→预拌粉

ケーク

蛋糕

法: cake

在法国指代“加有果干的蛋糕（水果蛋糕）”。常用配料有葡萄干、无核小葡萄干、杏仁、核桃、柑橘、樱桃、菠萝等等。在17世纪，水果蛋糕（葡萄干蛋糕）诞生于英国，用作远洋航海的粮食。这种蛋糕在制作时需浸泡白兰地，据说保质期可达一年之久。

→蛋糕（cake）

芥子の実（けしのみ）

罂粟籽

英: poppy seed

罂粟科一年生草本植物，原产于地中海沿岸、西亚。在欧洲、伊朗、土耳其、俄罗斯、阿根廷均有种植。人工种植罂粟的历史可追溯到公元前1400年的克里特岛（Crete），当时是为了采集鸦片。2世纪，希腊医生盖伦（译注：Claudius Galenus，古罗马时期最著名最有影响的医学大师）建议病患吃用加有罂粟籽的面粉做的面包。足利幕府时期从印度传入日本津轻地区，所以起初被日本人称为“津轻”。小米一般细小的种子可用作香料，分离出罂粟籽油。未熟果实的乳汁中含有罂粟碱等生物碱及吗啡，是制作鸦片的原料。但果实与种子一旦成熟，上述成分就会消失。颜色有白、蓝、紫、黑四种。炒过的罂粟籽有独特的香味与风味，口感柔软，一咬即破。可撒在沙拉、面与蔬菜上，也可用作面包、曲奇、蛋糕、蛋卷与照烧的装饰。顺便一提，金平糖的核就是罂粟籽。将罂粟籽捣碎，加入味淋与醋，就成了罂粟籽醋，可以用来给河鱼、土当归、芋头茎增添香味。

→香料

ケチャップ

浓香酱

英: catsup、catchup、ketchup

用蘑菇、核桃、西红柿等蔬菜的汁水浓缩而成的酱汁的统称。词源有两种说法，一为马来语“kechap（淋在鱼上的香料）”，二为汉语“茄酱（ket-tsiap 咸鱼汁）”。在英语中存在多种拼法。关于“ketchup”的起源，学界众说纷纭，尚无定论。有人说是马来人将盐腌制的海鲜捣碎，加入香料与调料，便成了“ketchup”的雏形。也有人说是福建厦门的茄汁／茄酱传入了马来半岛。还有人说它起源于英国。甚至有说法称，词源是英语“catch up（扑上去）”。目前学界的主流说法是，“ketchup”从中国途经印度支那半岛、印度尼西亚，在17世纪传入欧洲。起初在英国，人们不了解这种酱汁的原料与制作方法，连蘑菇做的酱都被称为“ketchup”。18世纪传入北美后，成为当地最具代表性的调料。也有说法称，番茄酱诞生于1790年前后的新英格兰地区。它不光能为普通菜肴调味，更是汉堡牛肉饼、炸薯条的必备元素，离开了番茄酱，美国菜系就无法成立。西红柿实现批量种植后，原材料的供给就有了保障。1876年，宾夕法尼亚的亨利·约翰·亨氏（Henry J. Heinz）成功实现番茄酱的量产。番茄酱的做法是在番茄泥中加入洋葱、大蒜、盐、糖和香料，将粒子磨细后浓缩。由于番茄酱容易褐变，需放入冰箱低温储藏。在明治十年（1877）至二十年代，番茄酱从美国传入日本。1907年（明治四十年），蟹江一太郎尝试制作番茄酱，并在第二年实现了国产化。番茄酱非常符合日本人的口味，常用作肉、鸡蛋、鸡肉炒饭的调味料。长久以来，日本市场跟美国市场一样，呈现出番茄酱一边倒的局面。意大利人钟爱的番茄沙司（tomato sauce）与番茄酱相似，但制作时只在番茄泥中加盐和香味蔬菜，几乎不加香料。在意大利菜系中，番茄沙司是一种基本调料，应用场景与番茄酱略有不同。顺便一提，英国人喜爱的“ketchup”其实是蘑菇酱。

→鱼酱→番茄酱

月桂樹（げっけいじゅ）

月桂

英: laurel

樟科常绿乔木，雌雄异株。原产于地中海沿岸。在法国、比利时、北非、中国、俄罗斯、日本均有种植。法语“laurier”、英语“laurel”的词源是拉丁语“laurus”。月桂叶在英语中称“bay leaf”。早在古希腊古罗马时代，月桂叶便是荣誉的象征，用来制作英雄的桂冠。公元前776年，第一届古代奥运会在希腊南部举行，颁发给冠军的桂冠用月桂树做成。直到今天，桂冠仍象征着奥运冠军和杰出学者获得的荣誉。因为古时桂冠也会颁发给通过医学考试的人，所以法国高中毕业文凭就叫“baccalauréat”。总之，月桂代表了“勤学开花结果”。罗马皇帝提比略（14—37 在位）坚信月桂能避雷，当屋外雷雨大作时，他总是头戴桂冠躲在床下。相传暴君尼禄（54—68 在位）在鼠疫肆虐时躲进了月桂园，设法呼吸洁净的空气。月桂叶经干燥处理可用作香料，有清爽的香味与苦味。在炖煮时加入月桂叶，可有效去除鱼、肉的腥味，但煮好后必须取出叶片，否则会有苦味渗出。在法餐中，炖煮食材时使用的香料包（bouquet garni）必定含有月桂叶。造就香味的挥发性成分是桉树脑、丁香酚、蒎烯（pinene）、水芹烯（phellandrene）与牻牛儿醇（geraniol）。常用于肉酱、肉扒、火腿、香肠等肉菜，以及酱汁、炖菜、汤、咖喱、焗菜、西式腌菜。对神经痛、风湿、关节疼痛有一定的疗效。

月桂
资料：《植物事典》东京堂出版 251

→香草→香料包

月餅（げっぺい）

月饼

（译注：本节原文错误较多）

中国烤点。阴历八月十五是中国的中秋节，有赏月、吃月饼的习俗。八月十五是一年中月色最美的日子。早在宋代，民间已有中秋赏月的习惯。北宋诗人苏东坡留有“小饼如嚼月，中有酥和饴”的诗句。《武林旧事》称，明太祖朱元璋（1328—1398）通过在月饼中藏纸条成功起义。《西湖游览志余》（注：初刻于明嘉靖二十六年，即 1547 年；1958 年由中华书局出版）中提到了“月饼”一词，被认为是月饼在文献中的首次出现。《熙朝乐事》称，用月饼祭月是明代以后才有的风俗。在明清时期，月饼的做法从“蒸”变为“烤”。17 世纪，月饼从中国传入日本长崎。月饼可根据制作方法分为广式、苏式、京式、潮式、宁式、滇式。月饼的口味更是种类繁多，富有地方特色。月饼皮用加有猪油的面粉做成，包入馅后送入烤炉即可。中国的加热烹饪法体系没有轻易接纳来自西域的烘焙式面包，月饼却是个特例，用上下火的烤炉烘烤而成。常用的馅料有豆沙、杏仁、松子、核桃、莲子、枣泥、葡萄干、西瓜子、猪肉、牛肉、鸡肉、蛋黄、火腿、香肠等等。月饼可长期储藏，不同的种类有不同的称法。直径在 10 cm 到 50 cm 之间，大小各异。每逢中秋佳节，人们提前收工，早早回家以月饼祭神，享受团圆之乐。日本人爱吃的月饼为广式，馅以豆沙、莲子、核桃、糖渍水果混合而成。

→中国面包

ケーパー

刺山柑

英：caper

山柑科一年生草本植物 *Capparis spinosa*，原产于地中海沿岸。在法国、意大利、西班牙均有种植。自然分布于南欧的石滩地带。日语中也写作“カープル”。希腊语“kápparis”、拉丁语“capparis”演变成了法语“câpre”和英语“caper”。早在古罗马时代便已用于鱼和肉的烹制。变色的花蕾可用盐、醋制成泡菜，用作香料。有独特的香味与苦味。香味成分是癸酸（capric acid）。一旦做干燥处理，香味便会消失。常用于西式腌菜、填塞橄榄、油浸凤尾鱼、酱汁、沙拉、蛋黄酱、烟熏三文鱼、调味汁、炖菜和羊肉做成的菜肴。非常适合搭配油腻的菜品，有爽口的功效。

→香料

ケレス

刻瑞斯

英语：Ce’res

罗马神话中的农业和丰收女神，对应希腊神话中的德墨忒尔。在庞贝古城的壁画中，绘有身着古罗马便装托加袍，头戴麦穗冠，右手持火把，左手握住一把麦穗的刻瑞斯。刻瑞斯是丰饶、生命力和团结的象征。相传是这位农耕女神将小麦、大麦、玉米的种植方法传授给了人类。刻瑞斯式浓汤的做法是在普通浓汤的基础上加入未成熟的麦子磨的泥。

→谷物神→谷物片→谷神→德墨忒尔

鯉（こい）

鲤鱼

英：carp

鲤科温带淡水鱼，原产于中亚，

广泛分布于全球各地，在亚洲、欧洲更是常见。在日本，鲤鱼是自古以来就广为人知的鱼种。法语“carpe”和英语“carp”都由拉丁语“carpa”演变而来。相传在公元前4世纪，亚里士多德见到过鲤鱼。也有说法称，鲤鱼在公元前3世纪经由塞浦路斯岛传入欧洲。进入中世纪后，十字军（1096—1291）养成了在戒肉的星期五吃鲤鱼的习惯。后来，鲤鱼经由奥地利、德国传入西欧。尤其是在远离海边的修道院，鲤鱼养殖非常盛行。在欧美国家，人们会在圣诞节与辞旧迎新之际用啤酒、葡萄酒、香料包炖鲤鱼吃。中国菜中有一道“糖醋鲤鱼”，做法是将鲤鱼油炸2至3次后淋上甜醋。不新鲜的鲤鱼容易散发出独特的臭味，其主要成分是哌啶（Piperidine）。

公現祭（こうげんさい）

主显节

法: Épiphanie

→格雷饼

香辛料（こうしんりょう）

香料

英: spice

在加工、烹饪食品时，用于增添香味、辣味的植物性素材的总称。法语“épice”和英语“spice”的词源存在若干种说法，包括古法语“espice（香料）”、拉丁语“espice（看、外形、外观、种类）”（种类→食品→香料）、印欧语“spek（看）”等等。人类与香料打交道的历史非常悠久，据说早在5000年前，人类就开始种植香料了。在古埃及，参与金字塔建设的劳工能领到大蒜和洋葱，用于恢复体力。埃及最古老的医书（成书于公元前16世纪）“埃伯斯纸草文稿”称，香料可入药，可用作化妆品、调味品，还能用于遗体防腐。希腊与罗马的军队出征时会携带洋葱。希波克拉底（B. C. 460—377）热衷于研究香料的药用价值。据说是波斯和阿拉伯的商队把印度的胡椒、锡兰肉桂、丁香带去了欧洲。更有罗马人亲赴印度，为采购香料一掷千金。在那个时代，香料就是如此昂贵，又教人不可抗拒。欧洲原本只有地中海沿岸出产少量的香草与香料。中世纪的十多次十字军东征（1096—1291）成为欧洲人使用香料的契机。12世纪，欧洲出现了行走各地，向领主与寺院出售宝石、蜡烛与香料等产品的商人，称“spicers”。他们正是“食品杂货商（grocer）”的雏形。威尼斯商人马可·波罗（1254—1324）所作的《马可·波罗游记》（1298）更是夸大了香料的魅力。从15世纪开始，围绕香料的竞争变得愈发激烈。进入大航海时代之后，西班牙、葡萄牙船队为发现、确保新的香料四处奔走。哥伦布、达伽马、麦哲伦等航海家名留青史。欧洲拜倒在印度香料的石榴裙下，大量金币因香料外流。当时印度的胡椒需用同等重量的金子购买。在英国与法国，谷物储备会在冬季见底，咸肉便成了重要的越冬口粮。这样的肉口味太咸，有时还会散发腐臭，因此香味浓郁的香料必不可少。17世纪，荷兰人成立东印度公司。后来，人们在美洲大陆发现了丁香、多香果和辣椒。在世界各地种植香料渐成可能。香料争夺战逐渐平息，民众也能随意买到香料了。马鲁古群岛（Moluccas）素有“香料群岛”的美誉，因为那里生产世界四大香料中的丁香和肉豆蔻（另外两种是胡椒和锡兰肉桂）。在欧洲各国的悠久历史中，肉食就这样和香料发展出了密不可分的联系。而地处热带，毗邻产地与集散地的印度、泰国、马来西亚与印度尼西亚，巧妙运用香料的独特美食高度发达。在奈良时期，胡椒传入日本。但日本料理最多只会用到花椒、山葵（*Eutrema japonicum*）和蘘荷（*Zingiber mioga*），不会大量使用香料。放眼世界，这样的菜系实属罕见。香料有下列特征：①有助于促进胃酸分泌，增进食欲，辅助消化；②衬托菜品的美味，丰富色彩，增添香味与辣味；③消除鱼、肉的腥味；④为菜品的味道增添变化；⑤不是特别新鲜的食材也能在香料的帮助下变得美味；⑥有抗氧化、防腐、延长保质期的作用；⑦有镇痛止咳、调节肠胃、强身健体等药理作用；⑧是全球贸易的对象，在各地催生出一批豪商；⑨部分香料难以和蔬菜区分，药草、香草、香味蔬菜的概念更是相近；⑩香料与香草的区别在于，香料用的是植物的种子、果实、树皮、根茎与花蕾，而香草大多用叶片。

→姜黄→多香果→卡宴辣椒→中国肉桂→芥子→葛拉姆马萨拉→小豆蔻→咖喱→孜然→罂粟籽→刺山柑→胡椒→芝麻→香菜→番红花→锡兰肉桂→杜松子→生姜→鼠尾草→西芹→罗望子→丁香→辣椒粉→辣椒→肉豆蔻→八角→香荚兰→彩椒→肉豆蔻衣

こうそう 香草

香草

英：herb

→香草（ハーブ）

こうちゃ 红茶

红茶

英：black tea

茶树是山茶科常绿乔木。红茶为发酵茶，原产中国。相传红茶的诞生纯属巧合：从1610年前后开始，中国的绿茶经由澳门，由荷兰商船运回欧洲。航海途中，船舱高温多湿，导致绿茶发酵，产生了独特的香味，即为红茶。1618年，明朝万历皇帝（1572—1620在位）向俄国赠送绿茶。后来，俄国人发明了一种特殊的饮茶方法，用名叫“samovar”的俄式茶壶烹煮红茶，加糖、柠檬、果酱享用。1657年，英国烟草商托马斯·加威（Thomas Garway）率先在伦敦的咖啡厅销售红茶。然而当年的红茶价格高昂，只有上流阶级喝得起。直到18世纪初，红茶一直是在咖啡厅享用的饮品。1662年，葡萄牙布拉甘萨家族的凯瑟琳公主嫁给英国的查尔斯二世（1660—1685在位）。她随船携带的嫁妆中包括了大量的糖（糖在当时非常珍贵）和印度孟买的茶叶。人们也因此将她称为“饮茶王后”。也是她开启了英国人喝红茶加糖的历史。英国的红茶文化开始在王公贵族和上流阶级之中开花结果。1665年，法王路易十四（1643—1715在位）的主治医师建议国王多喝红茶促进消化。18世纪初，英国的安妮女王（1702—1714在位）每天用早餐时都要配红茶，还命人在温莎城堡建设了带茶桌的茶室。到了工业革命时代，英国政府鼓励民众喝茶，作为防止酒精中毒的措施。从中国进口的红茶不断增加，致使东印度公司陷入了极端的白银短缺状态，为鸦片战争埋下伏笔。英国人开始移居北美后，喝茶的风俗也随之传入美洲大陆。1832年，英国军人布鲁斯少校在印度发现了野生的阿萨姆茶树，正式开启了茶叶的商业种植。19世纪80年代，原本被中国垄断的红茶产业颇有向印度转移的趋势。1867年，苏格兰人詹姆斯·泰勒（James Taylor）在锡兰建设茶园，开始种植茶树，被后人称为“锡兰红茶之父”。从19世纪到20世纪，红茶渐成英国的国民饮品，人称“维多利亚茶”。1873年，锡兰红茶在伦敦首次登场。1856年（安政三年），美国总领事哈里斯首次向幕府进贡红茶。也有说法称，茶叶通过荷兰东印度公司在江户前期的1621年（元和七年）传入了日本的平户。在欧洲，红茶称“black tea（黑茶）”，在日本和中国却是“红”茶。前者的视点在于茶叶的颜色，后者则聚焦茶汤的颜色。绿茶之所以绿，是因为杀青工序破坏了茶叶中的氧化酶。而生产红茶时，揉捻过的茶叶需要静置一段时间，因此酶会推动氧化

午后茶会（18世纪版画）
资料：春山行夫《红茶文化史》平凡社[194]

反应，使茶叶发黑，并生成发酵茶特有的香味成分。乌龙茶（半发酵茶）也算红茶的近亲。英国东印度公司垄断了中国茶贸易。讽刺的是，英国在二战期间维持住了红茶的供应，但是在荷兰与美国，茶叶成了稀缺资源，于是用咖啡代替红茶的习惯就此固定。在全球生产的各类茶叶中，红茶占 80%，剩下的 20% 是绿茶。用于生产红茶的茶树在印度、斯里兰卡和巴基斯坦均有种植，树种有阿萨姆、大吉岭、柬埔寨、肯尼亚、祁门、台湾等等。印度的大吉岭红茶、斯里兰卡的锡兰红茶和中国的祁门红茶并称为世界三大红茶。英国人喜爱红茶的原因在于：①适合搭配面包、奶酪和饼干；②白兰地与朗姆酒能进一步提升红茶的风味；③偏爱奶茶；④在吃过冷牛肉等含有大量油脂的菜品之后享用有爽口的功效；⑤“高茶”文化为英国社会所接受。英国人习惯在工作结束后的傍晚 6 点左右一边吃肉、鱼、三明治、蛋糕，一边享用红茶。红茶最诱人之处在于其色泽与香味。加糖、柠檬享用，可抑制苦味与涩味，打造出温润的香味。相对的，色香味俱全的绿茶更适合直接饮用。将柠檬片加入红茶，茶汤的红色会在柠檬酸的作用下变浅，风味也更柔和。所以讲究的人不会让柠檬片一直泡在茶里，而是放在一旁，否则茶汤的颜色就浅了。美国的柠檬茶适合喜欢柠檬味的人，英国的奶茶适合偏爱奶味的人。

广东系（陆路）		福建系（海路）	
广东	cha	福建	te
北京	cha	马来	the
日本	cha (sa)	斯里兰卡	they
朝鲜	cha (sa)	南印度	tey
蒙古	chai	荷兰	thee
西藏	ja	英国	tea
孟加拉国	cha	德国	tee
印地	chaya	法国	the
伊朗	cha	捷克	te
土耳其	chay	意大利	te
希腊	ts-ai	西班牙	te
阿尔巴尼亚	cai	匈牙利	tea
阿拉伯	chay	丹麦	te
俄罗斯	chai	瑞典	te
波兰	chai	挪威	te
葡萄牙	cha	芬兰	tee

“茶”在世界各地的称法
资料：荒木安正《红茶的世界》柴田书店[206]

→锡兰红茶→茶→中国茶→高茶→俄罗斯红茶

酵母（こうぼ）

酵母

英：yeast

单细胞微生物。日语中也称“イースト”。能将糖分解成酒精与碳酸气体。日耳曼语“jest”、印欧语“yes（起泡）”演变为古英语“gist、gyst（泡）”，最后变为英语“yeast”。可大致分为面包酵母、啤酒酵母、清酒酵母与葡萄酒酵母。人类发明的面包有6000余年的历史，最早的面包出现于古埃及时期。不过在“研究发面方法”的道路上，人类着实历经坎坷。在古埃及，用于发酵面团的是葡萄酒渣的汁水。或者先烤制大麦面包（面包本身是酿造啤酒的原料），将面包切碎泡水，加入大麦麦芽，借助啤酒酵母完成发酵。在希腊，人们把白葡萄酒的酒渣加入稗子粉，用作发面引子。经过多年的苦心研究，面包发酵技术经历了“无发酵面包→葡萄汁发酵面包→啤酒酵母面包→酒种酵母面包”的进化过程，不过上述技术使用的都是野生酵母。纯粹培养的面包专用酵母诞生于1900年之后，直到今天也不过百余年的历史。具体经过如下：1680年，荷兰显微镜学家安东尼·列文虎克（Antony van Leeuwenhoek）用自己制作的显微镜观察到了面包酵母。1750年，“酒精酵母比啤酒酵母更适用于面包”在荷兰得到证实。1792年，英国人梅森率先发明面包专用酵母。1825年，有人在德国用手动压榨机成功分离出鲜酵母。19世纪80年代，欧美各国展开激烈竞争，意欲率先实现酵母生产工业化。一战期间，关于酵母的研究在德国、奥地利、瑞士进展迅速。二战期间，美国在研究军用面包时研发出了干酵母技术。

→干酵母

高麗人参（こうらいにんじん）

高丽参

→朝鲜参（朝鮮人参（ちょうせんにんじん））

ゴエモン

蒙古干面

蒙：goemon

蒙古喀尔喀部族的机制干面。又称“硬面”。在蒙古大草原上，有各种用小麦面粉制成的美食，如饺子、馄饨、面条等等。在蒙古语中，面是“guril”。有手拉面与刀切面之分。顺便一提，经干燥处理的刀切面在汉语中称“挂面”。

→面食

コエンドロ

香菜

葡：coentro

即“coriander”。日语“コエンドロ”的词源是葡萄牙语“coentro”。香菜嫩果有神似臭虫的恶臭，因此其属名“Coriandrum” 由“臭虫（koris）”和“茴芹的种子（annon）”组合而成。

→香菜（コリアンダー）

コキール

贝壳烤菜

英: coquille

用扇贝的贝壳盛放食材，送入烤炉加热的菜品。希腊语“kogkhalion”演变成拉丁语“cochyoium”，最后变成法语和英语中的“coquille”。发明经过不详。“圣雅各布布扇贝（coquille Saint-Jacques）”本是扇贝的一种，因外形与西班牙巡礼者佩戴的饰品相似得名。后引申为“装在扇贝贝壳里的焗菜”。在现代一般使用陶制器皿。配料有扇贝、鲑鱼、赤魟、螃蟹、小虾、白肉鱼、牡蛎、鸡肉和火腿。用扇贝盛放一人份的菜品刚刚好，日本秋田料理“盐汁烤贝”也是同样的思路。

→焗菜→扇贝

穀物神（こくもつしん）

谷物神

令谷物诞生的女神。在农耕社会，女性是集体的核心，承担着守护谷物、插秧、祭神的职责。谷物毕竟是人类最重要的粮食，所以世界各地的神话中都有掌管谷物的女神。埃及神话中的伊西斯（Isis）就是谷物女神，以头顶小麦的形象出现。希腊神话中的德墨忒尔（刻瑞斯）手握小麦的麦穗与镰刀。罗马神话中的刻瑞斯（德墨忒尔）同样头顶小麦。刻瑞斯与德墨忒尔指的是同一位女神。日本神话中也有主宰五谷发祥的女神，比如掌管五谷与养蚕的大宜都比卖神（《古事记》）和保食神（《日本书纪》）。

→刻瑞斯→麦

ココア

可可树

英: cocoa

梧桐科常绿乔木，其果实为可可豆。原产于秘鲁、巴西、委内瑞拉的热带多雨地带。法语“chocolat”、英语“cocoa”的词源有西班牙语“cacao（可可）”、中南美纳瓦特尔语“cacauatl（可可）”两种说法。公元前，中南美原住民将可可豆视作“神粮树”，进行人工种植。可可豆在当时还被用作货币，10粒可可豆可换得1只兔子。阿兹特克人将炒过的可可豆制成粉末，加入胡椒、辣椒和香草，煮汤饮用。耶稣会修士对这种喝法进行了改良。16世纪初，哥伦布（1451—1506）发现可可豆，将其带回欧洲。也有说法称，是征服了墨西哥阿兹特克王国的西班牙人埃尔南·科尔特斯将用作饮料的“可可豆水”带回了欧洲。可可从西班牙传入英国、德国、意大利、法国，在荷兰备受瞩目。1660年，西班牙国王腓力四世（1621—1665在位）的女儿玛丽亚·特雷丝与路易十四（1643—1715在位）结婚时，嫁妆里就有可可。在法国的宫廷与贵族社会，可可作为一种时尚的饮品广泛流行。在荷兰的阿姆斯特丹，人们对可可也是赞不绝口。然而，当时的可可价格高昂，因此没有普及至平民阶层。1727年，飓风席卷西印度群岛，英国殖民地的可可树全军覆没。1828年，荷兰人万·豪顿（Van Houten）发明可可粉，以老百姓也喝得起的价格推向市场。无论是巧克力还是嗜好饮料可可，都以可可豆为原料。可可豆含有53%的脂类物质，不易溶于水与牛奶，因此人们研发出了将脂类物质含量减半的加工技术。烘焙可可豆后去除外皮与胚芽，捣成糊状，即为可可膏。再通过压榨去除一半的可可脂，加工成细粉。再用碱性物质中和强烈的酸味，去除涩味，成品会更可口。巧克力用上述工序中产生的可可膏制成。可可含有可可碱（Theobromine）与咖啡因，有一定的刺激性与提神功效。脂类含量高于咖啡与红茶，可大致分为①含量高于22%的高脂可可、②含量低于10%的低脂可可和介于两者之间的③中脂可可。植物性脂肪有助于降低血液中的胆固醇，有预防心脏病的功效。膳食纤维也是备受瞩目的成分，能预防大肠癌。在可可中加入牛奶和糖，就成了可可奶。1910年（明治四十三年）传入日本。

→可可豆→巧克力

ココナッツ

椰子

英: coconut

→椰树（ココ椰子（やし））

ココ椰子（やし）

椰树

英: coconut palm

棕榈科椰属常绿乔木，原产于热带，存在东南亚、南美等说法。在菲律宾、印度尼西亚均有大规模种植。椰树是最具代表性的椰属植物，椰树的果实就是椰子（coconut）。葡萄牙语“coco”有“鬼怪、妖怪、猴子”的意思，当地纪念品店常有雕成猴脸的椰子摆件。因为椰子形似人头，催生出了各种各样的传说。比如中国的越王传说：相传林邑王与越王有怨，使刺客乘其醉，取其首悬于树，化为椰子，其核犹有两眼，故俗谓之越王头。在菲律宾和印度，也有将椰子和人头联系在一起的类似传说。18世纪至19世纪，沿街叫卖椰汁饮品的小贩在法国十分常见。他们售卖的是近似于椰奶的软饮，制作方法是在椰汁中加入泡过甘草的水和柠檬汁。椰子算坚

果而非水果。虽说造物主总是心血来潮，但这种“坚果”的形状着实独特。在热带地区，没有比椰子更实用的坚果了。厚厚的椰衣纤维包裹着坚硬而巨大的种子，果皮内有胚乳。可食用的胚乳部分会随着成熟度呈现出有趣的变化。未成熟果实的胚乳为半透明液体，是热带地区的解渴饮品“椰汁（coconut juice）”。未成熟果实的外观呈绿色或黄褐色，成熟后变为茶色。成熟果实中的汁水不适合饮用。在果实趋于成熟时，接触内果皮的部分会逐渐变硬，呈果冻状。这种白色的脂肪层被称为“椰肉”，可以挖着吃，也可以用于糕点，有着独特的口感和甜味。椰肉压榨而成的牛奶状白色液体称“椰奶（coconut milk）”。椰奶是热带美食不可或缺的食材，是炖煮肉与海鲜、汤、咖喱、米饭、甜点和饮料的调味料，非常适合搭配辣味较重的香料。市面上也有粉状、罐装的椰奶。经干燥处理的椰肉称“干椰肉（copra）”，可榨出椰油。椰油含有的不饱和脂肪酸非常少，因此有绝佳的抗氧化性。除了食用，还能用于生产肥皂和人造黄油。切成细丝状的椰丝（desiccated coconut）是马卡龙和其他糕点的原材料。“desiccated”有“彻底干燥”的意思。椰奶发酵而成的果冻状食品称“高纤椰果（nata de coco）”。椰子树的树液可酿造发酵酒。嫩芽（生长点）称“椰心”，可以做成沙拉和罐头食品。

胡椒（こしょう）

胡椒

英: pepper

胡椒科木质攀援藤本植物，原产于印度南部。在印度、斯里兰卡、马来西亚、泰国、印度尼西亚、苏门答腊、菲律宾、巴西均有种植。希腊语“peperi”演变成拉丁语“piper”，在16世纪变为英语“pepper”。法语“poivre”的词源也是拉丁语。也有说法称词源是梵语“pippali”。胡椒原本是印度垄断的香料，据说是亚历山大大帝（B. C. 336—323在位）远征时将胡椒带回了希腊。早在古希腊、古罗马时期，胡椒就已经是非常宝贵的物资了，甚至被用作货币、赎金、贡品、地租、遗产等等。希腊博物学家狄奥弗拉斯图（Theophrastus）在著作中提到胡椒能解毒。在中世纪，胡椒的价格和重量相同的黄金一样，可见其珍贵。元代马可·波罗（1254—1324）的《马可·波罗游记》、明代李时珍的《本草纲目》（1596）中都提到了胡椒。1180年前后的伦敦存在胡椒工会，胡椒更是“香料”的代名词。来往于印度与欧洲的穆斯林和威尼斯商人靠胡椒赚得钵满盆满。16世纪至17世纪，荷兰和英国以东印度公司为基地，热衷于胡椒和茶叶贸易。1767年，里昂人皮埃尔·普瓦弗（Pierre Poivre）将胡椒成功移植到法属波旁岛(留尼汪)。之后,胡椒的栽培区域扩大至各地,需求量也不断上升,直至今日。西餐的基本调味料正是盐和胡椒,所以胡椒被誉为“香料之王”,是世界各地美食不可或缺的食材。根据正仓院的记录,胡椒是圣武天皇在位时(奈良时代)传入日本的。胡椒的“胡”在汉语中指西域。而日本人得以耳闻目睹胡椒,需归功于参与南蛮贸易的荷兰人。然而,日本料理几乎不用胡椒,为了缓和胡椒的辣味,日本人还要在胡椒粉中掺荞麦粉。直到昭和三十年代,日本的饮食日益西化,“吃拉面配胡椒”这一习惯才逐渐固定下来。胡椒制品可大致分为黑、白两种。果实成熟后采摘,去除外皮,便是白胡椒(white pepper)。在果实还没有长成熟时采摘,晒制后就成了黑胡椒(black pepper)。顺便一提,英语中的“红胡椒(red pepper)”就是辣椒。耐人寻味的是,法国人爱用白胡椒,美国人却偏爱黑胡椒。胡椒与香菜能消除鱼、肉的腥味,还有防腐的功效。尤其是在制作火腿和香肠时,胡椒必不可少。胡椒常用于汤、酱汁、肉、鱼、沙拉、调味汁、西式腌菜等等,用途广泛。在中药体系中,胡椒有健胃、缓解腹痛、止泻、促进消化的效果。

→香料

胡椒
资料:《植物事典》东京堂出版 251

ゴーダ

高达奶酪

英: Gouda

荷兰最具代表性的硬奶酪,发祥于荷兰南部鹿特丹附近的高达地区。法语称“gouda(发音:古达)”。高达奶酪是用牛奶制作的圆筒形硬奶酪,裹有红色外皮,日语中又称“黄玉奶酪”。含水量少,耐储藏。可用作再制奶酪的原料,或切成小块、薄片用于甜点与菜品。加热后易拉丝。高达奶酪和英国的切达奶酪一样,非常符合日本人的口味,风味温润,没有怪味。日本有不少国产天然奶酪走的是高达奶酪的路线。

→奶酪

コッペ

纺锤形面包

表面有切口的纺锤形早餐小面包。“コッペ”是日本的自造词，词源是法语“coupé”（有“被切”的意思）。也有说法称词源是德语“Kuppe（山顶）”。1865年（庆应元年），幕府聘请法国造船技师，开始建设横须贺造船所。当时传入日本的法式面包形似日本的鲣鱼节，因此被称为“鲣鱼节面包”。在二战结束后的1950年（昭和二十五年），学生营养餐计划启动，其基础是美方援助的面粉。由于纺锤形面包刚好是一餐的分量，方便分发，安全卫生，成为营养餐的主食首选。

→法国面包

纺锤形面包
资料：《糕点事典》东京堂出版[275]

ゴード

米汤 / 粥

法: gaude

用玉米粉制成的粥和浓汤。词源有两种说法，分别是日耳曼语“walda（黄色木犀草）”和普罗旺斯语“gaudo（碗）”。在法国弗朗什-孔泰地区、勃艮第地区有着悠久的历史，但起源不明。有说法称，原本使用的是炒过的玉米粉。具体做法是玉米粉加热水，用文火炖煮，加入黄油搅拌均匀。有时也加牛奶、奶油。

→玉米

コートレット

肉排

法: côtelette

猪、小牛、羊的带骨背脊肉。切成背脊肉形状的家禽、鲑鱼片也称“côtelette”。拉丁语“costa（侧腹部）”演变为法语“côte”，加上指小词缀“-ette”，即为“côtelette”。英语称“cutlet”或“chop”。这一称呼形成的时间不明，不过据说路易十三（1610—1643在位）非常爱吃羊肉排。加热肉排的常用手法是烤或裹上面包屑煎。在日本，“cutlet”的发音简化成“カツレツ（katsuretsu）”，猪（豚（トン））排称“トンカツ”。

→波扎尔斯基

コニャック

干邑

法: cognac

发祥于法国西南部干邑地区的白兰地（葡萄蒸馏酒），又称“干邑白兰地”。干邑是夏朗德省（Charente）夏朗德河边的小城。干邑与雅文邑（Armagnac）都是著名的高档白兰地产地。当地种植葡萄的历史可追溯到古罗马时代，在17世纪之前长期向荷兰出口白葡萄酒。但干邑地区的土地是石灰质土壤，原本只能种出酸味强烈的葡萄，并不适合酿制高品质白葡萄酒。作为葡萄酒的产地，干邑的口碑一直逊色于波尔多。17世纪初，荷兰外科医生尝试蒸馏干邑葡萄酒，并取得成功。1630年，这种蒸馏酒作为“干邑地区的白兰地”被推向市场。起初以木桶为容器。1860年前后，开始装入贴有标签的玻璃瓶出货。18世纪末，干邑在英国、北欧乃至美洲大陆备受欢迎，成为法国最具代表性的出口商品之一。19世纪，干邑爱好者不断增加，造就了各种趣闻轶事。相传德国作曲家李斯特（1811—1886）喜欢边喝干邑边作曲。活跃在同一时期的小说家维克多·雨果（1802—1885）称赞干邑是“众神的灵药”（elixir of the gods）。拿破仑三世（1852—1870在位）也爱喝干邑，使干邑的人气在他的统治时期到达巅峰。不适合葡萄酒的强烈酸味，反而成了高档白兰地诞生的条件。由于干邑葡萄酒含糖较少，蒸馏两次以上也不会产生焦糖，而酸会在陈酿期间被细菌分解，形成特有的醇厚香味。干邑对使用的葡萄品种（圣埃米利翁）和蒸馏方法做出了细致的规定。将酒精浓度达60%—70%的蒸馏液灌入利穆赞产的橡木桶中陈酿，便会形成独特的琥珀色与浓郁的香味，然后再将酒精浓度调整到40%—43%。陈酿时间再短也要5年，长的可达半个世纪。瓶身的酒标上有根据陈酿年数标记的符号，如三星、VOSP、XO等等。常用作餐后酒，也可用来调制鸡尾酒，为菜品增添香味。如今，干邑已成高档白兰地的代名词。法国在1909年颁布的政令规定了6个干邑法定AOC产区（Appellation d'Origine contrôlée 原产地命名控制），其他地方酿造的白兰地不得称“干邑”。其中品质最佳的是大香槟干邑（Grande Champagne）。品质普通的品种有小香槟干邑（Petite Champagne）。“拿破仑（Napoléon）”并非干邑专用的名称。至于名称的由来，存在两种说法。说法之一，拿破仑一世（1804—1814在位）曾在1811年儿子降生时喝干邑庆祝。说法之二，为纪念在那一年出现的彗星。

→蒸馏酒→白兰地

コーヌコピア

丰饶角

英: cornucopia

形似角笛的面包或蛋糕，日语中又称“コリネ”“コルネ（corne）”“コロネ”“ホーン（horn）”。在希腊神话中，宙斯喝羊角盛着的羊奶长大。后来，宙斯为感谢养母阿玛尔忒亚，以施有魔法的羊角相赠。于是羊角（角笛）就成了丰饶的象征，丰收节、感恩节、圣诞节、婚礼等喜庆场合经常能见到这种形状的糕点。角口以葡萄、苹果、香蕉、鱼与花朵装点。

コーヒー

咖啡

英: coffee

咖啡树是茜草科常绿灌木。将其果实磨成粉，以热水萃取而成的饮品即为咖啡。咖啡树原产于埃塞俄比亚。阿拉伯语“quahwah（饮品）”传至土耳其，变为“khvé”，最后演变成英语“coffee”。也有说法称，词源是意大利语“caffè”或葡萄牙语“cafe”。“quahwah”是埃塞尔比亚西南部的地名，被认为是咖啡的原产地。相传在6世纪，人们发现山羊吃了修道院后院的咖啡豆以后会精神亢奋，于是咖啡变成了秘藏的神药。也门的传说则是，穆斯林奥马尔酋长（Sheikh Omar）被流放至欧撒巴山，因为过于饥饿，就模仿鸽子吃起了咖啡豆，结果越吃越精神。埃塞俄比亚人将咖啡用作随身携带的口粮，开启了人类饮用咖啡的历史。10世纪至11世纪，阿拉伯人把咖啡当药喝。夜间祈祷、彻夜修行时，咖啡也是驱赶睡魔的灵药。在13世纪，咖啡是严禁出口的产品，因此人们养成了烘焙咖啡豆的习惯。如此一来，种子即便被带出国也不会发芽。这种习惯也为今日的咖啡饮用方法奠定了基础。15世纪，伊斯兰教的统治者允许人们将咖啡用作日常饮品。在禁止饮酒的伊斯兰世界，能带来轻微刺激与亢奋的咖啡是一种极具魅力的饮品。不过当时人们喝的貌似是用青咖啡豆煮成的汤水。15世纪至16世纪，饮用咖啡的习惯普及开来。也门地区垄断了咖啡种植产业，禁止生豆出国。17世纪，荷兰人成功从对岸（阿拉伯半岛）的红海港口摩卡港（Mocha）带回了咖啡豆。1554年，君士坦丁堡（伊斯坦布尔）开出全球第一家咖啡馆，“卡内斯咖啡馆（Kaveh Kanes）”。约1573年，德国医生罗沃夫（Leonhard Rauwolf）在他的阿勒颇游记中对咖啡做了详细的记述，被视作咖啡在欧洲的首次登场。1615年，旅行家皮埃尔·德拉·瓦勒（Pierre（Pietro）Della Valle）将咖啡带回意大利，于是咖啡馆在以威尼斯为首的各大城市遍地开花。

1644年，尚德·拉侯克（Jean de La Roque）将咖啡带回法国马赛。1652年，咖啡馆登陆伦敦。1658年，锡兰（斯里兰卡）开启咖啡种植业。1696年，荷属苏门答腊与帝汶岛也启动了咖啡产业。1706年，爪哇咖啡树苗移栽至荷兰阿姆斯特丹植物园。1714年，植物园中的一棵树苗被赠给路易十四（1643—1715在位），其子孙后代传入非洲到中南美的各地。1727年，咖啡传入巴西，使当地成为以圣保罗为中心的咖啡王国。在伊斯兰教圣地麦加，咖啡豆加小豆蔻烹煮而成的饮料流行起来。17世纪，咖啡从土耳其传入法国。1645年，土耳其大使苏莱曼·阿加用咖啡招待来客，被视作咖啡在巴黎的首次亮相。1725年，巴黎的咖啡馆已有700余家，成为作家与文学评论家的大本营。据说现代的滴漏式咖啡萃取法（烘焙咖啡豆，再用石磨磨碎后加热水）是法国马口铁工匠的发明。总而言之，法国一举成为咖啡的头号消费国。高温多湿、肥沃且海拔高的土地最适合种植咖啡，而且为了防止病虫害，适度的冷空气也必不可少。因此巴西、哥伦比亚、哥斯达黎加、委内瑞拉、危地马拉、夏威夷的咖啡种植业发达。咖啡豆种类繁多，但有三大原生种：①在世界各地均有种植的阿拉比卡种咖啡（Coffea Arabica 原产于埃塞俄比亚）、②有淡雅苦味的罗布斯塔种咖啡（Coffea Robusta 原产于刚果）、③对枯叶病有较强抵抗力的利比里亚种咖啡（Coffea Liberica 原产于非洲西海岸）。利比里亚种几乎没有开展人工种植。经过烘焙，暗红色的咖啡豆会变成褐色，产生特有的香味与风味。芳香物质产生挥发性，散发出醇厚的香味。咖啡的妙处，在于香味、酸味与苦味的完美平衡。咖啡豆的等级自不用说，烘焙方法也会对成品的口味产生微妙的影响。至于咖啡的萃取方法，有烹煮法、滴漏法和虹吸法。在酷爱咖啡的法国有“现烘现磨”一词，人们为喝到美味的咖啡可谓煞费苦心。轻度烘焙的

咖啡
资料：《植物事典》东京堂出版 [251]

咖啡豆容易出酸味，反之则出苦味。不同的烘焙程度有着各不相同的用途。重度烘焙的咖啡适合做冰咖啡和意式浓缩咖啡，轻度烘焙的适合美式咖啡，居中的更合日本人的口味。粒子细的咖啡粉适合土耳其咖啡。土耳其咖啡历史悠久。过滤咖啡饮用的习惯是欧洲人300年前的发明。从17世纪中期开始，在咖啡里加糖的习惯在埃及的开罗诞生。1660年，荷兰驻印度尼西亚巴达维雅城总督尼贺夫发明了在咖啡里加牛奶的喝法，用于替代奶茶。法国人最爱在早餐时饮用的、加有大量牛奶的欧蕾咖啡（café au lait）是1685年由医师苏尔·摩南发明的，起初被用作“药汤”。也有说法称，欧蕾咖啡发祥于维也纳。1900年，芝加哥的艾德文·诺顿取得了罐装咖啡的专利。1899年（明治三十二年），住在美国芝加哥的日本化学家加藤悟发明了速溶咖啡的雏形。二战期间，速溶咖啡作为美国军用食品取得了长足的发展。在咖啡跻身盟军的军用食品之后，以前从没喝过咖啡的乡下青年也成了“咖啡党”。于是在战后，咖啡在世界各地迅速普及，需求量倍增。咖啡通过长崎的荷兰商馆传入日本。据说漂流至勘察加的仙台人津太夫在1793年在彼得堡尝到了咖啡，成为有史以来第一个喝咖啡的日本人。咖啡与红茶的食文化史与三起历史大事件有着密切的联系：①德国迈森瓷窑的诞生使大量瓷器流入欧洲市场，使“喝饮品的习惯”更容易形成；②锡兰（斯里兰卡）的咖啡树因为锈病全军覆没，于是转而种植茶树；③美国独立战争的导火索波士顿倾茶事件发生后，英国的红茶文化继续发展，而美国则因为难以获取红茶走上了咖啡路线。

→爱尔兰咖啡→美式咖啡→速溶咖啡→维也纳咖啡→意式浓缩咖啡→咖啡馆→脱因咖啡→欧蕾咖啡→拿铁咖啡→卡布奇诺→土耳其咖啡→玛克兰咖啡

安妮女王（1702—1714）时代的伦敦咖啡馆
资料：春山行夫《餐桌上的民俗》柴田书店 155

コーヒーケーキ

咖啡伴侣糕点

英: coffee cake

发祥于美国的含糖量高、合美国人口味的大型甜面包的总称。又称“咖啡餐包（coffee roll）”。在匈牙利也非常受欢迎，是咖啡的好搭档。咖啡伴侣糕点有下列特征：①基本使用甜餐包的面团配方，也有用甜面团、丹麦酥面团的情况，有时也加泡打粉；②有环状、麻花状、条状、扭结状等各种形状；③加有水果、香料的馅与糖霜符合美国人的喜好，种类丰富。总的来说，就是把糖、蛋黄、油脂、脱脂奶粉、盐和面包酵母混合均匀，加入小麦面粉揉成面团，加工成各种形状后送入烤箱即可。面粉的配比是高筋粉 75%，低筋粉 25%。

ゴーフル

华夫饼

法: gaufre

→华夫饼（waffle）

胡麻（ごま）

芝麻

英: sesame

胡麻科一年生草本植物胡麻（*Sesamum indicum*）的籽种。关于原产地，有印度、埃及、巽他群岛、爪哇岛、印度南部、中亚、阿拉伯、非洲等说法。据称早在公元前 6000 年至 5000 年，非洲的热带稀树草原就有野生芝麻了。目前在亚洲、非洲、美洲均有种植。叙利亚语“chuchma”演变成希腊语“sesamon”，再到拉丁语“sesamums”，最后变为法语“sésame”和英语“sesame”。芝麻的人工种植始于古印度，后经由美索不达米亚传入古埃及。美索不达米亚的楔形文字也提到了“加了芝麻的葡萄酒”。在公元前 4000 年至 3000 年建成的埃及金字塔中，也有芝麻与小麦一同出土。公元前 1 世纪，西汉张骞出塞，将芝麻带回中国，称“胡（西域）麻”或“芝麻”。在《天方夜谭》的“阿里巴巴与四十大盗”中，打开洞窟大门的咒语是“芝麻开门！”。在故事中，芝麻蕴藏着能突破难关的神奇魔力。完全成熟的胡麻种荚纵向裂开，弹出种子的模样也颇有“芝麻开门！”的感觉。据说近年流行的芝麻糕点（sesame cake）早在古埃及时代就已经存在了。在古埃及、古希腊时代，涂在身上的芝麻油、橄榄油和蓖麻油都很珍贵。芝麻传入日本的时间很早，起初称“马胡麻”，在绳文后期的遗迹也有出土。到了奈良时期，日本人开始压榨芝麻油。在中日两国，芝麻发展成了一种重要的食材。芝麻可根据种皮的颜色大致分为黑芝麻、白芝麻

与金芝麻。黑芝麻含油量低，适合直接食用。白芝麻含油量最高。金芝麻香味浓郁，含油量也高。芝麻是一种营养丰富的食材，富含脂类、蛋白质和氨基酸，也含有钙、磷、铁、矿物质和维生素 B_1、B_2、E。

→香料

小麦（こむぎ）

小麦

英: wheat

禾本科一至二年生草本植物。野生品种分布于中亚至中近东。英语称“wheat”，德语称“Weizen”，法语称“blé”，都有“白色”之意。话说一万年前东方农耕文化发祥时，原住民从草原上繁盛的杂草中采摘野生的大麦与小麦，或直接食用，或煎熟、煮成粥食用。公元前 7000 年，人们开始在亚洲西南部土壤肥沃的新月地带（Fertile Crescent，巴勒斯坦、叙利亚、伊拉克、土耳其、伊朗周边）种植小麦。安纳托利亚的加泰土丘、伊朗的萨布斯遗址（Tepe Sabz）等史前遗址均有面包小麦的种粒出土。位于底格里斯河、幼发拉底河上游的遗址（约公元前 6700，那时当地尚未沙漠化，植被丰富）则出土了碳化的一粒小麦（*Triticum monococcum*）。前者为野生种，后者为栽培种。野生种成熟后，带有小穗的头部会自然折断，种子一一脱落。面包小麦（普通小麦）占全球小麦种植量的 90%，是面包、面等食品的原材料，用途广泛。这种面包小麦诞生于何时何地，又是如何诞生的，是全球育种学家长久以来关注、研究的重大课题。1944 年，日本学者木原均解开了这道谜题。他用科学手法证明面包小麦诞生于公元前 5000 年的外高加索地区，由二粒小麦和节节麦（*Aegilops tauschii*）杂交而成。木原以基因群的倍数性为切入点，将传递基因的 7 条染色体定义为“染色体组”，通过对染色体组及其形态的分析，最终查明了面包小麦的起源。同年，两位美国学者（麦克法登与夏斯）证明了他的观点。这件事发生在二战期间。战后一经公布，全世界的科学家都为这场英雄所见略同的发现送上了赞美。面包小麦在种植、脱粒、产量、与面包的契合度等各方面表现出色，成为全球种植面积最大的小麦。综上所述，公元前 5000 年从生于中亚高原的野生小麦在外高加索地区通过杂交变身为面包小麦。公元前 3000 年，中国开始种植小麦。公元前 2000 年，石臼应运而生，人类就此获得白色的小麦面粉。公元前 1000 年，美索不达米亚流域出现硬粒小麦。而从亚洲西南部传入小亚细亚的面包小麦在公元前 5000 年至 4000 年抵达多瑙河与莱茵河流域。公元前 3000 年在欧洲全境普及。在很久很久以后的 17 世纪，小麦随移民传入北美，又在18世纪通过移民传入澳大利亚。上述最适合种植小麦的广阔区域成为全球最主要的小麦产地。面包小麦在凉爽干燥的气候条件下生长良好，适应性广泛，在俄罗斯、美国、加拿大、中国、印度、法国、澳大利亚等地均有种植。米的种植地集中在亚洲，与小麦形成了鲜明的对比。据推测，小麦传入日本的时间是4世纪至5世纪，比大麦晚了一个世纪。当时大麦、大豆、红豆等作物随着大陆的农耕文化经由朝鲜半岛传入日本。

→二粒小麦→斯卑尔脱小麦→制粉→节节麦→硬粒小麦→豪瑟健康饮食法→布格麦→面包小麦→麦子美食

こめ 米

米

英: rice

禾本科一年生草本植物“稻”的种子。原产于阿萨姆、云南地区。有亚洲稻（*Oryza sativa*）和非洲稻（*Oryza glaberrima*）之分。亚洲稻沿恒河与长江向东西两侧传播。随着灌溉设施的发展，印度西部与华北形成了一大水田地带。梵语“vrihi”演变为古波斯语“brizi”，再到希腊语“óruza”、拉丁语“oryza”，最后变成意大利语“riso”、法语“riz”和英语“rice”。“米”在中国古代文献中的首次登场要追溯到《礼记》。相传约公元前320年，远征印度的亚历山大大帝（B. C. 336—323在位）在印度接触到了米，将其带回希腊。在亚里士多德（B. C. 384—322）的时代，米被用作药材。之后，米从埃及来到北非，又在12世纪传入西班牙。约1468年，意大利开始种植稻米。1603年，法国也开始种植稻米了，但法餐几乎不会用到米，偶尔用米做浓汤而已。19世纪末，人们开始将米用于甜点。有说法称米是在两千数百年前的绳文后期传入日本的，但学界尚无定论。关于传播路径，也存在①朝鲜半岛（北方学说）、②江南（南方学说）、③琉球群岛（海上学说）等说法。由于稻在亚洲各地均有种植，传播路径可能不止一条。人类早在公元前15世纪就开始在尼日尔河流域种植非洲稻了，但它直到公元15世纪才传入葡萄牙与荷兰。如今，非洲稻仅在非洲种植。米可大致分为两类，一类是稻谷短而圆、较有黏性的粳稻（Japonica rice），另一类是稻谷细长、黏性较弱的籼稻（Indica rice）。也有说法称粳稻的颗粒形状与黏性处于中等水平（译注：疑为原文有误）。粳稻分布于日本、朝鲜半岛、华北与非洲。全球大米产量的大半集中在亚洲。稻的种植地遍布全球，主要有日本、朝鲜半岛、中国大陆与台湾省、越南、泰国、马来西亚、菲律宾、意大利、西班牙、美国、巴西、澳大利亚等。稻可按种植方法分为旱稻（陆稻）与水稻。按淀粉成分可分为粳米和糯米。粳米由20%的直链淀粉（amylose）和80%的支链淀粉（amylopectin）组成，糯米则是100%支链淀粉。还有红米、黑米等品种。有说法称，日本人创造“红豆糯米饭（赤饭）”的灵感就来源于红米。与米有关的美食有下列特征：①米的种类与特性完美契合各产地的副食品。如粳稻（略有黏性的米饭）与日本料理、籼稻（干巴巴的米饭）与印度菜系；②米的加热方法有先煮后蒸法（湯取り法）和煮干法（炊干し法），亚洲大部分地区采用前者（译注：后者才是现在通用的煮法，不知是否作者笔误），但是在印度、斯里兰卡、缅甸、泰国和越南，两种方法并存；③印度以西存在把米和油脂放在一起烹煮的习惯。比如西班牙海鲜饭，就是用橄榄油炒过米和配料之后再加汤烹煮。意大利调味饭则是把米和橄榄油、黄油放在一起加热。印度抓饭也是先用酥油炒过，再加盐烹煮。黄油饭、杂烩饭（pilaf）本质上也是加了油脂的菜饭；④印度以东没有上述习惯，煮饭时只加水而不调味。只有用煮好的米饭制作炒饭的时候，才会用油脂炒；⑤粥是具有东方特色的稻米烹制方法，在中国、朝鲜半岛、日本、泰国、印度尼西亚广受欢迎；⑥精磨糙米时磨去的米糠含有15%—20%的脂类物质。用米糠压榨、萃取而成的米糠油口味清淡温和，含有40%的油酸（oleic acid）和30%的亚油酸（linoleic acid），属半干性油。可用于油炸天妇罗，也可用于沙拉调味汁。

→西班牙海鲜饭

コーラ

可乐树

英：cola

梧桐科常绿乔木，原产于西非。在美国、印度尼西亚、斯里兰卡均有种植。词源为苏丹语“cola”。南美原住民自古以来就有在古柯叶上撒石灰后嚼食提神的习惯。可乐树的种子含有咖啡因、可可碱和丹宁。1892年，可口可乐公司在美国亚特兰大推出可乐饮料，风靡世界。

→可乐饮料

コーラ飲料（いんりょう）

可乐饮料

一种碳酸软饮。用古柯（*erythroxylum coca*）等9种天然素材混合而成，配方为机密。古柯是原产于南美秘鲁和玻利维亚的古柯科乔木，叶片中含有可卡因（毒品的原料）。古柯的果实含有咖啡因、可可碱和丹宁。1886年，美国正处于禁酒法时代。乔治亚洲亚特兰大市的药剂师约翰·斯蒂斯·彭伯顿（John Stith

Pemberton）用古柯调制的药水渐受瞩目。据说这项发明是在制作焦糖浆时偶然问世的。1892年，他的朋友威利斯·维纳布尔（Willis Venable）成立了可口可乐公司，将药水溶于碳酸苏打水中，制成软饮推向市场。1898年，北卡罗来纳州的药剂师凯勒·布拉德汉姆（Caleb Bradham）也在调制肠胃药时发明了一款饮料，将其命名为"布拉德碳酸饮料"。1903年，这款饮料更名为百事可乐（Pepsi-Cola）。1930年前后，可乐红遍全球，称霸世界。可乐的成功堪称"猛烈的宣传攻势足以改变全球饮料文化"的经典案例。1919年（大正八年），日本开始进口可乐，但日本人嫌可乐有"药味"，以至于商家不得不将可乐下架。顺便一提，诗人高村光太郎在其诗集《道程》(1914 / 大正三年）中提到了"再来一杯可口可乐"。可口可乐与百事可乐分别在1957年（昭和三十二年）和1959年（昭和三十四年）进军日本市场。到了1964年（昭和三十九年）东京奥运会开办时，可乐开始迅速普及。

古柯
资料:《植物事典》东京堂出版[251]

→可乐

コリアンダー

香菜

英: coriander

伞形科一年生草本植物，原产于南欧。又称"芫荽""中国香芹（Chinese parsley）""coentro"。在印度、中国、埃及等地均有种植。希腊语"kóris（臭虫）"演变为拉丁语"coriandrum"，最后变成法语"coriandre"和英语"coriander"。"coriander"这一称法来自其精油的主要成分芫荽醇（coriandrol）。关于香菜的词源，还存在另一种说法，即"臭虫（koris）"和"茴芹的种子（annon）"的组合。香菜的历史可追溯到古埃及，是人类最早使用的香料之一。古埃及第二十一王朝的坟墓中也有香菜的种子出土。希腊的希波克拉底（B. C. 460—377）用香菜治疗烧心、助眠。《旧约圣经》中也有两处

提到了香菜。在中世纪，香菜被用作媚药、催情药，在《天方夜谭》也有登场。公元前 2 世纪，西汉张骞出塞，从西域带回了香菜的种子。16 世纪，南蛮船将香菜带往日本，当时日本人称其为“古仁之”。在《和名抄》(935 年之前成书。译注：《和名类聚抄》日本最早的百科全书）中也提到了香菜。中国菜常用香菜的嫩叶，西餐则主要使用香菜籽。香菜既有神似鱼腥草和臭虫的浓烈臭味，也有类似于柠檬、鼠尾草相混的香味，是一款恶臭与芳香并存的神奇香料。气味的主要成分是辛醛（caprylaldehyde）。种子完全成熟时，恶臭即变为芳香。香菜是印度咖喱使用的葛拉姆马萨拉不可或缺的原料，用途广泛，常用于汤、沙拉、酱汁、牛排、香肠、酸辣酱、西式腌菜、卡仕达酱、可可、果冻、面包、曲奇等。

→香料

ゴルゴンゾラ

戈尔贡佐拉奶酪

意：Gorgonzola

发祥于意大利米兰东北部戈尔贡佐拉村的奶酪。与法国的洛克福尔奶酪（roquefort）并称为世界两大半硬质蓝纹奶酪。19 世纪下半叶诞生于波河的溪谷洞穴中。也有说法称，戈尔贡佐拉奶酪是 1879 年前后一位牧童忙里偷闲时的发明。这种奶酪呈扁平的圆盘状，蓝色的纹路（vein / 静脉）是它最显著的特征。有刺激性臭味与强烈的辣味。切成纸张般的薄片，可用作餐桌奶酪，也可用于各种菜品。

→奶酪→蓝纹奶酪

コールスロー

菜丝沙拉

英：coleslaw

美国人钟爱的卷心菜沙拉。将卷心菜切成细丝，用冷水使其口感变得爽脆后淋上调味汁或蛋黄酱即可。有时也加胡萝卜、甜椒、洋葱与紫甘蓝。词源是荷兰语“koolslá”，意为“卷心菜沙拉”。荷兰语在美国菜系中生根发芽，留下了移民时代的痕迹，这样的例子非常罕见。常有人误以为“cole”是“cold（用冷水冰镇卷心菜）”的意思。17 世纪初，用胡椒、芥末调味的卷心菜丝沙拉在荷兰的西印度公司非常流行。菜丝沙拉跟德国酸菜一样，都是日本年轻人非常喜爱的美食。

→美国菜系→卷心菜→沙拉

コルドン・ブルー

蓝带

法：cordon bleu

法国的蓝带勋章，杰出厨师的象

征。1579年，亨利三世（1574—1589在位）模仿威尼斯圣灵骑士团创立了新的骑士团，向名人颁发荣誉勋章。在波旁时代，这项制度已经非常普及，法国宫廷内也形成了表彰名厨的风习，而蓝带也成了名厨的代名词。直至19世纪，蓝带演变为“对家庭主妇的赞美之词”。1895年，同名的女性烹饪糕点学校在巴黎成立。

→西餐

コールラビ

苤蓝

英: kohlrabi

十字花科一至二年生草本植物，原产于地中海东北部，是卷心菜的变种。又称“球茎甘蓝”。法语“chou rave”是“chou（卷心菜）”和“rave（芜菁）”的结合体。早在古希腊时期，人类就开始把苤蓝用作食材。后来，苤蓝从意大利普及到欧洲各地，又通过英国传入北美。据说在江户中期的1833年（天保四年），苤蓝传入日本。食用的部分是肥大的块茎。常用于沙拉，亦可醋腌。

→卷心菜

コロッケ

可乐饼

油炸小食。“コロッケ”是日语自造词，词源为法语“炸丸子（croquette）”。至于“croquette”的词源，存在两种说法，分别是法语“croquer（咀嚼食物时发出的咔啦咔啦的响声）”和打槌球（croquet）时用的枕形道具。槌球起源于13世纪的南法，在17世纪普及至宫廷与王公贵族。发明经过不详。法餐中的炸丸子是配菜，主料为鸡肉、小牛肉、野鸟肉、虾、蟹、牡蛎、火腿、蛋黄、洋葱、洋蓟、松露、蘑菇、通心粉，加入贝夏梅尔酱汁和用于增加黏性土豆塑形，裹上面粉、蛋液和面包屑油炸而成。英国的炸丸子跟日本一样，本身就是主菜。在日本，可乐饼于明治中期的鹿鸣馆时代（1884—1889）登场。

→炸丸子 →油炸肉丸（kromesky）

コロンブス

哥伦布

英: Cristopher Colombus

克里斯托弗·哥伦布（1451—1506）自幼为西方大海的神秘所吸引。他再三恳求西班牙的伊莎贝拉女王（1474—1504在位）援助他前往西方探险，终于在1492年得偿所愿，率88名船员从帕罗斯港（Paros）出发，途经加那利（Canarias）群岛抵达西印度的圣萨尔瓦多（San Salvador）。通过先后三次的探险，哥伦布将中美沿岸地区的植物带回了欧洲。15 世纪的大航海对欧洲的饮食文化产生了翻天覆地的影响。在大航海之前，中世纪欧洲农民的标准餐食是麦粉加少量猪肉汤。多亏了哥伦布，纷繁多样的新食品登上近代欧洲人的餐桌。他在第一次探险时带回了玉米。之后，土豆、番薯、南瓜、菜豆、花生、西红柿、辣椒等源自新大陆的食物传入欧洲。哥伦布的功绩不仅限于此：①可可、木薯因他被移栽至亚洲与非洲的热带地区；②大多数新大陆作物经由欧洲传播至世界各地，比如玉米从印度传入东南亚，在百年后抵达日本长崎；③小麦、橄榄、甘蔗等旧大陆的作物与家畜进入新大陆；④咖啡、茶、糖走出亚洲。在 15 世纪，全球层面的“新旧大陆栽培植物大交流”在欧洲人的推动下揭开帷幕。上述交流对世界美食的影响不可估量。不仅如此，①欧洲单调的膳食生活走向多样化，实现了肉眼可见的改善；②土豆与玉米显著提升了贫困阶层的营养水准；③人口虽在 18 世纪后期逐渐增加，长期营养条件却得到了改善。哥伦布带回西班牙的辣椒后来传入印度、东南亚和中国。17 世纪，辣味鲜明的泡菜在朝鲜半岛诞生。

→发现美洲新大陆

コーン

玉米

英: corn

→玉米（とうもろこし）

コンヴェルサッション

糖霜杏仁奶油派

法: conversation

法国人钟爱的传统派（挞），“cover-sation”是“对话”的意思。英语也是同一个词，但发音不同。诞生时期不明，但可以确定是用千层酥皮制作的传统糕点，历史悠久。法国人聊天时有交叉双手食指的习惯。据说交叉的手指神似这种派表面的格纹，因此得名。受卢梭庇护的埃皮奈夫人（Louise d’Épinay）出版了《埃米丽的

糖霜杏仁奶油派

资料：《糕点辞典》东京堂出版[275]

对话》(Les Conversations d'Émilie, 1781)备受关注，也有说法称派的名字取自书名。挞模中铺酥皮，挤入杏仁奶油，加盖后涂抹皇家糖霜，再用切成细条的酥皮贴出格纹，送入烤箱即可。在日本，"叉"是"不行"的意思。这款糕点充分体现出同样的动作在不同民族的文化语境下有着不同的含义，着实耐人寻味。

→派

コーンカップ

玉米杯

英: corn cup

盛放冰淇淋、软冰淇淋的容器，也称"ice cream corn"。"corn"有"喇叭形、圆锥形"的意思。又称"cornet(号角)"。1904年，美国圣路易斯(Saint Louis)举办了世博会。见冰淇淋摊的容器告急，华夫饼摊便提议"不如用薄薄的华夫饼裹冰淇淋吧"。这种冰淇淋容器的人气迅速上升，普及至全世界。用面粉、玉米淀粉、糖、油脂、香料调成的稀面糊煎成。

→丰饶角

コンソメ

法式清汤

法: consommé

法式靓汤(potage)的一种，清澄透亮。拉丁语"consummare(合计)"演变为"consommer(完成)"，最后变成法语"consommé"。法语中也称"potage clair(清汤)"，英语称"clear soup"。从古罗马到中世纪，将食材放在一起炖煮的菜肴在欧洲占据主流。意大利梅第奇家族的凯瑟琳公主(1519—1589)嫁到法国后，分离原汁清汤(bouillon)和食材的烹饪技法才发展起来，法式清汤就此诞生。不知为何，日本人习惯将清汤统称为"consommé"，将浓稠的汤统称为"potage"。但是在法餐中，"consommé"是"potage"的一种。英语则统称为"soup"。法式清汤乍看是在白汤中加有少许酱油的色泽，也有人喝不惯，不过它着实是一种越品越觉得深奥的美食。清汤是众多法餐菜品的基础元素之一，烹制使用的食材、耗费的心血直教人难以置信。不仅如此，法式清汤也是非常考验厨师水平的一种汤。单单熬制基础的原汁清汤就需要4至5小时，加工成法式清汤还需要4至5小时，也就是说总共需要10个多小时。在巴黎的银塔餐厅(Tour d'argent)，清汤比主菜(鸭肉)卖得更贵，可见它是何等费时费力。

→法式靓汤(potage)

コンチネンタル・ブレッド

欧式面包

英: continental bread

烘焙面包经古希腊、古罗马时代

普及至欧洲各地。1533年，意大利佛罗伦萨梅第奇家族的凯瑟琳公主（1519—1589）与法国的奥尔良公爵亨利（即后来的法王亨利二世）结婚，将意大利的面包生产技术带到法国，催生出大陆式的lean类面包（面粉多配料少，脂肪与营养较少）。欧式面包与日本小麦做的面包一样，麸质较弱，烘焙弹性（oven spring）较弱，算法系面包。

→英美式面包→法国面包

蒟蒻（こんにゃく）

魔芋

英：elephant foot

天南星科多年生草本植物，原产地可能是印度尼西亚、中国南部。广泛分布于东南亚温带与热带地区。人们平时吃的魔芋制品用魔芋的块茎制成。英语"elephant foot"是"象腿"的意思。魔芋的制作方法与佛教一同从中国传入日本。也有说法称，魔芋是6世纪（日本钦明天皇统治时期）作为药材从朝鲜传入日本的。日本是唯一广泛种植并使用魔芋的国家。魔芋富含葡甘露聚糖（glucomannan），加水后会膨胀，加碱则会凝固。这也是魔芋制品的生产原理。中国全境几乎不吃魔芋，但据说云南是魔芋的原产地，当地少数民族（苗族、傣族）有吃魔芋的习惯，吃法与日本相似。

コンビーフ

盐腌牛肉

英：corned beef

用盐腌过的牛肉，保质期较长。"corned"有"盐腌"的意思。17世纪之前使用的是颗粒状粗盐，但现在一般使用盐水浸泡。牛肉使用肩膀、腿、肋扇等脂肪较少的部位，用盐、硝酸盐、糖腌制10天左右，加热后用滚筒拆成细丝，再加入脂肪、调味料、胡椒、肉豆蔻、丁香、月桂、百里香、月桂叶即可。在盐腌牛肉的基础上加入土豆和洋葱即为"盐腌牛肉土豆泥（corned beef hash）"。"hash"有"切碎"的意思。1897年（明治三十年），广岛成为日本第一座生产盐腌牛肉的城市。盐腌牛肉的罐头有着不同于普通罐头的形状，这是19世纪后期诞生于美国的专利。这种形状有助于将牛肉整块倒出，堆砌时也不容易坍塌。

→牛肉

コーンフレーク

玉米片

英：corn flakes

玉米加热、加压后制成的加工食品。谷物片（cereal）的一种。相较于米和小麦，玉米有如下特征：①

连续吃容易厌、②不方便吃、③不易消化。因此人们一直期待着新的玉米加工方法的诞生。在玉米片这一杰作问世的背后，还有这样一段小插曲：话说19世纪下半叶，在美国密歇根州的巴特尔克里克（Battle Creek），吃素的疗养院老板约翰·家乐（John Kellogg）和弟弟威尔·基思·家乐（Will Keith Kellogg）致力于研究易于消化的面包。有一天，他忙着用铁板煎煮过的小麦做实验，却因为别的事情离席片刻。回来之后，他用滚筒碾压麦粒，竟发现麦粒的延展性显著提升，被压成了片状，不禁大吃一惊。玉米和米做的实验也收获了同样喜人的结果。玉米糁（corn grits）加糖、盐和麦芽精，加压加热后滚压成片状，就成了方便食用的玉米片。玉米片易于消化吸收，非常适合用作断奶食品、幼儿食品和早餐。欧美人喜欢在玉米片里加牛奶和糖。不仅如此，玉米片还是各种糕点和零食的原材料。近年来，压力挤出成型技术催生出了各种形状的玉米片与各式各样的零食。约翰·家乐也是花生酱的发明者。他还将格雷厄姆咸饼干运用在早餐中，发明了用燕麦、蜂蜜和树果制成的格兰诺拉麦片（granola）。

→谷物片

コンポート

糖渍水果

法: compote

用糖浆煮过的水果。拉丁语“componere（一起放进去）”是法语“compote”、英语“compote”的词源。在古希腊时代，人们用尼罗河三角洲的蜂蜜烹煮水果，这一习俗被视作糖渍水果的雏形。16世纪，糖传入欧洲，于是用来烹煮水果的东西渐渐从蜂蜜变成了糖。将完整的水果放入水或红葡萄酒中，加入糖、锡兰肉桂、香草，文火慢炖，防止水果被煮烂。苹果、梨、杏子、菠萝、草莓、桃子、梅子、李子都能做成糖渍水果。后来，“长时间炖煮的菜肴”也被称为“compote”。糖渍水果中的水果还留有原形，果酱则要把水果煮到不成原形。

→果酱→橘子酱（marmalade）

最後の晩餐（さいごのばんさん）

最后的晚餐

众多画家描绘过“耶稣基督最后的晚餐”这一主题。其中，意大利米兰感恩圣母堂中躲过二战空袭的达·芬奇（1452—1529）壁画《最后的晚餐》最为著名。最后的晚餐究竟意味着什么？为什么要献上面包与葡萄酒？罗马天主教会的领圣餐仪式（圣餐礼）使用的是无酵饼和红葡萄酒。不加酵母的无酵饼出自《出埃及记》，以色列人在摩西的领导下离开埃及时吃的就是这种面包。逾越节（Passover）也称“无酵饼节”。在节日期间（7天），犹太人遵循信仰，吃无酵饼。《旧约圣经》中屡屡提到无酵饼（无发酵面包）的制作方法（如《利未记》4：11）。无酵饼被称为“圣体（hostia）”。将只用面粉和水调成的面团夹在两块热铁板之间，烤成圆而薄的威化状即可。这种仪式被认为是最典型的共同进餐形式。圣经对“最后的晚餐”有如下描述：“他们吃的时候，耶稣拿起饼来，祝了福，就擘开递给他们说，你们拿着吃，这是我的身体。”“耶稣说，这是我立约的血，为多人流出来的。”（《马可福音》14：22～24）圣餐礼正是为纪念耶稣之死举办的仪式。切开、分食同一块面包，分享同一个杯子里的葡萄酒，便能与耶稣融为一体，得享救赎的恩典。综上所述，葡萄酒与基督教有着密不可分的关系。罗马帝国灭亡后，制作面包与葡萄酒的技术由中世纪的天主教修道院继承下来，为日后欧洲饮食文化的形成做出了巨大的贡献。这也是欧洲的面包与糕点带有浓重宗教色彩的原因所在。另外，《新约圣经》中常有“擘开面包”的表述，暗含“通过分食一块面包、与他人围着同一张餐桌而坐缔结兄弟契约”之意，与东方的“同食一锅饭”思想有着异曲同工之妙。表述“分面包”时用的动词是“break”，不说“cut（切）”。正是这种连带意识催生出了“companion（伙伴）”一词。英语“companion”的词源有两种说法，一为古法语“compaignon（伙伴、伴侣）”，二为拉丁语“com（共同）”加“panis（面包）”，即“共食面包”。“communication（交流）”一词原来指的也是分配献给上帝的食物，实现神人交流。

→无发酵面包

サイダー

苹果酒

英：cider

用苹果汁酿造的汽酒。希伯来语“chekar（酒精度数高的饮品）”演变成希腊语“síkera”，再到拉丁语“sicera（醉人的饮品）”，最后演变为意大利语“sidro”、法语“cidre”和英语“cider”。自然涌出的泉水比河水更美味，为人们发明苹果酒提供了灵感。具体发明年代不详。苹果酒的创造者存在三种说法，分别是希伯来人、阿拉伯人（用苹果与洋梨）、穆斯林（用西班牙阿斯图里亚斯地区的苹果）。苹果酒从西班牙传入法国。从12世纪开始，法国诺曼底、布列塔尼地区的苹果酒逐渐为人所知。苹果酒是用苹果汁发酵而成的酒精饮品，在英国与法国深受喜爱。路易十四（1643—1715 在位）为了保护干邑，禁止用葡萄以外的原材料酿制烈酒，唯独苹果酒例外。在欧洲，苹果酒加碳酸水调制而成的香槟苹果酒（champagne cider）备受欢迎（这种酒也有不含酒精的版本）。碳酸水诞生于 16 世纪，以欧洲的天然矿泉为原料。1685 年，英国人杰尼与奥瓦德取得了制造碳酸的专利。1789 年，维茨在英国都柏林开办碳酸工厂。1843 年，海勒姆·科德（Hiram Codd）发明弹珠汽水瓶，促使碳酸饮料迅速普及到世界各地。幕末时期，不含苹果酒的碳酸饮料传入日本。

→酿造酒→苏打水

栽培植物の起源（さいばいしょくぶつのきげん）

栽培植物的起源

人类在新石器时代开始驯化野生植物，确保更稳定的粮食来源。这一倾向从公元前 7000 年到公元前后变得愈发明显。1500 年前，大量栽培植物相继诞生。栽培植物在反复种植的过程中自然形成。从发源地传播至其他地区，与自然分布于当地的野生物种杂交，形成新作物，进一步扩大可种植区域。例如，硬粒小麦与节节麦的杂交，催生出了适应性更广的面包小麦（普通小麦）。新大陆的发现，使一批新的栽培植物进入农业领域。人类不断提高作物适应寒冷地区的能力，在将不毛之地变为农业生产地带的道路上不懈努力。也有观点认为欧洲的农业建立在谷物种植与畜牧业的结合上。

栽培植物名	起源年代
小麦（四倍体）	公元前 7000
大麦	公元前 7000
黑麦	公元前 3000
稻	公元前 4000
玉米	公元前 3000
土豆（四倍体）	公元 500
番薯	公元前 2000
棉花（四倍体）	公元前 2500
烟草	公元前 2000
辣椒	公元前 3000
西红柿	公元 1000
南瓜	公元前 4000
菜豆	公元前 3000
花生	公元前 1000

主要栽培植物的起源年代
资料：田中正武《栽培植物的起源》日本放送出版协会[155]

ザワアークラウト

德国酸菜

德：Sauerkraut

德国最具代表性的泡菜。“sauer”

即“有酸味的”，“kraut”即“卷心菜”，直译就是“有酸味的盐腌卷心菜”。将卷心菜浸入浓盐水发酵而成。英语称“sauerkraut”。发明年代不详，但是回顾历史，不难发现时而归属德国，时而归属法国的阿尔萨斯地区是它的摇篮。德国的寒冷地带适合种植土豆和卷心菜。卷心菜腌制的泡菜非常适合搭配肉吃，是家家户户不可或缺的小菜。让泡过盐水的卷心菜丝自然发酵（乳酸发酵），浸泡在发酵期间渗出的汁水中静置 1 个月左右，再加入杜松子、葛缕子即可。常用于配菜、沙拉、三明治、黄油炒菜、葡萄酒炖菜，搭配香肠和肉一起炖也美味。法国东北部的阿尔萨斯地区也有用醋腌制的卷心菜，法语称“choucroute（法国酸菜）”。在洛林地区常用于炖菜与派。德国的生卷心菜较硬，而酸菜恰恰利用了这一特性。日本的卷心菜较为柔软，更适合生吃。

→卷心菜→法国酸菜→德国菜系→西式腌菜

ザクースカ

扎库斯卡

俄：Закуски

俄罗斯发祥的前菜的统称。“扎库斯卡”有“随意吃点”的意思。据说西餐中的头盘由扎库斯卡演变而来。在沙俄时代，当地有在宴会正式开始前上扎库斯卡和伏特加招待宾客的习惯。后来，法餐引进了这种习惯，催生出了“菜单外的菜品”即头盘。扎库斯卡品种繁多，菜量也不小，常见的有鱼子酱、盐渍鲑鱼子、醋腌鲱鱼、烟熏鲱鱼、肉派（パシテッド）、鱼派（coulibiac）、奥利维耶沙拉（салáт Оливьé，鸡肉沙拉）、酸黄瓜（огурец）、皮罗什基（пирожки）等等。

→头盘→开胃薄饼→斯堪的纳维亚式自助餐→前菜→面包干→俄罗斯菜系

桜桃（さくらんぼ）、桜坊（さくらんぼ）

樱桃

英：sweet cherry

蔷薇科落叶果树。可大致分为三种，分别是原产于欧洲的甜樱桃、原产于亚洲西南部的酸樱桃和两者杂交而成的公爵樱桃（duke cherry）。日语写作“桜坊”或“桜ん坊”，是将表面光溜的樱桃比喻成了和尚的脑袋。水果大多产自南方，樱桃却是罕见的北方水果。在公元前 2 世纪至 1 世纪前后，罗马军队攻打本都（Pontus），时任执政官的卢库鲁斯（Lucullus）从小亚细亚的本都国带回了“cerasus”，即古拉丁语的“樱桃树”。后来这个词演变为通俗拉丁语“ceresia”，再到希腊语“cerasós”，变成法语“cerise”，最后变为中世纪英语“cherrys”。16世纪，“s”逐渐消失，变为“cherry”。樱桃的历史可追溯到古希腊时代。据说公元前1世纪的罗马已经有8个樱桃的栽培品种了。在同一时期，樱桃传入英国与德国。16世纪至17世纪，在英国、法国、德国、比利时、荷兰均有种植。法王路易十四（1643—1715在位）酷爱樱桃，常在宫廷的花园里品尝。18世纪，樱桃种植业在美国加利福尼亚州和俄勒冈州兴起。1868年（明治元年），箱馆（函馆）的德国人卡梅内特率先尝试在渡岛七饭村种植樱桃树。樱桃不仅可以生吃，更是制作鸡尾酒、果酱、糖渍水果、果酒、糕点、罐头的材料。樱桃的甜味来自葡萄糖和果糖，酸味来自苹果酸。日本的栽培品种基本都是甜樱桃。

→樱桃酒→樱桃白兰地

石榴（ざくろ）

石榴

英：pomegranate

石榴科落叶乔木，原产于波斯（伊朗）。在中国、美国加州、印度均有种植。法语“grenade”的词源是拉丁语“granatum（颗粒状水果）”。15世纪，石榴在法国的称呼变成“pumgrenate”，催生出英语“pomegranate”。公元2世纪，西汉张骞出塞，从西域安石国（今天的伊朗周边）带回了石榴，故称“安石榴”。人类种植、使用石榴的历史相当之久。因兵马俑闻名的西安也是石榴的一大产地。石榴在奈良时期传入日本。石榴可分为赏花用的“花石榴”和结果的“果石榴”。淡红色的种子酸甜多汁，红色来源于花青素类色素。石榴富含柠檬酸、苹果酸、维生素C，可入药，有驱虫、缓解咽喉炎、抑制口臭的功效。除了生吃，亦可加工成糖浆、果酒和软饮。

→石榴糖浆

鮭（さけ）

鲑鱼

英：salmon

鲑鱼科的红鲑、银鲑、帝王鲑等物种的统称，分布于日本、堪察加、北美沿岸。英语“salmon”由拉丁语“salmo（鲑鱼）”演变而来，有“蹦跳”的意思。也有说法称词源为古法语。法语中称“saumon”。还有说法称命名者是公元前1世纪的盖乌斯·尤利乌斯·恺撒（Gaius Julius Caesar，B. C. 100—44）。鲑鱼在全球各地都是受欢迎的食材，在美味佳肴不断的古罗马皇帝餐桌上也是频频登场。但是有说法称，鲑鱼直到20世纪下半叶才走进欧洲寻常百姓家。从中世纪到近代，无论是莱茵河还是泰晤士河，一年四季都有成群结队的鲑鱼洄游，然而内陆河流中的鲑鱼不够肥，风味不佳，不适合用作食材。当这些河流无法再捕捉到鲑鱼时，海里的肥美鲑鱼反而演变成了宝贵的食材。从鱼卵孵化的小鲑鱼要在海里生活 4 至 5 年才能长成，到了产卵期再回到自己出生的故乡。鲑鱼的品种有白鲑、红鲑、银鲑、粉红鲑等。帝王鲑最为美味，有“鲑鱼之王”的美誉，阿拉斯加、加拿大、北太平洋盛产这种鲑鱼。挪威、丹麦等北欧海域的鲑鱼倒是过于肥了。鲑鱼与鳟鱼极难区分。比如红鲑，有时也被称为“虹鳟”。银鲑与银鳟也是同样的关系。鲑鱼可用汤、奶油或葡萄酒炖煮，可用葡萄酒蒸，也可做成煎鱼排、罐头，或烟熏、油炸、醋腌。鲑鱼的粉红色来源于类胡萝卜素（carotenoid）型色素虾青素，加热后也不会褪色。将成熟的鲑鱼卵一颗颗分开，以盐腌制，变成了盐渍鲑鱼子。

→盐渍鲑鱼子→烟熏三文鱼→鳟鱼

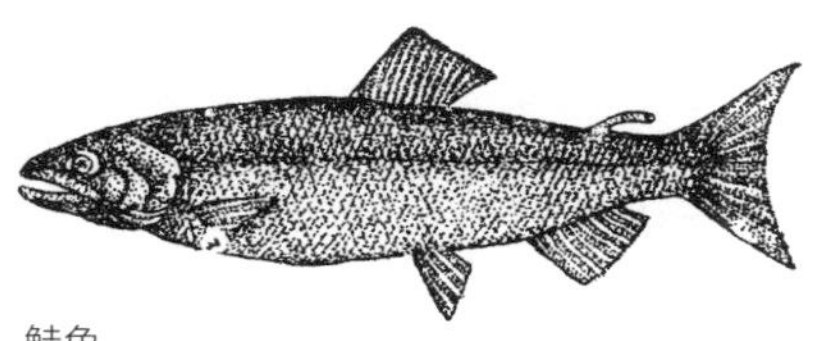

鲑鱼
资料:《动物事典》东京堂出版 249

ザーサイ

榨菜

中国最具代表性的腌制食品，发源于四川。发明经过不详。日语中也写作“チャーツァイ”“ヂァツァイ”。腌制食品在中国有着悠久的历史，早在春秋战国时期就出现了咸菜的雏形，将盐混入蔬菜制成的“菹”。这类咸菜在奈良时期传入日本，衍生出多种多样的日本咸菜。榨菜是芥菜的变种，有肥大的茎（青菜头）。将其切碎烘干，用盐腌制后加入大量香料，如辣椒、花椒、茴香、姜黄、肉桂、甘草、生姜，装入大缸腌制 1 至 2 个月即可。榨菜特有的味道与气味非常受人喜爱。据说榨菜有增进食欲的功效。除了切成薄片直接吃，还能用于汤、炒菜等各种菜品，在日本也极受欢迎。

ザッハ・トルテ

萨赫蛋糕

德: Sacher Torte

发祥于奥地利维也纳的巧克力蛋糕。在拿破仑战争之后的 1814 年至 1815 年，维也纳会议旷日持久，以至于有人给出了这样的评语：“大会不行动，大会在跳舞（Le congrès danse beaucoup, mais il ne marche pas)。"奥地利帝国首相梅特涅(Klemens von Metternich)命大厨爱德华·萨赫(Edward Sacher)发明一款个性鲜明的甜点,祈求会议顺利进行。各国代表对这款蛋糕的美味赞不绝口。在那个巧克力和糖的价格还很高昂的年代,萨赫蛋糕毫不吝啬地使用了这两种材料。也有说法称,这种蛋糕诞生于1832年。后来,萨赫在歌剧院后的马路开办了萨赫酒店,也卖萨赫蛋糕,进一步推高了它的人气。谁知萨赫酒店的儿子娶了维也纳另一家糕点名店德梅尔(Demel)的女儿,蛋糕的配方就此外传,引发了长达9年的法庭之争。据说最终的审判结果是"不分胜负"。做法是将打发的蛋白加入糖、黄油和蛋黄,和巧克力、朗姆酒、面粉一起调成面糊,倒入挞模烤制。萨赫酒店和德梅尔的蛋糕表面都有一层巧克力,但前者的海绵蛋糕中有杏子果酱做的夹心,德梅尔的没有。

→奥地利菜系→蛋糕→挞→蛋糕(Torte)。

薩摩芋(さつまいも)

番薯

英: sweet potato

旋花科多年生草本植物,原产于中南美。15世纪末在西印度群岛被发现,相传由哥伦布(1451—1506)带回欧洲,献给伊莎贝拉女王(1474—1504在位)。当地居民称其为"batata",开展人工种植,用作淀粉源。也有说法称,人工种植番薯的历史可以追溯到公元前2000年的南美。还有观点认为,早在哥伦布发现番薯之前,新西兰(毛利族)和新几内亚的本地人就已经以它为主食了。英语"potato"由西班牙语"batatas"演变而来。由于番薯偏爱温暖的气候,在欧洲几乎没有开展种植,土豆作为食材的利用价值反而更高。后来,"potato"成了土豆的名字,而番薯则成了"Spanish potato"或"sweet potato"。番薯通过西班牙商船传入菲律宾。16世纪,葡萄牙商船将番薯从中国福建带往琉球,又从种子岛传入鹿儿岛。也有说法称,番薯是直接从菲律宾传入了长崎平户。番薯可生吃,亦可利用其中的淀粉。土豆与番薯的烹饪特性存在下列差异:①土豆口味清淡,容易做成菜品,搭配动物性脂肪也很协调。在德国菜系中,猪肉和土豆是好搭档,土豆也是当地的主要淀粉来源;②番薯味甜,作为食材的用途有限,几乎很少出现在欧洲的菜品中,做成糕点(比如番薯派)倒是很合适。中国的拔丝白薯就是一道名点。用能抽丝的麦芽糖裹住番薯块,趁热吃最美味,但吃得太赶,舌头容易被烫伤。拔丝白薯与日本的"大学芋"有几分相似,但后者凉了也好吃。

→发现美洲新大陆

サテ

沙嗲

英: satay

发祥于印度尼西亚、马来西亚的羊肉串。路边小摊、高档餐厅都能吃到，为当地人所熟知。吃腻了香料味很重的东南亚菜时来一份沙嗲，会有种在异国他乡邂逅日本烤鸡串的错觉。也有用牛肉、猪肉、鸡肉、水牛肉做的沙嗲。在马来西亚、新加坡、泰国也颇受欢迎。用竹签串起肉块，撒上香料烤熟，蘸辣味鲜明的沙茶酱吃。酱汁的品种繁多，但辣味重是它们的共同点。酱汁一般用花生酱、椰奶、洋葱、大蒜、生姜、辣椒、柠檬汁、锡兰肉桂、香菜、孜然、姜黄、泰国鱼酱混合加热而成。

→印度尼西亚菜系→羊肉→马来菜系

サーディン

沙丁鱼

英: sardine

属于鲱科，栖息于地中海、大西洋沿岸的沙丁鱼的统称。法语"sardine"和英语"sardine"的词源是拉丁语"sardina"。该词意为"撒丁岛的鱼"。地中海的撒丁岛的确盛产沙丁鱼，但不知是先有岛名还是先有鱼名。"沙丁鱼"的定义不甚明确，也有许多种说法。早在中世纪，布列塔尼的居民就开始制作盐腌沙丁鱼了。1875年前后，油浸沙丁鱼逐渐兴起。在英国康沃尔(Cornwall)沿岸捕捞的皮尔彻德鱼(pilchard)的小鱼也被称为"沙丁鱼"。法国、挪威、葡萄牙、美国也有被称为"沙丁鱼"的鲱科鲱属(clupea)小鱼。日本能捕到鲱属的日本远东拟沙丁鱼(マイワシ，*Sardinops melanostictus*)、脂眼鲱(ウルメイワシ，*Etrumeus teres*)、日本鳀鱼(カタクチイワシ，*Engraulis japonica*)。沙丁鱼在英语中有"Japan pilchard""sardine""anchovy"等叫法，用法混乱，难以区分。

→沙丁鱼(いわし)

砂糖（さとう）

砂糖

英: sugar

最具代表性的甜味剂。砂糖的原料甘蔗是禾本科多年生高大实心草本植物，原产于印度。法语"sucre"和英语"sugar"的词源有若干种说法，包括梵语"sarkara(谷粒)"、阿拉伯语"sukkar(砂糖)"、古法语"sucre(砂糖)"、意大利语"zucchero(砂糖)"。据说新几内亚自古以来就有种植甘蔗的传统。也有说法称，甘蔗在4000年前传入印度。公元前325

亚历山大大帝
资料：冢田孝雄《食悦奇谭》时事通信社 [215]

年，亚历山大大帝（B. C. 336—323 在位）攻入印度，将甘蔗带回欧洲。古希腊医生盖伦将砂糖称为“印度的盐（Indian salt）”。然而，砂糖的传播过程相当漫长。6 世纪传入波斯、阿拉伯，8 世纪传入地中海沿岸。相传在唐太宗（626—649 在位）统治中国时，印度的僧侣将结晶性砂糖的制作方法传授给了中国人。在 9 世纪至 10 世纪的埃及，产糖业日渐发达。马可·波罗（1254—1324）在中国见到了制糖厂。15 世纪末，古巴、西印度群岛、南美开始大规模种植甘蔗，成为砂糖出口国。17 世纪，砂糖传播到世界各地，走下稀缺昂贵的神坛，作为甜味剂走进寻常百姓家。比如西班牙人用砂糖制作巧克力，英国人在红茶里加糖。753 年（日本天平胜宝五年，孝谦天皇在位），唐代僧人鉴真首次将红糖带到日本，日本人将其视作珍贵的药材。另一种可用于制糖的植物是藜科二年生草本植物甜菜（*Beta vulgaris*），原产于地中海沿岸。甜菜制糖的历史并不悠久。16 世纪末，法国农学家奥利佛·塞尔发现甜菜含有砂糖。1747 年，普鲁士皇家科学院的马格拉夫（Marggraf）成功从甜菜中分离出砂糖。1802 年，人们开始用甜菜制糖。1806 年，拿破仑一世（1840—1814 在位）宣布封锁大陆，致使西印度群岛等英国殖民地的甘蔗无法进入欧洲。拿破仑也鼓励民众用甜菜制糖。20 世纪，甜菜普及到以法国为中心的欧洲全境。在英国与德国，甜菜是一种日常蔬菜。用红甜菜炖汤，汤水呈红色。甘蔗或甜菜榨汁熬煮，其中的蔗糖便会结晶。在精制过程中没有经过分蜜加工的是红糖，分蜜则成白糖。砂糖可大致分为粗砂糖、细砂糖和加工糖。此外还有液糖、枫糖和椰子糖。蜂蜜、水果、酒糟、麦芽糖是历史悠久的甜味物质，但砂糖显然是更易用的调味料，原因在于：①有醇厚、强烈的甜味；②化学结构稳定；③晶体适合长期储藏；④营养均衡。砂糖在烹饪中发挥的作用也不仅限于“增添甜味”，更有①留住水分、抑制老化（如长崎蛋糕）；②延缓蛋白质凝固速度，打造柔嫩的口感（布丁）；③使蛋白更易打发（海绵蛋糕）；④使菜品表面更有光泽（煮豆）等各种功效。

甘蔗
资料:《植物事典》东京堂出版[251]

→甜叶菊（stevia）→调味料→甜菜糖→枫糖

砂糖黍

甘蔗

英: sugarcane

禾本科多年生高大实心草本植物。

→砂糖

砂糖大根

甜菜

英: sugar beet

藜科二年生草本植物。

→砂糖

サバイヨン

沙巴翁酱

法: sabayon

法餐中使用的奶油状酱汁，菜品、甜点均可使用。又称“沙巴翁奶油”“沙巴翁酱汁”。那不勒斯方言“zapillare（打出泡沫）”演变成标准意大利语“zabaione”，最后变成法语“sabayon”。沙巴翁（zabaione）在意大利诞生，成为罗马希腊咖啡馆（Caffè Greco）的招牌糕点。传入法国后，沙巴翁变成了打发的奶油，称法也变成了“sabayon”。做法是蛋黄和糖边加热边打发，然后加入白葡萄酒、香槟和利口酒。也可根据喜好加入橙子、香草、柠檬、朗姆酒、樱桃酒、增添风味。

→甜点

サバラン

萨瓦兰蛋糕

法: savarin

将发酵面团烤成王冠形，浸泡加有朗姆酒、樱桃酒的糖浆制成的糕点。日语中也写作“サヴァラン”。法国传奇美食家布里亚-萨瓦兰在其著作《味觉生理学》(1825）中大赞美

食学，创意蛋糕萨瓦兰就以他命名。萨瓦兰蛋糕是美食家的糕点，发明经过也十分有趣。起点是传入英国的姜饼（gingerbread），按“姜饼→咕咕洛夫→阿里巴巴→巴巴（朗姆巴巴，baba au rhum）→布里亚-萨瓦兰→萨瓦兰蛋糕”的顺序演变。相传17世纪初，波兰国王坦尼斯瓦夫·莱什琴斯基（1677—1766）看《天方夜谭》的“阿里巴巴与四十大盗”时过于投入，以至于手中的姜饼落入了朗姆酒中，但他惊讶地发现，泡过朗姆酒的姜饼十分美味。后来，国王的主厨切瓦利奥参考法国的火烧法，发明了人气糕点咕咕洛夫的新吃法，即淋上朗姆酒，引火点燃。国王赐名“阿里巴巴”。19世纪，波兰糕点师斯特洛尔将“涂抹糖浆”改为“浸入朗姆酒”，朗姆巴巴（baba au rhum）就此诞生，传承至今。“rhum”就是朗姆酒。也可简称为“巴巴”。生姜是带有东方色彩的香料，在《天方夜谭》中以“媚药阿芙洛狄沙克”的名称登场。后来，巴巴广泛流行。在19世纪，“浸入朗姆酒”这一步变成了“浸入糖浆”。1940年，巴黎糕点师朱利安兄弟将未加葡萄干的面包面团装入萨瓦兰模具烤熟，再浸泡加有朗姆酒、樱桃酒的糖浆，并将其命名为“布里亚-萨瓦兰”。萨瓦兰蛋糕的底座则是将混有低筋粉的高筋粉加糖、蛋、黄油、盐、牛奶、酵母混合而成的发酵面团装入萨瓦兰模具中烤制而成。

→咕咕洛夫→姜饼→莱什琴斯基

朗姆巴巴
资料:《糕点辞典》东京堂出版[275]

サービス

服务

英: service

酒店、餐厅对顾客的接待和提供菜品的方式。在顾客用餐时提供舒适的体验。古法语“service（奴隶身份、隶属于领主）”演变为拉丁语“servitium（奴隶身份、隶属）”，再到法语和英语“service”。各民族的服务形式有所不同，本书侧重于欧式服务的起源。古罗马达官贵人参加奢华的宴会时习惯随意躺下，用手吃饭，有美女服侍左右，奴隶负责上菜，剑士的决斗则是余兴节目。这便是欧式服务的起点。直到公元4至5世纪罗马帝国灭亡，这样的宴会都是贵族等特权阶级的专利。中世纪的宫廷饮食习惯演变成了一边用刀切肉，一边用手抓取食品，桌上铺着桌布，但可以坐着吃的仅限于王公贵族。14 世纪，法餐史上第一位大厨纪尧姆·泰勒（Guillaume Tirel，泰尔冯，1326—1395）横空出世。他出版了有史以来第一本用法语写成的烹饪专著《食谱全集（Le Viandier）》，称霸畅销榜近两百年之久（15 世纪至 17 世纪初）。当时的宫廷餐食还没有日后那般豪华绚烂，即便是贵族也只能"享受"到粗茶淡饭和简慢的服务。后来，"将所有菜品提前摆上餐桌"的法式服务逐渐形成。法餐全席可大致分为第一道菜（汤、鱼）、第二道菜（烤肉、甜点）和第三道菜（冰点、水果、奶酪）。第一道菜提前摆上餐桌，第二道菜也一起端出来摆好。美食家高度评价了这种服务方式，因为客人可以尽情享用自己喜欢的菜品，但美中不足的是热菜提前上桌会变凉。而且每道菜之间的准备时间相当长，所以催生出了"间菜"。1533 年，意大利佛罗伦萨梅第奇家族的凯瑟琳公主（1519—1589）与法国的奥尔良公爵亨利（即后来的法王亨利二世）结婚，大大推动了欧洲饮食文化的发展。比如刀叉和玻璃酒杯登上餐桌，每人有自己专用的餐盘。在路易十四（1643—1715 在位）统治时期，优雅而豪华的宫廷美食成型，法式服务正式确立。然而 1789 年的法国大革命使宫廷美食土崩瓦解。巴黎市内开出一批餐厅，美食界的民主化就此开始。不过在 19 世纪之前的餐桌上，"不讲文明"是司空见惯的现象，吐口水、钻到餐桌底下是常有的事。直到 19 世纪，现代餐桌礼仪终于成形。提供菜品的方式也在中世纪到近代发生了巨变。例如，"主人享有切肉特权"的习俗在 17 世纪逐渐消失，切肉演变成了佣人在后厨完成的工作。新的俄式服务也登上了历史舞台。这是一种按时间顺序进行的服务，不将热菜直接端上餐桌，而是切好后摆放在各自的餐盘上，逐一端给客人。这种方法有助于把握最恰当的上菜时机。约 1810 年，俄国大使普林斯·库拉金将俄式服务引进法国。约 1880 年，法餐宗师于尔班·弗朗索瓦·杜布瓦（Urbain François Dubois，1818—1901）推广了俄式服务，使其逐渐替代了原来的法式服务。因为菜品是逐一上桌的，杜绝了油脂因菜品变凉凝固、影响风味的现象。除此之外，还有英式服务（用大盘盛放切好的菜品上桌）、美式服务（向顾客迅速提供菜品）。顾客服务自己，即为"自助服务"。

→甜点（アントルメ）→凯瑟琳公主→西餐→餐厅

サフラワー油（ゆ）

红花油

英：safflower oil

→红花油（紅花油（べにばなゆ））

サフラン

番红花

英: saffron

鸢尾科多年生草本植物，原产于南欧、西亚。阿拉伯语“zafran”演变为中世纪拉丁语“safranum（番红花）”，最后变成法语“safran”和英语“saffron”。在意大利、法国、西班牙、奥地利、印度、中国均有种植。在降雨量小、气候寒冷的高原生长良好。关于番红花趣闻轶事不胜枚举，其历史可追溯到公元前，可见它是一种受全球长期瞩目的名贵香料。约公元前17世纪的克里特岛克诺索斯（Knossos）王宫的湿壁画描绘了采摘番红花的情景。公元前10世纪，犹太所罗门王（B. C. 990—933）的花园中也种植了番红花。埃及艳后克娄巴特拉（B. C. 69—30在位）十分喜爱这种香料。《旧约圣经》对它的描述也是“上等香料”。相传罗马皇帝埃拉伽巴路斯（Elagabalus，218—222在位）每天用泡有番红花的水沐浴。10世纪末，阿拉伯人将番红花带去伊比利亚半岛。13世纪，在西班牙栽培的球根通过十字军（1096—1291）传入意德法。14世纪，西班牙开始出口番红花。在中世纪的欧洲，番红花的需求量暴增，催生出一批因买卖假冒伪劣番红花被判处火刑、活埋等极刑的人。约16世纪，瑞士医师帕拉塞尔苏斯（Paracelsus）用番红花调制药剂。人们认为番红花可入药，有止血、治疗咽炎、头痛、感冒、百日咳的效果。与此同时，英国开始大规模种植番红花，埃塞克斯郡（Essex）甚至有一座名叫“萨弗伦沃尔登（Saffron Walden）”的城镇。香料“番红花”由秋季开花的番红花属植物的雌蕊柱头（stigma）经干燥处理制成。生产100g番红花需要5万根雌蕊（一朵花有3根）。春季开花的番红花属植物仅用于观赏。由于手工处理番红花费

番红花

资料:《植物事典》东京堂出版[251]

时费力，工人容易腰痛，人称“番红花病”。番红花有香味和微弱的辣味，溶于水时呈亮眼的金黄色。其色素是类胡萝卜素化合物，包括番红花苷（crocin）、西红柿红素（lycopene）和番红花酸（crocetin）。番红花酸有强大的染色力，可将15万倍的水染黄。栀子花也含有同样的物质。香味成分是番红花醛（safranal）。番红花可为酱汁、汤、香肠、海鲜、鸡肉、米饭增添风味或染色。法国的海鲜汤、西班牙的海鲜饭、鸡肉炒饭和鳕鱼更是离不了番红花。其独特的香味与颜色蕴藏着能让人食指大动的神奇魔力。西班牙的番红花来自阿拉伯穆斯林，词义为“干涸的大地”。拉曼恰（La Mancha）地区盛产番红花。意大利菜也经常使用这种香料。幕末文久年间（1861—1864），荷兰人将番红花带到日本，用作药材与观赏花卉。番红花的常用替代品是红花（*Carthamus tinctorius*）、栀子花、金盏花、胡萝卜泥。在印度，人们把姜黄称作“印度的番红花（Indian saffron）”。

→姜黄→香料

サブレ

沙布烈

法: sablé

发祥于法国诺曼底城市萨布雷的黄油曲奇。日语中也写作“サブレー”。英语称“sand cake”。法语“sablé”的词源是法语“sablé（被砂子盖住）”。在英国、奥地利也深受喜爱。完全煮熟的蛋黄过筛后的口感仿佛诺曼底的沙子粒粒分明，黄油的香味更是独特。具体做法是在小麦面粉中加糖、蛋黄、黄油、奶、杏仁片、盐，调成面糊，用模具或裱花袋成型，送入烤炉。1897年（明治三十年）创业的丰岛屋有日本最著名的沙布烈。除了原味沙布烈，还有柠檬味沙布烈（sablé aux citrons）和奶酪味沙布烈（sablé au fromage）。

→曲奇

朱欒（ざぼん）

柚子

葡: zamboa / 英: shaddock、pomelo、pummelo

芸香科常绿果树，原产于马来西亚、印度尼西亚。在东亚、中国、日本均有种植。日语中也写作“ジャボン”“ブンタン（文旦）”“ボンタン（文旦）”“ウチムラサキ（内紫）”。葡萄牙语“zamboa”的词源是梵语“jamboa”。果皮内侧略带淡紫色。柚子是体型最大的柑橘类水果，果皮厚，只能在高温地带成活。有独特的南洋香味与淡淡的苦味，果肉小，果汁少。除了生吃，厚实的果皮还可用糖渍。

相传在江户中期的1772年（安永元年），清国商船为躲避暴风雨停靠萨摩藩，为表谢意，船长谢文旦以柚子相赠，“文旦”二字就取自他的名字。

参鶏湯（サムゲタン）

参鸡汤

韩: 삼계탕

朝鲜菜系中的药膳汤。整鸡去除内脏，塞入人参、糯米、枣、栗子文火慢炖而成。可直接喝汤，亦可加米熬粥。朝鲜半岛的肉食文化始于13世纪的蒙古入侵。14世纪下半叶（高丽王朝），其母体逐渐成形。这种类型的汤在朝鲜半岛的肉食文化中具有重要的意义。中国讲究医食同源，朝鲜也有“药食同源”的思想。朝鲜菜系的汤有下列特征：①使用辣椒、大蒜（有药效，可解毒）；②可缓解宿醉症状；③粥适合大病初愈者恢复体力；④使用核桃、栗子、蜂蜜、白苏（有保健功效）；⑤芝麻酱可防止寄生虫污染生肉；⑥鳗鱼的精华在尾部；⑦将人参用作食材。与日本相比，朝鲜菜系中的肉菜更加丰富多彩，汤更是种类繁多。牛肉、猪肉、鸡肉、羊肉、狗肉都能炖汤，脑、内脏、软骨、头、血液、脚、尾……每个部分都能通过巧妙的烹饪助力药食同源。日本的烤肉不过是朝鲜肉菜中的一小部分。

→朝鲜菜系

鮫（さめ）

鲨鱼

英: shark

侧孔总目（鲨总目）海水鱼的统称。鲨鱼的种类非常多，单日本近海就有80种，全球共有350余种。可食用的有浅海长尾鲨（*Alopias pelagicus*）、白斑星鲨（*Mustelus manazo*）、姥鲨（*Cetorhinus maximus*）、白斑角鲨（*Squalus acanthias*）、尖吻斜锯牙鲨（*Rhizoprionodon acutus*）、日本锯鲨（*Pristiophorus japonicus*）、阔口真鲨（*Carcharhinus plumbeus*）、日本扁鲨（*Squatina japonica*）、宽纹虎鲨（*Heterodontus japonicus*）等数十种。英语“shark”有“贪婪者、骗子”的意思。“鱶（ふか）”与“鲛”的区别不甚明确，前者一般指体型较大的鲨鱼。鲨鱼鳍在中国称“鱼翅”，是中国菜系中的珍馐。15世纪郑和下西洋时带回了鱼翅，渐渐受到广东人的喜爱。清代的《随园食单》（1792）中提到了与陆八珍对应的明代海八珍，其中就有鱼翅。在江户时期，日本通过长崎向中国大量出口鱼翅、干海参（いりこ）、干鲍鱼。鲨鱼的肌肉中含有尿酸，分解后会产生氨，不太适合用作食材，

可加工成黄油煎鱼（Meunière 鱼两面拍面粉，下锅用黄油煎到金黄）、醋腌、干烧。在日本常被用作鱼肉加工食品的原料。

皿（さら）

餐盘

英: plate

盛放食物的扁平餐具。世界各地的民族在古代都用树叶、木片、扁平的石块等工具盛放食物。这些容器逐渐进化，演变出了餐盘。在古埃及、古希腊时代，人们用的是泥土做的餐盘。从古罗马时代开始，金、银、锡等贵金属及木材、素陶、玻璃做成的器皿登上历史舞台。欧洲经历了中世纪的黑暗时代，在 1533 年意大利佛罗伦萨梅第奇家族的凯瑟琳公主（1519—1589）嫁给奥尔良公爵亨利（即后来的法王亨利二世）后，文艺复兴运动兴起，餐盘开始大规模普及。对王公贵族而言，使用银质餐盘成了财富的象征。17 世纪，个人用的汤盘登上餐桌，现代人司空见惯的陶瓷餐盘终于实现量产。餐盘种类繁多，目的与用途各异。比如在英语中，就可大致分为“plate（大盘）”“dish（小盘）”“platter（大平盘）”和“saucer（茶碟）”。

→凯瑟琳公主→手食文化→刀叉文化→筷箸文化

サラダ

沙拉

英: salad

用盐调味的新鲜蔬菜。词源有两种说法，分别是拉丁语“sal（盐）”和拉丁语“insalate（沙拉）”（→古普罗旺斯语“salada”→古法语“salade”，14 世纪）。可用于沙拉的蔬菜、野草也称“salad”。也有说法称，沙拉得名于用来拌沙拉的半球形器皿（形似头盔“萨拉德”）。人类发明了两种生吃蔬菜的方法，即腌菜与沙拉。日本、中国、朝鲜半岛、印度偏爱腌菜，欧美则更倾向于沙拉，而两者完美契合了当地的主食（米与肉）。制作沙拉的灵感来自“调配药剂”，其历史可追溯到公元前。在古希腊、古罗马时代，常用于沙拉的食材是奶油生菜（不结球莴苣）、黄瓜、生南瓜。希腊人会种植沙拉的主要材料生菜。然而放眼世界，生啃蔬菜的民族竟然很少，而且这种习俗在很长一段时间里并没有普及开来。在 12 世纪的英国，人们能吃到的新鲜蔬菜仅限于豌豆、菜豆、甜菜和韭菜。直至 15 世纪末，莴苣、胡萝卜、卷心菜、白萝卜甚至没有开展人工种植。沙拉开始与宫廷美食产生联系之后，才终于在法国得到了关注。路易十四（1643—1715 在位）非常爱吃沙拉，也发明了各种吃法。在他的带动下，法国的沙拉爱好者逐渐增加。后来，法国的沙拉吃法传入英国。在15世纪的英国烹饪书籍中，堇菜、玫瑰花蕾、雏菊等食材作为“用于沙拉的蔬菜”频频登场。18世纪，法国作家让–雅克·卢梭写道：“最适合拌沙拉的是年轻女性的手指。”到了近代，沙拉在欧美日渐普及。也有说法称，让沙拉大功告成的是美国人。美国最具代表性的沙拉是菜丝沙拉。沙拉传入日本的时间不明。幕末时期的《改正增补蛮语笺》（1848年 / 弘化五年）中提到了“萵苣 = 沙拉（サラーデ）”，指代生菜。《东京新繁昌记》（1897年 / 明治三十年）则称“西餐中以生蔬菜为主的菜肴 = 沙拉（サラド）”。不久前，日本人听到“沙拉”时只会联想到生的卷心菜、生菜、通心粉沙拉和土豆沙拉，不过近年来，以年轻女性为主的人群已经迎来了能够尽请选择世界各地沙拉的时代。世界各地存在无数完美契合各种菜系的沙拉。法餐的沙拉可分成两大类，分别是简约沙拉（salade simple）和组合沙拉（salade composée）。①简约沙拉也称“simple salade”，用料简单，常用的有生菜、西芹、香芹、豆瓣菜、洋蓟、菠菜、豆芽、龙蒿、松露、菌菇、小萝卜、西红柿、胡萝卜、芜菁、甜椒、甜菜、黄瓜、卷心菜、抱子甘蓝、白菜、西兰花、花菜、芦笋、土豆、玉米、青菜豆、斑豆、豌豆、橄榄、苹果、菠萝、香蕉、核桃、洋葱、大蒜、柠檬、水瓜柳。②组合沙拉又称“combination salad”“mix salad”，包括土豆沙拉、通心粉沙拉、鸡肉沙拉等。小牛肉、鸡肉、牛舌、火腿、蛋类、鲑鱼、金枪鱼、虾、凤尾鱼、鱼子酱、鹅肝、龙虾、奶酪都是常用食材。除此之外，还有用橙子、牛油果、西柚等水果制作的水果沙拉、用明胶凝固的肉冻沙拉等。

→菜丝沙拉→奶油生菜→盐→凯撒沙拉→调味汁→杂菜沙拉→芝麻菜

サラダ菜

奶油生菜

英: butter lettuce

菊科一至二年生草本植物，原产于地中海沿岸。在日本，人们将结球萵苣下属的奶油萵苣（butter head）称为“サラダ菜（沙拉菜）”，脆头萵苣（crisp head）称“生菜”。因为生菜叶片的切口会流出乳液，所以拉丁语“lac（奶）”衍生出了拉丁语“lactuca”，然后演变成了法语“laitue”和英语“lettuce”。约公元前4500年，古埃及人开始种植生菜。在古希腊、古罗马时代，生菜也是用途广泛的食材。16世纪，本笃会修士弗朗索瓦·拉伯雷（François Rabelais）使意大利的生菜传入法国。据说日本种植生菜的历史可以追溯到8世纪。

现代人吃的生菜是幕末时期引进日本的品种。奶油生菜是一种结球莴苣，但叶片长得较松，表面富有光泽，仿佛涂了黄油一般，因此得名。顺便一提，所谓的“脆头莴苣”就是普通的生菜。奶油生菜富含维生素A、C，一般生吃，常用于沙拉、烤肉（包肉片）、三明治，亦可在装盘时用作点缀。

→沙拉

サラマンドル

蝾螈炉

法: salamandre

一种只有高温上火的烤炉，能在菜品与糕点表面形成焦痕。法语“salamandre”和英语“salamander”的词源是希腊语“salamandra（巨蜥）”。“沙拉曼达”是传说中的巨蜥，生活在地底的烈火中，能喷出高温的火焰。法王弗朗索瓦一世（1515—1547在位）十分喜爱沙拉曼达，将蜥蜴的形象用在了自己的纹章中。

→西餐

サラミソーセージ

萨拉米香肠

英: salami sausage

意式干香肠的统称。一种可长期储藏的香肠。名字的由来有两种说法，分别是面朝地中海塞浦路斯岛东岸的古都萨拉米斯（Salamis）和希腊南部的萨拉米斯岛。意大利、德国、奥地利、匈牙利、瑞士、丹麦的萨拉米香肠都很出名。在意大利最负盛名的是混有细碎猪油颗粒的米兰萨拉米香肠和以美味著称的那不勒斯萨拉米香肠。还有可以用来抹面包的糊状香肠“Ciauscolo”。匈牙利的萨拉米是全世界公认的高档香肠，加有独特的香料。具体做法是将盐腌的牛肉、猪肉绞成粗肉糜，加入猪油、朗姆酒、红葡萄酒和大蒜，填入牛或猪的肠衣。静置2至3个月，同时做干燥处理，外侧薄膜就会收缩起皱。萨拉米香肠除了生吃，还可用于开胃薄饼、沙拉、头盘和比萨。

→香肠

ざりがに

小龙虾

法: écrevisse

螯虾科淡水虾，在法国、中国、非洲均有养殖。第一对钳子较大，与螃蟹有几分相似，因此又名“虾蟹”。法语“écrevisse”的词源是法兰克语“krebitja”。小龙虾是法国人钟爱的食材，因为肉质鲜美，常被用作虾的替代品。只是小龙虾可能被寄生虫感染，因此需要彻底加热。17世纪，小龙虾登上宫廷的餐桌。19世纪，巴黎的餐厅掀起小龙虾狂潮，资源一度枯竭，可见其人气之高。日本栖息着本地品种和外来品种（美国小龙虾）。常用于肉冻、肉派、焗菜、慕斯、酱汁。

→肉冻

サリー・ラン

萨利伦恩

英：Sally lunn

英国茶点。将加有黄油、蛋、柠檬皮、糖的发酵面团装入圆形模具烤制而成。切成薄片，涂抹黄油、果酱或蜂蜜享用。据说是南英格兰城市巴斯（Bath）最古老的餐厅“萨利伦恩”在18世纪发明了这款茶点。

→蛋糕→高茶

サルサ

萨尔萨辣酱

西：salsa

用于烹饪的辣酱，发祥于中南美。拉丁语“sal（盐）”演变为中世纪拉丁语“salsa（咸味调味料）”，最后变成西班牙语“salsa（酱汁）”。常用于沙拉、鱼菜和肉菜。最具代表性的萨尔萨辣酱是墨西哥萨尔萨辣酱（salsa Mexicana）。用红辣椒、洋葱、西红柿、大蒜、香菜、橄榄油、香料混合而成。萨尔萨辣酱种类繁多，随着使用的香料千变万化。在1959年的古巴革命之后，拉丁音乐“萨尔萨”诞生，其名称的由来正是由各种材料“混搭”而成的萨尔萨酱汁。

→酱汁

サルシフィー

婆罗门参

法：salsifis

→婆罗门参（ばらもんじん）

ザルツシュタンゲン

盐棒

德：Salzstangen

最具代表性的咸面包，发祥于奥地利。在德国、瑞士也是深受喜爱的餐桌面包。“salz”是“盐”的意思。把小麦面粉加糖、黄油、盐和面包酵母制成的发酵面团（与纽结饼相似）牢牢卷成约12 cm长的棒状，在表面撒些许粗盐，送入烤箱即可。

→维也纳小餐包→奥地利面包

サーロインステーキ

沙朗牛排

英：sirloin steak

使用最上等牛外脊（sirloin，肋排

到臀部之间的上腰肉）制成的牛排。法语“faut-fillet”有“假里脊”的意思。脂肪含量适中，肉质柔软，风味浓厚。常用于烤牛肉、寿喜锅和涮锅。在三种腰肉（ribloin 即肋腰肉、sirloin 即上腰肉、腰内肉即 tenderloin）中，只有沙朗牛排拥有“sir”的称号，有着最顶级的品质。相传在英王詹姆斯一世（1603—1625 在位）举办的宴会上，某位宾客对牛肉的美味赞不绝口，打听这道菜用的是哪个部位，答曰“腰肉（loin）”。国王将尊称“sir”赐给这种肉，于是便有了“sirloin”一词。亨利八世（1509—1547 在位）、查理二世（1660—1685 在位）也有类似的传说。挑选好肉的诀窍如下：①鲜红色；②质地细腻而紧致；③脂肪的颜色介于白色和奶油色之间，且有光泽；④ 3 至 4 岁的母牛最好，去势公牛次之；⑤宰杀后熟成一段时间的肉更佳（夏季 7 至 10 天，冬季 20 天）。

→牛肉

サンギャーギ

石子馕

英: sangak

用全麦粉制作的馕（nan）。日语中也写作“サンガク”“サンギャグ”。在美索不达米亚流域（伊朗）诞生的各种扁面包中，石子馕的历史最为悠久。在全麦粉中加入盐和前一天留下的老面，发酵成稀松的面团后摊薄，用手指戳出小洞，送入铺着小石子的烤炉即可。

→伊朗面包→馕

サンクスギビング・デー

感恩节

英: thanksgiving day

美国的节日，每年 11 月的第 4 个星期四。在这一天，人们要感谢上帝的恩赐，亲朋好友共聚一堂，享用火鸡大餐。感恩节反映了殖民时代一边对抗北美土著、印第安人，一边庆祝丰收的历史。餐桌上常见的美食有土豆泥、南瓜派、覆盆子酱、煮玉米、玉米布丁等等。

→火鸡→南瓜派

サングリア

桑格利亚

西: sangria

发祥于西班牙，最具代表性的夏季甜口鸡尾酒。“sangria”由西班牙语“sangre（血）”演变而来，因为酒水的颜色与鲜血相似。发明经过不详。也有说法称，桑格利亚是将快要氧化的葡萄酒改造得更美味的民间智慧结晶。各家有不同的配方，但基本都是在红葡萄酒中加入柑橘类水果（柠檬、橙子、菠萝等）的果汁，加糖搅拌。成品呈鲜红色。常用作开胃酒与甜点。

→西班牙葡萄酒

サン＝ジェルマン

圣-日耳曼

Saint-Germain

法王路易十六（1774—1792 在位）的陆军大臣，克劳德-路易·圣-日耳曼伯爵（1707—1778）。圣-日耳曼伯爵是知名的美食家，豌豆浓汤就是他的发明。用豌豆制作的法餐菜肴往往以他命名。

→豌豆→法式靓汤

サンタ・クロース

圣诞老人

英：Santa Claus

传说中的人物，会在圣诞夜给睡梦中的孩童送礼。“圣尼古拉（Sint Nicolaes）”演变成中世纪荷兰语“Sinterclaes”，再到荷兰语“Santa Claus”。相传在 4 世纪，主教圣尼古拉救出了 3 个险些被肉店老板腌成咸肉的孩子，于是他就成了孩子的守护神。圣尼古拉节在每年 12 月 6 日。传说在这一天，圣尼古拉会用驴子拉着大量的礼物来到人间，礼物之一正是面包。关于圣尼古拉的另一个传说是，他在闹饥荒的时候走上载有小麦的货船，将船里的粮食分发给灾民，但船舱里的货物没有减少分毫。这个传说也让他成了面包和水手的守护神。在法语中，圣诞老人称“Père Noël”。也有说法称，圣诞老人的原型的北欧神话中的雷神托尔。从 100 多年前开始，红衣服、白胡子加大口袋成了圣诞老人的标准形象。人们用模仿圣尼古拉形象的香料面包（Pain d'épices 加有茴芹）和巧克力庆祝圣尼古拉节，久而久之就演变成了今天的圣诞节。后来，荷兰的民间传说传入北美，进而传播到全世界。

→圣诞节

圣尼古拉敲门图

资料：吉田菊次郎《西点世界史》制果实验社 181

サンデー

圣代

英: sundae

美国平民甜点。用水果、坚果、谷物片装饰冰淇淋或果子露，点缀打发的奶油，淋上巧克力酱、葡萄酒糖浆即可。也称“圣代冰淇淋”。“sundae”即“Sunday（星期天）”。19世纪之前的美国以清教徒为主。20世纪30年代的禁酒法使广受欢迎的冰淇淋苏打水也成了禁忌，于是人们就把苏打水改成糖浆，发明了只在星期天吃的冰点。这款冰点在年轻人中广泛流行，人称“圣代”。也有说法称，圣代诞生于1896年前后，是威斯康星州图里弗斯（Two rivers）的哈劳尔（Hallauer）在咖啡厅点了一份冰淇淋，然后把巧克力糖浆浇了上去，于是便有了日后的圣代。有草莓圣代、香蕉圣代、水果圣代、巧克力圣代等品种。相似的甜品有芭菲（parfait）。

→冰淇淋→冻糕→芭菲

サンドイッチ

三明治

英: sandwich

用涂有黄油的切片面包夹住肉、海鲜、白煮蛋、烟熏制品、蔬菜，用手抓着吃的轻食。18世纪美国独立战争时期，英国肯特郡三明治地区有一位领主，名叫约翰·孟塔古·三明治伯爵（John Montagu Sandwich，1718—1792）。他是众人口中的无能之辈，但出身名门望族，在政坛如鱼得水，担任过上议院议员、邮政总局局长、海军大臣等要职。三明治伯爵酷爱享乐，赌牌时更是废寝忘食，一天二十四小时都不休息。因为顾不上吃饭，他用吐司面包夹冷牛肉，做成牛肉三明治，用手抓着吃。这种无视英国贵族礼仪的吃法竟受到了追捧。从1765年前后开始，这种吃法凭借其便捷性在英国的家家户户流行起来。约1770年，格罗斯林·朗德雷斯将其命名为“三明治”。家住伦敦的作家格罗斯利也在著作《伦敦》中提到:“最近‘三明治’这个词日渐流行。”然而，当时的三明治还是只能算半顿饭的轻食，到了19世纪便风光不再。从1925年前后开始，相当于一顿饭的三明治在美国等地接连诞生，甚至出现了要用刀叉吃的三明治。将配料摆在面包上的开放式三明治（北欧）、把面包卷起，方便享用的三明治卷、用三片面包做成的俱乐部三明治（美国）、用羊角包做的羊角包三明治（法国）、法式吐司三明治（法国）、夹着维也纳香肠的热狗（美国）、夹着肉饼的汉堡包（美国）、常用作头盘的开胃薄饼（法国）等等都是常见的三明治。常用于夹心的食材有金枪鱼、炸猪排、火腿、香肠、培根、鸡肉、奶酪、可乐饼、肉扒、什锦馅料、水果等等，种类繁多。这些夹心被称为“sandwich filling”。三明治使用的面包也有切片面包、小餐包、葡萄干面包、黑麦面包、黄油餐包、法棍等等。明治初期来到日本的英国人带来了三明治。到了1884年（明治时期）前后，即“鹿鸣馆时代”，三明治在日本广泛流行。

→英国面包→开放式三明治→俱乐部三明治→库克先生三明治→斯堪的纳维亚式自助餐→棋盘曲奇→挞→汉堡包→尼斯三明治→方面包→热狗

サン・トノレ

圣奥诺雷泡芙

法: Saint-Honoré

向圣奥诺雷致敬的法国甜点。圣奥诺雷是糕点店、面包店的守护神，日语中也写作“サン・トノーレ”。约公元660年，圣奥诺雷是亚眠（庇卡底地区）的主教。传说他在做弥撒时得到了上帝赐予的面包，于是便成了虔诚的面包师、糕点师的守护神。每年5月16日是圣奥诺雷节。约1940年，糕点师席布斯特（Chiboust）发明了一款新的甜点，以圆形的派为底座，把淋有焦糖的小型泡芙摆成王冠状，泡芙中注入圣奥诺雷奶酱[即席布斯特奶酱（crème chiboust）]。他所在的糕点店达洛优（Dalloyau）坐落于圣奥诺雷大道，因此人们将其称为“圣奥诺雷的蛋糕”，久而久之便与圣奥诺雷混淆起来。圣奥诺雷奶酱的做法是在面粉中加入糖、蛋黄、牛奶、打发的蛋白、明胶和香草。顺便一提，法国糕点行业的守护神是圣米歇尔（Saint-Michel）。

→结婚蛋糕→圣米歇尔→面包

サン・ニコラス

圣尼古拉

葡: Sint Nicolaes

→圣诞老人

サン・ミッシェル

圣米歇尔

法: Saint-Michel

法国糕点店的守护神。圣米歇尔是法国的天使长，常以“击败恶魔的勇士”的形象出现在绘画与雕塑作品中。圣米歇尔往往被描绘成骑士，手持长枪与天平，用天平衡量恶灵与善灵的重量。著名的圣米歇尔山修道院的尖塔顶端也有圣米歇尔的雕塑。法国是农业大国，每年9月29日（小麦收获季）会举办小麦称重仪式，核定产量。小麦面粉是糕点店的主要原材料，所以小麦与糕点有着密不可分的联系，而糕点的制作也与农业直接挂钩。13 世纪，糕点店行会将 9 月 29 日定为感谢圣米歇尔的节日。糕点师们在这一天装扮成恶灵与天使，列队游行至供奉着圣米歇尔的圣巴塞洛缪教堂。1636 年，巴黎大主教以“引发混乱”为由，禁止了这种风俗。顺便一提，圣奥诺雷也是糕点店和面包店的守护神。

→圣奥诺雷泡芙

ジェジュ

杰斯香肠

法: jésus

发祥于法国弗朗什–孔泰地区的粗香肠，使用猪的肠衣制作。“jésus”即“耶稣”，比喻这种香肠美味到神圣的地步。杰斯香肠起源于当地农民为庆祝圣诞节在家中制作的香肠。20 世纪，在法国逐渐受到追捧。

→香肠

ジェノワーズ

杰诺瓦士海绵蛋糕

法: génoise

用饼干面糊改良而成的海绵蛋糕，常用作花式蛋糕底座。日语中也写作“ゼノアーズ”“ゼノワーズ”。“génoise”一词原指所有意式蛋糕，但现在专指高档黄油海绵蛋糕。追溯长崎蛋糕、海绵蛋糕的历史，便能找到耐人寻味的欧洲糕点起源。据说杰诺瓦士海绵蛋糕与饼干有着同样的原型。两者的区别在于前者是打发全蛋后加入黄油，后者则是打发蛋白，不加黄油。但两者的面粉、鸡蛋和糖的配比几乎相同，很难在原料层面区分开。经过漫长的岁月，前者演变成了松软的海绵蛋糕，后者则发展成了烘烤两次的硬饼干。也有说法称，有人在 18 世纪初在饼干面糊中加入黄油，延长了成品的保质期，于是便有了杰诺瓦士面糊。西班牙的比滋可巧（bizcocho）、葡萄牙的松糕被视作海绵蛋糕的始祖。长崎蛋糕就是由这些“南蛮糕点”演变而来。还有说法称杰诺瓦士海绵蛋糕由意大利热那亚（Genova）的糕点师发明。面糊本身的发祥地在西班牙，传入意大利后进一步改良，然后传入法国，普及到欧洲各地。顺便一提，传入美国后，这种蛋糕的叫法变成了“sponge cake”。

→海绵蛋糕→葡萄牙松糕→海绵糕点（biscuit）→比滋可巧（bizcocho）→玛德莲

シェフ

主厨

法: chef

“chef ”一词泛指长官、首领。在美食界特指主厨，是法语“chef de cuisine”的简称。英语称“chief”。法语“chef”的词源是拉丁语“caput（头）”。“主厨”这一称呼形成于10世纪。

ジェラート

意式冰淇淋

意: gelato

意大利冰淇淋的统称。

→冰淇淋

シェリー

雪莉酒

英: sherry

西班牙南部安达卢西亚地区的赫雷斯（Jerez）出产的葡萄酒。日语中也写作“ジエレーズ”。英语“sherry”由西班牙语“Xeres/Jeres”演变而来。发明经过不详。雪莉酒不同于普通葡萄酒，是强化了酒精度数的白葡萄酒。为雪莉酒赋予香味的是名为酒花（flor）的白霉（雪莉酵母）。为促进酵母繁殖，酿造时需在原液中加入白兰地，提升酒精浓度。英国人对赫雷斯特产的酒产生了兴趣，久而久之便有了“雪莉”之名。西班牙从14世纪开始向英国出口雪莉酒。莎士比亚（1564—1616）的《亨利四世》也提到了这种酒，可见英国人对它的喜爱。糖度高的帕洛米诺葡萄（Palomino）、佩德罗·希梅内斯葡萄（Pedro Ximénez）经过晾晒进一步提升糖度后榨汁，发酵10天左右即为原液。加入白兰地，将酒精浓度调整到16%左右，以促进酒花繁殖。然后将其倒入橡木桶密封（上层留出一定空间），熟化6至12个月，使液体和桶中的空气接触，促进酒花增殖。酒花越多，成品的品质越高。酒庄一般将橡木桶叠成3至4层。当最底层的酒被抽出装瓶，倒数第二层的酒就会注入最底层的酒桶，倒数第三层注入倒数第二层，以此类推。这就是所谓的“索莱拉系统（Solera System）”。如此一来，年轻的酒液和陈年较久的酒液不断混合，可保证成品的品质较为稳定。雪莉酒有干型、甜型之分，种类繁多，包括菲奴（Fino）、阿蒙提拉多（Amontillado）、欧罗索（Oloroso）、缇欧佩佩（Tio Pepe）和各种年份（vintage）的雪莉酒。干型适合做餐前酒，甜型则更适合做餐后酒。常用于鸡尾酒、蛋糕与各式菜品。在西班牙称霸世界的大航海时代，普通的葡萄酒（酒精含量 12%）无法适应海上的严苛环境，无法长期储藏。也许提高酒精浓度正是西班牙人为了长期储藏葡萄酒想出的对策。

→酿造酒→餐前酒→西班牙葡萄酒

シェンタン

咸蛋

盐渍鸭蛋。有时也用鸡蛋腌制。广东、湖南、江苏均产咸蛋。有说法称咸蛋诞生于隋唐时期。中国还有与咸蛋相似的皮蛋。皮蛋诞生于明代。将盐、稻草灰、红茶、泥搅拌均匀成料泥，涂抹在蛋壳上，腌制 1 个月左右。盐分与碱性物质透过蛋壳渗入蛋中，便成了黑色的皮蛋。咸蛋的腌制时间比皮蛋短，是一种独特的腌蛋，常用作凉菜与佐粥小菜。

→中国菜系→皮蛋

塩（しお）

盐

英: salt

最基本的调味料之一。主要成分为氯化钠。人类的生存离不开盐，希伯来人自古以来在神圣的仪式中以盐为供品。日本也有同样的思想传承，盐在祭品中发挥着重要的作用。在古希腊与西藏，人们把盐用作货币。在古罗马，官员与士兵的劳动报酬是用盐支付的，称“salarium”。罗马人钟爱盐渍食品与咸肉。盐渍食品的材料一般是生菜、芦笋、苹果与橄榄，这种菜肴也是沙拉的雏形。咸肉则是利用盐的防腐效果延长猪肉的保质期。顺便一提，“sausage（香肠）”中的“sau”正是从拉丁语“sal（盐）”演变来的，而“salsus”指的就是咸肉。拉丁语“sal”也是“salary（工资）”的词源。如此看来，“salaried man（工薪族）”其实是“赚盐的人”。工资在古时称“salarium（关于盐）”“argentum（银币）”。因为士兵能领到用于买盐的银币津贴。朝鲜半岛有“药盐”（药念）的说法，可见盐自古以来就被视作药材，享受贵重物资的待遇，也有“调味原点”的深层含义。世界各地出产的盐可大致分为岩盐与海盐两类。人们巧妙利用岩盐、盐湖、咸水湖、咸水泉、海水制盐。盐时而成为争夺的对象，因盐的交易繁荣起来的城市也不在少数。德国、中国、俄罗斯、美国等大陆国家也广泛使用岩盐。在古代中国，山西的运城盐湖便已非常知名。在四面环海的日本，人们主要利用的是海藻、海水中的盐分，催生出了盐田。

→沙拉→香肠→调味料

シカゴスタイル・ピザ

芝加哥比萨

英: Chicago style pizza

诞生于芝加哥餐厅的比萨。又称“pan pizza（烤盘比萨）”“pizza pie（比萨派）”“deep dish pizza（深盘比萨）”。意式比萨传入美国后，变身为更有美国味的美式比萨。用深盘（deep dish）烘烤的面饼厚实，分量感十足。

→美国面包→比萨派→意式比萨

シカゴタイプ・ブレッド

芝加哥式面包

英: Chicago type bread

诞生于芝加哥，膨胀程度较高的烘烤型面包。据说由英国的家常面包（home-made bread）、乡村面包（farmhouse bread）演变而来。送入烤箱前要在面团表面划出口子。外皮呈褐色，内部柔软，口味清淡，备受欢迎。采用高糖油配方，加有糖、油脂、麦芽与盐。

→美国面包

鹿肉（しかにく）

鹿肉

英: venison

鹿科哺乳动物的肉。马鹿（*Cervus elaphus*）、黇鹿（*Dama dama*）、驼鹿（*Alces alces*）、麝鹿（*Moschus moschiferus*）、西方狍（*Capreolus capreolus*）、虾夷鹿（*Cervus yesoensis*）等种类分布于世界各地。在日本又称“もみじ（红叶）”“しし（鹿）”“かわじし（川鹿）”“小男鹿”“红叶鸟”“呼子鸟”。拉丁语“venari（打猎）”演变为中世纪法语“veneison”，最后变成英语“venison”。现代法语“venison”指野生动物的肉。在英语中，鹿称“deer”，食用的鹿肉称“venison”。拉丁语“capra（山羊）”演变为中世纪法语“capreolus（年轻的狍子）”，再到法语“chevreuil”。人类早在狩猎时代就已开始吃鹿。克罗马侬人的拉斯科洞窟壁画中有鹿，日本旧石器时代的遗迹也有鹿骨出土。鹿肉的脂肪含量较少，风味清淡，因此适合做成烤鹿肉、干煎鹿排。

シーザーサラダ

凯撒沙拉

英: Caesar salad

以生菜为主的沙拉。1924年诞生于墨西哥西北部城市蒂华纳（Tijuana）的“凯撒餐厅（Caesar's）”。某日，厨师埃里克斯·卡狄尼（Alex Cardini）发现食材不够，便用手头有的材料制作了酱汁。因为餐厅毗邻机场，他将这款新品命名为“飞行员沙拉”，将其纳入菜单。新品上市后备受好评，于是便改用老板的姓氏“凯撒”命名。一听到凯撒沙拉，人们往往会联想到古罗马的凯撒大帝（B. C. 100—44），但两者没有任何关系。凯撒沙拉常搭配凤尾鱼、橄榄、大蒜、面包丁、帕玛森奶酪、萨拉米香肠享用。以醋、油、盐调成的油醋汁和生菜、半熟鸡蛋、面包丁捣碎而成的调味汁调味。

→沙拉

シシカバブ

羊肉串

英：shish kebab

发祥于中东的烤羊肉串。日语中也写作“シシケバブ”。土耳其语“kebab”的词源是印地语“kabab（烤过的肉）”。常见于印度、中近东俄罗斯，用竹签串起羊肉与蔬菜进行烤制。“shish kebab”是土耳其语“kebab”和“sis（串）”的合成词。用葡萄酒、色拉油、盐、洋葱、大蒜、小豆蔻混合而成的酱汁腌制切成块状的羊肉，串起后以炭火烘烤。也有羊肉、洋葱、甜椒、西红柿相间的羊肉串。在埃及、保加利亚等中近东、巴尔干国家深受喜爱。将洋葱、大蒜混入羊肉糜后一起烤，就是埃及名菜“柯夫塔（kofta）”。“kofta”有“粉末状物体”的意思。

→俄式羊肉串→土耳其菜系→羊肉

四旬節（しじゅんせつ）

四旬节

英：lent

从2月末或3月初的圣灰星期三（Ash Wednesday）到复活节的40天。词源是拉丁语“quadragesima（1/40）”。相传耶稣基督在荒野接受了40天的试炼，因此基督教徒要在四旬节期间戒肉断食。在中世纪，人们可以在四旬节期间吃鱼、蛋和油炸食品。南蛮人的油炸食品（斋戒时期的食品）传入日本，催生出了日本独有的天妇罗。四旬节中间的星期天要吃重油水果蛋糕（simnel cake 也称四旬节蛋糕 lent cake）。正因为有四旬节，人们才要在狂欢节与复活节大肆吃肉。

→狂欢节→重油水果蛋糕→复活节

舌鮃（したびらめ）

舌鳎

英：sole

舌鳎科海鱼，包括日本须鳎（*Paraplagusia japonica*）、短吻红舌鳎（*Cynoglossus joyneri*）、斑纹条鳎（*Zebrias zebrinus*）等品种。法语和英语“sole”由拉丁语“solea（凉拖）”演变

而来，意为“鞋底”。因形似牛舌，日本人也称其为“牛舌鱼（ウシノシタ）”。“舌鲆”是关东的叫法，关西称“下駄（げた）（木屐）”。多佛海峡产的多佛鳎鱼（Dover sole）肉质厚实，半片也有 2 cm 以上的厚度。在日本，人们更偏爱红舌鳎。法餐则倾向于黑舌鳎，烹饪方法足有数十种。不同产地的舌鳎有着不同的肉质与风味。淡水里的鳟鱼和海水里的舌鳎都是法餐最具代表性的鱼类食材，常用于黄油煎鱼、油炸。南法普罗旺斯地区的舌鳎最为知名。

七面鳥（しちめんちょう）

火鸡

英: turkey

鸡形目家禽中体型最大的鸟，原产于北美。1518 年，前往墨西哥的西班牙人发现阿兹特克原住民在饲养一种名叫“pavo”的鸟，那正是火鸡。1530 年，火鸡被带回西班牙。约 1540 年传入英国。18 世纪，以乔治一世（1714—1727，汉诺威王朝在位时间）为首的英国王室开始散养火鸡。火鸡在法语中称“dinde”，意为“印度的雌鸟”。因为埃尔南 · 科尔特斯率军征服南美时，西班牙军人误以为他们发现火鸡的地方是印度。在法国，火鸡由耶稣会修士培育、饲养，因此也被称作“jésuite（耶稣会修士）”。1570 年，查理九世（1560—1574 在位）与奥地利的伊丽莎白（Elisabeth von Österreich）成婚，火鸡首次出现在王室婚宴。17 世纪，火鸡作为冷盘广泛流行，更是布里亚-萨瓦兰的最爱。火鸡的头部、颈部有褶皱的皮肤裸露在外，颜色千变万化，所以在日本被称为“七面鸟”。关于火鸡的趣闻轶事不计其数。至于英语“turkey”的词源，存在若干种说法，包括叫声“嗒！嗒！”、为“征服土耳其”讨口彩、来自印度的雄鸡、耶稣会修士带回英国、蛮地之鸟等等。相传 16 世纪初，火鸡与西非几内亚产的珍珠鸡一起传入欧洲，当时几内亚是土耳其的领地，所以人们误以为火鸡也是几内亚的，因此得名。去势的年轻雄鸡比雌鸡更美味，肉质最为柔软，纤维细腻，脂肪含量少，风味清淡。火鸡肉在圣诞季最为紧致肥美。在美国，人们习惯用淋有覆盆子酱的烤火鸡庆祝复活节与圣诞节。1641 年，新英格兰的开拓者移居美洲大陆，打回野生火鸡庆祝感恩节（11 月的第 4 个周四），并把覆盆子（树果）点缀在烤火鸡上，使用覆盆子酱的传统由此而来。1863 年，美国总统林肯（1861—1865 在位）为纪念第一批移民靠火鸡熬过艰难岁月，宣布感恩节为全国性节日。英国向来有在圣诞节吃野鸟、鸽子的传统，也会像美国人那样用烤火鸡庆祝节日。在江户中期的 1750 年（宽延

三年)，火鸡传入日本。因荷兰语称"kalkoen"，在日本被称为"カクラン(kakuran)"。1877年(明治十年)改称"七面鸟(ヒチメンチヨウ/シチメンチヨウ)"。不过用火鸡做的菜在日本没有大范围普及。

→覆盆子→圣诞美食→感恩节

シチュー

炖菜

英: stew

用文火慢炖肉、蔬菜等食材而成的菜肴。古法语"estuver(先蒸后煮)"演变为"esyuve"，最后变为英语"stew"。法语称"ragoût"。炖是最古老的烹饪方式之一，历史可追溯到古希腊、古罗马时代。法餐有名称各异的各种炖菜。用黄油煸炒牛肉、小牛肉、猪肉、羊肉、鸡肉、虾、鱼、贝类，加入洋葱、胡萝卜、土豆炖煮，最后加入酱汁即可。①用棕酱(brown sauce)炖煮，即为炖牛肉、炖猪肉、炖牛舌、炖牛尾。②用白酱炖煮，即为爱尔兰炖肉。有时也用咖喱酱、番茄酱。明治时期传入日本。《东京繁盛记》(1874年/明治七年)中提到了炖菜(ステユー、シチー)。

→爱尔兰炖肉→炖牛舌→匈牙利炖牛肉→炖牛肉→炖菜(ragoût)

シードル

苹果酒

法: cidre

用苹果汁酿造的汽酒。

→苹果酒(cider)

シトロン

香橼

英: citron

芸香科常绿树(*Citrus medica*)，原产于印度东北部。在希腊、意大利、科西嘉岛均有种植。拉丁语"citrus"演变为意大利语"cedro"，最后变为法语"cédrat"和英语"citron"。在法语中，"citron"指柠檬。公元前1世纪传入古罗马，用作香料与防虫剂。果实呈长圆形，果皮厚实，有香味、酸味与苦味。由于酸味较强，不适合生吃。果皮可糖渍，亦可做成香料。果汁可代替柠檬汁。在日本，柠檬风味的苏打水也被称为"シトロン"。

シナモン

锡兰肉桂

英: cinnamon

樟科常绿乔木，原产于斯里兰卡、印度南部。又称"肉桂""桂皮”“ニッキ”。在斯里兰卡、印度、印度尼西亚、越南、南美均有种植。原为斯里兰卡特产。树可长到10米高。马来语“kayu（木）”、“manis（甜）”演变为希伯来语“quinâmôn”，再到希腊语“kinnamon”和拉丁语“cinnamon”，最后演变为法语“cinnamone”和英语“cinnamon”。在欧洲，锡兰肉桂和中国肉桂常被混为一谈，难以区分。圣经的《出埃及记》也提到了肉桂（sweet cinnamon）和桂皮（cassia）。古代希伯来人将锡兰肉桂用于宗教仪式。公元前4世纪，古希腊哲学家泰奥弗拉斯托斯（Theophrastus，B. C. 372—287）称，阿拉伯的深谷中有肉桂。古罗马博物学家老普林尼（23—79）称埃塞俄比亚产肉桂。不清楚他们指的究竟是锡兰肉桂还是中国肉桂。锡兰肉桂的甜香自古以来受到王公贵族的喜爱，相传暴君尼禄（54—68在位）在妻子去世后悲伤过度，命人烧光全罗马的锡兰肉桂。在《天方夜谭》中，锡兰肉桂是一种媚药。13世纪末，中国商人在斯里兰卡发现了高品质的锡兰肉桂，开始向欧洲出口。也有说法称，将锡兰肉桂带到欧洲的是阿拉伯人。16世纪初，葡萄牙人占领锡兰，确保了锡兰肉桂和桂皮（bark）的产地。17世纪，锡兰成为荷兰殖民地。1770年，当地开始人工种植锡兰肉桂。1796年，锡兰成为英国殖民地，锡兰肉桂也被东印度公司垄断。在欧洲，锡兰肉桂是最顶级的香料，连购买渠道都是一级机密。在中国，为了和锡兰肉桂区别开，两广地区出产的桂皮被称为“中国肉桂”。公元前2700年前后的《神农本草经》中也提到了“菌桂”“牡桂”。日本正仓院御物中的桂皮是江户中期的享保年间（1716—1736）以树木的形式从中国南部传入日本的。在二战前的日本粗点心店有一种深受儿童喜爱的零食，名叫“ニッケ”，形似数根扎在一起的小树枝，含在嘴里丝丝清凉。京都名点“八桥”的香味就来自锡兰肉桂。剥下树皮烘干，卷成圆筒状或磨粉即为香料。锡兰肉桂有特殊的甜味、辣味、涩味与香味，用途广泛，更有几种神奇的功效：①常用于酱汁、炖菜、抓饭、番茄酱、咖喱粉、布丁、甜甜圈和可乐饮料；②常用于苹果派、蛋糕和面包加强甜香；③能消除鱼、肉的腥味，适合用于炖菜；④有防腐作用；⑤可缓解头痛、发热、感冒、呕吐；⑥能加工成肉桂茶、肉桂糖和肉桂酒。用水蒸气蒸馏萃取的肉桂油的主要成分是香味浓烈的肉桂醛（cinnamaldehyde）。

→香料→中国肉桂

ジビエ

野味

法：gibier

食用野禽的统称。法语“gibier”

的词源是法兰克语"gabaiti（鹰猎）"。英语称"game"。中世纪的王公贵族时常外出打猎。尤其是法国的王公贵族，他们以法兰克族的后裔自居，钟爱狩猎，把狩猎视作战斗训练，创造了各种鸟兽组成的"高档法餐（grand cuisine）"。野味是狩猎民族的顶级美味佳肴。直到现代，每逢开放狩猎的日子，肉铺门口便会挂出各种野味。熟化1星期左右，肉质会变得更加柔软鲜美。野味种类繁多，可大致分为①小型野鸟（斑鸫、鹌鹑、鹬、鸽子）、②大型野鸟（雉鸡、野鸭、雷鸟、秧鸡）、③小型野兽（野兔、穴兔）、④大型野兽（野猪、鹿）。可用红葡萄酒炖煮，亦可做成汤、炖菜和烤肉。在野味上市的时节也能吃到桃子、杏子、栗子、樱桃等应季美味。

→西餐

シフォンケーキ

戚风蛋糕

英：chiffon cake

口感细腻丝滑、风味醇厚的蛋糕的统称。日语中也写作"シホンケーキ"。诞生于美国，发明经过不详。英语"chiffon"的词源是法语"chiffon（破布）"。原指用于装饰女装边缘的薄布、薄薄的真丝织品。在小麦面粉中加入糖、油脂、蛋调成面糊，倒入中心有洞的戚风模具烤制而成。美国人钟爱戚风蛋糕，还发明了同类的戚风派、戚风奶油派、戚风南瓜派。

→蛋糕

シブレット

虾夷葱

法：ciboulette

百合科多年生香草（*Allium schoeno-prasum*），属于葱类，原产于中国。在北欧、法国、英国、美国均有种植。又称"浅葱""chive"。拉丁语"caepula（小洋葱）"演变为普罗旺斯语"cebola"，最后变成法语"ciboulette"。形似纤细的葱，香味强烈，可用于佐料、汤、炖菜、煎蛋卷、沙拉、调味汁。

→香草

シムネルケーキ

重油水果蛋糕

英：simnel cake

英国的水果蛋糕，加有大量葡萄干，用于庆祝复活节与圣诞节。配方用料奢华，以杏仁酱装点边缘后烤制而成。"simnel"由拉丁语"simila（上等粉）"演变为来。

→复活节彩蛋→复活节蛋糕→圣诞蛋糕→蛋糕→四旬节→复活节

シャオシンチュウ

绍兴酒

→绍兴酒（しょうこうしゆ）

ジヤオホワジイ

叫花鸡

中国江浙地区名菜。又称“乞丐鸡”“杭州鸡肉”。“叫花子”即乞丐。相传公元前15世纪，江苏常熟有个乞丐饥肠辘辘，忍无可忍，便偷了别人的一只鸡，却不知道该如何料理才好，便将泥巴抹在鸡身上，用篝火烘烤，结果香气四溢，十分美味，久而久之这种做法便传开了。也有说法称，乞丐在烤鸡时碰巧有人经过，于是他急忙把鸡肉藏到了篝火中，于是便有了叫花鸡。乳鸡去除内脏，填入炒过的蔬菜，整只裹入荷叶，涂抹泥巴，文火蒸烤即可。之所以要涂抹泥巴或黏土，是为了防止下方的火过度加热鸡肉。这种做法能牢牢锁住肉汁，使肉质保持柔软，有着独特的香味。

シャオマイ

烧卖

→烧卖（シューマイ）

シャオロンパオ

小笼包

小型肉包，内含汤汁。日语中也写作“ショウロンパオ”“汤包（タンパオ）”。上海最具代表性的点心之一。发明年代不详。咬一口刚蒸好的小笼包，滚烫的汤水满溢而出，第一次享用的人定会大吃一惊。汤汁的秘密在于猪皮。猪皮炖煮后会分离出形似果冻的肉皮冻。肉皮冻为胶质，放凉后宛如肉冻，遇热则融化。将其加入牛肉、猪肉、羊肉、鱼、蔬菜做成馅料，用皮裹住，送入蒸笼即可。

→点心

じゃが芋（いも）

土豆 / 马铃薯

英: potato

茄科多年生草本植物，原产于南美，又称“爱尔兰土豆”。“potato”的词源着实耐人寻味。16世纪30年代，西班牙人在西印度群岛发现了番薯，原住民使用的叫法“batata”直接变成了西班牙语。据说从公元5世纪开始，人们就开始在安第斯高原种植番薯了。谁知土豆被发现后，“potato”成了土豆的名字，而番薯的称呼变成了“sweet potato（有甜味的土豆）”。法语“pomme de terre”意为

"大地的苹果"，德语"Kartoffel"则是"蒜头鼻子"的意思。中期拉丁语"territuberum（terra 即土地，tuber 即块茎）"演变为意大利语"tartufolo"，在 17 世纪演变为德语"Kartoffel"。1565 年，西班牙人将自然分布于智利、秘鲁、安第斯山脉高原的原生种土豆带回国，献给国王腓力二世（1556—1598 在位）。也有说法称，将土豆带回欧洲的是英国人沃尔特·雷利爵士（Sir Walter Raleigh）。起初，人们对土豆并没有太大的兴趣。因为发芽土豆会引发痉挛，而且切口容易褐变，土豆成了人们眼中的"恶魔果实"，被敬而远之。1597 年的英语文献中首次出现"potato"一词。在普鲁士（德国），腓特烈一世（1701—1713 在位）规定民众必须种植土豆。法国农学家安托万·帕门蒂埃（Antoine Augustin Parmentier，1737—1813）为普及土豆绞尽脑汁的故事也流传至今。1771 年至 1772 年，欧洲农作物严重歉收。爱尔兰开始大规模种植土豆。久而久之，土豆便成了农民的日常食材。1845 年，鼓励单种土豆的爱尔兰爆发枯萎病，导致 100 万人因饥荒死去，100 万人被迫移居海外。这场被历史铭记的悲剧，也为北爱尔兰的诸多问题埋下了伏笔。德国人也将土豆视作救荒作物，积极推广。土豆非常适应德国的风土气候，特别适合搭配火腿、香肠、肉扒等肉类食品，于是德国就逐渐发展成了土豆大国。在德国南部，土豆炒培根被称为"农民的早饭"，深受当地人喜爱。在法国，土豆长久以来被用作观赏植物，几乎没人吃，直到路易十六（1774—1792 在位）统治时期。从 18 世纪开始，土豆作为救荒食物普及到欧洲全境。尤其是在德国、爱尔兰、法国、荷兰、俄罗斯、北欧，土豆成了重要的能量来源。富有乡土特色的土豆美食在欧洲各地接连诞生。各国的土豆吃法也有所不同，德国人吃得豪爽，法国人则吃得优雅，要用刀叉。用土豆做成的美食种类繁多，包括土豆沙拉、焗土豆、土豆面包、土豆泥、土豆可乐饼、炖土豆、烤土豆、煮土豆、炸薯条、薯片、里昂式炒土豆等。土豆也可加工成淀粉、糖稀等产品。后来，土豆从欧洲传入印度、印度尼西亚等亚洲各地。1598 年（日本庆长三年，安土桃山时期），荷兰人把爪哇的雅加达（Jacatra 八达维亚 Batavia）传入长崎，当时称"雅加达芋"。也有说法称土豆于天正年间（1573—1593）传入日本。起初用于观赏或用作饲料，后来成为救荒食品。土豆没有番薯那样的甜味，风味清淡，很难融入日本料理，所以人们起初对土豆的兴趣不大。在欧美这种主要吃肉的国家，人们需要摄入碱性食品。不过在现代日本，土豆作为食材的价值呈逐年上升趋势。烹饪土豆时需注意下列要点：①切口暴露在空气中容易褐变。因为土豆中的酪氨酸（Tyrosine 氨基酸）和酪氨酸酶（tyrosinase 氧化酶）会与空气发生化学反应，生成黑色素。浸在维生素 C 溶液中可防止褐变；②制作土豆可乐饼时需趁热，因为刚蒸熟的土豆淀粉黏性强，此时可迅速成型。一旦放凉，果胶就会凝固变硬；③长时间加热会造成果胶变软，土豆块也会不成原形。所以要从冷水煮起，加热时间不宜过长；④土豆芽含有毒素茄碱（Solanine），需清理干净后再进行烹饪。

→发现美洲新大陆→安娜土豆→帕蒙蒂埃→炸薯条→薯片→新桥挞→土豆舒芙蕾→土豆泥

シャシリック

俄式羊肉串

俄：шашлык

发祥于俄罗斯高加索地区的羊肉串。蘸酱后用炭火烤制而成。有时穿插洋葱、甜椒，也有用猪肉做的烤串。金属钎子的长度一般有 50 cm 以上，烤制时肉块滋滋作响，蔚为壮观。据说古人用剑烤肉，久而久之就演变成了金属钎子。一般搭配香菜、莳萝、罗勒等香料享用。

→羊肉串→俄罗斯菜系

ジャスミンティー

茉莉花茶

英：jasmine tea

一种中国花茶。用木樨科双子叶灌木茉莉的花瓣制成，是福州（福建）特产。波斯语“yâsmin”演变为阿拉伯语“yāsamīn”，最后变成法语“jasmin”和英语“jasmine”。英国人钟爱的中国花茶。汉语中也称“香片茶”。花茶的种植历史悠久，晋朝（265—420）的《南方草木状》中提到，波斯人在中国南方栽种茉莉，享受其浓郁的花香。直到宋朝，人们才开始大规模用茉莉制作花茶。在绿茶、半发酵茶的茶叶中混入茉莉花瓣，即为茉莉花茶。比起沸水，用 90℃左右的热水冲泡风味更佳。将茶叶直接放入茶杯，倒入热水，花瓣会浮上水面。明代《本草纲目》（1596）中提到，茉莉花茶对高血压、胆囊炎、腹泻、腹痛有一定的疗效。茉莉花茶可分解脂肪，有解毒作用，还能消除菜品的腥味。北京菜系大量使用大蒜，所以当地人爱喝茉莉花茶。除此之外，中国还有用玫瑰、水仙、香橙、菊花、金银花、兰花制成的花茶。日本的中国餐馆有过“茉莉花茶一边倒”的时代，但最近更偏爱乌龙茶。

→中国茶→木樨

シャトー・ディケム

滴金酒庄

法: Château d'Yquem

法国波尔多的苏玳(Sauternes)法定产区的酒庄，出产顶级贵腐葡萄酒。相传1847年，吕尔·萨吕斯伯爵(Lur Saluces)因故无法及时回到城堡。回去一看，他最引以为傲的葡萄竟莫名变得干瘪。伯爵不愿轻易放弃，便将那些葡萄装入橡木桶储藏。俄国沙皇的弟弟君士坦丁大公来访时，伯爵开桶一闻，竟发现酒香细腻馥郁，口味则浓厚丝滑，令人惊叹。世界屈指可数的甜食酒(dessert wine)就诞生于这样的巧合。

→贵腐葡萄酒

シャトーブリアン

夏多布里昂牛排

法: chateaubriand

用牛里脊肉最厚的部分做成的厚切网烤牛排。日语中也写作“シャトブリヤン”。法国驰名的里脊牛排(腰内肉 tenderloin)。1822年，法国贵族、作家、政治家、美食家弗朗索瓦-勒内·德·夏多布里昂子爵(François-René de Chateaubriand，1768—1848)在伦敦担任驻英大使时，他的总厨蒙米赖发明了这道菜。后来这道菜愈发出名，“夏多布里昂”便成了里脊中央部位的代名词。也有说法称，夏多布里昂这个名字来源于布列塔尼的畜产品聚集地夏多布里昂市。夏多布里昂牛排脂肪含量少，肉质柔软，有着美食家无法抗拒的魅力。享用时要浇一种叫“château”的褐色酱汁。配菜一般是用黄油煸炒削去棱角的月牙形土豆块“pommes de terre château”。顺便一提，“château”有多种含义，包括①城堡、②蔬菜切法(切成月牙形、削去棱角)、③酱汁的名称、④酒庄名等等。

→牛肉→排

謝肉祭（しゃにくさい）

谢肉节

英: carnival

→狂欢节

しゃぶしゃぶ

涮锅

→涮羊肉(シユワンヤンロウ)

シャーベット

果子露

英: sherbet

糖浆加甜瓜、橙子、柠檬的果汁或利口酒冷冻而成的冰点。阿拉伯语“sharbat（饮品）”演变为土耳其语“chorbet”，衍生出意大利语“sorbetto”、法语“sorbet”和英语“sherbet”。在英国也称“water ice”。早在中国古代和古希腊、古罗马时期，人们就开始用天然的雪与冰制作冷饮。关于果子露的趣闻轶事不计其数。相传约公元前350年，亚历山大大帝（B. C. 336—323在位）在远征波斯时学会了用雪制作果子露的方法。9世纪初，果子露的原型在伊斯兰文化风靡一时的西西里岛诞生，人称“卡萨塔（cassata）”。人们尝试把果汁和葡萄酒放置在雪谷中冰冻。直到今天，卡萨塔依然驰名世界。《天方夜谭》（9世纪）中也提到了冷饮شربات（发音：夏尔巴特）。11世纪，攻入叙利亚的十字军将这种冷饮的制作方法带回欧洲。1295年，马可·波罗（1254—1324）离开中国，将“用硝石降温”的方法传入意大利威尼斯。16世纪，意大利首次出现用冰加硝石（制冷剂）制成的人工冰点（sorbetto）。1533年，意大利梅第奇家族的凯瑟琳公主（1519—1589）出嫁时，将制作果子露的技术带往法国，后传入英国。约1560年，西班牙医生发现把硝石加入冰块，就能使温度下降到冰点以下。也有说法称，“sherbet”一词诞生在英国的时间大约是1603年。1660年前后，西西里人弗朗切斯科·普罗科皮奥（Francesco Procopio）将橘子水、柠檬水冰冻而成的果子露推向市场，广受好评。在法餐中，果子露常用作间菜（在肉菜之前上桌），因为它能刺激舌头的感觉，衬托下一道菜的美味。从这一点也能看出法国不愧为美食大国。若将奶油混入冰沙，成品会呈黄油状，人称“butter ice”“cream ice”，这就是冰淇淋的雏形。

→冰淇淋→卡萨塔→水晶冰沙

ジャム

果酱

英: jam

果实加糖熬煮而成。法语“confiture”的词源是拉丁语“conficere”。英语“jam”有“按压、填塞”的意思。制作果酱需要大量的砂糖。据称果酱起源于中东。公元前325年，亚历山大大帝（B. C. 336—323在位）远征印度，带回了印度的砂糖。当时砂糖是和黄金、丝绸比肩的贵重物品，果酱也只有王公贵族才能享用。据说是十字军将果酱和甘蔗一起带回了欧洲。1350年，法国出现高档果酱。16世纪，荷兰、西班牙商船开始将大量的砂糖运回欧洲，推动了果酱制造业的发展。18世纪，工业革命揭开帷幕，果酱也从“家庭手工制作的食品”摇身一变，进入了工业化量产的阶段。金属罐头、瓶装罐头的发明也加快了这一进程。1877年（明治十年），北海道开拓使在美国人的指导下首次在日本生产果酱。果酱种类繁多，可大致分为：①用单一水果制作的果酱、②用多种水果制作的混合果酱、③用柑橘类水果制作的橘子酱（marmalade）、④水果保留原形的腌渍果酱（preserve / 保存、保护）、⑤水果冻。其中，水果还保留原形的称“糖渍水果”。在英美等国，人们一般把糖水煮柑橘而成的果酱称为“marmalade”。而且在英国，含糖量55%以上的叫“jam”，否则称“marmalade”。植物细胞之间以果胶质相连，加糖、酸加热后就会凝固成胶状。要制作高品质的果酱，就需要在最合适的状态下使果胶转化为凝胶。果实未成熟时，果胶以原果胶的形态存在，遇热时转化为果胶酸，不会凝结。所以制作果酱最好选用“快要熟透”的水果。光有果胶是不会凝结的，糖的含量要超过60%，并加入少量的酸才会变成凝胶。因此制作果酱时加入大量的糖并不是为了加强甜味，而是为了更好的形成胶质。酸只需果汁中稍稍有一些即可，一般不需要额外添加。糖的浓度一旦超过60%，微生物的繁殖就会受到抑制，使果酱得以长期储藏。容易制成果酱的水果有苹果、草莓、杏子、橙子、无花果、桃子和葡萄。也有用胡萝卜、南瓜做的果酱，只需添加食材本身缺乏的果胶、酸和糖即可。制作高品质的果酱有下列诀窍：①挑选快要熟透的水果；②使用耐酸的珐琅锅；③分2到3次加糖；④用大火加热，小心不要烧焦，收汁后改用小火继续加热20分钟左右即可，因为加热时间太长果胶容易分解；⑤杂质与泡沫要及时捞出；⑥用开水烫过的瓶子储藏。

→糖渍水果→橘子酱

シャリアピンステーキ

夏里亚宾牛排

英：Chaliapin steak

日本人发明的牛排。1936年（昭和十一年），俄罗斯男低音歌唱家费奥多·伊凡诺维奇·夏里亚宾（Fyodor Fyodorovich Chaliapin，1873—1938）来到日本时，帝国酒店主厨高山（后改姓筒井）福夫创作了这道菜。如今已成享誉世界的牛排。夏里亚宾是非常受欢迎的歌唱家，在爱宕山的电台出演短短1小时，出场费竟高达3万日元。据说当时他正在接受牙科治疗，对餐食极为挑剔，只吃鲑鱼、鲱鱼、牛肉和鸡肉。于是主厨便将牛腿肉敲松摊薄，浸入洋葱榨的汁水，用黄油煎过之后点缀炒过的洋葱。浸泡洋葱汁是这道菜的关键所在。配菜一般是炸薯条和豆瓣菜。1937年，夏里亚宾牛排登上帝国酒店的菜单，备受欢迎，售价为1元30钱。

→排

ジャルージー

百叶窗派

法: jalousie

以千层酥皮为底座的法国小型糕点。法语“jalousie”和英语“jelousy（嫉妒）”由希腊语“zelus（嫉妒）”演变而来。表面因灼烤掀起，犹如妒火。“jalousie”原指“铠甲”，据说百叶窗派形似铠甲，因此得名。发明经过不详。将千层酥皮擀薄，切成火柴盒一般大，涂抹用糖粉、蛋白、柠檬汁调成的皇家糖霜，撒上杏仁片，用低温烤制而成。

→派

シャルトルーズ

查尔特勒酒

法: chartreuse

法国的高级香草利口酒。酒精度数相当高，绿色的“Le Chartreuse Vert”为55%，黄色的“Le Chartreuse Jaune”为40%。上述利口酒有着悠久的历史。南法格勒诺布尔（Grenoble）附近有一座“查尔特勒修道院（Grande Chartreuse）”。11世纪，圣博诺在当地山群上建设了查尔特勒大教堂。1605年，查尔特勒派修道会的杰罗姆·莫比克（注：音译）得到了写有香草利口酒制造方法的文书，开始生产药酒。法国大革命时，修道院被解散，制法也失传了。拿破仑称帝后，人们在内务部发现了相关文书的副本。1835年，修士经过反复试验，终于复原了香草利口酒的生产工艺。处方严格保密，大致做法是用浸泡过蜜蜂花（Melissa）、牛膝草（Hyssop）、欧白芷、锡兰肉桂、肉豆蔻、番红花等各种香草的白兰地加糖，灌入橡木桶中熟化数年。据说当时的修士总是骑着骡子，在格勒诺布尔和尚贝里（Chambéry）地区沿街叫卖这种酒。1848年，法国阿尔卑斯守卫队的军官品尝了这款酒，赞不绝口。1932年，原版查尔特勒酒重现人间。从1970年开始，民营企业也加入了生产查尔特勒酒的行列。常用作餐后酒与鸡尾酒。

→利口酒

シャルロット

夏洛特

法: charlotte

一种法式糕点。“charlotte”也有“系着缎带的古典女帽（bonnet）”的意思，这款糕点的灵感也来源于在巴黎风靡一时的女帽。也有说法称，发明的灵感来自英国的糕点，而“夏洛特”正是英王乔治三世（1760—1820在位）之妻的名字。甚至有学者认为，“夏洛特”来自歌德（1749—1832）的著作《少年维特的烦恼》（1774）中的“绿蒂”。18世纪末的法国（大革命前后）处于文化的醇熟期，法餐与法式糕点备受追捧。而推动这股热潮的正是那个年代的天才厨师，安东尼·卡瑞蒙（1784—1833）。他在菜品、糕点和烹饪技术的各方面大展拳脚，贡献巨大。拿破仑一世（1804—1814在位）失势，波旁王朝复辟时，巴黎举办了大型庆祝宴会，相传卡瑞蒙就是在这场宴会上推出了夏洛特。在卡瑞蒙发明的诸多糕点中，夏洛特首屈一指。将手指饼干、海绵蛋糕、切片面包摆在被称为“夏洛特模具”的原型模具内侧，倒入奶油、巴伐露、果酱或布丁，冰镇使其凝固。夏洛特也有温热的版本，灌入苹果泥后烤制即可，称“苹果夏洛特（charlotte de pommes）”。而灌入巴伐露，用明胶使其凝固的冰点版夏洛特称“俄式夏洛特（charlotte à la russe）”，因为它是卡瑞蒙受邀为沙皇服务时发明的，直到现在依然深受巴黎人的喜爱。

夏洛特
资料：《糕点辞典》东京堂出版 275

→卡瑞蒙→蛋糕

シャンパン

香槟

法：champagne

含有碳酸的气泡白葡萄酒。日语中也写作“シャンペン”，又称“节日葡萄酒”“喜庆葡萄酒”。只有在巴黎东北方向的香槟地区生产的气泡酒才能冠名“香槟”。其他产地的汽酒（sparkling wine）　称“vin mousseux”。“mousseux”是“起泡”的意思。拉丁语“campus（平原）”演变成通俗拉丁语“campania”，最后变成法语“champagne”。香槟历史悠久，据说古罗马时代就已经有香槟了。然而不是发泡性的。17世纪中期，香槟地区的马恩河谷（Vallee de la Marne）有本笃会的欧维乐修道院（Abbey of Hautvillers）。修道院的酒库负责人唐·佩里侬（Dom Pérignon，1639—1715）费尽心血改良了葡萄的品种、种植方法、玻璃瓶、软木塞和固定瓶塞的金属件，发明了二次发酵法。香槟能有今日，多亏了唐·佩里侬的不懈努力。相传他某日无意中打开了二次发酵的酒瓶，软木塞刚被拔出，瓶中的酒便猛烈喷出，而且还格外美味。将白葡萄酒灌入耐高压的玻璃瓶，加入糖分、酵母促进二次发酵，就成了我们熟悉的香槟。1682 年，唐·佩里侬发明了香槟专用的软木塞和用于固定塞子的金属件。在此之前，人们使用的都是浸透了橄榄油的麻屑。路易十五（1715—1774 在位）的情人蓬皮杜夫人酷爱香槟。然而在 17 世纪至 18 世纪，香槟陷入了漫长的低迷期。从 1800 年前后开始，气泡酒（香槟）开始普及。1802 年，英国批准进口瓶装葡萄酒。到了 19 世纪初的拿破仑战争时期，香槟的销量飙升。由于香槟的酒精度数达 13%，人们将其戏称为“催情酒”。香槟的口感格外好，能让人忘记它是烈酒，无意间喝过量，酩酊大醉。香槟可大致分为 5 种，分别是甜型（Doux）、中度甜型（Demi-Doux）、干型（Sec）、极干型（Extra-Sec）和天然型（Brut）。为了不让二次发酵产生的气体泄露，使其彻底融入酒水中，香槟的软木塞以钢丝固定。从原料（葡萄）的收获到香槟大功告成，一般需要 5 年至 7 年的时间。冰镇香槟适合佐餐，搭配各种菜肴都很和谐。香槟常被用于喜庆场合的原因在于：①拔出瓶塞时会发出清脆的响声“砰！”；②液体呈金黄色，十分养眼；③气泡的爽快感受人欢迎。法国人将香槟用作甜食酒，在喜庆场合或接待贵客时享用。

→酿造酒→餐前酒→汽酒→法国葡萄酒→葡萄酒

シャンピニョン

洋菇

法: champignon

→洋菇（mushroom）

シャンボール

香波

法: Chambord

即“香波鱼”。约 1530 年，弗朗索瓦一世（1515—1547 在位）在法国奥尔良（Orléans）地区的香波城堡举办了大型宴会，在这场宴会上问世的新菜式被称为“香波鱼”。特指将鲤鱼等体型较大的鱼整条烹饪的传统烹饪手法，费时费力。

シュー・ア・ラ・クレーム・シャンティイ

香缇奶油泡芙

法: chou à la crème Chantilly

→泡芙

シュヴァルツヴェルダー・キッシュトルテ

黑森林蛋糕

德: Schwarzwälder Kirschtorte

德国最具代表性的巧克力蛋糕。“Schwarz”即“黑”，“wälder”即“森林、山林”，“Kirsch”即“樱桃”，“torte”即“小蛋糕”。合起来就是“将樱桃比作林中树木的巧克力蛋糕”。法语称“Forê-Noire”。使用黑森林区出产的高品质樱桃制成。

→蛋糕→蛋糕（Torte）

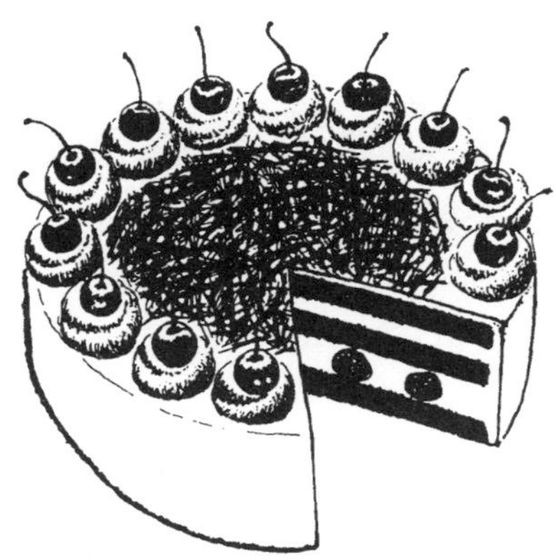

黑森林蛋糕
资料:《糕点辞典》东京堂出版 [275]

集団給食（しゅうだんきゅうしょく）

集体供餐

英: group feeding service、mass feeding

面向学校、医院、工作单位、福利设施等机构的长期供餐制度。神人公食、宗教仪式中的共同进餐不算“集体供餐”。集体供餐的历史要从公元前4世纪至5世纪说起。在以管教严格著称的斯巴达，男子年满20岁时要与伙伴共同进餐。菜式非常朴素，包括大麦面包、葡萄酒、奶酪、橄榄和用兽血煮的黑色兽肉汤。目的不在于享用美食，而在于强化伙伴意识。发展到近代，各地修道院开始提供由面包、汤和蔬菜组成的简单餐食，用于救济贫民。尤其是在工业革命之后，贫富差距悬殊，旨在救济穷人的养育院与感化院纷纷成立，每天都提供免费的餐食。到了近代，关于集体供餐的记录就更多了。1796年，德国慕尼黑的伦福德伯爵开设简易食堂，向缺衣少食的儿童提供餐食，堪称近代欧洲集体供餐之始。1849年，巴黎开始了面向贫困家庭儿童的集体供餐。1900年，荷兰制定了关于集体供餐的法律。欧洲各国相继推出学校集体供餐制度，但餐食的内容不同于日本的学生营养餐。比如在英国的公立学校，学生餐走的是斯巴达路线，由粗劣的面包、汤、肉丝、咸鱼组成，旨在培养耐力强、意志坚定的儿童。

シュークリーム

泡芙

chou cream

“chou cream”是日英合璧的日式

英语，意为“奶油馅的卷心菜”。泡芙是一种法式糕点，在加热膨胀的外壳中灌入甜奶油而成。正宗的英语称“cream puff”。17世纪，泡芙面团在法国诞生，口感更轻盈的糕点相继问世。埃德蒙·罗斯丹（Edmond Rostand）的《大鼻子情圣》（1897）描写了17世纪的故事，其中提到了泡芙、马卡龙和牛轧糖。泡芙诞生的年代众说纷纭，有说法称贝奈特舒芙蕾（beignets soufflés）、修女泡芙（pet de nonne）是泡芙的雏形。“beignets”是油炸品的意思。1533年，意大利佛罗伦萨梅第奇家族的凯瑟琳公主（1519—1589）与法国的奥尔良公爵亨利（即后来的法王亨利二世）结婚。1540年，随公主来到巴黎的糕点师帕斯托雷利发明了一种叫“popelin”的糕点。约1775年，蒂洛瓦调整了配方，因为是用火烤（chaud/热）的面糊（pâte），所以称之为“pâte chaud”。1798年，雅维斯对面糊进行改良，因挤出的圆形面糊神似卷心菜（chou），新版面糊被命名为“泡芙（卷心菜）面糊”。最后，雅维斯的徒弟卡瑞蒙把泡芙改造成了今人熟悉的模样。也有说法称，人们想在不弄脏手的前提下享用黏稠奶油，经过多番推敲，才有了“泡芙”这种吃法。将糖、黄油、牛奶搅拌均匀后煮沸，加入小麦面粉糊化，然后逐步加入蛋液，打造柔滑的泡芙面糊。最后挤到铁板上，送入烤炉，用蒸汽使面糊稍稍膨胀。外皮的形态能让人联想到卷心菜。烤好后挤入卡仕达奶油便大功告成了。也有加入打发的奶油、巧克力奶油、冰淇淋的版本。先用法式菜品填饱肚子，再来一份淋有巧克力酱，用迷你泡芙叠成的泡芙塔（croquembouche）是何等美妙。1877年（明治十年），开进堂在日本率先尝试制作泡芙。也有说法称这件事发生在1874年（明治七年）。与泡芙类似的甜品有闪电泡芙（éclair）。

→闪电泡芙→卷心菜→泡芙塔→巴黎车轮泡芙→油炸泡芙→修女泡芙

シュークルート

法国酸菜

法: choucroute

乳酸发酵的盐渍卷心菜。诞生于阿尔萨斯地区的名菜。阿尔萨斯位于德法边境，因连年战争时而归属德国，时而归属法国。现为法国领土。法语“choucroute”的词源是阿尔萨斯语“sürküt”，意为“酸的卷心菜”。在巴黎的大众餐馆（brasserie）可以吃到。“brasserie”原指啤酒作坊、啤酒馆，后来引申为大众餐馆。

→卷心菜→德国酸菜→大众餐馆

ジュース

果汁

英: juice

用果实制作的饮品。也泛指用果蔬榨的汁。法语"jus"和英语"juice"的词源是拉丁语"jus(汁、酱汁、汤)"。果汁是一个非常宽泛的概念，包括天然果汁、果汁饮料、果肉饮料、加有果汁的软饮料、加有果粒的果汁饮料等等。在美国，由于果树栽种量过大，单靠生吃、加工果干和罐头不足以消费掉所有水果，以至于人们开始研究橙汁的生产工艺与方法。1938年，美国人弗兰克·贝亚里(Frank Bireley)发明了瞬时杀菌法，为橙汁的量产奠定基础。在二战后的日本，果汁粉曾一度称霸市场，但是在1951年(昭和二十六年)，Bireley's橙汁上市，迅速普及。

→橙汁→蜜甜尔

シュゼット

苏塞特

法: Suzette

用于菜品和糕点的女性名字。最著名的莫过于"苏塞特可丽饼"，还有"苏塞特土豆馅饼"。1896年，酷爱可丽饼的威尔士亲王(后来的英王爱德华七世)在蒙特卡罗大酒店接受埃斯科菲耶(1846—1935)的款待。主厨亨利·夏本提耶(Henri Charpentier)专为那日的宴席创作了苏塞特可丽饼。制作方法是用橙皮、黄油、砂糖、库拉索酒调制酱汁，然后当着宾客的面点燃，炒热气氛。也有说法称，爱吃可丽饼的巴黎女星苏塞特也在席上。还有一种说法称，在巴黎的法兰西喜剧院，有一位名叫苏塞特的女演员接了一个吃可丽饼的角色。于是她的厨师戏迷每天都会专门为她烤制可丽饼，久而久之就成了苏塞特可丽饼。

→可丽饼

シュトゥルーデル

果馅卷

德: Strudel

发祥于奥地利的糕点。面团摊薄，卷入水果后烤制即可。"Strudel"原意为"旋涡"，引申为"旋涡状甜面包"。也称"史多伦"。有说法称，这种糕点是随着奥斯曼土耳其大军的入侵传入欧洲的，是德国圣诞糕点史多伦的原型。馅料为苹果、葡萄干、杏仁的苹果卷最为知名。在奥地利也有卷入牛肉糜、卷心菜的版本。相似的糕点有法国的"Streusel"，它是阿尔萨斯地区的甜面包，用沙布烈面团烤制而成，出炉后撒糖。

→史多伦

シュトーレン

史多伦

德: Stollen

德国人用来庆祝圣诞节的糕点。形状细长如棍棒、手杖。据说发祥于萨克森地区。在小麦面粉中加足量的糖、蛋、黄油，混入果干和坚果，最后撒上糖粉，演绎冰天雪地的世界。也有说法称，史多伦诞生于 14 世纪至 15 世纪的德累斯顿。据说果馅卷是史多伦的原型。早期史多伦为细长的月牙形，相传其灵感来源于基督教传教士挂在脖子上的半圆形袈裟“stole”。在耶稣诞生之日（1 月 6 日主显节），东方三博士加斯帕、梅尔基奥尔、巴尔撒择来访，送上礼物后离去。也有人说史多伦模仿的是他们的拐杖或耶稣基督的摇篮。相传当年每逢圣诞季，人们都要烤制 3 米长的史多伦进贡王室，每次都要 12 个面包师一起扛。顺便一提，送圣诞礼物的习惯也形成于同一时期。德国还有一款著名的圣诞糕点，那就是圣诞姜饼（Lebku-chen）。

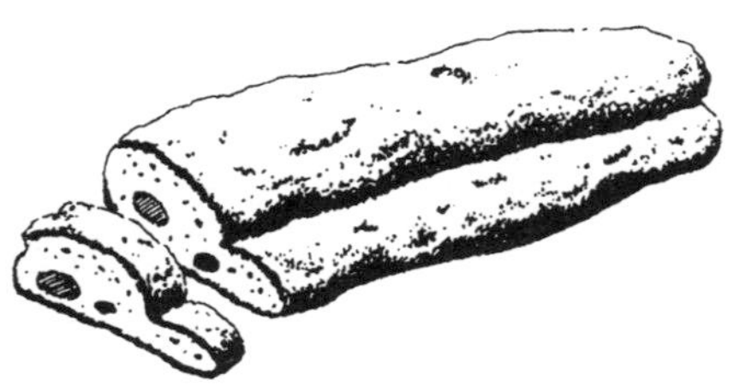

史多伦

资料:《糕点辞典》东京堂出版[275]

→维也纳小餐包→圣诞蛋糕→果馅卷→德国圣诞姜饼

ジュニパーベリー

杜松子

英: juniper berry

柏科常绿针叶树杜松的莓果。杜松在日语中又称“西洋柏槙”“洋种杜松”。杜松自然分布于亚洲、北美、北欧、北非各地。据说小球状的果实要 3 年才能完全成熟。杜松子有独特的甜香，是非常适合搭配鹿肉、兔肉、牛肉、猪肉、鸡肉等荤菜的香料，自古以来为人类所用。给德国酸菜、法式肉酱、肉冻、金酒、葡萄酒增甜香味也非常合适。有一定的利尿作用。

→香料

シュペッツレ

德国面疙瘩

德: Spätzle

德国的一种面，据说是发祥于符腾堡的乡土美食。日语中也写作“シュペツル”。在阿尔萨斯地区、德国南部与瑞士颇受欢迎。面疙瘩犹如麻雀（德：Spatz），个头小巧。法语也称

"Spätzle"，但发音不同。在小麦面粉中加入盐、黄油、蛋、奶和肉豆蔻，充分和面后挤成条状，一边切成小段，一边下入沸水烹煮。出锅后撒上奶酪粉搅拌，再用黄油煸炒即可。常用作配菜，也可用于焗菜、炖菜和油炸食品。

→德国菜系→面食

シューマイ

烧卖

诞生于中国北方的点心，也写作"烧麦""烧买"。全球各地都有"用小麦面粉做的材料包裹馅料"的食品，比如欧美有面包做的三明治，中国则有薄面皮包的饺子和烧卖。烧卖用欧美厨房没有的蒸笼加热。至于"烧卖"的词源，学界众说纷纭，有人说来源于北方早餐常吃的大饼和烧饼，有人说烧卖形似唐代之后的官员戴的乌纱帽，还有人说词源是蒙古语"saomai（花蕊顶端）"。发明年代不详，但是在宋代、明代找不到相关史料。直到14世纪中期的元代，在高丽朝鲜出版的教科书《朴通事》中提到"稍麦"二字，做法是将面粉面团擀薄，包肉蒸熟，和汤一起吃。烧卖顶部形似花蕊的顶端。《都门竹枝词》中则提到了"稍麦馄饨"（烧卖）。"稍"也有"小东西"的意思。经过漫长的岁月，"稍麦"传入南方的广东，改称"烧卖"。清高宗乾隆（1735—1795在位）是位美食家，尤其爱吃烧卖。相传他时常微服私访京城的烧卖老字号"乾隆亭"，并赐字"都一处（京城最美味的烧卖）"，这幅匾额至今收藏在北京的博物馆中。如今，烧卖已经成为和饺子比肩的国民美食，素有"江北的饺子，江南的烧卖"之称。在香港、广东的茶楼，烧卖更是不可或缺的点心。烧卖馅用猪肉糜、葱、生姜、大蒜混合而成，以盐、胡椒、酱油、麻油调味，用面粉制成的薄皮包好后蒸熟。在皮里加蛋白，擀薄时不容易断裂。也可视个人口味用牛肉、羊肉、猪肉、鸡肉、虾、蟹、蔬菜做馅。最具代表性的烧卖有鲜虾烧卖、蟹黄烧卖和牛肉烧卖。在江户初期的1689年（元禄二年）前后，烧卖通过长崎的唐人府邸传入日本，但是在明治时期后才逐渐普及，在大正时代掀起一股中国菜热潮。

→中国菜系→点心

ジュリエンヌ

切丝

法: julienne

将甜椒、胡萝卜等蔬菜或牛舌肉、鸡胸肉加工成细丝的切法，也指切丝后制成的菜品。日语中也写作"ジュリエーヌ"。极细的丝称“julienne fine”。烹饪书籍《御厨》(1722)中提到，让·朱利安创造了一款用切丝的蔬菜和香草制成的清汤，但不确定此人是否真实存在。也有说法称，词源是罗马皇帝叛教者尤利安(Flavius Claudius Julianus，361—363在位)、女演员马尔斯的女厨师朱莉安娜。据说这位女演员经常邀请小仲马共进晚餐。

→西餐

シュロートブロート

黑麦粗面包

德: Schrotbrot

发祥于德国，最具代表性的黑麦面包。“Schrot”有“碾成碎麦米”的意思。常用的配比是黑麦全粒粗磨面粉60%，小麦面粉40%。

→德国面包

シュワルツブロート

黑面包

德: Schwarzbrot

欧洲各地常见的黑面包的统称。“Schwarz”意为“黑色”。英语称“rye bread”。德语也称“Roggenbrot”。黑麦中的蛋白质是醇溶蛋白(gliadin)，不像小麦那样含有谷蛋白(glutenin)，因此黑麦面粉做的面团不会形成麸质，用通常的发酵方法不会膨胀。所以制作黑麦面包时要①加入增加黏稠度的小麦面粉，②通过乳酸发酵形成容易膨胀的酸面团(sourdough 老面)。黑面包酸味较强，也有100%纯黑麦面包，不膨胀，口感较硬。

→面包

シュワンヤンロウ

涮羊肉

北京最具代表性的火锅，在秋季至春季备受欢迎。通过中国北方维吾尔族的回教徒普及开。发明年代不详。北方冬季严寒，冻住的肉十分坚硬，用菜刀也无法切开。相传古人用菜刀削下薄薄的肉片，浸入热水解冻，再用酱油和醋调味，竟然美味惊人，这便是涮锅的开端。而这一形式不断发展，催生出了维吾尔族的烤羊肉。用中央有烟囱的火锅子涮切成薄片的羊肉，蘸麻酱、腐乳、虾油、酱油、香油享用。常用配菜有白菜、豆腐、粉丝、菌菇、虾皮。最后下面条或饺子。羊肉的热量高于牛肉与猪肉，富含铁，十分暖胃。在日本，羊肉变成了牛肉，催生出日式涮锅。顺便一提，维吾尔族的烤羊肉是灼烤切成薄片的羊肉，蘸名为“香芹(петрушка)”的香草享用，这一形式传入日本后演变成了“成吉思汗火锅(ジンギスカン鍋)”。

→中国菜系

生姜（しょうが）

生姜
英: ginger

姜科多年生草本植物，原产于亚洲热带、印度。梵语“singabèra”演变为拉丁语“zingiber”，在11世纪演变为英语“zingiber”，最后变为“ginger”。在印度、中国、日本、西非、西印度群岛、中美洲、牙买加岛均有种植。牙买加产的生姜品质卓越。公元前的历史学家波利比乌斯（Polybius）在著作中提到，阿拉伯妇人会点燃生姜等香料，烟熏身体。生姜作为一种东方的香料，通过阿拉伯人传入古希腊与古罗马。人们自古以来看重生姜，与生姜有关的趣闻轶事比比皆是。在《天方夜谭》中，生姜作为媚药登场。早在古希腊时代，生姜便是解毒剂的必备材料。马可·波罗（1254—1324）在《马可·波罗游记》（1298）中提到了生姜的种植方法。杰罗姆·福拉斯卡特尔将生姜写入传染病预防药的处方，亨利八世（1509—1547在位）也服用过。同一时期，西班牙人弗朗西斯科·门多萨将生姜移植到牙买加。如今，牙买加已成全球首屈一指的生姜产地。17世纪，英国人将生姜视作长寿灵药与包治百病的神药，大肆追捧。生姜葡萄酒也被推向了市场。生姜有独特的香味与辣味，常用于催情、解毒、治疗传染病。地下茎可入药，可食用，可用作香料。作为药材，生姜有健胃、调理肠胃、止吐、止咳、解晕的功效。作为香料，可消除兽肉、鱼肉的腥味。常用于沙拉、酱汁、糖渍、姜饼、生姜曲奇、蛋糕、生姜葡萄酒、干姜水、咖喱粉。辣味成分是姜酮（zingerone）和姜油。香味成分是桉树脑（cineole）、香茅醛（citronellal）、芳樟醇（linalool）和牻牛儿醇（geraniol）。大型地下茎纤维柔软，香味与辣味较弱。小型地下茎则纤维感分明，香味与辣味也较明显。生姜从中国传入日本，因为产自中国（呉（くれ）），被称为“吴姜（呉（くれ）の薑（はじかみ））”。

→香料

象形パン（しょうけいパン）

象形面包

→辫子面包

紹興酒（しょうこうしゅ）

绍兴酒

中国最具代表性的酿造酒。陈酿10年以上的称“老酒”。绍兴酒是浙江绍兴出产的黄酒（酿造酒），是中国最古老的酒之一，有着4000年至5000年的传统。绍兴是鲁迅的故乡，广泛种植水稻，并且水质优良。绍兴酒的主要原料是糯米，佐以柳蓼、陈皮、肉桂、甘草等配料，以酒曲发酵，压榨后灌入瓶中储藏、陈酿3年以上。年份越久，黄褐色越深，香味也越是醇厚，是一种非常神奇的酿造酒。酒精含量为10%—15%。在绍兴，人们习惯在孩子出生时酿酒，装入瓶中，埋入地下陈酿，等孩子办喜酒时拿出来招待宾客。据说一尝老酒的味道，就知道新人的年纪大不大。花雕酒是酒瓶上雕有花朵图案的绍兴酒，常用于喜庆场合，“花雕酒”这个名字本身也给人以“高档”的印象。油腻的菜肴适合搭配茅台等白酒（蒸馏酒），而海鲜、蔬菜等口味清淡的菜肴更适合搭配绍兴酒等黄酒（酿造酒）。很多日本人习惯在绍兴酒中加冰糖，但是据说只有品质不好的酒才用这种喝法。福建产的红曲酒也是一种黄酒。

→中国酒

醸造酒（じょうぞうしゅ）

酿造酒

英: brewage、fermented liquor

在原料（谷物、果实）中加入酵母发酵而成的酒。世界各地比较有代表性的酿造酒有葡萄酒、果酒、啤酒、绍兴酒（中）、日本酒（日）。酿造酒和蒸馏酒的差别在于：①以碳水化合物为原料发酵而成；②可根据发酵形式分为通过原料得出酒精的单边发酵（如葡萄酒）、通过糖化与发酵得出酒精的双边发酵（如日本酒）以及让糖化液发酵而成的单边复合发酵酒（如啤酒）（译注：查到的资料都说啤酒也属于单边发酵）；③一般有过滤工序；④含有较多萃取成分，酒精度数低，不到20%；⑤部分酿造酒无法长期储藏。

→红葡萄酒→美国葡萄酒→酒精饮料→意大利葡萄酒→苹果酒→香槟→汽酒→西班牙葡萄酒→中国酒→德国葡萄酒→啤酒→法国葡萄酒→波特酒→马德拉酒→葡萄酒

蒸留酒（じょうりゅうしゅ）

蒸馏酒

英: spirits

用酿造酒蒸馏而成。英语“spirits”的词源是拉丁语“spiritus（生命的呼吸、生命之水）”。早在古希腊时代，人们就已开始用蒸馏法制造酒精、香水和香油。到了中世纪，炼金术师更是把蒸馏酒视作长寿灵药。世界各地比较具有代表性的蒸馏酒有干邑（法）、白兰地、威士忌、朗姆酒（英）、伏特加（俄）、茅台（中）、泡盛、烧酒（日）。蒸馏酒和酿造酒的差别在于：①蒸馏酒是挥发性成分的集合体；②不含萃取成分，酒精度数高于

20%；③许多蒸馏酒能通过长期储藏陈酿获得更好的风味；④口味本身较为淡雅；⑤不易变质。

→阿夸维特酒→酒精饮料→威士忌→伏特加→鸡尾酒→干邑→琴酒→中国酒→龙舌兰酒→白兰地→本尼迪克特甜酒→味美思→玛格丽特→朗姆酒→利口酒

食後酒（しょくごしゅ）

餐后酒

法：digestif

在甜点后饮用的酒，旨在刺激胃部，促进消化。一般有白兰地、威士忌、金酒、朗姆酒、利口酒。拉丁语“digerere（分配）”演变成中世纪法语“digérere（压制怒气）”，从14世纪开始衍生出“消化”的意思，最后变为法语“digestif”。英语称“digestive”。在现代，人们喝餐后酒更多的是为了享受餐后的团圆时刻，而非促进消化。

→威士忌→鸡尾酒→琴酒→白兰地→朗姆酒→利口酒

食前酒（しょくぜんしゅ）

餐前酒

法：apéritif

在餐前饮用的酒，旨在提升对餐食的期待感，增进食欲。一般有雪莉酒、味美思、香槟。法语“apéritif”的词源是中世纪拉丁语“aperitivus（被打开的）”。英语称“appetizer”。在古罗马时期，人们把加有蜂蜜的葡萄酒用作餐前酒。在中世纪的法国，人们在葡萄酒中加入香草和香料，用作催泄、利尿、发汗的药酒。“aperitivus”背后也有“打开排泄之路”的意思。

→威士忌→雪莉酒→香槟→白兰地→味美思

食用蛙（しょくようがえる）

牛蛙

英：bullfrog

蛙科食用品种。日本人吃的是美国牛蛙。成年雄性牛蛙的叫声似牛。拉丁语“rana”演变成古法语“reinoille”，最后变成法语“gernouille”。在古希腊、古罗马时代，人们就有吃蛙的习惯。在中世纪的法国与意大利，吃蛙同样流行。在复活节之前的四旬节，牛蛙常作为“戒肉期间的云雀”登上餐桌。英国人不爱吃蛙，据说在13世纪，英国人将爱吃蛙的法国人戏称为“食蛙者（frog eater）”。相传伦敦卡尔顿酒店的主厨埃斯科菲耶为英国王太子（后来的爱德华七世）烹制了一道“欧若拉妖精腿肉”，美味非凡，备受赞誉。事后，大家才知道这道菜是用牛蛙做的，引起轩然大波。法国大革命期间，巴黎有一位人称“牛蛙西蒙”的厨师。他靠牛蛙做的菜品享誉全城，引来各路美食家，赚得钵满盆满。在法国，人们主要吃青蛙（栖息于河岸边，后背有两条绿色花纹）和赤蛙（栖息于葡萄园）的大腿肉。蛙肉几乎不含脂肪，口味清淡，宛如鸡胸肉。可油炸、做成清汤或法式靓汤、加奶油炖煮。中国人习惯炒、油炸蛤蟆（田鸡）和赤蛙。另外，经干燥处理的输卵管可入药，也可用于烹制药膳，是珍贵的药材。1919年（大正八年），日本从美国进口牛蛙，尝试人工养殖。

→西餐

ショソン

修颂

法: chausson

一种法国的水果派。日语中也写作“ショーソン”。法语“chausson”（有“室内鞋、拖鞋、运动鞋”的意思）的词源是拉丁语“calceus（鞋）”。英语称“turnover”。发明经过不详。将千层酥皮擀成2 mm至3 mm厚，用锯齿边缘的圆形模具压成小片，裹入果酱、苹果、菠萝、李子、杏子、樱桃或肉末，对折成半圆形，送入烤箱即可。刚出炉的风味最佳。形似鞋子的小蛋糕修颂苹果派（Chaussons aux Pommes）最为知名。

→派

修颂
资料：吉田菊次郎《西点世界史》制果实验社 181

ショートケーキ

小蛋糕

英: short cake

餐后享用的轻型蛋糕的统称，发祥于美国。“short”有“脆、易碎、口感松爽”的意思。也有说法称“short”的含义是“保质期短”。据说“short cake”一词在1594年的文献中首次出现。美国人喜欢将海绵蛋糕切成2至3层，以草莓、樱桃、李子、杏子、桃子、香蕉、菠萝、掼奶油、糖衣为夹心，表面也有装饰。在英国称“shortbread（酥饼干）”。也有说法称，“shortbread”是小蛋糕的雏形。从明治后期开始，小蛋糕作为欧美的时髦爱好逐渐在日本普及开来。日本人对草莓小蛋糕的喜爱至今不减。

→蛋糕→酥饼干（shortbread）

ショートニング

起酥油

英：shortening

精制动、植物性脂肪，使其更为易用的硬化油脂，常用于制作糕点与面包。1869 年，人造黄油（margarine）在拿破仑三世（1852—1870 在位）的悬赏下诞生。10 年后，美国人为了研发猪油的替代品，将同样的技术应用于植物性油脂的硬化。在欧洲，人造黄油发展迅速。在南北战争后，美国的棉花产量大增，大量棉籽油无处可用。为了解决这一难题，人们开展各项研究，试图用棉籽油制造类似于猪油的油脂产品。起初并没有研发出令人满意的产品，直到 1910 年前后加氢法问世，产品质量大幅提升，得到了面包厂商的欢迎。人造黄油含有 15% 的水分，但起酥油中的水不足 0.5%，几乎不含水。“shortening”这一称法来源于“shortness（脆性）”，即像饼干、曲奇那样容易碎，口感好。起酥油有下列特征：①加入 20% 的氮气制成的油脂，具有流动性与可塑性，便于加工，且无水、无色、无味；②具有乳化力，容易搅拌均匀；③能将碳酸气体留在面包面团中，打造膨胀度较好的面包；④封入氮气有助于防止油脂氧化；⑤有助于提升面包、蛋糕、曲奇的品质，延缓老化；⑥可根据不同用途（面包、糕点、糖霜、油炸等）调整硬度。1936 年（昭和十一年），日本人开始尝试生产起酥油。1950 年（昭和二十五年），起酥油正式进入量产阶段。

→人造黄油

ショートブレッド

酥饼干

英：shortbread

诞生于英国苏格兰地区的轻型面包，直译为“口感酥脆的面包”。据说当地人习惯在婚礼时用面包敲新娘的头，把面包敲碎，祝福新人，于是便发明了易碎酥脆的酥饼干。在小麦面粉中加入油脂、糖、盐、泡打粉，充分揉面后送入烤箱。油脂的用量较大，为面粉的 20%—30%，所以能形成酥脆轻盈的口感。

→小蛋糕

ショーフロア

酱汁肉冷盘

法：chaudfroid

用野鸟、家禽、野禽、鱼制作的冷盘，先加热后冷却。“chaud”即“热”，“froid”即“冷”，直译过来就是"又热又冷的菜品"。关于酱汁肉冷盘的发祥，存在若干种说法。其一，1855 年，意大利南部的庞贝出土了用于烹饪的壶，上面用拉丁语写着"calidus（热）"和"frigidus（冷）"，有人据此判断这种菜肴早在古罗马时代就已存在。其二，18 世纪，法王路易十五（1715—1774 在位）的甜点总厨发明了这道菜，"chaudfroid"就是他的名字。其三，酱汁肉冷盘诞生于 18 世纪，但事出偶然。相传 1757 年，卢森堡公爵（元帅）在蒙莫朗西城设宴招待宾客，路易十五却突然召他入宫。办完事后，他饿着肚子回到城堡，尝了尝剩下的白汁焖鸡肉（法：fricassee），发现菜品放凉之后汤汁凝固，竟十分美味。于是他将这道菜称为"chaudfroid"，做法流传至今。在普通菜品上浇酱汁肉冷盘的专用酱汁（溶有用于为菜品增添光泽的明胶），食材便会被肉冻包裹。棕酱、白酱、蛋黄酱等酱汁都能应用这种手法。这种菜式以费时费力著称。

→西餐

ショワジ

〇〇配生菜

法：Choisy

以生菜为主要配料的菜肴，包括煎蛋卷配生菜、牛里脊配生菜等等。18 世纪，巴黎南部郊外的舒瓦西勒鲁瓦（Choisy-le-Roi）产的生菜相当受欢迎。法王路易十五（1715—1774 在位）钟爱那座城市，命人建设城堡，并鼓励民众种植蔬菜。

→西餐→生菜

ションチャン

熊掌

→熊掌（熊の手）

シリアル

谷物片

英：cereal

诞生于美国的早餐谷物食品的统称，全称为"breakfast cereal"。包括玉米片（corn flakes）、膨化米粒（puffed rice）、膨化小麦（puffed wheat）等干谷物片与燕麦粥。"cereal（谷物）"这一称呼来源于古罗马神话中的女神刻瑞斯（Cérès），她常以头戴谷物的形象登场。英语"cereal"的词源是拉丁语"cerealis"。干谷物片一般加牛奶、糖或蜂蜜后享用。谷物片有下列特征：①易于摄入植物性纤维；②低脂；③可通过添加维生素和矿物质强化营养价值。群山连绵的瑞士蔬菜稀少，人们难以摄入足够的维生素和矿物质。为了补充营养，当地人发明了被称为"穆兹利（muesli）"的乡土美食。做法是在碎麦米中加入葡萄干、坚果、维生素、矿物质，堪称“瑞士版谷物片”。

→燕麦粥→刻瑞斯→玉米片→谷神→德墨忒尔

ジン

琴酒

英: gin

又称“金酒”，用柏科植物杜松的莓果杜松子（juniper berry）添加香味的蒸馏酒。英语“gin”的词源是荷兰语“genever”。关于琴酒的诞生，存在两种说法。一种说法称琴酒诞生于 17 世纪中期，起初是荷兰莱顿大学医学院的弗朗西斯克斯・希尔维斯（Franciscus Sylvius，1614—1672）调制的退烧药酒。另一种说法称琴酒诞生于同一时期的英国。17 世纪中期，荷兰鹿特丹近郊的港口城市斯希丹（Schiedam）率先开启琴酒制造业。直到今天，当地仍是荷兰琴酒的主要产地。1689 年，威廉三世登陆英国，加冕为英王，积极引进琴酒。到了工业革命时期，琴酒受到英国劳动者的广泛欢迎，迅速普及。因为葡萄酒价格昂贵，琴酒却比较廉价，所以受到了社会底层的追捧。然而，由于琴酒的酒精含量高达 40%—48%，因过量饮酒暴毙的情况屡见不鲜。当时的大众酒馆甚至打出了“喝醉 1 便士，醉死 2 便士”的宣传口号，销量直线上升。乞丐喝醉了也能过把国王瘾，人称“高贵的贫穷（royal poverty）”。英国政府只能以增税、打击劣酒应对。1736 年，政府禁止了琴酒的生产与销售。1751 年，琴酒管控法颁布。1765 年，因饮用琴酒引发的恶性事件日渐减少。1830 年，在琴酒中添加苦味酒制成的鸡尾酒问世。1833 年，连续蒸馏器问世，有效提升了琴酒的品质。据说琴酒有利尿、缓解肾病的功效。琴酒种类繁多，各国的琴酒各有千秋。以杜松子、黑麦、小麦、大麦、玉米、燕麦为主料，添加香菜、葛缕子、茴芹籽、欧白芷、柠檬皮，反复蒸馏制成。人们偏爱其爽快的口感。常用作餐前酒和鸡尾酒配料。英国劳工十分喜爱琴酒，伦敦琴酒、伦敦干味琴酒（London dry）的产量很高，知名品牌有“老汤姆（Old Tom）”。在美国较为普及的是黑刺李琴酒（sloe gin）、甜橙琴酒（orange gin）。

→蒸馏酒→餐前酒

ジンギスカン鍋（なべ）

成吉思汗火锅

北京菜系中的羊肉烤法之一。使用的铁锅表面有沟，形似蒙古士兵的头盔。羊肉、蔬菜烤好后，蘸特殊酱汁享用。有说法称名字取自蒙古帝国始祖成吉思汗（1206—1227 在位）。

蒙古当地的主食是烤过的羊肉。铁锅表面的沟是为了防止多余的油滴入火中。用这种锅烤制的肉没有腥味，火候刚好。一般用来烤羊肉。二战后，北海道的泷川道立种羊场率先在日本推出成吉思汗火锅，后普及至全国各地。

→羊肉

ジンジャー

生姜

英: ginger

→生姜（しょうが）

ジンジャーブレッド

姜饼

英: ginger bread

英国人钟爱的香料面包，加有生姜。可归入面包、曲奇、饼干的范畴。又称“诺丁汉姜饼”。拉丁语“gingibratum”演变为古法语“gingembrat”，最后变为英语“ginger bread”。在15世纪前后的英国，有一种叫“gingerbrede”的蛋糕，用生姜打造浓烈的香味，做成动物或字母的形状。英国人有茶歇的习惯，所以有很多适合搭配红茶的面包，比如佐茶小面包、英式麦芬、苏打面包等等。姜饼的做法是小麦面粉（低筋粉）加糖、油脂、蛋、盐、黄油、生姜、泡打粉，搅拌后烤制。除了生姜，还会加入其他香料（锡兰肉桂、多香果、丁香、肉豆蔻衣）增甜香味。比起“面包”，姜饼的口感更像“比较硬的饼干”。美国人也爱吃，每逢圣诞季会用模具把比较硬的面团揉成人形，烤成姜饼人。

→英国面包→英式麦芬→萨瓦兰蛋糕

酢（す）

醋

英: vinegar

主要成分为醋酸的酸性调味料。英语中称“vinegar（西洋醋）”。“vinegar”是“vin（葡萄酒）”和“aigre（酸）”的合成词，词源是法语“vinaigre”。醋是历史最悠久的调味料之一。在古代印度，人们以乳酸发酵的方式，用椰子树的树汁酿醋。在古希腊、古罗马时代，人们使用鱼酱（用鱼的内脏发酵而成的调味料）。公元前15世纪的摩西古籍中提到了醋，历史学家希罗多德（Herodotus，B. C. 484—424）、哲学家亚里士多德（B. C. 384—322）也在书籍中提到了醋。中国人从公元前14世纪至13世纪开始使用梅醋，催生出“盐梅”一词，流传至今。也有说法称，醋是酿造黄酒时的副产品，随着酿造技术的发展逐渐普及，写作“酢”“醋”“苦酒”。应神天皇在位时传入日本。1862年，巴斯德（Pasteur，1822—1895）揭开了发酵的奥秘，使醋的工业化生产成为可能。世界各地有各种各样的醋。日本的米醋、法国的苹果醋、葡萄酒醋、德国的麦芽醋……各地的醋与当地的酿造技术密切相关。顺便一提，在美国比较常见的是苹果醋（cider vinegar）。醋可根据制造方法大致分为酿造醋与合成醋。酿造醋又可分为谷物醋与果醋。①谷物醋包括麦芽醋（以麦芽糖化大麦、小麦、玉米）；②果醋的原材料有葡萄、苹果、李子；③特殊的烹饪醋原料包括凤尾鱼、卡宴辣椒、大蒜、火葱、覆盆子。合成醋以化学合成的醋酸调味制成。还有天然醋，如柠檬、香橙、酸橙、酸橘等柑橘的果汁。醋有爽快的酸味、香味与鲜味，是全球各地不可或缺的调味料。酸味的主要成分是醋酸、苹果酸、琥珀酸、酯、氨基酸。醋有下列功效：①增添酸味；②提鲜；③调整pH值，防止菜品腐败，延长保质期；④杀菌；⑤使蛋白质凝固，使较硬的肉变软；⑥改变色素的颜色，提高菜品的价值。比如加醋能让紫苏叶中的花青素变红，让蔬菜的叶绿素变成黄褐色，将莲藕中的类黄酮变白，防止苹果、牛蒡褐变；⑦去除滑腻感；⑧使小鱼的骨刺变软。醋的灵活运用可大幅提升食品的价值。

→调味料→巴萨米克醋

すいいんべい

水引饼

中国永熙武定年间（531—544）的农业著作《齐民要术》中介绍了沿用至今的中国菜系基本烹饪方法，如蒸、煮、烤、酿、煎、炒等。其中，“饼法”篇介绍了各种用小麦面粉烹制的食品。水引饼又称“水引”，被认为是挂面（索饼）的雏形。《齐民要术》记有“水引饼”的做法：①细绢筛面（让空气进入面粉中，防止结块），②以成调肉臛汁，待冷溲之（用放凉的猪肉汤和面，让面团富有弹性），③水引，挼如箸大（浸入水中，拉成筷子一般粗的条状），一尺一断，盘中盛水浸。④宜以手临铛上，挼令薄如韭叶，⑤逐沸煮（以大火烹煮，使淀粉充分糊化）。为促进麸质的形成，水引饼不加盐，但肉汤中的盐分可起到盐的作用。

→《齐民要术》→中国面→馎饦

西瓜（すいか）

西瓜

英：watermelon

葫芦科一年生蔓生藤本植物，原产于非洲热带。汉语和日语都称“西瓜”。形状、果皮、果肉的颜色纷繁多样，在世界各地均有种植。阿拉伯语“al-bâtikkha”演变为葡萄牙语“pateea”，最后变为法语“pastèque”。法语“melon d'eau”和英语“watermelon”同义。公元前4000年前后的古埃及壁画中描绘了栽种西瓜的场景，不过当时人们用得更多的是瓜子，而非果肉。古代传入地中海沿岸，开始用作水果。北上欧洲的进程较缓慢。约16世纪，西班牙人将西瓜带入美洲。但早在公元前，西瓜就已传入中近东与印度。五代十国时期（907—960）传入中国甘肃一带。也有说法称，西瓜在11世纪经丝绸之路从西域传入中国。还有学者认为西瓜在中国古代文献中的首次登场是在《陷虏记》（译注：丹会同十年，即公元947年），胡峤作为宣武军节度使萧翰掌书记随入契丹。胡峤被契丹扣押了七年，写了一本笔记叫《陷虏记》。书中提到：“遂入平川，多草木，始食西瓜，云契丹破回纥得此种，以牛粪覆棚而种，大如中国冬瓜而味甘。”至于西瓜传入日本的时间，学界众说纷纭，并无定论。在中药理论体系中，西瓜可利尿，对肾炎、膀胱炎有一定的疗效。西瓜基本由水组成（90%），富含果糖、蔗糖、瓜氨酸（citrulline有利尿的作用）。无籽葡萄已经广泛普及了，但无籽西瓜存在感微弱，这是因为无籽西瓜的形状容易凹凸不平。西瓜汁不是非常美味，是略带酸味的果汁，掺入洋酒饮用倒是刚刚好。西瓜的种子在中国称“瓜子”，吃的是瓜子仁。印度、巴基斯坦也有取瓜子（瓜子颗粒大）的品种。

スイスのパン

瑞士面包

英：Swiss bread

瑞士有德语区、法语区和意大利语区，气候风土有阿尔卑斯山区的特色。瑞士与奥地利接壤，也受到了各邻国的影响，因此面包种类丰富，包括恺撒面包、黑面包、法棍、布里欧修、羊角包等等。瑞士面包有下列特征：①当地有周六在家烤面包的习惯；②早餐包“weggli”中央有一道较深的切口；③辫子面包（zöpfe）被称为“星期天面包”，自古以来就是农民只在周日烤制的面包；④球形小餐包（Wasserbrötchen）口味清淡，表皮有尖锐的裂口；⑤奶酪火锅是瑞士独有的面包吃法。

→瑞士卷→面包→奶酪火锅

スイス料理（りょうり）

瑞士菜系

英：Swiss cuisine

瑞士全国有2/3为山岳地带，气候严峻，湖光山色，畜牧业发达。与法国、德国、意大利、奥地利、列支敦士登接壤，有各种特色美食。①受德语区、法语区、意大利语区饮食习惯的影响较大，当地常吃的食品与当地常用的语言相通；②海鲜少，但河鲜丰富；③奶酪、黄油、牛奶等奶制品与肉制品种类繁多；④奶酪火锅使用的是加白葡萄酒融化的格吕耶尔奶酪、埃曼塔奶酪，萨瓦奶酪火锅（La Fondue Savoyarde）、勃艮第地区的肉奶酪火锅较为知名。还有神似中式涮锅的“fondue chinoise”；⑤烤奶酪（raclette）是用较粗的钎子串起块状的格吕耶尔奶酪，边烤边剥着吃。法语“raclette”有“剥下”的意思；⑥鳟鱼做成的菜品十分美味；⑦有瑞士独有的奶酪蛋糕（ramequin）。

→埃曼塔奶酪→格吕耶尔奶酪→奶酪火锅→烤奶酪

スイスロール

瑞士卷

英: Swiss roll

日本人非常熟悉的蛋糕卷之一。关于瑞士卷的起源，存在若干种说法，包括“在瑞士传统蛋糕卷配方（roulade）的基础上冠以瑞士国名”“经美国传入日本”“在英国被称为瑞士卷”等等。其实在瑞士并没有叫“瑞士卷”的糕点。海绵蛋糕的标准配方是使用等量的小麦面粉、糖和蛋，但瑞士卷使用的糖略多，所以口感湿润，容易卷起来，保质期也长。具体做法是在小麦面粉中加入打发的全蛋、砂糖、蜂蜜和牛奶，搅拌后倒入铺有烘焙纸的模具烤制。然后将烤好的面饼翻面，涂抹奶油霜、果酱、奶酪后卷起。也有将樱桃、杏仁、果冻加入面糊或用作夹心的款式。

→瑞士面包

スイートロール

小甜面包

英: sweet roll

最具代表性的甜面包，诞生于美国，又称“美式小甜面包”。小甜面包的配方可应用于各种餐包。将糖、油脂、脱脂奶粉、盐混合成奶油状，加入蛋黄、小麦面粉、面包酵母进行发酵，分割、成型后烤制。亦可将面团冷藏，随时送入烤箱，做成“现烤（oven fresh）”面包。在美国，半磅以下的小面包统称“roll”，大面包则称“bread”，前者包括大量使用糖、黄油和牛奶的小甜面包、将黄油和入面团的黄油小面包（小餐包）、用于做热狗的热狗小面包（hotdog roll）等等。除此之外，还有肉桂卷（cinnamon roll）、水果小面包、即黄即食小面包等等，总之能归入“roll”的面包种类非常多。

→美国面包

す

スカンジナビア料理(りょうり)

斯堪的纳维亚菜系

英：Scandinavian cuisine

即北欧菜系。北欧为斯堪的纳维亚山脉环绕，挪威、瑞典、芬兰、丹麦、冰岛等北欧国家夏短冬长，毗邻北极圈，自然环境严苛，整体氛围偏宁静的城市较多。当地积极发展畜牧业、水产业。19 世纪后深度开发的地区较多。斯堪的纳维亚菜系有下列特征：①广泛种植土豆（土豆是越往北越美味），以土豆为主食；②畜牧业、水产业发达，肉、鱼以盐渍、醋腌、烟熏等方法加工储藏；③瑞典有斯堪的纳维亚式自助餐（smörgåsbord），丹麦有开放式三明治；④蛋白质、脂肪的摄入量较高；⑤有“脆猪皮（crackling）”（猪皮烤脆后切成细条）等特色菜肴；⑥丹麦啤酒历史悠久；⑦有以土豆为原料的蒸馏酒阿夸维特（aquavit）；⑧自助餐（viking）这一饮食形式的发祥地。

→开放式三明治→斯堪的纳维亚式自助餐

スコッチウィスキー

苏格兰威士忌

英：Scotch whisky

在英国北部的苏格兰地区生产的威士忌的统称，“Scotch”即“苏格兰”，也称“Mountain Dew”。关于苏格兰威士忌的发祥，存在两种说法，一为“从爱尔兰传入苏格兰西部”（爱尔兰发祥说），二为“发祥于苏格兰”（苏格兰发祥说）。1170 年，亨利二世（1154—1189 在位）攻入爱尔兰，接触到了原住民喝的烈性蒸馏酒。直到 16 世纪，苏格兰的威士忌还是农民在家中用大麦麦芽发酵蒸馏而成的饮品，算农家的副业。从 1776 年前后开始，苏格兰威士忌开始大量出口到英格兰。约 1820 年，市面上销售的威士忌有一半是非法私酿造的产物。为了逃税，人们用泥炭完成麦芽的干燥步骤。正是泥炭带来的独特香味让苏格兰威士忌在日后享誉全球。从 19 世纪中期开始，苏格兰威士忌的产量增加，迅速普及到世界各地。1908 年，威士忌的定义写入法律条文，即“蒸馏用麦芽中的淀粉酶（diastase）糖化的谷物浆得到的烈酒”。在苏格兰蒸馏的称“苏格兰威士忌(whisky)”，在爱尔兰蒸馏的称“爱尔兰威士忌(whiskey)”。苏格兰威士忌有下列特征：①特指在苏格兰地区酿造的威士忌；②用苏格兰地区特产的泥炭处理大麦麦芽，蒸馏后留有特殊的香味；③原酒可分为五大类，分别是高地麦芽威士忌（Highland malt whisky）、低地麦芽威士忌（Lowland malt whisky）、艾雷岛威士忌（Islay）、坎贝尔镇威士忌（Campbeltown）和谷物威士忌

(Grain whisky)；④陈酿3年以上；⑤不同于使用酒曲的东方酿酒法，威士忌有三种酿制方法，分别是只以大麦麦芽为原料的纯麦芽威士忌(Pure malt Whisky)；以大麦、小麦、燕麦、黑麦、玉米等多种谷物为原料的谷物威士忌(Grain Whisky)；用纯麦芽威士忌和谷物威士忌掺兑勾，打造轻盈柔和风味的兑和威士忌(Blended Whisky)。

→威士忌

スコーン

司康饼

英: scone

发祥于苏格兰地区的传统面包，也称"饼干(biscuit)""苏打面包(soda bread)"。类似于美国的"热松饼(hot biscuit)"。英式下午茶不可或缺的茶点。在小麦面粉中加入糖、蛋、黄油、牛奶、盐、泡打粉和成面团，在阴凉处静置一昼夜后擀开，抠成圆形送入烤箱。过去常用电热烤盘烤制，但现在也有用烤箱、油炸的情况。还有加入大麦面粉、碎麦米、酵母的情况。新鲜出炉的最美味。可涂抹果酱、黄油、奶油享用，是早餐和下午茶的重要组成部分。

→英国面包

スターアニス

八角

英: star anise

木兰科常绿乔木八角的果实。"star anise"是"星形茴芹"的意思。

→八角(はっかく)

ズッキーニ

西葫芦

英: zucchini

葫芦科的美洲南瓜(*Cucurbita pepo*)，原产于中美洲。发现新大陆后传入欧洲，之后传回美洲。拉丁语"curbita(南瓜)"演变为古法语"cohourde"，最后变为法语"courgette"。英语"zucchini"的词源是意大利语"zucchino"。从西班牙、意大利经地中海沿岸传入非洲西北部。西葫芦形似黄瓜，呈圆筒形，有绿、黄两种，是改良过的美洲南瓜变种。欧洲人自古以来就吃西葫芦，人称"Italian squash(意大利南瓜)"，因为意大利人尤其爱吃。在南法的菜肴中也很常用。烹饪方法却与南瓜不同，在法国更接近于茄子的做法，在英国则和黄瓜的做法相似。花与嫩果的甜味较少，风味清淡，适合搭配肉、河海鲜等食材。富含维生素C。可干煎、用汤、西红柿、奶油炖煮、做

成焗菜、加奶酪烤或油炸。南法最具代表性的一道菜就是法式炖蔬菜（ratatouille），做法是西葫芦、西红柿、茄子、甜椒、洋葱用大蒜和橄榄油煸炒后炖煮。在炎炎夏日，冰镇一昼夜的法式炖蔬菜格外鲜美，能为人们补充体力。西葫芦还能做成万圣节前夜（10 月 30 日）的鬼灯。在 1975 年（昭和五十年）前后，西葫芦开始在日本普及，也逐渐融入了日本料理。

→南瓜→万圣节

ステーキ

排

英: steak

肉、火腿、鲑鱼的厚切片，或用铁丝网烤过、用铁板煎过的上述厚切片。包括牛排、猪排、黑椒牛排、鱼排、肉扒等等。加热肉片的历史几乎与人类的历史一样长。希腊语“stigma（印记、标记）”演变为日耳曼与“stik（刺）”，再到古英语“steikja（用金属钎子串起来烤）”，最后变成法语和英语中的“steak”。“steak”原指“木桩”，有说法称这个词来源于火刑时捆绑犯人的柱子。1815 年拿破仑兵败滑铁卢后，英军将士将这道菜传入法国，在法国备受欢迎，炸薯条（pomme frites）成了常用配菜。在日本，福泽谕吉的《增订华英通语》（1860）提到了“牛排”。牛肉最高档的部位是里脊肉、沙朗、肋排，还有肩肉、肩腰肉、臀肉、内大腿、外大腿、牛五花、牛腿肉、牛颈肉等部位。现代的牛排加热程度可大致分为①一分熟（rare 用大火煎肉的表面，煎出红色的肉汁）、②三分熟（medium rare 比一分熟更熟一些，留有部分红色肉汁）、③五分熟（medium 普通的煎法，成品内部呈粉红色）和④全熟（well-done 彻底煎熟，几乎不剩肉汁）。

→牛肉→沙朗牛排→夏多布里昂牛排→夏里亚宾牛排

ステビア

甜菊

英: stevia

菊科多年生草本植物，原产于南美巴拉圭。巴拉圭原住民自古以来就将甜菊用作马黛茶（mate）或红茶的甜味调料。甜菊叶中含有甜味成分甜菊苷（Stevioside），加工后甜度可达砂糖的 300 倍。二战后，英国大力发展和甜菊有关的研究。从 1970 年（昭和四十五年）前后开始，日本开始研究甜菊的种植方法。用甜菊制作的甜味剂热量低，价格也只有砂糖的 1/2，是备受瞩目的新式甜味剂。

→砂糖

ストロガノフ

斯特罗加诺夫牛肉

英: stroganoff

→斯特罗加诺夫牛肉(beef strogan-off)

ストロベリー

草莓

英: strawberry

→草莓(いちご)

スナック

小吃/零食

英: snack

简单的轻食。一日三餐以外的零食。"snack"有三层意思:①轻食、②提供轻食的餐吧(小餐厅)、③零食。英语"snack(轻食、简餐)"的词源是中世纪荷兰语"snacken(咬断)"。从1963年前后开始,随着生活方式的变化,以谷物片为主的小吃在美国掀起了一股热潮,各种小吃应运而生。在1966年前后,新的小吃几乎以两天一款的速度接连诞生。由于小吃随时都能享用,时间再紧张也不怕,在双职工家庭、生活忙碌、享受娱乐活动的群体中呈现出爆发式渗透。再加上小吃可以一口吞下,口味丰富,获得了民众的广泛欢迎,迅速普及。也有说法称,电视的普及加快了小吃的渗透速度。从三明治、热狗等轻食到各种零食都诞生于这一时期。零食可根据使用的原料大致分为①土豆类、②玉米类、③小麦类、④米类和⑤坚果类,包括谷物片、薯片、玉米片、爆米花、饼干、咸饼干、纽结饼、米果、混合坚果等。上述零食都没有甜味,只有淡淡的咸味,被广泛用作零食、点心和下酒菜。加工形态与调味方式非常多样,有烤、炸、煎、膨化等等。零食之所以在短时间内实现爆发式增长,除了食用方便,还得归功于饮食生活的西化与对清淡风味的偏爱。薯片从1963年(昭和三十八年)开始在日本逐渐普及。汉堡包、炸鸡、甜甜圈、三明治、意式比萨、可丽饼等新式快餐市场蓬勃发展。

→快餐

スパイス

香料

英: spice

→香料(香辛料)

スパークリングワイン

汽酒

英: sparkling wine

含碳酸气体的葡萄酒的统称,也

称气泡酒。“sparkling”是“起泡”的意思。法语称“vin mousseux”。碳酸气体有的来源于装瓶后的二次发酵，有的则是人工注入。气泡与葡萄酒的香味融为一体，打造独特的爽快感。法国最著名的汽酒莫过于香槟。常用作甜食酒、干杯酒。

→香槟→酿造酒→葡萄酒

スパゲッティ

意大利实心粉

英：spaghetti

最具代表性的意面。意大利语“spago（绳子）”加缩小化词尾，变成“spaghetto”，最后演变成英语“spaghetti”。这一称呼在18世纪上半叶出现在意大利。实心粉的直径为1.2 mm至2.5 mm不等，从细到粗可大致分为天使面（capellini，直径1.2 mm以下）、长面（spaghettini，直径约1.6 mm）和细面（vermicelli，直径约2 mm）三种。在中世纪的意大利，细面是最主流的实心粉。在意大利以外的国家，人们一般把比较细的意面称作“vermicelli”，较粗的称“spaghetti”。在日本农林规格（JAS）中，意面被归入了“通心粉（macaroni）类”，而“实心粉”的定义是“直径1.2 mm以上的棒状或直径在2.5 mm以下的管状意面”。

→意面酱→硬粒小麦→意面→通心粉

スパゲッティソース

意面酱

英：spaghetti sauce

法餐的源头在于意大利菜系。意大利美食包括了各种各样的酱汁，意面酱的特征尤其鲜明，每个形成过城市国家的地区都有独特的意面酱。意面酱有四大必备食材。①西红柿：沐浴地中海阳光长大的金苹果，意大利人称之为“pomodoro”。西红柿在16世纪从墨西哥、秘鲁传入意大利，起初是观赏植物和药用植物，但西红柿格外适应意大利的气候风土，逐渐成为意面不可或缺的食材。②大蒜：大蒜能去除食材的异味，打造特有的风味与醇香。③橄榄油：地中海沿岸的美食绝对少不了橄榄油。④马苏里拉奶酪（粉）：提升肉和河海鲜的鲜味。最具代表性的实心面有：①那不勒斯意面（spaghetti à la napolitaine）：番茄酱是意大利的万能调味料，一般在家中自制，每逢西红柿的收获季，人们便会全家出动，做够一年份的番茄酱；②博洛尼亚地区的博洛尼亚肉酱面（spaghetti alla bolognese）：即日本人熟悉的“肉酱面（ミートソース meat sauce）”；③奶油培根意面（spaghetti alla carbonala）：用蛋黄拌培根丝；④海鲜意面（spaghetti alla marinara）：加有河海鲜的茄汁意面，那不勒斯名菜；⑤蛤蜊意面（spaghetti alla vongole）：加有形似花蛤（アサリ）的蛤蜊，很受欢迎。日本人在二战后吃的"肉酱面"加有大量用小麦面粉调制的酱汁，口感偏糊。从1975年（昭和五十年）前后开始，日本人开始追求更正宗的意面，意面酱也愈发接近意大利本土的产品，口味更是多样。

→橄榄油→西红柿→意面→马苏里拉奶酪

スピリッツ

烈酒

英: spirits

通过蒸馏酿造酒提升酒精浓度的酒，包括阿夸维特、威士忌、白兰地、金酒（琴酒）、伏特加、龙舌兰酒、朗姆酒等。日本酒税法将烈酒分为"烈酒类"和"原料酒类"两种。前者指清酒、烧酒、味淋（译注：甜料酒）、果酒、威士忌、发泡酒以外的酒，且萃取液成分不足2%，酒精度数在36到45之间。后者指酒精度数高于45的酒。可直饮，亦可用作鸡尾酒的基底。

ソープ

汤

英: soup

用肉、河海鲜、蔬菜煮成的汤汁的统称。法语"soupe"和英语"soup"的词源是日耳曼法兰克语"suppa（带面包的汤）"。"soup"原指"浸过汤的面包片"，因为在古罗马时代，人们会用汤将变硬的面包煮软。加黄油和少许盐炖煮而成的面包汤在英语中称"panada"，法语称"panade"。也有说法称，法国的蔬菜肉汤（pot-au-feu）是汤的始祖。直到8世纪至9世纪，主流的汤还是将食材全部放入锅中炖煮而成的杂烩汤。长久以来，法国一直有"餐桌上的所有人用同一个汤碗喝汤"的习惯，无论是汤还是红酒，都是用同一个容器轮流喝。1533年，意大利佛罗伦萨梅第奇家族的凯瑟琳公主（1519—1589）与法国的奥尔良公爵亨利（即后来的法王亨利二世）结婚，分离原汁清汤（bouillon）和食材的烹饪技法发展起来，汤品演变为"一人一份"。蔬菜肉汤（肉、河海鲜、蔬菜煮成的杂烩汤）逐渐演变，在18世纪发展成了和长时间炖煮的法式靓汤（potage）截然不同的菜品。也有说法称，从18世纪开始，富人阶级开始将汤称为"potage"，把"soup"视作粗鄙的叫法。相传1765年，巴黎普利街的大众餐馆老板布兰杰将一款加有羊肉的原创汤品（清汤）命名为“Restaurant”，受到了巴黎群众的热烈追捧，生意大好。“rest”有“休息、恢复体力”的意思。后来，人们便把“提供美味餐食的餐厅”统称为“restaurant”了。19世纪，“soup”演变为汤水较多的菜品。用炸面包丁（crouton）点缀汤品这一习惯也与汤的起源有关。汤可大致分为三类：①“potage clairs”，在原汁清汤（bouillon）中加入肉与蔬菜，再用蛋白使其变得通透，一般统称“清汤”；②以蔬菜为主的汤；③较浓的汤“potages liés”，统称“浓汤”。清汤又可细分为牛肉清汤（consommé original）、鸡肉清汤（consommé de volaille）、野味清汤（consommé de gibier）、鱼肉清汤（consommé de poisson）、混合清汤。浓汤可细分为用蛋黄增稠的“consommés liés”、用肉、河海鲜、蔬菜增稠的“purées ○○”、奶油汤“crèmes ○○”、用白汤酱（sauce velouté）制作的“potages velouté ○○”、两种以上浓汤混合而成的“Specio ○○”。酱汁与汤是法餐的基础，而两者的共同点在于炖煮方式。汤宜“吃”不宜“喝”。“喝”了就会发出怪声。最好先用勺子送入嘴里，停一拍再咽下去，这样不会发出任何声音，而且唇齿留香。法语“soupe”还有“吸、吃”的意思。汤有两大功效：①让喝汤者对接下来的餐食产生期待感；②在胃壁上形成脂肪膜，促进胃内血液循环，提升食欲。由此可见，汤的功效与头盘相似。在法餐中，汤与头盘一般是二选一。也有能用作主菜的汤，比如鱼做的杂烩汤“海鲜汤”和蔬菜肉汤。可用于汤的食材纷繁多样，包括牛、猪的小腿肉、小牛肉、猪的油肉、培根、香肠、鸡骨、奶酪、小龙虾、洋葱、韭葱、胡萝卜、土豆、芜菁、甜椒、卷心菜、青豆、生姜、西芹、香芹、月桂叶、蛋白。全球最具代表性的汤有原汁清汤、海鲜汤、法式靓汤、蔬菜肉汤、红菜汤、意式蔬菜浓汤、杂烩浓汤等。日本幕末时期，西方的汤传入日本，被称为“スップ/ソップ”。不知为何，日本人习惯将清汤统称

Potage Clairs（清澄的法式靓汤）	Consommé Chaud（热清汤）
	Consommé Froid（冷清汤）
	Consommé en Gelée（凝胶状清汤）
Potages Liés（浓稠的法式靓汤）	Purées（过筛的浓汤）
	Crèmes（奶油状浓汤）
	Consommés liés（加有增稠配料的清汤）
	Soupes
	Bisques（甲壳类食材熬制的浓汤）
	Taillés（食材形状统一的浓汤）

法式靓汤的分类
资料：辻料理专科学校《简明法餐史》评论社 150

为“consommé”，将浓稠的汤统称为“potage”。

→香蒜汤→清汤→汤底→法式靓汤→蔬菜肉汤→英式咖喱汤→油面酱→餐厅

酢豚（すぶた）

糖醋猪肉

炸过的五花肉加洋葱、甜椒、竹笋、胡萝卜和香菇，用酸甜芡汁勾芡而成的中国菜。芡汁爽快的甜味与酸味能促进食欲，也非常合日本人的口味。发明经过不详。粤菜“咕咾肉”受欧美饮食文化的影响，使用了番茄酱。加有西红柿的芡汁称“茄汁”。上海菜“糖醋里脊”不用西红柿。不过在日本，这几道菜被统称为“糖醋猪肉”，不作区分。除了猪肉，也可以用牛肉、鸡肉、鲭鱼、竹荚鱼做。搭配菠萝、苹果、青豆、木耳也美味。

→中国菜系

スフレ

舒芙蕾

法：soufflé

蓬松柔软的法式菜品或糕点，日语中也写作“スーフレ”“スゥフレー”。“soufflé”由法语“souffler（使膨胀）”

舒芙蕾
资料：《糕点辞典》东京堂出版[275]

衍生而来。也有说法称，舒芙蕾诞生于19世纪初，起初只是甜品。将蛋黄和蛋白分别打发，加入小麦面粉、牛奶和砂糖，混合后灌入模具烤制。甜品舒芙蕾有咸甜两种，咸的用作头盘，甜的用作甜品。舒芙蕾冷却后会收缩，所以最好趁热吃。有奶酪舒芙蕾、舒芙蕾蛋卷、土豆舒芙蕾、巧克力舒芙蕾等款式。也有加入蟹肉、虾肉、鲑鱼泥、菠菜的舒芙蕾。甜品舒芙蕾也有不烘烤的冷制版。

→土豆舒芙蕾

スプレッド

面包酱

英：spread

涂抹在吐司面包、咸饼干上的酱，诞生于美国。有奶酪面包酱、花生面包酱、芥末面包酱、苹果面包酱等款式。将中意的食材和蛋黄酱一起搅拌均匀，做成三明治酱（sandwich relish）也不错。

→美国菜系

スプーン

勺

英: spoon

舀取食物的器具，也写作“匙”。希腊语“koklias（蜗牛）”演变成拉丁语“cochlea（贝）”，再到“cochlearrium”，最后变成法语“cuiller”。至于英语“spoon”的词源，存在两种说法，分别是古英语“spôn”和印欧语“spê（长而扁平的木片）”。而德语“Span”和荷兰语“spaon”都有“木片”的意思。在古埃及时期，人们将木材、动物骨骼、青铜、象牙做的勺用于调配化妆品和烹饪。在古希腊、古罗马时期，勺的顶端一分为二，尖头用于刺破鸡蛋壳或蜗牛壳，圆头用于挖取壳里的东西。当时并没有个人专用的勺，刀叉在功能层面也尚未分化。埃及王公贵族的遗迹也有金属勺出土。11 世纪，勺传入意大利。1533 年，意大利佛罗伦萨梅第奇家族的凯瑟琳公主（1519—1589）与法国的奥尔良公爵亨利（即后来的法王亨利二世）结婚，又随她传入法国。

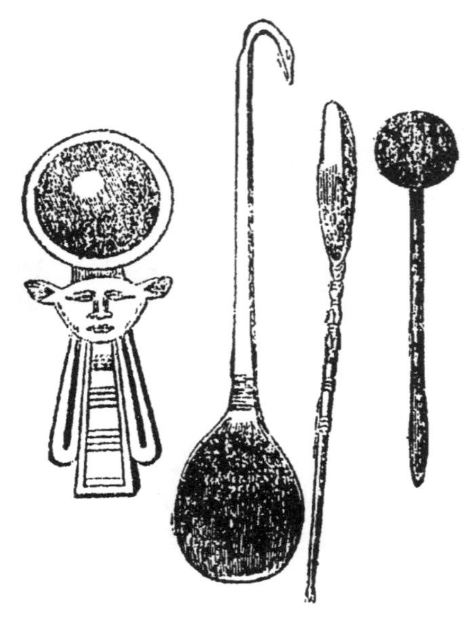

古埃及的勺（用于化妆?）
资料：春山行夫《餐桌文化史》中央公论社 [142]

从亨利三世（1574—1589 在位）时期开始，女装盛行环状褶皱领口，因此勺柄逐渐变长。当时的王公贵族子女受洗时，教会以刻有教名的使徒（译注：耶稣开始传道后从追随者中拣选的十二个门徒）银勺相赠。“含着银汤勺出生”成为上流阶级的代名词。从 1665 年前后开始，这种风俗在英国逐渐消失。17 世纪的英国文献称，客人赴宴时要自己带勺，用于切食物、舀汤，用自己的勺子才符合礼仪。19 世纪，由刀、叉、勺组成的现代饮食形式终于大功告成。到了 20 世纪，金属勺愈发多见，在群众中普及开来。现代的勺可大致分为①餐勺（table spoon)、②甜点勺（dessert spoon）和③茶勺（tea spoon）。此外还有鸡尾酒勺、汤勺、冰淇淋勺、咖啡勺等品种。

→刀叉文化

スペアミント

留兰香

英: spearmint

唇形科多年生草本植物，原产于欧洲，又称“绿薄荷”。约9世纪，留兰香在欧洲修道院的花园中十分常见。相较于胡椒薄荷（peppermint），留兰香有着更偏草味的甜香。香味成分是l-香芹酮（L-Carvone）。清凉感比胡椒薄荷稍弱。带草味的清凉感在日本不太受欢迎，但是在欧美国家，人们听到“mint（薄荷）”时最先联想到的就是“spearmint”，应用范围也非常广泛，可为肉、鱼增添香味、制作口香糖、鸡尾酒、软饮料、糖豆、奶糖、果冻。用于烹饪时，新鲜叶片、干叶片和留兰香精的用途各有不同。亦可用于牙膏与清凉剂。

→薄荷→香草

スペインオムレツ

西班牙式煎蛋卷

用黄油、橄榄油、大蒜煸炒切成薄片的土豆，加入蛋液后一起煎。又称“omelette à l’espagnole（法语）”。墨西哥菜系中有玉米粉做的玉米薄饼（tortilla），而西班牙人用同一个词指代煎蛋卷。西班牙式煎蛋卷的原型有两种说法，分别是墨西哥的玉米薄饼和中国的芙蓉蟹。

→煎蛋卷→玉米薄饼

スペインのワイン

西班牙葡萄酒

英: Spanish wine

西班牙是仅次于意大利和法国的全球第三大葡萄酒产地。伊比利亚半岛面朝大西洋与地中海，有着温暖的地中海气候，当地土壤也适合种植葡萄，催生出了多种多样的葡萄酒。不少葡萄品种为西班牙独有。葡萄酒的主要产地是北部、中部、加泰罗尼亚地区和安达卢西亚地区。约公元前5世纪，腓尼基人（Phoenicia）将葡萄传入伊比利亚半岛，开启了当地的葡萄酒酿造业。在古罗马时期，大量西班牙葡萄酒被运往罗马。在中世纪，西班牙长期受穆斯林统治，酿酒业陷入停滞。13世纪，伊斯兰教势力日渐式微，酿酒业充实活力，西班牙葡萄酒就此驰名欧洲。1970年，西班牙政府制订了关于酒类等级的法律（类似于法国的AOC制度），葡萄酒共有四档，分别是① DOCa（优质法定产区酒 Denomination De Origen Calificda）、② DO（法定产区酒 Denomination De Origen）、③ VdlT（地区餐酒 Vino de la Tierra）和④ VdM（普通餐酒 Vino de Mesa）。西班牙南部安达卢西亚地区的赫雷兹出产的雪莉酒（人工提升了酒精浓度）最为知名。西班牙还有红葡萄酒加橙汁、柠檬汁、菠萝汁等果汁和甜味剂调成的传统饮料桑格利亚。

→桑格利亚→雪莉酒→酿造酒→葡萄酒

スペイン料理（りょうり）

西班牙菜系

英: Spanish cuisine

西班牙占据了伊比利亚半岛的大半，为地中海和大西洋环绕，阳光充足，与比利牛斯山脉另一侧的邻国法国发展出了不同的饮食文化。西班牙的饮食文化受到了古希腊、古罗马文化的影响。在中世纪，西班牙受到了汪达尔人（Vandal）、西哥特人、阿拉伯人的侵略。直到大航海时代，哥伦布（1451—1506）得到了西班牙女王伊莎贝拉一世（1474—1504 在位）的资助，发现了美洲新大陆。西班牙就此称霸世界，迎来了全盛时期。8 世纪至 15 世纪，西班牙深受伊斯兰文化的影响。在这样一个多民族国家，各民族发展出了不同的饮食文化。比如，内陆的阿拉伯裔以肉为主食，地中海沿岸则偏爱海鲜。犹太人、凯尔特人、罗马人、巴斯克人、西哥特人的加入更是形成了复杂的饮食习惯。西班牙菜系有下列特征：①形成了在欧洲大陆独具一格的菜系，且各地都有独特的乡土美食；②农产品、畜产品、海产品丰富；③北部偏爱香味浓烈的香草与药草，调味较重，南部的口味更清淡；④常用盐、大蒜与橄榄油，不常使用香料，与东方菜系有着异曲同工之妙；⑤东西方文化在西班牙交融的证据之一是，西班牙菜系使用的菜刀和砧板与中国菜相同；⑥除巴斯克地区以外几乎不用酱汁；⑦用素烧砂锅炖煮的菜肴较多；⑧常用的陆地食材有土豆、洋葱、大蒜、橄榄油、西红柿、杏仁、红甜椒、辣椒、番红花、向日葵、黑胡椒、柠檬、橙子、葡萄酒、雪莉酒和白兰地；⑨西班牙的面包咸味鲜明，口感非常硬，不合日本人的口味。“piedra（硬面包）”一词有“石头”的意思。当地古语云“石头煮了也会变软”；⑩用午餐与晚餐的时间较晚，下午 2 至 4 点吃的午餐是一天中最重要的一餐。最具代表性的美食有“ensalada”（用葡萄酒醋调味的沙拉）、西班牙冷汤（用捣碎的生蔬菜制成）、西班牙海鲜饭（paella 加有番

红花）、炸鲜凤尾鱼（boquerones fritos 干炸）、炸沙丁鱼（chanquetes fritos 裹面糊炸）、炖鱼汤（cocido）、烤鳗鱼苗“昂古拉斯（angulas）”、墨鱼汁煮墨鱼（calamares en su tinta）、油炸鱿鱼圈（calamares a la Romana）、西班牙式煎蛋卷（tortilla）、红酒味鲜明的桑格利亚。

→昂古拉斯→醋渍炸鱼→西班牙式→西班牙冷汤→西班牙凝乳→西班牙式煎蛋卷→西班牙海鲜饭

スペルト小麦（こむぎ）

斯卑尔脱小麦

英: spelt wheat

栽培二粒小麦与野生节节麦自然杂交而成，目前在世界各地均有种植。自然分布于小亚细亚至黑海沿岸。1834 年，林克发现并命名了这种小麦。人们认为它是小麦的原生种，在西班牙、塞尔维亚、法国南部和比利时开始种植。可做成蛋糕粉和饲料。斯卑尔脱小麦比较难脱粒。

→小麦

スポンジケーキ

海绵蛋糕

英: sponge cake

在打发的鸡蛋中加入糖、小麦面粉烤制而成的糕点。“sponge”的词源有两种说法，分别是拉丁语“spongia（海绵）”和希腊语“spongiá（海绵）”。法语称“biscuit”。据称海绵蛋糕一词在 1808 年的文献中首次出现。

→杰诺瓦士海绵蛋糕→葡萄牙松糕→吉涅司→海绵糕点→比滋可巧

スモーガスボード

斯堪的纳维亚式自助餐

瑞: smörgåsbord

在北欧三国发展起来的斯堪的纳维亚前菜，据说发祥于瑞典。“smörgåsbord”由瑞典语“smör（黄油）”“gås（鹅）”“bord（桌子）”组合而成。“smörgås”意为“带黄油的面包”，“bord”就是桌子的意思。直译过来就是“放着面包和黄油的餐桌”。北欧的气候风土十分独特，夏季有白夜，整夜通明，冬夜则漫长黑暗。当地人根据这样的生活环境发明了几种独具一格的饮食形式。瑞典有斯堪的纳维亚式自助餐，挪威有开放式三明治，丹麦有丹麦三明治（Smoerrebroed）。“viking”也是发源于北欧的饮食形式，宾客赴宴时各自带菜，随性挑选，但北欧并不存在叫“viking”的菜品。日本的自助餐（バイキング）正来源于北欧的“viking”。斯堪的纳维亚式自助餐原本只是前菜，但有时也把它用作一顿饭的重头戏。小麦在北欧属稀缺资源，所以面包要切成薄片，涂抹黄油，放上各种食材。冷热皆可。一边喝土豆蒸馏酒阿夸维特（意为“生命之水”，相当于日本的芋烧酒），一边与亲友谈笑，享受美好时光。使用的食材丰富多彩，多达50余种，包括牛肉、鸡肉、野鸟肉、烤牛肉、火腿、香肠、牛舌、肝酱、肉丸、醋腌鲱鱼、醋浸鲑鱼、小虾、凤尾鱼、鱼子酱、海胆、盐渍鲑鱼子、烟熏鳗鱼、烟熏鲭鱼、鳕鱼子、奶酪、焗菜、通心粉沙拉、西式腌菜、菠萝、木瓜等。

→开放式三明治→三明治→斯堪的纳维亚菜系→前菜→自助餐→北欧面包

スモークサーモン

烟熏三文鱼

英: smoked salmon

经烟熏处理的盐渍红鲑。用栎树、麻栎、榉树、槲树、橡树、山核桃树等硬木的烟熏制而成。阿拉斯加、加拿大、堪察加均产红鲑。烟熏有三项功效：①去除水分，烘干食材；②烟熏时产生的酚类和醛类物质有杀菌、防腐、防氧化的作用；③添加独特的香味与风味。爱斯基摩人与阿伊努人通过烟熏制作储备粮，催生出了这种烹饪技法。1933年（昭和八年），日本帝国酒店主厨石渡文治郎从法国带回了这种技法，用于制作头盘。

→鲑鱼

李（すもも）

李子

英: plum

蔷薇科落叶小乔木的果实，原产于中国（也有说法称是小亚细亚）。又称“巴旦杏”“米桃”。“plum”的词源有两种说法，分别是希腊语“proûmnon”和拉丁语“pruna”，法语称“prune”。古罗马时代，人们在叙利亚通过嫁接种植李子。12世纪，十字军从大马士革带回了李子，李子就此传入欧洲，在文艺复兴时期逐渐受到欢迎。1600年传入英国。在中国，桃李都是人们珍爱的水果。“桃源境”一词原指“只有桃李生长的地方”，后引申为“远离俗世的仙境”。中国有“李下不整冠”的谚语。李子从中国长江流域传入日本，在日本有着悠久的栽培历史，在《万叶集》《日本书纪》中均有出现，称“酸桃（すもも）”，即“有酸味的桃子”。在美国品种改良而成的西洋李子适合做成果干。果肉多汁，酸味明显，富含纤维和果胶，容易做成果酱和果冻，是果酒、果干的常用原料。

正餐（せいさん）

正餐
英: dinner

→正餐（dinner）

製粉（せいふん）

制粉
英: milling

将小麦、荞麦、玉米、豆子等食材磨成易用、易吃的粉状。一般指代将小麦处理成面粉的工序。大米保留颗粒，小麦却要磨粉吃，这是因为两种食材的特性不同。米的外皮是稻壳，容易与米粒分离，糠层也容易从外侧剥离。直接以颗粒的状态烹煮也很美味。小麦的胚乳部分柔软，容易磨粉，但外皮坚硬，中央还有凹槽。有史以来，人类为了去除小麦外皮发明了各种制粉方法。最古老的制粉工具是鞍形石磨（将谷物放在石块上磨碎）。公元前40世纪的古巴比伦遗迹就有这种石磨。之后又发展出了手摇石磨（saddle quern）和旋转石磨（rotary quern）。约公元前1世纪（中国汉代），用水车驱动石磨的“水磨”诞生，再加上绢筛，生产“雪白的小麦面粉”终于成为可能。来自西域的“胡食”也进入了中国，北方人开始制作饺子、馒头。旋转研磨的动力源按“奴隶→家畜→风力→水力→蒸汽机→电力”的顺序演变。18世纪，欧美的现代化进程不断推进，逐步研细法（gradual milling system 从外皮逐层分离出胚乳部分）在法国应运而生。再加上匈牙利、奥地利、瑞士、德国、英国、美国的技术，可量产面粉的工业化制粉工厂终于诞生。日本的近代化发生在明治二十年至三十年之后。在英语中，工厂称“mill（水车）”，这也是因为制粉是全球最古老的工业的象征。日本江户前期的《本朝食鉴》（1695/元禄八年）中提到了“逐步研细法”（用手摇石磨将小麦磨碎，过筛若干次，分成上等粉与下等粉）。如此一来，可制成适用于馒头、挂面、馄饨、面筋等各类产品的面粉。

→小麦→专利粉→麦子美食

セイボリー

餐后小盘
英: savory

餐后上桌的咸味小盘。拉丁语“sapor（口味、风味）”演变成法语“saveur”，最后变成法语“saveur”和英语“savory”。在英国，享用完所有菜品和甜点之后会有餐后小盘上桌。边喝葡萄酒，边享用开胃薄饼、派、千层酥条、可乐饼、奶酪、苏格兰山鹬（Scotch woodcock）、舒芙蕾等等。这道小盘也体现出了英国人钟爱社交的气质。

セイボリー

香薄荷

英: savory

唇形科草本植物，原产于地中海沿岸。又称“木立薄荷”。经烘干处理的叶片有着独特的香味与辣味。在古希腊神话中作为媚药登场。可细分为一年生的夏香薄荷（Summer Savory）和多年生的冬香薄荷（Winter Savory）。前者的香味更强。香味成分为香芹酚（carvacrol），神似百里香、迷迭香、牛至。在法国、德国和瑞士备受欢迎，是豆类食材的好拍档，常用于以菜豆、豌豆、小扁豆为主要食材的菜品。亦可用于制作香肠、肉派、汤、沙拉和酱汁。被蜜蜂蜇伤时，可用香薄荷擦拭患处。

→香草

斉民要術（せいみんようじゅつ）

《齐民要术》

成书于北魏末年（约540年），作者为贾思勰，中国最古老的农学专著。正文共10卷。除农业、林业、渔业和畜牧业，书中还广泛介绍了各种酿造法、烹饪法和储藏法。书中提到的食品加工技术更是具有极高的水准。谷物、肉、鱼的烹制方法有烤、炙、蒸、煎、煮、烩、发酵等等，其中包括了大量现代中国菜系的基本烹饪方法。另外，面条等面粉美食的雏形也在书中纷纷登场。在西方只有“烤（bake）”的时代，中国已经形成了丰富多彩的烹饪手法。可见在日本飞鸟时代的前期，中国的饮食文化已经发展到了非常高的水准。

→水引饼→中国面→中国菜系

西洋（せいよう）の食（しょく）の思想（しそう）

西方饮食思想

欧洲的气候风土更适合发展畜牧业，而非种植谷物。在漫长的历史进程中，欧洲人经历了多次饥荒，为确保粮食耗尽了心血，终于在19世纪后确立了以肉为主食的饮食形式，延续至今。不过西方饮食思想有非常浓重的宗教色彩。耶稣基督成了追求丰衣足食、稳定生活的老百姓的救世主。基督教高举以人为中心的教义。在基督教的世界中，上帝创造了人类的所有食物。《旧约圣经·创世记》1：27如此写道：“神说，我们要照着我们的形像，按着我们的样式造人，使他们管理海里的鱼、空中的鸟、地上的牲畜，和全地、并地上所爬的一切昆虫”。在饮食与健康的关系这一领域，欧洲人自古以来重视香草（herb）、香料（spice）等具有药效的植物。“herb”有药草的意思，“spice”则有“药品”的意思，可用于烹饪。“烹饪”和“开药方”有着异曲同工之妙。耐人寻味的是，早期的烹饪著作大多出自医生之手。烹饪方法在英语中称“recipi”，法语称“recette”，意大利语称“ricetta”，这三个词都有“处方”的意思。

→菜谱

西洋料理（せいようりょうり）

西餐

英: western style dishes

欧洲、南北美洲、澳大利亚等欧美国家的食品。在17世纪至18世纪作为宫廷美食取得灿烂的成果。其核心为法餐。各国、各民族形成了各有特色的菜系。西餐的源头是古希腊、古罗马时期的宴会美食。在那个时代，吃肉取代了吃菜，人们用山羊奶酪、油进行烹饪，使用鱼酱（用盐和鲭鱼内脏制成的发酵液）等调料，还发明了丰富多彩的酱汁。美食文化逐渐萌芽。然而，关于美食与烹饪的文献几乎不存在，唯有公元前2世纪由阿比修斯写就的《古罗马食谱》留下了抄本。阿比修斯还创办了全球第一所烹饪学校。当时，再奢华的宴会都是用手抓着吃的，而且宾客都躺在躺椅上。这种风俗一直持续到公元4世纪至5世纪罗马帝国灭亡。在漫长而黑暗的中世纪，以上帝而非凡人为中心的基督教迎来了全盛时期。当时的烹饪技术由领主与修道院传承。法餐的历史始于中世纪后期的史上第一位法餐大厨泰尔冯（1326—1395）。他是查理五世的御厨，出版了烹饪专著《食谱全集（Le Viandier）》。这本书在15世纪至17世纪长期雄踞畅销榜。其中主要介绍了炖菜、浓厚的汤汁和派，使用香料的菜肴也非常多。13世纪，餐桌礼仪（用勺喝汤时不发出声响、不在用餐期间谈论让人不愉快的话题、不把吃进嘴里的东西吐出来等等）逐渐成形。不过在15世纪之前，宫中贵人进餐也是站着吃、用手抓着吃的，不用刀叉。文艺复兴运动兴起后，美食界也迎来了一大转机。1533年，意大利佛罗伦萨梅第奇家族的凯瑟琳公主（1519—1589）与法国的奥尔良公爵亨利（即后来的法王亨利二世）结婚。大量厨师和烹饪技法、刀叉、餐巾、餐桌礼仪、亚洲香料和各种外来食材随她进入法国。各种全新的炖菜与派相继问世。从那时起，法国的美食学（gastronomy）迎来了新纪元。“gastro”是希腊语，意为“胃袋”，“nomy”则是“学问”的意思。合起来就是“胃袋的学问”，也就是“尽情享受美味佳肴”的世界。16世纪后期，意大利与西班牙出现了引进刀叉的动向。叉从木叉发展为金属叉，从两股变成三股、四股，更容易叉起肉类。勺也普及开来。不过刀叉文化真正走入千家万户是18世纪后期，也就是法国大革命后的事情。17世纪，奢靡的波旁王朝对美味的追求推动了宫廷美食的发展，促进了相关烹饪技术的确立。例如建设了凡尔赛宫的路易十四（1643—1715在位）统治法国时，贝夏梅尔侯爵发明了贝夏梅尔酱汁。除此之外，还诞生了各种由王公贵族发明的酱汁。法国宫廷美食让刀叉文化在钟爱社交的上流社会普及开来，“一人一份”的样式也得以确立。路易十五（1715—1774在位）和路易十六（1774—1792在位）更是名声在外的美食家，两人在位时，宴会菜谱逐渐完善，餐桌礼仪日渐形成，高水平的厨师辈出，各种烹饪专著出版，大型宴会频频举办，可谓法餐集大成的时代。“haute cuisine（高档菜品）”在以宫廷为主的场合横空出世，让法餐享誉世界。法国人通过无比精致的菜品探究美味的根源，吸收同化英国、奥地利、俄国等各国的烹饪技术，对欧洲全境产生了巨大的影响。1789年，法国大革命爆发，波旁王朝土崩瓦解。原本为宫廷与贵族服务的厨师走进遍地开花的餐厅，缔造了亲民法餐的黄金时代。“restaurant”有“西餐馆”“餐饮店”的意思。“rest”则是“休息、恢复元气”的意思。相传1765年，巴黎餐馆老板布兰杰将一款加有羊肉的原创汤品命名为“Restaurant”。这款汤非常合巴黎人的口味，受到了热烈追捧。后来，人们便把“提供美味餐食的餐厅”统称为“restaurant”了。于是乎，原本仅限于部分特权阶层的法餐得到了解放，美食世界拉开了民主化的帷幕。在18世纪中期英国开

古罗马宴会

资料：春山行夫《餐桌文化史》中央公论社[142]

始引进刀叉之前，欧洲人一直用手进餐。餐桌文化也逐步简化，不再注重形式层面的讲究，演变成了以放松的心态享受美食的平民文化。但唯有面包保留了“用手撕着吃”的习惯。另外在那个时代，刀叉是和他人共享的餐具。餐厅盛极一时，更精致的菜品在上流社会复活。19 世纪后半叶，享用美味菜品的思想（美食学）得到关注，地道的法餐正式形成。这一时期还涌现出了大量的杰出厨师和美食家。布里亚-萨瓦兰（1755—1826）在其著作《味觉生理学》（日本译名《美味礼赞》）提出了美味的哲学。安东尼·卡瑞蒙（1784—1833）出版了《19 世纪的法国烹饪技

顺序	结　　构	内　　　　容	酒精饮品
1	前菜 Hors-d'œuvre（法） Appetizer	Hors-d'œuvre 意为“额外的菜品”。最先上桌，起到激发食欲的作用。	雪莉酒或轻型白葡萄酒
2	汤 Potage（法） Soup	晚餐必备，用于激发食欲，但必须选择和下一道菜协调的汤品。	
3	鱼 Poisson（法） Fish	各种类型的鱼菜。	白葡萄酒
4	主菜 Entrée（法）	肉菜。全场最奢华的一道菜。搭配多种蔬菜。	红葡萄酒
5	冰酒 Sorbet（法） Sherbet	加有酒精饮料的果子露，用于清口。	
6	烤菜 Rôti（法） Roast	主要是烤鸟肉，佐以蔬菜。	
7	蔬菜 Légume（法） Vegetable	蔬菜有时会作为独立的菜品上桌，但肉菜也会配蔬菜，所以烤菜后上的一般是生蔬菜沙拉。	
8*	甜点 Entremets（法）	餐后甜点，取热点（如布丁、舒芙蕾）、凉点（如巴伐露、果冻）、冰点（如果子露、冰淇淋）之一。	香槟
9*	水果 Fruits（法） Fruits	应季水果。	
10*	咖啡 Café（法） Coffee	使用小型咖啡杯 （容量为普通咖啡杯的 1/2）。	利口酒

* 甜品全席

西餐的菜单结构与内容

资料：川端晶子等《21 世纪烹饪学 2 菜单学》建帛社[226]

t

术》，构筑了近代法餐的基础。大仲马（1802—1870）也写就了《烹饪大全》(1872)。奥古斯特·埃斯科菲耶（1846—1935）的《美食指南》则是西餐界的圣经，实现了现代法餐的体系化。钟爱美食与葡萄酒的广大人民将法餐推向世界，使法餐迎来了全盛期。在19世纪之前，餐桌上不讲文明是常态。进入19世纪之后，才终于形成了现代的进餐形式和餐桌礼仪。到了20世纪70年代，与上述古典法餐相抗衡的“新派法餐”登上历史舞台。人们对古罗马王公贵族极尽奢华的美食、不断追求终极美味的高档菜肴做出了反省，在保护法餐传统的同时，致力于选择食材、简化烹饪工序、削减经费和避免营养过剩。新派法餐的口味偏清淡，相当于法国版“妈妈菜”。服务方式也从俄式（在厨房装盘）演变成了法式（同时上桌）。在现代，服务的内容也日趋多样化，发展出了宴会服务、自助服务等形式。

→阿比修斯→阿切斯特亚图→甜点→英国菜系→意大利菜系→法国蜗牛→埃斯科菲耶→伊壁鸠鲁→宴会→奥地利菜系→荷兰菜系→奥尔洛夫小牛肉→美食学→凯瑟琳公主→西餐配菜→卡瑞蒙→古农斯基→圣诞美食→美食家→蓝带→服务→蝾螈炉→野味→香波→切丝→牛蛙→酱汁肉冷盘→○○配生菜→西班牙菜系→泰尔冯→地中海菜系→桌布→餐桌礼仪→法式

诸侯的餐桌（1491年的插画）
资料：南直人《欧洲人的舌头是如何改变的》讲谈社[231]

蘑菇泥→杜巴丽→嫩牛肉→肚→餐食外送店→刀叉文化→法式炖羊肉→餐巾→新式法餐→纸包→僧帽饼→小餐馆→炖肉卷→鳕鱼酱→布里亚-萨瓦兰→法式服务→法式伯那西酱汁→马提尼翁→马伦戈式→米拉波式→调味蔬菜→法式慕斯奶油→黄油煎鱼→蒙田→瑞秋式→法式炖蔬菜→黎塞留→罗西尼

セイロン茶（ちゃ）

锡兰红茶

英：Ceylon tea

即斯里兰卡产的红茶。15世纪

后，斯里兰卡接连遭到葡萄牙、荷兰和英国的殖民统治。1796 年，英国人从荷兰人手中夺取锡兰，开始在当地种植咖啡。然而病虫害使咖啡种植业以失败告终。后来，锡兰改种奎宁，却因为奎宁价格暴跌苦苦挣扎。1839 年，人们发现了阿萨姆红茶的果实，并成功进行了人工种植。1873 年，锡兰红茶进军伦敦市场。立顿致力于打通生产与消费，论红茶品质，无人能出其右。19 世纪 80 年代，喝茶的习惯在英国流行起来。锡兰红茶有着高雅的味道、醇厚的香味与清透的色泽，向来被誉为全球顶级红茶。①东南部的乌沃（Uva）高原湿度较高，昼夜温差大，容易起雾，有着最适合种茶的气候条件。当地特产“乌沃红茶”有着神似茉莉花茶的独特香味，茶汤呈浓厚的亮红色，有着爽快的醇香。以涩味见长的乌沃红茶与大吉岭、祁门并称为世界三大红茶。做成奶茶、柠檬茶再合适不过。锡兰奶茶的做法十分独特，红茶要泡得稍浓些，再加入 4 至 5 倍分量的热牛奶。②中部高地出产的“努沃勒埃利耶（Nuwara Eliya）红茶”香味逼人，有着神似绿茶的涩味。③中部靠西的山岳地带出产“汀布拉（Dimbula）红茶”，有柔和的香味与涩味，与努沃勒埃利耶红茶相似。

→红茶

セージ

鼠尾草

英: sage

唇形科多年生草本植物，原产于地中海沿岸，是一串红（salvia）的近亲，又称“药用一串红”“绯衣草”。在欧洲、俄罗斯、加拿大均有种植。拉丁语“salvus”演变为“salvia”，最后变成法语“sauge”和英语“sage”。鼠尾草是人类有史以来最古老的栽培植物之一，历史可追溯到古希腊、古罗马时期。罗马人称之为“herba sacra”，坚信在院子里种植鼠尾草便能长生不老。希腊学者狄奥弗拉斯图、迪奥斯科里斯也留下了关于鼠尾草的记录。罗马博物学家老普林尼用拉丁语“salvia”称呼鼠尾草，将其描述为“有香味的植物”。在古代欧洲，鼠尾草早在异域香料传入之前就已经拥有了“万能神药”的地位。约 17 世纪，荷兰商人将鼠尾草带到中国。英国甚至有“想要长生不老，五月得吃鼠尾草”的谚语，人们将鼠尾草视作圆满家庭的晴雨表和“招福草”。鼠尾草有强烈的香味、微弱的涩味与苦味，有除臭、抗氧化的功效。香味成分是龙脑（borneol）、桉树脑（cineole）。作为药材，有止血、止汗、缓解咽喉炎、肠胃炎、退烧的作用。由于香味强烈，用法需格外注意。鼠尾草尤其适合用于消除猪肉的

鼠尾草
资料:《植物事典》东京堂出版[251]

腥味，在制作香肠、肉扒等肉类加工食品时不可或缺。顺便一提，据说香肠（sausage）就是“sau（盐腌猪肉）”和“sage（鼠尾草）”的组合。可用于猪肉、鸡肉、羊肉、调味汁、酱汁、咖喱、醋渍。

→香料→香肠

セルフィユ

细叶芹

法: cerfeuil

一种香草。

→细叶芹（chervil）

セルフライジング・フラワー

自发面粉

英: self-rising flour

→预拌粉

セレス

谷神

英: Ceres

罗马神话中的谷物女神，又称“刻瑞斯”。头顶小麦，主宰农业，统治大地。对应希腊神话奥林波斯十二神中的德墨忒尔（Demeter）。在希腊神话中，德墨忒尔是克罗诺斯和瑞亚之子，算宙斯的姐姐。她的女儿普洛塞庇娜被冥王普路托拐走时，她找了整整9天。

→刻瑞斯→谷物

セロリ

西芹

英: celery

伞形科一至二年生草本植物，原产于欧洲（也有说法称原产地为瑞典）。在欧洲、印度、中国均有种植。日语中又称“荷兰三叶（オランダ三つ叶）”“中国芹（Chinese celery）”“汤芹（soup celery）”“白芹（シロセリ）”

“洋芹”“清正人参”（译注：人参在日语中指胡萝卜）。希腊语和拉丁语中的“selinon（野芹）”演变为意大利语“sellaro”，最后变成法语“céleri”和英语“celery”。西芹自古以来就是药草和香料。古希腊哲学家狄奥弗拉斯图在《植物史》中提到了“selinon”。当时的称法是“selinon”或“apios”。人们在埃及第二十三王朝的古墓中发现了编入花环的野生西芹。希波克拉底认为西芹可入药。在古罗马时代，人们用西芹醒酒。5 世纪传入中国的芹属植物略肥大，称“芹菜”，区别于欧洲产的“西芹”。中世纪，人们用西芹制作花草茶。约 16 世纪，开始作为食材开展大规模人工种植。17 世纪传入法国。18 世纪普及至欧洲全境。美国的加州格外适合种植西芹，成为全球屈指可数的西芹产地。在西芹作为蔬菜日渐普及的同时，西芹籽也发展成为利用价值极高的香料。在欧洲有一种被称为“smallage”的野生西芹，经品种改良产生了许多变种。其独特的浓香与口感备受欢迎。西芹可分为白、绿两类。白西芹为早生品种，香味较弱。晚生的绿西芹香味更强，品质更佳。西芹的香味来自瑟丹内酯（Sedanolid）、酮类和酯类物质。在西红柿中加入西芹籽可有效去除草味。常用于沙拉、头盘、汤、酱汁、炖菜、西式腌菜、番茄酱和西红柿汁。作为药材，有发汗、利尿、治疗跌打损伤、去水肿的功效。16 世纪末，加藤清正出兵朝鲜时将西芹种子带回日本，却误以为那是胡萝卜的种子。江户中期的《本草纲目启蒙》（1718/ 享保三年）中提到，“清正人参，又名セロリニンジン（celery ＋人参）、山芹、山人参”。二战后迅速普及。

→香料

前菜

前菜

在大菜上桌前提供给宾客的佐酒小菜。在日语中有“先付け”“突き出し”“お通し”等说法。西餐有头盘，俄罗斯有扎库斯卡，北欧有斯堪的纳维亚式自助餐，意大利有“antipasto”，中国菜也有前菜（凉菜）。前菜也能体现出各国菜系的特征。据说俄罗斯的扎库斯卡是欧美头盘的雏形。

→头盘→扎库斯卡→斯堪的纳维亚式自助餐

草鱼

草鱼

英: grass carp

鲤科淡水硬骨鱼，原产于东亚。嘴边没有鲤鱼那样的胡须。草鱼是杂食性动物，但偏爱茭白、芦苇等水生植物，所以才叫“草”鱼。在中国大陆与台湾省以及东亚各国均有养殖，是重要的蛋白质来源。日本人也在尝试于利根川水域繁殖草鱼。草鱼有小刺，相较于其他白肉鱼，脂肪含量偏高。跟鲤鱼一样可生吃，无需担心寄生虫。在中国，人们会用草鱼代替鲤鱼，干炸后享用。

ソース

酱汁

法: sauce

在西餐中用于衬托食材之美味的液态调味料。将酱汁浇在菜品上或点缀在一边，提升外观的美观度，刺激食欲。没有酱汁，西餐就无法成立。拉丁语“sal（盐）”转化为通俗拉丁语“salsa”，最后变成英语和法语中的“sauce”，意为“有咸味的东西”。无论古今中外，盐都是调料的基础。酱汁有着悠久的历史。早在古罗马时代，发酵调味料鱼酱“garum”就已经出现了，它是类似于凤尾鱼酱的鱼酱。公元前 2 世纪，阿比修斯写就了最古老的烹饪专著《古罗马食谱》，其中也提到了“garum”。这本书的日语译本题为《阿比修斯 · 古罗马食谱》（1987）。这种鱼酱由油、醋、葡萄酒、百里香、月桂调制而成，之后发展成了 Idro 鱼酱、油鱼酱（Oleagarum）、醋鱼酱（Oxygarum）和葡萄酒鱼酱（Oenogarum）。在中世纪的欧洲，人们大量使用香料、香草和酱汁，这倒不是为了提升食材的美味程度，主要目的是消除不新鲜的肉和鱼的腥味。16 世纪，西红柿从墨西哥和秘鲁传入欧洲，西红柿类酱汁在意大利渐成主角。1533 年，意大利梅第奇家族的凯瑟琳公主（1519—1589）与法国的奥尔良公爵亨利（即后来的法王亨利二世）结婚，意大利菜系也对法餐的酱汁产生了巨大的影响。在法国，用肉熬制的高汤（fond）调制的多明格拉斯酱汁（sauce demi-glace）取得了长足的发展。西班牙公主嫁到法国时，加有西红柿的褐酱（sauce espagnole）应运而生。加有黄油溶液的荷兰酱（sauce hollandaise）非常合法国人的口味。18 世纪，白色母酱“白酱（sauce blanche）”登上历史舞台，衍生出了白汤酱（sauce velouté）和贝夏梅尔酱汁（Sauce Béchamel）。后者是建设了凡尔赛宫的路易十四（1643—1715 在位）统治法国时由贝夏梅尔侯爵（1630—1703）所创。蛋黄酱（sauce mayonnaise）是一种半流体的特殊酱汁，同样诞生于法国。总而言之，用于肉、鱼、蛋、蔬菜的酱汁种类繁多，数不胜数。有说法称，法国共有 1000 多种酱汁。酱汁就这样成了法餐的神髓。19 世纪，安东尼 · 卡瑞蒙（1784—1833）对数量众多的酱汁进行了分类。法餐形成了

与美国菜系截然不同的烹饪形态（后者在桌上放置盐与胡椒，让食客根据自己的喜好调味），有着清晰的酱汁体系。首先有母酱，母酱又催生出了各种子酱。比如，褐酱就是用牛肉高汤制成的棕色母酱，在法国催生出了用鸡肉高汤代替牛肉高汤的多明格拉斯酱汁。数量庞大的酱汁可大致分为“糕点酱汁”和“菜品酱汁”。后者又能细分为“热酱汁”和“冷酱汁”。热酱汁包括：①白色酱汁，比如用牛奶制作的贝夏梅尔酱汁、用高汤制作的白汤酱、②褐色酱汁，包括加有茶色油面酱的褐酱、加有鸡肉高汤的多明格拉斯酱汁、③加有西红柿的红色酱汁，如番茄酱汁、④此外还有加有足量黄油溶液的荷兰酱、加有番茄泥的美式酱汁等等。冷酱汁包括：①简便易用的蛋黄酱、②用作调味汁的油醋汁（vinaigrette sauce）。上述酱汁可视情况灵活运用，如魔法一般提升肉、河海鲜、蛋、蔬菜和甜品的味道。餐桌上常见的瓶装酱汁有塔巴斯科辣酱（tabasco）和番茄酱。日本的酱汁以英国的伍斯特沙司为原型，在法餐中几乎不会用到。日本版伍斯特沙司是酱油的变体，又称“洋酱油”。日本料理中有一款万能调味料，那就是酱油。日本之所以没有发展出欧洲那般种类繁多的香料与酱汁，原因在于：①日本是气候温暖的岛国，山珍海味丰富，容易获取新鲜的食材；②长久以来保持以米（杂粮）和鱼为主的饮食习惯，不需要像吃肉的欧洲人那样想办法消除肉腥味，也不需要长期储藏肉类食材；③发展出了能激发出食材固有鲜味的独特烹饪技术（如素斋）。

→伍斯特沙司→卡蒂娜酱汁→塔巴斯科辣酱→番茄酱→多明格拉斯酱汁→调味汁→越南鱼酱→法式伯那西酱汁→贝夏梅尔酱汁→蛋黄酱→莫纳酱→油面酱

ソーセージ

香肠

英: sausage

将预处理过的肉类填入牛、猪、羊的肠衣加工而成。在生肉或盐渍肉的肉糜中加入调料与香料，搅拌均匀后填入肠衣，经烘干、蒸煮、烟熏等工序制成。主要原料一般为猪肉，也有牛肉、鸡肉、马肉、羊肉、兔肉做的香肠。肠衣一般选用密闭性较好的动物肠管。香肠堪称人类智慧的结晶。拉丁语“salsus（咸味的）”演变成通俗拉丁语“salsicia（盐渍肉）”，最后变成法语“saucisse”、意大利语“salsiccia”和英语“sausage”。在中国，火腿和培根称“腊干”，与香肠加以区分。中国古代的加工肉制品为“干肉”。古代学生与教师初次见面时，必先奉赠礼物，表示敬意，礼物被称为“束修”，这个词的意思就是“捆在一起的十条干肉”。也有说法称，“sausage”中的“sage”就是用于消除猪肉腥味的香料鼠尾草（sage）。香肠的历史远比火腿悠久。据说早在古希腊时代，人们就已开始制作山羊肉香肠。公元前8世纪由荷马写就的叙事诗《奥德赛》中，也提到了“填有油肉和血的山羊胃袋”，这正是香肠的原型。士兵们在碎肉中加盐，揉捏后填入肠衣中，用作储备粮。亚述（Assyria）的楔形文字也提到了“香肠”。在古罗马时代，人们将肉挂在房顶烟熏，制作熏肉。罗马的君士坦丁大帝（323—337在位）因香肠是异教徒的食物，却十分美味，便宣布香肠是奢侈的食品，禁止民众吃香肠。从中世纪开始，肉类的熏制加工技术日渐发达，受欢迎的香肠也从粗的变成了细的。欧洲冬季严寒，谷物生产力低下，冬季的猪饲料难以保障。于是农民便只留下种猪，其他的做成咸肉，用作冬季的储备粮。但是咸肉长期存放会产生猛烈的臭味，而烟熏正是防止恶臭的有效加工手法。1601年的普鲁士风俗画中描绘了柯尼斯堡（Königsberg）的大批市民扛着巨蛇般粗大的香肠游街的场景。1805年，法兰克福香肠首次作为商品被推向德国市场。德国的香肠加工技术之高有口皆碑，土豆与香肠是民众最常吃的食品。啤酒和香肠的匹配度也是毋庸置疑。为了处理制作火腿与培根时剩下的边角肉，人们想出了做香肠的点子。在欧洲甚至有“香肠的种类跟字典一样多”的说法。在日本江户时期，赖山阳与蜀山人通过长崎的荷兰人接触到了香肠。1872年（明治五年），片冈伊右卫门在美国人的指导下在长崎尝试制作香肠。1874年（明治七年），英国人威廉·柯蒂斯（William Curtis）在神奈川县户冢的川上村开启了日本的香肠制造业。香肠可分为两大类：①含水量较高的就地供销香肠（domestic sausage）：这种香肠风味绝佳，占据了副食品的半壁江山，但不适合长期储藏。包括口味清淡的法兰克福香肠（Frankfurter sausage）、日本人钟爱的维也纳香肠（Vienna sausage）、用牛的肠衣制作的大型香肠博洛尼亚香肠（Bologna sausage）、加有猪肝或小牛肝的肝肠（liverwurst）、加有猪血的猪血肠（blood sausage）等等。②含水量较低的干香肠：包括用粗肉糜制成，可长期储藏的萨拉米香肠（salami sausage）和博洛尼亚地区的大型香肠“莫特苔拉香肠（mortadella sausage）”。

→维也纳香肠→萨拉米香肠→杰斯香肠→盐→鼠尾草→口利左香肠→舌香肠→火腿→猪肉→法兰克福香肠→博洛尼亚香肠→莫特苔拉香肠

ソーダ水（すい）

苏打水

英：cabonated water

加有碳酸水、碳酸气体的软饮。

又称“原味苏打水（plain soda）”。用天然矿泉制作的苏打有着悠久的历史。《旧约圣经·杰里迈亚书》2：22提到：“你虽用碱，多用肥皂洗濯，你罪孽的痕迹，仍然在我面前显出。这是主耶和华说的。”古埃及人用盐和苏打处理木乃伊。苏打也是肥皂不可或缺的原材料。在饮料中人工添加苏打倒是很久以后才发生的事情。1741年，朗林格发明了将水与碳酸气体混合的技术。1813年，人工苏打水在美国率先登场。苏打水有独特的清凉感与爽快感，是盛夏时节备受欢迎的软饮，还有促进消化的功效。同类饮品有苹果酒、柠檬风味苏打水（シトロン）、弹珠汽水。可加入草莓、橙子与柠檬果汁。喷出苏打水的虹吸设备称“苏打水喷泉（soda fountain）”。1901年（明治三十四年），日本首次有人尝试制作苏打水。留美归来的福原有信在银座的资生堂推出了苏打水产品。

→苹果酒

ソーダブレッド

苏打面包

英: soda bread

用小苏打（碳酸氢钠）而非面包酵母发面的面包。日语中也写作“ソーダーパン”。诞生于爱尔兰的独特面包，发明经过不详。和面不用水，而用白脱牛奶（buttermilk），塑形后摆放在用泥炭烤热的铁板上。苏打面包比较有嚼劲，是受欢迎的茶点，适合搭配果酱和黄油享用。

→英国面包

蘇東坡（そとうば）

苏东坡

中国北宋时代的政治家、文人、诗人、画家、美食家苏轼（1037—1101），号东坡居士。出生于四川眉山，出知各州，在杭州建设了苏堤。与南宋的陆游、清朝的袁枚、李调元并称为“四大文人食客”。东坡肉、东坡羹、东坡豆腐等各种名菜都是他的发明。留下了《东坡酒经》等关于美食的书籍与诗文。

→中国菜→东坡肉

蕎麦（そば）

荞麦

英: buckwheat、brank

蓼科一年生草本植物，原产于中亚。在寒冷地带、山岳地带等土地贫瘠的地方也能生长，因此自古以来被视作救荒作物。在日本、加拿大、俄罗斯、波兰均有种植。约8世纪从中亚传入印度。14世纪，穆斯林将荞麦带入欧洲。法语“sarrasin”意为“十字军时代的伊斯兰教徒”。荞麦从中国经朝鲜半岛传入日本，人工种植的历史可追溯到奈良时期之前。荞麦富含维生素 B1 和矿物质。在欧美国家常用于制作可丽饼、松饼、布利尼（blini 俄式荞麦煎饼）、粥和团子。

ソフトドーナツ

软甜甜圈

英：soft doughnut

诞生于美国的一种蛋糕甜甜圈。

→蛋糕甜甜圈

ソムリエ

侍酒师

法：sommelier

帮助餐厅顾客尽情享用葡萄酒的服务人员，负责选择与菜品相得益彰的葡萄酒，对酒进行说明讲解，并为顾客倒酒。葡萄酒的辨别能力自不用说，全面丰富的知识和经验也必不可少。侍酒师协会颁发的资格证为业界公认。侍酒师的诞生存在一定的历史背景。后期拉丁语“sagma（载货用的马鞍）”演变成中世纪拉丁语“sommelier（拉货的马或骡子的管理者）”，最后变成法语“sommelier”。女性侍酒师则称“sommelière”。在 13 世纪，“sommelier”的工作还是照管王侯用于拉货的牲畜。约 17 世纪，“sommelier”演变为王室的行李负责人，在贵族的府邸也负责侍酒。1789 年，法国大革命爆发，宫廷美食土崩瓦解，亲民的餐厅遍地开花。渐渐地，侍酒成了“sommelier”的主要工作，现代侍酒师的地位得以逐步确立。

→葡萄酒

蚕豆（そらまめ）、空豆（そらまめ）

蚕豆

英：broad beans

豆科一年生草本植物，原产于亚洲西南部与北非。在日本有“空豆”（豆荚朝天）、“蚕豆”（外形似蚕，在养蚕的时节最为美味）、“刀豆”（豆荚似刀）、“四月豆”（四月开花）等称法。法语“fève”的词源是拉丁语“faba”。英语“broad beans”意为“豆荚较宽的豆”。蚕豆是最古老的栽培植物之一。据说是雅利安人将西亚、古埃及的蚕豆传至各地。早在 4000 多年前的古埃及、古希腊时代，人们就已开始种植蚕豆。在希腊，选举司法官时用蚕豆投票。罗马人也在每年 12 月 16 日至 18 日的收获节用蚕豆抽奖。中奖者将成为宴会上的国王。这种风俗被日后出现的主显节继承下来。蚕豆在公元前 1 世纪传入中国。传入日本的时间有若干种说法，分别是 8 世纪（来自印度僧侣）和安土桃山时期的庆长年间（1596—1615，来自中国）。关于蚕豆的趣闻轶事比比皆是。比如在欧洲，人们相信亡者的灵魂会依附于蚕豆。每逢主显节（1月6日），人们会在庆祝耶稣基督诞生的点心格雷饼中加入蚕豆，每次只放一颗，谁吃到了有蚕豆的饼，谁就是那一天的国王/女王。只有在那一天，奴隶们才能获得解放，重获自由，热衷于“竞选国王”。布里亚-萨瓦兰（1755—1826）将蚕豆誉为“众神的美食”。在西餐体系中，蚕豆因其鲜艳的绿色备受重用，常用于沙拉、浓汤和可乐饼。埃及菜系中有蚕豆可乐饼（támîya）。在中国，蚕豆常用于炒菜。至于蚕豆的吃法，日本人习惯边剥皮边吃，但西餐和中国菜多用提前剥好皮的蚕豆。

→格雷饼

ソルト・ライジング・ブレッド

自然发酵面包

英: salt-rising bread

用盐类复壮酵母制作的咸面包。诞生于美国南部的农业地带。在玉米面粉中加入盐和砂糖制作老面，发酵后烤制即可，是一种有奶酪味的重型面包。堪萨斯大学发现了野生酵母，匹兹堡大学成功进行了纯培养。内部结构绵密，外皮呈富有光泽的茶褐色。

→美国面包

ソルベ

果子露

法: sorbet

相当于英语“sherbet”。

→果子露（sherbet）

ダイエット

节食

英: diet

控制热量和营养摄入量，以保健为目的的饮食疗法。旨在防止肥胖、调节体重的日常饮食法。英语“diet”的词源是希腊语“díaita（生活的态度）”。法语“rägime（不会吃过量）”则来源于拉丁语“regimen（指挥、统治）”。“diet”原指食物本身，但是从14世纪开始引申为以保健为目的的饮食法。另外，“diet”还有“议会、国会”的意思。

大根（だいこん）

萝卜

英: radish

十字花科一至二年生草本植物，

原产地尚无定论，有高加索地区、地中海沿岸等说法。拉丁语“radicem（根）”演变为“redic”，最后变成法语“radis”和英语“radish”。在古埃及，建设金字塔的劳工拿到的报酬就是萝卜。约公元前3000年，中国人开始人工种植萝卜。在古希腊、古罗马，萝卜也是受喜爱的食材。萝卜有圆有长，颜色也有白、黄、绿、红等种类，可大致分为①亚洲萝卜和②欧洲萝卜。中国人和日本人尤其爱吃萝卜。在中国，江苏和山东是萝卜的两大产地。绿皮红肉的天安红心萝卜是北京周边最具代表性的萝卜。在日本的《万叶集》中，仁德天皇用“洁白如萝卜的手臂”赞颂皇后的美貌。萝卜是日本料理不可或缺的食材。除了生吃，还可用于汤、炒菜、炖菜和腌菜。萝卜还能用来制作装点宴会的雕花作品，更有止咳的功效。萝卜的主要成分是水（95%），除了维生素A、C和钙，还含有大量淀粉酶（diastase）。辣味来自异硫氰酸酯（isothiocyanate）。辣根（horseradish）形似萝卜，却是不同于萝卜的另一种植物。

→辣根

大豆（だいず）

大豆

英：soybean、soja bean

豆科一年生草本植物，原产于中国北部（也有东南亚、印度等说法）。在东方文化中，大豆为五谷之一，自古以来就是重要的农作物。中国在公元前2000年前后开始种植大豆。古人称之为“菽”“荏菽”，后汉时期出现“大豆”这一称法。汉语中也称“黄豆”。欧美语言中的大豆有着耐人寻味的词源：日语“酱油（shô-yu）”演变为德语“Soya”、荷兰语“soya/soja”，再到法语“soja”“soya”，最后变成英语“soy”。大豆传入日本的具体时间不明，据说在绳文后期到弥生初期，从中国经朝鲜半岛传入日本。绳文遗迹也有大豆出土。也有说法称大豆由6世纪的中国僧人带到日本。约17世纪传入欧洲。19世纪从中国

大豆

资料：《植物事典》东京堂出版[251]

传入美国。美国的气候风土特别适合大豆，使美国成为全球头号大豆产地。也有人认为是佩里（Perry）从日本带回了大豆的种子。1885年（明治十八年）的维也纳世博会上，日本展示了大豆，备受好评。大豆可根据种子的颜色分为黄豆、青豆和黑豆。蛋白质含量高达35%，被誉为“长在农田里的肉”，且富含人体必要的氨基酸大豆球蛋白（glycinin）。脂类含量达20%，包括人体必需的油酸和亚油酸。大豆营养价值高，但组织较硬，普通的加热加工只能实现60%—68%的消化吸收率，所以人们绞尽脑汁，发明了各种加工方法。东方最具代表性的豆制品有味噌、酱油、豆腐、纳豆、豆腐衣和黄豆粉。

→印度尼西亚天贝（tempeh）

橙（だいだい）

酸橙

英：sour orange、bitter orange

芸香科常绿灌木（*Citrus aurantium*）的果实，属柑橘类，原产于印度、喜马拉雅地区。在世界各地的温暖地带均有种植。从中国传入日本。中国人称之为“回春橙”，因为其颜色按“青→黄→橙→青”的顺序变化，会“返老还童”，能让人联想到长生不老。“代代（ダイダイ）”一词指的就是熟透了的橙色果实再次变回绿色的神奇现象。人们过年时在屋里装点酸橙，祈求子孙代代的繁荣与长寿。酸橙有酸味与苦味。日本料理中的橙醋和中国的代代茶都以酸橙为原材料。果皮富含果胶，可做成橘子酱。

→橙子→苦橙

タイム

百里香

英：thyme

唇形科多年生草本植物，原产于南欧（地中海沿岸）。日语中又称“立麝香草”“木立百里香”“花园百里香（garden thyme）”。百里香属有50余种植物，在欧洲、俄罗斯和美国均有种植。希腊语“在神前点香”演变为“thumon（熏香）”，再到拉丁语“thymum”，最后变为法语“thym”和英语“thyme”。在古希腊，人们将百里香用作神殿的熏香，还会涂抹在身上，以提升勇气和活动能力，甚至用百里香泡澡。在罗马，人们将百里香用于烹饪。百里香的茎叶有特殊的香味和苦味。相传在中世纪，贵妇会把缝有百里香小枝的围巾赠给即将出征的骑士。在欧洲，百里香自古以来就是主要的香料，被用于各种菜品和花草茶。它是法国人钟爱的香草，也是极具人气的园艺植物。香味成分是百里香酚和香芹酚。前者有强大的杀菌、防霉、防腐作用，在加工火腿和香肠时必不可少。除了消除肉和鱼的腥味，还可用于汤、酱汁、调味汁、蛤蜊浓汤、炖菜、咖喱、可乐饼、西式腌菜和番茄酱。炖菜时用的香料包（bouquet garni）中也有百里香。作为药材，有缓解支气管炎、贫血、感冒、镇咳、消毒的功效。

→香草→香料包

タイユヴァン

泰尔冯

法：Taillevent

法餐史上第一位大厨纪尧姆·泰勒（Guillaume Tirel），人称泰尔冯（1310—1395）。他在中世纪后期开创了法餐的历史，是腓力六世、诺曼底公爵、约翰二世、查理五世的御厨。写就了史上第一本法语烹饪专著《食谱全集》，其中介绍了牛肉、猪肉、家禽、野味、河海鲜的做法，以及各种酱汁和汤的烹调方法。从 15 世纪末到 17 世纪初，此书多次再版，成为后人了解中世纪法餐的珍贵文献，在 1651 年拉瓦瑞（François Pierre de la Varenne）出版《法国厨师（Le Cuisinier François）》之前畅销了近 200 年。当时的宫廷餐食还没有日后那般豪华绚烂，即便是贵族也只能“享受”到粗茶淡饭和简慢的服务。有说法称，新派法餐就是以此书为基础改进而成的现代法餐。

泰尔冯的墓碑

资料：埃德蒙·纳宁克等 / 藤井达巳等译《简明法餐史》同朋舍出版 [208]

→西餐→新式法餐

タイ料理（りょうり）

泰国菜系

英：Thai cuisine

泰国全年的平均气温高达 28℃，有雨季和旱季之分，居民以佛教徒为主。曼谷有始于素可泰王朝的宫廷美食，东北部则有以糯米为主食的泰北（Isan）菜系。泰国菜系受中国菜系的影响，但大量使用辣椒等香料。过辣的调味能将热带食材衬托得更加美味，符合土产土法（最适合本地食材的加工烹饪方法）的逻辑。泰国有各种街边小吃，小吃摊也是老百姓休闲放松的好去处。泰国菜系有下列特征：①咖喱类菜品较多；②使用椰奶、泰国鱼酱、虾酱、棕榈糖（palm sugar）；③将调料、香料混合捣碎，或煮或炒的菜品较多。大量使用锡兰豆蔻、香菜、罗勒、青柠（lime/*Citrus aurantiifolia*），打造辣、酸、甜俱全的深邃味道；④使用中式炒锅。日本人爱吃的泰国菜有牛肉沙拉"yam nwa"、冬阴功"tom yam kung"、泰式炒饭"khao phad"、泰式炒面"phàt thay"、鸡肉咖喱"kaeng khieowan"。泰国菜的命名方法类似于中国菜。比如"冬阴功"，听起来像人名，其实"tom"即"加热烹饪法（炖煮）"，"yam"即"混合调料、香料的操作"，"kung"即"虾（使用的食材）"，直译过来就是"加了虾、炖出来的辣味汤"。看名字就知道使用的素材、调料和烹饪方法。顺便一提，"khao"即"饭"，"phàt"即"炒"。

→民族特色美食

たいわんりょうり

中国台湾菜系

英：Formosan cuisine

如今，人们能在中国台湾省尝遍全中国的美食。因此对美食家而言，台湾省是一个极具吸引力的地方。与此同时，台湾省还是世界各国美食的聚集地，一如香港和新加坡。本地特有的乡土美食有装在小碟中的台湾菜。中国台湾菜系有下列特征：①汤品美味，小吃摊卖的阳春面都能让人驻足不前；②用米和米粉制作的美食较多；③用肉和内脏制作的菜品非常美味；④有各种热带水果；⑤调味时多用油脂，极具热带特色。

→民族特色美食→米粉

タオシャオミエン

刀削面

中国山西面食一绝。山西素有中国面食之乡的美誉。刀削面的诞生时期不明。在四川成都也很常见。做面的师傅将粗大的圆筒形面团扛在肩上，用左手托着，右手持没柄的月牙形削面刀（称月牙刀或瓦形刀），将面直接削入沸水烹煮。动作看似随意，但削出来的面有着统一的长度和粗细，着实不可思议。煮好的刀削面很有嚼劲，可做成汤面、打卤面和炸酱面。日本人对刀削面的喜爱程度也在不断上升。

→中国面

ターキー

火鸡

英：turkey

→火鸡（七面鳥）

ターキッシュコーヒー

土耳其咖啡

英: Turkish coffee

土耳其特有的咖啡，日语中也写作“トルココーヒー”。据说咖啡的原产地是埃塞俄比亚。15 世纪传入阿拉伯半岛，通过红海港口摩卡港（Mokha）普及开来。在伊斯兰教圣地麦加，用咖啡豆加小豆蔻烹煮而成的土耳其咖啡十分流行。17 世纪，土耳其咖啡从土耳其传入法国。直到今天，以阿拉伯为中心的伊斯兰国家的咖啡喝法依然独特。将深度烘培的咖啡细粉和冷水装入被称为土耳其咖啡壶（Ibrik）的长柄黄铜器皿，文火慢煮，小心不把水煮开，最后取上层清液饮用。用小豆蔻、锡兰肉桂等香料增添风味。加糖是欧洲人的喝法。在 17 世纪的欧洲，也有类似的土耳其式喝法。土耳其咖啡香醇可口，是一种类似于中药汤的饮品。

→咖啡→土耳其菜系

蛸（たこ）

章鱼

英: octopus、devilfish

八腕目软体动物，包括普通章鱼（*Octopus vulgaris*，マダコ）、北太平洋巨型章鱼（*Enteroctopus dofleini*，ミズダコ）、短蛸（*Octopus ocellatus*，イイダコ）、长蛸（*Octopus minor*，テナガダコ）等品种。在许多国家，章鱼被称为“恶魔鱼”，人人喊打。然而在面朝日本海的日本和韩国，以及面朝地中海的意大利、西班牙和希腊，章鱼却是受欢迎的食材。地中海沿岸也是橄榄油的主要消费地，这样的巧合着实耐人寻味。以色列人不吃章鱼。在西班牙，章鱼被称为“pulpo”，是加利西亚（Galicia）地区常用的食材。人们会把章鱼敲软，煮熟后切成薄片，搭配龟足（percebes）、虾蟹，做成蘸柠檬汁吃的海鲜拼盘（mariscos）。也可以用橄榄炖。章鱼的鲜美来源于游离氨基酸牛磺酸（taurine）、甜菜碱（betaine）的甜味和生吃及煮熟后形成的特殊口感。

タコス

墨西哥玉米卷

西: tacos

一种墨西哥小吃，在当地广受老百姓欢迎，随时随地都能随意享用。“taco”有“圆形块状物、馅”的意思。玉米卷是跟零食一样随意的小吃。据说起源于农民下地干活时带的口粮。玉米粉调成面糊，煎成玉米薄饼（tortilla），包入肉、内脏、河海鲜、香肠、奶酪、西红柿、土豆、洋葱、牛油果等食材，淋上墨西哥萨尔萨辣酱（salsa mexicana）。比较稀罕的馅料有南瓜花和仙人掌。玉米卷被称为“墨西哥的三明治”，万物皆可卷，口味千变万化，每天吃都不会腻。油炸玉米卷（用猪油油炸）颇有些美国范儿，在美国也很受欢迎。玉米薄饼可用于各种菜品，比如烤菜、炖菜和油炸食品。馅料的裹法包括①卷入、②放在玉米薄饼上（一如开放式三明治）、③一折为二，亦可④将玉米薄饼切碎后加入汤中。用玉米薄饼制成的美食品种繁多，如玉米饼汤（sopa de tortilla 用汤水炖煮玉米薄饼）、托斯它达（tostada 把肉、奶酪和蔬菜摆在玉米薄饼上）等等。玉米薄饼煎好后卷入馅料或油炸，就成了玉米卷。在墨西哥，玉米卷店随处可见。它是当地人为了不吃腻主食玉米构思出来的烹饪法和吃法。

→玉米→玉米薄饼→墨西哥菜系

ダコワーズ

达克瓦兹蛋糕

法：dacquoise

发祥于法国西南部加斯科涅（Gascogne）地区的蛋糕。法语“dacquoise”是该地区的朗德省（Landes）达克斯（Dax）的形容词“dacquois（达克斯的）”的派生词。日语中也写作“ダックワーズ”。加有杏仁的蛋白霜饼配上添加了各种香味的奶油霜夹心制成的半干小型糕点。也称“palois（波城的）”，来源于贝亚尔奈（Béarn）地区的波城（Pau）。

→蛋糕

达克瓦兹蛋糕
资料：《糕点辞典》东京堂出版[275]

タタン

法式苹果挞

法：Tatin

→法式苹果挞（Tarte Tatin）

種（たね）なしパン

无发酵面包

在不加酵母的前提下烤制的面包。

→最后的晚餐

タバスコ

塔巴斯科辣酱

英: Tabasco

美国的辣椒酱注册商品名，1868年由路易斯安那州的麦克汉尼公司（McIlhenny Company）发明。“塔巴斯科”是墨西哥南部省名。如今，塔巴斯科辣酱这一名称已经普及到了世界各地。墨西哥原住民将酷热而潮湿的大地称为“塔巴斯科”。相传美墨战争（1846—1848）结束后，大胜而归的美军士兵格利森（Gleason）带回了墨西哥的红辣椒种子。这种红辣椒的辣味特别强烈。后来，种子被转让给银行家埃德蒙·麦克汉尼。他在位于路易斯安那州的自家农场尝试种植这种辣椒。当地的气候风土和塔巴斯科地区相似，温暖潮湿，鲜红色的辣椒挂满枝头。1861年，南北战争爆发。路易斯安那化作战场，农田就此荒废，使麦克汉尼失去了所有的财产，但他没有气馁，而是把所有精力投入了辣椒酱的研发工作。1868年，麦克汉尼公司推出了“塔巴斯科牌”辣椒酱。这款辣椒酱完美契合了当地的鱼肉菜品，能显著提升鱼肉的风味，大获好评。渐渐地，它进军纽约，传至欧洲，走向了全世界。只是塔巴斯科辣酱的香味与辣味太过强烈，与美国菜系的匹配度较高，但在欧洲不太受欢迎。但也有说法称，“美墨战争”和“塔巴斯科辣酱上市”这两件事相隔太久。早在1850年之前，新奥尔良就开始进口墨西哥塔巴斯科地区的辣椒了。据说当时有位名叫蒙赛尔·怀特的爱尔兰移民发明了塔巴斯科辣酱。将盐渍红辣椒装入木桶，反复发酵熟化3年左右，再添加醋与香料调味。常用于调味汁、汤、意式比萨与意面。另外在1888年，纽约州植物学家斯特蒂文特（Sturtevant）证明塔巴斯科辣椒是不同于普通辣椒的新物种。类似的产品还有墨西哥产的辣椒粉（chili powder）。

→酱汁→辣椒粉→辣椒

タピオカ

木薯粉

英: tapioca

用木薯精制而成的淀粉。

→木薯

玉葱（たまねぎ）

洋葱

英: onion

百合科二年生草本植物，原产于波斯（也有地中海沿岸、中亚、印度西北部等说法）。可使用过的部分是肥大的鳞茎和嫩茎。法语“oignon”

和英语“onion”的词源是拉丁语“unio（大珍珠）”。洋葱的历史和大蒜一样悠久，早在公元前 4000 年前后，人类就开始吃洋葱了。《旧约圣经 · 出埃及记》中提到，跟随摩西离开埃及的以色列人无法忘怀洋葱的美味，四处寻找洋葱。古埃及人也会种植洋葱，建设金字塔的工人能领到洋葱、大蒜和萝卜。希腊人用洋葱补充精力，据说当年全城上下处处洋溢着洋葱味。雅典将军伯里克利（Pericles, B. C. 498—429）的头比较长，形似洋葱，于是“洋葱头”便成了他的外号。约 16 世纪，洋葱自意大利北上，普及至欧洲各地，成为不可或缺的食材。在法餐中，洋葱是酱汁的基本材料。16 世纪至 17 世纪，美国开启洋葱种植业，成为全球头号洋葱产地。据说洋葱在 20 世纪通过丝绸之路从欧洲传入中国。传入日本的时间是 18 世纪（通过荷兰商船传入长崎），但由于洋葱的异味与臭味过于浓烈，日本人一直没对它产生兴趣。1871 年（明治四年），北海道开拓使次官黑田清隆（后任长官）从美国带回了洋葱、土豆和小麦，之后在北海道尝试大规模的人工种植。洋葱品种繁多，①可根据味道分为甜、辣两大类，②可根据外皮颜色分成黄、白、奶油、粉、红，③可根据形状分成小洋葱、珍珠洋葱（Pearl onion）和棕色洋葱（onion brown）。黄色洋葱耐储藏。红色洋葱辣味较弱，适合用于沙拉。小洋葱、珍珠洋葱常用作配菜。在日本比较普及的是黄色的辣味洋葱。在欧洲，甜洋葱的需求量更大。神似大蒜的特殊挥发性香味来自烯丙基硫醚。鱼和肉的腥味成分会与洋葱中的胺发生化学反应，所以洋葱有除臭的功效。用油炒或炸，洋葱的辣味就会消失，甜味更加鲜明。一旦加热，辣味成分便会减少，形成丙基硫醇（propyl mercaptan），使甜味变强。洋葱是烹饪不可或缺的神奇食材，用途多样而广泛。常用于汤、炖菜、肉扒、咖喱、

伯里克利
（用头盔遮住洋葱头的雕像）
冢田孝雄《食悦奇谭》时事通信社[215]

た

西式腌菜和洋葱圈。洋葱汤是法餐的名菜。汉语称“洋葱”，在中国菜中常用于炒菜与炖菜。干燥处理而成的洋葱粉堪称万能香料，可用于汤、香肠、咖喱、番茄酱和方便面。作为药材，有促进消化、净化血液、利尿、发汗、催眠、止泻和杀菌的功效。

→火葱→洋葱圈→炸洋葱→葱

タマリンド

罗望子

英: tamarind

豆科常绿乔木，原产于非洲热带。英语“tamarind”的词源是阿拉伯语“tamr-hindi（印度椰枣）”。在印度、东南亚、非洲均有种植。10 cm左右长的豆荚中有绿色的果肉与种子。成熟后果肉呈褐色的果酱状，质地柔软，有酸味。爽快的酸味来源于酒石酸和柠檬酸。果肉富含硫胺（thiamin）和钙。种子富含蛋白质和脂类，有特殊的成胶能力，常用于果冻。嫩叶也有酸味。罗望子是印度咖喱不可或缺的酸味调料，用于搭配主菜的酸辣酱（chutney）也少不了罗望子。果肉加砂糖搅拌而成的点心称“罗望子糖”，是热带地区的旅行者最熟悉的零食。罗望子糖浆可用于软饮，有促进消化、防止便秘、退烧的功效。

→香料

タマレス

墨西哥粽子

西: tamales

与玉米薄饼（tortilla）一样，都是发祥于墨西哥的玉米美食。在祭礼、收获节等节庆场合制作，也是大众喜爱的早餐与轻食。在安第斯高原，人们在煮玉米的时候使用碱性卤水。煮过后去皮捣碎，充分搅拌，用盐和辣椒酱调味，裹入玉米苞叶或香蕉叶蒸，神似东方的粽子。肉、河海鲜、猪油、洋葱、大蒜、西红柿、孜然、黑糖、蛋、树果均可用作馅料。可用作主食、轻食与点心。

→玉米

ターメリック

姜黄

英: turmeric

→姜黄（うこん）

ダーメン・シェンケル

炸蛋糕

德: Damen Schenkel

发祥于瑞士的家庭自制糕点。“Damen”即“女性”，“Schenkel”即“大腿”，直译过来就是“女人的大腿”。黄油、蛋、糖、盐混合后打发，加入小麦面粉和泡打粉，塑成纺锤形油炸而成，质地柔软。

→蛋糕

鱈

鳕鱼

英: cod

鳕科海鱼的统称。鳕鱼种类繁多，包括太平洋鳕（*Gadus macrocephalus* マダラ）、黄线狭鳕（*Theragra chalco-gramma* スケトウダラ）、褐矶鳕（*Lotella phycis* ヒゲダラ）、远东宽突鳕（*Eleginus gracilis* コマイ）等等。由于嘴大，又称“大嘴鱼”。北洋生产鳕鱼，挪威海域更是一大产地。欧洲全境均能捕捞到鳕鱼，各地都有鳕鱼做的美食。法国人最爱的海产品是生蚝、虾和舌鳎，但盐渍鳕鱼干（morue）也深受法国人的喜爱。奶油鳕鱼酪（brandade de morue）是南法名菜，做法是将鳕鱼干炖烂，加入橄榄油和奶油，调成糊状，涂在面包上吃。“brandade”意为“搅拌过的东西”。鳕鱼干易于储藏，在英国、西班牙、葡萄牙也是受人喜爱的食材。17 世纪至 18 世纪爆发了多场因鳕鱼而起的战争。地中海沿岸的鳕鱼美食也非常知名。在西班牙语中，鳕鱼称“bacalao”，听起来颇像日语的骂人话“馬鹿野郎（蠢货）”。巴斯克（Basque）、加尔西亚地区的蒜蓉辣酱鳕鱼（Bacalao al pilpil）就是鳕鱼干加大蒜、橄榄油和西红柿炖煮而成的，也能用生鳕鱼做。鳕鱼的脂类含量低，是清淡的白肉鱼，所以适用的烹饪方法较多，用盐水煮、用黄油煎、炖、油炸、做成鱼丸、冷冻鱼滑均可。鳕鱼特有的鲜味来源于谷氨酸、肌苷酸等成分。

タラゴン

龙蒿

英: tarragon

→龙蒿（estragon）

タリアテッレ

意大利宽面

意: tagliatelle

发祥于意大利北部博洛尼亚地区的一种意面。形似名古屋特产扁面，是带状的手制意面。可根据宽度分成若干种类型。用菜刀切面的动作称“tagliare”。“tagliatelle”有“切出来的东西”之意。量产型意面多为压出成型面，手制意面一般也用压面机制作，所以“用擀面杖擀开后再用菜刀切开”的意面非常罕见。缎带状意面“fettuccine”与之类似（译注：据说 fettuccine 宽度范围可在 3 mm

至 5 mm 之间，tagliatelle 在 4 mm 至 10 mm 之间）。加有菠菜的宽面称“tagliatelle verdi”（verdi= 绿色）。

→意面

ダリオル

奶油小圈饼

法: dariole

文艺复兴时期（14 世纪至 16 世纪）在法国流行过的一种派。日语中也写作“ダリヨル”“ダリオール”。法语“dariole”的词源是普罗旺斯语“daurar（使之成为金黄色）”。直到 19 世纪中期，巴黎还有很多卖奶油小圈饼的商店。香槟地区的居民至今会在复活节时制作这款糕点。将小麦面粉和油脂混合而成的基础咸酥面团（pate brisée）铺入制作萨瓦兰蛋糕时使用的巴巴模具，做成薄薄的一层，再灌入由小麦面粉、糖粉、蛋、牛奶、橙子混合而成的奶油馅，送入烤箱，出炉后撒上糖粉即可。中心思想是“容器和馅料都能吃”。

→派

タルタルステーキ

鞑靼生肉

英: tartar steak

拍松的生肉。又称“鞑靼族的牛肉”“塔塔牛肉”。鞑靼人是中亚游牧民族，爱吃熟化的生马肉，缔造了强大的蒙古帝国。这种生肉的吃法从匈牙利传入德国。将马肉拍松，加入蔬菜、调料与香料混合均匀，放在黑面包上享用。“吃生肉”听起来可怕，其实跟日本人钟爱的金枪鱼刺身、拍松的金枪鱼肉有着异曲同工之妙。马肉不长寄生虫。传入韩国的生拌牛肉（육회）也是同类的生肉美食。也有用牛肉制作的鞑靼生肉。用菜刀将牛里脊肉剁碎，做成圆形的肉饼，打个蛋黄放在肉饼中央。将黄油、凤尾鱼、西式腌菜、香芹、洋葱、大蒜、黄瓜、西红柿与水瓜柳和肉一起搅拌均匀，以盐、胡椒、橄榄油、醋调味，用叉子搅拌后涂抹在面包上。

→马肉→肉扒→生拌牛肉

タルト

挞

法: tarte

最具代表性的法式糕点，用派或饼干面团制作。日语中也写作“ターツ”。英语“tart”、德语“Torte”、法语“tarte”的词源有三种说法，分别是中世纪拉丁语“tarta”、古法语“torte（圆板状糕点）”和古罗马盘状派型糕点“tourte”。也有说法称，早在古希腊、古埃及时期，挞的雏形就已经存在了。葡萄牙语“taart”有“糕点”

的意思。"能吃的器皿"这一创意着实了得。酥皮的历史可追溯到古希腊时期。约 17 世纪，各种法式糕点接连诞生。在法国，无盖的糕点统称为"挞"。在美国，有盖的称"派（pie）"，无盖的小型挞称"挞（tart/open pie）"。英国的"挞"普遍有盖。尺寸大的挞要切成若干块吃。加有柠檬的柠檬挞（tarte aux citrons）、填入草莓的草莓挞（tarte aux fraises）都很著名。小型挞（tartelette）尺寸更小，吃起来更方便。总而言之，挞是用加入黄油的面团制作容器，填入水果、坚果、卡仕达酱或果酱烤制的一种派，有的是注入奶油或酱汁后送入烤箱，有的则是烤好之后再注入馅料。在法国，人们把加有黄油的面团称为"酥皮"，用于制作派、饼干、曲奇等糕点。在日本，人们把用于制作派的面团称为"派面团"。这种面团烤制后会形成独特的口感。与挞相似的"torté"用烤得比较薄的海绵蛋糕夹果酱或奶油制成。词源应该与挞相同。也有说法称，它在 15 世纪至 16 世纪从挞分化而出，改用海绵蛋糕面团。在日本的爱媛县松山市也有模仿南蛮糕点制作的挞。在江户前期的 1635 年（宽永十二年），松山藩主松平定行担任长崎探题时，曾前往长崎出岛，经葡萄牙人指导掌握了挞的制作方法。日本化后的挞作为松平家的名点流传至今，成为仅存于松山的南蛮糕点，是日本宝贵的饮食文化遗产。

→萨赫蛋糕→法式苹果挞→小型挞→派→面点→法式香草奶油馅饼→杏仁奶油→奶酪迷你挞

タルト・タタン

法式苹果挞

法: tarte Tatin

又称"塔坦姐妹挞"，正反颠倒，与翻转水果蛋糕（upside down cake）有着异曲同工之妙。也称"tarte des demoiselles Tatin"。在法国，正反颠倒的糕点也被称为"gâteau renversé"。相传 20 世纪初，索洛涅地区（Sologne）的伯夫龙（Moat Beuvron）住着一对上了年纪的姐妹，姓"塔坦"。她们经营着一家小旅馆。一天，她们想为顾客制作苹果挞，却在挞出炉的时候一不小心打翻了容器，只能以苹果和挞皮颠倒的状态烤制，不料

法式苹果挞
资料:《糕点辞典》东京堂出版 275

这样反而在挞的表面形成了焦糖，苹果的香味更是诱人，好评如潮。也有说法称，法式苹果挞是当地自古以来就有的糕点。

→苹果派→挞→派

タルトレット

小型挞

法: tartelette

据说在16世纪的法国，人们将小型挞称为“flannet”。常用作头盘与前菜。

→挞→奶酪迷你挞

タルホ小麦（こむぎ）

节节麦

与面包小麦的起源息息相关的一种野生小麦（*Aegilops tauschii*）。全球种植的小麦有90%是面包小麦，又称“普通小麦”。面包小麦广泛运用于各种面包和面食的制作。育种学家的关注点则是面包小麦的祖先。1944年（昭和十九年），日本学者木原均发现面包小麦诞生于公元前5000年的外高加索地区，由二粒小麦和节节麦杂交而成。木原以基因群的倍数性为切入点，将传递基因的7条染色体定义为“染色体组”，通过对染色体组的分析查明了面包小麦的起源。同年，两位美国学者证明了他的观点。这件事发生在二战期间。战后一经公布，全世界的科学家都为这场不谋而合的发现送上了赞美。

→小麦

炭酸水（たんさんすい）

碳酸水

英: carbonated water

→苏打水

タンシチュー

炖牛舌

日式英语: tongue stew

“tongue stew”是日式英语，意为“炖牛舌”。英语称“stewed tongue”。在法餐中，牛舌是珍贵的美味。路易十二（1498—1515在位）时期甚至颁布了规定“牛舌归属领主”的法律。法语中称“langue de bœuf braisée”。“langue de bœuf”即“牛舌”，“braisée”即“焖”。因为牛舌的皮很硬，所以要先剥皮，再用平底锅炒到表面出现焦痕。加入洋葱、胡萝卜、番茄泥、清汤和香料包，倒入红葡萄酒慢炖即可。

→炖菜

担担麺（たんたんめん）

担担面

辣味鲜明的川味小吃。现已普及到中国各地。“担担面”这一奇特的称呼来源于“小贩挑着扁担沿街叫卖”的模样。据说最早是渔夫在打不到鱼的时候从事的副业。担担面也是日本人钟爱的中国面之一。在昏暗的小店里将面条、葱、榨菜和豆芽放入小碗，浇上面酱，面条吃完了可以续。面酱以红烧猪肉糜、虾米为主，佐以辣椒、花椒、芝麻、醋、芝麻酱和辣油，有着辣味鲜明的独特风味。

→中国面

だんちゃ

砖茶

英: brick tea

中国的半发酵茶，与之类似的还有团茶。“砖”即“砖块”。将蒸过的绿茶与红茶茶叶装入模具，用蒸汽水压机压成砖状。在缺乏水果蔬菜的蒙古、西藏和西伯利亚，砖茶是宝贵的维生素C来源，也是用来预防坏血病的生活必需品。关于砖茶与团茶的趣闻轶事数之不尽。比如在中国的南北朝时期（420—589），政府禁止砖茶出长城，以此巩固对边境蛮族的统治。砖茶也在和蒙古的交易中发挥着重要的作用。俺答汗（Altan Khan）曾兵临北京，最后却因明朝关闭砖茶交易投降。蒙古地区的游牧民族常饮砖茶，以铁壶烹煮削下的茶叶，加羊奶、马奶、黄油、奶酪饮用。有时也加小米。据说团茶出现在宋仁宗（1022—1063在位）时期，将茶叶团成球形，经干燥处理而成。如今团茶已失传。

→中国茶

ダンディケーキ

邓迪蛋糕

英: Dundee cake

发祥于苏格兰东海岸港口城市邓迪的黄油蛋糕。将黑糖、油脂混合成奶油，加入小麦面粉和泡打粉，配以足量的葡萄干（用红糖和朗姆酒腌过）和橙皮，表面以杏仁点缀后送入烤箱即可。

→蛋糕

ダンプリング

汤团

英: dumpling

发祥于英国的丸子。英语“lump（块）”加指小词缀“ling”，变形后便成了“dumpling”。用蛋、黄油、牛奶和面，充分揉捏后做成丸子，煮熟即可。据说最早是用牛肾脏周围的脂肪和小麦面粉制作的。在伦敦的平民区，汤团是肉菜的好拍档。在美国则经常出现在浓汤中。在德国，人们把小麦面粉、面包屑和土豆混合而成的团子称为“Knödel（丸子）”。趁热享用口感松软，最为美味。也有用作甜品的“dumpling”，比如用派皮包裹糖水煮苹果后烤制而成的“苹果饺子（apple dumpling）”。

→丸子

チェカーボード・サンドイッチ

棋盘三明治

英: checkerboard sandwiches

以国际象棋的棋盘为灵感的花式三明治，充满了童趣与梦幻感。欧美的三明治种类繁多，形状与夹心十分多样。“checkerboard”指国际象棋的格纹棋盘。欧美人一般在圣诞节或孩子遇到喜事时制作这款三明治。发明经过不详。做法是将白面包与黑面包切成1 cm的薄片，涂抹黄油，交替重叠（白黑白、黑白黑）后放入冰箱，如此一来面包片就会黏住。黏好后取出，涂抹黄油，叠出黑白相间的条纹，最后切成1 cm宽。可根据个人喜好做成3层、4层甚至5层。

→三明治

チェシャーチーズ

柴郡奶酪

英: Cheshire Cheese

发祥于英国西部柴郡切斯特（Chester）的硬质奶酪，原料为牛奶。又称“切斯特奶酪”。据说有800余年的历史。和切达奶酪类似，但发酵时间较短。发酵程度浅则风味清淡，熟化1至2年后会产生刺激性的风味。常用于零食、三明治。

→奶酪

チェダーチーズ

切达奶酪

英: Cheddar Cheese

英国最具代表性的奶酪，原料为牛奶。16世纪末，在英国南部萨默塞特郡（Somerset）的切达村（以钟乳洞闻名），奶农约瑟夫・哈丁（Joseph Harding）发明了这种奶酪。如今切达奶酪已经成为全球产量最高的硬质奶酪。1840年，为庆祝维多利亚女王大婚，人们制造了重达500公斤的切达奶酪。后来，移民将这种奶酪带到美洲大陆，使它占据了美国奶酪的半壁江山。1851年，杰西・威廉（Jesse William）在纽约州开设工厂，量产切达奶酪。于是“美式奶酪”成了切达奶酪的昵称。在英国自不用说，在加拿大、美国、罗马尼亚、法国也非常受欢迎。经堆酿(cheddaring 将成形的凝乳翻转，利用凝乳自身的重力挤出乳清，形成理想的质地)、粉碎(milling)等工序，借助乳酸菌使原料充分发酵，形成奶油色的细密组织，成品呈扁平的圆筒形。爽快的酸味和神似坚果的香味是切达奶酪的特征。这种奶酪没有怪味，可用作再制奶酪的原料。

→威尔士兔子→奶酪

チェミエン

切面

中国切面的统称，也称“刀切面”。属于手工面的范畴，醒面后擀薄，用菜刀加工成面线状。切面在中国的唐代日渐兴盛。

→中国面

チェリー

樱桃

英: cherry

→樱桃（さくらんぼ）

チェリーブランデー

樱桃白兰地

英: cherry brandy

用樱桃制作的白兰地，发祥于英国，发明经过不详。白兰地是用葡萄酒蒸馏而成的烈酒，素有“火酒”之称，因为饮用时有烧灼感。樱桃白兰地就是将樱桃浸入烈酒，加入砂糖与香料制成的利口酒。颜色鲜红，风味甘甜。能同时享受甜味、酒味和香味。常用作餐后酒，亦可直接饮用、做成“On the Rocks”(译注：在杯里先放入冰块，然后将酒淋在冰块上）或鸡尾酒。

→樱桃酒→樱桃→白兰地

チキン

鸡肉

英: chicken

→鸡肉（鶏肉）

チキンナゲット

鸡块

英: chicken nugget

第二次世界大战后诞生于美国的鸡肉再加工食品。与洋葱圈、薯片和合成肉一样，可以量产，而且能大量产出形状统一的产品。用这种手法“重组”的食品被称为合成食品(fabricated food)。“nugget” 有“天然金块”之意。在鸡肉泥中加入增加粘度的小麦面粉等材料，塑形后裹上面糊油炸即可。形状与颜色与金块相似，而且尺寸小巧，没有骨头，方便食用，大受欢迎。

→鸡肉

チコリー

菊苣

英: chicory

菊科多年生草本植物，原产于地中海沿岸。又称“Belgian chicory（比利时菊苣）”“endive”。存在大量的野生品种与改良品种，在欧洲各地均有种植。古希腊语“kikhorion”演变成拉丁语“cichorium”，最后变成法语“cichorée”和英语“chicory”。在古希腊、古罗马时代，菊苣的栽培品种和野生品种就已经存在了。人们将其用作滋补、健胃、利尿的药材。从14世纪开始，菊苣发展为蔬菜。15世纪至16世纪出现了“苦茶（ニガチャ）”“菊苦菜（キクニガナ）”“チコリー（chicory）”“サッコリー（succory）”“菊萵苣（キクジシャ）”“エンダイブ（endive）”“エスカロール（escarole）”等各种称法，直到17世纪至18世纪才逐渐统一。乳白色嫩芽形似白菜心，叶片厚实，口感爽脆。独特的香味与苦味受人喜爱。常用于沙拉、汤、黄油炒菜、菜包肉和焗菜。作为药材，对胆结石、风湿、痛风、贫血有一定的疗效，可促进消化，净化血液。菊苣不含有咖啡因和丹宁，也没有咖啡的香味，但是将干燥处理过的根加入咖啡，能有效提升咖啡的苦味与醇香，缓和咖啡因对人体的刺激，改良咖啡的风味。咖啡、菊苣、焦糖等材料混合而成的咖啡称“法式咖啡（French coffee）”。菊苣曾一度被用作咖啡的增充剂。据说现在市场上的菊苣是野生菊苣（endive）的改良品种。

チーズ

奶酪

英: cheese

发祥于西亚的奶制品。在牛、水牛、羊、山羊、马的奶中加入凝乳酶（rennet）和乳酸菌（starter），使酪蛋白（casein）凝固，形成凝乳，与乳清（whey）分离后熟化而成。拉丁语“caseus（奶酪）”演变为德语“Käse”，再到荷兰语“kaas”，最后变为英语“cheese”。也有说法称“cheese”的词源是印欧语“kwat（发酵）”。法语“fromage”的词源则是拉丁语“forma（模具）”的派生词“formatica（装入模具）”，意为“有形之物、装入模具之物”。有说法称奶酪在机缘巧合下诞生于亚洲。相传古代阿拉伯商人卡那那将山羊奶灌入用羊的胃袋制作的水壶，带着它颠簸了一整天。当他打开水壶，想要喝羊奶时，流出来的竟是浅色的液体。切开水壶一看，里头竟有一团白色的东西，而且美味非凡，让他大吃一惊。原来是羊的胃袋中的凝乳酶和山羊奶发生了化学反应，形成了凝乳。而且奶酪不同于鲜奶，更耐储藏。后来，这种技法传入欧洲。关于奶酪的起源，还有另外两种说法，分别是“约公元前 8000 年的古人用羊奶和山羊奶制成”和“公元前 6000 年在美索不达米亚用山羊奶制成”。公元前 3000 年前后的苏美尔（Sumer）遗迹也有奶酪出土。从公元前 2000 年开始，奶酪已经与人类形成了密不可分的联系。在古希腊，人们将奶酪视作奥林波斯众神赏赐给凡人的美食，荷马史诗也提到了它。最开始，人们用无花果树枝搅拌羊奶或山羊奶，再加入洋蓟使其凝固。后来才开始使用凝乳酶。《旧约圣经 · 创世记》中提到，诺亚的后裔亚伯拉罕用凝乳招待了三位天使。公元前 4 世纪至 5 世纪，希波克拉底对奶酪产生了兴趣。公元前 1 世纪，古罗马人借助压榨机改良了奶酪的生产工艺，撒丁岛的罗马诺羊奶酪（Pecorino Romano）是当地历史最悠久的奶酪。罗马建国神话称，罗马始祖罗慕路斯（Romulus）是吃狼奶长大的，所以诞生于当地的羊奶酪被称为罗马诺羊奶酪。据说罗马人爱吃加有百里香粉末的奶酪。8 世纪查理大帝（768—814 在位）钟爱加有香芹的青霉奶酪（即罗克福奶酪（Roquefort cheese）的原型）。在黑暗的中世纪，传入欧洲的奶酪生产技术由修道院继承下来。17 世纪，奶酪被大量运用于酱汁和糕点。相传路易十四（1643—1715 在位）的情人蒙特斯庞侯爵夫人发明了百余种加奶酪的酱汁。1789 年的法国大革命使各地农户掌握了奶酪的制法。1814 年，布里奶酪在维也纳和会的餐桌上大获好评，后来成为法国最具代表性的奶酪之一。法国美食家布里亚-萨瓦兰（1755—1826）写道：“没有奶酪的甜点好似独眼的佳丽。”奶酪是各种菜品的调味料，在调和风味的环节发挥出了重要的作用，现代人已经无法想象没有奶酪的欧美饮食文化了。7 世纪中期，奶酪从印度中亚出发，途经中国和朝鲜半岛传入日本，被称为“醍醐”，受到贵族的追捧。然而由于之后颁布的“杀生禁断令”，奶酪一度在日本销声匿迹。幕末时期，福泽谕吉在《西洋事情》（1866/ 庆应二年）一书中用“干酪”称呼奶酪，与“牛酪（黄油）”加以区分。直到二战之后，奶酪才在日本广泛普及。天然奶酪（natural cheese）在全球共有 800 余种，仅热爱奶酪的法国就有 400 种。奶酪往往以产地命名。国际乳品联合会（IDF）牵头制订了奶酪的相关规格。奶酪可大致分为天然奶酪和再制奶酪。加热天然奶酪，停止熟化，塑形加工后即为易于储藏的再制奶酪。日本人比较熟悉再制奶酪，但欧美人更偏爱天然奶酪。奶酪有多种分类方法：I. 根据天然奶酪的硬度，可分为①软质奶酪（茅屋奶酪、奶油奶酪、卡蒙贝尔奶酪、布里奶酪）、②半硬质奶酪［罗克福奶酪、提尔西特奶酪（Tilsit）、戈尔贡佐拉奶酪、门斯特奶酪（Muenster）、蓝纹奶酪、砖形奶酪（Brick cheese）］、③硬质奶酪（帕玛森奶酪、切达奶酪、高达奶酪、埃德姆奶酪、格吕耶尔奶酪）。II. 根据有无乳酸菌发酵，可分为①非发酵奶酪［茅屋奶酪、奶油奶酪、夸克奶酪（Quark）、牦牛奶酪（chhurpi）］、②发酵奶酪［蓝纹奶酪、纳沙泰尔奶酪（Neufchâtel）、卡蒙贝尔奶酪、林堡奶酪（Limburger）］。III. 根据发酵时使用的微生物，可分为①细菌发酵型奶酪（埃德姆奶酪、高达奶酪、切达奶酪、林堡奶酪、门斯特奶酪、砖形奶酪）和②霉菌发酵型奶酪［罗克福奶酪、蓝纹奶酪、卡蒙贝尔奶酪、戈尔贡佐拉奶酪、斯蒂尔顿奶酪（Stilton）］。IV. 根据微生物的接种部位，可分为①表面接种型奶酪（蓝纹奶酪、卡蒙贝尔奶酪、纳沙泰尔奶酪）和②内部发酵型奶酪（戈尔贡佐拉奶酪、罗克福奶酪）。奶酪堪称人类智慧的结晶。其营养价值高，富含蛋白质和脂类物质，属高热量食品，钙、磷、维生素 A、B_2 的含量也高。近年来，乳脂含量高、口感好、热量高的奶酪更受欢迎。奶酪的用途极其广泛，可用作餐桌奶酪、烹饪素材、糕点材料等等。

→埃德姆奶酪→埃曼塔奶酪→茅屋奶酪→卡蒙贝尔奶酪→格吕耶尔奶酪→高达奶酪→戈尔贡佐拉奶酪→柴郡奶酪→切达奶酪→帕玛森奶酪→芳提娜奶酪→布里奶酪→蓝纹奶酪→羊奶酪→保罗·杜·沙伊鲁→马斯卡彭奶酪→马苏里拉奶酪→乳清奶酪→罗克福奶酪

チーズケーキ

奶酪蛋糕

英: cheese cake

以非发酵型新鲜奶酪（奶油奶酪、茅屋奶酪）制成的西式蛋糕。发明经过不详。据说早在古希腊时期，用新鲜奶酪制作的挞就已经出现了。在奶酪种类最丰富的法国，奶酪蛋糕称“gâteau au fromage”“tarte au fromage”，而不单独用“fromage（奶酪）”指代。奶酪蛋糕在美国、德国、法国、英国颇受欢迎。用作容器的派盘以派皮、曲奇面团、海绵蛋糕面团、粉碎的咸饼干制成。奶酪蛋糕种类繁多，做法各异。①奶酪舒芙蕾：打发的奶油奶酪加小麦面粉、玉米淀粉、砂糖、蛋黄、柠檬汁，搅拌均匀后倒入提前加热过的容器，送入烤箱即可。②生奶酪蛋糕（rare cheesecake）：奶油奶酪、酸奶油加食用明胶，放入冰箱冷藏。③卡仕达奶酪蛋糕：卡仕达酱、奶油奶酪混合后烤到表面出现焦痕即可。即德国人钟爱的

"Käsekuchen"。在日本，奶酪蛋糕在1975年（昭和五十年）前后逐渐普及。

→瑞典奶酪蛋糕→奶酪

地中海料理

地中海菜系

英: Mediterranean cuisine

地中海沿岸特有的海鲜美食。地中海即"陆地中的海"。地中海地区长久以来是欧洲政治、文化、商业的中心，经济繁荣。虽有国界，却形成了紧密的人际关系。地中海沿岸（西班牙、意大利、南法）的海鲜美食包容开放，极具个性，以香味见长。在日本被称为"地中海料理"。地中海菜系有下列特征：①大量使用墨鱼、章鱼和海胆；②用西红柿、大蒜、橄榄油、柠檬调味；③以意面著称；④符合日本人的口味。淋柠檬汁吃的炸墨鱼、墨鱼汁煮墨鱼（calamares en su tinta）、墨鱼汁意面、炖章鱼、海鲜汤都是当地名菜。

→海鲜汤

粽

粽子

糯米、粳米、米粉、葛粉蒸熟后做成圆锥形，裹以竹叶，用灯芯草扎紧即为粽子。南朝梁吴均（6世纪）在《续齐谐记》中记载，相传战国时代，楚怀王近臣屈原（B. C. 343—285）因秦王的计谋失势，抱石投汨罗而死。楚人哀之，每至此日，以竹筒贮米，投水祭之。到了唐代，粽子逐渐改用糯米。这一习俗传入日本，发展成了端午节的粽子。顺便一提，赖山阳在诗中提到，明智光秀在本能寺之变前夜的茶会中吃了粽子，而且是连皮带馅一起吃的。猪肉、鸡肉、糖、蛋、虾米、干贝、香菇、枣、赤豆、莲子与糯米混合后用竹叶、荷叶或苇叶包裹，或蒸或煮。有三角形、四方形和长方形等形状。粽子既是储备粮，也是庆祝端午佳节的食品，在日本也是一种日式糕点。核心思路是"用叶子包裹食物"。世界各地也有用香蕉、叶子、葡萄、柿子、槲树的叶子包裹的食品。

茶

茶

英: tea

山茶科常绿灌木，原产地可能是东南亚。茶树有中国产小叶系和印度产大叶系之分。在中国、日本、印度、斯里兰卡均有种植。茶叶可大致分为非发酵茶（绿茶）、发酵茶（红茶）和半发酵茶（乌龙茶）。"茶"在外语中的称法可分为两类，分别是"粤语系（cha）"和"闽南语系（te）"。茶经陆路传入的地区采用粤语系发音，走海路则采用闽南语系发音。同在欧洲，波兰称“chai”，葡萄牙称“cha”，英国称“tea”，德国称“tee”。茶文化也在各国语言中扎下根来。中国古代传说称，本草学始祖神农氏尝百草，日遇七十二毒，得茶而解之。也有说法称茶树发祥于中国云贵地区的深山。茶树通过喜马拉雅高原地带传入印度、缅甸与泰国。在中国，喝茶的风俗在隋文帝（581—604 在位）时期兴盛起来，僧人在修行时喝茶提神。后来，茶与佛教文化一同从中国传入日本。729 年（天平元年 奈良时期），圣武天皇招百名僧人入宫，以中式团茶款待，他们被认为是日本第一批喝茶的人。约 1610 年，中国的绿茶从澳门出发，通过荷兰商船出口欧洲。因路途遥远，船舱内高温多湿，绿茶发酵成了红茶，形成了独特的香味。据说人们起初只吃煮过的茶叶，煮出来的汤汁则倒掉不用。1640 年，伦敦开出首家茶馆。1665 年，路易十四（1643—1715 在位）看中了茶促进消化的功效，时常饮用。1856 年（安政三年 幕末时期），美国驻日总领事哈里斯向幕府进贡了红茶，开启了红茶在日本的历史。茶可根据“茶叶中的酶如何促进发酵”大致分为：①非发酵茶（绿茶）：通过加热（中国炒茶，日本蒸茶）杀青，使茶叶中的多酚氧化酶（polyphenol oxidase）失活，叶片保持绿色；②发酵茶（红茶）：在酶的作用下，茶叶中的丹宁和果胶氧化，形成独特的香味；③半发酵茶（乌龙茶）：介于①②之间。中国自古以来就有绿茶、红茶与乌龙茶。茶的涩味来源于丹宁，玉露的鲜味来自茶氨酸（Theanine），提神的功效归功于咖啡因。茶也富含维生素 C，有利尿、强心、降胆固醇、预防糖尿病、坏血病的功效。

→红茶→中国茶→绿茶

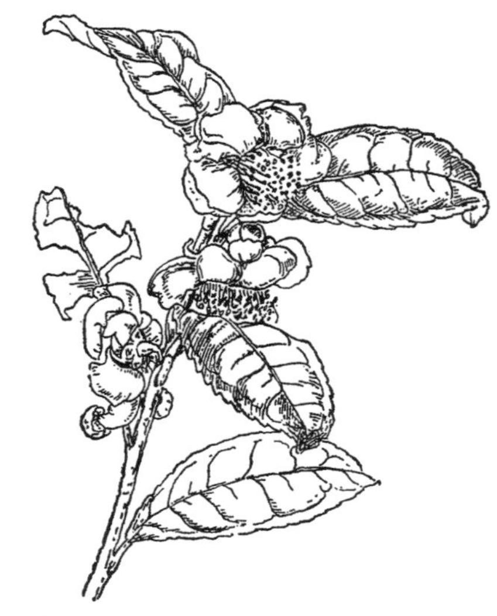

茶
资料：《植物事典》东京堂出版 [251]

チャウダー

海鲜浓汤

英：chowder

用海鲜、蔬菜炖煮而成的美式汤

品。据说“chowder”的词源是法语“chaudière（大锅）”。也有说法称这道菜诞生于17世纪初，是加拿大、美国北太平洋渔场的船员发明的船上美食。新鲜的白肉鱼、虾、牡蛎、文蛤、培根，加上洋葱和土豆，用大锅炖煮，再加入变硬的面包和苏打咸饼干。有牡蛎浓汤、蛤蜊浓汤、玉米海鲜浓汤等款式。最具代表性的蛤蜊浓汤有加入西红柿的曼哈顿蛤蜊浓汤、加牛奶的新英格兰蛤蜊浓汤等品种。是红是白，各州的口味不同。还能在店里买到海鲜浓汤的罐头。

→美国菜系

チャオズ

饺子

→饺子（ギョーザ）

チャーシャオ

叉烧

广东省传统名菜烤猪肉。日语中也写作“チャーシュー”。相传古时候中国某地发生了火灾，人们从火灾现场挖出一只被烤熟的小猪，一尝竟鲜香无比。换言之，叉烧是巧合的产物。据说古时候新人第三天回门时，女婿要带叉烧拜访岳父母。叉烧就是烤出来的，将猪、鸡、鸭切块，浸入砂糖、甜料酒、盐、酱油、八角、老旧、葱、生姜混合而成的调味液，入味后刺入两头金属叉，或以钩子（叉烧环）吊入烤炉烘烤。表面涂抹糖稀以增加光泽感。猪肉宜选用大腿肉和肩五花。成品表面呈红色，这是因为涂抹了糯米加红曲制成的发酵调味料“红糟”。有时也用食用红色素代替。常用于前菜、汤面、叉烧包和炒饭。叉烧肉特别合日本人的口味，被称为“焼き豚”“チャーシュー（粤语发音）”。从严格意义上讲，日式拉面配的炖猪肉不算叉烧。

→中国菜系

ヂャーツァイ

榨菜

→榨菜（ザーサイ）

チャパティ

恰帕提

英：chapati

无发酵扁面包。据说在公元前4000年诞生于两大古文明的发祥地，底格里斯河与幼发拉底河之间及尼罗河流域。古印度梵语“carpata（扁平的）”演变为“carpati（扁面包）”。印地语称“capati”。后来，古埃及面包演变为用烤炉烘焙的发酵面包。而继承古代面包传统的扁面包传入印度、巴基斯坦、阿富汗和伊朗。恰帕提的原料是全麦粉加盐制成的阿塔（ata）面团，没有发酵工序，做成 1 mm 至 2 mm 厚、直径 20 cm 左右的圆饼，放在石板、铁板上烤制。有时也在全麦粉中加大麦粉、杂粮粉与豆粉。亦可使用名为“坦都炉（tandoor）”的钟形烤炉烤制。厚度达 2 cm 左右的称“罗提（roti）”。还有用较多的油煎成的帕罗塔（paratha 口感香脆）和油炸扁面包皮欧哩（puri）。吃扁面包的窍门在于①用手撕成小块，②浸入咖喱或放在咖喱上，③趁热享用。随着民族特色美食的普及，爱吃恰帕提和馕的日本人也呈增加趋势。扁面包十分柔软，方便食用，有着独特的口感和风味。

→印度面包→印度菜系→馕→面包→扁面包→麦子美食→无发酵面包→罗提

チャービル

细叶芹

英: chervil

伞形科一年生香草，原产于西亚。在南欧、巴西、美国均有种植。法语“cerfeuil”和英语“chervil”的词源是拉丁语“caerefolium（欢乐之叶）”。细叶芹与香芹相似，但香味不那么刺激，有着高雅的甜香与风味。常用于沙拉、酱汁、清汤、炖菜、煎蛋卷、肉菜和河鱼。

→香草

チャプスイ

炒杂碎

英: chop suey

有着美国风味的粤式什锦杂烩。又称“李鸿章杂碎”。晚清名臣李鸿章（1823—1901）访美时吃不惯旧金山一流华裔厨师做的菜，于是厨师将食材全部切碎（chop），丢进大锅做成杂烩，竟美味惊人，让李鸿章叹为观止。人们至今能在美国看到“杂碎馆”。关于炒杂碎的诞生，还有两种说法，分别是“李鸿章招待欧美列强政治家的菜品”和“李鸿章与好友吴继善在穷困潦倒时重逢，用剩菜做了一锅杂烩招待，对方十分高兴”。“chop”有“切碎材料”的意思。也有说法称，这道菜的灵感来自粤菜“炒不碎”。猪肉、鸡肉、鲍鱼、虾、洋葱、香菇、竹笋、豆芽、白菜、西芹、粉丝先炒后炖，勾芡调味。也可以称之为食材种类更丰富的升级版八宝菜。

→美国菜系

チューインガム

口香糖

英: chewing gum

一种以咀嚼时的口感见长的零

食。天然糖胶树胶（chicle）、醋酸乙烯酯（合成树脂）加甜味剂与香料塑形而成。“chew”即“咀嚼”，“gum”即“橡胶、树液”，直译过来就是“嚼橡胶”。早在3世纪，中美洲原住民便有划破人心果（sapodilla）的树皮，取乳白色树液熬煮成板状咀嚼的习惯。“chicle”的词源就是墨西哥土语“chiktli”。约1870年，药剂师约翰·科尔根（John Colgan）对天然糖胶树胶产生了兴趣，尝试在其中加入香料制作零食。也有说法称，是美国人托马斯·亚当斯（Thomas Adams）在1871年首次以“亚当斯纽约口香糖”的商品名推出了口香糖。1890年，威廉·瑞格里（William Wrigley）发明了加有糖、薄荷和锡兰肉桂的板状口香糖，风靡一时，迅速普及。1848年，缅因州的乔治·柯蒂斯发明了松香口香糖，也有说法称这才是口香糖的开山鼻祖。如今，人们用醋酸乙烯酯等合成树脂代替糖胶树胶。口香糖完美契合了美国人的气质，并有下列功效：①促进唾液分泌、②固齿去口臭、③加快大脑运转、④提神、⑤解嘴馋。1916年（大正五年），箭牌成立了日本分公司，但口香糖并不符合日本当时的风俗习惯。二战后，进驻美军边走边嚼口香糖，把这种新的生活习惯引入日本。从1952年（昭和二十七年）开始迅速普及。口香糖种类繁多，可根据形态分为板类、糖衣类、药用类、泡泡糖类等，也可按风味分成薄荷类、水果类、叶绿素类。现在市面上已经出现了无糖口香糖、咖啡口香糖、可乐口香糖、梅干口香糖等各式产品。

中国の酒（ちゅうごく さけ）

中国酒

各国都有和神话有关的酒，中国酒也不例外。夏朝（B. C. 21—16世纪）第五代君王杜康就是知名的“酒神”。在现代日语中，酿酒的工匠称“杜氏（とうじ）”，词源正是杜康。中国酒的原料、酒曲的种类与酿造方法纷繁多样，可大致分为酿造酒、蒸馏酒和混合酒。①最具代表性的酿造酒有黄酒、绍兴酒、啤酒和葡萄酒（果酒）。黄酒的主要原料为大米，呈黄褐色，度数为10至15，有4000至5000年的悠久历史。一般陈酿3年以上。绍兴酒是鲁迅的老家浙江绍兴的特产，酒精度数为13度，越陈越香。当地有高品质的酿酒用水。陈酿10年以上的称“老酒”。北部以小米加红曲酿酒，南方以糯米为原料。杯中加冰糖，糖会逐渐化开，在酒中加入恰当好处的甜味。女孩降生后，酿一壶酒埋进地里。摆喜酒时拿出来一喝，便知新娘的年纪。②最具代表性的蒸馏酒有高粱酒、汾酒和茅台酒。高粱酒又称白酒、白干。白酒诞生于东西方交流频繁的唐

代，在中国算是比较新的酒。白酒是无色透明的蒸馏酒，产量最高。原料多种多样，包括高粱、玉米、大米、大麦、番薯、土豆和木薯。酒精度数高达60。山西的汾酒用高粱、玉米制成，65度。汾酒的历史能追溯到1400年至1500年前的南北朝时代，北齐武成帝钟爱的汾清是其原型。酒壶上刻有唐代诗人杜牧的诗句“借问酒家何处有，牧童遥指杏花村”。贵州的茅台酒以高粱为主要原料，60度。早在2000多年前的汉武帝时代便已存在，在1000年前的宋代闻名天下。③葡萄酒在中国正史《汉书》中也有提及，历史能追溯到2000多年前的汉武帝时代。明代李时珍所作《本草纲目》中提到了“龙珠”，即葡萄的栽培品种“龙眼葡萄”，据说由汉武帝派往西域的张骞带回。④混合酒包括加有果实、兽骨等药材的药酒，以及用香味出众的材料浸成的调味酒。中国本草学的传统可追溯到三皇五帝之一神农的《神农本草经》，其中提到将人参等药草浸入白酒制成的药酒。五加皮酒含有五加皮、五加参、川木瓜、丁香、当归、砂仁、薄荷、香根草等十多味珍贵草药，天津的最为正宗。《本草纲目》称“宁得一把五加，不用金玉满车”。据说这种药酒有补血、清热、滋养、健胃的功效。还有壁虎泡的蛤蚧酒和虎骨酒。中国酒的原材料以植物居多，但蒙古族偏爱用动物性原料酿制的马奶酒。⑤19世纪末，山东青岛（德租界）率先开设啤酒工厂。后来在天津、上海也有建厂。

→马奶酒→绍兴酒→酿造酒→蒸馏酒→老酒

中国(ちゅうごく)の食(しょく)の思想(しそう)

中国饮食思想

中国人对饮食高度关注，今人甚至能找到3000年前的烹饪研究记录，可见一斑。药食同源、药食如一的儒家思想自古以来深入人心，形成了带有预防医学色彩的烹饪体系。邻近的朝鲜半岛也有药食同源的说法。所谓药食同源，是神话传说中的圣人燧人与神农轩辕留下的养生口诀。《神农本草经》中提到神农氏教百姓用烧热的石头烹制谷物，因此后人尊其为烹饪之神。中国道教也格外钟情长生不老。《论语》中则提到了用餐礼仪，如“食不语（嘴里嚼着东西的时候不要说话）”。另外还有关于食品卫生的记述，比如不吃变味的饭、不吃发臭的肉、不吃颜色、味道不好的东西、不吃煮过头、夹生的东西、不喝来路不明的酒、不吃来路不明的肉干、不吃隔夜生肉等等（食饐而餲，鱼馁而肉败，不食。色恶，不食。失饪，不食。不时，不食。割不正，不食。不得其酱，不食。肉虽多，不使胜食气。惟酒无量，不及乱。沽酒市脯不食。不撤姜食。不多食。祭于公，不宿肉。祭肉，不出三日，出三日，不食之矣）。记录周代官制的《周礼》则提到当时已有“食医”制度，存在通过饮食保障健康的阴阳五行说，“以五味调和五脏”。阴阳是中国易学中相反的两种气。五行则是生成世间万物的金、木、水、火、土。中国菜系注重甜、酸、咸、苦、辣这五味的协调，重味道多于形态。因此追求食物药效的本草学取得了长足的发展，为日后的中医奠定了基础。明代李时珍在《本草纲目》中详细分析了1898种动植物和矿物。将所有食物分成阴、阳、温、冷四类，通过巧妙组合食材实现均衡的烹饪方法在中国日益发展，催生出了用一口炒锅解决所有问题的菜系。发展到今天，便成了由多种多样的食材与烹饪方法组成的中国菜系，博大精深。另外，中国还有基于佛教教义的素斋。

→中国菜系

中国の茶（ちゅうごく ちゃ）

中国茶

茶树是山茶科常绿灌木，原产地可能是东南亚。“茶”在外语中的称法可分为两类，分别是“粤语系（cha）”和“闽南语系（te）”。中国茶的历史非常悠久。唐代陆羽（728—804）的《茶经》（约760）称，“茶之为饮，发乎神农氏”。神农神话称，茶被发现的

茶圣陆羽
资料：松下智《中国茶》河原书店 179

时间是公元前2737年至2697年。《神农百草经》称，“神农尝百草，日遇七十二毒，得茶而解之”。有说法称茶起源于云南、四川、贵州交汇的山区。秦始皇统一中国后，茶传入中国其他地区。汉宣帝（B. C. 74—49在位）时期，文人王褒在《僮约》（主奴契约）中使用了“茶”字，被认为是该字最早取“茶”意的记录。东汉年间，喝茶的风俗从四川传播至长江下游。《广雅》（梁）等文献提到了中国茶的制法与喝法。作为贡品（药用）的茶产量渐增，隋文帝（581—604在位）时期，喝茶的习俗逐渐兴起，至唐代开始普及。唐代的《茶经》介绍

了茶的种类、效用、加工方法和品茶礼仪。当时的茶是人称“饼茶”的紧压茶(用臼压实蒸过的茶叶)。到了宋代(11 世纪),茶文化开始普及至有汉族以外的少数民族居住的长江以南。茶的产量与品种也大幅增加。当时出现了“抹茶”,即不用臼捣,而是以擂钵磨成细粉,在茶杯中泡开。在明代(14 世纪),抹茶逐渐消失,现代人熟悉的“以茶叶为主”的喝法固定下来。19 世纪,英国因大量进口中国茶形成了巨大的贸易逆差,企图通过向印度出口鸦片相抵。后来鸦片战争爆发(1840—1842),战败的清政府被迫与英国签订《南京条约》。依据该条约,香港于 1997 年回归中国。①最著名的绿茶(非发酵茶,通过炒茶使酶失活,茶叶保持绿色)当属浙江杭州的龙井,袁枚对其赞不绝口。②最著名的发酵茶(发酵茶,酶促使茶叶中的丹宁与果胶氧化,形成独特的香味)当属安徽的祁门红茶。在英国,祁门红茶被称为“茶中英豪”。③最著名的半发酵茶(在发酵途中使酶失活)是乌龙茶。茶叶如乌鸦一般黑,又似蛟龙般卷曲,因此得名。也有说法称,古时红茶作坊忽现黑蛇(乌龙),吓得工匠仓皇逃跑,回来一喝半发酵的茶,竟十分美味,于是便有了乌龙茶。铁观音也非常知名。砖茶又称团茶,也是半发酵茶。历史能追溯到唐代的普洱茶是云南的砖茶,富含丹宁,涩味明显。据说有解酒、刮油的功效。④中国还有一类特殊的茶,称“花茶”(香片茶),由烘干的花和茶叶混合而成,茉莉花茶、桂花茶最为知名。此外,水仙、代代、茶兰、菊花、香橙、金银花也能用来制作花茶。提起中国茶,日本人最先联想到的是半发酵茶,但中国人喝得最多的还是绿茶。乌龙茶的产量仅占总量的 5%。中国绿茶的生产工艺与喝法与日本不同。例如功夫茶就是一种费时费力的特殊喝法。起初流行于广东至福建南部,后传入台湾与泰国。茶师灵活运用茶壶、茶杯与茶刷,慢慢泡出一杯好茶。色香味俱全,茶叶的芳香沁入喉头,教人心旷神怡。茶中的丹宁可刮油,减少血液中的胆固醇。而茶叶中的维生素 C 与 E 能预防坏血病和高血脂。咖啡因则能提神,还有刺激大脑的强心作用。英国人钟爱红茶,中国人更是像重视吃饭一样看

英国刚开始进口中国茶时的广告
资料:春山行夫《红茶文化史》平凡社 [194]

重喝茶的习惯。中国人的喝茶方式有下列特征：①享受茶水原原本本的味道，不像欧美人那样在茶里加奶、柠檬或糖；②北方用大茶碗泡茶叶，南方则有用茶壶泡茶，再将茶汤倒入小茶杯享用的功夫茶；③少数民族为补充维生素与矿物质等营养，会在茶里加奶油、奶酪或奶。在日本极尽隆盛的茶道在12世纪末（宋代）通过禅僧传入日本。元朝灭宋之后，喝抹茶的习惯在中国日渐式微，至明代彻底消失。但是在日本，千利休开创了独特的抹茶喝法，对日本茶道的发展产生了极其深远的影响。

→乌龙茶→袁枚→红茶→茉莉花茶→砖茶→花茶→桂花→陆羽→绿茶→龙井茶

中国(ちゅうごく)のパン

中国面包

约公元前1世纪（中国汉代），用水车驱动石磨的“水磨”诞生，再加上绢筛，生产“雪白的小麦面粉”成为可能，出现了以碾硙制粉的大型制粉工厂。当时来自西域的“胡食”开始流行。北方养成了制作饺子、包子、馒头的习惯，后来发酵型烘焙面包也从西方传入中国，但中国人没有全盘接纳这项技术，而是发展出了独特的小麦饮食文化。南方则主要种植稻米。北方形成了以小麦为主食的饮食形态，以小麦面粉为主要原料的点心接连诞生。“饼”字在日语中是“年糕”的意思，但是在中国是面粉制品的统称。欧式烘焙面包在中国没能发展起来，但通过“蒸”这一加热方式加工的蒸面包——包子和馒头在这片土地日益发达。日本长久以来受中国饮食文化的熏陶，但面包文化在中日两国走上了完全不同的发展道路，这一点着实耐人寻味。后来，在中国诞生了用烤炉制作的“月饼”。

→月饼→春饼→包子→面包→饼→馒头

中国(ちゅうごく)の麺(めん)

中国面

“面”的繁体字是“麵”，为“小麦面粉、谷物粉”之意。面线状的食品统称为“面条”。“面”字可能首次出现在东汉的《四民月令》（中国最古老的岁时记）中。6世纪成书的农业巨著《齐民要术》（北魏）介绍了各种面食的原型，如水引饼（后来的挂面）、汤饼（后来的汤面）、切面粥（后来的棋子面）、馎饦等等。在唐代建立不久前，石磨从西域传入中原，人们开始以水车带动石磨制造面粉，吃面食的习惯普及开来。在唐代形成了孩子出生时吃面的习俗。因为面条细长，衍生出了祈愿长寿的“长寿面”。在之后的宋代，现代人熟悉的面食体系成形。宋元年间的通俗百科事典《居家必用事类全集》收录了14种面食。这本书与《齐民要术》都是了解中国面食演变过程的宝贵文献。中国幅员辽阔，北方吃小麦，南方吃大米。而吃小麦的文化以适合种植小麦的北方为大本营，发展出了丰富多彩的“饼”（小麦面粉制品的统称）。山西的刀削面、北京的打卤面、广东的伊府面、河南的鱼焙面和四川的担担面被称为中国五大面食。中国面有下列特征：①和面时加入碱水，所以面团略带黄色，麸质紧实，形成独特的风味与嚼劲。类黄酮色素为碱性，呈黄色。古时的碱水多为“唐国草木灰”制成的灰汁（故日语称“唐灰”）或咸水湖的湖水。如今一般用碳酸钠、碳酸钾、聚合磷酸盐调配而成；②面食种类丰富，配料多样；③面团加盐，促进面线成形，提升嚼劲；④面的吃法与日本区别较大，大致分为汤面、炒面、凉拌面和煨面；⑤中式冷面（冷やし中華）、酱汁炒面（ソース焼きそば）和日式拉面一样，都是日本人的发明。山西的传统拉面是用手“拉”出来的，出现于明代（1368—1644），后普及至中国各地。比较有特色的中国面食有形似猫耳的“猫耳朵”、形似银鱼的“拨鱼面”、用刀削成的“刀削面”、加蛋和面的“伊府面”。

→伊府面→碱水→水引饼→《齐民要术》→刀削面→担担面→切面→拨鱼面→馎饦→棒棒鸡面→猫耳朵→麦子美食→拉面→凉拌面→馄饨

中国料理（ちゅうごくりょうり）

中国菜系

英: Chinese cuisine

中国各类菜肴的统称，又称“中国菜”。公元前12世纪，汉族的华夏文明诞生于中国北部的黄河流域。从新石器时代到青铜器高度发达的殷商（中国第一个有直接的、同时期的文字记载的王朝），中国饮食文化的基础逐渐形成。中国最早提到烹饪的古典巨著《吕氏春秋》称，商代初期汤王的厨师伊尹被提拔为宰相，协助君王统治国家。齐桓公的厨师易牙为了讨君王欢心烹子献糜也是著名的典故。种种典故体现出中国人对饮食有着无限的激情。春秋时代的孔子言行录《论语》中提到了“五谷”一词，还有“不多食”“食不语”等关于用餐礼仪的内容。战国时代的孟子也留下了“舍鱼而取熊掌者也”的名言。记录周代官制的《周礼》则提到了“割烹”一词，即“切、煮食材制成的菜肴”。秦始皇（B. C. 221—210在位）一统天下，但秦朝二世而亡，汉朝（西汉、东汉）取而代之。公元前2世纪，张骞奉汉武帝（B. C. 141—87在位）之命出使西域，带回了面包小麦、芝麻、胡椒、黄瓜、葱、大蒜、茄子、石

榴、葡萄等作物。中国北部原本以大麦、小米、黍子（黄米）等颗粒状谷物为主食，此时碾硙（石磨）从西域传来，带来了生产小麦面粉与面食的技术，于是北方开始制作馒头、包子等面食。以长江为界，江南吃米，江北吃麦，两种谷物在南北分别坐稳了主食的宝座。史家司马迁（B. C. 186—145）在《史记》中写道："民以食为天。"湖南省博物馆收藏的马王堆汉墓出土文物是研究西汉饮食与烹饪方法的重要史料。原本只属于王公贵族的筷子在西汉逐渐普及为寻常的餐具。《礼记》也记录了古代的烹饪方法与筷子的用法，还提到了用于调味的"盐梅"。古代中国菜系在这个时期基本成型。3 世纪初，东汉灭亡，魏蜀吴三国鼎立，进入三国两晋南北朝时代。各地豪族、贵族呈现出群雄割据的态势，战争不断，北方外族入侵华

结构	烹饪法	内　容
前菜	冷荤	按中国的习惯，盘数一般为偶数，简餐配 2 种，普通宴席配 4 种左右。如为大拼盘，则包括 6 至 8 种菜品。
	热荤	多为炒菜、油炸食品，分量比大菜小，使用较小的容器。
大菜	炒菜	少量的动物性食材配大量蔬菜，但动物性蛋白质的鲜味会渗入蔬菜中，既经济又有营养。
	炸菜	油炸而成，包括干炸、高丽（裹面糊炸）、清炸等。
	蒸菜	有的用大火快蒸，有的用中火慢蒸，但食材保持原形，精华也不会损失。包括蒸全鸡、全鱼等。
	溜菜	挂糊勾芡的菜品，比如糖醋猪肉、糖醋鲤鱼等。
	煨菜	炖煮而成的菜品。以文火慢炖，但汤汁有多有少。
	烤菜	直接用火烤制而成的菜品，品种相对较少，包括烤乳猪、烤鸭等。叉烧也算烤菜。
	拌菜	以醋油等调料拌成，有生拌、熟拌之分。
	汤菜	包括清汤、奶汤、羹（以淀粉勾芡）、烩（配料较多）等。
	甜菜	在宴席途中或最后上桌清口的菜品。通常作为甜品，在最后呈上。
点心	咸味 甜味	有咸甜两种。前者包括饭、面、粉，单吃即为轻食。后者包括糕点、用作甜点的奶豆腐等。

中国菜的菜单结构与内容
资料：川端晶子等《21 世纪烹饪学 2 菜单学》建帛社 [226]

北。逃往南方的汉人催生出了新的贵族文化，宴席频频举行。成书于6世纪的农业巨著《齐民要术》介绍谷物、肉、鱼的烹制方法，以及烤、炙、蒸、煎、煮、烩、发酵等现代中国菜系的基本烹饪方法，是宝贵的研究资料。面条等面粉美食的雏形也在书中纷纷登场。在西方基本只有“烤”这一种做法的时候，中国已经形成了丰富多彩的烹饪手法。烹饪时使用耐高温的灶、砂锅与青铜器，铁器登上历史舞台，后以铁锅（中式炒锅）的形式普及。借助油的加热烹饪法发展出了丰富的种类，各种《食经》（烹饪书籍）出版。到了隋唐时代，京杭大运河开通，华北与华中的文化交流日渐频繁。中原与西域的往来也以国际大都市长安为中心活跃起来。水车带动石磨制粉的技术逐渐发达，面粉日益普及。中国北方受胡食（西域的吃法）的影响，养成了吃饼（面粉制品的统称）的习惯，饺子、馒头等点心普及开来。在中国古代的众多王朝中，唐朝的繁荣程度数一数二。当时出现了将面粉制成的面团拉成细长面线的技术。长寿面等面条成为节庆场合的必备美食，承载美好的祝福。陆羽的《茶经》推广了茶的知识，推动了喝茶这一风习的普及。唐代也是宫廷文化最为璀璨的黄金时代，中国菜系的原型就此确立。当时来自日本的遣唐使与留学僧人在两国之间频繁来往。进入宋代之后，蒙古族的势力不断加强，导致汉族再次逃往江南。工商业的发展使民众的生活更加富足，中国菜系也实现了长足的发展。比如人们开始使用煤炭、焦炭等燃料，借助铁锅，以高温加热的烹饪方法逐渐普及。种类繁多的面食也在当时打下了基础。吴自牧的《梦粱录》通过对面馆的生动描写刻画了城市的繁荣景象。孟元老的《东京梦华录》也介绍了当时的节庆活动与饮食文化。唐代以前的宴席是跪着吃的，但是在宋代演变成了众人围坐大桌，坐在椅子上吃。菜品的盘数、酒与饭的量视身份而定，有详细的规定。诗人苏东坡（1036—1101）是远近闻名的美食家，留下了许多关于美食的诗作。他发明的东坡肉至今广受欢迎。在明代，汉族重回华北，地方菜系日益发达。番薯、土豆、玉米、辣椒、花生等作物在这一时期传入中国。李时珍的《本草纲目》（1596）中详细分析了1898种动植物和矿物，将所有食物分成阴、阳、温、冷四类，通过巧妙组合食材实现均衡的烹饪方法在中国日益发展，催生出了用一口炒锅解决所有问题的菜系。研究食物药效的本草学也为日后的中医学奠定了基础。从东汉至元代，人们主要用“匙（勺子）”进餐，到了明代则改用“箸（筷子）”“筷子为主、勺子为辅”的现代中国饮食习惯就此形成。勺成为专门用于汤品的餐具。到了满族统治中国的清代，中国菜系迎来了开花结果的重要时期。清代皇帝皆为满人，所以宫廷美食以鲁菜和满洲菜品为主，牛肉、羊肉、鸟肉较为常用。清代第六位皇帝乾隆（1736—1796在位）南下苏杭，将一批优秀的厨师带回京城。慈禧太后（1835—1908）在饮食方面极尽奢侈，山珍海味要吃三天三夜。“满汉全席”成为规格最高的宴会样式。袁枚（1716—1797）在《随园食单》(1792）中介绍了大量烹饪技巧与名菜。北京烤鸭、清汤燕窝、皮蛋、红烧鱼翅等菜肴逐渐普及。盛极一时的清朝灭亡后，御厨各奔东西，推动了各地平民美食的发展。各大城市都出现了高水平的厨师与菜馆。国内自不用说，中国菜还走出国门，通过华侨普及到了世界各地。收录了各种口耳相授的烹饪技巧与诀窍的《中国名菜谱》出版，中国菜成为名副其实的世界名菜。回顾历史，中国曾多次被外族统治，却不断吸收、同化各种文化，稳步发展。如今，西方的异文化也对中国菜系产生了越来越大的影响。中国的美食世界正在剧变的过程中。

→宴会→袁枚→锅巴→烤肉→饺子→熊掌→月饼→咸蛋→叫花鸡→烧卖→涮羊肉→糖醋猪肉→《齐民要术》→苏东坡→叉烧→中国饮食思想→中国面→燕窝→豆豉→东坡肉→海参→鲶鱼→韭菜→皮蛋→饼→发菜→火锅子→火腿→鱼翅→北京菜系→麻婆豆腐→满汉全席→笋干→饮茶→油条

昼食（ちゅうしょく）

午餐

英: lunch

→午餐（ランチ）

チュロス

西班牙油条

西: churros

发祥于西班牙的条状油炸食品，又称“churro”。小麦面粉加蛋、砂糖、牛奶、橄榄油、泡打粉，搅拌均匀后用星形裱花嘴挤入烧热的橄榄油中油炸。也有加可可粉的版本。有的呈40 cm的细长棒状，有的则稍加扭转。刚出锅的最是美味。在西班牙，人们习惯在早餐时搭配醇香浓稠，加入大量鲜奶油和白糖的热巧克力享用，这个组合类似于中国人早上吃的豆浆和油条。墨西哥的西班牙油条加玉米粉。最近在日本也能买到。

→甜甜圈

チュンチュエン

春卷

→春卷（はるまき）

チュンピン

春饼

用小麦面粉调制的面糊煎成的薄饼。宋代《岁时广记》中提到，每逢立春，家家户户都会摊春饼。在小麦面粉中加入油脂，在平板上刷薄薄一层，加热即可。涂抹甜面酱，配上葱丝，包入猪肉和蔬菜一起享用。

→中国面包→饼

丁子（ちょうじ）

丁香

英: clove

桃金娘科热带常绿乔木。经干燥处理的花蕾呈褐色，形似钉子。“丁”字就有“钉子”之意。日语中也写作“丁子”“クローブ(clove)”。原产于印度尼西亚的摩鹿加群岛，在热带各地均有种植，主要产地是东非的桑给巴尔岛、奔巴岛、坦桑尼亚、马达加斯加和马来西亚。法语“clou de girofle”的词源是希腊语“karuophullon”和拉丁语“caryophyllon”。英语“clove”的词源则是“clou（钉子）”。丁香也有“百里香”之称，强烈的芳香可传百里。据说早在公元前3世纪，印度人便已开始使用丁香。公元前1世纪，阿拉伯人将丁香从东非带往埃及。有说法称丁香在6世纪前后传入欧洲。当时的丁香价格高昂，是催眠剂和预防鼠疫的重要药材。17世纪初，葡萄牙人开辟了绕过好望角的航线，发现了摩鹿加群岛。后来，摩鹿加群岛成为荷兰的殖民地，丁香种植业也被荷兰垄断。1770年前后，路易十五（1715—1774在位）统治法国，里昂人皮埃尔·普瓦沃（Pierre Poivre）在法国成功种出丁香，并将其移植到西印度的毛里求斯岛，推动了丁香的普及。在中国，公元前3世纪的汉代文献提到了“鸡舌香”（丁香形似鸡舌）。臣子拜谒帝王时用丁香去除口臭。日本的正仓院御物中也有丁香。武士将其用作头盔的熏香，在出征前使用，或是用其防止刀剑生锈。丁香的用途可谓无限多，在菜品上插一根就有奇效。常用于肉菜、鱼菜、汤、酱汁、调味汁、番茄酱、烤苹果、火腿、香肠、西式腌菜、利口酒和糕点。丁香是消除鱼、肉腥味的利器，制作糕点时使用能增强香草的甜香。香味的主要成分是丁香酚（eugenol）和乙酰异丁香酚（acetyl isoeugenol）。中国菜系的五香粉中也有丁香。丁香有增进食欲、止吐、缓解胃痛、腹痛、牙痛的效果，也经常用于香水、化妆品和牙膏，有防氧化、防腐的功效。据说全球生产的丁香有一半是在印度尼西亚被消费掉的，因为丁香和烟叶混合而成的丁香烟（kreteks）点着时“啪啪”作响，在当地非常受欢迎。印度尼西亚既是丁香的主要产地，也是大量进口丁香的国家。日本的炸猪排酱汁也用丁香增添香味。

→香料

朝食（ちょうしょく）

早餐

英: breakfast

→早餐（ブレックファースト）

朝鮮人参（ちょうせんにんじん）

人参

英: ginseng

五加科多年生草本植物，原产于朝鲜半岛、中国东北地区与西伯利亚的部分地区。日语中又称“高丽人参”“朝鲜人参”“御种人参”“药用人参”。朝鲜半岛曾有过高句丽政权，所以催生出了“高丽○○”“朝鲜○○”这样的称呼。胡萝卜在日语中称“人参”，为了区分，人参使用“参”字。在中国，人参自古以来被视作包治百病的神药灵草。现存最早的中药学著作《神农本草经》将医药分为上药（长生不老）、中药（强身健体）和下药（治疗疾病），而人参是上药之首。高丽高宗时代（1213—1259），朝鲜半岛实现了人参的人工种植与量产。明代的《本草纲目》称“人薓年深，浸渐长成者，根如人形，有神，故谓之人薓、神草”。在日本奈良时期，人参作为顶级药材传入日本。739年（天平十一年），渤海国使节献给朝廷的供品中包括“人参30斤、蜂蜜3斗”。正仓院御物中仍有人参。据说在14世纪至15世纪，对马藩曾从朝鲜引进人参，开始人工种植。在1733年（江户中期 享保十八年）前后，日本开始大规模尝试人参的人工种植。人参是不喜阳光的半阴性植物，种植时需遮光，从种下到收获需4至6年，种植难度极大。土壤中的微量元素、空气湿度、冬季温度都很有讲究，同一块地不能连续种植人参。研究结果显示人参的主要成分皂苷（saponin）有提升非特异性抵抗力、让身体机能恢复正常的功效，以人参防止老化、

人参
资料:《植物事典》东京堂出版[251]

ち

抑制癌症的研究备受瞩目。

→胡萝卜

ちょうせん めん
朝鲜の麺

朝鲜面

朝鲜半岛形成了完全不同于中国和日本的饮食文化，“爱吃面的人多”算是唯一的共同点。朝鲜半岛的面食与中日两国一样丰富。因面条形状细长，有长寿的寓意，生日宴、婚礼、寿宴必吃面。朝鲜面可根据制作方法大致分为压制面和手工面。冷面属于前者，将压面器架在一锅沸水上，压出的面条直接下水煮。手工面（刀切面）“칼국수”用小麦面粉制成，但不像日本的刀切面那样蘸料汁吃。朝鲜面可分为①冷面（냉면）、②温面（온면）和③拌面（비빔면）。回顾历史，拉面并未在朝鲜半岛传播开来。朝鲜面的调味较为独特，有酱油面、肉汤面、芝麻面、大豆汤面等。朝鲜半岛的面食有下列特征：①只有半岛中部以南的地区可以种植小麦，所以小麦面粉是非常宝贵的食材。面食中多用杂粮粉，导致无法形成足够的麸质，所以拉面没有在朝鲜半岛发展起来；②更容易将面团处理成面条的压制法较为发达；③常用玉米粉、荞麦粉、土豆淀粉、生大豆粉、绿豆淀粉等杂粮粉。用谷物粉的一部分糊化后结成的面团制作的面条更有嚼劲；④面食的发展与佛教寺院密切相关。

→刀切面→朝鲜冷面

ちょうせんりょうり
朝 鲜料理

朝鲜菜系

朝鲜半岛美食的统称。当地有着不同于中日两国的传统饮食文化。约4世纪，佛教从大陆传入半岛，禁荤腥的佛教戒律虽有普及，但没有彻底禁止民众吃肉。各种肉类美食的原型在高丽王朝（918—1392）基本形成。蒙古（元）从1231年开始多次征伐朝鲜半岛，带去了蒙古文化，推动了畜牧业与肉食的发展。元世祖忽必烈于高丽置征东行省，由元朝直接统治，使蒙古的传统肉食与畜牧业在朝鲜半岛扎下根来。另一方面，作为谷物菜食，味噌、酱油、泡菜、香辛料的嗜好也固定了下来。在朝鲜王朝（1392—1910）时期，儒教取代佛教成为半岛的文化核心。自那时起，纷繁多样的肉类美食普及开来。朝鲜王朝持续了500年，形成了考究宫廷美食体系。与此同时，充分利用地方特产的乡土美食也取得了长足的发展。基于儒教理念的人生重大仪式、配膳方法、用餐礼仪等至今影响着朝鲜半岛的饮食文化。朝鲜菜系有下列特征：①朝鲜菜系不像日本料理那样追求外观之美，更注重味道与健康；②数十种菜品一齐上桌，数量震撼；③除了

药念（양념＝佐料、调味料），还有药饭、药果、药水、药酒等各种带“药”字的专有名词，药食同源的思想深入人心；④形成了独特的肉食文化，烤肉、汤（soup）、火锅类、蒸煮类、水煮等，肉食料理范围广阔，食材种类丰富；⑤中国菜系多用猪肉和猪油，朝鲜菜系则多用牛肉和芝麻油；⑥以泡菜为首的腌制食品是冬季的储备粮，倍受重视；⑦常用辣椒、大蒜、生姜、葱、胡椒消除肉腥味。据说辣椒从日本传入朝鲜半岛；⑧传统主食为大米，北部吃土豆、玉米和小米，南部以大米、麦子为主；⑨特色调味料有간장（酱油）、된장（大酱）、고추장（辣椒酱），⑩巧妙运用各类蔬菜。

→民族特色美食→朝鲜泡菜→参鸡汤→朝鲜面→石锅拌饭→韩式烤肉→明太子→生拌牛肉

調味料（ちょうみりょう）

调味料

英：seasoning、condiment

用于调节食品风味的食材。调味料能衬托主要食材（肉、河海鲜、蔬菜）本身的美味，调节整道菜的味道。东方的酱油和西方的酱汁是全球两大调味料。法语“condiment”和英语“condiment”的词源是拉丁语“condire（增添风味）”的派生词“condimentum（调味）”。英语“seasoning”对应法语的“assaisonnement”。据说“condiment”特指增添强烈香味与味道的调料，而“seasoning”指提升风味的调料。调味料的始祖是古希腊、古罗马时期的发酵调味料鱼酱。在中世纪，人们用未成熟的葡萄的果汁和蜂蜜制作甜醋酱汁。在漫长的历史中，蛋黄酱、芥末酱、番茄酱等各种调味料相继诞生。调味料有下列作用：①激发食材本身的美味；②为菜品增添新的味道，调节整体的风味；③通过加热加快凝固速度，防止内部鲜味成分外流；④通过加热延缓蛋白质的凝固；⑤改变食材的口味，使之更易入口；⑥延长保质期，防腐。调味料可根据用途与目的分为：①咸味调料，如盐、味噌、酱油、伍斯特沙司；②酸味调料，如食用醋、果醋；③甜味调料，如砂糖、葡萄糖、蜂蜜、甜料酒、糖稀；④辣味调料，如胡椒、芥末；⑤鲜味调料，如鲣鱼节、海带、味精。添加调味料的顺序讲究“サシスセソ”，即糖（さとう）→盐（しお）→醋（す）→酱油（しょうゆ）→味噌（みそ）。两种以上调味料相混时，会出现一方变强一方变弱，或两者同时变强的现象。糖配少许盐、咖啡的苦味配糖、鲣鱼节配海带都是最经典的美味组合。欧洲各国、南北美洲、东南亚、印度、中国、日本、非洲、中美洲等都有独具特色的调味料。

→砂糖→盐→醋→豆豉→巴萨米克醋→腐乳

チョコレート

巧克力

英: chocolate

用可可豆制作的零食的统称。中美阿兹特克语“chocolatl（苦水）”演变为西班牙语“chocolate”，最后变成法语“chocolat”和英语“chocolate”。据说巧克力（chocolatl）诞生于古代墨西哥（阿兹特克王国）。可可豆是阿兹特克王国的货币，10 粒可可豆可换得 1 只兔子，1 名奴隶要价 100 粒。原住民将可可豆泡的水称“苦水”，搭配蚕豆、蛋黄、玉米、甜椒一并饮用。西班牙人在苦水里加蜂蜜、砂糖和香草，耶稣会的神职人员尤其爱喝。1494 年，哥伦布（1451—1506）将可可豆带回欧洲，人们开始研究将可可制成饮品的方法。1521 年，西班牙总督埃尔南·科尔特斯（Hernán Cortés）攻陷阿兹特克帝国首都，将“苦水”带回西班牙，献给国王卡洛斯一世。约 1520 年，苦水成为僧侣与妇人钟爱的饮品。1607 年，任职于西班牙宫廷的意大利人安东尼奥·克来提（Antonio Carletti）尝试生产巧克力饮品，并将巧克力从西班牙引入意大利。1615 年，西班牙国王腓力三世之女奥地利的安妮（Anne d’Autriche）嫁给路易十三（1610—1643 在位），使巧克力传入法国。当时的巧克力还是价格高昂的饮品，深受王公贵族喜爱。但路易十四（1643—1715 在位）不爱喝，相传来自西班牙的王妃玛丽亚·特蕾西亚（Maria Theresia）总是瞒着他偷偷喝。1760 年，法国成立

18 世纪糖果工厂（生产包括巧克力在内的各种糖果）
资料：吉田菊次郎《西点世界史》制果实验社 181

王室巧克力工坊。可可馆、巧克力馆也在欧洲遍地开花。1819年，瑞士人弗朗西斯-刘易斯·卡耶尔（François-Louis Cailler）在日内瓦首建巧克力工厂。约1820年，瑞士人鲁道夫·莲（Rodolphe Lindt）研制出熔岩巧克力（即日后的软心巧克力）。1828年，荷兰人万·豪顿（Van Houten）从可可豆中提取出可可脂，制成可可粉。约1847年，英国的弗莱公司（Fry）发明了固体巧克力（可可粉加糖）。直到19世纪末，巧克力终于从饮品变身为食品。荷兰人将巧克力传入美国。布里亚-萨瓦兰（1755—1826）在其著作《味觉生理学》（日本译名《美味礼赞》）中提到巧克力是有益于健康的饮品，营养丰富，易于消化，实属养生良药。18世纪中期，瑞典博物学家卡尔·冯·林奈（Carl von Linné）将可可树命名为"*Theobroma Cacao Linne*"，意为"神粮树"。"*Theobroma*"由希腊语的"神"和"食物"组合而成。1867年，西班牙人丹尼尔·彼得（Daniel Peter）在巧克力中加入炼乳，使口感有了质的飞跃。1909年，雀巢开始生产板状巧克力。在可可膏中加糖制成的甜巧克力、加奶制品制成的牛奶巧克力相继登场。后来又诞生了加有坚果、果干、果冻、洋酒的各种巧克力零食。18世纪末，巧克力作为一种饮品由荷兰人传入长崎。1873年（明治六年），岩仓具视遣美欧使节团在法国里昂视察了巧克力工厂，成为第一批试吃巧克力的日本人。高品质的巧克力①在28℃开始融化，口腔内的体温刚好能使其变软融化，②可可粉颗粒均匀细腻，口感顺滑。巧克力富含植物性脂肪，有助于控制血液中的胆固醇，有预防心脏病的功效，是最具代表性的高热量营养食品。

→可可豆→可可树

チョリソー

口利左香肠

西：chorizo

西班牙辣味半干香肠。据说发祥于西部埃斯特雷马杜拉（Extremadura）地区。粗猪肉糜加足量的辣椒和大蒜，填入猪的小肠。在法国、意大利、美国也备受欢迎。

→香肠

草石蚕（ちょろぎ）

草石蚕

英：Chinese artichoke

唇形科多年生草本植物，原产于中国。又称"甘露儿""甘露子""地瓜儿""朝露葱""千代吕木""长老喜"。中日两国都爱吃植物的地下茎。日语中也写作"ネジリイモ""チョウロギ""チヨウロク""チヨナ""ジイナモ"。"チョロギ"由朝鲜语蚯蚓

(지렁이)讹化而成。19 世纪传入欧洲。1882 年，植物学家帕誉和博亚成功在巴黎南部的克罗讷种出草石蚕，所以法语称“crosne”，又称“stachys”。法国的草石蚕是从日本进口的，所以用到草石蚕的法国肉菜会被冠以“Japonaise(日本式)”的前缀。常用于奶油炖菜、黄油煎菜、菜泥等。17 世纪经由朝鲜半岛传入日本。日本人用梅醋、白糖腌制草石蚕，年菜经典菜肴煮黑豆也用红色草石蚕装点，增添喜庆感。

→福朗西雍

チリ・コン・カン

辣豆酱

英: chili con carne

有墨西哥血统的美国食品。19 世纪的得克萨斯还是美墨边境的未开之地。据说辣豆酱就在那时诞生于圣安东尼奥。菜豆、斑豆和肉加辣椒粉炖煮而成。“chili”即“chile(红辣椒)”，“carne”即“肉”，合起来就是辣椒炖肉。其本质是墨西哥式豆子炖肉。菜豆、肉、西红柿、洋葱加辣椒粉炖煮，搭配玉米薄饼享用。辣豆酱有不同于美国本土食品的异域风情，逐渐普及至美国各地。站在饮食文化的角度看，这道菜着实耐人寻味，和日本的煮豆截然不同。

→美国菜系→辣椒粉→辣椒

チリソース

辣味番茄酱

英: chili sauce

以红辣椒增添辣味的番茄酱。纳瓦特尔语“chilli”演变为西班牙语“chile”，最后变成英语“chili”。西班牙语称“salsa de chile”。此处的“chili”并非南美的智利共和国，而是指辣味明显的红辣椒(red pepper)，来源于墨西哥原住民的称法。后来“chili”衍生出“辣”的意思。西红柿加洋葱、大蒜、西芹、葡萄酒、辣椒粉、肉豆蔻、锡兰肉桂熬煮而成。辣味番茄酱与墨西哥的肉、河海鲜菜肴堪称绝配。也用于千岛酱。

→辣豆酱→辣椒

チリパウダー

辣椒粉

英: chili powder

墨西哥产的红辣椒加牛至、莳萝籽等香料制成的粉状混合香料。墨西哥最基本的辣椒粉是红辣椒加牛至，继承了当地原住民玛雅人的传统。各种香料混合而成的辣椒粉是美国人的发明创造。辣椒粉是墨西哥菜系和美国南部菜系不可或缺的香料，辣豆酱、墨西哥玉米卷都会用到。也经常用于鸡尾汁、煎蛋卷、炖牛肉、肉扒等欧美菜肴。

→卡宴辣椒→香料→塔巴斯科辣酱→辣豆酱→辣椒

チンザノ

仙山露

意: Cinzano

意大利产味美思的商标。1757年，意大利北部城市都灵的仙山露公司创立了这一品牌。据说在1786年，意大利人安东尼奥·贝内德托·卡帕 诺（Antonio Benedetto Carpano）开始在都灵酿制这种酒。“味美思（Vermouth）”的词源是德语“Wermut（苦艾）”。在麝香葡萄酒中加苦艾、甘草、桂皮等药草和香草陈酿而成。酒精浓度为16%—18%。有Rosso（红型，加有焦糖与砂糖，甜味明显）、Bianco（白 甜型）、Dry（干型）三种。常用作餐前酒，可用于调制鸡尾酒。

→蒸馏酒→味美思

ツアイタン

菜单

中国菜的菜单，又称“菜谱”。菜谱如乐谱，食材的选定、切法、烹饪方法、色彩搭配和装盘等各方面的协调最为重要。菜名中也会提及上述元素。无论你是厨师还是食客，是服务者还是被服务者，都以同样的心态对待菜品。菜单的内容可大致分为前菜、主菜和点心。按中国的习惯，菜品数为偶数，不用奇数。日本则更偏爱奇数，如七五三节、三三九度（译注：传统婚礼的重要仪式，将酒倒入大中小三个杯子中，新郎新娘要共饮一杯酒，每杯分三次饮尽，共饮九次）等。①凉的前菜称冷菜、冷荤。②主菜又称大菜，口味由淡至浓。从炸菜、炒菜、溜菜、蒸菜、煨菜到烤菜，最后以汤菜收尾。代表了宴席规格的菜肴在汤菜之前上桌，如燕窝、鱼翅、海参等。宴席以最高档的菜肴命名，如“燕窝宴”。圆桌一般坐8人。③点心有咸甜两种，前者包括面、饭、烧卖、饺子等，后者以糕点为主。有时也用龙眼等水果作为点心。

→菜单（menu）

ツヴイーバック

面包干

德: Zwieback

经过两次烘烤的面包。

→面包干（rusk）

ヅッパ・イングレーゼ

英式蛋糕

意: zuppa inglese

吸饱利口酒的海绵蛋糕和朗姆味明显的卡仕达奶油夹心组成的拱顶形意大利蛋糕。由意大利语“zuppa（汤）”和“inglese（英式）”组合而成，直译为“英式汤”。19世纪，那不勒斯的糕点师根据自己在巴黎与伦敦见到的英国蛋糕发明了这款英式蛋糕。

→蛋糕

ツナ

金枪鱼

英: tuna

→金枪鱼（まぐろ）

燕の巣（つばめのす）

燕窝

金丝燕（雨燕科）的巢，又称“燕巢”。金丝燕在苏门答腊、婆罗洲、新几内亚、马达加斯加、马来西亚、印度、印度尼西亚等地的海岸峭壁筑巢，因此采集燕窝是一项有生命危险的工作。燕窝富含蛋白质、脂肪、钙和矿物质，有助于恢复肝肺功能，改良虚弱体质，更是返老还童的特效药，堪称顶级滋补食品。据说中国人早在6世纪就开始食用燕窝。唐代女皇武则天（624—705）也爱喝燕窝汤。14世纪中期，贾铭（元）在《饮食须知》中提到了“燕窝”二字。也有说法称食用燕窝的习惯始于明代，是15世纪明代大航海家郑和下西洋时带回了这种南洋特产。后来，燕窝作为东南亚高级珍馐出口中国。屈大均（1629—1696）在《广东新语》中介绍了燕窝的产地与采集方法。清代赵学敏所作的《本草纲目拾遗》（1765）如此描述燕窝：“味甘淡平，大养肺阴，化痰止嗽，补而能清，为调理虚损劳瘵之圣药。”阮葵生的《茶余客话》（乾隆年间）提到人们训练猴子背布袋爬上悬崖峭壁采摘燕窝。在清代，燕窝成为中国菜不可或缺的高档食材。据说慈禧太后（1835—1908）也是顿顿不落。当时燕窝是与平民百姓无缘的昂贵食材，有“燕菜”的宴席称“燕菜席”，是仅次于满汉全席的高规格宴席。4月（孵化期）的新燕窝品质最卓越，由唾液和海藻混合而成，呈白色半透明状。燕窝以色泽纯白，没有混入羽毛的为佳。日本江户初期的《料理物语》（1643/宽永二十年）也在“矶草篇”提到了“燕巢”，可用于刺身、汤、煎鸟肉。

→中国菜系→八珍

ツンゲンヴルスト

舌香肠

德: Zungenwurst

发祥于德国，用舌肉制成一种血肠。“Zungen”是“牛、猪的舌头”，“wurst”是“香肠”。英语称“tongue sausage”。舌香肠是一种熟香肠（cooked sausage），以猪血固定盐渍牛舌和肥猪肉。风味醇香，且营养价值高。德国人在家中制作这种香肠，以自家的味道为荣。

→香肠→德国菜系

ティー

茶

英: tea

→红茶

ティエンシン

点心

→点心（てんしん）

ディオニュソス

狄俄尼索斯

英: Dionysos

希腊神话的葡萄与葡萄酒之神。

→巴克斯

ディジェスティフ

餐后酒

法: digestlif

→餐后酒（しょくごしゅ）

ディナー

正餐

英: dinner

一天之中最主要的一餐，又称“晚餐”。法语“dîner”和英语“dinner”的词源有两种说法，分别是古法语“disner（享用正餐）”和通俗拉丁语“disjunare（停止斋戒）”。“dinner”原指当天的第一餐（早餐），后来随着时间的推移逐渐演变成“午餐”，最后变成指代“晚餐”的词语。“起床后吃的一顿饭”的含义视国家和时代而定。例如法国的正餐在中世纪指早餐，亨利四世（1589—1610在位）时期在正午享用，路易十四（1643—1715在位）时期则变成了下午1点。18世纪末，手艺人下午2点吃正餐，商人3点吃，公司职员4点吃，老板5点吃，贵族6点吃。现代人白天较为繁忙，所以正餐放在生活节奏相对较慢的晚上享用。西餐的正餐菜单包括头盘、汤品、鱼菜、蛋菜、肉菜、蔬菜、沙拉和甜点。①头盘让食客对接下来的菜品抱有期待，有促进食欲的功效。有热有冷，常见的有火腿、香肠、冷肉、鹅肝、鱼子酱、蟹、虾、生蚝、开胃薄饼、鸡尾酒等。②汤品有清汤和浓汤两种。③鱼菜常有的食材有舌鳎、比目鱼、鲑鱼、鲱鱼、鲈鱼、鳕鱼、生蚝、龙虾、贻贝等。④蛋菜常用的烹饪方法是煮、煎、炸。⑤肉菜种类繁多，常用的食材包括牛肉、小牛肉、猪肉、鸡肉、羊肉、野鸟兽肉。⑥蔬菜种类丰富，常用食材包括豆类、菌菇、叶菜、根菜、花菜、果菜、茎菜等。⑦沙拉作为头盘、配菜上桌，有时也在菜品上完之后提供给食客。⑧甜点包括奶酪、水果、糕点、咖啡和红茶。此外还有餐前酒、餐后酒、佐餐酒。第一次享用正餐时未免手忙脚乱，还没回过神来就结束了，但渐渐习惯之后，人就会变得从容，会对下一道菜抱有期待，也有余力细细品味整场宴席的氛围。

→早餐（breakfast）→午餐（lunch）

ティプロマット

蜜饯布丁

法: diplomate

以“外交官（diplomate）”命名的布丁，有浓郁的利口酒风味。“diplomate”有“外交官、擅长外交”的意思。英语称“diplomatist”。由法国外交官夏多布里昂的厨师蒙米雷伊（Montmireil）发明。起初被称为“夏多布里昂布丁”，也称“外交官布丁”。冠名“外交官”的食品不在少数，比如“外交官奶油（La crème diplomate）”。

→布丁

ティラミス

提拉米苏

意: tiramisu

一种奶酪慕斯。意大利人、西班牙人钟爱的甜品。有说法称20世纪发祥于意大利北部威尼托（Veneto）地区，也有说法称发祥于伦巴第地区。“tira”即“拉”，“mi”即“把我”，“su”即“往上”，直译就是“把我往上拉”，言外之意是“炒热气氛，让我兴奋起来”。1990年（平成二年）前后出现在日本市场。将多孔、易吸水的手指饼干或海绵蛋糕提前浸泡意式浓缩咖啡与利口酒，配以搅拌均匀的蛋、糖、马斯卡彭奶酪、鲜奶油、朗姆酒、马尔萨拉酒和打发的奶油，撒上咖啡粉，送入冰箱冷藏，定型后用勺子挖着吃。马斯卡彭奶酪是意大利产的新鲜奶油奶酪。

→蛋糕

ディル

莳萝

英: dill

伞形科一年生草本植物，原产于地中海沿岸，在欧洲、埃及、印度、美国、加拿大均有种植。日语中又称"イノンド（inondo）""姫茴香""スウェーデンパセリ（瑞典香芹）""ロシアパセリ（俄罗斯香芹）""ロシア草（俄罗斯草）"。词源是意为"镇定"的古斯堪的纳维亚语。印欧语"dhal（花开）"演变为日耳曼语"delia"，最后变为英语"dill"。法语"aneth"的词源是希腊语"anéton"和拉丁语"anethum"。据说在公元前4000年，征服了美索不达米亚的苏美尔人率先开始种植莳萝。在古希腊、古埃及已用于烹饪。在中世纪被用于驱赶魔女、媚药、催情药。后传入欧洲，成为德国、东欧、北欧烹饪时不可或缺的香草和香料。莳萝籽、叶茎、花均可用作香料。香味成分为香芹酮、蒎烯、柠烯，有着和葛缕子相似的刺激性香味和辣味。中国人将莳萝用于以鱼、蔬菜为原料的酸味菜品中，欧洲人则用于肉、鱼、腌菜。汤、沙拉、调味汁、西式腌菜、香肠、斯堪的纳维亚式自助餐、面包中也有使用。有健胃、利尿、解毒的功效。

→香草

テキーラ

龙舌兰酒

英: tequila

墨西哥西部哈利斯科州特基拉地区生产的蒸馏酒。蒸馏一次的产物是酒精浓度20%的梅斯卡尔酒（mescal），再次蒸馏即为龙舌兰酒。19世纪初，特基拉地区是著名的梅斯卡尔酒产地。1873年，3桶梅斯卡尔酒出口美国的新墨西哥州，开启了当地的酒品出口业。在1893年的芝加哥世博会上，特基拉产的梅斯卡尔白兰地荣获证书。从那时起，"tequila"这一名称逐渐普及。墨西哥有众多海拔超过2000 m的高原，有着高原特有的凉爽气候，空气稀薄，容易患上高原病。据说墨西哥人爱喝酒精浓度高达50%的烈酒，是为了促进血液循环，预防高原病。自然分布于墨西哥原野的龙舌兰属植物中，有一种名叫"太匮龙舌兰（Agave Tequilana）"。砍掉外层叶片，取其中心部位，蒸后

榨汁，加糖发酵、蒸馏即成龙舌兰酒。龙舌兰酒可分为没有熟化工序的白龙舌兰以及用橡木桶熟化的金龙舌兰。墨西哥人习惯一边沉醉于马里亚奇（Mariachi）的演奏，一边用独特的方法饮用龙舌兰酒，即边舔配柠檬、青柠和盐，边喝不勾兑的冰酒。当地人性格开朗，将龙舌兰酒骄傲地戏称为“包治百病的墨西哥青霉素”。龙舌兰酒也可用于调制鸡尾酒。龙舌兰也称“century plant”，即“100 年开 1 次花的植物”。

→蒸馏酒

デザート

甜点

英: dessert

西餐中，在前菜、主菜上完之后上桌的最后一道餐食。法语和英语“dessert”的词源有两种说法，分别是法语“desservir（收拾餐桌）”和拉丁语“servire（服务）”。“dessert”一词有“收拾用完的餐盘”的意思。在日语中有“餐后”的含义。在古希腊、古罗马时期，有用餐结束后吃水果的习惯。在英国，菜品上完后要先收拾桌布，然后再上糕点和水果。据说后来这种习惯传入了法国。在中世纪的法国，宴席中有奶冻（blanc-manger）、糖渍水果等甜味间菜。17 世纪末形成了在一餐的最后享用甜点的习惯。法餐的甜点包括①花式奶酪、②甜味糕点、③自选水果。“干杯”在享用甜点时进行。英国菜系的甜点分为①甜味糕点（蛋糕、派、布丁、冰淇淋）和②水果。甜点旨在①以甜食为整场餐食收尾，并②趁机换掉桌上的所有餐具；③甜点分热、冷两种，前者包括布丁，后者包括蛋糕、派、布丁、冰淇淋等。西餐很少在菜肴中放糖，因此甜味集中在甜点中。中国菜系也有甜点心。

→甜点（アントルメ）→西班牙凝乳→沙巴翁酱→屈莱弗→巴伐露→薄煎饼→芙纽多→烈火阿拉斯加

手食（てしょく）

手食文化

全球各民族都有过手食的历史。直到今天，全球 71 亿人口中的 40% 依然用手进餐。手食文化圈覆盖了东南亚、大洋洲、西亚、印度、非洲和中南美。手食不仅仅是“用手吃饭”那么简单，有各种严格的规矩。例如：①餐前餐后洗手漱口；②食品摆在地面的垫子上；③有访客时男女分开用餐；④面包分配给个人，菜品以共享容器盛放；⑤穆斯林有斋月；⑥在印度教徒众多的印度，餐食也是分配到个人的；⑦不吃会烫伤手指的热菜，关于用餐的禁忌和规矩不胜枚举。人们认为右手洁净，左手污秽，所有日常生活行为均贯彻这条原则。手食文化圈的民族之所以用手进餐，是因为这样吃最美味。在嘴尝到食物之前，手先碰触食物，感觉到了温度，手与嘴的双重享受使餐食的价值感倍增。欧美人用手吃面包、三明治、开胃薄饼和曲奇，中国人用手吃馒头、包子，日本人用手吃寿司、饭团……人们通过上述形式保留了用手进餐的乐趣。

→餐盘

デーツ

椰枣

英: dates

→椰枣（ナツメヤシ）

テトラッツィーニ

泰特拉奇尼

意: Tetrazzini

意大利佛罗伦萨的意面焗菜。相传意大利花腔女高音歌唱家泰特拉奇尼（Luisa Tetrazzini，1871—1940）特别爱吃意面，于是便自己发明了这道别具一格的焗菜。鸡肉、蘑菇用黄油炒过后加白葡萄酒炖煮，再加入莫纳酱和实心面搅拌均匀，撒上帕玛森奶酪，送入烤箱。

→意面

デニッシュペストリー

丹麦酥

英: Danish pastry

丹麦式面包、丹麦的烤制点心。甜面包。在丹麦称“维也纳面包”。19 世纪从维也纳传入丹麦，经过各种改良，途经斯堪的纳维亚半岛传入德国，进而传播到世界各地。丹麦酥是美国人钟爱的甜面包，看似美国的面包（咖啡伴侣糕点），其实是 19 世纪后期在丹麦由维也纳糕点师发明。也有说法称，丹麦酥原本是丹麦家庭手工制作的甜面包。奥地利首都维也纳是中世纪的欧洲文化中心。维也纳面包也普及到了欧洲各地，催生出了用千层酥皮制作的羊角包（法国）、圣诞糕点史多伦（德国）。丹麦酥是一种小甜面包。做法是小麦面粉加足量蛋、糖、黄油、奶制成甜面包面团，擀薄后像制作派一样，分若干层叠入黄油（通常为三次三折），然后在冷却的同时将面团编成漩涡状或辫子状。馅料种类繁多，包括奶油霜、杏仁奶油、卡仕达奶油、白酱、奶酪、锡兰肉桂、核桃、杏仁、果酱、坚果等，催生出了多种多样的成品。格外适合搭配咖啡。

→维也纳小餐包→奥地利面包→

羊角包→布里欧修→北欧面包

手延ラーメン

手拉面

→拉面（ラーミエン）

デビルズ・フード・ケーキ

恶魔蛋糕

英: devils food cake

诞生于美国的巧克力蛋糕，又称“devils food”“devil cake”。加入足量巧克力与可可粉，整体呈茶色，有着浓厚醇香。做法是小麦面粉加糖、蛋、黄油、奶、可可粉、巧克力搅拌均匀，倒入蛋糕模具，送入烤箱。以巧克力糖霜为夹心，表面也随意涂有厚厚的糖霜。“devil”即恶魔。人们将通体呈茶色的蛋糕比喻为恶魔的吃食。与之对应的是天使蛋糕（angel food cake，天使的吃食），以打发的蛋白制成。

→天使蛋糕→蛋糕

テーブルクロス

桌布

英: table cloth

用餐时铺在桌上的布。正式场合使用纯白色、织有花纹的麻布。据说古罗马皇帝图密善（Titus Flavius Domitianus，81—96 在位）是第一个使用桌布的人。在他之前是每上一道菜都要擦一遍桌子。在法国，使用桌布的习惯始于 8 世纪的查理大帝（768—814 在位）。因为桌布对折后使用，故称“doublier（对折）”。在中世纪，主人只会为主宾准备桌布，普通宾客没有。到了文艺复兴时期，亨利三世（1574—1589 在位）偏爱有花纹的桌布。在法国大革命之前，餐巾是每道菜换新的，桌布则是上甜点时更换。长久以来，欧洲人习惯用桌布擦手。从 17 世纪开始，餐巾和桌布开始分化，餐巾放在膝头。日本的《西洋衣食住》（1867 年 / 庆应三年）中提到“桌布——テーブルクロース”。

→西餐→刀叉文化→餐巾

テーブルマナー

餐桌礼仪

英: table manner

西餐的用餐规矩。“table manner”由“table”和“manner”组成。“table”的词源是拉丁语“tabula（板、写字板）”。拉丁语“manuarius（手的）”“manus（手）”演变为古法语“manière”和形容词“manier（用手）”，最后变成英语“manner”。直

译就是“餐桌的礼仪规矩”。古罗马达官贵人参加奢华的宴会时睡躺椅，用手吃饭，有美女服侍左右，观赏剑士的决斗。在奢华的宴会上追求美食，有时不惜做出超越常规的举动，这足以体现出罗马人对吃的讲究。据说在宴席上，人们吃了吐，吐了又吃。希腊也有类似的用餐风俗，据说其源头在波斯。公元4至5世纪，罗马帝国灭亡。现代欧洲餐桌礼仪基本成型于中世纪末期（12至13世纪），其核心原则是讨好掌权者，不引起掌权者的不快，此外也受宗教禁忌等因素的制约。十字军的多次东征（1096—1291）大大改善了欧洲人的用餐礼仪。从13世纪到近代，欧洲出版了大量关于餐桌礼仪的书籍，据说开山鼻祖出自罗伯特·德·布洛瓦之手。当时的餐桌礼仪旨在否定陋习，包括①用勺喝汤时不发出声响；②不直接拿起汤碟喝汤；③用餐时不随意起身，不用鼻子发出怪声；④用餐时不发牢骚；⑤吃进嘴里的东西不吐出来；⑥吃剩下的东西不放回餐盘等等。1533年，意大利佛罗伦萨梅第奇家族的凯瑟琳公主（1519—1589）与奥尔良公爵亨利（即后来的法王亨利二世）结婚，文艺复兴的新风吹入法国。路易十四（1643—1715在位）统治时期，餐桌礼仪开始在贵族中普及。至于提供餐食的方式，从中世纪到近代发生了相当大的变化。例如，“主人享有切肉特权”的习俗在17世纪逐渐消失，切肉演变成了佣人在后厨完成的工作。而“把自己的勺子直接插入共享的大碗、大盘舀汤喝”则变成了“每人一碗汤”，还配上了汤碟专用的勺。人们开始产生“餐桌上也有私人领域”的意识，抵触“与他人共享”的行为。在19世纪之前，用餐时不讲文明再正常不过。进入19世纪之后，现代餐桌礼仪才算大功告成。历经波折确立的现代餐桌礼仪在不同的国家有些许差异，不过“用心款待宾客，在愉快的氛围下享用餐食”是各国餐桌礼仪的大原则。将餐巾放在膝盖上的

《西洋衣食住》中对餐桌（table）的介绍
资料:《西洋衣食住》[134]

时机、刀叉的用法、吃面包的时机、葡萄酒的喝法都需要格外留意。

→西餐→刀叉文化

テーブルロール

餐桌面包

英: table roll

发祥于美国的小型面包，一般出现在早餐、晚餐的餐桌上，相当于英国的圆面包（buns）。餐桌面包种类繁多，包括早餐小面包、晚餐小面包、黄油小面包、咖啡小面包、蜂蜜小面包等等。糖分比欧洲的面包更高。但也有人偏爱风味与法棍相似的清淡型餐桌面包。

→美国面包

デミタス

小型咖啡杯

英: demitasse

餐后饮用浓咖啡时使用的小号咖啡杯，常用于盛放意式浓缩咖啡。日语中也写作“ドミタス”。英语“demitasse”由法语“tasse à moka（摩卡专用杯）”派生而来，有“半杯”之意。发明经过不详，但法语“demi-tasse”这一称呼形成于12世纪。

→意式浓缩咖啡

デメテル

德墨忒尔

英: Demeter

希腊神话中的谷物女神，日语中也写作“デメター”。对应罗马神话中的刻瑞斯。“de”即“土地、谷物”，“meter”即“母亲”。德墨忒尔也是大地女神、婚姻之神，和她的女儿珀尔塞福涅（Persephone）一起受到崇拜。她主宰农业，头戴麦穗和虞美人做成的花冠，手持镰刀。据说是她教会了人类如何用小麦烤制面包。

→刻瑞斯

デュクセル

蘑菇泥

法: Duxelles

为馅料和酱汁增添风味的蘑菇泥。最基础的是蘑菇、洋葱、火葱切碎后用黄油炒成的“Duxelles sèche”，此外还有各类变种。蘑菇泥的起源有两种说法，分别是“17世纪由尤克塞尔侯爵的厨师长拉瓦瑞发明”，以及“发祥于法国布列塔尼地区的尤克塞尔（Uxel）”。

→西餐

デュバリー

杜巴丽

法：Du barry

用法王路易十五（1715—1774 在位）的最后一任情人杜巴丽伯爵夫人（1743—1793）命名的菜品。路易十五非常爱吃花菜。杜巴丽夫人被誉为绝世美女，肌肤白皙动人，因此整体呈白色的菜品，尤其是用到花菜的菜品往往被冠上她的名字。比如杜巴丽花菜泥、杜巴丽清汤等等。

→西餐

デュラム小麦（こむぎ）

硬粒小麦

英：durum wheat

用于生产意面的二粒小麦，又称“通心粉小麦（macaroni wheat）”。“durum”即“硬小麦”。公元前 1000 年前后出现在美索不达米亚流域。早在古希腊、古罗马时期，人们就已经在地中海沿岸种植这种小麦了。硬粒小麦喜欢干燥炎热的气候，在地中海沿岸、北非、中亚、美国、澳大利亚、加拿大、阿根廷均有种植。因颗粒较硬，胚乳部分为玻璃质，能磨出大量的粗粒小麦粉（semolina）。富含类胡萝卜素（carotenoid），用压面器加压成型时呈半透明的琥珀色（amber）。麸质含量高，质地强韧，但也不容易坨。意面正利用了硬粒小麦的这种特性。煮到恰到好处时，会形成旧胶管突然断裂般的独特口感，称“筋道弹牙（al dente）”。与普通面食相比，硬粒小麦做的意面不容易在烹煮时变形、膨胀。

→小麦→实心粉→意面→通心粉

テラピア

罗非鱼

英：tilapia

丽鱼科热带淡水鱼，原产于非洲。日语中又称“泉鲷（イズミダイ）”“近鲷（チカダイ）”。“黄油烤尼罗河罗非”是埃及菜系中的名菜。罗非鱼有一种奇特的习性，那就是在口中孵育鱼苗，以防外敌掠食，因此在日语中也被称为“子守鱼”。尾鳍末端带有朱色。风味清淡，神似黑鲷，是日本料理、西餐和中国菜的常用食材。1954 年（昭和二十九年），日本开始从中国台湾省进口罗非鱼，并开展罗非鱼养殖业。

デリカテッセン

熟食店

英：delicatessen

销售火腿、香肠等肉制品和沙拉

等小菜的商店。“delicatessen”也可指代熟食店中销售的食品，词源是拉丁语“deliciae（魅力、喜悦）”。也有说法称“delicatessen”是德语“delikat（美味的）”和“Essen（菜品）”的合成词。19世纪末，纽约的犹太裔移民率先开出这种食品店。在纽约，人们称之为“deli”。火腿、香肠、盐腌牛肉等肉制品则被称为“熟食肉（deli meat）”。

テルミドール

热月龙虾

法: thermidor

1894年，巴黎餐馆“Marie’s”为纪念名为《热月》的话剧在法兰西喜剧院（Comédie-Française）首演研发并命名了这道菜。“thermidor”是法国共和历的第十一个月（热月，对应阳历7月20日至8月18日）。爱吃龙虾的食客纷纷给出好评。直到今天，热月龙虾仍是一道名菜。将煮过的龙虾肉切丁，淋上加有英国芥末的奶油酱汁，再塞回虾壳，送入烤箱烘烤而成。

→西餐→土豆塞蛋

テレビディナー

电视晚餐

英: TV-dinner

诞生于美国的食品，是以“大量食材、稳定供给、规格标准化、批量烹饪生产运输”为关键词的美国饮食文化的绝佳象征。20世纪50年代，只需加热便可享用的冷冻熟食在美国粉墨登场。“电视晚餐”这一名称的由来有两种说法：①不需要额外的烹饪工序，边看电视边加热即可；②一如飞机餐，各种菜肴装入餐盘，组成一顿饭，餐盘神似电视机的显像管。各种菜品通过电视晚餐实现了标准化与规格化。电视晚餐包括肉、鱼、面条、土豆泥、配菜和热甜点。电视晚餐原本需要用烤箱加热20至30分钟，但微波炉的登场颠覆了传统的加热方法。人们也对容器进行了改良，确保在各种菜肴升温速度不同的前提下实现均匀加热，菜肴的内容也日趋高档了。

→美国菜系

甜菜糖（てんさいとう）

甜菜糖

英: beet sugar

用甜菜（*Beta vulgaris*）提取加工的糖。甜菜是藜科二年生草本植物，原产于地中海沿岸，日语中也称“砂糖大根（大根＝萝卜）”。根的形状与萝卜、芜菁相似。英语“beet”的词源是拉丁语“bêta”。法语“betterave”是“beete（英：beet）” 和“rave（英：turmip）”的合成词，意为“小型红萝卜”。据说早在公元前4世纪至3世纪，古希腊、古罗马人就开始种植甜菜了。亚里士多德、大普林尼都在著作中提到了当时的甜菜品种。16世纪，德国率先开始种植甜菜。1747年，普鲁士科学家马格拉夫（1709—1782）在甜菜根发现了结晶性的糖。他的弟子佛朗茨·卡尔·阿乍得（Franz Karl Achard）从甜菜中成功提取了糖。1801年，甜菜的商业种植在米勒西亚启动，人们在普雷斯洛附近的科内伦建设了小型制糖厂。1810年，拿破仑一世（1840—1814在位）悬赏百万法郎征集制糖法，但此事因其失势不再受人关注。1880年，美国开始尝试种植甜菜。1900年前后，欧洲的制糖作物呈现出“甘蔗1：甜菜2”的态势。第一次世界大战使德法两国的制糖业后退。因甜菜能在气候寒冷的地区种植，美国与北欧出台了相关的保护政策。甜菜于江户时期传入日本。1870年（明治三年），札幌、根室、东北各地尝试种植甜菜。甜菜的根茎可用于沙拉、红菜汤和醋腌菜。

→砂糖→甜菜

電子レンジ（でんし）

微波炉

英：microwave oven、electronic range

利用微波（2450 MHz）的特性加热食品的烹饪设备。以微波促使食品中的水分子激烈摩擦，由内而外加热，短时间内达到烹饪的目的。二战期间，德国的新式武器V型火箭使联军大感头痛，因此潜心研究干扰电波的电波探测器（雷达）。美国雷达工程师斯彭塞在做雷达实验时偶然发现口袋里的巧克力块融化发粘，通过多次试验发现了微波的热效应。将含有水分的非金属物体放置在磁场中，水分子之间相互作用，激烈摩擦（每秒振动24.4亿次），致使温度上升，一如搓手时手会变暖。只有含水分的食品才会升温，不导电的餐具不会变热。1952年（昭和二十七年），美国人将这种新式烹饪设备命名为“微波炉”，推向市场。1958年（昭和三十三年），商用微波炉在日本问世，东海道新干线的餐车就安装了这款设备。1965年（昭和四十年），家用微波炉上市。微波炉有下列特征：①热效率高、②加热时间短、③食品重量与容量的变化较少、④维生素等营养成分的损失较少、⑤杀菌效果高。但微波炉也有①无法制造焦痕、②加热炖菜时难以入味等方面的缺陷。目前市面上已经出现了各种功能强大的改良款微波炉。用微波炉重新加热菜品、解冻冷冻食品再适合不过。

点心（てんしん）

点心

中国菜系中的小食、轻食、糕

点、甜点的统称。点即"少量点入"，心为"身体的中心"。合起来就是"将少量的食品点入心胸之间"。中国点心以米、麦为主要原料的加工食品居多，种类丰富多彩。有的在两餐饭之间享用，有的在宴会尾声上桌，有的用作零食。和季节、节日有关的点心也不在少数，如端午节的粽子、中秋节的月饼。介绍几则关于点心起源的历史轶事。袁枚在《随园食单》中提到，6世纪谷物价格飞涨，梁国昭明太子将日常膳食改为小食（点心）勉强维持。萧梁皇朝史书《梁书·昭明太子统传》称："大军北讨，京师谷贵，太子因命菲衣减膳，改常馔为小食。"相传唐人郑傪为江淮留后，家人备夫人晨馔，夫人顾其弟曰："治妆未毕，我未及餐，尔且可点心。"在唐朝，点心指轻食，在宋朝则指早点。中国菜可大致分为前菜、主菜和点心。广东传统文化"饮茶"就是边吃点心边喝中国茶。上午吃的称早点，中午称午点，晚上称晚点。专做饮茶的餐饮店称茶楼、茶居、茶室。服务员推着车，售卖各式各样的点心。谈笑喝茶，一不小心弄脏了桌布也不要紧，这叫"梅花点点"。点心属于轻食的范畴，可分为①咸点心（面、饭、烧卖、饺子、包子、饼）和②甜点心（中式糕点）。

→饺子→小笼包→烧卖→饼→饮茶→馄饨

テンペ

天贝

英: tempe

发祥于印度尼西亚的传统无盐大豆发酵食品。在苏门答腊岛尤其受人喜爱。大豆蒸熟后接种天贝菌（丝状菌），用香蕉叶包裹发酵。制法与日本的牵丝纳豆有着异曲同工之妙，但天贝有臭味，干燥不黏。大豆因菌丝紧密结合，质地如蛋糕，切成薄片油炸后享用。也可以用椰奶、香料炖煮，用于炖菜。在美国是受人瞩目的保健食品。

→印度尼西亚菜系→大豆

ドイツのパン

德国面包

英: German bread

德国有大面积的山岳地带，冬季严寒，气候条件严峻，不适合种植小麦，却发展出了全球首屈一指的制粉技术。大麦、黑麦、玉米、土豆是德国常用的淀粉源。德国面包有下列特征：①灵活运用黑麦和小麦；②啤酒被誉为液体面包。啤酒和面包的种类之多都是世界第一。面包足有 1000 多种；③有用黑麦粉制作的黑麦面包（Roggenbrot）、黑麦粗面包（Schrotbrot）。在盛产黑麦的德国北部，黑麦面包非常多见，又称“黑面包”。德语称“Schwarzbrot”。小麦面粉和黑麦面粉混合而成的面包称“混合面包（Mischbrot）”。成品特性视混合比例而定。黑麦面包的膨胀性不佳；④小麦面粉制作的面包在南方更多见，称“小麦面包（weizenbrot）”。以小型面包居多，有浓香的硬皮面包、内部柔软的凯撒面包等；⑤早餐吃小型小麦面包，午餐吃土豆，晚餐吃黑麦面包；⑥德国人钟爱纽结饼、史多伦、华夫饼和油炸圈饼。

→凯撒面包→油炸圈饼→黑麦粗面包→面包→裸麦粗面包→黑麦面包

ドイツのワイン

德国葡萄酒

英: German wine

德国葡萄酒历史悠久，历经盛衰。酿酒选用耐寒、成熟快的葡萄品种。约公元前 50 年，葡萄酒因罗马帝国的统治传入摩泽尔河（Moselle River）流域。也有说法称是希腊人把葡萄酒从南法带到了德国。约 1 世纪，罗马人开始在日耳曼尼亚（Germania）地区酿造葡萄酒。4 世纪，罗马诗人奥索尼乌斯（Ausonius）大力称赞摩泽尔葡萄酒的品质。4 世纪至 6 世纪，民族大迁徙对酿酒业造成打击。直到查理大帝（768—814 在位）统治时期才再次兴盛起来。10 世纪至 11 世纪，葡萄种植业扩大至图林根（Thüringen）和萨克森（Sachsen）。酿酒业和基督教同步发展，传统与酿造技术在中世纪由修道院继承下来。15 世纪初，德国酿酒业迎来巅峰期。1618 年前后，国土因三十年战争荒废，致使酿酒业再次衰退。直到 17 世纪才以莱茵高（Rheingau）地区为中心实现了复兴。如今德国最具代表性的葡萄酒产地就分布在莱茵河流域（莱茵高）及其支流摩泽尔河流域[摩泽尔河、萨尔河（Saar River）、卢浮河（Louver River）]。河边的陡坡光照好，容易起雾。品质最佳的葡萄品种有雷司令（Riesling）、米勒-图高（Muller-Thurgau）、西万尼（Silvaner）等等，几乎都用于酿制白葡萄酒。德国葡萄酒有 13 大产区，根据采摘时期分为：①头等葡萄酒（Kabinett）、②晚采葡萄酒（Spätlese）、③精选葡萄酒（Auslese）、④逐粒精选葡萄酒（Beerenauslese）、⑤贵腐精选葡萄酒（Trockenbeerenauslese）和⑥冰酒（Eiswein）。“lese”是“收获”的意思，成熟度依次递增。④至⑥属于贵腐葡萄酒的范畴。德国自然条件严苛，是葡萄种植的北限，但是和法国葡萄酒相比，德国葡萄酒的品种和味道都更丰富。人们常说法国葡萄酒靠天，德国葡萄酒靠人。莱茵葡萄酒用茶色酒瓶，摩泽尔葡萄酒用绿色酒瓶。德国葡萄酒有爽快的酸味与甜味，酒精度数为8到10度，温和顺口。

→酿造酒→摩泽尔葡萄酒→莱茵葡萄酒→葡萄酒

ドイツ料理（りょうり）

德国菜系

英: German cuisine

德国山岳地带多，冬季严寒，没有顶级美味的菜肴，但有许多亲民食品，搭配啤酒享用再合适不过。德国被十个国家（包括法国、瑞士、奥地利等）环绕，领土时而增大，时而缩小。其他国家的饮食文化对德国造成了深远的影响，德国美食也传入了周边国家。比如德国人钟爱的德国酸菜到了法国就变成了法国酸菜（choucroute）。走乡土美食路线的德国菜系有下列特征：①大量使用土豆和黑麦；②肉食文化背后是人与人之间的紧密联系，猪全身上下没有一处无用的部位；③火腿、香肠等储备粮的加工技术发达；④有蔬菜类储备粮德国酸菜；⑤懂得巧妙组合储备粮。最具代表性的德国美食有德国酸菜（Sauerkraut 用岩盐腌汁的卷心菜）、德国猪脚（Eisbein 德国酸菜炖猪腿肉）、丸子（Knödel 用土豆制成）、德国面疙瘩（Spätzle）。

→丸子→德国酸菜→德国面疙瘩→舌香肠→德国肉丸

唐辛子（とうがらし）

辣椒

英: red pepper

茄科多年生草本植物，原产于南美。在亚洲、以色列、土耳其、南非、美国均有种植，广泛普及至世界各地。日语中又称“金椒（golden pepper）”、“青辣椒（green pepper）”、“番椒”、“高丽胡椒”。关于辣椒的起源，业界存在若干种说法，包括“中南美原住民在数千年前开始人工种植”、“秘鲁自古以来人工种植的蔬菜”、“拉美印第安人唯一的香料”、“人工种植始于墨西哥、巴西、牙买加”等等。法语称“piment rouge”。胡椒不同于辣椒，辣味更强。1492年，哥伦布（1451—1506）发现新大陆，将辣椒的种子从伊斯帕尼奥拉岛（Hispaniola）带回西班牙。哥伦布误以为船队所到之处是印度的一部分，将当地原住民称为“Indian”，将辣椒当成了胡椒的一个品种，称之为“pepper（胡椒）”。这一错误的称呼沿用至今。也有说法称辣椒是在

16 世纪上半叶传入印度的，还有人说是葡萄牙人将辣椒传到了巴西西海岸。16 世纪至 17 世纪在全球迅速普及，在东南亚更是大面积种植。1542 年（天文十一年），葡萄牙人（南蛮人）航行至日本，向丰后的大友义镇进贡了辣椒，据说这是辣椒首次进入日本。也有说法称辣椒于中国明代登陆日本，起初被称为“南蛮胡椒”“高丽胡椒”。16 世纪因倭寇传入朝鲜半岛。相传 1592 年丰臣秀吉出兵朝鲜（壬辰倭乱）时，加藤清正从朝鲜半岛带回了辣椒，使辣椒再次传入日本。辣椒在日语中写作“唐辛子”，此处的“唐”指朝鲜半岛。辣椒在朝鲜半岛文献中的首次登场是 1613 年的《芝峰类说》：“南蛮椒，有大毒，始自倭来，故俗呼倭芥子。”顺便一提，朝鲜半岛从 18 世纪后半叶开始将辣椒用于泡菜的制作。辣椒的环境适应性较强，有卡宴辣椒、智利辣椒、彩椒等 100 多个变种，可大致分为①辣味较强的朝天椒（Evodiopanax innovans），②辣味较弱的甜椒（Capsicum annuum var. grossum）、日本小甜椒（shishito peppers シシトウガラシ）。辣椒的辣味成分是辣椒素（capsaicin），辣味具有刺激性，在英语中以“hot”形容。红色来源于胡萝卜素和辣椒素。热带、亚热带菜肴常用辣椒，因为辣椒有助于发汗，提升体温，让人感到凉快。辣椒还有增进食欲、促进消化的功效，富含维生素 A、C。辣椒广泛运用于世界各地的各种菜系。日本的七味唐辛子、中国的麻婆豆腐、辣油、韩国的泡菜、印度的咖喱、美国的塔巴斯科辣酱、墨西哥的辣豆酱都会用到辣椒。

→发现美洲新大陆→卡宴辣椒→朝鲜泡菜→香料→塔巴斯科辣酱→辣豆酱→辣味番茄酱→辣椒粉→彩椒（paprika）

トウチー

豆豉

早在 2000 年前的汉代就已经存在的中国调味料。大豆蒸熟后加小麦面粉、盐、曲子发酵，经干燥处理即为豆豉。外观与日本的大德寺纳豆、滨纳豆十分相似。可为菜品增添风味，也可用于炒菜、蒸菜和炖菜。

→中国菜系→调味料

トゥーピネル

土豆塞蛋

法：Toupinel

土豆用烤箱烤熟，中央掏空，填入水波蛋。1890 年，巴黎“Marie’s”餐厅为纪念正在上演的剧目《Feu Toupinel（旋转的火）》发明了这款菜品。

→热月龙虾

とうふ

豆腐

最具代表性的豆制品之一。西方一般称“tofu”，唯独法语称“fromage de soja（大豆奶酪）”，很是耐人寻味。据说豆腐诞生于汉武帝（B. C. 156—87）统治时期，发明者是汉高祖刘邦之孙淮南王刘安（B. C. 179—122）。刘安精通百般武艺，在学问方面也有过人的才能。他主持撰写的《淮南子》流传至今。因此“淮南”是豆腐在中国的别名。也有说法称，豆腐诞生于8世纪至9世纪的唐朝，甚至有人说豆腐的做法是随佛教从印度传入中国的。顺便一提，大豆原产于中国北方。6世纪的农学专著《齐民要术》并没有提到“豆腐”二字。豆腐在中国古代文献的首次登场是宋代的《清异录》。大豆也是禅林不可或缺的素斋食材。豆腐传入日本的时间不明，据说是留学僧在镰仓至室町时期将豆腐的做法带回了日本。豆腐富含优质蛋白质和脂类物质，易于消化，是营养价值很高的食品，也是中国菜系的常用食材。

→腐乳→麻婆豆腐

玉蜀黍（とうもろこし）

玉米

英：maize、Indian corn 美：corn

禾本科一年生草本植物，原产于美洲大陆（也有说法称是中亚、南美北部的热带地区）。尚未发现野生品种。日语中又称“唐黍”“南蛮黍”“高丽黍”“萨摩黍”。法语“maïs”和英语“maize”的词源是出自古巴方言的西班牙语“maiz”。美语“corn”和德语“korn”来源于条顿语。据说7000年前的墨西哥遗迹有玉米出土，还有“5000年前在中美洲已有人工种植”、“公元前2000年在古墨西哥和南美安第斯地区开展人工种植”、“从波斯传入南美”等说法。玉米是阿兹特克、玛雅文明的经济支柱。1492年，哥伦布（1451—1506）将美洲原住民常吃的作物的种子带回欧洲，移植到西班牙，用作家畜饲料。所以玉米在英语中也称“Indian corn”。16世纪中期，从意大利北部传入南法，又从英国、德国传入东欧。葡萄牙人途径西非，绕过好望角，将玉米带到亚洲。玉米能在无法种植小麦的土地生长，因此迅速普及到世界各地。在欧洲，玉米有“新大陆的小麦”“西班牙小麦”“土耳其小麦”“土耳其的谷物”“西班牙小米”“基督徒的小麦”“渔民的小麦”等别名。贫苦农民吃玉米，卖掉价格更高的小麦。据说当时有人因饮食过度依赖玉米导致烟酰胺（nicotinamide）摄入量不足，患上了糙皮病。玉米在明代传入中国，在 18 世纪普及。汉语称“玉米”“苞米”“玉蜀黍”。中国菜系常用嫩玉米（young corn）。玉米在安土桃山时期传入日本，1579 年（天正七年），葡萄牙人将其带到长崎。美国是全球头号玉米产地，玉米被大量用于食品、加工与饲料，人称“谷物之王（Corn is King）”。玉米的品种多达数千，用途多样。可根据颗粒性状大致分为①马牙种玉米（dent corn 产量最高，磨粉后使用）、②爆裂玉米（pop corn 用于制作爆米花）、③甜玉米（sweet corn 用于生产罐头和冷冻食品）、④软质玉米（soft corn）。将玉米作为主食的地区也不在少数，用途可谓千差万别。玉米可制成玉米淀粉、粗粒玉米粉（cornmeal）、玉米粉（corn flour）、玉米片（corn flakes）、玉米油、玉米糖浆（corn syrup）、玉米糖、玉米面包（corn bread）等等。常用于汤、沙拉、炒菜和油炸食品。站在营养成分的角度看，玉米缺乏人体必需的赖氨酸、色氨酸，所以也有人认为玛雅文明灭亡的原因在于玉米比重过大。美国通过转基因对玉米进行品种改良，从 2003 年开始，市面上出现了专用于饲料的转基因玉米。

→发现美洲新大陆→玉米汤 / 粥→墨西哥玉米卷→墨西哥粽子→煎蛋卷→爆米花

トゥーラン

香蒜汤

法: tourin

流传于南法的大蒜洋葱汤。法语“tourin”的词源是拉丁语“torrere（用铁丝网烤）”。相传在南法，人们用鹅的油脂煸炒洋葱，加入大量胡椒，做成带有刺激性风味的汤，送给新婚第二天的夫妇喝，用于缓解疲劳。

→汤

トゥルト

馅饼

法: tourt

法国的一种圆形派。拉丁语“torquere（揉成团）”演变成后期拉丁语“pains tortus（圆形面包）”，最后变成法语“tourt”。据说馅饼早在 822 年前后就已经存在了。14 世纪，泰尔冯（1326—1395）写就的第一本法语烹饪著作《食谱全集（Le Viandier）》中介绍了馅饼的做法。馅饼在 17 世纪非常受欢迎，但是在安东尼・卡瑞蒙（1784—1833）发明奶油酥盒之后，馅饼就失宠了。

→派→奶油酥盒

トゥルヌド

嫩牛肉

法: tournedos

切成段的牛里脊。“tournedos”是“tourner（转向）”和“dos（背）”的合成词，字面意识是“转身背对”。至于如此奇妙的称呼因何而来，学界众说纷纭。有一种说法是巴黎中央大市场（Les Halles）的鲜鱼卖场的鱼变质发臭，逼得顾客转身就走。还有一种说法是再高档的牛里脊也讲究新鲜，不新鲜就卖不出去，只能背朝外放。而肉质柔软的里脊一“转身”的功夫就烤好了，做成香榧牛排备受欢迎。从1860年前后开始，嫩牛肉登上餐厅的菜单，或嫩煎或炙烤。亦可用盐渍猪油肉或培根卷着烤。意大利作曲家焦阿基诺·罗西尼（Gioachino Rossini，1792—1868）也是知名的美食家，发明了各种“罗西尼式”菜肴。其中，罗西尼牛排（tournedos rossini）是用到鹅肝和松露的里脊肉排。

→牛肉→西餐→罗西尼

トースト

吐司

英: toast

切成薄片、两面烘烤的面包，又称“吐司面包”。词源有两种说法，分别是拉丁语“torrere（烘干、烤）”和古法语“toster（烤）”。欧美人喜欢在早餐时吃吐司。用作吐司的面包以小麦面粉为主，配料含量较低，不容易焦。“toast”的原意是“烤面包、烘烤”，据说这一称法诞生于14至15世纪。“toast”还有其他的意思，包括①敬酒、干杯、祝辞、②有口皆碑的美女、③被敬酒的人等等。英国人爱吃吐司面包，发展出了一种独特的风俗：把小片吐司放入葡萄酒杯，每人喝一口，最后吃到吐司的人将得到大家的祝福。“toast”的词义也因为这一风俗变得更宽泛了。在古希腊，人们通过共饮一杯葡萄酒增进和伙伴的关系。这一风习由古罗马继承下来。当时的葡萄酒酸味重，据说人们会为了调整口味在酒中加入焦面包。这种手法和用木炭脱色、脱臭有着异曲同工之妙。因为古人“用加有吐司的葡萄酒干杯”，所以干杯的时候要说“toast”。最具代表性的吐司有黄油吐司、果酱吐司、法式吐司、日耳曼吐司、肉桂吐司。在明治大正时期的日本，吐司被称作“烤面包”“硬烤面包”“烘面包”。村井弦斋在《食道乐》(1903/明治三十六年）中提到了“吐司面包”。在面包上放置配料的吐司有奶酪吐司、香蒜吐司。

→英国面包→梅尔巴吐司

ドーナツ

甜甜圈

英: doughnut

一种用小麦面粉制作的油炸糕点。"doughnut"一词意为"用面包面团(dough)制作、形似坚果(nuts)的食品"。早在古埃及，油炸这一加热手法就已经出现了。唐果子(译注:奈良时代随佛教一并传入日本的谷物粉糕点)"环饼"被认为是日本的江米条(かりんとう)的原型。北魏后期的农学著作《齐民要术》称，环饼是用蜜或牛羊奶调味，捻成绳状，做成环形油炸而成，入口即碎，如雪般酥脆(皆须以蜜调水溲面;若无蜜，煮枣取汁;牛羊脂膏亦得;用牛羊乳亦好，令饼美脆。截饼纯用乳溲者，入口即碎，脆如凌雪)。传入日本的唐果子加入米粉，发展成饼。上述糕饼都跟甜甜圈一样，有油炸这道工序。但现代甜甜圈的原型尚无定论。据称甜甜圈始于16世纪的荷兰，原型是将面团揉成圆形下油锅炸成的"olykoek(油点心)"。17世纪初的荷兰移民将这种点心带到了美洲大陆。也有说法称，用猪油炸面团制成的甜甜圈是德国人的发明。后来传入法国，演变成了中央有孔的环状。正中央的孔洞是为了加快加热速度，简化油炸工序，开孔便能批量生产。这个洞体现出了带有美国色彩的合理性。1809年，美国文学家华盛顿·欧文(Washington Irving)出版《纽约外史(Knickerbocker's History of New York)》一书，书中提到"doughnt"是用猪油炸的甜味球状糕点，尺寸巨大。这是"doughnut"首次出现在文献中。关于甜甜圈孔洞的由来，存在若干种说法。史密森尼(Smithsonian)博物馆出版的《史密森尼》(1975)称，住在美国缅因州的船长汉森·克罗基特·格雷戈里(Hanson Crockett Gregory)通过在面团上开洞简化了油炸工序。缅因州的罗克波特(Rockport)甚至有"甜甜圈发明纪念碑"。也有说法称，是18世纪搭乘五月花号(Mayflower)来到宾夕法尼亚州的清教徒(Pennsylvania Dutch，宾夕法尼亚州的德国移民)在甜甜圈上开了洞。美国人习惯把甜甜圈浸入咖啡，用手撕着吃，"浸泡"这个动作对应的动词是"dunking"。还有人说，甜甜圈的原型是英国最具代表性的小型面包"圆面包(buns)"，不烤而炸，便成了甜甜圈。在美国，人们把10月称为"甜甜圈月"。日本市场的主流甜甜圈是中间有洞的款式，其实油炸的甜面团统称"doughnut"，无论形状。炸纽绞(cruller)也是美国人的发明。英语"cruller/kruller"的词源是荷兰语"kruller(弯曲)"。如此看来，将炸纽绞传入美国的兴许是荷兰移民。法国的油炸泡芙(pets de nonne)与炸纽绞相似。甜甜圈可大致分成三

种，分别是①用面包酵母发酵酵母甜甜圈（面包甜甜圈）、②用泡打粉发面的蛋糕甜甜圈以及③用泡芙面团油炸而成的炸纽绞类甜甜圈。手工制作蛋糕甜甜圈的方法是小麦面粉加糖、蛋、牛奶、泡打粉，混合后用擀面杖擀薄，用模具抠成圆形下锅油炸。因为口感略硬，又称“硬甜甜圈（hard doughnut）”。在美国称“老派甜甜圈（old fashion doughnut）”。可以用更柔软的面团批量生产甜甜圈后，软甜甜圈（soft doughnut）应运而生。二战期间，美国发明了自动油炸机。通过巧妙组合乳化剂，面团的机械耐性趋于稳定，可批量生产品质稳定的产品。各种甜甜圈预拌粉相继诞生。以战后的美国为中心，炸鸡、汉堡包等新快餐食品市场逐渐成形。甜甜圈在明治时期传入日本。从1971年（昭和四十六年）前后开始，唐恩都乐（Dunkin' Donuts）、美仕唐纳滋（Mister Donut）等美国企业进军日本市场，迎合了年轻人的需求，掀起了甜甜圈热潮。

→美国面包→油炸圈饼→蛋糕甜甜圈→蛋糕预拌粉→西班牙油条→预拌粉→油炸泡芙

トニックウォーター

汤力水

英：tonic water

奎宁风味的软饮料。希腊语“tónos（音、音色）”演变为通俗拉丁语“tonicus（增添活力）”，最后变成法语和英语中的“tonic”。“tonic”有“使强壮、鼓励、鼓舞”的意思。在英国的热带殖民地，一旦出现疟疾疫情，汤力水就会大范围流行。但汤力水毕竟是“水”，并非补药，只是添加了奎宁苦味的水饮。微弱的苦味来自金鸡纳树树皮中的奎宁，加金酒调成的“金汤力（gin tonic）”更是出名。欧洲人爱喝汤力水，在日本比较少见。

ドーバーソウル

多佛鳎鱼

英：Dover sole

→舌鳎

トマト

西红柿

英：tomato

茄科一年生（在热带为多年生）草本植物，原产于南美安第斯地区。在世界各地均有种植，果实有各种颜色（红、粉、黄、绿、紫）、形状（圆、扁平、椭圆）和大小（橙子到樱桃），种类之多令人惊讶。西红柿又名“红茄子”，有各种别名和昵称。在英国称“love apple”。在意大利被

称为“pomodoro”，意为“沐浴着地中海阳光的金苹果”。在德国被称为“天堂的苹果”，在法国则是“pomme d’amour（爱的苹果）”。阿兹特克语“zitomate”演变为墨西哥的纳瓦特尔语“tomatl（金苹果）”，再到西班牙语“tomate（西红柿）”，最后变成英语“tomato”。约1596年，西红柿从墨西哥、秘鲁周边传入西班牙，进而传入葡萄牙与意大利。起初用作观赏植物和药材。18世纪中期，人们发现西红柿非常适应意大利南部的气候风土，成功开展人工种植，之后普及到意大利北部和法国南部。1790年，法国大革命的市民庆功会使用了西红柿，在巴黎收获无数好评。据说第一个在美国种植西红柿的人是独立宣言的起草者，美国第三任总统托马斯·杰斐逊（Thomas Jefferson，1743—1826）。1893年，关税问题在美国引发了一场围绕“西红柿是水果还是蔬菜”的争论，最高法院给出的裁决是“蔬菜”。不少茄科植物含有毒素（如烟草、矮牵牛，即petunia），西红柿也因为色泽过于鲜艳一度被认定为有毒植物，在18世纪后期之前几乎没有人吃。与此同时，同属茄科的茄子、甜椒、土豆和辣椒成了世界各地不可或缺的食材。据说西红柿传入日本的时间是1708年（宝永五年，江户中期）。在明治时期，日本开始人工种植食用西红柿，但西红柿的真正普及是在二战之后。因西红柿有独特的草味，很多日本人对它敬而远之，以生吃为主，但是受各国菜系的影响，西红柿的用途日趋多样化。在墨西哥、意大利、西班牙和美国，西红柿尤其受欢迎，形成了独特的西红柿饮食文化。“西红柿配脂肪”是这些国家的西红柿菜肴的共同点。西红柿多汁，有酸味和甜味，是兼具果实、蔬菜、调料、香料功能的万能食用植物，可消除肉、鱼的腥味。常用于沙拉、汤、肉、河海鲜和果汁。制成番茄泥、西红柿膏、番茄酱汁、番茄酱便是绝佳的调味料。果肉富含果胶，可吸收脂肪，发挥膳食纤维的功效。爽快的酸味来自柠檬酸，这种酸与醋酸一样，长时间加热也不会失去酸味。西红柿中的色素是番茄红素与β-胡萝卜素。

→发现美洲新大陆→美国菜系→意面酱→番茄酱→西红柿膏→去皮西红柿罐头

トマトケチャップ

番茄酱

英：tomato catsup

美国人钟爱的万能西红柿调味料。最适合搭配富含脂肪的菜品。没空烹制酱汁时，用番茄酱最合适不过。番茄酱的做法是在番茄泥中加入洋葱、大蒜、蘑菇、核桃、糖、盐、醋和香料。西红柿并非从邻国墨西哥传入美国，而是17世纪经由欧洲传入的。欧洲移民用玻璃品储藏水煮蔬菜，用作家常菜的调味料，为番茄酱的发明提供了灵感。西红柿的酸味有助于延长番茄酱的保质期。1876年，宾夕法尼亚的亨利·约翰·亨氏（Henry J. Heinz）成功实现番茄酱的量产。顺便一提，番茄汁也诞生于美国（1928年/昭和三年）。话说亨氏公司宣传自家的番茄酱是无色素、无添加的纯净食品，却遭到了诽谤中伤，说番茄酱中添加了防腐剂。1906年，美国政府出台《纯净食品和药品法》，亨氏的主张也得到了认同。路易斯安那州新奥尔良的克里奥尔菜系中有几道美国特有的西红柿菜肴，使用大量的番茄酱。番茄酱于明治时期传入日本，1908年（明治四十一年）开始在日本国内生产。

→克里奥尔菜系→浓香酱→酱汁→西红柿→西红柿膏

トマトペースト

番茄膏

英：tomato paste

番茄泥进一步浓缩而成的膏状物。南欧的传统是用锅熬煮，后来在美国成功实现量产。番茄膏的优缺点包括：①已经过浓缩处理，有助于缩短熬煮时间，提升烹饪效率；②容易上色（西红柿的红色）；③但浓缩条件不当（过度加热）易导致品质劣化；④相较于番茄泥更节省储藏空间，但不恰当的储藏环境会带来变质的风险。日本农林规格（JAS）对番茄膏的定义是“无盐可溶性固体成分占24%以上”。可用作西红柿加工原料。

→西红柿

ドミグラスソース

多明格拉斯酱汁

英：demiglace sauce

褐色母酱。法语“demi（一半）”和“glace（高汤熬成的浓缩汁）”的合成词，直译为“熬煮到只剩一半的浓缩汁”。19世纪中期，法国宫廷美食日趋大众化，餐厅遍地开花，需大量采购用于肉菜的酱汁。传统酱汁以橄榄油或鲜奶油等食材做成，费时费力，多明格拉斯酱汁则以小麦面粉或淀粉增加黏稠度。20世纪60年代，“高档法餐”在法国日益壮大，此类厚重的酱汁被视为“歪门邪道”。不过近年来，它们作为低卡酱汁再次走入人们的视野。

将褐酱（sauce espagnole）进一步熬煮就成了多明格拉斯酱汁。顺便一提，多明格拉斯酱汁在日本被视作牛排和炖菜的好拍档，是西餐馆不可或缺的酱汁。褐色的油面酱加小牛骨熬制的高汤（fond de veau），熬成褐酱后进一步浓缩，使体积只剩原先的一半，再用马德拉酒（Madeira）、雪莉酒增添风味即可。多明格拉斯酱汁比普通的浓缩汁更轻盈柔滑，富有光泽。

→酱汁

ドライアイス

干冰

英：dry ice

二氧化碳（碳酸气体）冷却压缩而成的固体。又称“固体碳酸”。气化时带走热量，常用于冷却食品。在干冰诞生前，冰激凌的运输难度非常高，保温瓶是唯一的选择。1834年，德国人塞洛瑞安成功将二氧化碳转化为固体。1925年，美国开启了干冰的工业化生产。1929年（昭和四年），日本干冰公司开始进口并销售干冰。

ドライイースト

干酵母

英：dry yeast

鲜酵母低温风干或冷冻干燥而成的粒状、粉末状、颗粒状制品。使用干酵母时需预发酵，加入少量的小麦面粉、糖和温水，激活休眠状态的酵母菌。市面上也有加水即可激活酵母菌的速溶干酵母，甚至可直接混入小麦面粉的产品。二战期间，美国大力推进军用面包预拌粉的研发工作，并同步研发耐储藏、易运输且易用的面包酵母。这是为了向世界各地的前线供给新鲜出炉的面包。战后，这项技术转为民用。干酵母有下列特征：①水分含量偏低，仅4%—8%，因此可储藏半年到一年；②适合法棍等面粉含量较高的lean类面包（低糖油配方）；③香味比鲜酵母更浓郁；④颗粒状的速溶干酵母香味略弱，但发酵力强。美国的菲氏（Fleischmann）、红星（Red star）、National、德国的フローリリン是干酵母的知名品牌。

→酵母

トライフル

屈莱弗

英：trifle

发祥于英国的甜点。“trifle”有“无谓之物、不足一提”的意思。吃剩的海绵蛋糕会变硬，据说人们创造屈莱弗的初衷就是为了消耗这样的海绵蛋糕。在海绵蛋糕上涂抹杏子、覆盆子、草莓等水果熬制的果酱，切成小丁，洒上雪莉酒或白兰地，再撒入切成小块的水果，淋上鲜奶油、卡仕达酱，放进冰箱即可。雪莉酒屈莱弗、巧克力屈莱弗都是英国名点。

→英国菜系→甜点

ドラジェ

糖衣杏仁

法：dragée

以彩色糖衣、巧克力、牛轧糖裹

住杏仁制成的零食。除了杏仁，还可以用榛子（译注：ノアゼット也是榛子）、开心果、果冻、橙皮、巧克力、利口酒制作。法语“dragée”的词源是希腊语、拉丁语中的“tragemata（甜的东西）”。古希腊人用砂糖、蜂蜜包裹的零食庆祝新婚与新生儿诞生等喜事，这种零食被视作糖衣杏仁的原型。公元前177年，古罗马贵族费边（Fabius）家族向全体市民分发糖衣杏仁，庆祝新家族成员的诞生和新婚。据说1220年在凡尔登（Verdun）诞生了现代人熟知的糖衣杏仁。1880年前后开始机械化量产。直到今天，西方人仍保留着在订婚仪式、婚礼、天主教徒的洗礼上分发糖衣杏仁的习俗。从这个角度看，糖衣杏仁和日本的红白馒头颇为相似。

→糖果→夹心糖

糖衣杏仁
资料：《糕点辞典》东京堂出版[275]

ドリアン

榴莲

英：durian

木棉科常绿乔木，原产于东南亚。英语“durian”的词源是马来语“duri（刺）”。榴莲果皮表面长有尖刺，无法徒手拿起，必须用绳子提着，或者用香蕉叶包裹。果肉呈奶油色，口感醇厚，有一定的黏稠度，果汁较少。有着甜味、酸味和特有的腐臭，无法带入飞机、酒店等公共场所。榴莲的神奇味道教人欲罢不能，因此它素有“水果魔王”之称。1599年，荷兰旅行家范·林斯柯顿（Van Linschoten）将榴莲称为“世界第一的水果”。英国自然民族学家阿尔伯特·R. 华莱士（Albert R. Wallace）也在《马来群岛自然考察记》（1869）提到，航行至东方的一大目的就是吃榴莲，越吃越上瘾。除了生吃，榴莲还能用盐腌制、用于制作菜品和甜点。彻底熟透，从枝头掉落的第三天最是美味。总之榴莲是一种极具吸引力的水果，正所谓“鼻子在地狱，舌头在天堂”。泰国有谚语曰“榴莲出，纱笼脱”，据说是因为榴莲能引起性兴奋。榴莲富含维生素C、烟酸、钙、磷、铁，营养价值高。

トリクリニウム

餐室

罗: triclinium

古罗马人用餐的房间。当时的王公贵族极尽奢侈之能事，在“餐室”躺着或坐着用餐，边吃边欣赏乐师、歌妓的表演。“triclinium”一词有“三张床”的意思。据说餐桌的三遍设有大理石围栏。

→西餐

トリップ

肚

法: tripe

牛羊的胃肠，多指牛的胃。阿拉伯语“tharb（褶皱）”演变为西班牙语“tripa”和意大利语“trippa（牛羊的胃）”，最后变成法语“tripe”。据说中世纪的法国有专卖动物内脏的“tripe”店。一般搭配蔬菜做成炖菜。其中不乏诞生于乡间的乡土美食。

→西餐

鶏肉（とりにく）

鸡肉

英: chicken

雉科家禽“家鸡”的肉。日语中也称“鶏肉（けいにく）”“かしわ”。鸡可大致分为蛋鸡、肉鸡、肉蛋两用鸡和观赏鸡，品种繁多。家鸡的祖先被认为是栖息在东南亚（包括印度、缅甸、泰国等）的红原鸡。英语“chicken”的词源是古英语“cicen/cycen（鸡）”。也有说法称“chicken”一词来源于鸡叫的拟声词。早在公元前3000年，印度和中国就开始驯化野鸡，使鸡走向了全世界。古希腊人吃鸡肉和鸡蛋。在日本绳文时期，鸡途径朝鲜半岛，从中国传入日本。在法语中，嫩鸡一般称“poulet”。还可根据体型大小分为“poulette（孵化后6个月左右的母鸡）”、“poulet（6个月以上的嫩鸡）”和“poularde（7至8个月的肥嫩鸡）”。雏鸡和嫩鸡更适合食用。鸡肉有下列特征：①清淡的风味既是长处也是短处，人们针对这一特征研发了各种烹饪、调味技巧；②可分为白肉（鸡翅、鸡胸）和红肉（鸡腿），鸡胸肉风味最清淡，易于消化；③鸡肉纤维细，肉质比其他兽肉柔软；④表皮与鸡肉之间有皮下脂肪块；⑤不同部位有不同的烹饪方法；⑥视菜品使用不同的部位，常用于汤、沙拉、烤菜、贝壳烤菜、清炸、嫩煎、鸡排、炖菜、派、焗菜；⑦鲜度下降的速度比其他兽肉更快，即便冷冻也只能储藏数日；⑧肉仔鸡（broiler）是在美国工业化饲养的品种，60日至90日出栏。“broiler”一词有“烤”的意思。

→鸡块→肉仔鸡

トリュフ

松露
法: truffe

西洋松露科的球形食用菌，生长在地下。又称“西洋松露”“黑松露”。拉丁语“tuber（块根）”演变为后期拉丁语“tufera”，最后变成法语“truffe”。人类因目击到野猪扎堆吃松露碰巧发现了这种菌类。古埃及人以鹅肝包裹松露，烤制后享用。因香味浓郁，罗马人视松露为珍馐。当时松露便以其催眠效果著称。在中世纪，人们对松露敬而远之，因为黑色会让人联想到恶魔。1533年，意大利梅第奇家族的凯瑟琳公主（1519—1589）与奥尔良公爵亨利（即后来的法王亨利二世）结婚，松露也从意大利传入法国。路易十四（1643—1715在位）时期，松露成为有口皆碑的高档食材，只有王公贵族等特权阶级才能享用。1651年，尤克塞尔侯爵的厨师长拉瓦瑞发明了“炖松露”（松露洗净后以葡萄酒慢炖）。1711年，植物学家若弗鲁瓦（Geoffroy）将松露归入菌类。路易十五（1715—1774在位）的情人蓬皮杜侯爵夫人为国王发明了各种用松露烹制的菜肴。由于松露无法人工种植，价格高昂，产量也低，布里亚-萨瓦兰（1755—1826）在其著作《味觉生理学（美味礼赞）》（1825）中将松露誉为“厨房中的钻石”。松露有黑白两种，①白松露（Tartufo）是意大利皮尔蒙特（Piemonte）大区的阿尔巴（Alba）地区的特产，②黑松露的知名产地是法国西部佩里戈尔（Périgord）地区。黑松露素有“黑钻石”之称。多菲内（Dauphiné）、勃艮第、诺曼底地区也产松露，但佩里戈尔的松露品质最佳，被誉为“松露女王”。据说90种松露有32种产自欧洲。每逢秋冬两季的收获期，人们便借助接受过特殊训练的狗与母猪上山寻找松露。这项工作对熟练度有相当高的要求。由于松露的气味神似公猪分泌的类固醇物质信息素，母猪会被其吸引。17世纪之前主要用猪，进入18世纪后改用狗。独特的香味和风味使松露备受青睐，常用于高档法餐，如肉冻、肉派（pâté）、奶油炖菜、煎蛋卷，亦可用作烤鸡的馅料。加有松露的鹅肝肉派能让全天下的美食家大呼过瘾。顺便一提，法餐三大珍馐是鹅肝、鱼子酱和松露。

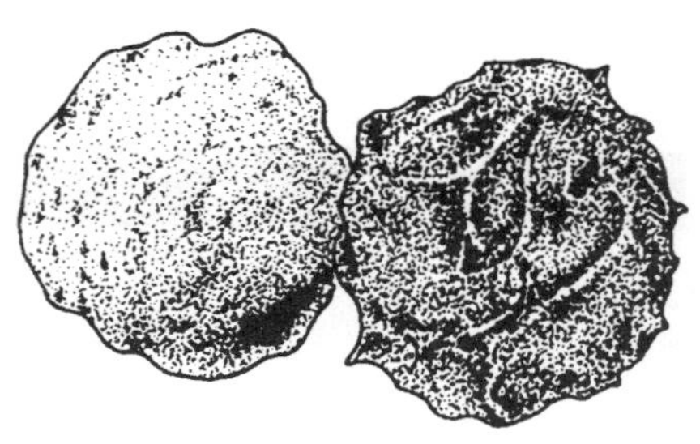

松露
资料:《糕点辞典》东京堂出版 [275]

トルコ料理（りょうり）

土耳其菜系

英: Turkish cuisine

土耳其97%的国土位于亚洲，3%位于欧洲。土耳其人的长相虽然偏欧洲，但也有几分东方韵味，教人颇感亲切。作为东西文化的交汇之地，土耳其历经拜占庭、奥斯曼帝国等多次变迁，以伊斯兰教的传统为基础，形成了独特的饮食文化。土耳其菜系存在较大的地域差距。阿拉伯菜系、罗马菜系混合而成的土耳其菜系和法国菜系、中国菜系并称为世界三大菜系。从“与其饿着肚子游山玩水，不如吃到撑死”这句当地谚语便能看出土耳其人是何等钟爱美食。土耳其气候干燥，因此当地人频繁饮用水与红茶。苏丹娜（Sultana）葡萄曾是贡品，由皇帝赐名。土耳其菜系有下列特征：①兽肉以羊肉为主；②频繁使用橄榄油；③通过烹饪、调味技巧激发出食材原有的美味；④是酸奶、奶酪的发祥地，大量使用奶制品；⑤口味比中国菜重；⑥不像法餐那样使用酱汁；⑦有加小豆蔻煮成的土耳其咖啡。在咖啡加糖的喝法普及之前，16世纪至17世纪的欧洲各国也主要饮用土耳其咖啡；⑧拉克酒（raki）是加有药草的传统白兰地。它是以土豆、李子、糖蜜发酵而成的餐前酒，有浓郁的茴芹香味。最具代表性的土耳其美食有炭烤羊肉串（shish kebab）、发祥于土耳其的杂烩饭（pilaf）、炖菜豆（kurufasulye）、形似甜甜圈的面包圈（simit）。

→羊肉串→土耳其咖啡→杂烩饭

トルタ

墨西哥三明治

西: torta

墨西哥三明治的历史不如玉米卷悠久。由西班牙人发明，后在墨西哥广泛普及。椭圆形面包“telera”对半切开，将其中一侧掏空填入馅料。常用馅料有鸡肉、猪肉、火腿、香肠、鸡蛋、奶酪、洋葱、西红柿和生菜，但最具特征的配料是醋腌辣椒。不使用辣味番茄酱。分量足，一吃就饱，是受欢迎的平民小食。

→三明治

トルテ

德国大蛋糕

德: Torte

德国大型圆形糕点。词源和“tarte（挞）”相同，但是这两个词在现代指代不同的糕点。“tarte”以饼干面团制作容器，填入馅料。而“Torte”则是海绵蛋糕配果酱、奶油夹心。将烤成圆形的蛋糕横向切成若干片，涂抹夹心后重叠，与“tarts”类似。据说“Torte”在15世纪至16世纪从“tarte”中分化而出。我们尚能通过林茨名点“林茨蛋糕（Tarte Linsel/Linzer Torte）”的名称看出“tarte”和“Torte”的共通性。进入19世纪后，“Torte”发展出萨赫蛋糕（Sacher Torte）等世界级名点。

→萨赫蛋糕→黑森林蛋糕→挞→派

トルティージャ

玉米薄饼

西: tortilla

墨西哥菜系中的扁面包。日语中也写作“トルティーヤ”“トルティーリャ”。玉米薄饼发祥于墨西哥原住民，是用玉米制成的主食类扁面包。可夹入、卷起、托起、包裹馅料，亦可切成丝、煎烤、浸泡、炖煮、油炸，可谓万能食材。西班牙式煎蛋卷（加有土豆的圆盘状厚蛋卷）也称“tortilla”。玉米薄饼原本用玉米制作，但是在墨西哥北部的小麦产地，也有用小麦制作的小麦薄饼（tortilla de harina）。玉米薄饼的具体做法是以石灰水浸泡玉米颗粒，使表皮更易剥落，然后用石臼碾碎，加工成淀粉面团“masa”，用手做成薄薄的圆盘状，放在陶板上煎即可。更简单的做法是玉米粉加盐后用铁板煎。墨西哥菜系离不开玉米薄饼。最具代表性的玉米薄饼美食有搭配各种馅料享用的玉米卷（tacos）、托斯它达（tostada 将馅料放在用猪油炸过的玉米薄饼上）、煮豆玉米饼（enfrijoladas 将玉米薄饼浸入炖菜豆）、辣酱玉米饼（enchiladas 在玉米薄饼上浇辣椒味汤汁）、玉米饼汤（sopa de tortilla 用汤炖煮玉米薄饼）。常用配料有牛肉、猪肉、内脏、香肠（口利左香肠）、奶酪、金枪鱼、沙丁鱼、虾、芦笋、红甜椒、豆、仙人掌。

→西班牙式煎蛋卷→玉米卷→玉米→扁面包→墨西哥菜系

ドレッシング

调味汁

英: dressing

用于沙拉的冷酱汁，英语“salad dressing”的简称。在酱汁的大本营法国并没有“dressing”一词，各种酱汁有个性十足的称法。调味汁的历史能追溯到古罗马时期，当时人们在沙拉里加盐。美国人爱上沙拉是最近的事情。1825年，纽约高级餐厅“Delmonico's”发明了沙拉调味汁。1900年，法式调味汁登场。后来，人们又发明了无数种调味汁。调味汁可大致分为两类：①用醋和油调制的油醋汁（vinaigrette sauce），又称“oil and vinegar”，由橄榄油和葡萄酒粗组合而成。最具代表性的油醋汁是法式调味汁；②蛋黄酱、三明治面包酱等偏厚重的调味汁。调味汁在二战后于日本普及。昭和三十年至四十年（1955—1965）前后，爱吃沙拉的美国饮食习惯传入日本，加调味汁的沙拉新吃法在日本扎下根来。最近市面上出现了种类繁多的调味汁，有西式、中式、日式等各类调味汁供消费者选择。在美国，烤鸡、烤火鸡的馅料也称“dressing”。

→沙拉→酱汁→蛋黄酱

トレトゥール

餐食外送店

法: traiteur

兼做餐食外送、上门服务的法国糕点店。充分利用糕点店的优势，不仅提供菜品，还提供甜点、水果、奶酪和果汁，服务细致周到。“traiteur”的词源是法语“traiter（款待）”，相当于英语“caterer（提供饭菜的人）”。热衷于派对的法国人会请餐食外送店负责从菜品到甜点的所有食品。18世纪之前，人们常在此类餐饮店举办宴会。因此“traiteur”也是现代餐厅的前身。1789年，法国大革命爆发，王公贵族与富豪的厨师分散到各地，使餐厅遍地开花。外出就餐的形式有所改变，“traiteur”的作用也随之出现了变化。直到今天，餐食外送店依然在婚礼、派对、圣诞节等场合发挥着重要的作用。

→西餐→餐厅

ドロップ

糖豆

英: drop

砂糖和糖稀熬煮而成的一种硬糖。又称“drops”。拉丁语“pastillum（小面包）”演变为西班牙语“pastilla”，最后变成法语“pastille”。制作糖豆时需让糖水一点点滴落，所以英语称“drop（滴落）”。也有说法称，糖豆的形状与玻璃般的透明感神似水滴，所以才叫“drop”。进入18世纪后，糖果糕点的种类增加，糖豆也出现于这一时期，但发明经过不详。糖豆的功效在于其清爽的酸味。古罗马人钟爱有酸味的榅桲（*Cydonia oblonga*）。在北欧，酸橙汁是维生素C的重要来源。正是对这些水果酸味的强烈欲求催生出了硬糖。公元前4000年，人们在美索不达米亚的巴比伦尼亚南部用数字和象形文字在石板上留下了宝贵的记录。有说法称压片糖就继承了石板的形状。糖豆有形状、颜色与香味各异的款式。加入糖稀能防止糖二次结晶，使成品更具透明感。据说糖豆在江户中期的宝历年间（1751—1764）通过荷兰人传入日本，当时被称为“ズボートゥ”。1893年（明治二十六年），日本人在芝加哥世博会上购买了生产糖豆的设备，开始机械化生产。

→糖果

トロワ・フレール

三兄弟

法: trois-fréres

用漩涡形三兄弟模具烤制的王冠状蛋糕。“trois”即“3”,“fréres”即“兄弟”,合起来就是“三兄弟”。发明者为19世纪巴黎糕点师朱利安三兄弟。鸡蛋加糖打发,加入米粉和黄油,混合后倒入模具烤制,最后用欧白芷装点。表面装饰着3颗榛子的软心巧克力也叫“三兄弟”。

→蛋糕

トンポーロウ

东坡肉

中国江南名菜,红烧肉。11世纪(北宋)政治家、诗人、文学家、画家苏轼(1036—1101)也是远近闻名的美食家。相传他在杭州当官时,有一日在炖猪肉时忘了关火,用文火炖了许久。回过神来才发现汤汁已渗入猪肉,使肉质柔软鲜美,入口即化。长时间焖煮较油的猪肉正是做好东坡肉的诀窍。直到今天,人们还能在杭州的西湖见到他主持修建的苏堤。东坡肉的具体做法是五花肉连皮用文火煮一遍,再加葱、生姜、大蒜、砂糖、酱油和酒调味,长时间焖煮。亦可先炸再炖。如此一来,汤汁也会渗入猪肉的油脂部分,打造出浓厚香醇的口感,丝毫感觉不到油腻。从烹饪的角度看,东坡肉有下列特征:①先煮或炸一遍,去除多余的油脂;②煮到肉质软而不烂;③油脂和红肉比例完美;④搭配竹笋更美味。深受中国菜系影响的长崎以卓袱料理(译注:中式日本菜)见长,其中有一道菜叫“东坡煮”,也是红烧肉。加入泡盛炖煮的冲绳风卤猪肉(Rafute)也与东坡肉相似。

→苏东坡→中国菜系

ナイフ

餐刀

英: knife

西餐中用于进餐的刀具。英语“knife”的词源是古英语“cnif(餐刀)”。法语“couteau”的词源是拉丁语“cultellus(餐刀、菜刀)”。餐刀的历史可以追溯到古代的石菜刀。在漫长的历史进程中,刀的材质从石(黑曜石、打火石)变为青铜,再到铁,最后演变成不锈钢。在古希腊、古罗马时代,餐刀被视为奢侈品。波旁王朝的王公贵族府邸使用镀金、镀银或银质刀具。长久以来,手食文化在欧洲占统治地位。直到17世纪，刀叉文化才走进上流社会。在那之前，宾客需带自己的餐刀赴宴。用餐刀把肉块切成容易入口的小块之后，再用手拿起来吃。1880年（明治十三年），日本以德国产的袖珍小刀（pocket knife）为原型，首次在国内生产西式餐刀。现代餐刀可根据用途分为面包刀、肉餐刀、鱼餐刀、水果刀等等。

→分菜→桌布→餐桌礼仪→刀叉文化

ナイフ食（しょく）

刀叉文化

用刀、叉、勺进餐的文化。长久以来，手食文化在欧洲占统治地位。直到17世纪，刀叉文化才走进上流社会。也有说法称，用刀叉进餐的习惯始于18世纪中期的英国。据说刀叉文化在18世纪末才真正普及，在此之前，习惯了餐前洗手、用手进餐的人对刀叉抱有相当大的抵触。从古代到中世纪，切面包、切肉一直是主人的特权。路易十四（1643—1715在位）曾颁发敕令禁止制造、携带锐利的餐刀，这是因为他惧怕有人用餐刀行凶。他本人更喜欢用手进餐。木质餐桌容易留下餐刀的划痕，有碍观瞻，于是人们便用桌布掩盖划痕。谁知宾客纷纷使用桌布擦手，于是裁成小块的餐巾应运而生。早期的勺子顶端一分为二，最早出现在11世纪的意大利。中世纪的欧洲是一日两餐，一日三餐的形式出现在15世纪至16世纪，在18世纪广泛普及。1533年，意大利梅第奇家族的凯瑟琳公主（1519—1589）与奥尔良公爵亨利（即后来的法王亨利二世）结婚时，这种习惯也传入了法国。1608年，英国人托马斯·科里阿尔（Thomas Coryate）前往意大利旅行，将叉子带回英国。据说“形状奇特”的叉子惹得众人哈哈大笑。据说在1630年，马萨诸塞州的州长约翰·温思罗普（John Winthrop）将叉子带到美国。到了17世纪，路易十四（1643—1715在位）的宫廷引进了叉子。在17至18世纪法餐作为宫廷美食大致成型时，叉子也开始走进寻常百姓家。法国大革命（1789—1799）之后，原本服务于宫廷的厨师在各地开设餐馆，推动了刀叉文化的普及。在18世纪，餐叉终于演变成了三股叉。用贝壳制成的勺子自古以来就用于烹饪。英语“spoon”

15世纪宫廷用餐图（没有刀、叉、勺）
资料：春山行夫《餐桌上的民俗》柴田书店[155]

な

有“碎木片、掰开的木条”的意思。在中世纪，木勺成为主流。享用料多汤勺的汤时，人们一般直接用嘴喝汤，用手拿汤里的菜吃。中世纪的汤品会配一把勺子，供所有宾客共享。16 世纪后期，勺子逐渐普及。到了 17 世纪，出现了个人专用的汤碟，共享的汤碟则会配上专用的汤勺。日本人喝汤时习惯发出声响，但汤宜“吃”不宜“喝”。在没有勺子的时代，人们会在面包上弄出凹槽，再把汤倒入凹槽，用手拿着面包喝汤。古罗马达官贵人参加奢华的宴会时睡躺椅，用手进餐，有美女服侍左右，还可观赏剑士的决斗。这种风俗一直持续到 4 至 5 世纪罗马帝国灭亡。人们在宴会上吃的东西非常多，一旦吃饱，就算宴会还没结束也要去吐掉，然后回来接着吃。13 世纪的上流社会形成了一系列餐桌礼仪，如：①用勺喝汤时不发出声响、②不直接拿起汤碟喝汤、③用餐时不随意起身，不用鼻子发出怪声、④吃进嘴里的东西不吐出来等等。直到 15 世纪，欧洲宫廷还是站着用手进餐的，不用刀叉。“主人享有切肉特权”的习俗也在 17 世纪逐渐消失，切肉演变成了佣人在后厨完成的工作。在 19 世纪之前，餐桌上不讲文明的现象比比皆是，直到 19 世纪才形成现代用餐礼仪。布里亚-萨瓦兰（1755—1826）在其著作《味觉生理学》（日本译名《美味礼赞》）提到，“禽兽狼吞虎咽，人要吃得文雅，有教养的人才知道该怎么用餐”，强调了餐桌礼仪的重要性。从 19 世纪中期开始，法式服务（一次性端出数种菜品）演变为俄式服务（按次序逐盘上菜）。

15 世纪法国用餐图（11 人用餐，只有 3 把刀）
资料：春山行夫《餐桌上的民俗》柴田书店 [155]

→餐盘→餐勺→西餐→桌布→餐刀→餐巾→餐叉

使用刀叉

资料：山内昶《"食"的历史人类学》人文书院[209]

なし梨

梨

英：pear

蔷薇科落叶乔木。中国梨原产于中国，洋梨的原产地可能是小亚细亚、里海周边。可食用的部分是膨大的花托。拉丁语"pirum"演变为通俗拉丁语"pira"，最后变为法语"poire"和英语"pear"。日语"梨（なし）"的词源众说纷纭，包括中心部分呈白色→"中白（なかしろ）"、梨树怕风→"風なし（无风）"、中心有酸味→"中酸"、味甜→"甘がなし"等等。早在古罗马时代，人们就开始种植多个品种的梨了。约11世纪，欧洲各地开始种梨。1770年，英国人威廉姆斯（Williams）培育出威廉姆斯梨（bartlett pear 巴特莱特梨）。洋梨在明治时期传入日本，在山形县开展试点种植。世界各地种植的梨有近3000种，可大致分为日本梨、中国梨和洋梨。①日本梨在英语中称"sand pear（沙梨）"，果肉中含石细胞（译注：具有支持作用的厚壁细胞）。②洋梨是人类从史前时代开始种植的果树，因其特有的芳香、黏稠的口感被称为"butter fruit（黄油果）"。有威廉姆斯梨等品种。③中国梨柔软多汁，香味浓郁。梨的甜味来自蔗糖、果糖和葡萄糖。维生素、矿物质含量较少。除了生吃，还可糖渍、用糖水煮，或加工成果酱、果汁、酒与罐头。

ナシゴレン

印尼炒饭

英：nasi goreng

发祥于印度尼西亚、马来西亚一带的炒饭。在马来语中，"nasi"即"饭"，"goreng"即"炒"，合起来就是"炒饭"。洋葱、甜椒、豌豆、大蒜、辣椒、肉和冷饭一起炒，以印度尼西亚甜酱油（kecap manis）、虾酱（terasi）、盐、胡椒调味。印度尼西亚炒饭有下列特征：①印度尼西亚炒饭使用鸡肉、虾肉和蟹肉；②大蒜、洋葱、辣椒捣碎后使用；③洋葱一分为二，一半切片，油炸成脆片，出锅前加入炒饭；④搭配虾片（krupuk udang）享用。

→印度尼西亚菜系→马来菜系

茄子

茄子

英: eggplant

茄科一年生草本植物，原产地可能是印度南方。在中国、日本、印度、伊朗、土耳其、地中海沿岸均有种植。阿拉伯语“al-badindjan”演变成加泰罗尼亚语“albarginia”，最后变成英语“aubergine”和法语“aubergine”。英语“eggplant”意为“会结出蛋的树”。日语中也称“ナスビ”，词源有多种说法，包括“中渋味”“生実”“中酸味”“夏実”等等。在古代从印度传入波斯。公元前4世纪，中国开始种植茄子。北魏农学巨著《齐民要术》中也有“茄子”二字。约5世纪，茄子从阿拉伯传入中近东和北非。在中世纪，西班牙开始种植茄子。15世纪，茄子传入法国，据说路易十四（1643—1715在位）非常喜欢茄子。16世纪传入英国，开始普及至欧洲各地。8世纪，茄子从中国传入日本，正仓院文书也提到了茄子。通过长年累月的品种改良，世界各地出现了大小（大、中、小）、形状（椭圆、长、圆）、颜色（白、黄、紫、蓝紫、绿、条纹）各异的茄子，足有1500余种。茄子皮的蓝紫色来自花青素类色素茄甙（nasunin），遇酸变红，遇铝、铁离子变青紫色。在腌茄子时放入钉子，成品会有更鲜艳的色泽。茄子常用于炒菜、炖菜、意面酱、焗菜、油炸食品和腌菜。虾仁蒸茄子、清炸茄子是中国名菜。在西餐中，茄子常用作馅料。

→希腊茄盒（Mousaka）

茄子
资料:《植物事典》东京堂出版[251]

菜種

油菜籽

英: colza、rape

十字花科植物油菜的种子。油菜原产于中国，在中国、印度、加拿大均有种植。法语和英语“colza”的词源是荷兰语“kool（卷心菜）”和“zaad（种子）”的合成词。东欧人自古以来种植油菜。但欧美人不喜欢菜籽油的香味，极少使用。日本从17世纪开始用油菜籽生产灯油、色拉油和天妇罗油。油菜籽的含油量高达40%。用压榨法生产的菜籽油呈黄褐色，有芥子的气味，以酸性白土精制即为白菜籽油。菜籽油含有亚油酸、油酸、芥酸，是一种半干性油。摄入大量芥酸对人体有害，因此在油菜的主要产地加拿大，人们致力于品种改良。20世纪60年代成功培育出不含芥酸的品种。

ナツメグ

肉豆蔻

英: nutmeg

肉豆蔻树是肉豆蔻科常绿乔木，雌雄异株。原产于印度尼西亚摩鹿加群岛。日语中也称“ニクズク”“シシズク”(均写作“肉豆蔻”)。在摩鹿加群岛、西印度群岛、斯里兰卡均有种植。阿拉伯语“misk”演变为后期拉丁语“muscus”，最后变成法语“muscade”。英语“nutmeg”是“香味好似麝香(meg)的豆子(nut)”。约6世纪，肉豆蔻通过阿拉伯商人从东印度群岛传入土耳其的君士坦丁堡。约12世纪，阿拉伯商人又将肉豆蔻带到了欧洲，普及到意大利至丹麦之间的区域。相传亨利四世(1399—1413在位)举办登基大典时曾用肉豆蔻等香料熏香街道。15世纪，荷兰人企图垄断肉豆蔻产业，便将种植范围限定在班达群岛(Banda)，谁知鸟类将种子传播到其他地区，使计划流产。日本江户中期的《和汉三才图会》(1715/正德五年)称，肉豆蔻是来自荷兰的舶来品。1848年(嘉永元年幕末)，肉豆蔻树苗被移植到长崎。肉豆蔻树的果实呈球形，形似洋梨。取出种子中的仁，经干燥处理，即为香料肉豆蔻。有甘甜的刺激性香味和淡淡的苦味。香味来源于易挥发的蒎烯、莰烯(camphene)，所以必须在使用前磨粉。肉豆蔻可有效去除令人不快的臭味，揉入肉中可迅速去除肉腥味。加热后甜味变强，常用于面包、曲奇、蛋糕、甜甜圈、派和布丁，是一种用途广泛的神奇香料。也可用于汤、酱汁、调味汁、咖喱、肉派、肉冻、火腿、香肠、肉扒、肉酱。肉豆蔻也可入药，有缓解腹痛、消化不良、健胃的功效。果核外层的橙红色网状组织(假种皮)是肉豆蔻衣(mace)。相较于肉豆蔻，肉豆蔻衣的刺激性气味更少，更易用。常用于汤、酱汁、肉派、鱼菜、西式腌菜、番茄酱和蛋糕。

→香料→肉豆蔻衣

棗椰子(なつめやし)

椰枣

英: date

■ 译注：date palm 是椰枣树

棕榈科枣椰树(*Phoenix dactylifera*)

的果实，原产于伊朗南部。日语中也写作“デーツ”。椰枣怕雨，所以广泛种植在临近沙漠、气候干燥的热带、亚热带地区，如伊朗、伊拉克、埃及。希腊语“dáktylos（椰枣）”演变为拉丁语“dactylus”，最后变成法语“datte”和英语“date”。人类种植椰枣的历史可追溯到公元前3000年。在古巴比伦，椰枣树被视为“生命之树”。椰枣更是当地人的主食。树液也可饮用。木材用于制作箱子与家具。叶片用来编篮子、编网袋。犹太人将椰枣视为胜利的象征，住棚节（The Feast of Tabernacles or Sukkot）的仪式中也会用到椰枣。椰枣可大致分为三类，分别是：①富含食用淀粉的品种；②当水果吃的品种；③经干燥处理后储藏，甜味明显的品种。椰枣营养丰富，含有大量烟酸、钙、磷、铁，可做成枣干、蜜饯。椰枣和枣（*Ziziphus jujuba*）是两种植物。在中国，人们在制作糕点时常用椰枣代替枣。

ナバラン

法式炖羊肉

法: navarin

用羊肉和蔬菜做的炖菜。有说法称“navarin”这一名称来源于炖菜中使用的芜菁（navet）。相传1827年，英法俄联合舰队在伯罗奔尼撒半岛（Peloponnesian）的纳瓦林（Navarin）海湾击败了土耳其埃及舰队，据说“navarin”就是为纪念这场胜利发明的菜肴。也有人说早在战役之前，这种羊肉的炖法就已经存在了。具体做法是羊肉上撒些许小麦面粉，用大火炒到变色，加入洋葱、大蒜，用西红柿和多明格拉斯酱汁炖煮。然后把肉捞出来，用肉汁调整酱汁的味道，捞去表面的油脂，再把肉放回来，以文火慢炖。

→西餐

ナプキン

餐巾

英: napkin

用餐时放在膝头的布，用来擦嘴，防止衣服被弄脏。古罗马时代的“mappa”演变为古法语“nappe”，最后变成英语“napkin”。“nap”即“桌布”，“kin”是表示“小”的后缀。古希腊人用面包的边角擦拭手上的油污，用过的面包扔到桌子下面喂狗。当时的宾客带着布赴宴，用于包裹剩菜带回家。后来，布的材质从棉变为麻。罗马人将吸有香料的海绵放在桌上。在中世纪，人们基本没有用餐巾的习惯。12世纪出现了挂在墙上的毛巾。伊拉斯谟在《礼貌》（1530）中写道：“手上沾染油污时，用嘴舔、用上衣擦是粗鄙的行为。用桌布擦才文雅。"1533年，意大利梅第奇家族的凯瑟琳公主（1519—1589）与奥尔良公爵亨利（即后来的法王亨利二世）结婚，推动宫廷的服饰、餐食和用餐方式朝奢侈的方向发展。从那时起，餐巾逐渐普及。在16世纪的法国宫廷，在用餐时给王公贵族递餐巾是一项光荣的职责。亨利三世（1574—1589在位）统治时期，圆盘状的大衣领风靡一时。于是人们把餐巾缠在脖子上，以防弄脏衣领。相传路易十四（1643—1715在位）命人用黄金盘子夹住两条餐巾递给他。他还颁发敕令禁止制造、携带锐利的餐刀，这是因为他惧怕有人用餐刀行凶。木质餐桌容易留下餐刀的划痕，有碍观瞻，于是人们便用桌布掩盖划痕。谁知宾客纷纷使用桌布擦手，于是裁成小块的个人专用餐巾应运而生。17世纪，餐巾沦为形式，将餐巾放在膝头的习惯逐渐形成。18世纪，人们发明了各种折叠餐巾的花样。一折四，或折成王冠形、花形的餐巾被放置在席位盘（place plate）上，只要轻轻提起一角就能散开。直到18世纪中期，将餐巾搭在肩上一直是厨师长地位的象征。19世纪初，餐巾成为西方寻常家庭的必需品。正式场合的餐巾使用纯白的麻布，其他场合可以使用带颜色、图案的布料。1903年（明治三十六年），日本明治屋的季刊杂志上出现了"食卓前掛（餐桌围兜）"一词。纸质餐巾诞生于一战期间的日本，发明这种餐巾的初衷是削减成本。

→西餐→桌布→刀叉文化

ナポレオン

拿破仑

法: Napoléon

①代表法国白兰地成熟程度（compte）的记号。法国白兰地的等级有三星、VSOP、XO等。陈酿20年以上的白兰地称拿破仑，但各大酒厂并没有统一的规定。相传1811年，法皇拿破仑·波拿巴（拿破仑一世，1804—1814在位）之子在万千期盼中诞生。当时刚好有彗星（Comète）出现，人们担心彗星会带来战争与饥荒，谁知那年却成了葡萄的好年份。于是人们将高品质的葡萄酒称为"彗星葡萄酒"，用这种酒蒸馏而成的白兰地则称"拿破仑"。还有一种说法称，1835年创立的Courvoisier公司向拿破仑家族进贡了干邑，于是拿破仑就成了这种酒的名字。在干邑地区以外生产的白兰地不能用"干邑"冠名。"拿破仑"这一名称不仅限于干邑，雅马邑等地生产的法式白兰地也会被冠以"拿破仑"之名。②有一种晚生樱桃叫"拿破仑"，果实呈心形，颗粒较大。

→白兰地

海鼠（なまこ）

海参

英: sea cucumber

棘皮动物门海参纲生物的统称。海参有500余种，但人们常吃的是青刺参和红刺参（译注：两种的学名都是*Apostichopus japonicus*）。英语“sea cucumber”意为“海里的黄瓜”。顺便一提，海胆是“海里的栗子（sea chestnut）”。日本、中国、南太平洋群岛、西西里岛、部分马达加斯加原住民将海参视为高档食材。独特的口感来源于胶原蛋白和上皮中的石灰质骨片。在中国清代，日本向中国大量出口干海参、金海鼠（译注：海参的一种）。干海参是中国菜系不可或缺的食材。宴席的餐桌上若有海参，宾客倍感欢喜。海参又称“东海男子”。海参的软骨中含有硫酸软骨素，有预防动脉硬化、治疗百病的功效，堪称海里的人参，故称“海参”。最具代表性的海参美食有葱烧海参、抄手海参。

鯰（なまず）

鲶鱼

英: silurid、catfish

鲶科无鳞淡水鱼，分布于河川、湖沼中水流缓慢的泥沼地。希腊语“silouros”演变为拉丁语“silurus”，最后变为法语“silure”和英语“silurid”。英语“catfish”取自神似猫胡须的鲶鱼胡子。埃及有传说称鲶鱼会引发地震，也有说法称鲶鱼有预测地震的能力。鲶鱼有日本鲶鱼、美国鲶鱼、欧洲鲶鱼等品种。鲶鱼肉为白肉，脂肪含量少，风味清淡。中国有日本鲶鱼以及有6条胡须的欧洲鲶鱼。鲶鱼做的菜一定要趁热吃，否则会有腥味，这也是淡水鱼的共同点。

→中国菜系

生ハム（なま）

生火腿

意: prosciutto

在肉的表面擦盐，然后做干燥处理的非加热型火腿，历史长达200年。意大利的帕尔玛火腿（Prosciutto di Parma）和捷克的布拉格火腿最为知名。帕尔马地区因出产帕玛森奶酪和生火腿享誉海内外。意大利人发明的猪肉加工法着实耐人寻味。猪肩肉、里脊肉、大腿肉用盐腌制，但不用蒸煮等方式加热，而是以低温烟熏熟成。帕尔马生火腿需熟成1年，在此期间肉上会长出青霉，催生出特有的风味。成品质地柔软，味道清淡，百吃不腻。切成薄片，搭配甜瓜、木瓜、牛油果、芒果享用风味更佳。由于生火腿是非加热型肉制品，处理时需格外小心，否则容易引发食品安全问题。1982年(昭和五十七年),日本制定了生火腿的生产规格标准。

→德国猪脚→火腿→塞拉诺火腿(Jamón serrano)

ナン

馕

英: nan

以直火烤制发酵面团制成的扁面包。早在公元前4000年前后的美索不达米亚,未经发酵的格雷饼就已经出现了。后来,面包分化为无发酵和发酵两种。最早的面包就是面粉加水揉成面团,擀薄后贴在滚烫的石头上加热而成的扁面包。在这样的大背景下,馕诞生于16世纪。波斯语称"nān"。馕在以印度、伊拉克、伊朗、阿富汗、埃及、土耳其、巴基斯坦为中心的地区发展起来。在炎热潮湿的南亚,发酵难以控制,推动了无发酵面包的普及。因其外形,人们称其为"草鞋面包"。印度西北部的馕称坦都里恰帕提。馕可大致分为四种:石子馕(sangiak)、长条馕(barbari)、圆饼馕(taftoon)和薄饼馕(lavash)。原料、烤法、形状各有千秋。具体做法是小麦面粉加白脱牛奶、蛋、面包酵母、泡打粉和苏打,充分揉捏发酵,然后擀扁,贴在名为"坦都炉(tandoor)"的钟形烤炉烤制。夹羊肉、蔬菜、水果后对折一次或两次,用右手拿着吃。将馕做得像纸一样薄,就成了"tannour"。馕与恰帕提较为相似,但后者用的是未经发酵的面团,而且馕比恰帕提更大。

→伊朗面包→印度面包→印度菜系→格雷饼→石子馕→恰帕提→面包→扁面包→麦子美食

にがうり 苦瓜

苦瓜

英: bitter gourd

葫芦科一年生攀援状草本植物,原产于印度和亚洲热带地区。因外形与荔枝有相似之处,在日语中也称"蔓荔枝"。苦瓜可适应炎热干燥的气候,在东南亚、中国大陆与台湾省等热带地区颇受欢迎。果实表面有大量突起。人们常吃的是成熟前的绿色果实,有独特的香味和苦味。苦瓜富含维生素C,有助于减少体内的中性脂肪,是最适合防止苦夏的食材。中国人认为苦瓜能清热去火,苦瓜炒牛肉是一道名菜。17世纪作为盆栽观赏植物从中国传入日本,在九州岛南部和冲绳普及。冲绳称之为"ゴーヤ"。苦瓜与豆腐是绝配,冲绳名菜"ゴーヤチャンプル"就是苦瓜炒豆腐。

にじます 虹鱒

虹鳟
英: rainbow trout

鲑科淡水鱼，原产于北美。成年虹鳟体侧有漂亮的红色带，如同彩虹，因此得名“虹鳟”。在欧洲有各种用虹鳟烹制的菜肴。可用纸包着烤、用葡萄酒炖、做成奶油炖菜或油炸食品。日本从 1877 年（明治十年）前后开始从加利福尼亚进口虹鳟。后来滋贺县东洋一的醒井养鳟场成功实现了虹鳟的人工养殖，如今养殖规模已达 200 万条。虹鳟在日本料理中也有广泛的用途，可做成冷鲜鱼片、刺身、寿司、盐烤、南蛮烧、鱼田、甘露煮、干炸、鱼排等。

→鳟鱼

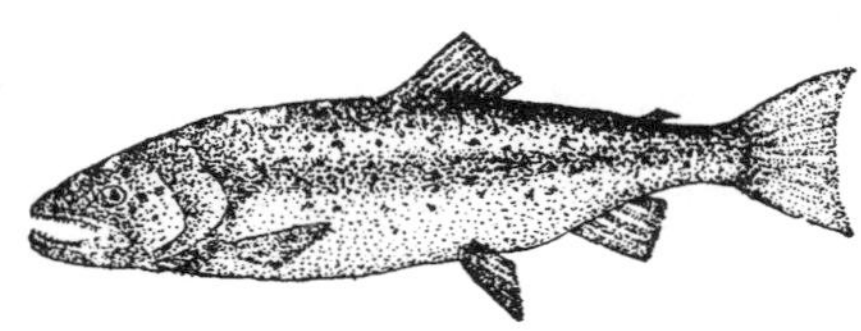

虹鳟
资料:《动物事典》东京堂出版[249]

にしん 鰊

鲱鱼
英: herring

鲱科鱼类，有洄游习性。日语中又称“春告鱼”“カド”“カドイワシ（イワシ即沙丁鱼）”“コウライイワシ（高丽沙丁鱼）”“セガイ”“バカイワシ”。“鰊”字有“东方的鱼”之意。“カド”源自阿依努语。鲱鱼包括太平洋鲱鱼（Pacific herring）、大西洋鲱鱼（Atlantic herring）等等，广泛分布于北半球水温低于 13℃的寒流区域。有说法称太平洋与大西洋的鲱鱼同属同种，也有人认为是不同的物种。法语“hareng”和英语“herring”的词源是日耳曼语“haring”。由于鲱鱼分布于气候寒冷的地带，不确定古希腊、古罗马时代有没有用鲱鱼制作的菜肴。从中世纪开始，鲱鱼成为北欧的重要水产资源。据说英国从 709 年开始捕捞鲱鱼，法国则从 1030 年开始。12 世纪至 18 世纪，荷兰垄断了鲱鱼市场，鲱鱼也成了推动汉莎同盟（译注：the Hanseatic League 北欧沿海各商业城市和同业公会为维持自身贸易垄断而结成的经济同盟）走向辉煌的重要资源。在英国，人们曾一度用鲱鱼纳税。亨利三世（1216—1272 在位）的女儿玛格丽特公主出嫁时，嫁妆里就有鲱鱼。进入 19 世纪之后，醋腌鲱鱼在法国成为穷人的吃食，宫廷对鲱鱼不屑一顾，但在欧洲爱吃鲱鱼的大有人在。鲱鱼营养价值高，且价格低廉，作为“老百姓吃的鱼”广泛普及，可盐腌、醋腌，或做成黄油煎鱼、鱼排或烟熏鲱鱼。在北欧、英国和加拿大备受欢迎的烟熏鲱鱼称

"kippered herring"。"kipper" 指繁殖期的雄鲑鱼和鲱鱼。荷兰人喜欢将鲱鱼整晚浸泡在冰水中，然后搭配佐料享用，搭配葡萄酒和啤酒都很美味。斯堪的纳维亚式自助餐更是少不了醋腌鲱鱼。春夏两季，街边会出现售卖鲱鱼的小吃摊。鲱鱼富含蛋白质、脂类和维生素B_2。

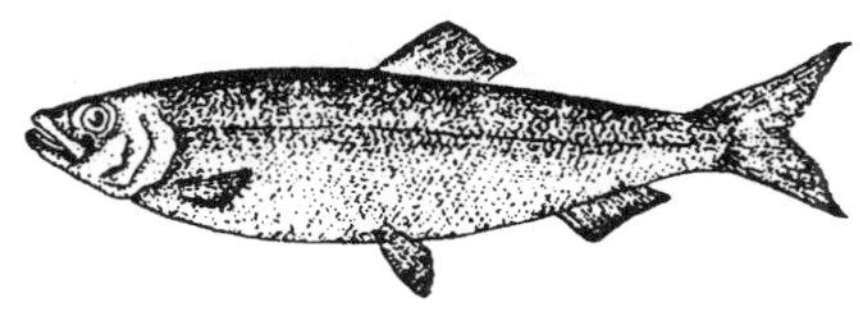

鲱鱼
资料:《鱼事典》东京堂出版[267]

肉桂（にっけい）

肉桂

英: cinnamon

→锡兰肉桂

日本の食の思想（にほん しょく しそう）

日本饮食思想

稻作农耕文化深入日本的土壤，人们深信这片土地有八百万神灵镇守，自古以来供奉各路神灵，祈求丰收。日本特有的"直会（译注：在祭祀仪式后举办的宴会，所有参与者分享仪式中使用的供品与酒）"就是与众神分享食物的仪式之一。节庆场合的美食就此诞生。"杀生禁断令"堪称日本饮食文化史上的大事件。538 年（钦明天皇在位时），佛教传入日本。统治者巧妙利用佛教的戒律与日本人特有的污秽观，使避讳兽肉的饮食习惯统治日本长达 1200 年之久。这样的历史背景让日本人变成了对饮食缺乏主体性的杂食民族。不过与此同时，日本人接纳、同化了来自世界各地的饮食文化，构筑起了日本型饮食生活的基础。另外日本人羞于当众探讨饮食，有着"武士は食わねど高楊枝（武士没饭吃也用牙签剔牙，即打肿脸充胖子）"的传统，且没有像中国那样形成药食同源的思想。但日本的确受到了《本草纲目》的影响，贝原益轩写下了《大和本草》(1709/ 宝永六年)，分析了 1362 种动植物的药效，并出版了引用中日两国事迹的《养生训》(1713/ 正德三年)。但书中的论述停留在"强调节制食欲、睡眠、性欲等欲望"的阶段，并未提及药食同源思想。追求长生不老的道教并未在日本深度普及也是造成这一现象的背景原因。节制与滋养是日本传统饮食观念的关键词。食物和药物是两回事，杀生禁断令颁布后，还有一部分人暗中吃兽肉，将吃四脚兽的肉称为"吃药（薬食い）"。后来，"滋养"一词被"营养"取代。军医总监森林太郎（森鸥外）认为"滋养"不够科学，提倡改用专业术语"营养"。之后日本进入明治维新时期，结束了漫长的闭关锁国政策，通过富国强兵跻身现代国家的阵营。当时的日本陆、海军正面临着史上最严峻的营养学难题，那就是克服原因不明的脚气病。抵触共享筷子、餐具、餐盘等物品的污秽观也一直统治着日本人的饮食习惯，并让日本人避免与他人接触，不握手，不拥抱，而用鞠躬打招呼。不过随着国际化时代的到来，日本人的污秽观正在飞速变化。在悠久的历史长河中，日本形成了独特的日本料理体系，并接纳了来自中国和欧美国家的外来饮食文化，形成了在全球极为罕见的日本型饮食生活。

乳酒（にゅうしゅ）

奶酒

游牧民族钟爱的奶酒，由牛、羊、马等家畜的奶发酵而成。从非洲、中近东、巴尔干、伊拉克、伊朗到蒙古和中国北部都有这种酒精饮品。乳糖含量高，酒精度数也高。

→马奶酒

ニョクマム

越南鱼酱

越: nuóc mãm

→越南鱼酱（ヌクマム）

ニョッキ

意大利面疙瘩

意: gnocchi

发祥于意大利的面食。“gnocchi”即“丸子”。意大利面疙瘩历史悠久，据说早在古罗马时代就已经存在了。在德国、奥地利也颇受欢迎。小麦面粉加蛋、黄油、牛奶、奶酪，充分搅拌，搓成小球，下水烹煮。可用黄油炒、用帕玛森奶酪拌或淋意面酱享用。也有棒状的面疙瘩。从18世纪下半叶开始，过筛的土豆泥也成了面疙瘩的原材料。也有加小麦面粉或鸡蛋的土豆面疙瘩。中欧的丸子类食品统称“Knödel”。阿尔萨斯地区的丸子称“Pflütt”。最具代表性的面疙瘩包括用碎麦粉制作的罗马式面疙瘩（gnocchi alla romana）、用帕玛森奶酪拌成的帕玛森奶酪面疙瘩（gnocchi al parmigiano）。小型面疙瘩称“gnocchetti”。

→意大利菜系→丸子→意面→阿尔萨斯丸子（Pflütt）

ニョニャ料理（りょうり）

娘惹菜系

英: nonya cuisine

代表新加坡传统风味的菜系。“nonya”在马来语中有“夫人、太太”

的意思，所以“nonya cuisine”直译就是“马来太太的家常菜”。新加坡能吃到中国菜、马来菜、印度尼西亚菜等世界各地的美食以及传统的娘惹菜。17 世纪，东印度公司在马来半岛的马六甲成立。马六甲就此成为香料、中国茶东西贸易的基地，迎来了繁荣的巅峰，吸引了众多中国移民。中国人和马来女性生育的海峡土生华人（Straits-born Chinese）不断增加，中国菜和马来菜融合而成的新式家常菜“娘惹菜系”就此诞生。娘惹菜系有下列特征：①中国菜和马来、印度尼西亚、泰国菜混搭；②使用猪肉；③与马来菜系一样使用椰奶、椰子油；④经常使用东南亚的鱼酱与香料。享用东南亚的泰国菜、印度尼西亚菜和马来菜时，偶尔能品出几分中国菜的韵味。

→马来菜系

韮（にら）

韭菜

英: leek

百合科多年生草本植物，原产于东亚。在日本古称“ミラ”“コミラ”。“コ”即“胡”，指胡国（西域）。据说韭菜传入中国的时间比佛教更早。佛家人忌讳的“五辛”指蒜、韭、葱、薤、兴渠（译注：存在多种说法）。上述蔬菜都非常符合中国人的口味。中国人将韭、薤、葱、蒜、姜并称为“五熏”。日本《古事记》中提到了“からみ（辛味）”，《万叶集》中则有“くくらみ（茎韮）”，可见日本自古以来就有韭菜。“薑（ハジカミ）”指生姜、花椒类植物。韭菜的刺激性气味源自烯丙基硫醚，一如洋葱，能消除肉腥味，常用于饺子。韭菜也是黄绿色蔬菜，富含维生素 A、B_1、C 和矿物质。韭菜是中国菜不可或缺的食材。韭黄是韭菜齐根切断，遮光栽培而成的黄化韭菜，有着特殊的温润香味和甜味。作为药材，韭菜被认为有增进食欲、防止消化不良、调理肠胃、补充元气的功效。最具代表性的韭菜美食有炒韭黄、韭黄虾饺。韭菜苔是韭菜秋天开花的嫩茎。

→中国菜系

人参（にんじん）

胡萝卜

英: carrot

伞形科一至二年生草本植物，原产于阿富汗。日语中又称“芹人参”、“菜人参”、“畑人参”、“八百屋人参”（译注：八百屋＝蔬果店）。希腊语“karōtón（胡萝卜）”演变为拉丁语“carota”，最后变为英语“carrot”和法语“carotte”。人类种植胡萝卜的历史可追溯到 2000 年前。公元前 5 世纪，希波克拉底在著作中提到了胡萝

卜。约10世纪，胡萝卜分别朝东西两个方向传播。西线在14世纪抵达荷兰，16世纪抵达英国，当时英国由伊丽莎白一世（1558—1603在位）统治。17世纪传入美洲，各地积极开展品种改良，催生出了肉质柔软、有甜味、形状粗短的西洋系胡萝卜。现代的西洋胡萝卜诞生于19世纪的法国。东线则演变为肉质紧实、形状细长、胡萝卜特有的气味较弱的东洋系胡萝卜，在元代（1264—1367）从西域传入中国。李时珍的《本草纲目》中也提到了“胡萝卜”。“胡”即西域，“萝卜”就是白萝卜，古人认为胡萝卜是“形似白萝卜的蔬菜”。胡萝卜传入日本的时间是战国末期（16世纪）。最先登陆的是东洋系，西洋系在江户后期传入，普及到全国各地。东洋系仅分布于关西以西，人们称其为“深红色的金时（红薯）”，用作京都料理的食材。东洋系胡萝卜也有丝丝甜味，非常适合炖成柔软的京风菜肴。胡萝卜的根部有抗坏血酸氧化酶（ascorbinase），能分解维生素C，因此最好避免生吃。胡萝卜的风味与营养集中在外皮附近，所以不削皮有助于留住营养成分。胡萝卜富含胡萝卜素和维生素B_2。京都胡萝卜独特的颜色来自西红柿红素。胡萝卜叶一般弃而不用，但叶片中含有大量维生素A、B_2和钙，营养价值高。在西餐中，胡萝卜常用于汤、炖菜、黄油煮胡萝卜（glacé）和配菜。胡萝卜和人参（朝鲜人参）是两回事。

→人参

大蒜（にんにく）

大蒜

英: garlic

百合科多年生草本植物，原产于中亚。在日本、中国、韩国、欧洲、美国均有种植。英语“garlic”的词源是盎格鲁撒克逊语“garleac”，意为“跟长枪一样尖的韭葱（leek）”。法语“ail”的词源则是拉丁语“allium”。公元前30世纪至20世纪，参与古埃及金字塔建设的劳工靠大蒜与洋葱补充元气，古埃及壁画也刻画了相关场景。古希腊名医希波克拉底则将大蒜用于利尿与发汗。罗马人也常吃大蒜，但强烈的蒜味难免引人皱眉。公元前2世纪，张骞出塞，大蒜从西域传入中国。十字军（1096—1291）则将大蒜带回了欧洲。起初人们因大蒜有强烈的臭味，将其用作驱魔、预防鼠疫的药物。在朝鲜的《檀君神话》（4300年前?）中，也记载了大蒜与艾草等植物的用法。日本自古以来就有自然分布的本地大蒜。《日本书纪》（720）中提到了“一个蒜”。世界各地的餐桌上都有大蒜的身影，日本、朝鲜半岛、中国、东南亚、意大利、西班牙、法国、埃及、美国的美食更是离不开大蒜。从鸟兽肉、河海鲜到淀粉类食品，大蒜能消除各种令人不快的气味，激发食材的风味与醇香，着实不可思议。将大蒜切碎、磨泥会破坏大蒜的细胞，推动蒜氨酸（alliin）和蒜氨酸酶（alliinase）的化学反应，生成大蒜素（allicin），于是便有了强烈的香味与辣味。充分加热会使蒜氨酸酶失活，变为有甜味的成分。作为药材，大蒜不仅能杀菌利尿，还有治疗结核、腹痛、感冒、腹泻的功效。大蒜富含硫与磷，有助于恢复疲劳、补充元气。大蒜素与维生素 B_1 结合后变成大蒜硫胺素（allithiamine），有助于促进维生素 B_1 的吸收。蒜薹（日本称“蒜芽”）是从大蒜中抽出的花茎，有着独特的口感，是中国菜的常用食材，特别适合和猪肉一起炒。

ヌーヴェル・キュイジーヌ

新式法餐

法: nouvelle cuisine

精简版法餐。“nouvelle” 即“新”，“cui-sine” 即菜系。全称为“nouvelle cuisine française”。20 世纪后期，法国出现了探索全新美食学的动向。1972 年，美食评论家亨利·戈（Henri Gault）、克里斯提安·米罗（Christian Millau）协同特鲁瓦格罗兄弟（Troisgros）等年轻厨师共同提出了新的法餐烹饪方针。两人推出的《戈米氏指南（Gault et Millau）》也大获好评。培养新式法餐生力军的人则是费尔南·普安（Fernand Point，1897—1955）。法餐的源头是古罗马贵族享用的奢华菜品。当时人们认为法餐已经走到了需要重新审视奢侈路线的阶段。这也是针对 19 世纪形成的高档法餐的反省。老式法餐①有较多采用浓厚酱汁的厚重菜肴，②容易出现营养过剩的情况。因此部分法餐厨师开始摸索①能激发新鲜食材本就拥有的美味、②使用偏轻盈的酱汁、③脂肪少、调味淡、④符合现代人的国际观念的新式法餐。在坚守传统法餐本质的同时，简化烹饪过程、削减成本、防止营养过剩。据说厨师们在构思新式法餐时参考了日本料理。回归地方菜系和高档法餐的原点，摸索符合现代潮流的烹饪手法。

→菜系→泰尔冯→高汤

ヌーヴォー

新酒

法: nouveau

“nouveau” 即“新”。新酒特指进入陈酿工序之前的葡萄酒。在法国，人们有举办仪式享受新年新酒的习惯，一如日本人品尝“八十八夜新茶”。新酒熟化时间不长，风味易变。勃艮第地区的博若莱新酒（Beaujolais nouveau）在英国、荷兰、美国和日本也很知名。博若莱是红葡萄酒的产地，位于马孔（Mâcon）以南到索恩河边的里昂近郊。每年 11 月第 3 个星期四是法国政府划定的博若莱新酒解禁日，葡萄酒爱好者接踵而至。

→法国葡萄酒→勃艮第葡萄酒→博若莱新酒

ヌガー

牛轧糖

法: nougat

一种软糖，以砂糖、蜂蜜包裹、固定坚果而成。法语“nougat”的词源有两种说法，分别是古普罗旺斯语“nogat（用核桃制作的糕点）”和拉丁语“nux（核桃）”。也有说法称，吃了牛轧糖的孩童大呼“Il nous gâte（它让我们堕落）”，于是便有了“nougat”一词。据说坚果加甜味调料制成的零食在古希腊、古罗马时期就已经存在了，但也有人说此类零食的原型出自中亚和中国腹地，后来传入欧洲，成为法国人的最爱。牛轧糖有褐色、白色两种。16 世纪初，法国马赛率先开始制作牛轧糖。相传 1701 年，蒙特利马尔（Montélimar）市长将白牛轧糖赠与从西班牙归来的勃艮第公爵，以表欢迎。蒙特利马尔的牛轧糖因此成名，直到今天仍是当地特产。牛轧糖的制作方法不同于太妃糖、糖豆等硬糖，需低温熬煮，充分混入空气。基本原料是杏仁和砂糖。低温熬煮砂糖、糖稀、蜂蜜、葡萄糖，加入打发的蛋清（白蛋白）和坚果，轻柔搅拌以防消泡。冷却凝固后切成适当的形状即可。

→糖果

ヌクマム

越南鱼酱

英: nuoc mam

越南菜系中的鱼酱。日语中又称“ニョクマム”。东南亚有各种鱼酱。越南鱼酱源自中国，也对其他国家的菜系产生了巨大的影响。用盐腌制竹荚鱼、青鱼、沙丁鱼，发酵 6 个月以上，取上层清液，加入砂糖、醋和大蒜调味，即成餐桌调料。

→鱼酱→酱汁→越南菜系

葱（ねぎ）

葱

英: Welsh onion

百合科多年生草本植物（*Allium*

fistulosum)，原产地可能是中国西部、西伯利亚（也有说法称原产地为中亚）。在日本有各种称法，如“ナガネギ（长葱）”“ヒトモジ（一文字）”“ネブカ（根深）”“ネネ”“ウツボグサ（靫草）”“ナンバ”“ナンバン（南蛮）”“アサツキ（浅葱）”等。葱属的植物包括葱、洋葱、大蒜、藠头（薤）、韭菜、薤白（Allium macrostemon）、北葱（虾夷葱 Allium schoenoprasum）等等。据说早在3000年前的中国，人们就开始种葱了。约8世纪从中国传入日本。奈良时期的《日本书纪》(720）中提到了“秋葱（あきき）”。16世纪传入欧洲。葱能消除肉、河海鲜的腥味，是日本料理、西餐和中国菜常用的佐料和香味蔬菜。葱还能入药，据说有促进消化、发汗、缓解神经衰弱、失眠的功效。细胞中的苷因细胞破裂接触到空气，分解成刺激眼睛的挥发性成分烯丙基硫醚。葱富含维生素C和钙，有助于提升血液中的维生素 B_1 浓度。用猪油把葱炒到焦香，使葱香转移到油中，便成了中国菜系的调味料“葱油”。

→洋葱→韭葱（ポロねぎ）

ネクター

果肉饮品

英: nectar

加有果肉的果汁。“nectar”出自希腊神话，是众神饮用的琼浆玉液，饮用后可长生不老。将桃、杏、香蕉、芒果、木瓜等水果的果肉捣碎，加入甜味剂、酸味剂和香料即可。有特殊的黏稠性。

→油桃

ネクタリン

油桃

英: nectarine

蔷薇科落叶乔木，普通桃（果皮外被茸毛）的改良品种，可能原产于中国。日语中又称“アブラモモ（油桃）”“ユトゥ（油桃）”“ツバキモモ（椿桃）”“ズバイモモ”。英语“nectarine”的词源是拉丁语“nectar（希腊神话中让众神长生不老的琼浆玉液）”。据说油桃早在公元前就已存在。约7世纪，中国人开始人工种植油桃。江户时期的日本文献也提到了“アブラモモ（油桃）”一词。进入明治时期之后，油桃的栽培品种从法国、美国传入日本。不同于普通桃的是，油桃表面没有绒毛，果实较小，富有光泽。肉质偏硬，有浓烈的甜味和适度的酸味。

→果肉饮品→桃

ネーブルオレンジ

脐橙

英: navel orange

一种芸香科甜橙，原产于巴西。日语中又称“脐蜜橘”。法语和英语中的“navel”来自古英语“nafela（肚脐）”。果顶有肚脐状突起。原产于巴西的华盛顿脐橙被移植到北美，成为加利福尼亚最具代表性的柑橘类水果，是有口皆碑的高级甜橙。果肉为橙黄色，无籽，香味、甜味和酸味适中且多汁。明治中期传入日本，在静冈、和歌山、广岛和爱媛均有种植。

→橙子

ネンミョン

朝鲜冷面

韩: 냉면

朝鲜半岛北部平安地道区的冷面。日语中也写作“れいめん（冷麺）”。冷面是一种比较新的面食，据说诞生于17世纪中期。《东国岁时记》（1849）提到了“冷面”一词。《进馔仪轨》（1873）则提到制作冷面的材料包括冷面、木面、泡菜、猪蹄、梨、松子、辣椒粉。另外有说法称，朝鲜冷面与中国宋代的“冷淘”相似，都有冷却的步骤，但后者使用的不是压制面，而是刀切面。抗美援朝战争（1950—1953）后，冷面普及至半岛南部。朝鲜半岛的面粉文化与中日两国有较大的差别。冷面的制作方法与吃法也十分独特。小麦只能在半岛中部以南种植，所以小麦面粉是非常珍贵的食材，这也催生出了用玉米粉、荞麦粉、土豆粉、生大豆粉、绿豆粉等杂粮粉制作的各种特色面食。土豆淀粉加热糊化，揉成面团，用压面器压成面条状，直接下入装有沸水的大锅，加热后迅速冷却，便成了富有弹性的透明面条。冷面有两种吃法：①水冷面（물냉면）的面条由荞麦粉、土豆淀粉、小麦面粉、绿豆淀粉、团粉制成，搭配牛肉、鸡肉熬制的冷汤。这是最常见的冷面吃法，在日本也颇受欢迎；②拌冷面（비빔냉면）是用辣味酱汁拌成的冷面。酱汁用醋腌鳐鱼、醋、辣椒酱、葱、大蒜、芝麻、黄瓜、松子、辣椒混合而成。冷面是冬天的美食，人们习惯在严冬季节坐在有“温突”的房间里享用冷面，这着实是一种神奇的风俗。朝鲜半岛有“以冷治冷”的说法，即便屋外刮着暴风雪，只要在有温突的房间吃上一碗冷面，肚子里便会有春风吹拂。到了夏天，人们反而不吃冷面了，改吃热气腾腾的温面（온면）。吃过烤肉之后来一份冷面，直教人神清气爽。冷面最大的特征在于揉捏糊化的土豆淀粉。常见的配比是荞麦粉、淀粉各半。面条出锅后迅速冷却，口感强韧，不过面条会随着时间的推移快速

软化。最具代表性的朝鲜冷面有平壤冷面（荞麦粉加土豆淀粉，面条直接压入沸水烹煮）和咸兴冷面（拌冷面）。日本市面上的朝鲜冷面是平壤冷面的变种。

→朝鲜面→面食

パイ

派

英: pie

将食材填入酥皮后烤制而成的菜品、糕点。英语“pie”的词源有多种说法，包括古法语“puis”、拉丁语“puteus（洞、井）”、拉丁语“pica（喜鹊）”。喜鹊有收集小物件、把小东西包起来的习性。在中世纪，人们为了不浪费剩菜，发明了用面皮包裹剩菜烤制的方法，相传这种菜肴被比喻为“喜鹊窝”。派皮的发明经过不详，不过在古希腊、古罗马时代，就出现了用面皮裹肉的烹饪方法。因为直接用火烤肉容易焦，且不易烤透，裹一层面团再烤，精华便不会流失。在法国，千层酥皮出现于查理五世（1364—1380 在位）统治时期，将鸟兽肉填入面团烤制的肉派（也是一种派）问世。据说英女王伊丽莎白一世（1558—1603 在位）爱吃加有糖渍樱桃的派。至于现代人熟悉的千层酥皮是如何形成的，业界众说纷纭。有人说发明者是 17 世纪孔代公爵家的面点厨师长“Feuille”，也有人认为发明者是同一时代的风景画家克劳德 · 热莱（Claude Gellee，后来的克劳德 · 洛兰即 Claude Lorrain）。制作面团时包入压薄的黄油，折叠多次，黄油层与面粉层便会交替出现，使面团中的麸质变性，催生出面包和面条所没有的酥脆口感。千层酥皮又称“派皮”。用派皮包裹食材，便成了“肉派（pâté）”。烤派的诀窍在于：①黄油的延展性要好，最好使用在冰箱中静置过的无盐黄油；②派不同于普通的蛋糕，需适度形成麸质，所以要在高筋粉中加入低筋粉，使成品的口感更轻盈；③将面团放置在低温环境下，使面团和油脂的柔软度相当；④脂肪层之间的空气与水分会使面团膨胀，无需额外加入面包酵母或泡打粉；⑤加热时黄油溶解，层与层之间产生水蒸气，形成缝隙，造就独特的酥脆口感。派皮可用于菜肴，也可用于糕点。派类糕点包括拿破仑（millefeuille）、苹果派、布雪（bouchée）、叶子派（leaf pie）等等。法式派采用千层酥皮（feuilletage），将黄油叠入面团，形成黄油层。“feuilletage”有“能揭下薄皮的糕点”“翻书页”的意思。法国人尤其爱吃派，一年四季花样百出。比如 4 月的“四月鱼（poisson d'avril）”，夏天的太阳派（polonaise），秋天的皇冠杏仁派（pithiviers）等等。此类糕点又称“pâté feuilletée”。“feuille”有“树叶”的意思。加糖制作的甜味派称“pâté sucrée”，咸味的称“pâté brisée”。这种技法传入美国后，演变成了制作简单、可量产的水油酥皮（short pastry）。英国人爱吃肉派、鸡肉派、猪肉派，美国人爱吃苹果派、南瓜派，法国人爱吃肉派。面团在英语中称“paste”，法语则称“pâte”。派就是“加了肉的面团”，有盖的称“pâte”，无盖的称“tourte”。英语称“tarte”。意大利的派就是意式比萨（pizza）。意式比萨不算意面。从这个角度看，焗通心粉是一种非常耐人寻味的烹饪形式。“焗菜（gratin）”是不加盖的“feuilletage”，性质同挞。奶酪粉、面包屑发挥了“盖子”的作用。中国的派是酥饼，面粉加猪油和面后油炸而成。用于糕点的派和用于菜肴的派一样用途广泛。只需改变形状，便能化身为丹麦酥（碟形）、号角包（角形）、千层酥条（长方形）、叶子派（树叶形）等等。叶子派在18世纪红极一时。派在明治初期传入日本，《西洋料理通》（1872/明治五年）中提到了“肉菓子（肉派）”和“リンゴの焼き菓子（苹果烤点＝苹果派）”。

→苹果派→千层酥条→千层酥皮→法式咸派→长形大烤饼→糖霜杏仁奶油派→百叶窗派→修颂→奶油小圈饼→法式苹果挞→蛋糕→茴香酒→肉派→糕点店→意式比萨→皇冠杏仁派→布雪→新桥挞→拿破仑（millefeuille）

バイキング

自助餐

英：viking

一举三得（顾客自助、畅吃、削减成本）的就餐形式，诞生于日本，又称“buffet”。英语“viking”来自古斯堪的纳维亚语“vîkingr（住在海湾的人）”，指8世纪至11世纪出没于欧洲各地的海盗。不过在北欧各国并不存在名为“viking”的海盗菜肴。自助餐是一种独特的用餐形式。用餐盘盛放的各种菜肴摆在大桌上，顾客按自己的需求拿取，想吃多少就吃多少。1957年（昭和三十二年），帝国酒店社长（总经理）犬丸彻三在旧金山的餐厅见到了北欧传统的斯堪的纳维亚式自助餐（smörgåsbord），只需支付固定的费用，顾客就能随意畅吃。这种用餐形式令他产生了浓厚的兴趣。“smörgås”意为“带黄油的面包”，“bord”就是桌子的意思。与此同时，前往法国进修的酒店厨师长村上信夫也在丹麦的哥本哈根和瑞典的斯德哥尔摩学到了当地美食的真髓。1958年（昭和三十三年），帝国酒店在新馆即将开业时引进了这种全新的就餐形式，开设了“Imperial Viking”餐厅。“Viking”这一名称取材于当时正在上映的电影《维京传奇》，主演是柯克·道格拉斯(Kirk Douglas)。片中有北欧海盗在庆功宴上豪饮狂吃的场景，非常契合自助餐的关键词“畅吃”。餐厅的定价为午餐1200日元，晚餐1500日元。价格虽高，但昭和三十年代恰逢日本经济高速增长期。在好奇心的驱使下，餐厅连日大排长龙。有各种菜肴供选择，个人按需要拿取享用的用餐形式契合了现代人忙碌的生活节奏，迅速普及至世界各地。

→斯堪的纳维亚式自助餐

ハイシェン

海参

→干海参(ほしなまこ)

ハイティー

高茶

英: high tea

约下午4点至5点，边喝茶边享用的轻食。又称“肉茶(meat tea)”“五点茶(Five o'clock tea)”。“high tea”意为“带肉菜的下午茶”。高茶起源于苏格兰农民，他们习惯在干完农活之后稍事休息，吃些轻食，喝杯红茶。也有说法称高茶诞生于1830年前后，发明者是伦敦的贝德福德公爵夫人。英国人钟爱红茶，新的一天从红茶开始，为一整天画上句号的也是红茶。早上喝奶茶，10点和3点有茶歇，傍晚的高茶则是一边享用轻食，一边喝红茶。常见的轻食有沙拉、烤牛肉、火腿、肉派、草莓派、松饼、吐司、果冻等等。从17世纪中期开始，在社交场合喝茶的风习在以女王、王妃、贵族为中心的上流社会逐渐兴起。在200年后的维多利亚时代，红茶走进寻常百姓家，喝茶成为非常大众的习惯。与亲朋好友的闲聊少不了红茶，喜宴上也要喝茶。维多利亚式红茶是浓茶加奶、糖调成的英式红茶。英国的饮茶习惯与中国相似。

→红茶→萨利伦恩

パイナップル

菠萝

英: pineapple

凤梨科多年生草本植物，原产于巴西。在夏威夷、菲律宾、泰国、马来西亚、斯里兰卡、墨西哥、巴西、古巴等热带、亚热带地区均有种植。英语“pineapple”的词源有多种说法，包括中世纪英语“pinappl(松果)”“pine(松)”与“apple(苹果)”的合成词等。原本称“ananas”。16世纪初，葡萄牙人发现菠萝的时候，原住民称其为“nanas”。据说这个词指代“龟的形状”。1513年，菠萝传入欧洲，改称“pineapple”。1613年，英国牧师塞缪尔·帕切斯（Samuel Purchas）在游记中提到了“ananas”。从17世纪末开始，人们尝试在温室中种植菠萝。路易十五（1715—1774在位）时期，菠萝成为贵族的嗜好品。17世纪初传入中国。传入日本的时间是1794年（宽政六年江户中期）。荷兰商馆长在江户本石町会见大槻玄泽（译注：江户时代兰学家）等人时携带了葡萄酒和菠萝。菠萝有“女王”“卡宴”“西班牙”等众多变种。可食部分是肉质增大的花序轴。表面的鳞状物为果实，小果实硬化集合成一体。甜味成分为蔗糖，爽快的酸味来自柠檬酸。菠萝含有菠萝蛋白酶（bromelin），过量摄入会导致舌面开裂溃疡。明胶无法使菠萝汁凝固，所以只能使用琼脂，或先加热使酶失活再加明胶。菠萝有促进肠胃消化肉类的功效。菠萝的根部较甜，最好从头吃起。挑选菠萝时的诀窍如下：①选择叶片小而紧凑的；②颜色偏白、不透明的果肉偏酸；③下方膨起饱满的菠萝较甜。

ハイボール

嗨棒

英：highball

最具代表性的大杯冷饮。将威士忌倒入深酒杯调制而成。又称“whiskey and soda”。名称来自美国俚语“能赶紧做好”。以苏打水勾兑威士忌、白兰地、金酒等蒸馏酒，加入冰块，提升口感。嗨棒颇具美国风情，用水勾兑则是更具日本色彩的喝法。

ハウザー食（しょく）

豪瑟健康饮食法

旨在保健、美容的饮食方法。在二战后的1951年（昭和二十六年），美国营养学家盖罗德·豪瑟（Gayelord Hauser）出版了《朝气蓬勃，健康长寿（Look Younger, Live Longer）》。此书畅销多年。书中提到小麦胚芽的营养价值极高，“半杯小麦胚芽含有的蛋白质相当于四颗鸡蛋”。他提倡多吃酵母、脱脂奶、酸奶、精制糖蜜和小麦胚芽，宣称每天吃够五种便能防止老化和植物性神经失调症，延年益寿。豪瑟健康饮食法在日本也掀起了热潮。1954年（昭和二十九年），东京的日本桥和新宿开出了“豪瑟道场”。银座还出现了基于豪瑟饮食法的餐饮店。

→小麦

バウムクーヘン

年轮蛋糕

德：Baumkuchen

德国传统节庆糕点。日语中也

写作“バームクーヘン”。“Baum”即“树、芯轴”，“kuchen”即“糕点”。又称“tree cake（树蛋糕）”“pyramid cake（金字塔蛋糕）”。年轮蛋糕的起源众说纷纭。有人说古埃及、古希腊时期有一种将肉块串起，边旋转边烤的加热方法，渐渐就演变成了将面团卷在棍子上烤制的手法。也有人说年轮蛋糕的原形是15世纪的糕点“Spiesskuchen”，用缠在棍子上的绳索状的面团烤制而成。也有说法称法国加斯科涅（Gascogne）地区的比利牛斯蛋糕（Gâteau Pyrénées）、17世纪末将泡芙面团缠在棍子上烤制而成的“spiesskrapfen”“Prügel”是年轮蛋糕的雏形。相传在19世纪前后，德国糕点店“Jaedicke”发明了年轮蛋糕，得到了宰相俾斯麦的赞誉，就此成为德国最具代表性的糕点。这种糕点使用的素材在18世纪变得更容易采购到了，于是切口的形状也变成了今人熟悉的年轮状。各地发展出了多种多样的年轮蛋糕。因面糊已被烤透，年轮蛋糕的保质期较长。具体做法是小麦面粉加糖、蛋、玉米淀粉、黄油、牛奶，调成蛋糕面糊，用缓缓旋转的铁棒蘸取若干次，同时以直火加热，形成分明的层次。蛋需打发，打造细腻的口感。也有外层裹有巧克力的款式。

→蛋糕

パエリャ

西班牙海鲜饭

西: paella

发祥于西班牙瓦伦西亚地区的什锦饭。又称“Spanish rice”。“paella”的词源是西班牙语“paêle（平底锅）”。相传约9世纪，居住在瓦伦西亚阿尔布费拉湖（Albufeira）附近的穆斯林在满月休渔的两天中用鱼制作什锦饭，献给真神安拉。据说海鲜饭是周日午餐的经典选择。话说稻米从埃及出发，途径北非，在12世纪传入西班牙，完美契合西班牙的气候风土与当地人的口味，就此扎下根来。也有说法称西班牙海鲜饭发祥于瓦伦西亚南部的埃尔帕尔马（El Palmar）。当地有365种用米烹制的美食，最具代表性的便是海鲜饭。也有人认为“paella”这一名称诞生于1900年以后。米加海鲜汤煮成的海鲜饭堪称西班牙饮食文化的象征。“paella”一词的发音听起来像“パエーリャ”“パエリア”“パエリエラ”“パエーリア”“パエジャ”“パエジエラ”“パエージャ”。具体做法是先用橄榄油煸炒米和大蒜，再加入牛肉、猪肉、鸡肉、鹌鹑肉、兔肉、火腿、培根、香肠、虾、墨鱼、小龙虾、蛤蜊、贻贝、法国蜗牛、鳕鱼、鮟鱇、鳗鱼、甜椒、蚕豆、豌豆、西红柿、西芹、橙子等食材，煮到米饭呈橙黄色，香气四溢。

食材（如鸡肉、虾、贻贝等）的组合搭配多种多样，能体现出地方特色。无论囊中羞涩还是腰缠万贯，西班牙人都离不开海鲜饭。烹制海鲜饭使用形似大盘的无盖铁锅，连锅带饭一起上桌，与所有人一起分享，场面十分壮观。海鲜饭不同于日本的炒饭，狼吞虎咽容易噎住。因为米饭中含有大量橄榄油，质地较黏。海鲜饭的煮法不同于日本人钟爱的大米煮法，但煮出来的米粒不生不熟刚刚好。与亲朋好友来到野外，围着篝火开个海鲜饭派对也别有一番乐趣。这种形式与日本东北的芋煮会有几分相似。

→米→西班牙菜系→杂烩饭→意式调味饭

パオヅ

包子

中国菜系中的一种点心。即日本人所谓的“中式馒头”。小麦面粉做的面团发酵一昼夜，包入馅料后蒸熟即可。包子原本是北方民族的日常食品，因为形似毡包（牧民居住的可移动房屋，方便在中亚草原迁徙放牧）被称为“包子”。唐代的《本草拾遗》提到了“包子”，被认为是“包子”在文献中的首次登场。包子深受胡食的影响，有①美味、②实惠、③简单便捷、④营养丰富、⑤形状与馅料的组合自由多样等特征，受到中国北方老百姓的欢迎，作为点心广泛普及。发酵面团用小麦面粉、糖、蛋、猪油混合而成，还要加入老面，有时也使用面包酵母或泡打粉。常用馅料有猪肉、叉烧、虾、蟹、豆沙、葱、笋、香菇、木耳和水果。最具代表性的包子有豆沙包（馅料为豆沙、糖、猪油、芝麻）、肉包、叉烧包、咬一口满嘴热汤的小笼包。馅料为豆腐、青菜的素馅包子称素包。没有馅的叫“馒头”。1689 年（元禄二年）传入长崎的唐人馆，但是受杀生禁断令的影响，没有广泛普及。明治维新后。吃肉不再是禁忌。在大正年间的中国菜热潮的推动下，包子在日本广为人知。

→中国面包→馒头

パオピン

薄饼

小麦面粉加入油脂，调成面糊，用刷过麻油的铁锅煎成饼状，再用布裹起来蒸。可用于包裹猪肉、羊肉、虾、竹笋、豆芽、粉丝等食材。薄饼卷食材的吃法称“春饼”。立春吃春饼（用薄饼包裹春菜）的风俗出现于宋代。从烹饪形式和吃法的角度看，春饼与饺子、烧卖、云吞类似。吃北京烤鸭时也会用到以麸质强劲的面粉制作的薄饼。

→春卷→饼→北京烤鸭

パオユイミエン

拨鱼面

山西著名面食，发祥经过不明。又称“鱼子”“拨鱼儿”“剔尖”。形状仿佛在水中悠游的白鱼。“拨”有“弹”的意思。将小麦面粉、高粱粉（红面）、绿豆粉调成松软糊状，静置1小时左右，然后将竹签顶端插入面糊，借用竹子的弹力将面糊拨入大锅沸水中。相较于普通的“面”，拨鱼面更接近面疙瘩汤、面片汤（馎饦）。

→中国面

ばくが
麦芽

麦芽

英: malt

大麦的芽。早在公元前4000至3000年前，借助麦芽使淀粉糖化的技术就已经存在了。古埃及人用啤酒麦芽制作面包，用面包的淀粉酿造啤酒。支付给劳工的报酬就是面包和啤酒。麦芽的淀粉酶活性强，可大致分为①短麦芽（用于啤酒）和②长麦芽（用于糖稀、威士忌）。长麦芽的淀粉含量较少，酶的活性更强。用酵母发酵、蒸馏的技术诞生后，各种酒在世界各地先后登场。日本和中国的酒使用曲霉（糖化酶），欧美的酒则使用麦芽，一边用微生物，另一边则用植物。不同的气候风土造就了不同的酒文化。啤酒麦芽是绿麦芽，保质期短，储藏前要做干燥处理。麦芽含有分解蛋白质的蛋白酶，有提升啤酒的香味、让泡沫更持久的作用。

→啤酒

はくさい
白菜

白菜

英: Chinese cabbage

十字花科一至二年生草本植物，原产于中国北部。日语中又称“唐菜”。法语“chou chinois”和英语一样，意为“中国的卷心菜”。据说白菜的祖先在公元前2000年从西亚传入中国，后来分化出了白菜。也有说法称，西伯利亚的芜菁和中亚的青梗菜在中国的黄河流域反复杂交，形成了白菜。11世纪，结球白菜诞生。卷心菜是西方最具代表性的叶菜，东方的代表则是白菜。据说白菜是小白菜（*Brassica rapa var. chinensis*）和芜菁自然杂交而成，可大致分为结球、半结球、不结球三类。日本的白菜为结球白菜。1875年（明治八年），东京博物馆展出了3棵来自清朝的山东白菜，白菜就此传入日本。越南战争期间，大量越南人移居法国，也带去了白菜和豆芽。常做成沙拉、糖醋炖白菜，广受欢迎。

餺飥（はくたく）

馎饦

中国北魏后期（永熙武定年间，531—544）的农学巨著《齐民要术》提到了“馎饦”：“挼如大指许，二寸一断，著水盆中浸。宜以手向盆旁挼使极薄，皆急火逐沸熟煮。非直光白可爱，亦自滑美殊常。”唐人所谓的“不托”是用手指拉而不用刀切的面，被视作馎饦的原型。类似的面食有水引饼。

→水引饼→中国面

バゲット

法棍

法: baguette

法国的细长硬面包。“baguette”有“细棍、杖”的意思，词源存在多种说法，包括意大利语“bacchetta（小杖）”、拉丁语“baculus（棍棒、杖）”等。小麦面粉加盐、面包酵母、麦芽，混合后做成棒状，划出口子（coupé），充分烘烤。外皮坚硬，内部多孔洞。咸味外皮有独特的香味。法国的小麦与日本一样呈中筋粉质，黏性弱，麸质柔软，很难烤出大型面包。面包房一天要烤制好几批法棍，因为这种面包容易变硬，人们更偏爱新鲜出炉的口感。变硬的法棍最适合做成香蒜吐司。

→法国面包

箸食（はししょく）

筷箸文化

“箸（筷子）”的词源存在多种说法，如“形似鸟嘴”“递送物品”“用小树枝制作”等等。中国（包括台湾省）、韩国、日本、越南等国属于筷箸文化圈，但各民族的吃法大不相同。先看中国的筷箸：箸与匙（勺）出现于古代。筷箸文化在中国有着悠久的历史，殷商（B. C. 1400—1027?）遗迹也有青铜箸出土。当时的“箸”是一种礼器，用于向祖先、神明供奉食物，日常用餐时不会使用。战国时代（B. C. 403—221）的《韩非子》提到暴君纣王命人用象牙做筷子（译注：昔者纣为象箸，而箕子怖）。当时只有王公贵族才能用箸。据说现代筷子的原型出现于西汉（B. C. 202—A. D. 8）。《礼记》提到了筷子的用法：“①饭黍毋以箸。②羹之有菜者用梜，③其无菜者不用梜。”即米饭用勺，菜品用筷。在宋代（960—1279），蒙古实力渐长，汉族逃往江南，开始用筷子吃米饭（有一定黏性，与日本的米饭相似）。到了明代（1368—1644），汉族回归华北，黏性较弱的北方大米也开始用筷子吃了。中式箸主匙从型用餐方式在这样的历史背景中成型。从手

（公元前）到匙（东汉至元代），再到箸（明代—），匙演变成了汤品的专用餐具。中国的筷子多用象牙、木、竹制成，呈圆柱形，尺寸较长（27cm 左右），以便够到餐桌中央的大盘。顶端不尖，以防有人用筷子行凶。中国菜不像日本料理那样使用公筷，而是直接用各自的筷子从餐盘中夹取食物（直箸（じかばし））。这也体现出了中国人的同族意识之强。中国菜和筷子的关系有下列关键点：①食材提前切成适当的大小；②混合加热；③调味均匀；④盛入大盘；⑤用筷子自由夹取。这也是筷箸文化的典型。再看朝鲜半岛：勺子和筷子成对出现，称“匙箸”。古代遗迹出土的匙更多，匙的历史比箸长。部落联盟时代用骨匙，三国时代（37—663？）出现了青铜匙。统一新罗时代（676—935）出现了柄部分弯曲的匙，为朝鲜半岛特有。高丽王朝（918—1392）有银、青铜制成的匙。进入朝鲜王朝（1392—1910）之后，匙演变为兼具艺术性和实用性的餐具。朝鲜半岛的餐具一般用金属制成。如今已经没有青铜制品了，上流阶层用银器，普通家庭用不锈钢。娇小细短，截面扁平为朝鲜半岛匙箸的特征。不同于中国的箸主匙从，朝鲜半岛为匙主箸从，饭、汤用勺，菜品用筷。在餐盘上，勺的位置离人更近。朝鲜半岛也不用公筷，用各自的筷子直接夹取。杯碗比日本的更大、更重，用餐时不会像日本人那样拿起饭碗，餐桌也架得比较高。汤的配料丰富，有汤饭（국밥）、石锅拌饭（비빔밥）、汤（찌개）等品种，与用勺喝汤的习惯十分契合。跟欧美人一样，汤不是“喝”的，而是“吃”的。不直接用嘴喝汤，而是用勺舀汤，象征招福。吃剩是尊敬主人的表现，表示“已经吃饱了，实在吃不下了”，感谢主人的热情款待。由于碗比日本的大，不会出现“再添一碗”的情况。而“脱鞋后席地而坐”的习惯和日本非常相似。坐温突的生活习惯早已深入人心。朝鲜半岛深受儒教的影响，继承了《礼记》的吃法（米饭用勺，汤里的菜用筷）。越南也在很大程度上受到了中国的影响，是手食文化占统治地位的东南亚为数不多的常用筷子的国家。形状、箸匙的区分等方面和中国相似。蒙古人平时用手，但在吃面的时候用筷子。西藏的上流阶层也会在吃中国菜的时候用筷子。关于日本筷箸文化的起源，学界众说纷纭。公元3世纪的《魏志倭人传》提到“倭人手食”。《古事记》的须佐之男命传说中则提到“有筷子（箸）从河流上游漂流下来”。《日本书纪》中则有箸墓的故事。可见早在神话时代，日本就已经有筷子了。天皇的登基典礼会用到青竹弯成的鸟嘴状折箸，也有人认为日本的筷子就来源于此。推古天皇十五年（607 被认为是修建法隆寺的年份），圣德太子派小野妹子赴隋。据说是他将中国的筷箸文化引进了宫

廷。3 世纪至 7 世纪之后，筷箸文化在日本逐渐普及。到了奈良时期，平民百姓也用上了筷子。在平安时期（794—1192）之前，宫廷使用的是木质的箸和匙。使用菜板的“庖丁式”在当时取得了长足的发展。到了室町时期（1392—1573），出现了专业的庖丁师（厨师）。后来厨师改称“板前”。日本的筷子种类繁多，包括：①用餐时使用的象牙筷、一次性筷子（割り箸）、漆筷、木筷、竹筷、塑料筷、②厨师使用的长筷（菜箸）、真鱼箸/真名箸（处理鱼时用的长筷）。③也可根据形状分为片口箸（译注：一头尖）、两口箸（译注：两头尖）和利休箸（译注：两头细、中间略粗的杉木方筷，用于怀石料理）。也有④儿童筷、成人筷、男女筷之分。另外还有⑤客人用的公筷、⑥夹取炭火时用的火筷等等。从奈良时期到平安时期，碗（椀）发展迅速，人们几乎不再用勺喝汤。放眼世界，日本的餐具用法实属独特。一次性筷子更是日本特有的方便餐具。相传在南北朝时期（1333—1392），有人向巡幸至吉野的后醍醐天皇献上了杉木筷。在江户中期的 1827 年（文政十年），杉原宗庵造访吉野，用吉野杉做酒桶时剩下的边角料发明了一次性筷子。因为这种筷子是用柴刀顺着木纹砍成的，故称“割り箸”。有丁六（译注：最基本的形状，四角不作处理，中间也没有凹槽）、小判（译注：四角削去，但中间没有凹槽，介于丁六与元禄之间）、元禄（译注：四角削去，中间有凹槽，更容易掰开）、天削（译注：手持端削成斜面，顶端往往处理成圆形）等类型。

甘肃敦煌莫高窟壁画・宴饮图
资料：石毛直道《论集东亚饮食文化》平凡社 [180]

バジリコ

罗勒

意：basilico

唇形科一年生草本植物，原产于印度、东南亚。在法国、匈牙利、印度、摩洛哥、东欧、美国均有种植。意大利语“basilico”、法语“basilic”、英语“basil”的词源是希腊语“basilleus（王）”。相较于英语“basil”，意大利语“basilico”的普及度更高。天主教的教堂称“basilica”，原意为“王宫”，词源与罗勒相同。也有说法称罗勒的名字取自传说中的蛇怪“巴兹里斯克蛇（basilisk）”，还有人说罗勒的花形与巴兹里斯克蛇相似，所以蛇怪的略语就成了罗勒的名字。更有传说称古代用于仪式的罗勒需国王用金镰刀收割。在印度，罗勒是献给毗湿奴神（Viṣṇu）的植物，被种植在印度教寺院的院子里。此外，罗勒也是献给黑天神（Krishna）的贡品，被视作能够净化空气的圣草。当地有将罗勒放在死者胸口的习俗。4000年前传入古埃及，用作媚药。据说在公元前3世纪，亚历山大大帝（B. C. 336—323在位）将罗勒带回欧洲。2世纪，人们开始在法国南部种植罗勒。意大利人习惯在求婚时将罗勒的小枝插在头发上。法国人则会把盆栽罗勒放在窗边驱虫。罗勒有高贵的香味，堪称“香草之王”。在日本江户时期，罗勒作为中药材传入日本。泡水膨胀后呈果冻状的罗勒种子能用来粘出眼里的脏东西，所以日本人称之为“目帚”。罗勒跟西红柿、大蒜、奶酪、橄榄油都是绝配，最适合意大利菜系的调味方式。意面更是离不开罗勒，罗勒实心粉是最具代表性的意面之一，所以罗勒是意大利人最钟爱的香草之一。罗勒有许多变种，最常用的是甜罗勒。卵形叶片有高雅爽快的香味和微弱的辣味。香味来源于芳樟醇（linalool）和甲基胡椒酚（methyl chavicol）。罗勒在各方面都与青紫苏相似，所以也能像青紫苏那样，将新鲜嫩叶切成细丝使用。一旦烘干，独特的风味便会消失。常用于汤、沙拉、调味汁、比萨酱、炖菜和香肠。浸入橄榄油储藏，香味便会转移到油中，用于调味更方便。

→香草

バジル

罗勒

英: basil

→罗勒（basilico）

パスタ

意面

意: pasta

通心粉、实心粉的统称。希腊语“paste”在13世纪前后演变为意大利语“pasta”。法语称“pâtes”，英语也称“pasta”。意面也有“alimentary paste”（英）、“paste alimmentari”（意）等别称，意为“能吃的糊”“有营养的糊”。意面的发祥地存在若干种说法，包括中国（公元前1世纪末）、中近东（阿拉伯）、希腊等。也有说法称古时候阿拉伯商人因小麦面粉容易变质，便用水和面擀开，彻底晾干后再随身携带，这就是干意面的原型。13世纪末，马可·波罗在《马可·波罗游记》（1298）中提到，他把中国的面食带回了欧洲。然而早19年前（1279），意大利就已经有关于意面的文献记录了。热那亚公证人戈利诺·斯卡帕（Golino Scarpa）留下记录称，军人蓬齐奥·巴斯顿（Pontzio Bastone）留给继承人的财产中包括满满一箱通心粉。人们在古罗马的伊特鲁里亚（Etruria）遗迹也发现了疑似制面工具的图画。古罗马人爱吃一种名叫“pultes”的粥状波伦塔（polenta）。将煎成圆盘状的面饼切成细丝加入汤，便成了另一种面食“testaroli”。细长的面条配汤，则是“laganum / laganon”。公元1世纪，阿比修斯的烹饪书籍中也提到了意面。然而意面的发祥时间至今成谜。约12世纪，意大利南部西西里岛周边的居民开始手工制作意面。直到今天，在毗邻那不勒斯的托雷安农齐亚塔（Torre Annuntiata）仍有90%的人坚持手工制作。也有人认为那里就是意面的故乡。那不勒斯及其周边盛产高品质的硬粒小麦，而且少雨干燥的地中海气候也为制作意面创造了绝佳的条件。16世纪至17世纪，用于通心粉塑形的压面机让手工制面变得更为便捷。1533年，意大利梅第奇家族的凯瑟琳公主与奥尔良公爵亨利（即后来的法王亨利二世）结婚，意面就此传入普罗旺斯与阿尔萨斯地区。17世纪至18世纪，用压面机制作意面成为那不勒斯的潮流。人称“Maccherone”的意面路边摊遍地开花。人们在街头你推我搡，直接用手抓面吃，盛况空前。18世纪中期，意面邂逅了非常适应意大利南部气候风土的西红柿，迅速普及，成为意大利的国民美食。18世纪至19世纪，意面经过法国、德国普及到欧洲各国，走进千家万户。19世纪至20世纪，400余万意大利人移居美国，使意面传入美洲大陆。在日本幕末时期，意面出现在横滨的外国人居留地。1872年（明治五年）的西餐馆开业申请中提到“通心粉类似于挂面”。同年的《西洋料理指南》也首次介绍了用通心粉制作的菜品。据说意面有600余种。与酱汁的融合度视面的形状而定，煮到“筋道弹牙”时的口感也各不相同。意大利人每天吃都不会腻的奥妙就在于此。其实意面属于“汤品”的范畴。意大利的前菜称“antipasto”，意为“用餐之前”。在意大利北部的小村庄彭特达西奥，有一座非常有趣的安尼斯（Agnesi）意面博物馆。1939年，当地率先引进了连续压面机。为纪念公司的创始人安尼斯，人们搜集了大量关于意面的史料放置在博物馆展出。顺便一提，意式比萨（pizza）不算意面。用发酵面团制作的食品都不能归入意面的范畴。意面有多种分类标准。可根据形状分为①长面（pasta lunga）：如宽面（tagliattelle）；②短面（pasta corta）：如短管通心粉（cut macaroni）、花式通心粉（design macaroni）；③小粒意面（small pasta）；④特殊意面：如千层面（lasagna）、经典宽面（fettuccine 长条丝带状，比 tagliattelle 略宽）。按保质期长短，可分为①生面（pasta fresca）和②干面（pasta secca）。按粗细可分为①通心粉（macaroni，2.5 mm以上）、②实心粉（spaghetti，1.2 mm至2.5 mm）、③细面（vermicelli，1.2 mm以下）、④带状意面"noodle"。干面耐储藏，但生面更美味。生面在意大利的商店更常见，家家户户也会制作生面。在日本，卖生面的店家也有所增加。短面与特殊意面的形状更是丰富多彩。最具代表性的有贝壳面（conchiglie）、蝴蝶面（farfalle）、字母面（alphabets）、车轮面（ruote）等。常见的特殊意面有千层面（lasagne）、宽面（fettuccine=丝带）、面卷（cannelloni/粗管）等。在意大利菜系中，意面的定位是"汤"，可大致分为①汤面（pasta in brodo）和②加酱汁的干面（pasta asciutta）。正因为意面是"汤"，意大利人吃面时几乎不嚼，而是直接吞下。若是细嚼慢咽，这一道"汤"就能让人吃饱。而且一盘意面的分量非常大，足有2至3人份。二战后，干意面成为餐饮店受欢迎的单品。要想在家中做出正宗的意面，关键在于意面特有的"筋道弹牙（al dente）"状态。"dente"有"牙齿"的意思。筋道弹牙的面条仿佛突然断裂的旧胶管，非常有嚼劲。切开仔细观察，你会发现面条截面中央留有少许面芯，正所谓"煮到只留一根线"。最适合意面的煮法是：①1升水加10g盐，煮到筋道弹牙的状态，②小心不要过度加热，③出锅后沥干水分即可，绝不能用冷水冲洗，④如此一来才能最大程度激发出硬粒小麦的甜味。粗粒小麦粉做的意面①刚出锅时最筋道，②不容易像乌冬面那样变坨，还有特殊的甜味。

→意大利菜系→意大利面卷→奶油培根意面→意大利实心粉→意面酱→意大利宽面→泰特拉奇尼→硬粒小麦→意大利面疙瘩→面团→比措琪里面→通心粉→麦子美食→波伦塔→千层面→意式方饺

パスティス

茴香酒

法: pastis

无色透明的茴芹风味利口酒。法语"pastis"的词源是意大利语"pasticcio（诈骗）"。1915年，苦艾酒被禁，1938年登场的茴香酒就是它的替代品。茴香酒的酒精含量为45%，低于苦艾酒。二战期间被禁，后来再次受到关注。做法是将甘草浸入酒水，然后加糖。不同于苦艾酒的是生产过程中不会用到苦艾。

→茴芹酒→苦艾酒→利口酒

パスティス

酥皮派

法: pastis

发祥于法国西南部的一种派。法

语“pastis”的词源是拉丁语“pasticius（用派皮包裹的菜品、糕点）”。据说由8世纪从西班牙攻入法国的撒拉逊人传入。

→派

パスティラ

巴司蒂亚馅派

英: pastela

摩洛哥名菜。日语中也写作“パスティーヤ”。英语“pastela”的词源是西班牙语“pastel”。也有说法称词源是摩洛哥原住民柏柏尔人的“bestila”，基本做法是鸡肉加黄油和番红花，送入烤炉烤制。科西嘉岛也有一种叫“bastella”的派。巴司蒂亚馅派的做法是先用手将派皮压薄，做成直径30cm左右的透光圆盘状，再裹入鸡肉、鸽肉、煎蛋卷、洋葱、葡萄干、杏仁、椰枣、西红柿，调整成圆盘状，送入面包炉烘烤，最后用锡兰肉桂和糖粉在派的表面画出几何图案。日本江户中期的《料理珍味集》（1764/宝历十四年）提到了长崎巴司蒂亚馅派的做法，有说法称这种派就是茶碗蒸的原型。

→派

パセリ

香芹

英: parsley

伞形科二年生草本植物，原产于地中海沿岸。日语中又称“荷兰芹（オランダセリ）”“荷兰三叶（オランダミツバ）”。在德国、法国、西班牙、比利时、加拿大、日本均有种植。据说法语“persil”和英语“parsley”的词源是古法语“persil（香芹）”、希腊语“petrosélinon（岩香芹）”。也有说法称“parsley”是“pétra（岩石）”和“sélinon（西芹）”的合成词。人类自古以来种植香芹，早在古希腊、古罗马时代，香芹已是宝贵的香味蔬菜。古希腊竞技比赛的冠军佩戴的花冠也用香芹制作。人们深信香芹的香味有防止酒精中毒的作用，所以举办宴席时会备几束香芹。明治初年，香芹从荷兰传入日本。江户中期的《大和本草》（1708/宝永五年）提到了“荷兰芹”，所以也有人认为香芹在明治之前就已经传入日本了。香芹有许多栽培品种，可大致分为①叶片张开卷曲的那不勒斯香芹（意大利南部特产）、②叶片细裂且皱起的帕拉蒙特（Paramount）、③根部如芜菁般肥大的汉堡香芹等。皱叶品种更美味。目前香芹已普及至世界各地，用于各种菜品。生吃、切碎、油炸均可，做干燥处理可用于汤、沙拉、酱汁和西餐的配菜。欧洲美食离不开香芹。香芹也是香料包不可或缺的材料。鲜艳的浓绿色能为菜品增光添彩，有趣的形状也是绝佳的装饰。香芹的香味来源于α-蒎烯、芹菜脑（apiole）。香芹富含维生素A、B_1、B_2、C、钙、钾、磷、铁，可净化血液、利尿、治疗结石、湿疹和风湿。香芹的香味与同属伞形科的西芹有些许相似，但两者的外形和使用方法完全不同。

→香草

バター

黄油

英: butter

将牛奶分离为奶油和脱脂奶，再对奶油进行搅拌（churning），使脂肪球结块而成的乳制品。“churn”即“搅乳器”。黄油的制作方法简单，没有机械设备也能做。将牛奶静置，较轻的脂肪球便会上浮。捞出倒入袋子加以振动，脂肪球就会结块。希腊语“boútyron（牛奶酪）”演变为拉丁语“butyrum（黄油）”，最后变为德语“Butter”、法语“beurre”和英语“butter”。也有说法称“butter”是“boûs（牛）”和“tyrós（奶酪）”的合成词。公元前40世纪，美索不达米亚地区的苏美尔人开始饮用牛奶。黄油的历史也十分悠久，据说发明者是公元前31世纪的斯基泰人（Scythae 俄罗斯南部），后传入古希腊。在牛的发祥地印度，当地人早在公元前20世纪就将黄油用于宗教仪式。佛教经典《涅槃经》中也提到“譬如从牛出乳，从乳出酪，从酪出生稣，从生稣出熟稣，从熟稣出醍醐”。而且醍醐还是佛教徒的神圣食物，被选为五种至上美味之一（醍醐味）。《旧约圣经》也提到了用作食物的黄油与蜜。相传希伯来人用黄油款待了东方三博士。然而在古希腊、古罗马时代，黄油沦为野蛮的食物，主要用作药膏、发油和大象的伤药。古罗马博物学家老普林尼（23—79）将黄油混入蜂蜜，用作治疗牙痛的药膏。约公元前60年，黄油在葡萄牙重新成为食品。约6世纪，法国上流阶级开始吃黄油。12世纪，比利时开始生产黄油。13世纪，挪威开启黄油制造业。14世纪，天主教会将黄油（动物油）和橄榄油（植物油）加以区分，禁止信徒在四旬节（复活节前的40天）期间吃黄油。不过直到19世纪末，黄油才作为食物迅速普及。1861年，美国纽约州的橙县（Orange County）开设了奶油处理厂，使黄油从家庭作坊的手工制品转变为工业制品。1880年，法国德塞夫勒（Deux-Sèvres）开始生产高品质黄油。全球黄油用量最大的地方莫过于法国，以美味著称的法餐离不开黄油。7世纪，归化的百济人将牛酪（黄油）传入日本。1874年（明治七年），日本人在美国人丹的指导下首次在函馆的农事试验场尝试生产黄油。放眼现代的欧洲各国，法国北部、德国、荷兰、英国和北欧属于“黄油文化圈”，而法国南部、西班牙、葡萄牙、意大利和希腊属于“橄榄油文化圈”。黄油有诸多分类标准。可按“是否借助乳酸菌发酵”分为①发酵黄油（有独特的香味和酸味，在欧洲备受欢迎，但不耐储藏）和②非发酵黄油（又称甜黄油，符合美国、日本的口味）。也可按“是否添加1%—2%的盐”分为①有盐黄油（最普遍，风味佳）和②无盐黄油（更适合用于糕点、面包和菜品）。日本的黄油基本都是有盐甜黄油。黄油的烹饪特性如下：①脂类含量达80%，富含低级饱和脂肪酸；②乳化脂肪的消化率高，消化速度也在各类油脂中首屈一指；③接触空气中的氧气、暴露在直射阳光下、高温加热会使黄油品质迅速劣化；④从营养层面看，黄油除了脂类还富含维生素A；⑤黄油融化过一次就不好吃了，因为加热会促使脂肪氧化，致使水油分离。

→牛奶→人造黄油

バタクラン

巴塔克兰

法：bataclan、ba-ta-clan

用杏仁碎、蛋、小麦面粉制作的蛋糕。“bataclan”有“麻烦的东西”“啪嗒啪嗒的噪音”之意。据说是19世纪末的糕点师皮埃尔·拉康（Pierre Lacam）的发明，以巴黎著名的巴塔克兰剧院命名。做法是杏仁碎加蛋混合均匀，再加糖、朗姆酒和面粉，调成面糊倒入模具烤制。

→蛋糕

バタークリーム

奶油霜

英：butter cream

黄油（或起酥油 shortening）加糖粉、糖浆打发而成。法语称“crème au beurre”。17世纪至18世纪，人们开始打发加入面糊的鲜奶油。有说法称法国巴黎糕点师（pâtissier）基耶（Pere）在1865年发明了这种技法。也有说法称发明者是茹安维尔（Joinville）公爵的厨师长卢蒙德，发明时间也是1865年前后。在20世纪，奶油霜成为万用糕点配料，可用作糖霜、馅料、装饰等等，在欧洲、日本都很常用。奶油霜呈柔软的奶油状，有着独特的色泽和风味，入口即化。还有先打发蛋白，再加入糖和黄油制成的蛋白霜。也有加蛋黄、牛奶的款式。加入巧克力、咖啡、洋酒、香料，可用于装饰花式蛋糕。近年来，其他类型的霜和奶油日渐崛起。

→香缇奶油

はちみつ 蜂蜜

蜂蜜

英: honey

蜜蜂从开花植物的花中采得的花蜜在蜂巢中经过充分酿造而成的天然甜物质。德语"Honig"、荷兰语"honig"和英语"honey"的词源都是古条顿语。法语"miel"的词源则是拉丁语"mel"。人类使用蜂蜜的历史可追溯到史前时代。1 万多年前（旧石器时代）的西班牙洞穴遗迹中有刻画了野生蜜蜂的壁画。古埃及第五王朝的遗迹与法老的纹章中也有蜜蜂元素。在《旧约圣经》中，埃及被描述为"流着奶和蜜之地"。在古希腊、古罗马时代，人类开始养蜂。约公元前 327 年，亚历山大大帝（B. C. 336—323 在位）远征印度，随行人员在记录中写道："士兵们在印度见到能产蜂蜜的芦苇（甘蔗）"。婚后第一个月被称为"蜜月（honeymoon）"，这是将新婚的甜蜜比作了蜂蜜的甜味。也有说法称，蜜月一词源自日耳曼民俗，新婚的第一个月要吃蜂蜜。"honey"也有"爱人、恋人"的意思。地中海沿岸有各种开花的植物，因此盛产高品质的蜂蜜。在中国古代，蜂蜜被视作长生不老药。《礼记》曰："子事父母，妇事舅姑，枣栗饴蜜以甘之。"刘歆《西京杂记》提到"闽越王献高帝石蜜五斛""高帝大悦，厚报遣其使"，其中"高帝"指汉高祖刘邦（B. C. 202—195 在位）。日本奈良时期的《日本书纪》称，7 世纪皇极天皇年间，百济太子余丰将蜜蜂放养于三轮山，但繁殖以失败告终。在中世纪，蜂蜜既是药材，也是用于糕点、烹饪的甜味剂，愈发珍贵。比较出名的蜂蜜种类有莲花蜜、洋槐蜜、荞麦蜜、苜蓿蜜等。蜂蜜的色香味视花的种类、产地而异，个人喜好也是千差万别。甜味成分为葡萄糖和果糖，占 70% 左右。富含蛋白质、乳酸、苹果酸、维生素 B、C、K，易于消化吸收，营养价值高，是不同于砂糖的甜味剂。有止咳、镇静、治疗烫伤的功效。近年来，蜂蜜针对病原菌的杀菌能力也受到了关注。

→蜂蜜蛋糕

はっか 薄荷

薄荷

英: mint

唇形科多年生草本植物。日本薄荷原产于亚洲东部，胡椒薄荷原产于地中海沿岸，留兰香（spearmint）原产于欧洲，普列薄荷（pennyroyal）原产于西亚。由此可见薄荷广泛分布于世界各地，自然生长于湿地，容易杂交形成变种。在德国、法国、英国、美国均有大规模种植。日语中又称"メハリグサ（目张草）""メグサ（目草）”。法语“menthe”、英语“mint”的词源是拉丁语“mentha”。相传古代希伯来人将薄荷叶铺在会堂地面，每踩一脚都会有扑鼻的清香。从古希腊、古罗马时代开始，人们将薄荷用作香料与药材。薄荷的名字取自希腊女神，古人认为薄荷是女神的化身。罗马有揉搓薄荷叶，用香味招待宾客的风俗。罗马士兵将薄荷普及到罗马帝国的角角落落。9 世纪，全欧洲的修道院开始在庭院中种植薄荷。据说东方品种的薄荷在 8 世纪（奈良时期）从中国传入日本，但此事尚无定论。薄荷有众多栽培品种与变种，可大致分为①东方品种日本薄荷、②西方品种胡椒薄荷、③绿薄荷 = 留兰香、④普列薄荷。特殊的香味使薄荷成为药用薄荷油、糕点、饮料用薄荷脑（薄荷醇 menthol）的原料。薄荷能为口腔带来清凉感，更有防腐性、刺激性和芳香性。日本有说法称“薄荷是牙齿的毒药，眼睛的良药”，因为薄荷的清凉感有助于缓解用眼疲劳，但它也是兴奋剂，不能吃过量。薄荷的清凉感非常适合搭配糖的甜味，是甜点、硬糖、糖果、果冻、冰淇淋、饮料不可或缺的配料。常用于朗姆酒、羊肉菜肴、沙拉、酱汁、酒精饮品和花草茶。作为药材，对头痛、牙痛、神经痛有一定的疗效。也可用于烟草、牙膏、肥皂、清凉油、化妆品，用途广泛。昭和十年前后，日本的北见地区曾一度垄断全球薄荷产量的70%，但是随着合成薄荷醇的问世，再加上二战后巴西产的廉价西方薄荷大量涌入市场，北见的薄荷工厂在 1983 年（昭和五十八年）全部关停。

→留兰香

薄荷
资料：《植物事典》东京堂出版 [251]

八角（はっかく）

八角

英：star anise

木兰科常绿乔木八角的果实，原产于中国。全球 80% 的八角产于中

国。在越南也有大规模种植。八角又称“大茴香”“大料”，日语中称“トウシキミ（唐樒）”“ハッカクウイキョウ（八角茴香）”“スターアニス（star anise）”“チャイニーズアニス（Chinese anise）”。中国自古以来将八角用于宗教仪式。16世纪，英国人将八角传入欧洲。因为香味神似茴芹，外形呈星形，故称“star anise（星形茴芹）”。据说在日本战国时期，武将在出征前用八角香熏头盔。中国西部、南部各省（如福建、广东、广西、江西）均盛产八角。八个角中各有一颗种子。香味与茴芹相似。含有挥发性的八角油、茴香烯、茴香醛（anisaldehyde）、茴香酸（anisic acid）。经干燥处理的八角是中国菜常用的调料，非常适合搭配猪肉、鸡肉、鸭肉，也可用于食材的预处理和炖菜。八角是中国人最爱的香料之一，用途非常广泛。虽然不能消除肉类的腥味，却能和烤肉味相得益彰，搭配酱油味也非常和谐。八角也是混合香料“五香粉”的核心食材。作为药材，有镇痛、治疗感冒、促进消化、健胃的功效。

→香料

バッカス

巴克斯

法: Bacchus

罗马神话中主宰葡萄和葡萄酒的神，是宙斯和忒拜（Thebes）公主塞墨勒（Semele）之子。对应希腊神话的狄俄尼索斯。由仙女抚养长大，也是主宰成长的神。相传他带着醉酒的随从，驾驶狮虎拉的车来到人间，将种植葡萄、酿造葡萄酒的方法传授给凡人。“bacchus”也有“醉酒发狂、大喊大叫”的意思。

→狄俄尼索斯→葡萄→葡萄酒

ハッシュドビーフ

红烩牛肉

英: hashed beef

牛肉、洋葱炒过以后加肉汁（gravy）、多明格拉斯酱汁、西红柿炖成。发明经过不详。“hash”有“把肉切碎”的意思。日本的林氏盖饭（ハヤシライス）就是红烩牛肉的变体，以面粉勾芡，搭配米饭享用，在明治末年逐渐受到欢迎，是一种发展路线不同于咖喱饭的日式西餐。

パッションフルーツ

百香果

英: passion fruit

西番莲科草质藤本植物，原产于巴西南部。在热带、亚热带各地均有种植。日语中又称“トケイソウ（时计草）”“クダモノトケイソウ（果物

时计草）”“蔓木瓜”。“passion”并非“热情”之意，最早特指耶稣受审后在十字架上死去的一系列过程。百香果的花有12片花瓣，让人联想到被钉上十字架的耶稣的十二使徒。中央的雌蕊象征耶稣基督的荆棘王冠。16世纪，西班牙人入侵南美，首次见到这种花的基督教修士大喊“这是受难（passion）花”，因此得名。在传教的过程中，百香果也发挥了一定的作用。1960年（昭和三十五年），日本在冲绳首次尝试种植百香果。果实多汁，富含核黄素、烟酸、维生素C。除了生吃，还能制成果汁、糖浆、果酱、果冻、调味汁、果子露和糖果。有独特的甜味、苦味和浓烈的香味。

はっちん

八珍

中国菜系顶级山珍海味。周代《周礼》曰：“凡王之馈，食用六谷，膳用六牲，饮用六清，羞用百有二十品，珍用八物，酱用百有二十瓮。”八珍的内容随时代逐渐演变。北宋陆佃所著辞书《埤雅》称八珍为八种动物，即“牛、羊、麋、鹿、麇、豕、狗、狼”。元代《南村辍耕录》云：“所谓八珍，则醍醐、麝沆、野驼蹄、鹿唇、驼乳麋、天鹅炙、紫玉浆、玄玉浆也。”新加入的骆驼、鹿、马颇具游牧民族的特色。明代出现了海八珍的概念，包括至今仍是高档食材的燕窝、鱼翅和海参。在宫廷美食开花结果的清代，八珍分化为四大珍，即山八珍、海八珍、禽八珍、草八珍，共32种。顺便一提，海八珍为“燕窝、鱼翅、大乌参、鱼骨、鲥鱼、海参、龙筋、鲍鱼”。

→燕窝→鱼翅→干海参

パテ

肉派

法：pâté

有盖的派，馅料中有肉。用派皮包裹食材后烤制而成。对应英语“pie”。制作肉派的初衷是用面皮裹住肉，防止鲜味在加热过程中流失，早在古罗马时代就已出现。14世纪（中世纪）的烹饪书籍中也提到了各种肉派。能连面皮一起吃的“酥皮”诞生后，费时制作派皮成为一种流行。制作肉派和糕点的人被称为“糕点师（pâtissier）”。总的来说是用派皮包裹肉、河海鲜、蔬菜、水果，送入烤箱加热而成的糕点（pâtisserie），有冷、热两大类。可用于派的食材种类繁多，包括野味（雉鸡、山鹑、云雀、野兔）、肉类（小牛肉、猪肉、羊肉、火腿）、河海鲜（鲈鱼、贻贝）、蔬菜（土豆、南瓜、洋葱）、水果（苹果）等。

→派→糕点

パティ

肉饼

英: patty

夹入汉堡圆面包的肉制品。上世纪10年代，肉饼随德国移民传入北美，催生出了以肉饼为夹心的汉堡包。

→汉堡包

パティスリ

糕点

法: pâtisserie

以小麦面粉为主要原料的点心的统称。古法语"pastitz"在13世纪中期演变为"pâtissier"，14世纪初变为"pâtisserie"。英语称"pastry"，包括蛋糕、派、饼干等。日语中统称为"洋菓子(西点)"。"pâtisserie"原指制作用面皮包裹后烤制而成的菜品和糕点的作坊和人。随着时代的演变，糕点日趋多元，发展出了用面皮包裹各类食材的技术。

→派→肉派→面团→挞

パテント粉

专利粉

英: patent flour

最早在美国成功提取的高品质小麦面粉。1854年，美国人威斯特拉普发明了清粉机(purifier)。这种装置简化了麦粒的去皮工序，显著提升了小麦面粉的品质。清粉机取得专利后，用它加工而成的面粉统称"专利粉"。专利粉可分为①出成率70%的标准专利粉(standard patent)、②出成率75%—76%的长专利粉(long patent)。分离出高等级面粉后即为短专利粉(short petent)，不分则是长专利粉。

→制粉

鳩

鸽

英: pigeon

鸠鸽科鸟类的统称，共有600余种，分布于世界各地。法语和英语"pigeon"的词源是拉丁语"pipire(哔哔叫)"。《旧约圣经》的诺亚方舟部分提到了衔回橄榄枝的鸽子，因此鸽子被视作和平的象征。早在古希腊、古罗马时代，鸽子就被视作圣鸟，用于送信。约公元前2600年，埃及率先饲养食用肉鸽。在法国，晚秋到冬季是山斑鸠(*Streptopelia orientalis* 山鸠)最美味的季节，原本偏柴的肉质会变得肥美。乳鸽肉质柔软，一个月大的乳鸽称"pigeonneau"，是受欢迎的食材，常用于烤乳鸽、炖菜和糖渍鸽肉。葡萄牙、埃及都有用乳鸽制作的名菜。在中国菜系中，鸽肉常用于熬汤和炒菜。最具代表性的菜肴有炸乳鸽、炒鸽松等。日本也有山斑鸠，是常见的猎物。

パート

面团

法: pâte

古希腊语“paste（小麦面粉制作的面团）”演变为拉丁语“pasta”，最后变为英语“pastry”和法语“pâte”。范围比英语“dough（以小麦面粉等谷物粉为主的面团）”更广，面包、蛋糕的面团自不用说，用杏仁粉和糖而非小麦面粉揉成的面团以及鱼泥也称“pâte”。在英语中用“batter（用于糕点、天妇罗的稀面糊）”“dough（用于面包、面食的面团）”和“pastry（面糊）”加以区分。

→派→意面→糕点

バナナ

香蕉

英: banana

芭蕉科多年生草本植物，原产于东南亚，在世界各地的热带地区均有种植。香蕉自古以来为人类所熟知，亚当与夏娃的传说中也提到了香蕉。英语“banana”来自西班牙语、葡萄牙语的“banana”。该词原为非洲刚果和几内亚土著沃洛夫人（Wolof）对香蕉的称呼，“banana”是香蕉树的果实，“banano”指“香蕉树”。1563年，德·奥尔特（De Orte）将该词引进西班牙语和葡萄牙语。也有说法称词源为梵语“巴拉那普夏”、阿拉伯语“mauz（香蕉）”。公元前3世纪至2世纪的印度佛教经典提到了“kadali（香蕉）”。甚至有人认为《旧约圣经·创世纪》中提到的伊甸园智慧果其实是香蕉。相传公元前323年，亚历山大大帝（B. C. 336—323在位）在印度河（Indus）上游品尝了香蕉。各种证据显示，早在印度河文明诞生前，人类就已经开始吃香蕉了。约15世纪，葡萄牙人从西非几内亚带回香蕉，香蕉就此传入欧洲。第一个见到香蕉的日本人成谜。1860年（万延元年 幕末），村垣淡路守范正作为副使前往美国军舰波瓦坦号（Powhatan）签署日美修好通商条约，他在航海日志中夸赞香蕉的美味，还留下了香蕉和菠萝的图画。果指一一分开，层层叠叠挂在枝头的景象蔚为壮观。红紫色的花凋谢后3个月即可收获，一年四季结果。香蕉花富含核黄素（Riboflavin）、烟酸，干燥处理后可以炒、煮。在日本，香蕉的定位是“水果”。但是在香蕉的产地，人们将香蕉视作主食，用于烹饪。加热后食用的香蕉富含淀粉，未熟透的香蕉煮、炸后不再有涩味，口感神似番薯。涩味来自果肉的筋。用于生吃的未成熟香蕉即便加热也无法去除涩味。然而熟透的香蕉易腐坏，所以作为商品在市面上流通的都是生香蕉，用乙烯气体催熟，去除涩味，便会产生香味，但美味程度终究比不上产地的熟香蕉。香蕉的水分较少，碳水含量高，营养价值高。一旦放进冰箱，低温会使脆弱的香蕉表皮细胞冻伤而破裂，产生褐变。除了生吃，香蕉也常用于沙拉、油炸馅饼、炸香蕉、蛋糕和果汁。还能加工成香蕉干、香蕉片。

馬肉（ばにく）

马肉

英: horse meat

马科哺乳类动物"马"的肉。日语中也称"桜肉（さくらにく）""ケトバシ""けっとばし"（蹴飛ばし＝踹飞）。相较于牛肉和猪肉，马肉并非常用的食材。一方面的原因在于马是摩西十诫中禁止食用的动物，所以以圣经为圣典的犹太教徒、基督徒等不吃马肉，另一方面的原因则是马常用于交通、运输和农业，是重要的使役动物。在法国，人们几乎不吃马肉。据说拿破仑时代的军医多米尼克·桑·拉利（Dominique-Jean Larrey）曾让伤兵喝马肉清汤。马肉可生吃，无需担心寄生虫，所以在匈牙利和德国是制作鞑靼生肉的珍贵食材。日本江户后期出现了售卖炖马肉的餐饮店，但没有引起老百姓的关注。马肉富含蛋白质与糖原，脂类含量低，是一种较为健康的兽肉。

→鞑靼生肉

ハニーケーキ

蜂蜜蛋糕

英: honey cake

一种加有蜂蜜的曲奇。历史可追溯到砂糖尚未诞生的时代。古埃及法老与贵族爱吃小麦面粉、蜂蜜加奶制成的蜂蜜蛋糕。在古罗马时代，人们在庆祝新年和农神节（saturnalia）时制作用茴芹增添香味的蜂蜜蛋糕，做成动物与人的样子，用作供品。随着基督教的推广，养蜂的习惯普及到欧洲全境。在法国，修道院制作的蜂蜜蛋糕格外珍贵。还有加入丁香、锡兰肉桂、杏仁、迷迭香、柠檬皮的各式蜂蜜蛋糕。蜂蜜蛋糕的保质期较长。基本做法是小麦面粉加蜂蜜、砂糖、蛋、牛奶和香料，混合均匀后擀成薄饼，用模具抠成圆形烤制即可。也有只用小麦面粉或用小麦面粉和黑麦面粉制成的蜂蜜蛋糕。瑞士、比利时等地的蜂蜜蛋糕最知名。

→结婚蛋糕→蛋糕→蜂蜜

馬乳酒（ばにゅうしゅ）

马奶酒

→马奶酒（kumiss）→奶酒

バニラ

香荚兰 / 香草

英: vanilla

兰科常绿攀援植物 *Vanilla planifolia*，原产于墨西哥。日语中也称“ワニラ”“バニリン”。可在中美洲到巴西、西印度群岛等地生长。法语“vanille”、英语“vanilla”的词源有多种说法，包括西班牙语“vainilla（香荚兰）”、拉丁语“vagina（豆荚）”。果实形似剑鞘。1518 年，西班牙总督埃尔南·科尔特斯（1485—1547）征服了墨西哥阿兹特克王国，得知国王日常饮用加有香荚兰的巧克力，便将这种饮品带回欧洲，献给国王查理一世。当时的香荚兰是为巧克力增添风味的配料，随着巧克力一同普及到欧洲各地。法国人将香荚兰移栽至王室菜园的温室，之后又在波本岛（留尼汪岛）开展人工种植。未成熟的绿色果实“香荚兰豆”发酵后产生香味。进行干燥处理后碾碎，以酒精萃取，便成了香草精。香荚兰的香味受全球各国人民的喜爱，广泛应用于冰淇淋、卡仕达酱、奶油霜、布丁、蛋糕、饼干、糖果、巧克力和饮料。香荚兰的甜香可强化砂糖的甜味。市面上还有耐加热的香荚兰油，更适合曲奇等需要烤制的糕点。香荚兰豆的收获与加工费时费力，所以相关产品价格高昂，不过也有廉价的合成香草精可供选择。香荚兰的香味成分是香草醛（vanillin），可用丁香油中的丁香酚（eugenol）合成。

→香料

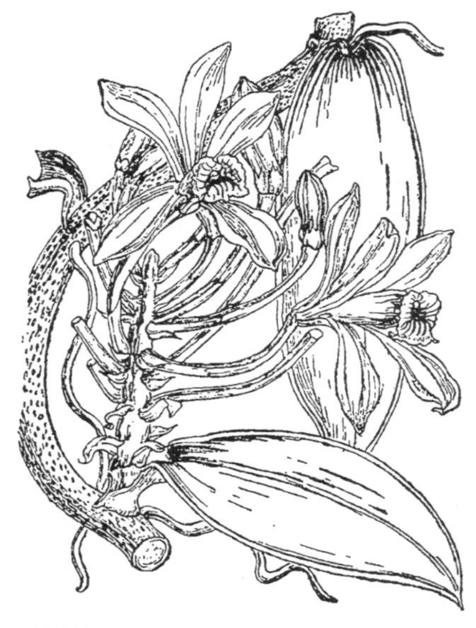

香荚兰
资料:《植物事典》东京堂出版[251]

パヌケ

松饼

法: pannequet

用平底锅或铁板烤制的松饼。

词源为英语“pancake”。据说最先使用这个词的人是19世纪初的格里莫·德拉·雷尼埃（Grimod de la Reynière）。有咸、甜两种。

→可丽饼→松饼（pancake）

パネトーネ

潘妮朵尼

意: panettone

诞生于意大利米兰的甜面包。日语中也写作“パネットーネ”“ミラノ風カステラ（米兰式长崎蛋糕）”“フルーツブレッド（fruits bread）”“ミラノのドーム型ケーキ（米兰拱形蛋糕）”“トニーのパン（托尼的面包）”。“pane”即意大利语“面包”。“panettone”指大面包块。据说潘妮朵尼出现于公元3世纪。也有说法称发明者是16世纪的米兰糕点作坊“Ugueto”。作坊主名叫“托尼”，所以这种面包被称为“托尼的面包”。潘妮朵尼的口感介于面包与蛋糕之间，保质期长达数月。意大利人一遇到喜事就会在家中制作这种面包。“圣诞树潘妮朵尼（panettone di natale）”更是受欢迎的圣诞糕点。制作方法是高筋粉加砂糖、黄油、蛋黄和麦芽，混合发酵后装入圆筒形模具烤制。可加入杏仁、葡萄干、柠檬皮、橙皮。潘妮朵尼有下列特征：①小麦面粉要充分熟成90天以上；②使用米兰近郊的科莫湖出产的天然酵母；③为强化天然酵母的品质，需用酸奶、水、小麦面粉调成的基质使酵母充分发酵熟化，然后再加面粉、砂糖和麦芽。最好使用反复发酵多次的老面进行长时间发酵；④黄油、蛋黄的用量大；⑤有特殊的香味。

→意大利面包→圣诞蛋糕

ババ

巴巴

法: baba

用发酵过的萨瓦兰面糊制作的法式糕点。被认为是萨瓦兰蛋糕的原型。

→萨瓦兰蛋糕

パパイア

番木瓜

英: papaya

番木瓜科乔木，原产于美洲热带。日语中也称“パパヤ”“パパイヤ”“チチウリ（乳瓜）”“木瓜（もっか）”“パウパウ（pawpaw）”。在全球热带、亚热带地区广泛种植。英语“papaya”、法语“papaye”的词源有多种说法，包括西班牙语“papayo（番木瓜树）”、西印度群岛的加勒比语“papaya”。16世纪初，西班牙探险家在西印度群岛

发现了番木瓜，带回欧洲。西班牙语称“mamao”，意为“母亲、乳房”，指“流出白色乳汁的水果”。西班牙人首次见到番木瓜时的感想也体现在了这一名称中。1895年（明治二十八年）传入日本。熟透的果肉呈黄色～红色，多汁柔软，有独特的甜味与带有南国色彩的香味。果肉中央的黑色种子令人印象深刻。富含维生素A、C、β-胡萝卜素、钙和铁，营养价值高。在产地常用于婴儿辅食。番木瓜是一种罕见没有酸味的水果，非常适合搭配柠檬、青柠、四季橘（calamondin）。常用于甜点、果汁、奶昔、果子露、布丁、派、果酱、果冻。未成熟的绿色果实含有大量木瓜酶（papain），能分解蛋白质，表面划伤时会分泌白色乳汁。未成熟的番木瓜可按蔬菜处理，做法同瓜，常用于沙拉、炒菜和西式腌菜。和肉一起炒，肉会迅速变软。搭配水牛肉也非常和谐。

ババロア

巴伐露

法: bavarois

牛奶、砂糖、蛋、打发的鲜奶油搅拌均匀，加入果汁与香料，最后用明胶定型的冷点。口感比普通果冻、琼脂更顺滑。日语中又称“バヴァロア”“バーバリアンクリーム（巴伐利亚奶油）”。在法语中，巴伐利亚/拜仁称“bavarois”，所以这个词意为“巴伐利亚地区的糕点”。16世纪，德国南部的巴伐利亚地区有一种叫“巴伐露斯”的热饮，用牛奶和糖浆制成，被认为是巴伐露的原型。又称“巴伐利亚奶酪”。据说法国厨师安东尼·卡瑞蒙（1784—1833）用鲜奶油、明胶发明了现代人熟知的巴伐露。也有加桃子、草莓、巧克力、咖啡、洋酒的款式。

→卡瑞蒙→甜点→巴伐露斯

ババロワーズ

巴伐露斯

法: bavaroise

以蛋黄、糖、糖浆、牛奶、红茶、朗姆酒、樱桃酒为原料，添加香草、柠檬香味而成的饮品。日语中也写作“バヴァロワーズ”。17世纪末，德国巴伐利亚地区的王公贵族非常爱喝这种饮品。18世纪初传入巴黎，大获好评。

→巴伐露

パピヨット

纸包

法: papillote

用蜡纸、铝箔纸包裹肉、鱼等食材，以高温烤制而成的菜肴。拉丁语“papilio（蝴蝶）”演变为中世纪法语“papillot（小蝴蝶）”，最后变成法语“papillote”。这种加热烹饪手法诞生于19世纪初，旨在锁住食材的风味与香味。纸上要涂抹黄油或其他油脂，防止漏气。纸包的形状神似蝴蝶翅膀，因此得名。

→西餐

ハーブ

香草

英: herb

叶、花瓣、根茎可用作食材、药材和香料的植物。日语中也写作“香り草”。英语“herb”和法语“herbe”的词源是拉丁语“herba（药草）”。香草的历史始于分布于地中海沿岸的唇形科、伞形科香味野草，人们将其用作药材，或是为菜品增添香味的调料。在古希腊、古罗马时期，人称“silphium”（译注：一种大茴香）的香草成为珍贵的调味料。牛至、鼠尾草、香薄荷、百里香、罗勒、马郁兰、迷迭香受到欢迎。阿比修斯的《古罗马食谱》中提到了加有香草的酱汁。在中世纪，人们用香芹、百里香、薄荷、大蒜、醋、芝麻、盐、葡萄酒等材料混合而成的绿色酱汁为肉菜调味。在中世纪的欧洲，人们在修道院的花园种植香草，为烹饪服务的香草园广泛流行。现代人熟知的大量西餐菜肴都离不开香草。16世纪，人称“tisane”的花草茶备受欢迎，用热水冲泡迷迭香、洋甘菊、鼠尾草、百里香等香草，再加入蜂蜜、柠檬即可。1652年，英国人艾萨克·沃尔顿（Izaak Walton）在《垂钓大全》（1653）中介绍了佐以香草的鳗鱼菜肴。在古代中国，香草是倍受重视的药材，常用的有紫苏、薄荷、韭、姜、苜蓿、艾草、蓼等。13世纪，李杲编撰的《食物本草》介绍了韭菜和葱的功效。香草没有香料那般强烈的辣味与苦味。但是站在嗜好和味觉的角度看，它们都是美食不可或缺的组成部分。常用的香草有百里香、鼠尾草、细叶芹、牛至、香芹、茴香、龙蒿、柠檬草、薄荷、香薄荷、虾夷葱、琉璃苣、香菜、蒲公英、迷迭香、罗勒、莳萝、月桂、龙蒿、豆瓣菜、三色堇、康乃馨等。作为药材，有增进食欲、促进消化、调理肠胃、稳定心神、解毒、美容的功效。常见的花草茶有椴树花茶、洛神花茶、洋甘菊茶、胡椒薄荷茶、混合水果茶等。

→茴芹→欧白芷→茴香→龙蒿→酸模→牛至→甘草→葛缕子→月桂树→虾夷葱→留兰香→香薄荷→百里香→细叶芹→莳萝→罗勒→香芹→薄荷→花草茶→牛膝草→葫芦巴→香料包→琉璃苣→薰衣草→柠檬草→香蜂草（lemon balm）→迷迭香

パフェ

芭菲

英: parfait

一种冰点。英语“parfait”的词源是法语“parfait”。英语中也称“perfect fruit ice cream”。据说由20世纪初诞生于法国的水果慕斯演变而来。后来，人们为了缩短制作时间把慕斯改成了冰淇淋。在英国、美国和日本，人们经常用细长的玻璃杯装芭菲，冰淇淋、果子露、掼奶油、巧克力酱层层相叠，再用水果、谷物片、坚果、咖啡果冻装饰。也有巧克力芭菲、草莓芭菲、水果芭菲等款式。

→圣代→冻糕

ハーブティー

花草茶

英: herb tea

像冲泡红茶一样，用经过干燥处理的香草泡成的饮品。古希腊医师希波克拉底认为花草茶有药效，为病人开的处方中也有香草。在医学尚不发达的古代到中世纪，花草茶是重要的土药，不同的花草茶功效各异。常用的香草有玫瑰、薄荷、薰衣草、迷迭香等。当时人们更期待花草茶的药效，享受香味是次要的。

→香草→薰衣草→香蜂草

パプトン

僧帽饼

法: papeton

发祥于法国普罗旺斯地区阿维尼翁的点心，蛋、茄子泥、牛奶、大蒜搅拌均匀后倒入台形模具（monqué）烤制而成。14世纪，阿维尼翁出身的罗马教皇（pape）酷爱煎鸡蛋，教皇的帽子又和高僧的三重冠相似，于是人们便将这款主要用鸡蛋做成的点心称为“papeton”。

→西餐

パプリカ

彩椒

英: paprika

茄科多年生草本植物，属于椒类，原产于南美。在匈牙利、西班牙、保加利亚、美国均有种植。英语和法语“paprika”的词源是匈牙利语“papriko（胡椒味的汤）”。15世纪，哥伦布将伊斯帕尼奥拉岛的辣椒（capsicum pepper）带回西班牙。16世纪，奥斯曼帝国入侵印度的葡萄牙殖民地，将辣椒带回土耳其。欧洲大远征也促使辣椒传入匈牙利。匈牙利对其进行品种改良，催生出了没有辣味、颜色鲜艳的新品种，称“土耳其辣椒”。后来在匈牙利语中改称“彩椒”。匈牙利也成为彩椒的消费国家，没有彩椒就没有今天的匈牙利菜系。17 世纪，彩椒普及至欧洲、亚洲和非洲，在世界各地演化出各种各样的新品种。同样原产于南美的红辣椒有强烈的辣味，但彩椒几乎不辣。1937 年，匈牙利科学家阿尔伯特·圣捷尔吉（Albert Szent-Gyorgyi）成功从彩椒中提取出维生素 P，即生物类黄酮（Bioflavonoid），荣获诺贝尔奖。彩椒品种繁多，可大致分为①熟透、吃果皮的甜彩椒（sweet）和②混有种子的辣彩椒（hot），加工成粉末后在市场流通。彩椒富含维生素 C、E，前者的含量甚至高于柑橘类水果。后者用于油有防氧化的效果。加入彩椒可为菜品染上红色，增添温润的香味。红色来源于类胡萝卜素，香味则来自 Z-甲氧烷基吡嗪。红色素易溶于油，热稳定性佳。用途广泛，常用于沙拉、汤、炖菜、土豆、调味汁、番茄酱、肉菜和河海鲜。在日本料理、西餐和中国菜中均可使用。匈牙利炖牛肉更是充分发挥了彩椒的特长。

→香料→辣椒→匈牙利炖牛肉

バーベキュー

烧烤

英：barbecue

发祥于美国的野外用餐形式，直接用火烤肉、河海鲜与蔬菜，边烤边吃，颇有野趣。英语和法语“barbecue”的词源是西裔海地原住民在烹饪时使用的木制烤架“barbacoa”（用细木条搭建）。在美国简称“Bar-B-Q”或“BBQ”。17 世纪，这种烹饪手法通过西班牙人传入墨西哥和美国南部（弗吉尼亚）。美国南部主要用猪肉，西北部多用牛肉。烧烤酱又称“牛仔酱”，是用伍斯特沙司、辣味番茄酱、塔巴斯科辣酱、芥末、醋混合而成的辣味酱汁。烧烤就此成为美国西北部原住民和牛仔钟爱的烹饪形式。最原始的烧烤是打到鸟兽之后在户外整只烤制。后来，人们养成了为增进感情举办室外派对的习惯，于是烧烤也逐渐普及到了世界各地。

→美国菜系

バーボンウイスキー

波本威士忌

英：bourbon whiskey

发祥于美国肯塔基州波旁镇的玉米威士忌，美国威士忌之一。“波旁”这一地名取自法国的波旁王朝。据说在美国独立战争之后的 1789 年，牧师埃里亚·克雷格（Elijah Craig）率先在肯塔基州波旁镇用玉米生产威士忌。19 世纪初，肯塔基州的农园大多配备小型蒸馏器，用于制造供自家饮用的威士忌。当时威士忌也作为货币，用于物物交换。相传亚伯拉罕·林肯（1809—1865）和家人带着木匠工具和几桶威士忌从肯塔基州迁往印第安纳州，坐木筏穿越俄亥俄河时中途遇难，痛失全部家当，唯独酒桶漂在水面，最后找了回来。1933年，政府废除禁酒法，用玉米、黑麦、黑麦麦芽、小麦、大麦麦芽生产的美国威士忌应运而生。纯波本威士忌（straight bourbon whiskey）指①在肯塔基州波旁镇生产、②玉米含量为51%—79%、③酒精含量在40%以上、④用烧焦的白橡木桶陈酿2年以上的威士忌。与其他产地的威士忌混合而成的产品称波本酒或混合波本威士忌（blended bourbon whiskey）。特有的焦味和醇香不同于用大麦麦芽酿造的麦芽威士忌。

→美国威士忌→威士忌

蛤（はまぐり）

文蛤

英: clam

帘蛤目帘蛤科双壳贝 *Meretrix lusoria*。分布于浅滩海岸。日耳曼语“klam（收紧）”演变为英语“clamp”、法语“clam”，最后变为英语“clam”。1917年，美国文蛤被引进法国，进行人工养殖。独特的鲜味来自琥珀酸。在法国，人们习惯淋柠檬汁生吃，或裹上面包屑油炸。美国人喜欢用奶油炖着吃，或者做成蛤蜊浓汤。波士顿郊外产的“cherry stone（小圆蛤）”形似文蛤，鲜美无比。在中国常用于炖菜、蒸菜和炒菜，文蛤酿肉是一道名菜。会利用到干贝。

→蛤蜊浓汤

ハム

火腿

英: ham

原指猪腿肉，后引申为盐渍猪腿肉的烟熏制品。代表火腿的德语“Schinken”也是猪腿肉的意思。英语“ham”的词源有两种说法，分别是古英语“ham、hamm/腿肉”和日耳曼语“xam（弯曲的）”。法语“jambon”的词源则是拉丁语“gamba（脚）”。火腿、香肠的历史可以追溯到古希腊、古罗马时代。据说当时就已经有盐渍、烟熏而成的肉制品了。也有说法称生火腿是会养猪的高卢人的发明，为了把猪肉卖给罗马人，他们烟熏了盐渍猪腿肉。8世纪荷马所作的《奥赛德》中提到了“将肉糜填入肠衣（香肠）”。罗马人将火腿用于宴会和远征军的军粮。11世纪，为攻打奥斯曼土耳其，夺回基督教的圣地，人们组织了十字军，而火腿和香肠也被纳入了军粮。十字军东征失败后，骑士们便将火腿、香肠带回了欧洲各地。当时的德国文献中提到了香肠。12世纪至13世纪，欧洲各地都出现

了手工制作的火腿和香肠。巴黎圣母院广场的“火腿市场”是从中世纪延续至今的传统。在那个时代，衡量一个家庭是否富有的标准正是“家中有多少火腿”。中国的火腿出现在 10 世纪（宋代），用整条猪腿腌制而成。生猪肉易腐败，加工成火腿不仅为猪肉注入更丰富的风味，还能有效延长保质期。做法是加硝石、硝酸钾、亚硝酸钠和糖，烟熏用盐腌过的猪肉，再进行烹煮。火腿可根据猪肉的部位与制作方法大致分为：①带骨火腿、②去骨火腿（boneless ham）、③肩肉火腿（shoulder ham）、④肩腰肉火腿（和制英语 roast ham）、⑤用肩肉、肩腰肉做成的 lachs 火腿、⑥廉价实惠的压制火腿（pressed ham）。各民族、各地区的火腿五花八门。“bacon（培根）”相当于中国的熏肉，“ham”对应火腿。火腿不仅能用于头盘和三明治，还有各种用途，堪称万能食材。搭配水果也非常和谐，催生出各种经典组合。比如意大利生火腿（prosciutto）适合搭配甜瓜，美国人爱吃的火腿排适合搭配菠萝，中国菜糖醋猪肉也可以加菠萝。菠萝含有木瓜蛋白酶（papain）。1874 年（明治七年），英国铁路技师威廉·柯蒂斯（William Curtis）在横滨户冢尝试生产火腿，为日后的“镰仓火腿”奠定了基础。

→香肠→生火腿→火腿（フォトイ）→猪肉→培根→约克火腿

ハモンセラーノ

塞拉诺火腿

西: jamón serrano

发祥于西班牙山区的干型生火腿。在西班牙语中，“jamón”是“猪腿肉”，“serrano”则是形容词“山的”，合起来就是“山的火腿”。早在古希腊时期，用盐腌制肉、鱼的技术就在伊比利亚半岛发展了起来。在古罗马时期，西班牙山区的塞拉诺火腿更是美食家的最爱。15 世纪的西班牙女王伊莎贝拉一世（1474—1504 在位）钟爱塞拉诺火腿。它也是哥伦布（1451—1506）大航海期间不可或缺的粮草。在伊莎贝拉女王的助力下，西班牙的生火腿普及到欧洲各地。米格尔·塞万提斯（Miguel Cervantes）的《堂吉诃德》也提到了生火腿。罗西尼（1792—1868）也非常爱吃塞拉诺火腿。直到今天，西班牙人最向往的依然是斗牛士、足球运动员、顶级塞拉诺火腿和派对。伊比利亚猪的后脚放血后用盐腌制，整条处理成火腿，暴露在比利牛斯山脉的冰雪与阳光下，熟成、干燥 1 年。脂肪呈蜂蜜色，咸味溶入蛋白质，滋味鲜美无比。安达卢西亚的哈武戈（Jabugo）、格拉纳达山区的蒙坦切斯村（Montanchez）也盛产塞拉诺火腿。相较于普通的火腿，塞拉诺火腿不需要加热，也没有烟熏工序。前脚制成的生火腿称

"paleta"。用整条腿加工而成，切片后立刻用手撕开享用。非常适合搭配西班牙特产的葡萄酒和雪莉酒。意大利的生火腿偏阴柔，相较之下，塞拉诺火腿更为阳刚。比起搭配甜瓜和无花果，直接享用更美味，有独特的口感和鲜味。可用于汤和炖菜提鲜。西班牙有许多名牌香肠。比如用猪红肉制作的口利左香肠、猪血肠"Morcilla"、美味绝伦的伊比利亚猪里脊熏肠"Lomo Embuchado"等。

→德国猪脚→生火腿

ばら

玫瑰

英: rose

蔷薇科双子叶植物。法语和英语"rose"的词源有若干种说法，包括拉丁语"rosa（玫瑰）"、希腊语"rhódon"等。玫瑰自古以来就是观赏植物，更是药材、食材与香料。花、果可为菜品增甜香味，加工成花草茶。花瓣可糖渍，可加工成果和糖果。玫瑰提取的精油常用于冰淇淋和利口酒。

パラチンケン

薄煎饼

德: Palatschinken

发祥于奥地利的甜点，是松饼、可丽饼的同类。也有说法称薄煎饼的源头在匈牙利。做法是小麦面粉加蛋、牛奶调成面糊，倒在铁板（平底锅）上煎成饼状。可卷入喜欢的配料享用。

→甜点

バラディー

巴拉迪

英: balady

阿拉伯地区（包括埃及、黎巴嫩、约旦等）的面包，又称"阿拉伯面包"。将老面揉入面团发酵，擀薄后用高温迅速烤制，成品呈中空的袋状，可填入自选食材。耐储藏，外皮不容易变硬。中近东也有扁平的袋状面包"皮塔饼（Pita bread）"，传入美国后演变成了"口袋面包（pocket bread）"。

→面包→皮塔饼

婆羅門参（ばらもんじん）

婆罗门参

英: oyster-plant、salsify

菊科二年生草本植物，原产于地中海沿岸、亚洲温带地区。日语中又称"西洋牛蒡"。法语称"salaifis"。人工种植的历史可追溯到古希腊时代。嫩芽常用于沙拉、油炸食品，根可弱化肉腥味，常用于奶油炖菜、汤炖菜、黄油拌菜。

パリ祭

巴黎节

7 月 14 日法国大革命纪念日（国庆节），在日本称“巴黎节”。1789 年 7 月 14 日爆发的法国大革命将路易十六（1774—1792 在位）赶下王位，推翻了波旁王朝，民主主义取代了专制的宫廷政治。饥肠辘辘的市民涌向凡尔赛宫，王妃玛丽·安托瓦内特却说：“那他们干吗不吃蛋糕？”激愤的市民将她送上了断头台。原本为王公贵族服务的优秀厨师与糕点师分散到各地，开设餐厅与糕点店，法餐与法式糕点就此走向全世界。

パリジャン

巴黎人

法：parisien

一种法棍。诞生于巴黎，后普及到各地。比普通法棍更粗，在普罗旺斯地区称“restaurant”。“parisien”有“巴黎男人”的意思。“巴黎女人”是“parisienne”。这个词也指“巴黎的”，常用于古典菜式的名称，如“巴黎丽人酱汁（parisienne sauce）”。

→法国面包

パリ・ブレスト

巴黎车轮泡芙

法：paris-brest

法国的环状泡芙类糕点。因形状又称“ring choux”。将泡芙面糊挤成环状，撒上杏仁薄片后烤制，烤好后切成上下两片，填入果仁奶油（praline cream），最后撒上糖粉即可。市面上有大小各异的车轮泡芙。据说在 1891 年举办巴黎-布雷斯特（Brest）自行车赛时，巴黎糕点店发明了这款以自行车轮为原型的糕点。也有说法称，车轮泡芙模仿的是火车的动轮，为纪念 1909 年巴黎-布雷斯特之间通火车。

→泡芙

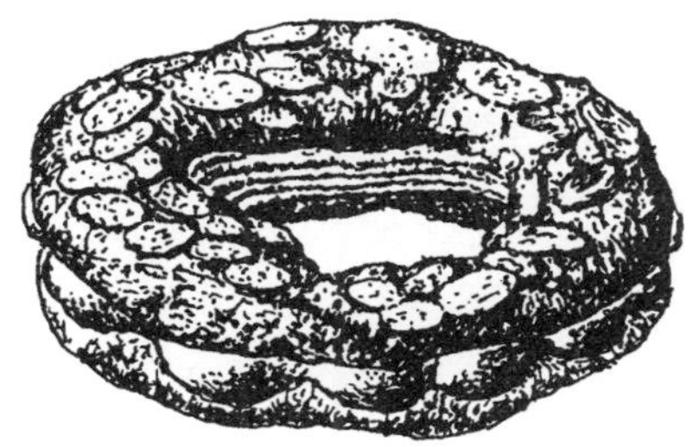

巴黎车轮泡芙

资料：《糕点辞典》东京堂出版 275

バルガー

布格麦

英：bulgar

在中近东、北非流传数千年的小

は

麦加工法。《旧约圣经》中提到了希伯来语“arisah”，意为“面团、麦粉”。小麦收获后泡水蒸煮，晒干后磨皮，剩下的胚乳部分碾碎即可。因淀粉已糊化，如此制成的面粉可直接使用。可加入磨碎的蚕豆、鹰嘴豆和牛奶蒸、煮、炸。加工法和印度的“蒸谷米（parboiled rice）”相似。布格麦有特殊的臭味，不合日本人的口味，但如此朴素的谷物加工法流传于小麦的发祥地及其周边这一点着实耐人寻味。布格麦有下列特征：①小麦颗粒中的酶因加热失活，可长期储藏；②表皮的营养成分渗入胚乳，营养价值高；③不形成麸质，无法加工成面包等面粉制品。

→小麦

バルサミコ酢（す）

巴萨米克醋

意: aceto balsamico

发祥于意大利北部摩德纳（Modena）的酿造醋，有香膏（balsam树干分泌的树脂、精油混合物）的香味。葡萄汁熬煮后灌入橡木桶，熟成5至10年即可。液体呈暗褐色，有醇厚的香味。据说巴萨米克醋在意大利北部有千余年的历史，曾被用作补药和媚药。从19世纪开始用作调味料。常用于调味汁、酱汁等等，是意大利菜系不可或缺的调味料。有缓解咽炎、声音嘶哑、疲劳的功效。

→醋→调味料

春雨（はるさめ）

粉丝

东南亚传统高级豆制品。日语中称“春雨”“豆面（唐面、冻面）”。中文也称“粉条”“粉条子”。法语称“vermicelles chinois（中国细面）”。发明经过不详。豆子制成的圆形薄饼称“粉皮”。绿豆、蚕豆、豌豆都能加工成粉丝。绿豆是豆科一年生草本植物，原产于印度。绿豆泡水后用石臼磨碎，分离出淀粉液，使其中的一半糊化，再与另一半混合，用压面器压成面线状，煮沸后晾干。粉丝是山东、云南、四川的特产，历史可追溯到17世纪中期（明末清初）的龙口粉丝尤其知名。常用于冷菜、汤菜。最具代表性的粉丝美食有银丝滑蛋、粉丝炒肉、猪肉炖粉条等。日本的粉丝用土豆、番薯地下茎中的淀粉制成，以热水使淀粉部分糊化，揉成面团，再用压面机压成面线状，煮沸后冷却，冷冻干燥。粉丝有下列特征：①白皙细腻、干燥彻底的产品为佳；②用热水泡发会变得白浊，用冷水泡发才透明；③泡到彻底去除明矾的涩味之后再使用；④用绿豆淀粉制作的粉丝更透明，加热时不容易变形、发坨。

→米粉

パルフェ

冻糕

法: parfait

使用大量鲜奶油的冰淇淋，风味浓厚。又称“parfait glacé（完全冰冻）”。法语“parfait”的词源是拉丁语“perfectus（完全的、完成了）”。冻糕不易化，可用菜刀切割。

→芭菲

春巻（はるまき）

春卷

中国菜系的一种点心。英语称“spring roll”。早在唐宋时期，春卷便是迎接立春的吉祥食品。春卷和农民的副业“养蚕”有着密不可分的联系，更是“打春”（在立春占卜新一年的收成）不可或缺的元素。人们用泥土做的耕牛和谷物神迎接立春的到来。完成祭祀后，要一边祈求新年五谷丰登，一边鞭打泥牛，将其打碎。蚕农要把碎片捡回家，因为“得牛肉者，其家宜蚕”。在宋代，蚕农以小麦面粉制作面皮，裹入馒头馅，做成茧形供于神前。北宋年间，富贵人家开始用这种食品装点餐桌。名称按“探春茧→春茧→春卷”的顺序演变，春卷的称呼沿用至今。在元代，人们在春卷里包羊肉。普及到中国全境后在各地形成了各具特色的春卷，传统的做法和味道传承至今。常见的做法是把小麦面粉制成的面团放在热铁板上摩擦，形成薄皮。然后裹入馅料，卷成圆筒状后下锅油炸。常用馅料有猪肉、虾肉、笋、胡萝卜、香菇、韭菜等。春卷和春饼相似，但春饼不油炸，煎好的皮直接裹入馅料。

→薄饼→饼

パルマンティエ

帕蒙蒂埃

法: Parmentier

法国农学家安东尼·奥古斯丁·帕蒙蒂埃（Antoine Augustin Parmentier/1737—1813）。致力于推广土豆，为土豆的普及做出了巨大的贡献。相传他在路易十六（1774—1792在位）的农田种下土豆，白天派重兵把守，夜晚却撤走守卫，引诱附近居民将土豆偷回家，借此推广土豆。许多和土豆有关的菜肴以他命名，如土豆泥焗牛绞肉（Hachis Parmentier）、帕蒙蒂埃炒蛋（Parmentier scrambled egg）等等。七年战争期间，帕蒙蒂埃被德国人俘虏，在牢房中得知“原来法国人用来喂牲畜的土豆是可以吃的”，为推广土豆奉献了一生。1778年，他出版了《论土豆的化学》。据说路易十六大力支持他的研究。帕蒙蒂埃也因为土豆被授予法国荣誉军团勋章（Légion d’honneur）。

→土豆

パルメザンチーズ

帕玛森奶酪

英: Parmesan cheese

发祥于意大利北部艾米利亚-罗马涅（Emilia-Romagna）大区的大型（30 kg 以上）硬质奶酪。“parmesan cheese”意为“帕尔马的奶酪”。这种奶酪的历史可追溯到11世纪。由帕尔马和雷焦艾米利亚（Reggio Emilia）这两座城市的名字组成的“帕玛森雷加诺（parmigiano-reggiano）”代表了帕尔马奶酪的最高品质。只有在帕尔马（Parma）、雷焦艾米利亚（Reggio Emilia）、摩德纳（Modena）、博洛尼亚（Bologna）和曼托瓦（Mantua）加工生产，发酵熟成20年的产品才能使用这一名称，生产地区和生产方法有严格的规定。薄伽丘（Boccaccio 1313—1375）的《十日谈（Decameron）》也提到了这款奶酪，人称“奶酪之王”。在其他地区生产的同类奶酪称“哥瑞纳（grana）”。4月至6月的产品等级最高，因为其原料是吃下新鲜草料的牛挤出的奶。发酵通过细菌完成，至少需要2年。也有偏爱10年陈奶酪的美食家。硬质奶酪共通的特性包括①发酵时间长、②含水量低、③耐储藏。因为质地硬而易碎，适合加工成奶酪粉，是意面不可或缺的食材。常用于沙拉、汤、煎蛋卷、焗菜和咖喱。

→奶酪

馬鈴薯（ばれいしょ）

马铃薯

英: potato

→土豆

バレンシアオレンジ

瓦伦西亚橙

英: Valencia orange

芸香科常绿灌木，原产于葡萄牙，是最具代表性的橙子。因形似西班牙瓦伦西亚地区的橙子得名。在西班牙、美国、巴西均有种植。约1870年传入美国，在气候温暖的加利福尼亚州、佛罗里达州扎下根来，迅速普及。西班牙的主要产地是瓦伦西亚至安达卢西亚。日本主要进口加州产的瓦伦西亚橙。果肉多汁，酸味与甜味形成了完美的和谐。主要用于生产橙汁。

→橙子→蜜橘

バレンタインデー

圣瓦伦丁节（情人节）

英: Valentine、Valentine' day

纪念圣瓦伦丁殉教的宗教节日，全称为“Saint Valentine's day”。3世纪，罗马皇帝克劳迪乌斯二世（268—270 在位）为强化军队，禁止士兵结婚，强迫士兵专注于严格的训练。罗马神父圣瓦伦丁（San Valentine）反对这项不人道的命令，鼓励年轻士兵结婚。皇帝勃然大怒，在 273 年 2 月 14 日处死了他。14 世纪，这个日子演变为年轻男女告白的节日，形成了在这一天赠送定情礼物的习惯。1644 年，罗马天主教会为纪念瓦伦丁殉教，将这一天定为节日，并授予其圣人称号。圣瓦伦丁也被称为“恋人的守护圣人”。在欧洲，二月是小鸟开始唱情歌的月份，心形和红色成为情人节的象征。“在情人节赠送巧克力”为日本零食厂商所创。1936 年（昭和十一年），神户的“摩洛索夫（Morozoff）”公司提议人们在情人节赠送装在花式盒子里的巧克力。1958 年（昭和三十三年），玛丽巧克力（Mary's Chocolate）的原邦生将情人节宣传为“女性向男性赠送巧克力的节日”，但首年度的销量只有 4 块。这一习惯在日本兴盛起来之后逆向出口至欧美，在瑞士、加拿大也流行起来。

ハロウィーン

万圣夜

英: Hallowe'en、Halloween

指万圣节前夜（10 月 31 日）。顺便一提，万圣节在英语中称“All Saints' Day”。基督教有诸多圣人，如圣保罗、圣奥古斯丁等。万圣节是圣人共聚一堂庆祝的节日，而圣诞节只为耶稣基督一人存在。盎格鲁-撒克逊语称“Hallow”。万圣节前一天晚上称“万圣夜（eve）”。古代欧洲原住民凯尔特人的收获感恩节和基督教结合在一起，催生出了万圣节。对凯尔特人而言，10 月 31 日是每年的最后一天。人们坚信这一天是精灵、魔女出没的日子，所以要佩戴面具，点燃除魔的篝火。如今，孩子们在万圣夜提着插有蜡烛的南瓜灯（jack-o'-lantern），到各家各户讨要万圣节蛋糕和布丁，说“不给糖果就捣蛋”。在 11 月 1 日万圣节当天，基督教徒会举办各种活动。

→西葫芦

パン

面包

英: bread

小麦面粉制成的面团发酵烤制而成。也有无发酵面包。希腊语“artos”、葡萄牙语“pão”、西班牙语“pan”、意大利语“pane”、法语“pain”的词源都是拉丁语“panis（食物）”。英语“bread”和“piece（一片）”、“loaf（块）”同意，与德语“Brot”、荷兰语“brood”一样，都有“brauen（酿造、沸腾）”的意思。中文称“面包”。日语称“パン”，源自葡萄牙语。面包

有长达6000年的恢宏发展史，堪称人类构筑起来的饮食文化的原点。以欧洲为中心的面包史经历了“米汤→粥→饼→面包（无发酵 / 发酵）”的演变，从颗粒到面粉，含水量从多到少。大麦、小麦粉碎而成的面粉无法直接食用。加水揉成面团，擀薄后贴在烧热的石头上，就成了扁面包。公元前7000年，人类开始在美索不达米亚流域种植小麦。公元前4000年出现了无发酵硬面包“格雷饼”。格雷饼至今是用于庆祝圣诞节的烤制点心。后来，希伯来人的面包生产技术传入古埃及。古埃及人钟爱面包。帝王谷坟墓壁画中有各种面包。在遗迹出土的古代面包存放于开罗考古学博物馆。公元前5世纪前往埃及旅行的希罗多德（B. C. 484—425）说道：“埃及人是吃面包的人。”当年，看到面包的外地人对埃及人产生了无限的惊讶与敬畏。顺便一提，希腊人将罗马人称为“吃粥的人”。公元前2000年，用于面包的烤炉从最原始的黏土烤炉演变为坦都型石烤炉，更容易烤制圆锥形的面包，打造柔软的口感。面粉店早在公元前1500年就已经存在了。在希腊主义时代，捣臼演变为磨臼。最原始的古埃及面包是无发酵的脆饼状大麦硬面包。后来人们发现面团静置一段时间就会自然发酵、膨胀，烤出来的面包也更柔软。无发酵面包称“エイシイ”，发酵面包称“ホブス”。建设了金字塔的埃及人也在“烤面包”这项事业上倾注了心血，发明了球形、圆锥形、金字塔形、鸟形、鱼形等各种各样的面包。啤酒面包更是古人智慧的结晶。利用大麦中的碳水成分酿造啤酒，再用啤酒的酒种（面包酵母）制作面包，面包还能用来酿酒。埃及第五王朝（塞加拉）的坟墓壁画描绘了当时的面包制作流程。面包的多少成为衡量一个人是否富有的标准。支付给劳工的报酬就是面包和啤酒。例如士兵每日20个，官员的“月薪”是200个扁面包和5个白面包，农民则是90个面包。对埃及人而言，制作面包是一项非常重要的工作。比如法老外出旅行时，需要提前烤制大量（数万个）面包。公元前1200年的第二十王朝法老拉美西斯三世的坟墓中出土了献给阿蒙·拉（Amon-Ra）神的面包清单，其中包括球形、圆锥形、金字塔形、鸟形、鱼形等17余种面包，总数多达200万个。古代人相信黄泉之国的存在，而面包则是来世的食粮，是确保灵魂与木乃伊合体的必备食物。将面包埋入死者坟墓的风俗一直持续到基督教下达禁令。顺便一提，据说“金字塔（pyramid）”的词源是代表面包的希腊语“ピラミス”。四角锥的形状能让人联想到当时的埃及面包。另外在古希腊语中，指代金字塔的词语有“升天”的意思。制作发酵面包的技术由埃及传入希腊、罗马。在希腊的城市国家，制作面粉、面包的技术通过和埃及之间的交易为贵族所接受。众多技术在这一时期发展起来，白面包登上了贵族的餐桌。人们引进了①能磨出细粉的石臼、②筛粉技术、③新的面包发酵技术和④大型烤炉，⑤形状带有装饰性元素的面包广泛流行。希腊人尝试将啤酒花与葡萄汁、小麦糠与葡萄汁加入面团进行发酵。在希腊语中，此类酵母称“Zyma”。约公元前100年，出现了专职烤面包的面包师。当时人们也将没有烤过的面团揉起来，用作餐巾，或是用作舀汤、粥的勺子。罗马军队登陆希腊后，众多面包师作为奴隶被带回罗马。制作面粉、面包的技术也实现了进一步的发展。在此之前，罗马人的主食是粥。据说正是美味的希腊面包让罗马人在美食方面开了窍。全盛时期的罗马皇帝马可·奥勒留（Marcus Aurelius，161—180在位）拥有254家公共面包作坊，人称“guild（工会）”。顺便一提，据推测当时的罗马市总人口约为100万人，相当于1家面包作坊对应4000人。在贵族和教会占统治地位的罗马社会，老百姓禁止私自磨面粉、烤制面包。面包作坊组成行业工会，享有非常高的政治地位，工会代表甚至在元老院拥有议席，手握重权。在这样的时代背景下，欧洲各国的面包生产技术确立了坚实的基础。公元前140年，罗马郊外的帕拉蒂尼山（Palatine Hill）开出一家名叫“Collegium Koktor”的烹饪学校。公元79年，维苏威火山突然喷发，罗马郊外的贵族别墅与富豪住宅区在一瞬间化为焦土。人们在18世纪开始发掘庞贝遗迹，对古罗马时期的繁荣有了一定程度的了解。庞贝出土了31座面包房，还有高达2米的鼓型制粉机、面包炉、烘焙工具（青铜蛋糕模具等）、有圆形切痕的大型碳化面包等等。强大的罗马帝国灭亡后，欧洲迎来了黑暗的中世纪（5世纪至15世纪）。在漫长的中世纪，面粉、面包的生产技术基本没有进步。欧洲大陆陷入群雄割据的战国时代，老百姓的生活质量日渐低下。不过万幸的是，以往的面包生产技术由教会、修道院、贵族、领主继承下来。上述掌权者继续独占面包技术的使用权与之带来的财富。这也造成欧洲的面包、蛋糕与葡萄酒逐渐蒙上浓重的宗教色彩。始于意大利的文艺复兴为新时代拉开了序幕。在意大利与英国诞生了比较先进的面包生产技术，引爆了一系列的技术革新。在社会底层发展起来的地方面包（land bread）摇身一变，成为代表国家与民族的面包（national bread）。英国、法国、德国、西班牙等国的面包逐渐确立本国特色。1533年，梅第奇家族的凯瑟琳公主（1519—1589）与法国的奥尔良公爵亨利（即后来的法王亨利二世）结婚，意大利的面包就此传入法国。法国最具代表性的面包称“大陆式（continental type）”面包，采用面粉占比较高的咸味低糖低油（lean）配方，奠定了法国面包的基础。大陆式面包坚守欧洲的低糖低油面包传统，与宗教的联系也有进一步的加强。而英国通过进口海外的优质面粉，开始生产品质更高的面包，相关技术也传入了美洲新大陆，催生出了“英美式（Anglo American type）”面包。这种面包使用大量配料，采用高糖高油（rich）配方。在美国，人们贯彻合理化，推动面包进入量产时代。综上所述，诞生于古代的烘焙面包受各国小麦的性状、产量和各地环境、气候风土的影响，分化为法系和英系两路，催生出了现代人熟知的各种小麦面包、黑麦面包等等，缔造了具有各国特色的面包文化。在面包悠久的历史中，发生过许多触目惊心的事件。缺斤少两、混入石膏、违反售价者要交纳罚款，有时甚至会被判监禁、游街之刑。各国政府严格管控面包市场，设置如此刑罚的原因在于欧洲的慢性谷物短缺。时光飞逝，1789年爆发了法国大革命，巴黎市民高呼“拿面包来”，攻占巴士底狱。法国是农业大国，却因为气候问题遭遇多次谷物危机。面包价格高涨，民不聊生，王妃玛丽·安托瓦内特却嘲笑道：“那他们干吗不吃蛋糕？”激愤的市民涌向凡尔赛宫，大骂“面包房！面包房的老板娘！面包房的小伙计！”，要求面包。革命没能将民众从饥饿中解放出来，但波旁王朝土崩瓦解后，极尽奢华的宫廷法餐演变成了享誉全球的平民美食。16世纪至17世纪，世界迎来大航海时代。人们为此发明了各种可长期储藏的口粮。面包也在大航海时代大放异彩。哥伦布（1451—1506）的航海日志中提到航海食品“比滋可巧”。比滋可巧用切成薄片的面包烤制而成，一般称“面包干（rusk）”。直到最近，拥有6000年历史的面包才走上现代化道路，发展为“面包产业”。19世纪中旬，面包生产技术终于在①机器揉面、②发现面包酵母、③烤制方法的改良等方面实现了质的飞越。手工揉面变成了电动搅拌机，用面包酵母完成发酵。烤炉的热源也从木柴变为燃气、柴油和电力。然而烤炉的原理和古罗马并无二致，依然是直接用火烤制。直到19世纪90年代，用蒸汽间接加热的蒸炉才在法国诞生。另外随着制粉技术的现代化，面粉的品质大幅提升，催生出了更加柔软美味的面包。面包酵母的批量生产是很久以后的事情。1900年（明治三十三年），人们终于通过纯粹培养生产出了面包酵母。再看中国发酵面包的发展史：约公元前1世纪，用水车驱动石磨的“水磨”诞生，再加上绢筛，生产“雪白的小麦面粉”成为可能。当时来自西域的“胡食”传入中国北方，饺子、包子、馒头逐渐普及。因此宋代虽有发酵面包从西域传入，中国人却没有全盘接受，而是形成了以蒸包、馒头为主的独特面包文化。比欧洲的烘焙更为简便的“蒸”在中国迅速发展。扁面包的另一个分支是发酵面团后直接用火烤制而成的馕（nan）。馕在以印度、伊拉克、伊朗、阿富汗、埃及、土耳其、巴基斯坦和非洲北岸发展起来。因外形薄而大，人们称其为“草鞋面包”。印度西北部的馕也称坦都里恰帕提。馕可大致分为四种：石子馕（sangak）、长条馕（barbari）、圆饼馕（taftoon）和薄饼馕（lavash）。具体做法是小麦面粉加白脱牛奶、蛋、面包酵母、泡打粉和苏打，充分揉捏，发酵一天，然后擀扁，贴在名为“坦都炉（tandoor）”的钟形烤炉烤制。欧洲的烤炉为横洞式，坦都炉为竖洞式，有益于逐步加热。将馕做得像纸一样薄，就成了“tannour”，更容易裹入自选食材，对折一次或两次后用右手拿着吃，在伊拉克、叙利亚和埃及备受欢迎。馕质地柔软，老少皆宜，最近在日本也广泛普及开来。新鲜出炉的最美味，冷了就不好吃了。在餐厅，厨师会在顾客点单之后再慢慢开烤。阿拉伯面包也是发酵扁面包，在开罗称“巴拉迪（balady）”。直径25 cm，厚度为1 cm至2 cm，1到2分钟便可烤熟。中间有空洞，方便塞入其他食材，又称“口袋面包”，塞入肉、蔬菜更美味。不发酵的古代面包的传统在常吃无发酵面包的地区代代相传。不使用膨化剂，直接擀薄烤成扁面包。中近东到印度的气候炎热，有旱季与雨季之分。无发酵面包扎根于上述区域的原因在于：①难以控制面包酵母的状态（所以发酵食品在气候干燥的地区更常见）；②发酵面包在高温环境下容易变质；③无发

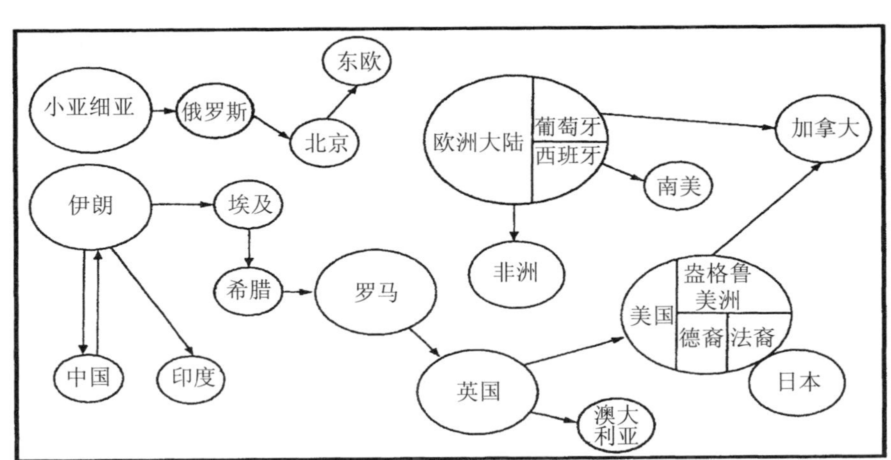

烘焙面包的传播路径

资料：越后和义《面包的研究》柴田书店[157]

酵面包更适合牧民的游牧生活；④只需粉、水和热源就能制作，省时省力；⑤包裹配料享用，无需额外准备餐具。吃扁面包的窍门在于①用手撕成小块，②搭配咖喱，③趁热享用，④要是凉了，美味程度要打对折，⑤质地柔软，有独特的风味。在发酵面包占统治地位的地区，①人们将无发酵面包用于宗教仪式，②“面包用手撕着吃”也是受了无发酵面包地区的文化的影响。这种扁面包不仅常见于印度与中近东，而是广泛分布于世界各地，比如墨西哥的玉米薄饼、美国的松饼、法国的可丽饼、中国的薄饼和日本的大阪烧等。

→美国面包→英国面包→意大利面包→伊朗面包→印度面包→奥地利面包→格雷饼→圣奥诺雷泡芙→黑面包→瑞士面包→中国面包→德国面包→馕→巴拉迪→法式乡村面包→扁面包→啤酒面包→法国面包→北欧面包→自发面包→麦子美食→无发酵面包→黑麦面包→面包干→俄罗斯面包

ハンガリアングーラッシュ

匈牙利炖牛肉

英: Hungarian goulash

匈牙利地区的牧羊人钟爱的炖菜。又称“gulyas”。英语“goulash”的词源是马扎尔语“gulyás”。“goulash”意为“饲养牛马的人”。历史可追溯至9世纪。牛五花切块后用黄油煸炒，加盐和胡椒调味，变色后加入彩椒和小麦面粉继续炒，再用马德拉白葡萄酒蒸，最后加入洋葱、土豆、大蒜、番茄泥和清汤炖煮。搭配手工制作的面疙瘩（Spätzle）享用更美味。

→炖菜→彩椒

ハンガリー料理（りょうり）

匈牙利菜系

英: Hungarian cuisine

最具代表性的美食有牧羊人的炖菜和炖牛肉（gulyas）、蔬菜炖肉（lecso）、夹心大煎饼（palacsinta）、加有彩椒的炖菜帕林卡（palinka）、五层巧克力蛋糕（dobos torta）。

パンケーキ

松饼

英: pancake

一种可用平底锅轻松制作的扁面包。又称“griddle cake”（griddle 即平底锅、圆烤盘）。美国罗得岛州称之为“Johnny cake”，因为当地人出门旅行（journey）时携带用粗玉米粉制作的小蛋糕。法语称“pannequet”，德语称“Pfannkuchen”。在美国，商品畅销称“sell like pancakes”。伊丽莎白一世(1558—1603 在位)统治英国时，人们不能在复活节前的40天(四旬节)吃肉和其他美味的食物，四旬节前一天的“忏悔星期二(Shrove Tuesday)”则有吃松饼的宗教仪式。“pancake”一词从那时逐渐普及。节日期间，储藏肉的仓库必须清空。欧洲各地均有手持平底锅赛跑，边跑边将松饼高高抛起三次的比赛。在英国白金汉郡奥尼尔举办的圣伯多禄圣保禄教堂松饼赛跑最为知名。莎士比亚(1564—1616)在《皆大欢喜(As you like it)》(1599)中提到“They were good pancake”。顺便一提，英国的松饼薄如可丽饼，裹入牛奶、鸽肉、奶酪、苹果等馅料享用。松饼的制作方法是小麦面粉加糖、蛋、黄油、牛奶、泡打粉调成面糊(batter)，倒在铁板上煎成圆形。不需要面包那样的发酵工序，制作起来毫不费力。换个角度看，松饼是用泡打粉膨化的面包。松饼也是将玉米、大豆、荞麦、米、黑麦等杂粮面粉做得更美味的前人智慧。将面粉加工成松饼也有助于人体摄入维生素和矿物质。松饼的吃法和日本的厚松饼(hot cake)略有不同。将5到10张薄薄的松饼叠在餐盘上，视个人口味加糖浆、黄油、果酱和奶油，用叉子固定住，同时用刀切成小块送入口中，便能享受到不同于派的层次感和馥郁的风味。

→可丽饼→松饼(pannequet)→扁面包→布利尼→预拌粉→厚松饼

パン粉(こ)

面包屑

英: bread crumb

面包的碎屑。面包屑的发明时间不详，但历史至少可追溯至古希腊时期。“油炸”这一加热烹饪手法在古希腊、古罗马时期就已出现。葡萄牙语“pao”源自拉丁语“pa”。“食材裹面包屑”这一技法在法语中称“paner”。拉丁语“capulare”演变为法语“chapeler”，意为“制作面包屑”。在法语中，面包屑称“chapelure”。英语和日语均采用直译(面包的粉)。面包屑有下列功效：①通过吸油锁住内部食材的风味；②食材外层包裹面粉、蛋液和面包屑，所以油不会直接接触到食材；③面包屑能吸收适量的油，提升菜品的风味，特有的香脆口感与内部食材的味道形成完美和谐；④提升菜品整体的营养价值；⑤使卖相更美观，提升分量感。欧美的面包屑与日本的面包屑在制作方式、口感等方面存在较大的差异：①欧洲的面包屑做法是将面包送入烤炉，缓慢烘干后粉碎。颗粒如小米一般细腻均匀。奥地利的维也纳式炸肉排(Wiener Schnitzel)就使用这种面包屑；②美国的面包屑是苏打咸饼干粉碎而成的饼干屑(breader)，加有各种香料，常用于炸鸡等油炸食品；③日本的面包屑用面包烤制而成，烤法有烘培式和电极式之分。颗粒粗，且大小不一，油炸时更容易吸油。最典型的例子就是炸猪排用的面包屑。近年来生面包屑逐渐普及。

→饼干屑

パン小麦（こむぎ）

面包小麦

全球各地种植的普通小麦。小麦可大致分为①斯卑尔脱小麦（*Triticum spelta*）、②面包小麦（普通小麦 *Triticum aestivum*）、③密穗小麦（*Triticum compactum*）和④印度圆粒小麦（*Triticum sphaerococcum*）。小麦的原产地可能是西亚伊朗周边。据说早在古罗马时代，人们就已经开始种植用于面包的小麦了。小麦与基督教一同从东欧传入西欧的德国与法国。公元前（西汉）传入中国北方，又经朝鲜半岛传入日本。弥生时代的遗迹有碳化小麦出土。如今面包小麦占全球小麦种植总量的90%。说起面包小麦的植物学起源，不得不提日本育种学家木原均。1944年（昭和十九年），他发现面包小麦诞生于公元前5000年的外高加索地区，由二粒小麦和节节麦杂交而成。木原将传递基因的7条染色体定义为"染色体组"，通过对染色体组的分析发现野生一粒小麦（*Triticum boeoticum*）和野生拟斯卑尔脱山羊草（*Aegilops speltoides*）杂交出了二粒小麦，再与节节麦杂交，形成了普通小麦。同年，两位美国学者证明了他的观点。这件事发生在二战期间。战后一经公布，全世界的科学家都为这场不谋而合的发现送上了赞美。硬粒小麦的粉质适合制作面包，而面包小麦继承了这一遗传特征。

→小麦→麦

バンズ

圆面包

英: buns

发祥于英国的小型面包，也是英国最具代表性的面包。最初是用英国产小麦面粉烤制的小型风味面包。以面包酵母或泡打粉制作的甜面团烤成。使用的材料包括糖、黄油、蛋和牛奶，营养价值高，口感柔软。根据原材料配比的不同，可分为以面粉为主的白圆面包、配料较多的高糖高油圆面包等品种。形状多样，有半圆形、螺旋形等。苏格兰特产"热十字包（hot cross buns）"是表面有十字图案的圆面包。也有黄油圆面包、葡萄干圆面包、苹果圆面包、巧克力圆面包、核桃圆面包等品种。用于汉堡包的原型面包称"汉堡圆面包"。拦腰一切为二，上半部分称"顶部（buns crown）"，下半部分称"底部（buns heel）"。圆面包传入美国后催生出汉堡包，在世界各地广泛流行。

→英国面包→汉堡包→热十字包

万聖節（ばんせいせつ）

万圣节

英: All Saints' Day

→万圣夜

パンチ

宾治酒

英: punch

用5种原料（蒸馏酒、苏打水、柠檬汁、糖浆、香料）调制的饮品。日语中也写作"ポンチ"。常用的酒有红葡萄酒、白兰地、威士忌、金酒、朗姆酒、香槟、苹果酒（cider）。也有不使用酒精的宾治，如水果宾治、茶宾治。英语"punch"的词源是印地语"panch"，意为"混合5种材料"（不过现在的宾治酒并不拘泥于"5"）。也有说法称词源是古印度梵语。宾治酒是诞生于印度的饮品。17世纪传入英国、荷兰。18世纪传入法国，被改良为宴会饮品，催生出了专用的宾治酒碗（punch bowl）。相传1694年，英国海军的拉塞尔提督在葡萄牙里斯本用凹陷的大块大理石调制宾治酒犒劳水兵。举办宾客较多的宴会时，用宾治酒招待宾客非常方便，准备工作简单，保证人人有份。欧洲人十分爱喝宾治酒，视其为英式饮品。约1862年（文久二年），旅居日本的英国画家威格曼（Charles Wirgman，1832—1891）将刊登在漫画杂志《Japan Punch》上的政治讽刺漫画称为"ポンチ絵"。据说受这一名称的影响，宾治酒在日语中的发音也讹化为"パンチ"。1923年（大正十二年），东京银座"千疋屋"的斋藤义正率先在日本推出水果宾治。

パン・デ・ロー

葡萄牙松糕

葡: Paô de lô

葡萄牙传统复活节糕点，具有宗教色彩。据说发祥于葡萄牙北部。"Paô de lô"直译为"罗的面包"。至于"罗"为何物，学界众说纷纭。有人说"罗"是在修道院唱的赞歌，也有人说罗代表了如罗纱（絽（ろ））般丝滑的面包，还有人说这种糕点是姓吕(日文发音为"罗")的中国人发明的，所以叫"罗的面包"。在各种各样的西点中，法国的杰诺瓦士（genoise）、西班牙的比滋可巧（bizcocho）和葡萄牙的松糕都能归入海绵蛋糕的范畴。小麦面粉加糖、蛋、黄油调成面糊，倒入中央有洞、加热效率更高的圆筒形模具烤制而成。比起普通的海绵蛋糕，葡萄牙松糕的口感更为湿润，适合病人滋补身体。这种糕点和日本也颇有渊源，因为随南蛮船传入日本的葡萄牙松糕被视为长崎蛋糕的原型之一。

→杰诺瓦士海绵蛋糕→海绵蛋糕→海绵糕点→比滋可巧

パン・ド・カンパニュ

法式乡村面包

法: pain de campagne

用老面法制作的农家手工面包的统称。“campagne”相当于英语“country”，为“乡下、地方”之意。据说画家达利（1904—1989）十分喜爱这种面包。发明经过不详。用石磨加工而成的小麦面粉（或黑麦面粉）加水、盐和天然酵母，用烧冷杉的烤炉烤制而成。发面时，人们会把面团放入一种铺有麻布（paneton）的藤筐。发好的面团要做成独特的形状，刻上花纹。一般会划两道口子，形状有王冠形、球形等等。法式乡村面包较硬，保质期长，表面呈黑褐色，有皲裂。在乳酸菌的作用下带有明显的酸味。

→面包

パン・ド・ジェーヌ

吉涅司

法: pain de Gênes

加有杏仁的海绵蛋糕。法语直译即“热那亚的面包”。据说这款蛋糕诞生于1800年，发明者是拿破仑麾下的马塞纳（Masséna）将军，旨在纪念法军拿下意大利热那亚。又称“biscuit genova”。

→海绵糕点

パンドーロ

潘多洛

意: pandoro

发祥于意大利北部威尼托（Veneto）大区维罗纳（Verona）的名点，又称“黄金面包”。“doro”有“黄金”之意。“金苹果（西红柿）”是“pomodoro”。成品表面呈金黄色。小麦面粉加砂糖、蛋、黄油揉成面团发酵，做成星形后烤制即可。

→圣诞蛋糕

ハンバーガー

汉堡包

英: hamburger

一种美式三明治，在诞生于英国的小圆面包中夹肉扒（后来演变为肉饼）。又称“burger”。19世纪50年代，肉扒传入北美，圆面包也从英国登陆美洲。两者在美国合体，催生出了全新的美式三明治，之后和热狗并称为美国最具代表性的午间简餐。顺便一提，“hamburger”有“汉堡的人”的意思。关于汉堡包起源的趣闻轶事不胜枚举。据说在1876年费城世博会上出现了贩卖汉堡包的小吃摊。配料为黄油、奶酪、洋葱、生菜、芥末酱、番茄酱，调味非常简单。相传在19世纪80年代，得克萨斯州雅典镇的弗莱奇·戴维斯（Fletch Davis）把煎过的肉糜和洋葱夹在了抹有芥末酱的两片面包中。如今当地会在每年10月举办“弗莱奇·戴维斯爷爷的汉堡包节”。1904年，圣刘易斯举办了“庆祝殖民路易斯安那州满百年博览会”，汉堡包在会上正式亮相。主流观点认为汉堡包就诞生于此次博览会。为了用手拿着刚煎好的肉扒吃，人们想出了“用面包夹住肉扒”的办法。此类食品又称“手抓食物（finger food）”。据说因为汉堡包烫手，有人别出心裁，顺便卖起了手套。“便宜、好吃、不用等”的模式完美契合了美国人的性格，广泛流行。1921年，汉堡包连锁店“白色城堡（White Castle）”在堪萨斯城宣告成立。20世纪30年代，人们开始用英国的小圆面包制作汉堡包。1948年，麦当劳兄弟在洛杉矶近郊开办奶昔专卖店，又在伊利诺伊州的橡木溪开设了汉堡包专卖店。1955年，麦当劳集团创始人雷·克洛克（Ray Kroc）买下了麦当劳的经营权，于伊利诺伊州的德斯普兰斯（Des Plaines）开出第一家麦当劳餐厅，以“清洁、廉价、迅速”为口号，不让顾客等待30秒以上。1971年（昭和四十六年），美国快餐企业纷纷进军日本市场，掀起了以汉堡包、炸鸡为中心的快餐热潮。近年来，汉堡包愈发多样，有鸡肉、培根、奶酪、鱼肉、照烧、蔬菜等品种供顾客选择。

→美国面包→三明治→肉饼→圆面包→肉扒→快餐

ハンバーグステーキ

肉扒

英: hamburg steak

肉糜制品，又称“日耳曼肉扒”“汉堡肉排”“索尔兹伯里（Salisbury）肉扒”。索尔兹伯里指英国的索尔兹伯里侯爵，他站在医生的角度建议肠胃功能差的人多吃肉扒。也有人说肉扒由鞑靼生肉演变而来。13世纪，蒙古帝国崛起。生肉加香料制成的鞑靼生肉广泛流行。鞑靼指生活在亚洲北部的通古斯族。据说是英国人将鞑靼生肉煎熟，做成肉扒，然后传入美国。也有说法称将肉扒传入北美的是19世纪50年代的德国移民。《波士顿时报（Boston Journal）》（1884）对肉扒的报道被认为是肉扒在媒体的首次亮相。也有说法称肉扒在1836年登上纽约高级餐厅“Delmonico’s”的菜单，不过在当时的美国，“hamburger steak”指通过拍打弄软的牛排。后来，肉扒从牛排便成了肉糜制品，汉堡包也在美国流行开来。在德国最大的港口城市、因“汉莎同盟”驰名天下的汉堡，肉扒是一种家常菜。也有说法称肉扒最早发祥于汉堡，然后才普及到欧洲各地。所以肉扒又称“汉堡的牛排（bifteck）”。顺便一提，“汉堡”并非“肉扒之都”的意思，而是“森林之都”。汉堡也是勃拉姆斯、门德尔松的出生地。将廉价的筋肉绞碎，加入洋葱、面包屑、蛋、鲜奶油、香芹与香料，做成椭圆形，用铁板煎熟。肉扒与土豆泥是绝配。肉扒有下列特征：①即便是筋肉，只要绞碎做成肉扒，也能变得美味；②即便只有少量的肉，也能加洋葱、面包屑“掺水”；③不同于正宗肉排，成本低廉；④肉糜制品，老少皆宜。类似的肉糜制品有土耳其肉丸（kôfte）和北欧的肉丸。

→鞑靼生肉→汉堡包→德国肉丸（Frikadelle）

パン・バニャ

尼斯三明治

法：pain-bagnat

发祥于法国尼斯的三明治。“pain-bagnat”由“pain（面包）”和“baigné（浸泡）”组合而成。圆盘形面包内侧挖空，倒入足量橄榄油，使面包充分吸收。

→三明治→法国面包

バンバンヂーミエン

棒棒鸡面

川味鸡肉冷面。“棒棒鸡”是诞生于四川的鸡肉美食。用棍棒捶打鸡肉，使肉质变得疏松，故称“棒棒鸡”。将蒸、煮过的嫩鸡肉切丝，搭配辣椒味明显的芝麻蘸酱。蘸酱以芝麻酱、碎芝麻、葱、姜、辣油、辣椒、糖、酱油、醋调配而成。

→中国面

パンプキンパイ

南瓜派

英：pumpkin pie

美式派，以南瓜为馅。1620 年，英国清教徒在登陆北美普利茅斯之前于马萨诸塞的科德角（Cape Cod）下船。当地也成了美国菜系的发祥地。第一批移民共 102 人。在移居首年的 11 月，人们举办庆典感激上帝带来的丰收（后演变为感恩节，11 月的第 4 个周四）。众人分别带来鹿肉、鸭肉、鹅肉、火鸡肉、玉米、李子、草莓、树果，与大家一起分享庆祝。后来，始于新英格兰的感恩节从美国东北部传入西部。1863 年，亚伯拉罕·林肯（1809—1865）宣布感恩节为全国性节日。烤火鸡、覆盆子酱、南瓜派成为经典的感恩节美食。爱吃派的英

国人很难买到苹果，于是便用南瓜代替。在万圣夜（万圣节前夜，10 月 31 日夜）临近时，人们还会用南瓜制作灯笼。南瓜派的具体做法是南瓜肉过筛，加入牛奶、鲜奶油、蛋、红糖、锡兰肉桂、丁香、肉豆蔻、生姜、香荚兰，用派皮包裹后烤制。用黄油溶液将咸饼干碎贴在派盘底部。也有无需烘烤的冷南瓜派。圣诞期间也会制作。

→南瓜→感恩节

ピエス・モンテ

艺术糕点

法: pièce montée

放置于宴会会场，用于装饰的大型组装糕点。“pièce”即“小片”（相当于英语“piece”），“montée”即“堆砌”。据说发明者是为拿破仑服务的糕点师勒博（Lebeau）。在中世纪的法国，两道菜之间会有间菜或糕点上桌，供宾客慢慢享受。1448 年加斯顿伯爵婚宴上的奢华间菜至今为人们津津乐道。19 世纪，现代法餐的奠基人、法餐宗师安东尼・卡瑞蒙（1784—1833）创作了众多豪华的艺术糕点，广受好评。卡瑞蒙从糕点师起步，他认为糕点和绘画、音乐、诗歌、雕塑、建筑一样，也是一种艺术。他将建筑美学、美术、雕刻图案运用于菜品，打造了一道道无比美味又无限养眼的作品，令宾客叹为观止。牛轧糖、干佩斯（gum paste）、泡芙都是常用的装饰素材，搭建工序费时费力。最具代表性的艺术糕点有法国的泡芙塔（泡芙叠成圆锥形后淋糖液固定）、为婚礼增光添彩的结婚蛋糕。

→甜点→结婚蛋糕→卡瑞蒙→泡芙塔

卡瑞蒙的艺术糕点

资料：吉田菊次郎《西点世界史》制果实验社 181

ピクニック

野餐

英: picnic

在野外用餐。英语“picnic”的

词源有多种说法，包括法语“pique-nique（在野外用餐）”“piquer（鸟用嘴啄食）”＋“nique（无聊之物）”等。据说这一称法出现在17世纪末。参与者可自带餐食，也有采用简餐、烧烤的野餐形式。

ピクルス

西式腌菜

英: pickles

加有香料，用醋腌制的蔬菜水果。常用的材料有黄瓜、胡萝卜、花菜、甜椒、洋葱、卷心菜、西芹等蔬菜，以及李子、樱桃、苹果、桃子等水果。日语中也写作“ピックルズ”。广义指醋腌肉、河海鲜与水果。最出名的西式腌菜莫过于酸黄瓜。意大利与希腊有腌橄榄。在欧洲，腌菜的历史能追溯到古希腊、古罗马时期。当时人们用醋（不新鲜的葡萄酒）和浓盐水（mulia）腌制猪肉、小鱼、黄瓜、芜菁、萝卜、卷心菜，制作耐储藏的食品。14世纪荷兰渔夫比伦·伯克兹（Bilen Berkerts）发明了将蔬菜浸入特殊腌汁制成储备粮的方法。他的名字演变为中世纪荷兰语“pekel”，在15世纪变为英语“pykyle/pekel”，最后变成法语和英语“pickles”。19世纪初传入法国。欧洲冬季严寒，10月到次年3月很难吃到绿色蔬菜，所以西式腌菜是点缀隆冬餐桌的必备蔬菜。到了大航海时代，香料变得更容易买到了。为提升腌菜的口感，人们想出了在腌制时加明矾、葡萄叶的方法。明治初期，西式腌菜传入日本。假名垣鲁文在《西洋料理通》(1872/明治五年）明治五年中提到了“ペクル”。俄罗斯有用盐、大蒜、丁香、辣椒腌制的黄瓜（俄式腌菜）。常用于西式腌菜的醋包括葡萄酒醋、苹果醋和麦芽醋。醋有助于腌菜发酵熟成。优质腌菜的酸味与甜味比例协调，风味爽快。西式腌菜的保质期长，所以可以一次性大量腌制，用作储备粮。有多少种原材料，就有多少种西式腌菜。可根据腌制方法分为糖的用量较大的酸甜腌菜（sweet sour pickles）、加有香草的莳萝腌菜（dill pickles）、加入芥末的芥末腌菜（piccalilli）和多种蔬菜末组成的综合腌菜（relish）。常用于沙拉、三明治、头盘、咖喱和炖菜。

→德国酸菜

ピザ

比萨

英: pizza

英语“pizza”来自意大利语。

→意式比萨

ピザパイ

比萨饼

英: pizza pie

意式比萨传入美国后演变为更适合量产的美食比萨、比萨饼和面包比萨。意式比萨的饼底为薄脆型（crispy type），但美式比萨的饼底厚而软。

→芝加哥比萨→意式比萨

ビスキュイ

海绵糕点

法: biscuit

海绵类糕点的统称，涵盖了从饼干到海绵蛋糕的各种糕点。有说法称蛋白单独打发的面糊称“biscuit”，全蛋打发的称“genoise（杰诺瓦士）”。也有说法称加黄油的是“genoise”，不加黄油的是“biscuit”。不过据说杰诺瓦士海绵蛋糕和饼干有着同样的原型。只是经过漫长的岁月，“genoise”变成了蓬松柔软的海绵状蛋糕，而“biscuit”变成了烘烤两次的硬饼干。拉丁语“biscoctum panem（烘烤两次的面包）”演变为“besquit”，17世纪末演变为法语“biscuit”。“bis”即“两次”，“cuit”即“烤”。干面包比普通面包更耐储藏，是军队与远洋航行不可或缺的口粮。在“烘烤两次的干面包”的基础上加入蛋、糖和黄油，就逐渐演变成了饼干。在西班牙则诞生了有“打发”工序的海绵蛋糕类糕点比滋可巧。从18世纪开始，蛋白、蛋黄分别打发的海绵蛋糕在法语中也称“biscuit”。无论是饼干还是海绵蛋糕，基本原料都是小麦面粉、蛋、砂糖（和黄油），并没有太大的差异。

→杰诺瓦士海绵蛋糕→海绵蛋糕→葡萄牙松糕→手指饼干→萨瓦蛋糕→饼干→比滋可巧→“manqué”形蛋糕

ビスキュイ・ア・ラ・キュイエール

手指饼干

法: biscuits à la cuillère

海绵状手指饼干。“cuillère”有“勺子”的意思，直译即“用勺子制作的海绵糕点”。1533年，意大利梅第奇家族的凯瑟琳公主（1519—1589）与法国的奥尔良公爵亨利（即后来的法王亨利二世）结婚，佛罗伦萨的花色小糕点制作技术随之传入法国。手指饼干便是其中的杰作之一。在没有裱花袋的时代，人们在制作时的确用勺子挖取面糊。约1710年，勺子被裱花袋取代。1808年，波尔多糕点师罗萨发明了圆锥形容器。相传约1811年，塔列朗（Charles Maurice de Talleyrand-Périgord，1754—1838 法国主教、政治家和外交家）爱吃浸过葡萄酒的饼干。为了让饼干的形状更顺手，他的糕点师卡瑞蒙拿起平时用于装饰甜点的裱花袋，把面糊挤成了细长的条状。约 1820 年，现代人所熟知的“带口金的裱花袋”终于登场。把质地轻盈的海绵糕点面糊挤成条状，送入烤箱加热即可。

→海绵糕点

ビスキュイ・ド・サヴォワ

萨瓦蛋糕

法: Biscuit de Savoie

发祥于法国东南部萨瓦（Savoie）地区的海绵蛋糕。1848 年，查理四世（1346—1378 在位）造访尚贝里（Chambéry）的萨沃伊伯爵居城。大宴会临近尾声时，伯爵献上一款模仿城堡与王冠形状的海绵蛋糕，意为“将城堡与爵位献给国王”。后来，萨沃伊伯爵被任命为神圣罗马帝国的司法总管，身居高位，并在查理四世子孙的庇护下成为意大利北部的统治者。

→海绵糕点

ビスク

海鲜浓汤

法: bisque

用甲壳类制作的浓汤。“bisque”的词源有多种说法，包括诺曼底方言、普罗旺斯语“bisco（生气）”、发祥于西班牙北部比斯开省（Bizkaia）、取自比斯开湾（Bay of Biscay）等。拉瓦瑞的《法国厨师》（1650）提到了鸡肉、鸭肉、野鸟肉制成的“bisque”，是该词在文献中的首次登场。马兰・弗朗索瓦（Malan François）的《美食的馈赠，餐桌的欢乐》（1739）中首次出现用甲壳类制作的“bisque”。现代的海鲜浓汤用日本龙虾（*Panulirus japonicus*）、龙虾、小龙虾制作。洋葱、胡萝卜和带壳的虾一起炒，然后加入原汤，用面包屑或煮过的米勾芡。然后捞出虾，留下部分虾肉用作成品的点缀，剩下的压泥过筛。加入黄油、鲜奶油，最后放入虾肉即可。

→法式靓汤

ビスケット

饼干

英: biscuit

英式烤点。小麦面粉加糖、蛋、黄油、牛奶、泡打粉做成面团，擀薄成型，送入烤箱即可。拉丁语“biscoctum panem”演变为葡萄牙语“biscouto”和荷兰语“biscuit”，最后变为英语“biscuit”。法语和英语拼写相同，念法不同。“bis”即“两次”，“coctum”即“烤”，“panem”即“面包”，合起来就是“烤两次的面包”。饼干耐储藏，因此是古希腊、古罗马时期的军粮。因便于携带受到旅行者的欢迎，也是航海船只、修道院的储备粮。在中世纪，远征耶路撒冷的十字军（1096—1291）和哥伦布、麦哲伦等航海家都携带了饼干。1519 年麦哲伦踏上环球航行之旅时，在船上装了足足 9.7 吨饼干（船员共 200 名）。英国女王伊丽莎白一世（1558—1603 在位）命奥斯本在宫廷内烤制饼干。法国王妃玛丽·安托瓦内特（1755—1793）也非常爱吃饼干。直到今天，仍有用奥斯本、玛丽命名的饼干款式。莎士比亚在《皆大欢喜（As you like it）》（1599）中提到了“byscute brede（烤两次的面包）”。介绍一则关于饼干的“经典”传说：话说 19 世纪初，一艘英国船只在比斯开湾遇难。船员上岸后用进了水的面粉和砂糖烤成了美味的点心。于是“比斯开”这个地名就成了饼干的名字。饼干有下列特征：①为防止加热时过度膨胀，表面戳有针孔；②有软硬两种，硬饼干使用高筋粉，加少量糖和黄油。软饼干使用低筋粉，加入较多糖和黄油，口感松软；③英国没有曲奇，但曲奇在美国占统治地位。饼干通过 16 世纪的南蛮贸易传入日本长崎。

→曲奇→脆饼干

ビスコチョ

比滋可巧

西: bizcocho

发祥于西班牙的烤点。与葡萄牙松糕一样，被认为是海绵蛋糕的原型。比滋可巧的起源不明，据说诞生于 15 至 16 世纪的伊比利亚半岛。比滋可巧需要烤两次，质地较硬，保质期较长，成为旅行和航海的便携粮食。有圆形、方形、细长等形状。原料是小麦面粉、砂糖和蛋。通过南蛮船传入日本，催生出长崎蛋糕。

→杰诺瓦士海绵蛋糕→海绵蛋糕→葡萄牙松糕→海绵糕点

ビスコート

面包干

法: biscotte

→面包干（rusk）

ピスタチオ

开心果

英: pistachio

漆树科落叶乔木，原产于地中海沿岸到西亚。在地中海沿岸、阿富汗、伊拉克、土耳其、希腊、叙利亚、意大利、美国等地均有种植。希

ひ

腊语“pistákion”演变为拉丁语“pistacium”，最后变成英语“pista-chio”和法语“pistache”。公元1世纪，罗马皇帝维特里乌斯（Vitellius，69年在位）将开心果带回罗马。罗马人觉得开心果十分稀罕，交易价格高。后来经意大利和西班牙普及到欧洲全境。长卵形的核果中有可食用的黄绿色果仁，有清淡的甜味与香味，跟花生一样回味无穷。除了加工成炒货直接吃，还能用于制作冰淇淋和曲奇。

ビストロ

小餐馆

法: bistro

提供简餐、茶与葡萄酒的餐饮店。家族经营的小规模餐馆。英语和法语“bistro”的词源有若干种说法，包括“bistouiller（在酒里掺东西）”、“bistouille（勾兑的廉价酒）”、俄语“быстро（bystro/快）”等。相传1815年滑铁卢战役之后，俄军士兵进入巴黎，因饥肠辘辘冲进酒吧，大喊“bystro！bystro！（快！快！）”。又传拿破仑一世（1804—1814在位）远征莫斯科时，法军士兵在俄罗斯人开的小店听到店员不时大喊“bystro！”，便误以为这个词是“餐馆”的意思。最近出现了许多难以界定是“bistro”还是“restaurant”的餐饮店。

→西餐

ヒソップ

牛膝草

英: hyssop

唇形科多年生灌木，原产于地中海沿岸。在欧洲各地均有种植。日语中又称“柳薄荷（ヤナギハッカ）”、“圣草”。法语和英语“hyssop”的词源是希腊语“hýssōpos”。《旧约圣经》中也提到了牛膝草。在中世纪，人们用牛膝草为菜品增添香味。常用的是叶与花。叶片有神似薄荷的香味和苦味。常用于香肠、沙拉、酱汁，可为利口酒增添香味。

→香草

ピタ

皮塔饼

英: pitta

发祥于美国的个性派面包。又称“皮塔面包”“口袋面包”。“pitta”是希伯来语，意为“阿拉伯人的面包”。原本是中近东地区的圆形白色中空扁面包。在埃及被称为“艾希”（注：音译）。小麦面粉加盐和面包酵母制成发酵面团，做成薄薄的圆形面饼烤制而成。烤好后对半切开，填入火腿、香肠、金枪鱼、蔬菜等自选馅料享用。

→美国面包→巴拉迪

皮塔饼
资料:《糕点辞典》东京堂出版[275]

ビターオレンジ

苦橙

英: bitter orange

芸香科常绿灌木,一种苦味较强的橙子。原产于印度、喜马拉雅地区。在全球各地均有种植。在欧洲,西班牙产的苦橙最为知名。向西传播的称"苦橙",从中国传入日本的称"酸橙"。酸味、苦味较强,籽较多,因此常被加工为橘子酱、蒸馏酒。在日本常用于橙醋。

→橙子→酸橙

ピータン

皮蛋

中国菜系中的鸭蛋制品。亦可用鸡蛋、鹌鹑蛋制作。又称"彩蛋""松花蛋""北京彩蛋""变蛋"。《农桑衣食撮要》(1319)介绍了皮蛋的制作方法。明末任职于南京宫廷负责饮食事务的戴羲著有《养余月令》(1633),其中提到皮蛋在江苏吴江县黎里镇被偶然发现的经过。相传某家茶馆的店主将烧水产生的炭灰和茶渣倒成一堆,谁知自家养的鸭在垃圾堆里生了蛋,还把蛋埋了起来。挖出来一看,蛋白已然凝固,甚是美味。在清代,南京北部的高邮生产的皮蛋驰名全国。比起出现在隋唐时期的咸蛋,皮蛋的制作工序更加复杂。北京、天津的皮蛋也很出名。盐、生石灰、碱、红茶、泥土混合后涂抹在鸭蛋上,再裹一层稻壳,装入瓮中自然发酵1个多月。碱性物质会使蛋白质变性,使蛋白变成凝胶状,呈半透明的绿褐色。蛋黄也会凝固,形成褐色的层次。打开皮蛋时扑鼻而来的刺激性气味来自氨与硫。皮蛋富含蛋白质、脂类、钾、磷和铁,营养丰富。据说可缓解食欲不振、消化不良、睡眠不足,有调理肠胃、清热解毒的作用。皮蛋是中国菜系的前菜不可或缺的食材。常加工成皮蛋粥。

→咸蛋→中国菜系

ピーチメルバ

冰淇淋糖水桃子

英: peach Melba

一种冷点。法语称"pêche Melba"。

把香草冰淇淋放在桃子上，淋上树莓果泥即可。1892年，澳大利亚女高音歌唱家内莉·梅尔巴（1861—1931）在伦敦萨沃伊酒店的科文特花园（Covent Garden）表演了瓦格纳的歌剧《罗恩格林（Lohengrin）》。当时酒店的经理是丽思（Ritz），总厨则是奥古斯特·埃斯科菲耶（1846—1935）。埃斯科菲耶是梅尔巴的歌迷，便在她和奥尔良公爵共同享用夜宵时上了一道精美的甜品。甜品以歌剧中登场的白天鹅为灵感，在冰雕天鹅（神话中的鸟）的翅膀上放置银器，装入香草冰淇淋，淋上覆盆子酱汁，再加半颗糖渍桃子，设计十分精巧。1899年伦敦卡尔顿酒店开业后也推出了这款冰淇淋糖水桃子，只是省略了冰雕天鹅。

→冰淇淋→埃斯科菲耶→梅尔巴吐司

ビーツ

甜菜

英: beet

藜科二年生草本植物，原产于地中海沿岸。日语中也写作“ビート”。与“莙荙菜（叶用甜菜）”“table beet”、“砂糖大根（糖萝卜）”相似，但糖度各不相同，糖度低的用作饲料，糖度高的用于制糖。16世纪在德国成功实现人工种植。1747年，普鲁士科学家马格拉夫在甜菜根发现了结晶性的糖。江户时期传入日本。有独特的甜味，因为蔗糖含量高。红色来源于甜菜碱类花青素。作为蔬菜，可用于沙拉、炖菜、醋腌菜、咸菜。

→甜菜糖

ピッカータ

嫩煎肉

意: piccata

发祥于佛罗伦萨的意大利美食，小牛腿肉切成薄片，用黄油煎。“piccata”意为“用长枪一戳”。因为肉片很薄，用叉子戳（插）起来翻个面就煎好了。法语称“picata”。薄肉片先用盐和胡椒调味，撒上面粉，裹一层蛋液，撒上帕玛森奶酪，再用黄油煎。米兰嫩煎肉（piccata à la milanaise）最为知名。

→意大利菜系

羊肉（ひつじにく）

羊肉

英: mutton

牛科哺乳类动物“绵羊”的肉。羊耐粗食，不怕冷。可大致分为毛羊、肉羊、奶羊。在澳大利亚、新西兰、英国、德国、美国均有大规模养殖。英语“mutton”、法语“mouton”的词源有多种说法，包括古法语（盎格鲁诺曼方言）“multun（羊肉）”、高卢语“multo”。与威尔士语“mollt”和布列塔尼语“maout（去势公羊）”词源相同。人类养羊、吃羊肉的历史可追溯到新石器时代。“mutton”指出生后300天以上的去势公羊。代表“羊”的英语单词有很多，而且容易混淆。绵羊是“sheep”，公羊是“ram”，母羊是“ewe”，羔羊是“lamb”。再看食材，羊肉是“mutton”，羔羊肉则是“lamb”。如果在餐厅菜单里看到了“ram”，那就是错的。羊肉的油脂有特殊的膻味，日本人不太能接受。在欧洲，羊肉是贵族宴会的必备食材。在中国，宫廷“全羊席”也是款待穆斯林的顶级美食。通过巧妙组合香味蔬菜、香料和调味料，有膻味的羊肉能变身为美味的菜肴。羊肉的脂肪熔点较高，所以加热后最好趁热享用。鸡肉纤维细而硬。特殊的气味来源于硬脂酸（stearic acid）等高级脂肪酸。比起羊肉（mutton），出生后1个月左右的“羔羊肉（lamb）”有更柔软的肉质，风味更佳，膻味也少。羊肉也有肩、里脊、五花、腿等部位之分，但不像牛肉、猪肉那样有明确的肉质差异。常用于汤、排、干蒸、炖菜、咖喱、火腿和香肠。土耳其的羊肉串、蒙古周边的成吉思汗火锅都是著名的羊肉美食。

→沙嗲→羊肉串→俄式羊肉串→成吉思汗火锅→山羊肉

ピッツア

意式比萨

意: pizza

发祥于意大利南部那不勒斯的面包类美食。英语称“比萨（pizza）”、“比萨饼（pizza pie）”。在意大利，比萨不能被归入意面的范畴。“pizza”的词源是意大利语“pezzo（碎片）”。也有说法称词源是

	英语	法语	德语
绵羊	sheep	mouton	Schaf
公羊	ram	bélier	Schafbock
母羊	ewe	brebis	Mutterschaf
羊肉	mutton	mouton	Schaffleisch
羔羊	lamb	agneau	Lamm、Schaflamm
羔羊肉	lamb	agneau	Lammfleisch

三国语言中的“羊”

资料：《西方食物词源辞典》东京堂出版[288]

通俗拉丁语“picca（黏黏的烤点）”、希腊语“pítta（沥青）”。意大利在1861年统一，此前依托城邦体系发展繁荣。各大城市均有壮丽的王宫、教堂为中心的王宫广场。有说法称比萨的外形正模仿了宽大的广场。在意大利语中，广场称“piazza”。比萨的发明经过不详，有学者认为“比萨”一词在16世纪初突然出现在那不勒斯周边。制作比萨需使用橄榄油，以发酵面团制作饼底，在上面放置各种配料。16世纪末，西班牙人将西红柿带回欧洲，而比萨几乎诞生于同一时期。19世纪初才发展出现代人所熟知的“点缀着西红柿的比萨”。二战后，那不勒斯的比萨普及到世界各地。有人认为比萨源自意大利南部的坎佐尼（Canzoni）菜系。意式比萨传入北美后演变为“比萨饼（pizza pie）”，成为一种派。上世纪50年代，比萨饼外卖店在纽约登场。饼底的配料是小麦面粉、糖、油脂、盐和面包酵母。面团发酵后在大理石板上摊成薄薄的圆形，用火力强劲的烤炉烘烤而成。趁热吃最美味。配料种类繁多，包括虾、蛤蜊、贻贝、鱿鱼、章鱼、凤尾鱼、火腿、培根、萨拉米香肠、白煮蛋、西红柿、洋葱、甜椒、茄子、土豆、洋蓟、大蒜、蘑菇、黑橄榄、马苏里拉奶酪、帕玛森奶酪、橄榄油、比萨酱等。比萨酱以那不勒斯特产牛至、马苏里拉奶酪、虾、洋蓟、西红柿、洋葱、大蒜、甜椒、蘑菇、橄榄油、葡萄酒熬成。那不勒斯最具代表性的比萨是玛格丽塔比萨（pizza Margherita）。红色的西红柿、白色的马苏里拉奶酪和绿色的罗勒象征意大利的三色国旗。1889年，第二任意大利国王翁贝托一世（1878—1900在位）的王后玛格丽塔访问那不勒斯时点了比萨，于是当地厨师埃斯波西托大显身手，发明了这款比萨。在今天的意大利，玛格丽塔比萨仍是最受欢迎的比萨之一。

→意大利面包→意大利菜系→芝加哥比萨→派→比萨饼→马苏里拉奶酪

ピッツォケリ

比措琪里面

意：Pizzoccheri

以荞麦粉为主的意面，发祥于意大利北部瓦尔泰利纳（Valtellina）地区。当地四面环山，无法种植小麦，因此波伦塔、荞麦面油饼（sciatt）、比措琪里面等荞麦美食较为发达。发明经过不详。按“荞麦面粉8∶小麦面粉2”的比例和面，擀成薄饼状，再切成6 mm至8 mm宽的面条，下入大锅，加少许盐，和卷心菜叶一起烹煮。黄油加大蒜用平底锅化开。将煮好的面条、帕玛森奶酪、卷心菜分层装入深盘，最后淋上黄油溶液即可。

→意面

ピティヴィエ

皇冠杏仁派

法: pithiviers

大号圆派，发祥于法国奥尔良地区皮蒂维耶（Pithiviers）市。日语中也写作"ピチヴィエ""ピティビエ"。皮蒂维耶市居民在每年1月6日主显节吃的不是格雷饼，而是皇冠杏仁派。千层酥皮中填入足量杏仁奶油，表面用刀划出花瓣般的弧形重复花纹后烤制而成。

→派

ビトチキ

俄式炸肉饼

俄: битоуки

俄罗斯的肉糜制品，用小牛肉、牛肉和鸡肉制作。也有用鱼肉、谷物制作的款式。法语称"bitoke"。据说是十月革命时流亡国外的俄国人将这种食品带到了法国。20世纪20年代逐渐受到欢迎。也有说法称俄式炸肉饼就是日本的"炸肉饼（メンチカツ）"的原型。调过味的肉糜加葱末搅拌均匀，做成肉扒状，裹面包屑后用平底锅煎。搭配酸奶油享用。

→俄罗斯菜系

ピーナッツ

花生

英: peanuts

→花生（落花生）

ビネガー

西洋醋

英: vinegar

西洋醋。

→醋

ビネグレットソース

油醋汁

英: vinaigrette sauce

以醋、油为主，加盐、胡椒调味而成的酱汁。又称"法式酱汁"。

→调味汁

ビビンパプ

石锅拌饭

韩: 비빔밥

朝鲜菜系中的拌饭。日语中也写作"ピビムパップ""ビビンバ"。"비빔"即"混合""밥"即"饭"，合起来就是"拌饭"。朝鲜王朝（1392—

1910）的宫廷美食。据说古人在祭祀祖先的祭礼之后把所有供品混在一起，象征“与众神共享”，后来便延伸出了这种吃法。将调过味的肉、鱼、蔬菜盖在米饭上，加入辣椒酱、芝麻油、大蒜搅拌后享用。常用配料有牛肉松、生拌牛肉、鸡蛋、鳕鱼干、海苔、黄瓜、萝卜、胡萝卜、香菇、菠菜、豆芽、紫萁、松子、小米、葡萄干。石锅拌饭有下列特征：①使用各种凉拌小菜（나물）；②富含蛋白质；③麻油的香味有助于激发食欲；④吃石锅拌饭时用勺子而非筷子，连饭带汤一起吃。石锅拌饭堪称山珍海味大拼盘，富含蛋白质、脂类物质、碳水化合物、维生素和矿物质，是营养价值非常高的平民美食。

→朝鲜菜系

ビーフシチュー

炖牛肉

英：beef stew

各种牛肉炖菜的统称。“stew”有“文火焖炖”的意思，词源是古法语“estuve（焖）”。法语称“ragoût”。在古希腊、古罗马时期就已经出现了文火慢炖肉、蔬菜、香草和香料的菜品了。“炖”是历史最悠久的烹饪方式之一，一般使用带盖子的容器。炖菜的具体做法形形色色。牛肩肉、排骨、腿肉切块，加洋葱、胡萝卜、西芹，浸入红葡萄酒腌料（marinade）静置一整晚后取出，和洋葱、胡萝卜、土豆、西红柿一起煸炒，再加入红葡萄酒，文火慢炖。之后加入褐色的油面酱和香味蔬菜，进一步炖煮，最后加入蘑菇。做法类似的菜品有海鲜汤和蔬菜肉汤。

→牛肉→炖菜→海鲜汤→蔬菜肉汤

ビーフステーキ

牛排

英：beef steak

发祥于英国伦敦的煎牛肉。日语中也写作“牛肉のステーキ”“ビフテキ”“ビフテック”“ビステキ”“ステーキ”。法语称“bifteck”，意大利语称“bistecca”。原本用金属扦子插着肉烤，后演变为用平底锅煎肉片。

→排

ビーフストロガノフ

斯特罗加诺夫牛肉

英：beef stroganoff

俄罗斯的牛肉炖菜，搭配杂烩饭享用。日语中也写作“ストロガノフ”“ベーフストロガノフ”。不同于欧美常见肉菜的是，斯特罗加诺夫牛肉使用切成细条的牛肉。在罗曼诺夫

王朝时期，斯特罗加诺夫侯爵的法国厨师发明了这道菜。叶卡捷琳娜二世（1762—1796在位）用这道菜招待晚宴的宾客，在巴黎社交界大获好评。法餐也将其纳入菜单，直到今天依然广受欢迎。斯特罗加诺夫家族在16世纪成功开拓西伯利亚，靠皮草、木材、矿山资源构筑起惊人的财富。用黄油煸炒牛肉、洋葱、大蒜、蘑菇，加入酸奶油和多明格拉斯酱汁炖煮。可搭配烤土豆、面条、黄油米饭享用。

→牛肉→俄罗斯菜系

ビーフン

米粉

中国南部（台湾、福建、江苏、江西、湖南、广东各省）的日常食品。用粳米压制的面条。发明经过不详。中国北方用绿豆淀粉制作粉丝，而南方用当地素材（粳米）制作米粉，符合“土产土法”的原则。粳米泡水一昼夜后用石臼研磨，用布袋分离出淀粉，加热水充分揉捏，压成面线状，烹煮后晾干。“淀粉的二次加热”是与粉丝、冷面相似的制作工艺。米粉不会像小麦面粉那样形成麸质，因此要将面粉糊化，使面线不易断裂。常用于炒米粉、汤粉。最具代表性的美食有川味米粉（米粉搭配翻炒勾芡的猪肉和蔬菜）和米粉汤。

→中国台湾菜系→粉丝

ピーマン

甜椒

英：sweet pepper、bell pepper

茄科一年生草本植物，原产于美洲热带。词源有两种说法，分别是拉丁语“pigmentum（燃料）”→后期拉丁语“香料”以及“pingere（描绘）”。法语称“piment doux（甜椒）”，又称“poivron”。日语“ピーマン”来自法语“piment（辣椒）”。哥伦布（1451—1506）将甜椒带回欧洲。传入日本的时间众说纷纭，包括室町后期（1544年/天文十三年）由葡萄牙人献给丰后大名大友宗麟、江户前期（1620年/元和六年）仙台藩的支仓常长从罗马带回日本等说法。现在日本市面上的甜椒是明治之后引进的新品种。甜椒是辣椒属下结甜味浆果的亚种，苦味比辣味更强，作为“黄绿色蔬菜”在市面上流通。可根据形状、大小和果肉的厚度分成多个品种。绿甜椒肉质厚实，辣味较弱。“ace甜椒”厚度适中，常用于甜椒塞肉。果实完全成熟后，原本绿色的果皮会变为鲜艳而富有光泽的红色、紫色和黄色。富含维生素A、C。甜椒是日本料理、西餐和中国菜的常用食材，可用于汤、炒菜、甜椒塞肉、炸甜椒等等。

→辣椒

ビュッシュ・ド・ノエル

圣诞树桩蛋糕

法: bûche de Noël

法国最具代表性的圣诞蛋糕。日语中也写作“ビューシユ・ド・ノエル”“ビツシユ・ド・ノエル”“ブツシユ・ド・ノエル”。法语“bûche”的词源是日耳曼语“busk（细棍）”。加上“Noël（圣诞节）”，就成了“圣诞节的柴火（bûche de Noël）”。英语称“log cake（树桩蛋糕）”。这种蛋糕的由来有两种说法，一为“祈求作物不被害虫侵袭”，二为“贫穷的青年送不起花，便送了一捆木柴给恋人”。也有说法称，圣诞树桩蛋糕是1879年前后由巴黎糕点店“Sanson”的安托万·夏拉德（Antoine Charadot）所创。起初是用奶油霜装点的海绵糕点。具体做法是用海绵糕点的面糊制作蛋糕卷，外侧涂抹加有巧克力和咖啡的奶油霜，做成木柴状，再以柊树枝和蛋白霜做的蘑菇装点，是一款让孩子们浮想联翩的节庆糕点。在法国，人们习惯在圣诞夜点燃被称为“圣诞树庄”的粗木柴，以庆祝耶稣基督的诞生。人们认为用前一年烧剩的木柴点火后产生的灰有避雷、防火灾的功效（源自立陶宛神话）。之所以蘑菇装点，是因为蘑菇无需播种也会自己长出来，能让人联想到生命的神奇，与耶稣基督的诞生有着异曲同工之妙。

→圣诞蛋糕

ビュッフェ

立食餐会

法: buffet

自助式立食派对。英语“buffet”的词源是法语“buffet（餐具柜）”，所以这个词也有“备餐台”“餐具柜”的意思。“buffet”原本是把菜品放在靠墙的架子上，节约房间的空间，备好夜宵，让人们充分享受派对的饮食形式。参加者各自带菜，用各自的餐盘取食，气氛轻松随意。后来演变为自助式立食餐会。菜品按正餐全席的标准配备，用大号餐盘盛放。为方便宾客拿取，均匀配置在餐桌各处。将菜品做成一口便能吃下的小份就更方便了。主办方需根据宾客人数准备香槟、葡萄酒和餐盘等用具。立式餐会适用于游园会等会场偏小的场合，有助于所有宾客加深交流，同时自由享用自己喜爱的菜品。列车中也有被称为“buffet”的轻食餐室。

ビューニュ

里昂油炸糕

法: bugnes

树叶形法国油炸糕点。法语

"bugnes"的词源是中世纪法语"buignet（瘤子）"。在中世纪，里昂油炸糕在贩卖油炸食品的小摊（friturier）逐渐受到欢迎。它本是里昂人在狂欢节时制作的节庆糕点，在里昂、第戎、阿尔勒等地广受喜爱。小麦面粉加糖、蛋、黄油、牛奶、盐和面，送入冰箱冰镇，再擀成薄饼，用模具抠成叶片形，下锅油炸，最后撒上糖粉。

→贝奈特饼（beignet）

雛豆（ひよこまめ）

鹰嘴豆

英: chickpeas

豆科一年生草本植物，原产地可能是美索不达米亚地区。在印度、中近东、墨西哥、非洲均有种植。又称"garbanzo""埃及豆"。西班牙语"garbanzo"从墨西哥传入美国，变成英语单词。因形似鸟头与鸟嘴得名，英语也称"chickpeas"。蛋白质含量高达20%，印度人十分爱吃，常用于汤和咖喱。种皮较硬，需磨碎后使用。常用于沙拉、煮豆和糕点。日本从墨西哥进口鹰嘴豆，用作"金团"（甜白薯泥加栗子、豆子制成的甜食）和豆沙馅的原材料。

ピラフ

杂烩饭

法: pilaf

西式菜饭、炒饭。日语中又称"ピラウ""ピロゥ""ピロ""ピロー""ペラオ""プラオ""ポロ"。波斯语"pilaou（煮过的米）"演变为土耳其语"pilaw"，最后变成法语"pilaf"，意为"一碗饭"。杂烩饭原本是穆斯林常吃的食品，发祥于以土耳其为中心的中近东地区。用黄油煸炒大米和洋葱末，加入清汤烹煮。常用配料有羊肉、鸡肉、龙虾、蟹、胡萝卜、西红柿、蘑菇、黄油、羊脂、棉籽油、葡萄酒、香芹、月桂叶。日本的米饭使用粳稻，以"有黏性"为佳，但欧美人不爱吃黏米饭。做好杂烩饭的诀窍在于：①加入足量热水烹煮；②先炒再焖；③加热到米饭留有少许芯。有鸡肉杂烩饭、羊肉杂烩饭、龙虾杂烩饭等款式，是与西班牙海鲜饭、意式调味饭有着异曲同工之妙的米饭类美食。

→土耳其菜系→西班牙海鲜饭→调味饭

ピラミッド・ケーキ

金字塔蛋糕

英: pyramid cake

→年轮蛋糕

平焼きパン

扁面包

面团摊薄后烤制而成的面包。面包的历史始于扁面包。古人在面粉中加水，做成无发酵面团，摊薄后贴在滚烫的石块上烘烤成扁面包。约公元前 4000 年在美索不达米亚文明的中心巴比伦尼亚发祥的是薄薄的脆饼状面包。使用啤酒酵母的发酵面包出现在公元前 3000 年前后的古埃及。全世界的面包可大致分为①无发酵面包和②发酵面包。最具代表性的扁面包有印度、巴基斯坦、阿富汗、伊朗的无发酵面包“恰帕提”，以及伊拉克、埃及、土耳其的发酵面包“馕”。新鲜出炉的馕有独特的风味，口感柔软，在日本也备受欢迎。世界各地都有“扁”的面食，如墨西哥的玉米薄饼、美国的松饼、法国的可丽饼、印度的恰帕提、中国的饼和日本的大阪烧。

→伊朗面包→可丽饼→恰帕提→玉米薄饼→馕→面包→松饼→饼→罗提

ビリ・ビ

贻贝浓汤

法: billy-bi

贻贝做成的浓汤。其诞生有两种说法：其一，二战后“Maxims”餐厅的厨师长巴尔特为爱吃贻贝的客人比利发明了这道菜。其二，这道菜首次出现在美国军官比利的送别会上，被戏称为“Billy bye bye”，后演变为“billy-bi”。

→贻贝

ビール

啤酒

英: beer

大麦麦芽、啤酒花加水混合发酵而成的酿造酒。又称“麦酒”。辅料包括米、玉米、淀粉。英语“beer”、德语“Bier”的词源有若干种说法，包括教会拉丁语“biber（饮料）”、拉丁语“bibere”等。啤酒历史悠久，巴比伦尼亚（美索不达米亚）出土的公元前 4200 年前后的石碑“Monument bleu”提及苏美尔人通过自然发酵酿制啤酒。麦子磨粉，加水和面，支撑面包，再将面包撕碎，用热水泡开后，装入壶中发酵成散发异味的浓稠液体，用吸管状工具饮用。巴比伦王朝传承到第六代时颁布了《汉穆拉比法典》，其中有涉及啤酒的条文，例如：①酿造啤酒、经营啤酒馆（beer hall）的必须是女性；②喝啤酒的费用以大麦支付；③用货币支付酒钱、逼尼僧喝啤酒者判处极刑。公元前 1300 年，古埃及贵族爱喝啤酒，用面包中的糖酿制啤酒，又用啤酒酵母制作面包。

将大麦面包撕碎后泡水，加入大麦麦芽发酵，利用啤酒酵母的活力发面。啤酒在当时又称“ヘクト”“ブーザ”。劳工的酬金用面包和啤酒支付。在古希腊、古罗马时期，啤酒被视作“野蛮的饮品”，几乎无人酿造。相关技术从巴比伦尼亚传入中亚、高加索地区，由日耳曼民族继承下来，并随着日耳曼民族的大迁徙传入欧洲各地。736年，德国哈拉陶（Hallertau）地区开始种植啤酒花。13世纪，教会和修道院在啤酒的酿造与改良过程中发挥了重要的作用。德国、瑞士开始使用啤酒花。约14世纪出现了用大麦麦芽、啤酒花、水制作麦芽汁，再加入酵母发酵的技术，现代啤酒的雏形登上历史舞台。啤酒被誉为“液体面包”，面包则被视为“耶稣基督的肉”。1480年，在德国巴伐利亚地区的修道院诞生了在低温环境下酿制的新型啤酒，为下面发酵的慕尼黑啤酒奠定了基础。1516年，巴伐利亚公国的威廉四世大公颁布了《啤酒纯酿法令》，规定啤酒是以大麦、啤酒花和水为原料的饮品。15世纪至16世纪，使用啤酒花的技术传入英国。18世纪，英国掀起工业革命，啤酒酿造业蓬勃发展。19世纪，人们逐渐查明了发酵的机制，巴斯德（Pasteur 1822—1895）发明的加热杀菌法则使啤酒一跃进入工业化阶段。1898年，林德（Linde 1842—1934）发明冷冻机，使啤酒得以全年生产。瓶装啤酒始于17世纪

古埃及酿啤酒图（底比斯西岸克那蒙（Kenamun）墓，第十八王朝）描绘了啤酒和面包制作工序（第1行至2行），以及把筛子架在大麦上，将面包磨碎的场景（第3行）。

资料：大津忠彦、藤木裕介《古代中近东饮食史》中近东文化中心[211]

的英国，在19世纪普及，并实现长期储藏，为批量生产夯实基础。麦芽蛋白酶可使淀粉糖化，啤酒酵母负责促进发酵。主发酵结束后，再进行为期两个月左右的二次发酵，进一步熟成。中国古籍《后汉书》中提到了“麦酒”一词。日本江户中期的《和兰医事问答》（1770/明和七年）则提到了“ヒイル”。从13世纪开始酿造的拉格啤酒（lager beer）是下面发酵后储藏熟成的储藏型啤酒，“lager”来源于德语“Lagerung（储藏）”。生啤过滤后不做杀菌处理，又称“draft beer”。啤酒的酒精含量在5%上下。发酵后

酵母浮上表面的称“上面发酵”，沉入桶底的称“下面发酵”。英国传统啤酒采用上面发酵，有艾尔（Ale）、世涛（Stout）等品种。全球大多数啤酒为下面发酵，最具代表性的是德国的啤酒。德国啤酒可分为①比尔森型（Pilsen type 以啤酒花的爽快风味见长）和②多特蒙德型（Dortmund type 酒精含量高）。日本的啤酒以前者居多。早期的日本啤酒馆下酒菜是生萝卜薄片，神似德国下酒菜“拉迪”，搭配啤酒竟十分美味。小萝卜也是不错的下酒菜。啤酒可根据麦芽的烘焙程度分为①用软水酿造的淡色啤酒和②用硬水酿造的深色啤酒。后者包括

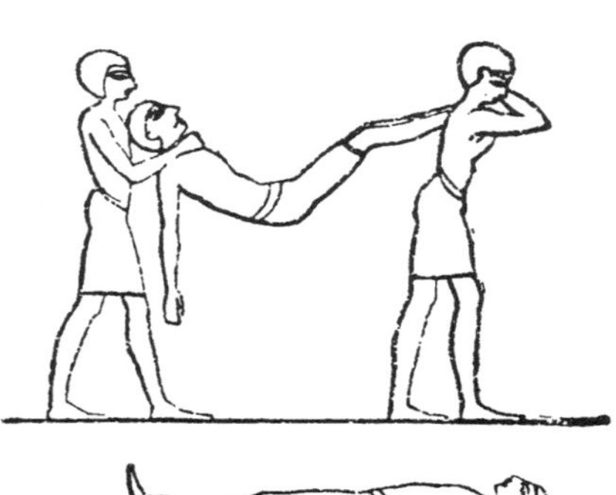

全球最古老的“醉汉图”
资料：春山行夫《啤酒文化史（上）》东京书房社 148

黑啤、世涛等品种。啤酒与南蛮文化一同由荷兰人传入日本。“用碎米酿制啤酒”是日本啤酒独有的特征。在欧洲，啤酒和葡萄酒一样，不仅是饮品，也可用于烹饪。

→王冠瓶盖→酿造酒→麦芽→啤酒酵母→啤酒面包→啤酒麦→啤酒花→慕尼黑啤酒→拉格啤酒

ビール酵母（こうぼ）

啤酒酵母

用于酿造啤酒的纯粹培养酵母 *Saccharomyces cerevisiae*。面包有4000余年的历史，但人类历经曲折才确立了用面包酵母发酵面团的技术。最早的面包是形似薄脆饼的无发酵面包。后来开始在收获葡萄后将果渣掺入小麦面粉，用作发酵的引子。古埃及人发明了用啤酒酵母发酵面团的方法。直到最近，人们才用显微镜看清了微生物的世界。1680年，列文虎克（1632—1723）发明了显微镜，成为有史以来第一个用肉眼看到酵母的人。1750年（宽延三年/江户中期），人们在荷兰得出了“面包酵母比啤酒酵母更适用于制作面包”的结论。酵母可根据使用目的分为①酒精酵母、②啤酒酵母和③面包酵母。

→啤酒→啤酒面包→啤酒麦

ビールパン

啤酒面包

诞生于古埃及的面包。最早的面包是用大麦制作的无发酵面包，口感偏硬。后来人们利用烤好的面包中的糖分酿制啤酒，再用啤酒酵母做面包，发酵面包就此诞生。埃及第五王朝贵族之墓出土了“侍女模型”，其中就有粉碎谷物、制作面包用于酿制啤酒的侍女形象。顺便一提，据说埃及用面包和啤酒支付劳工的酬金。现代埃及因伊斯兰教戒律禁止饮酒。

→面包→啤酒→啤酒酵母→啤酒麦

ビール麦（むぎ）

啤酒麦

禾本科一至二年生草本植物，原产于亚洲西南部。用于酿造啤酒的大麦品种之一，最接近野生小麦。又称“二楞大麦”。富含淀粉，蛋白质含量低，适合取用麦芽、酿造啤酒。有“golden melon”“chevalier”“朝日二号”等品种。

→啤酒→啤酒酵母→啤酒面包→麦

ピロシキ

皮罗什基

俄：пирожки

俄罗斯花色面包、馅饼。俄语“pir（宴会）”演变为“pirog（有馅的派、馅饼）”，最后变成俄语“皮罗什基”。发明经过不详。小麦面粉制成的面皮或派皮包裹牛肉、鲟鱼、蟹、白煮蛋、米饭、奶油奶酪、洋葱、卷心菜、蘑菇等食材后油炸而成。有时也用烤炉加热。大小、形状、馅料五花八门。趁热吃最美味。常用作扎库斯卡（俄式前菜）、熟食和零食。

→俄罗斯面包→俄罗斯菜系

枇杷（びわ）

枇杷

英：loquat

蔷薇科常绿乔木，原产于中国。日语中又称“コフクベ（小瓠）”“ビヤ”“ミワ”。据说“枇杷”因果实与树叶形似乐器琵琶而得名。6世纪在中国开始人工种植。奈良时期从中国传入日本。在气候寒冷的地带不会结果。可食用的部分是膨大的花托。富含丹宁，容易因按压褐变。富含维生素A。除了生吃，还能加工成果酱、果冻和罐头食品。

ピン

饼

中国小麦面粉制品的统称。小麦与石臼在中国古代自西域传入。约公元前 1 世纪（汉代），用水车驱动石磨的“水磨”诞生，再加上绢筛，生产“雪白的小麦面粉”终于成为可能，北方的面食逐渐发展。在当年的国际大都市长安（西安），饼店随处可见，馒头、包子、饺子、胡饼等胡食（伊朗式食品）日渐兴盛。唐代（618—907）后期，面食进一步普及，发展出多种多样的点心。后来，发酵型烘焙面包技术从西域传入中国，但以“蒸”加热的馒头、包子依然稳居中国面食的主流，形成了特有的面粉食文化。中国北方以面粉为主食，南方以大米为主食，即“南米北麦”。用“饼的分类”梳理中国的面食发展历史会更为清晰。中国有各种小麦面粉加水和面，加热烹饪而成的点心。据说“饼”早在公元前的西汉年间（B. C. 202—A. D. 8）就已出现。东哲（265—306）的《饼赋》是中国最早提及饼的文献。饼可大致分为①汤饼、②蒸饼、③烧饼和④油饼。汤饼是烫煮而成的面食，包括水饺、云吞等，后延伸出细长的面线状面食。蒸饼是用蒸笼加热的面食，包括馒头、包子、蒸饺、烧卖等。蒸是中国菜系最擅长的烹饪方法之一。烧饼是贴在锅上或直接用火烤制的面食，包括锅贴、芝麻烧饼等。油饼是油炸的面食，包括春卷、油条等。上述饼类面食可夹、卷、裹入各种配料，堪称中华民族智慧的结晶。将面团加工成面皮制成的面食称“面片”（如饺子、馄饨），拉成细长面线状的称“面条”。到了宋代，“面”字逐渐演变为面条的简称，这一习惯延续至今。

→粽子→中国面包→春饼→点心→薄饼→春卷→扁面包→麦子美食

ふ

ファーストフード

快餐

英: fast food

可迅速完成烹饪并上菜的食品。直译即“快食品、能迅速吃完的食品”，与“snack”“convenience”同义。日语中也写作“ファストフード（fast food）”“ファーストサービスフード（fast service food）”“フィンガフード（finger food）”。快餐是 20 世纪中期诞生于美国的饮食习惯。1955 年，麦当劳成立，彻底改写了餐饮业的格局，使餐饮朝时尚化、娱乐化的方向发展。在 1970 年（昭和四十五年）的日本世博会上，肯德基开设了实验

店。同年11月在名古屋开设首家日本分店。1971年，麦当劳的第一家日本分店在东京银座的三越百货开张。快餐有下列特征：①食材在中央厨房（central kitchen）统一加工；②根据操作手册提供服务；③便于铺开连锁店。如今不仅有主打汉堡包、甜甜圈、热狗、炸鸡、比萨饼和可丽饼的快餐店，更有日式的天妇罗盖饭、牛肉盖饭、鳗鱼盖饭、回转寿司快餐店，堂吃外带皆可。食材大多已提前加工好，只需加热、装盘即可出餐，深受世界各地年轻人的欢迎。其原因在于①膳食生活的简化、②双职工家庭的增加、③生活愈发忙碌、④追求休闲娱乐、⑤养成了轻松、快速、低成本解决刚需的习惯、⑥偏爱清淡的口味。

→小吃／零食→汉堡包

ファーツアィ

发菜

念珠藻科可食用藻菌植物。广泛分布于中国的高原、沙漠地带。又称“龙须菜”“地毛”。因形似头发，又称“头发菜”。发菜是产自陆地的藻类，也是中国菜系中的“山珍海味”。四川、陕西、山西、青海、甘肃均产发菜。早在公元前1世纪的西汉时期，发菜已负有盛名。唐宋年间，人们大量采集发菜，出口外国。发菜一度被认为是中国特产，但两名英国藻类学者在1957年发现了同一品种的发菜。发菜晾干后呈暗黑色，泡发后呈蓝绿色。风味清淡，可搭配各种菜肴。常用于汤、拌菜和蒸菜。因发菜的发音与“发财”相似，常用于酒席讨口彩，更是素斋、年夜饭、婚宴、喜宴的高档食材。“恭喜发财”是中国人过年时常说的祝福语。发菜富含蛋白质、碘、磷、铁，有降血压、降胆固醇、治疗贫血和利尿的功效。

→中国菜系

ファミリーレストラン

家庭餐厅

英：family restaurant

主要面向家庭顾客的餐厅。诞生于美国的连锁餐厅体系。由门店解冻、加热中央厨房送来的成品或半成品，迅速上菜。无需专业厨师，所以也称“cookless”。家庭餐厅契合了人们开车出行的生活习惯，以“郊外餐厅”的形式广泛普及。可以全家一起享用餐食，无需在意着装。菜品也日趋多样化，餐桌服务形式也为大众所接受。1970年（昭和四十五年），“すかいらーく（skylark）”在东京府中开出第一家门店，成为日本餐饮界的先驱。家庭餐厅从大城市的郊区起步，在昭和50年代普及到全国各地。家庭餐厅有下列特征：①全家安心用餐，享受团圆之乐，气氛轻松随意；②主要开在郊外，附设停车场；③贯彻低价策略；④以高效连锁经营为目标。家庭餐厅的菜单也日趋丰富，从“只有西餐”向“兼具日本菜、中国菜”的方向发展。

ファルシ

法式包菜卷

法：farci

发祥于法国佩里格（Périgord）地区的包菜卷。法语“farci”的词源是拉丁语“farcire（填塞）”。变硬的面包浸泡牛奶，挤去多余水分，加入猪肉、培根、火腿，以及洋葱、大蒜、香芹、龙蒿等配料，用卷心菜包裹，绑绳子固定后炖煮而成。

→卷白菜包肉

フィッシュ・アンド・チップス

炸鱼薯条

英：fish and chips

英国独具一格的外带小吃。白肉鱼裹面糊油炸，搭配炸薯条享用。英国人将炸薯条称为“chips”。有人说炸鱼薯条发祥于兰开夏郡的奥托亚姆，也有人说它诞生于18世纪工业革命时期。常用的鱼有太平洋大比目鱼（*Hippoglossus stenolepis*）、比目鱼、鲱鱼、鳕鱼、无须鳕（Merluccius）、黑线鳕（*Melanogrammus aeglefinus*）、鲽鱼（Pleuronectes platessa）等北海白肉鱼。裹面糊油炸后搭配薯条趁热享用。搭配豌豆泥也非常美味。面糊用小麦面粉、蛋、牛奶充分搅拌而成，鱼肉下油锅时裹上厚厚一层。有时也用啤酒代替水和牛奶。如果在被当地人称为“chippy”的小吃摊购买，顾客拿到的是用纸包裹的炸鱼薯条。以前用报纸，现在用白纸。炸鱼薯条也是高茶（下午茶）的人气茶点。

→英国菜系→炸薯条

ブイヤベース

海鲜汤

法：bouillabaisse

有番红花与大蒜风味的海鲜汤品。面朝地中海的南法马赛地区的名菜。据说马赛港口城市卡西斯（Cassis）的海鲜汤最是美味。普罗旺斯语“bouiabaisso”演变为“bouie（煮沸、沸腾）”和“abeissa（熄灭、关火）”，最后变成法语“bouillabaisse”。《普罗旺斯及伯内森地区辞典》（1785）中提到，“bouie baisso：渔民用语，以海水炖煮鱼肉，在煮沸（bouie）的同时熄火（baisso），因此得名”。有说法称

18世纪后期写成“bouiebeissa”，后演变为“bouieabeissa”，也有说法称“bouillabaisse”源自“炖煮（bouie）低俗廉价（baisse）的鱼”。奥德修斯、阿喀琉斯、阿伽门农等英雄因腓尼基人品尝到这道菜。在古希腊、古罗马时期就有用海水煮鱼的烹饪方法，也有说法称海鲜汤由此而来。据说阿基米德和毕达哥拉斯也十分钟爱海鲜汤。海鲜汤也是西西里的锡拉库扎（Siracusa）的名菜。据说最原始的海鲜汤会加褐菖鲉（*Sebastiscus marmoratus*）。鱼加洋葱、大蒜、葱、橄榄油，用海水炖煮，并加入番红花和西红柿。约8世纪，阿拉伯人入侵西班牙，人们开始在加泰罗尼亚地区种植番红花。加西红柿和土豆是发现新大陆之后的事情。也有说法称中世纪有一款用面包、牛奶、蛋烹制的金色汤品，后来演变成鱼汤。相传漂流至南法海岸的女子修道院院长阿贝柯斯用搜集来的鱼炖煮了鱼汤，于是就有了“bouillabaisse”。普罗旺斯的圣玛丽海岸则有这样的传说：三个名叫玛利亚的修女坐的小船在普罗旺斯海域遇难，幸得渔民搭救。渔民给她们吃了用海鲜和蔬菜炖煮的汤。据说海鲜汤在法国大革命时传入巴黎。19世纪在各类文学作品中登场，大获好评。烹饪专著也时常提及这道菜。日语中又称“ブイユ・ベス”“ブイユ・アベス”“ブイユ・ア・ベス”“ブイア・ベッソ”。19世纪至20世纪，海鲜汤风靡法国。它是新鲜海鲜炖煮而成的什锦汤，各地都有不同的做法。使用的食材丰富多彩，常用的海鲜包括鳕鱼、鳕鱼干、黄线狭鳕（*Gadus chalcogrammus*，スケトウダラ）、日本真鲈（*Lateolabrax japonicus*，スズキ）、小银绿鳍鱼（*Chelidonichthys spinosus*，ホウボウ）、无备平鲉（*Sebastes inermis*，メバル）、大泷六线鱼（*Hexagrammos otakii*，アイナメ）、鲭鱼、沙丁鱼、星鳗、鮟鱇、褐菖鲉、鲽鱼、丽文蛤、鱿鱼、日本龙虾、龙虾、蟹、贻贝、蛤蜊等，常用的山珍则有大蒜、洋葱、韭葱、西红柿、土豆、茄子、西芹、菠菜。常用配料有香芹、番红花、月桂叶、百里香、茴香，还要加葡萄酒和橄榄油。海鲜汤有下列特征：①需使用新鲜的海产品；②海鲜用番红花和大蒜调味，番红花用量要足，以消除腥味；③不同于日本的炖锅料理，用餐时要将汤与料分别盛放；④将汤水浇在切成薄片的吐司面包上（法棍），把面包用作汤勺；⑤适合搭配用红辣椒、大蒜、橄榄油熬成的蒜味辣酱（rouille）。在以南法为中心的广大区域，各地都有独特的海鲜汤。最具代表性的有马赛鱼汤（bouillabaisse à la marseillaisse）和巴黎鱼汤（bouillabaisse à la parisienne）。著名的西班牙海鲜饭就是加了米饭的海鲜汤。

→地中海菜系→炖牛肉→蒜味辣酱

フィユタージュ

千层酥皮

法: feuilletage

又称“pâte feuilletée”。

→派

ブイヨン

清汤

法: bouillon

用肉、蔬菜熬制，常用于西餐的汤汁。又称“broth”“soup stock”“stock”。“bouillon”是“bouillir（沸腾）”的派生词。炖煮过的肉与蔬菜一直是受人喜爱的菜品。后来，人们开始关注汤汁的营养价值，研发出各种汤品。在17世纪，法国出现了专卖清汤的餐厅。相传1765年，巴黎餐馆老板布兰杰发明了一款面向大众的炖菜，加有羊腿。他将其命名为“Restaurant Bouillon”，受到了巴黎群众的热烈追捧。清汤主要用于汤品提鲜。以脂肪较少的牛肉、鸡肉、鱼肉、野鸟、骨、筋肉为主料，加胡萝卜、洋葱、西红柿、西芹、韭葱、香芹、大蒜、丁香、百里香、月桂叶炖煮。现在市面上还有固体版清汤“浓汤宝”可供选择。

→汤→海鲜汤→高汤→法式靓汤→餐厅

フィリピン料理（りょうり）

菲律宾菜系

英: Philippine cuisine

菲律宾是多民族群岛国家，由7000余个大小不一的岛屿组成。在历史上受西班牙、中国、美国等国家的影响，并未发展出宫廷美食与非常特殊的乡土美食。菲律宾菜系有下列特征：①深受西班牙饮食文化的影响，引进了“用油炒”的加热烹饪方法；②华侨带来的中国饮食文化也产生了巨大的影响；③以米、鱼、蔬菜为基本食材，很少用辣椒，灵活运用肉、油脂和香料；④海鲜种类丰富；⑤美国的快餐广泛普及。最具代表性的菲律宾美食有糖醋炸鱼（escabeche 干炸鲷鱼配糖醋芡汁）和阿道包（adobo 用香料和醋腌制猪肉或鸡肉，再焖炖）。

フィロ

妃乐酥皮

希: phyllo

发祥于希腊，稀薄如纸的面团。又称“phyllo pastry”。“phyllo”有“薄树叶”的意思。千层酥皮是小麦面粉和黄油层层叠叠而成，妃乐酥皮则是把小麦面粉做的面团摊得非常薄。

フィンガービスケット

手指饼干

英：finger biscuit

→手指饼干（biscuits à la cuillère）

フウールウー

腐乳

中国传统发酵调味料，酱豆腐与糟豆腐的统称。又称“豆腐乳”“酱豆腐”“南乳”“糟豆腐”“乳腐”。中国菜系不可或缺的调味料。据说豆腐诞生于公元前2世纪汉武帝（B. C. 159—87）统治时期，发明者是汉高祖刘邦的孙子淮南王刘安（B. C. 179—122）。公元5世纪南北朝时期的文献中提到“干豆腐加盐成熟后为腐乳”，可见腐乳至少有1500年的历史。腐乳是豆腐加盐、曲霉、香料、黄酒、白酒后发酵而成的调味料，有独特的臭味与风味，是中国人钟爱的“豆腐奶酪”。因使用的曲霉、香料和酒各不相同，中国各地有纷繁多样的特色腐乳。常用作下酒菜和粥、酱菜、菜肴的调味料。

→调味料→豆腐

フェヌグリーク

葫芦巴

英：fenugreek

豆科一年生草本植物，原产于西亚。在印度、摩洛哥、地中海沿岸、中国、美国、阿根廷均有种植。日语也称“コロハ（葫芦巴）”。法语“fenugrec”、英语“fenugreek”的词源是拉丁语“fenugraecum”，为“faenum（干草）”和“graecum（希腊的）”的合成词，合起来就是“希腊的干草”。人类自古以来种植葫芦巴。在阿拉伯国家，葫芦巴被用作香料和药材。在不吃肉的宗教国家，葫芦巴更是宝贵的营养源。主要成分为葫芦巴碱（trigonelline）、胆碱。常用于酸辣酱、西式腌菜、枫糖浆。

→香草

フェンスー

粉丝

→粉丝（春雨）

フェンネル

茴香

英：fennel

→茴香（ういきょう）

フォアグラ

鹅肝

法：foie gras

通过填鸭式喂养催肥的鹅、家鸭或野鸭的肝脏。和鱼子酱、松露并称为世界三大珍馐。拉丁语“ficatum”演变为“ficcus（无花果）”，最后变成“foie（肝脏）”。再与“gras（肥胖的）”组合即为“foie gras”。早在古埃及时期，就已经出现了被称为“gavage”的催肥法。到了古罗马时期，催肥而成的鹅肝被称为“jecur ficatum（用无花果养肥的肝脏）”。据说高卢人省略了“肝脏”，直接称之为“无花果的 ficatum”。罗马人用猪代替鹅，给猪喂食大量的无花果，催肥后取其肝脏，加入葡萄酒和橄榄油，搭配酱汁享用。这道菜被视为罗马顶级美食，相传老普林尼（23—79）也十分喜爱。美食家梅特鲁斯·西庇阿（Quintus Caecilius Metellus Pius Scipio Nasica）则用无花果养鹅，将鹅肝浸入加有蜂蜜的牛奶后烹调。将漏斗插入鸟嘴，灌入玉米，再将鸟安置在晒不到太阳的暗处，使其处于运动量不足的状态，肝脏便会肥大，重达2公斤。为完成远距离迁徙，候鸟会在肝脏中储藏大量的营养，而填鸭式喂养就利用了候鸟肝脏的这一特性。在历史上，人类使用各种方法人工催肥肝脏。在中世纪，鹅肝一度销声匿迹。直到15世纪至16世纪才再次出现在文献中。约1780年，用鹅肝制作的美食受到关注。比如阿尔萨斯省长马歇尔·德·宫塔德侯爵（1704—1793）的主厨让·皮埃尔·克洛斯发明了一道菜，将鹅肝放在猪肉或羔羊肉上，以派皮包裹后烘烤。这道“宫塔德馅饼”风靡一时，连路易十五（1715—1774在位）都赞不绝口。后来，尼古拉斯·杜安（Nicolas Doyen）在这道菜中添加了松露。法国阿尔萨斯地区的斯特拉斯堡、加斯科涅地区的图卢兹、佩里戈尔地区的佩里格、洛林地区的南锡都是著名的鹅肝产地。鹅肝烹煮后调味，用猪油裹住，加工成罐头食品或鹅肝酱。品质好的鹅肝呈细腻的淡奶油色，中心则是粉红色。冷热皆宜，常用于开胃薄饼、肉冻、嫩煎肉和派。

→家鸭→鹅

フォカッチャ

佛卡恰

意：focaccia

意大利扁面包。日语中也写作“フォツカチオ”。古罗马时期有一种形似佛卡恰的面包，称“laganum”，采用非常原始的烘烤方法，与日本的“炉边烧”有相通之处。栗粉、黑麦粉加水和牛奶调成面糊，涂抹在用暖炉烤热的四方形石板上，厚度为

2 cm 至 3 cm。烘烤的同时旋转石板，4 至 5 分钟后即可。日语中又称“灰焼きパン（灰烧面包）”。现代佛卡恰的烤制方法不同于古代，小麦面粉加橄榄油、盐和面包酵母做成面团，发酵后加奶酪、洋葱和盐渍橄榄，送入烤箱烤成扁面包。有说法称佛卡恰正是比萨的原型。小型佛卡恰称“focaccina”。

→意大利面包

フォーク

餐叉

英：fork

用于插、按食物的餐具。拉丁语“furca（用于农耕的耙子）”演变为古英语“force/forca”，最后变成英语“fork”。“fourche（用于农耕的大耙子）”加指小词缀“-ette”，即为法语“fourchette”。在古埃及时期，人们用火烤肉时使用金属钩插肉。11 世纪，餐叉于意大利登场。有说法称是拜占庭帝国首先引进了餐叉，也有说法称 1071 年嫁给威尼斯总督奥赛罗二世的拜占庭公主玛利亚使用黄金制成的两股叉进餐。早期的餐叉均为两股叉。1533 年，意大利梅第奇家族的凯瑟琳公主（1519—1589）与法国的奥尔良公爵亨利（即后来的法王亨利二世）结婚，将餐叉带入法国，并建议亨利二世在法国宫廷使用这种餐具。另一种说法是，凯瑟琳公主的儿子亨利三世（1574—1589 在位）在 1574 年从波兰回国时，在威尼斯见到了两股叉，将其带回宫廷。17 世纪，餐叉在法国宫廷普及开来，但据说路易十四（1643—1715 在位）不爱用叉，坚持用手。当时有许多人习惯用餐刀顶端插住肉片送入嘴中。《礼仪集》（1674）中提到了四股叉。在法国大革命后，巴黎的银塔餐厅率先引进餐叉。餐叉起初用金子制成，后来王公贵族因惧怕有人用砒霜下毒改用银叉。18 世纪，餐叉演变为三股，逐渐普及。19 世纪终于走进千家万户。20 世纪，不锈钢成为餐叉的主要材质，平民百姓也用上了餐叉。日本江户中期的《兰说弁惑》（1799/ 宽政十一年）介绍了荷兰语中的“餐叉”一词：“vork 是插肉用的器具，俗称肉插”。

用两股叉进餐的男子
资料：春山行夫《餐桌文化史》中央公论社 142

→刀叉文化

フオグオヅ

火锅子

中国火锅。日语也写作“ホーコーズ”。北京菜系中的锅子包括打边炉、涮羊肉等。每年9月的重阳节到次年4月的清明节期间天气寒冷，最适合吃热气腾腾的火锅。新疆维吾尔族自治区流传着这样的传说：隆冬季节，有人将羊肉放在室外，结果羊肉冻住了。切成薄片，浸入热水解冻后一尝，竟十分美味。羊肉脂肪含量少，肉质柔软，肩里脊、排骨和腿肉最适合做火锅。使用中央有烟囱的黄铜锅或阳极氧化锅，点燃炭火，使四周沟槽中的热汤沸腾。因是立体加热，沸腾速度更快。有时也用不带烟囱的锅与砂锅。各地都有独特的火锅食材和汤底，下足料，边煮边吃。北京菜系中的火锅子使用带烟囱的火锅子，点炭火，倒汤底，加虾米，煮开后涮羊肉薄片与蔬菜，搭配蘸酱享用。各地常用的火锅食材有牛肉、猪肉、鸡肉、羊肉、火腿、蛋白、虾、白肉鱼、鱿鱼、蚝、海参、鲍鱼、瑶柱、葱、胡萝卜、菜豆、白菜、竹笋、松茸、香菇、白果、豆腐、粉丝、烧饼、饺子、面条等。蘸酱则有麻酱、腐乳、虾油、酱油、香油（芝麻油）等品种。最具代表性的有北京名吃涮羊肉、什锦火锅、使用山珍海味的一品火锅、四川名吃毛肚火锅等。日本的涮锅（しゃぶしゃぶ）是大阪人在二战后（昭和二十年代）根据上述中国火锅发明的吃法，用牛肉代替羊肉，作为不同于寿喜锅的另一种牛肉吃法普及到全国各地。

→中国菜系

フォーチュン・クッキー

幸运饼干

英：fortune cookies

美国人钟爱的占卜零食，诞生于美国的中式点心，为一战后移居洛杉矶的中国移民杨氏所创。将神似日本碳酸煎饼的圆形饼干对折两次，内含写有占卜结果的纸条，内容诸如“Your business will never fail（你一定会取得成功）”“You will be showered with good luck（好运滚滚而来）”。趣味十足，至今人气不减。

→曲奇

フオトイ

火腿

带骨的中国火腿。北方的称北腿，南方的称南腿。盐渍带骨猪腿肉烟熏后烘干而成。相比西式火腿少了加热工序。中国南方气候温暖，为储藏猪肉发展出了这种加工技术。火腿有许多种类，用途广泛。浙江的金华火腿最为知名，做法是猪肉盐渍1个月左右后放在阳光下晾晒。相传这种加工方法是宋代名将宗泽偶然中所创。据说“火腿”之名为南宋高宗（1127—1162在位）所赐。火腿煮过切成薄片，可用于前菜、汤、炒菜和炖菜。

→中国菜系→火腿

フォン

高汤

法：fond

用作酱汁基底的汤汁。拉丁语“fondus（基、底）”演变为古法语“funz”，最后变成法语“fond”。也有说法称词源是古法语“fonz”演变而来的“fonds（土地资产、积蓄）”。英语称“stock”。法国大革命后，餐厅数量激增，高汤受其影响得到重视。为了在短时间内为顾客提供多道菜品，厨房内必须时刻备有高汤以便制作酱汁。19世纪至20世纪，高汤成为西餐不可或缺的元素。但是在20世纪70年代，新派法餐崛起，浓重的高汤被敬而远之，人们开始致力于充分激发食材原有的美味，一如日本料理。但高汤毕竟是酱汁的基础，没有被完全舍弃。因为酱汁的味道正取决于高汤。高汤不同于清汤。清汤是汤品的配料，以清淡的风味见长。而高汤的风味个性鲜明，无法用于汤品，不过清汤可以用作高汤的替代品。高汤使用的食材、做法和用途纷繁多样，可大致分为：①用生食材熬成的白色高汤（fond blanc），如鸡高汤（fond de volaille）、鱼高汤（fumet de poisson）；②用炒过、煎过的食材熬成的棕色高汤（fond brun），如小牛高汤（fond de veau）、野味高汤（fond de gibier）。制作高汤的要点在于：①选用新鲜食材；②文火慢炖；③及时捞去浮沫与油脂，确保汤水清澄。

→汤→新式法餐→清汤→法式靓汤→餐厅

フォンダン

翻糖

法：fondant

砂糖用水化开，加热浓缩，在冷却的同时搅拌，使之二次结晶，即为翻糖。又称“糖衣”。英语和法语“fondant”的词源是拉丁语“fundere（冲洗）”的派生词“fondre（溶解）”。据说诞生于1823年前后。翻糖的出现对日后的糕点产生了巨大的影响，是用途广泛的糕点材料。通过加热制作砂糖的饱和溶液，边冷却边施加冲击，就会形成细小的结晶，打造出白浊的糖衣。做法类似于日本和果子的“すり蜜”。

フォンティーナ

芳提娜奶酪

英: fontina

发祥于意大利皮埃蒙特地区奥斯塔谷（Aosta Valley）的奶酪，得名于附近的“芳提娜山”。用牛奶制成，口感轻盈，属非加热压缩型奶酪。发酵时间为4个月左右。法国萨瓦地区也有同类的奶酪，称“fontal”。常用于奶酪火锅、菜肴和甜点。

→奶酪

フォンデュ

奶酪火锅

法: fondue

发祥于瑞士阿尔卑斯地区的菜肴。用面包蘸取融化的奶酪。“fondue”一词有“融化”的意思。据说在1920年前后从瑞士萨瓦地区传入法国。布里亚-萨瓦兰（1755—1826）钟爱奶酪火锅，还留下了关于奶酪味炒蛋的食谱（recette）。瑞士的奶酪火锅、法国勃艮第地区的热油火锅、西红柿火锅都很出名。瑞士有一种餐桌游戏，如果有人不小心让长柄叉刺着的小面包丁掉进了锅里，就要请大家喝葡萄酒，或是负责埋单。玩这种游戏时，大家都会格外认真地搅拌锅里的奶酪。①奶酪火锅使用格吕耶尔奶酪、埃曼塔奶酪等瑞士产的奶酪，法语称“fondue de fromage”。奶酪中加樱桃酒（kirsch 一种白兰地）更美味，会产生独特的芳香；②热油火锅在法语中称“fondue Bourguignonne”。用橄榄油、色拉油炸串起的牛里脊、蔬菜，按个人口味搭配酱汁享用。有用香芹、芥末、番茄酱、蛋黄酱调制的酱汁，也有用洋葱、凤尾鱼和蛋黄酱调制的款式，品种多样；③西红柿火锅称“fondue de tomates”。洋葱、西红柿用黄油煸炒后熬煮而成，常用作配菜。

→埃曼塔奶酪→格吕耶尔奶酪→瑞士面包→瑞士菜系→烤奶酪

鱶(ふか)の鰭(ひれ)

鱼翅

经干燥处理的鲨鱼鳍。鱼翅是中国菜系的特殊食材，属明代海八珍之一。海八珍中最名贵的三种珍馐是鱼翅、海参和燕窝。中国、印度、非洲均产鱼翅。菲律宾海域出产的吕宋黄鱼翅等级最高。有鱼翅的宴席被称为“鱼翅宴”，宾客会提前接到通知，满怀期待赴宴。独特的软骨部分格外美味。大青鲨（*Prionace glauca* ヨシキリザメ）的鱼翅品质最佳，是中国菜系的名贵食材。15世纪郑和下西洋时带回了鱼翅，成为广东人的最爱。明代李时珍的《本草纲目》(1578）称鲨鱼“腹下有翅，味并肥美，南人珍之”。清代的《随园食单》(1792) 介绍了鱼翅的做法。慈禧太后钟爱鱼翅，视其为长生不老药。日本江户时期，鱼翅作为长崎俵物（译注：指长崎出口的海产品中的海参、鲍鱼和鱼翅）出口中国。主要产地是气仙沼、三崎、铫子。鱼翅有种类和等级之分，可根据颜色分为①白翅：铅灰真鲨（*Carcharhinus plumbeus* メジロザメ）、白斑星鲨（*Mustelus manazo* ホシザメ）和②黑翅：灰鲭鲨（*Isurus oxyrinchus* アオザメ）、大青鲨。中国人偏爱白翅。也可根据形状分为①排翅（保持鱼鳍原来的形状）、②散翅（散开的鱼翅）和③翅饼（弄散后重新成型）。在胸鳍、背鳍、尾鳍和臀鳍中，尾鳍等级最高，胸鳍次之。大青鲨、太平洋鼠鲨（*Lamna ditropis* モウカザメ）的背鳍品质佳，铅灰真鲨、乌翅真鲨（*Carcharhinus melanopterus* ツマグロザメ）的白翅等级高。鱼翅富含蛋白质、钾、磷、铁和胶质，营养价值高。鱼翅可做成各种菜品，均为高档菜式。常用于汤、炒菜、炖菜和芡汁。泡发鱼翅费时费力，需经过“泡冷水→炖→蒸→浸水”的步骤。市面上也有烹饪好的即食鱼翅。要挑选肉质厚实，富有光泽，口感顺滑，泡发后膨胀程度佳的产品。鱼翅本身有独特的气味，没有味道，但独特的软骨口感让人欲罢不能，味道容易渗入鱼翅之中。最具代表性的鱼翅美食有三丝鱼翅（汤）、红烧鱼翅、蟹黄鱼翅等。

→中国菜系→八珍

ブーケガルニ

香料包

法: bouquet garni

香草做的料包，诞生于法国。“bouquet”即“花束”，“garni”即“香草”。日耳曼语“bosk（森林）”演变为古法语“bosquet（树丛）”，最后变为法语“bouquet”。“garni”的词源则是法兰克语“warnjan（配备）”。人们自古以来就在烹饪时使用各种香草与香料。香料包就是最典型的调味用品。基本材料是扎成捆的百里香和香芹。常用的香草有月桂叶、香芹、西芹、龙蒿、鼠尾草、牛至等，用丝线扎好装入木棉布做的袋子。不同的香草组合能带来不同的香味。可有效去除肉、鱼的腥味，为菜品添加香味，常用于高汤、汤、清汤、酱汁、炖菜。

→月桂树→百里香→香草

ブーシェ

布雪

法: bouchée

能一口吃下的酥皮馅饼。日语中也写作“ブシエ”。“bouchée”意为能塞进“bouche（嘴）”的量。常用于

头盘和甜点。将擀薄的千层酥皮做成两片圆形，一片中间挖空。叠起来一起烤。就成了中央凹陷的派壳。用作甜点的布雪填入果酱、卡仕达酱，用作主菜的填入河海鲜与蔬菜。布雪可根据使用的馅料分成若干种，最知名的有“王妃布雪（bouchée à la reine）”。“reine”有王妃的意思。法王路易十五（1715—1774 在位）的王后玛丽・莱什琴斯基非常爱吃酥皮馅饼（vol-au-vent），命厨师发明了一款填入海鲜杂烩沙拉（salpicón）的热布雪。

→派

豚肉（ぶたにく）

猪肉

英: pork

猪科哺乳动物家猪的肉。家猪由分布在欧亚大陆的野猪驯化而成。法语“porc”和英语“pork”的词源是拉丁语“porcus（猪）”。早在公元前6000年，人类便开始在美索不达米亚养猪。公元前 2200 年，猪在中国演变为家畜。古埃及人忌讳猪。在古希腊、古罗马时期，盐渍猪肉（火腿）十分普及。在中世纪的巴黎，人们在市内散养猪，直到路易六世（1108—1137 在位）的孩子被猪咬死才禁止散养。18 世纪，英国人对中国种猪进行改良，培育出约克夏猪（Yorkshire）和巴克夏猪（Berkshire）。回顾历史，猪肉是中国菜系不可或缺的食材。德国人则拥有卓越的火腿、香肠加工技术，充分利用猪的全身。日本绳文时期的遗迹有猪骨出土。《日本书纪》中关于仁德天皇、天智天皇的部分也提到了猪，称当时日本已经开始养猪了。天武天皇颁布的杀生禁止令（675）将猪排除在外，但猪肉养殖业从那时起走向衰落。江户初期，家猪从中国经琉球传入萨摩，虽成为南蛮料理和卓袱料理的食材，却难登大雅之堂。直到明治维新解禁肉食之后，猪肉才得到日本人的关注。猪的种类繁多，可大致分为利用生肉的品种［如约克夏猪、巴克夏猪和汉普夏猪（Hampshire）］和用于加工的品种［如长白猪（Landrace）、大约克夏猪］。优质猪肉①呈淡红色，质地细腻，②脂肪不发黄、发红。猪肉不像牛肉那样细分各个部位，因为各处柔软程度的差异不如牛肉那么大。可大致分为里脊、肩腰肉、大腿肉、肩肉、肋扇肉、小腿肉。根据脂肪层的厚度、肉质的软硬和风味，加工成嫩煎、炸猪排、黄油煎肉、炖菜等各类菜品。猪肉是火腿、香肠和培根的主要原料，脂肪可提炼猪油。富含亚油酸、亚麻酸等不饱和脂肪酸，熔点低，所以口感好。为杜绝寄生虫，需彻底加热。

→香肠→火腿

不断草（ふだんそう）、恭菜

莙荙菜

英: chard

藜科一至二年生草本植物，原产于欧洲南部。日语中又称“トコナ（常菜）”“トウヂャン”。早在公元前，地中海各国便将当地自然分布的莙荙菜用作药材。之后作为蔬菜开展人工种植。江户中期从中国传入日本。根部不会膨大，可食用的部分是叶梗与叶片。叶片采摘后可迅速再生，一年四季生长不断，所以又称“不断草”。富含维生素 A、钙和铁，常用于汤、焗菜和黄油炒菜。

復活祭（ふっかつさい）

复活节

英: Easter

庆祝耶稣基督复活的基督教重要节日。春分过后第一次满月后的星期日。“easter”的词源存在若干种说法，包括古英语“éastre（春）”、印欧语词根“aus-（善良）”→日耳曼语“aust-”、古英语“éast（东、日光的方向）”→日耳曼语“austrôn（曙光女神）”→古英语“éastre”→英语“easter”。法语“Pâques”的词源是希伯来语“pasch（逾越节）”。耶稣基督被钉上十字架后，弟子们在逾越节那周庆祝他的复活。2 世纪罗马教皇维克托一世确定 3 月中旬到 4 月中旬是庆祝复活节的时期，春分过后第一次满月后的星期日是最重要的日子。复活节也是经历了四旬节斋戒后尽情享受美食，庆祝春天到来的节日。常用于庆祝复活节的有复活节彩蛋、重油水果蛋糕等。

→复活节彩蛋→复活节蛋糕→复活节彩蛋窝→复活节羊羔饼干→四旬节→重油水果蛋糕

プティ・フール

花色小糕点

法: petits fours

能一口吃下的小型糕点。日语中也写作“プチフール”。“petits”即“小、可爱”，“fours”即“炉”，合起来就是“小巧的烤点”。花色小糕点的起源存在两种说法，一是“17 世纪发明的小型烤炉”，二是“18 世纪在烤完大型糕点后用余温烤制的小糕点”。欧洲文艺复兴之后，花色小糕点广泛流行。款式多样，有的以杏仁膏为主要材料，有的带糖衣，有的带咸味，有的耐储藏，也有大型糕点的微缩版。

→蛋糕

プディング

布丁

英: pudding

米、意面、面包加牛奶、蛋、鲜奶油填入模具，送入烤炉，用水浴法加热而成的间菜。古法语“boudin（猪油肉和猪血制成的香肠）”演变为拉丁语“botulus（香肠）”，最后变成英语“pudding”。以牛肉与牛肾为原料，用类似于香肠的手法加工而成的菜品在欧洲十分常见。也有质地宛如面粉制品般柔软的款式。“pudding”的拼法在16世纪前后固定。布丁发祥于英国。据说13世纪有一种叫“poding”的食品，随着时代的变迁变成了布丁。也有说法称小麦胚芽、鸡蛋等材料混合，用无花果叶包裹后烹煮而成的“tryon”是布丁的原型。另一种说法称，17世纪的远洋船员把船上仅有的食材（面粉、面包、鸡蛋等）混合在一起，用布包裹后干蒸，于是便有了布丁。用作配菜、甜点的各种布丁接连问世，发展为英国家常菜。①用作菜品的布丁是香肠的变体，有牛排腰子布丁（beef steak & kidney pudding）、血布丁、约克郡布丁（Yorkshire pudding）等品种。②甜点布丁的做法是将各种食材和入小麦面粉制作的面团，或蒸或烤，有蛋奶布丁（小麦面粉、蛋、糖、牛奶混合后加热）、李子布丁等品种。布丁有下列共同点：①灌入或填入模具；②或蒸或烤；③多呈半固体状，口感柔软；④常用作配菜、间菜、甜点。在日本广泛普及的布丁是英国人在家中制作的甜口蛋奶布丁的变体。1963年（昭和三十八年），美国通用食品公司和麦斯威尔公司成功推出即食布丁，日本食品厂商也争相开发相关产品。

→蛋奶布丁→法式焦糖布丁→蜜饯布丁→李子布丁→面包布丁→约克郡布丁→勃艮第面包布丁

葡萄（ぶどう）

葡萄

英: grape

葡萄科葡萄属木质藤本植物，欧系葡萄原产于西亚，美系葡萄原产于北美。在意大利、法国、西班牙、德国、美国均有种植。英语“grape”的词源是古法语“grappe（葡萄串）”。法语“raisin”的词源是拉丁语“racemus（藤本植物的果实）”。全球的葡萄品种可大致分为欧系、美系和亚系三大类。公元前5000年至4000年，人类开始种植欧系葡萄。古埃及第十八王朝纳科特（Nacht）之墓的壁画描绘了从种植葡萄到酿制葡萄酒的工序。《旧约圣经》的“诺亚方舟”部分提到诺亚把葡萄树搬上方舟，后来这棵树成为酿酒业的起点。葡萄从古埃及、古希腊传至古罗马。希腊神学家认为葡萄是酒神巴克斯从印度带来的。红葡萄酒被视为耶稣基督的血，成为宗教仪式的必需品。腓尼基人将葡萄移栽到地中海沿岸。西汉时期，汉武帝（B. C. 141—87 在位）派张骞出塞，带回葡萄，亚洲葡萄就此诞生。10 世纪，维京人将葡萄带到美洲。18 世纪，加利福尼亚引进欧系葡萄，开始人工种植。19 世纪中期，人们在移植到法国的美系葡萄上发现了寄生虫“葡萄根瘤蚜虫”的卵，引发严重的病虫害。历经波折，人们发明了嫁接法，欧系葡萄用作接穗，美系葡萄做砧木，成功克服这一问题。1920 年，美国颁布禁酒法，于是原本用于酿酒的葡萄大多被加工成葡萄干，使美国成为全球第一大葡萄干产地。日本奈良时期，欧系葡萄通过遣唐使首次传入日本。据说紫葛葡萄（*Vitis coignetiae*，ヤマブドウ）、细本葡萄（*Vitis thunbergii*，エビカズラ）等野生品种早在神话时代就已存在。用葡萄酿造的葡萄酒被称为“神的饮品”。葡萄在世界各地广受欢迎，是产量最大的水果。日本的葡萄有 90% 用于生食，欧洲的葡萄却有 80% 用于酿酒。甜味成分是葡萄糖和果糖，爽快的酸味来自酒石酸和苹果酸。富含果胶和丹宁。除了生食、酿酒，还能加工成果汁、果酱、果冻、葡萄干。

→巴克斯→麝香葡萄→葡萄干面包→葡萄酒

葡萄酒（ぶどうしゅ）

葡萄酒

英: wine

→葡萄酒（ワイン）

プープトン

炖肉卷

法: poupeton

小牛肉或家禽中填入馅料，炖煮而成的菜品。法语“poupeton”由“poupée（人偶）”的派生词演变而来。炖牛肉是用牛肉、羊肉、鸡肉制成的经典菜式，拉瓦瑞的《法国厨师》（1650）也有提及。18 世纪末演变成现代人熟悉的模样，填入小牛肉馅、焗肉馅（farce à gratin）、鹅肝、松露、小牛胸腺（ris de veau）等食材焖炖而成。汤汁熬煮后可用作酱汁。

→西餐

プフリュート

阿尔萨斯丸子

法: Pflütt

发祥于法国阿尔萨斯地区的丸子。德国、奥地利、意大利等国有“Knödel”“gnocchi”等丸子类美食。据说阿尔萨斯丸子的原型诞生于古罗马时期。小麦面粉加土豆、牛奶和蛋，做成丸子状水煮，或擀成饼状烤制。

→丸子→意大利面疙瘩

フライドオニオン

炸洋葱

英：fried onions

法语称“oignons frits”。洋葱切片后拆成圈，撒面粉、饼干屑后干炸。常用作配菜。据说发祥于法国，但具体经过不明。二战后传入美国，演变为洋葱圈（onion ring）。洋葱切碎后加入增稠剂，加工成环状后油炸，即为洋葱圈。洋葱圈大小统一，方便量产，极具美国特色。

→洋葱圈→洋葱

フライドポテト

炸薯条

英：fried potatoes

由切成条状的土豆干炸而成。美国称“French fries”“French fried potato”。英国称“chips”。在法国又称“pomme de terre Pont-Neuf”。原为荷兰传统食品，相传拿破仑一世（1804—1814在位）十分爱吃，于是传入法国。据说在1815年前后，首次有人将炸薯条用作网烤牛排的配菜。也有说法称1857年前后，比利时东部列日市的小吃摊推出了代替炸鱼的炸薯条。比利时冬季河面结冰，无法捕鱼，于是人们便切开土豆，像炸鱼一样炸土豆吃。在法语中，土豆称“pomme”或“pomme de terre”。在法国，牛排的经典配菜正是“pommes frites（炸薯条）”。英国有著名的炸鱼薯条。人们将薯条亲切地称为“chips”。在西班牙，土豆常被加工成可乐饼（Crocchetta）和西班牙式煎蛋卷。后来，法国的炸薯条传入美国，演变为量产食品，并跻身经典快餐食品之列，深受年轻人的欢迎。在美国，人们通过鉴别土豆品质、调节还原糖量、预处理、精准控制油温和油炸时间实现了薯条的批量生产。

→荷兰菜系→土豆→炸鱼薯条→薯片→新桥挞→土豆舒芙蕾

ブラウン・サーブ・ロール

即黄即食

英：brown and serve roll

在美国偶然诞生的半成品小餐包。1948年，佛罗里达州埃文帕克（Avon Park）的面包师格里高（Joe Gregor）为了制作小餐包将面团放进烘炉，正准备用烤箱加热，店内突然失火。将火扑灭后，他将在低温状态下加热过一次的白面包重新送入烤箱加热，惊讶地发现成品十分美味。格里高将这款面包命名为“pop oven roll”，注册专利，大获好评，迅速红遍全美。将面团送入烤箱加热，但在外皮上色之前取出，冷冻储藏。解冻后加热上色，就成了新鲜出炉的美味面包，在家中也能轻松制作。即黄即食多为黄油小餐包这样的小型面包，也有麦芬。在日本的普及度不及美国。类似的产品有省去了发面工序的冷冻面包面团。

→美国面包

ブラジル料理（りょうり）

巴西菜系

英: Brazilian cuisine

1960年，巴西将首都从里约热内卢迁至千余公里外的内陆城市巴西利亚，基于宏大的城市计划打造了一座巨大的高原城市。巴西有众多日本移民，也有大规模的农场，咖啡产量为全球第一。巴西菜系有下列特征：①国土辽阔，地理、历史、文化等方面的复杂元素相互交织，催生出了今天的巴西菜系；② 16世纪葡萄牙殖民者登陆后，意大利人、德国人、波兰人、中国人、日本人、非洲人纷纷移居，形成了以82国移民文化为基础的多国籍饮食文化。葡萄牙与非洲饮食对巴西菜系的影响尤其大；③大量使用辣椒、大蒜、洋葱和西红柿；④使用天然盐；⑤马黛茶与红茶相似，是含有2%咖啡因的印第安饮品。野生马黛叶经干燥处理即为茶叶，热水冲泡后饮用；⑥特色食品有主食木薯粉（manioc）、棕榈油（palm oil）和甘蔗酒（Pinga）。最具代表性的巴西美食有“黑豆炖肉饭（feijoada）”，据说由印第安人发明，盐渍牛肉、猪肉和外皮坚硬的“feijão（黑豆）”文火慢炖而成。还有用炭火铁丝网烤制肉串，蘸酱享用的“巴西烤肉（churrasco）”、肉干、洋葱、大蒜用油煸炒，加米炖成的“Maria Isabel”和巴西炒饭（先炒洋葱，再加米用锅炖，或加椰汁炖煮）。

ブラスリー

大众餐馆

法: brasserie

全天候提供菜品与饮料，无需介意用餐时间的餐饮店。高卢语“bracès（斯卑尔脱小麦）”演变为古法语“brais（磨碎的大麦）”，再到“brasserie（啤酒工厂）”，最后变为法语“brasserie”。也有说法称词源是通俗拉丁语“baciare（混合）”演变而成的古法语“brasser（混合麦芽和水）”。原指啤酒作坊。1589年，德国慕尼黑开出第一家啤酒馆（beer hall），名叫“皇家啤酒馆（Hofbräuhaus）”，至今仍在营业，非常出名。那是上流阶级喝葡萄酒，平民百姓喝啤酒的年代。1830年，啤酒馆登陆英国，1850年出现在法国。1870年，法国在普法战争中战败，割让阿尔萨斯与洛林。阿尔萨斯人逃往巴黎，开设正宗的“brasserie”，提供啤酒和法国酸菜，广受好评。直到二战前，“brasserie”一直是作家、艺术家、政治家云集的地方，但其地位逐渐被咖啡厅取代。20世纪70年代，啤酒开始流行，“brasserie”卷土重来。“taverne”是与之类似的餐饮店形式。两者的不同在于，“taverne”是酒吧、乡村式餐厅，喝的是葡萄酒，而“brasserie”是喝啤酒的地方。如今，咖啡厅、大众餐馆和餐厅之间的界线愈发模糊。1899年（明治三十二年），日本第一家啤酒馆在东京京桥诞生，位于二层洋房的楼上。

→法国酸菜

ブラックコーヒー

黑咖啡

英：black coffee

→美式咖啡

ブラッセルズ・スプラウト

抱子甘蓝

英：Brussels sprout

→抱子甘蓝（芽キャベツ）

ブラ・ド・ヴェニュス

维纳斯蛋糕卷

法：bras de Venus

发祥于法国鲁西永（Luchon）地区的蛋糕卷。日语中也写作“ブラ・ド・ヴィーナス”“ブラ・ド・ヴィーナ”。“bras”是“手臂”的意思，所以“bras de Venus”直译是“维纳斯的手臂”。小麦面粉加蛋黄、打发的蛋白、糖、玉米淀粉，搅拌均匀后烤成海绵蛋糕，卷起后涂抹南瓜酱即可。

→蛋糕

プラム

李子

英：plum

又称“西洋李”。

→李子（すもも）

プラムプディング

李子布丁

英：plum pudding

英国圣诞节期间不可或缺的蒸点。又称“圣诞布丁”。1623年，英国的白金汉公爵在马德里的晚宴上品尝到了用马拉加的葡萄干、无花果干和玉米粉制作的一款糕点，久久难以忘怀，便命糕点师创作了一款加有李子的英式布丁。做法是葡萄干、橙皮、柠檬皮、苹果、李子、杏仁等材料和红糖、锡兰肉桂、肉豆蔻、牛肾脏周围的脂肪、面包屑混合后加入朗姆

酒，浸泡 2 周以上，再加入鸡蛋搅拌均匀，倒入模具蒸熟。

→布丁

プラリーヌ

果仁糖

法: praline

一种杏仁糖果。日语中也写作“プラランʼ”“プラリネ”。路易十三（1610—1643 在位）麾下的法国元帅舒瓦瑟尔·普拉兰公爵（Choiseul Pralin，1598—1675）在投石党乱中战胜西班牙军队，扬名天下。而果仁糖正是他的厨师克雷曼·朱留佐（Clément Jaluzot）所创。也有说法称朱留佐退休后在蒙塔基（Montargis）发明了这款糖果。直到今天，果仁糖仍是当地特产。“praline”这一名称是“Pralin”的女性版，可见公爵给它取了自己的名字。果仁糖起初是杏仁加染色并增添了香味的糖衣，后来演变为焦糖加杏仁后磨碎成型。也有小巧玲珑的夹心巧克力版果仁糖。

→夹心巧克力→马郁兰蛋糕

プラリネ

果仁糖

法: praliné

→果仁糖（praline）

フラン

法式布丁挞

法: flan

有咸（使用海鲜、肝脏）、甜两种。法兰克语“flado（扁平的东西）”演变为中世纪法语“flaon”，最后变成法语“flan”，意为“用于加工货币的金属块”。形状与制作方法近似于挞类甜品。据说早在 6 世纪就已经存在。到了中世纪，市面上出现了多种多样的法式布丁挞。将水果摆在模具中，倒入小麦面粉、牛奶、奶油、鸡蛋混合而成的面糊后烤制而成。有时在模具底部铺有酥皮，也有加入河海鲜、肝脏的咸口布丁挞。

→挞→芙纽多

フランクフルトソーセージ

法兰克福香肠

英: Frankfurt sausage

一种较粗的就地供销香肠（domestic sausage），发祥于德国法兰克福。又称“Frankfurter”“dachshund sausage”。1987 年，法兰克福举办庆祝活动，纪念这款香肠诞生 500 周年。倒推后可知法兰克福香肠诞生于 1487 年。也有说法称这款香肠诞生于 1805 年前后。将盐渍的牛猪混合肉糜加工后填入香肠，烘干、烟熏、水煮、冷却而成。现已普及到世界各地。

→香肠

フランジパーヌ

杏仁奶油

法: frangipane

一种用于蛋糕的奶油。意式馅料。英语拼法相同，发音不同。1533年，罗马贵族切萨雷·弗兰吉帕尼（Cesare Frangipani）伯爵送凯瑟琳公主（1519—1589）出嫁。相传他用苦杏仁制作了一款用于手套的香水，广受好评。公主爱吃意大利的波伦塔，但巴黎没有波伦塔的原材料玉米，于是宫廷糕点师便发明了用小麦面粉增稠的杏仁奶油。后来，这款奶油被称为“frangipane”。也有说法称这款奶油在公主出嫁前诞生于弗兰吉帕尼伯爵府。用蛋、糖、黄油、杏仁、马卡龙制作，常用作挞的馅料。

→挞

フランション

福朗西雍

法: francillon

用贻贝、土豆、松露制作的沙拉。1887年，小仲马（1842—1895）创作的剧目《福朗西雍（francillon）》在法兰西喜剧院上演。其中有一幕是女仆安妮特教亨利如何制作“福朗西雍沙拉”。此剧大受欢迎，“Bhurban”餐厅的这道菜也从上演次日开始受到了热烈追捧。后来，人们用草石蚕代替土豆，称之为“Japonaise（日式沙拉）”。

→草石蚕

フランスのパン

法国面包

英: French bread

法国产的小麦质地柔软，黏性弱，不易形成麸质，与日本的小麦相似。这样的小麦难以加工成大型面包，需要一边对面团喷射蒸汽，一边用直火烤制。出炉3小时后就会变硬，因此法国人每餐都要购买新鲜的面包。正因为如此，法国的面包店都从清晨开始营业。为了将菜品衬托得更美味，法国的面包充分发挥面粉本身的风味，几乎不添加配料。在日本，通过咀嚼细细品味的法国面包也比高糖油配方的美国面包更受欢迎。法国面包继承了古罗马的传统，充分加热，风味十足。法国面包有下列特征：①硬面包有香脆的外皮和独特的香味，内含形状不规则的大气泡。细长的法棍最为知名。硬面包可根据形状分为“法棍”（baguette）、“巴黎人”（parisien比普通法棍大而长）、“短棍”（bâtard尺寸中等）、“deux livres"（尺寸最大）、"boule"（圆形）、"champignon"（蘑菇形）、"coupé"（小面包，表面有切痕）等；②最具代表性的软面包有羊角包、布里欧修等。其原型来自维也纳，在法国引进了将油脂叠入面团的技术。有人说巴黎人的经典早餐组合就是羊角包、布里欧修配欧蕾咖啡，但也有人说如此奢侈的吃法仅限于酒店早餐。法国人钟爱面包，将一起吃面包的人视作伙伴，所以催生出了"companion（伙伴）"一词。

→羊角包→纺锤形面包→欧式面包→法棍→巴黎人→尼斯三明治→布里欧修→法式吐司→棍形面包干

フランスのワイン

法国葡萄酒

法国是全球头号高品质葡萄酒产地。约公元前600年，腓尼基人登陆马赛，在当地种植了葡萄树苗，开启了法国的酿酒业。中世纪的酿酒业以修道院和贵族宅邸为中心。16世纪至17世纪，法餐蓬勃发展，酿酒业也日益繁荣。法国葡萄酒之所以驰名天下，是因为它和王公贵族一手缔造的法餐长期保持着表里一体的关系。法国是农业大国，有各种优质葡萄品种，享誉世界的葡萄酒产地分散在全国各地，如产干型白葡萄酒的阿尔萨斯地区、产香槟的香槟地区、产甜型白葡萄酒的波尔多、大量贵族庄园的所在地卢瓦尔、盛产桃红葡萄酒的普罗旺斯、葡萄酒品种繁多的勃艮第等。上述法国葡萄酒的产地特色与个性都有明确的规定，可大致分为①日常餐酒（Vin de Table 不标明产地）、②地区餐酒（Vin de Pays 标明产地）、③优良地区餐酒（Vin Délimité de Qualité Supérieure）和④法定产区葡萄酒（AOC Appellation d' Origine Contrôlée）。目前被指定为AOC的主要产地有波尔多、勃艮第、卢瓦尔、香槟、阿尔萨斯、普罗旺斯等。德国葡萄酒多为"一种葡萄酿造多种葡萄酒"，法国则是"一种葡萄对应一种葡萄酒"，驰名品牌众多。

（译注：2009年法国进行改革，AOC被更新为AOP（Appellation d'Origine Protégée），但是只是称呼上的改变，意思并没有变。VDQS这一等级在2011年被正式撤销，所有的VDP和VDT葡萄酒分别被IGP和VDF取代。）

→香槟→酿造酒→新酒→勃艮第葡萄酒→波尔多葡萄酒→葡萄酒

フランス料理（りょうり）

法国菜系

英: French cuisine

→西餐

ふ

ブランダード

鳕鱼酱

法: brandade

发祥于南法普罗旺斯地区。法语“brandade”的词源是普罗旺斯语“brander（混合）”。1786年，巴黎的餐厅推出这款普罗旺斯美食，广受消费者欢迎。做法是鳕鱼干烹煮后捣成泥，加入鲜奶油、橄榄油和大蒜调成糊状。有时也加土豆。搭配用黄油炸过的面包丁享用。

→西餐

ブランチ

早午餐

英: brunch

兼具早餐与午餐功能的餐食。“brunch”是“breakfast（早餐）”和“lunch（午餐）”的合成词。早午餐的起源存在两种说法。据说人们去教堂参加完弥撒之后，会回家享用稍晚的早餐，于是便有了早午餐。另一种说法是19世纪末的英国人习惯在周末、休息日睡懒觉，吃早餐的时间较晚，进而演变成早午餐。

→早餐→午餐

ブランデー

白兰地

英: brandy

果酒发酵而成的蒸馏酒。荷兰语“brandewijn（蒸馏酒）”演变为“branden（烤、蒸馏）”，最后变成英语“brandy”，有“灼热的酒”之意。14世纪至15世纪中期开始在市面流通。先蒸馏葡萄酒，得到酒精浓度高的液体，再稀释到40～50度。人们将白兰地视作治疗黑死病的特效药与外伤的消毒剂，认为它能去除体内的毒气，缓解心痛。直到16世纪，英国人一直将白兰地称为“brande wine”“brand wine”。“白兰地”的原料是葡萄。用苹果、樱桃、桃子、杏子、李子等果实酿制的酒要用“苹果白兰地”“杏子白兰地”等具体的名称加以区分。葡萄酒发酵蒸馏，陈酿5至10年后呈独特的琥珀色，散发出芳醇温润的香味。白兰地的酒精浓度一般控制在40%—43%。根据混合时使用的原酒中陈酿时间最长的一款，可分为三星（7—10年）、VSO（15—20年）、VSOP（25—30年）、XO（40—45年）、Extra（70年）、拿破仑（NAPOLEON古酒）等等级，但各厂商并未统一分级标准。法国西南部雅文邑地区出产的雅文邑白兰地、干邑地区出产的干邑白兰地最为知名。意大利有无色透明的白兰地，称“格拉巴酒”。白兰地是享受特殊香味的蒸馏酒。白兰地酒杯的形状也经过了精心设计，让人一边用肉眼享受琥珀色的透明感，一边用手温暖酒水，激发出更多香气。除了直接饮用，还能为红茶、糕点和菜品增添风味。浇白兰地后点火的烹饪技法称“火烧（flambé）”。

→雅文邑→卡尔瓦多斯酒→樱桃酒→格拉巴酒→干邑→蒸馏酒→餐后酒→酿造酒→餐前酒→樱桃白兰地→拿破仑→葡萄酒

ブラン・マンジェ

奶冻

法: blanc-manger

白色布丁状凉点，杏仁奶凝结而成。日语中也写作“ブラマンジエ”。“blanc” 即“白 ”，“manger” 即“食物”，合起来就是“白色的食物”。发源地存在两种说法，分别是朗格多克和蒙彼利埃，尚无定论。在中世纪，鸡肉或小牛肉捣碎后做成的肉冻广泛普及。19 世纪，人们开始用牛奶制作奶冻。安东尼・卡瑞蒙（1784—1833）为奶冻的推广贡献良多。法式奶冻用食用明胶制作，称“blanc-manger à la française”。杏仁奶加糖、香料、朗姆酒、掼奶油、明胶，搅拌均匀后冰镇凝固，即为甜点。英式奶冻（blanc-manger à la l’anglaise）使用玉米淀粉。

ブリー

布里奶酪

法: Brie

发祥于诺曼底地区布里（Brie）的白霉软质奶酪，被誉为“奶酪女王”。名称来源于巴黎东南侧的马恩河和塞纳河之间的地名布里。布里奶酪历史悠久，相传法兰克国王查理一世（768—814 在位）在布里的修道院品尝过后赞不绝口。12 世纪至 13 世纪受到王公贵族与贵妇的喜爱。亨利四世（1589—1610 在位）与王妃（瓦卢瓦的玛格丽特）喜欢用这款奶酪抹面包。路易十三（1610—1643 在位）也钟爱布里奶酪。法国大革命后，这款奶酪走进千家万户。小仲马（1824—1895）为它痴狂，称布里欧修的“布里”指的是奶酪。布里欧修中加有奶酪。布里奶酪的原材料是牛奶和奶油，乳脂含量高达 60%，口感细腻顺滑。整块奶酪为薄圆盘状，重达 2 公斤以上，有着强烈的芳香与风味。神似卡蒙贝尔奶酪，是日本人也非常喜爱的白霉奶酪。

→奶酪

フリアン

费南雪

法: friand

烤成船形、长方形的糕点。拉

丁语“frigere（油炸）”演变成古法语“frier/frire（迅速烤到变色）”，于13世纪变为法语“friand（美食家）”，最后变成法语“friand”。在20世纪，“friand”衍生出“美味食品”的意思。因形似金块，又称“financier（金融家）”。小麦面粉加杏仁粉、蛋白、糖、黄油调成面糊，挤入模具，点缀杏仁后送入烤箱。加有香肠馅的肉派也有叫“费南雪”的款式。

→蛋糕

ブリオッシュ

布里欧修

法: brioche

使用足量黄油、鸡蛋制成的法式甜面包。日语中也写作“ブリオシユ”“ブリオーシユ”。布里欧修和羊角包一样诞生于维也纳。欧洲有各种源自维也纳的面包，统称“维也纳面包”。可见中世纪的维也纳是欧洲的核心城市。法语“brioche”的词源是诺曼语“brier（弄碎）”。也有说法称“brioche”是“bris（粉碎）”和“hocher（摇晃）”的合成词。关于布里欧修的诞生存在多种说法。有人说布里欧修的名字取自地名“布里”，因为它使用布里产的奶酪。也有人说布里欧修的发明者是布列塔尼地区圣布里厄（Saint Brieuc）的糕点师。还有人说，这个名字取自在巴黎新桥卖面包的小贩让·布里欧修。17世纪末从奥地利东部城市维也纳传入巴黎。人们运用法国的面团制作技术对其进行改良。相传1789年，王妃玛丽·安托瓦内特留下了引发法国大革命的名言：“那他们干吗不吃蛋糕（S'ils n'ont plus de pain, qu'ils mangent de la brioche）？”其中的“蛋糕”正是布里欧修。小麦面粉加糖、蛋、黄油、牛奶、盐和面包酵母，搅拌均匀后长时间发酵，再用特殊模具烤制。材料的配比独特，大量使用黄油，被认为是西点的原点。采用油脂含量首屈一指的高糖油配方，有各种各样的形状。修士头布里欧修（brioche à tête）形似坐姿的修士。王冠布里欧修（brioche en couronne）形似修士戴的帽子。慕瑟琳布里欧修（brioche mousseline）则呈圆筒形。黄油风味鲜明，口感柔软，是法国人钟爱的早餐食品。人们有时也将布里欧修的中间掏空，填入菜肴或水果，用作头盘或甜点。

→维也纳小餐包→奥地利面包→丹麦酥→法国面包

フリカデル

德国肉丸

德: Frikadelle

德国最具代表性的肉糜制品。日语中也写作“フリカンデル”“フーカデン”“ジャーマンビーフステーキ（German beef steak）”。法语“fricadelle”和德语“Frikadelle”的词源是“frire（油炸）”的派生词。德国北方城市柏林称“フーレッテ”，中部与南部称“Frikadelle”。德国肉丸被视作日式肉扒的原型。牛肉糜加洋葱、黄油、蛋、面包屑、小麦面粉、肉豆蔻，做成肉丸，表面撒小麦面粉后送入烤箱加热即可。

→德国菜系→肉扒

フリッター

油炸馅饼

英: fritter

一种裹面糊后油炸的食品。

→贝奈特饼

フリートス

西式油炸食品

西: fritos

西班牙安达卢西亚地区的油炸食品。日语中也写作“フリットス”。发明经过不详。和日本的天妇罗类似，食材裹蛋液和小麦面粉后用橄榄油炸，介于干炸和天妇罗之间。常用的食材有日本鳀鱼、银鱼、带壳的虾、鱿鱼、洋葱、红甜椒等。撒上盐和香料，趁热享用最美味。1543年（天文十二年），葡萄牙船只漂流至日本种子岛，之后各路南蛮船只入港，带来了南蛮美食，再加上源自中国的普茶料理和卓袱料理的技法，历经漫长的岁月演变成今日的天妇罗。

→西班牙菜系

ブリヌイ

布利尼

俄: блины

发祥于俄罗斯，加有荞麦面粉的煎饼。形似可丽饼的俄罗斯美食。日语中也写作“ブリヌゥイ”“ブルヌイ”。发明经过不详。荞麦面粉加小麦面粉、黄油、蛋黄、牛奶和面包酵母搅拌均匀，充分和面后煎成薄饼。视口味涂抹或裹入黄油、酸奶油、鱼子酱、盐渍鲑鱼籽、鲱鱼、奶酪、果酱享用。

→松饼→俄罗斯面包

ブリア＝サヴァラン

布里亚–萨瓦兰

Jean Anthelme Brillat Savarin

法国著名法律家、美食家、社交家、音乐家、哲学家让·安泰尔姆·布里亚–萨瓦兰（1755—1826）。他并非烹饪专家，却精通炒蛋的技法，对美食格外积极，是驰名世界的伟大美食家。1792 年担任贝莱（Belley）市长、国民军司令官。曾亡命德国、瑞士、美国，1797 年回到法国。1800 年起担任最高法院法官等职务，人生经历十分精彩。1825 年出版《味觉生理学》(日本译名《美味礼赞》)。书中收录了感觉、味觉、美食学、食欲、渴望、美食、餐桌的快乐等美食学永恒的主题，总计 20 项，句句箴言，从科学与哲学的角度对美食进行了剖析。他曾留下名言："说说看你平时都吃什么，这样我就能猜出你是个怎样的人了。" 此书堪称美食学的圣经，在全球各国翻译出版。"萨瓦兰蛋糕" 就是为纪念他的功绩创作的糕点。

布里亚-萨瓦兰
资料：冢田孝雄《食悦奇谭》时事通信社 215

→西餐

プルコギ

韩式烤肉

韩: 불고기

朝鲜半岛的烤肉。直译为"火的肉"。烤着吃的食品统称"구이"。受蒙古族影响，忌荤腥的饮食文化在朝鲜半岛沦为形式。从 14 世纪开始，烤肉在半岛日渐流行。始于 15 世纪的"崇儒废佛" 政策更是彻底放开了肉食。切成薄片的牛肉、内脏蘸特制蘸料，用大火迅速加热两面，包裹莴苣叶享用。美味烤肉的奥妙在于选对肉的部位和切法，以及调制香气逼人的蘸酱。韩式烤肉的蘸酱用酱油、糖、酒、甜料酒、碎芝麻、芝麻油、葱姜蒜、辣椒和胡椒调配。用于内脏的蘸酱则少不了韩式辣椒酱。二战后，朝鲜烤肉以"烤内脏" 的形式，按"关西→中部→关东" 的顺序在日本逐渐普及，常用食材有排骨、猪胃、皱胃（牛的第四个胃）、瘤胃（牛的第一个胃）、蜂巢胃（牛的第二个胃）、百叶胃（牛的第三个胃）等等。这种烤法充分体现了"化内脏为美食" 的朝鲜半岛饮食文化，市面上也有各种烤肉蘸酱供消费者选择。

→朝鲜菜系

ブルゴーニュワイン

勃艮第葡萄酒

英: Bourgogne wine

法国有众多著名葡萄酒产地，其中勃艮第与波尔多并称为法国葡萄酒双璧。波尔多葡萄酒的酒瓶双肩隆起，显得分外有力，颇具阳刚之气，而勃艮第的酒瓶更为阴柔，有着“溜肩”的轮廓，形成了鲜明的对比。法国人种植葡萄的历史可追溯到公元前600年左右。百年战争后，波旁王朝缔造了绚烂的宫廷文化，而宫廷的餐桌上自然少不了勃艮第的葡萄酒。波旁公爵向来重视传统美食与红、白葡萄酒的和谐搭配，其领地也成为法国美食文化的中心之一。葡萄酒与菜肴的和谐关系离不开香料、洋葱、大蒜、火葱的巧妙组合。勃艮第的头号葡萄酒产地当属第戎，还有夜丘（Côtes de Nuits）、伯尔尼丘（Côte de Beaune）、夏隆内丘（Côte Chalonnaise）、马孔、博若莱等等。勃艮第葡萄酒可大致分为干型白葡萄酒、涩味明显的红葡萄酒和桃红葡萄酒，有科尔登（Corton 红、白）、沙布利（Chablis 白）、尚贝坦（Chambertin 红）、博若莱（红）、默尔索（Meursault 红、白）、蒙拉谢（Montrachet 白）、普依-富塞（Pouilly-Fuissé 白）、罗曼尼·康帝（Romanee-Conti 红）等名牌。每逢新酒上市的季节，博若莱出产的“博若莱新酒”便会在市面上流通。

→新酒→法国葡萄酒

ブルーチーズ

蓝纹奶酪

英: blue cheese

以青霉发酵的半硬质天然奶酪。法语“bleu”和英语“blue”的词源是法兰克语“blau（蓝色）”。蓝纹奶酪历史悠久，最著名的有英国的斯蒂尔顿奶酪、意大利的戈尔贡佐拉奶酪和法国的罗克福奶酪。原料为牛奶，富含脂类，口感顺滑，内部有青绿色的大理石花纹，有强烈的刺激性风味。

→戈尔贡佐拉奶酪→奶酪→罗克福奶酪

フルーツケーキ

水果蛋糕

英: fruit cake

→蛋糕

フルーツポンチ

水果宾治

fruitspunch

日制英语。→宾治酒

プルマンブレッド

方面包

英: pullman bread

英国的四方形面包，用于制作三明治。又称“三明治面包”。19世纪70年代，美国人普尔曼在芝加哥率先推出“餐车”。后来这辆列车被英国收购，用于伦敦-贝德福德线路，人称“维多利亚号”。列车上使用的面包在烤制时加盖，所以四四方方，形似“普尔曼车”，因此被命名为“pullman bread”。后来被广泛应用于餐厅和酒店，成为日本的主流切片面包之一。

→英国面包→三明治

ブレックファースト

早餐

英: breakfast

欧美人的早餐。“break”意为“中止”，“fast”有“断食”的意思，合起来就是“断食后吃的食物”。据说“breakfast”一词首次出现在1463年的英语文献中。欧美人的早餐可大致分为两类：①大陆式早餐受欧洲人的喜爱，内容包括欧蕾咖啡、小餐包、羊角包、布里欧修、法棍、黄油和果酱。②美式（英式）早餐在英美两国广受欢迎，内容包括咖啡、柠檬茶、牛奶、果汁、吐司、燕麦粥、谷物片、火腿、培根、水煮蛋、煎蛋、炒蛋、吐司、黄油、果酱。大陆式更为朴素，英美式有火腿、培根等肉制品和蛋制品。

→正餐→早午餐→午餐

ブレッダー

饼干屑

英: breader

符合美国人口味的调味油炸粉。又称“混合裹粉（blending mix）”、“调味裹粉”。诞生于二战后，发明经过不详。咸饼干粉碎、整粒后加入各种香料混合而成。使干炸、炸鸡、炸鱼排、冷冻食品等油炸食品的调味更多样，用途广泛，种类繁多。日本油炸食品使用面包烘烤后粉碎而成的面包屑，所以饼干屑起初没有在日本普及，但随着炸鸡进入日本市场，饼干屑的普及度在年轻群体中迅速提升。家用饼干屑又称“干炸粉”。饼干屑有下列特征：①可通过香料的组合减弱鸡肉、鱼肉等食材的腥味；②本身已经过调味，出锅后可直接享用；③易量产。可搭配面糊预拌粉（batter mix）使用。

→美国菜系→面包屑

プレッツエル

纽结饼

英: pretzel

发祥于德国士瓦本（Schwaben）

的面点。也有说法称发祥地在意大利，因为中世纪的意大利修道院给孩子们吃的面包里有一种名叫“bracciatello（交叉的手臂）”，据说这种面包后来传入德国，演变成了纽结饼。纽结饼又称“徽章面包”“B 字形饼干”，可归入咸饼干的范畴。表面用碱剂处理过，富有光泽。纽结饼是一种象形面包，留下了许多关于其起源的传说。英语“pretzel”和法语“bretzel”的词源是德语“Brezel（八字形面包）”。英语“bracelet（手镯）”也有同样的词源。也有说法称拉丁语“brachiolum（小手臂）”演变为古德语“Brezitella”，最后变成了“pretzel”。相传在公元前 4 世纪的古希腊，这种面包就已经存在了。在中世纪，德国修道院的修士在四旬节期间制作一种叫“布拉塞拉斯”的面包，形似在胸前交叉的双臂。11 世纪至 12 世纪，行业工会在英、法、德遍地开花，各种代表工种的符号与徽章应运而生。德国与奥地利的面包房就以纽结饼为徽章。据说在 13 世纪，瑞士巴塞尔甚至出现了专做纽结饼的面包房。相传因为纽结饼神似金字塔，把 3 个小三角形串联起来，因此古埃及人将其视作神明与自然循环的象征。1685 年，法王颁布包容新教徒的《南特诏令》，有说法称是当时移居德国的新教徒创造了这种面包。还有说法称纽结饼就是两端拉长的羊角包。因为其特殊的形状，有人猜测它和针对死者的古代礼拜有关。死者下葬时，人们会用面粉制作假的手镯、戒指和项圈，代替真首饰分发给参加者。在中世纪的修道院，耶稣基督的生日、逾越节和圣灵降临节要斋戒 4 天，只吃形似手臂的小糕点。据说纽结饼原本就是斋戒期间的食品。相传 1683 年，奥斯曼土耳其大军将奥地利首都维也纳团团围住。就在土耳其军队挖掘地道时，早起的维也纳面包师察觉到了异样，及时通报，为奥地利奠定了胜局。因这项功绩，面包师获得了纽结饼形状的荣誉勋章。直到今天，纽结饼仍是维也纳面包房的标志性符号。纽结饼的传统做法是小麦面粉加盐、水和面，搓成细绳状，做成“め”字形。用盐水煮过后短暂浸泡苛性苏打溶液，表面撒盐粒，送入烤箱。现代做法省去水煮的步骤。在长棍上挂许多纽结饼，让孩子们扛着在街上走是欧洲迎春庆典的经典节目。所以纽结饼也是庆祝春天到来的面点，承载着人们的欢喜，以及“从死亡走向重生”的愿望。19 世纪传入美国，形成“pretzel”这一称呼。

→咸饼干→羊角包

纽结饼

资料：《糕点辞典》东京堂出版[275]

ブレッドプディング

面包布丁

英: bread pudding

加有面包的布丁。日语中又称“パンプディング”。法语称“pudding au pain”。吐司面包涂抹黄油，拆散后加糖、蛋、牛奶、葡萄干搅拌均匀，装入容器干蒸而成。浇水果酱汁、焦糖酱汁、枫糖浆享用。远洋船员把船上仅有的面粉、面包屑和饼干混合在一起，用餐巾包裹后干蒸，便成了布丁。据说这种布丁也是面包布丁的前身。

→布丁

プレミックス

预拌粉

英: premix

诞生于美国的糕点量产技术。“premix”是“prepared mix”的简称。又称“蛋糕预拌粉”“混合粉”。预拌即“提前混合”。独立战争后的美国家庭有每天烤面包、做松饼的习惯，催生出了在小麦面粉中提前掺入少量泡打粉制成的自发面粉（self-rising flour）。因其省时省力且成品质量稳定迅速流行开来。1849 年，英国人亨利·琼斯将自发面粉的专利转让给美国人霍勒，开启了美国预拌粉的历史。1925 年，桂格燕麦公司（Quaker Oats Company）买下安特·杰米纳的商标权，开始大规模生产松饼预拌粉（pancake mix）。松饼预拌粉出现在 19 世纪 80 年代，因省去了混合材料的功夫，成品质量稳定、不易出错深受老百姓的喜爱。小麦面粉加杂粮粉、糖、油脂、奶制品、泡打粉、香料混合而成的甜甜圈预拌粉、曲奇预拌粉、磅蛋糕预拌粉等产品先后上市。单标准配方的产品就有数百种。可根据用途大致分为①家用（family use）、②公共机构用（institutional use）、③面包房用（bakery use）、④军用（army use）等。预拌粉有下列特征：①必要的配料已掺入小麦面粉中，非常方便；②无需称量过筛；③成品更稳定、更优质；④经济实惠；⑤食品卫生更有保障。预拌粉中加有高乳化型油脂，能使蛋糕面糊的状态更稳定。机械耐性也有提升，使量产成为可能。在预拌粉出现之前，主流的蛋糕做法是欧洲传统的糖油拌和法（sugar batter method）。面糊不能搅拌过度，以免产生麸质。糖油拌和法的步骤包括：①糖油相混，搅拌成奶油状；②逐步加入蛋液打发，形成顺滑的面糊；③加入小麦面粉和泡打粉，大致搅拌。如果油脂较多，则需要①选择乳化性能好的油脂，②充分打发，③不过度搅拌以防起筋，④最后加面粉。用这种方法制作蛋糕需要相当高的熟练程度，但成品入口即化，口味最佳。日本长久以来也用糖油拌和法制作蛋糕。只是如此制作的面糊并不稳定，不可久放，难以量产。糖油拌和法传入美国后催生出了重油型蛋糕面糊法。制作蛋糕面糊时无需设法防止麸质形成，而是通过充分的搅拌使麸质被彻底释放，进而得到稳定的面糊。高成分型蛋糕符合美国人的口味，又称“高糖蛋糕（high sugar cake）”“英美式蛋糕（Anglo-American cake）”。这种技法①使用全硬化型油脂，②且油脂量大于糖和蛋，③糖的用量不能多于牛奶和其他液体的用量。美国的预拌粉技术基于这种蛋糕制作方法，使用高乳化型油脂。成品甜味鲜明，质地湿润细腻，口感柔软，老化速度慢，保质期长，但也有脆弱易坏的缺点。日本长久以来沿用欧洲的糖油拌和法，但因为人手不足、削减经费等生产效率方面的问题开始量产蛋糕。蛋糕预拌粉在美国已广泛普及。商用预拌粉涉及蛋糕甜甜圈、酵母甜甜圈、糕点、花色面包、各种蛋糕、涂层材料等各个领域。家用的预拌粉则有松饼、干炸、龙田炸、大阪烧、面包、奶酪蛋糕等品种。不过与此同时，人们也开始重新审视传统欧式手工蛋糕的优点。

→美国面包→蛋糕甜甜圈→蛋糕预拌粉→自发面粉→甜甜圈→松饼→厚松饼

フレンチサービス

法式服务

英：French service

→服务→西餐

フレンチトースト

法式吐司

英：French toast

法式烤面包片。“French”有“时髦、装腔作势”的意思。把剩余的、不新鲜的面包做成法式吐司是对食材的二次利用。在法国萨瓦地区称“金色炸面包”，香槟地区称“金色汤”。一般在复活节、狂欢节期间制作。将面包浸入糖、牛奶、蛋调成的蛋液，用涂过黄油的平底锅煎炸即可。可根据个人口味搭配蜂蜜、锡兰肉桂、肉豆蔻和果酱享用。常用变硬的法棍、布里欧修制作，是变废为宝的智慧。

→法国面包

フレンチドレッシング

法式调味汁

英：French dressing

法语中没有“dressing”一词，每种酱汁都有不同的名称。英语

"French dressing"即油醋汁(sauce vinaigrette),由油、醋调制而成,常用于沙拉和鱼肉的冷盘。

→调味汁

フレンチフライ

炸薯条

英: French fry

炸薯条在美国的称法。

→炸薯条(fried potato)

ブロイラー

肉仔鸡

英: broiler

美国的小型肉鸡。以白科尼什鸡(White Cornish)、罗德岛红鸡、洛克鸡(Plymouth Rock)和来亨鸡(Leghorn)的杂交品种为基础改良而成的烤鸡专用肉鸡。英语"broiler"的词源是"broil(烤)"。肉仔鸡本是专用于加工烤鸡的肉鸡品种,因40日至60日便可出栏广受欢迎,成为"嫩肉鸡"的代名词。肉质柔软,风味清淡。二战后,美国肉仔鸡大量涌入日本市场。起初因味道寡淡被日本消费者敬而远之,但以肉仔鸡为原料的炸鸡为年轻人广泛接受,对鸡肉的偏好也从传统的黄鸡、军鸡(斗鸡)、废鸡(无法再生蛋的老母鸡)转向了肉仔鸡。

→鸡肉

プロシュット

生火腿

意: prosciutto

→生火腿(生ハム)

フローズン・フード

冷冻食品

英: frozen food

→冷冻食品(れいとうしょくひん)

フローズン・ブレッド

冷冻面包

英: frozen bread

用冷冻面团制作的面包。对美国人而言,"每天在家中烤出美味的面包"比日本人"每天在家里用柴火煮出美味的米饭"更难。二战后,速冻技术发展迅速,量产成型面团的难度降低,于是消费者只需用烤箱加热即可轻松做出美味面包的冷冻面团接连问世。冷冻面包有下列特征:①无需费时费力制作面包;②人人都能烤出美味的面包;③能在家中吃到新鲜出炉的面包。也有用烤好的面包(如羊角包）加工而成的冷冻产品。

→美国面包

ブロッコリー

西兰花

英: broccoli

十字花科一至二年生草本植物，原产于地中海沿岸，是卷心菜的变种，花菜的原型。日语中又称“绿花椰菜（ミドリハナヤサイ）”“芽花椰菜（メハナヤサイ）”。拉丁语“brocchus（突出的）”演变为意大利语“broccoli（卷心菜嫩芽）”，最后变为英语“broccoli”和法语“brocoli”。“brocco”有“嫩芽”的意思。早在古罗马时期，西兰花就是和芦笋同样受欢迎的蔬菜，广泛开展人工种植。后来被称为“意大利的芦笋”，作为意大利人钟爱的蔬菜之一在当地被保留下来。18 世纪传入英国。约 1940 年传入美国，但起初只针对意大利移民销售。直到最近才迅速普及，教人们惊呼：“怎么之前都没发现世上有这么好吃的东西呢！”西兰花于明治时期传入日本，却完全没有引起日本人的关注，直到昭和四十年代（1965—）才飞速普及。除了普通的绿色西兰花，还有白色的花菜西兰花。可食用的部分是花蕾与茎。将西兰花倒入加有盐和醋的水，大火迅速烹煮，再用冰水冷却即可。小心不要过度加热。西兰花富含维生素 A、B_1、B_2、C、钙和铁，作为有益健康的黄绿色蔬菜备受瞩目。可广泛应用于日本料理、西餐和中国菜，除了用作配菜，还能用于汤、炒菜、油炸食品和焖菜。

→花菜→卷心菜→抱子甘蓝

フロニャルド

芙纽多

法: flognarde

发祥于法国中部利穆赞（Limousin）地区中心城市利摩日（Limoges）周边的古老甜点。日语中也写作“フランニャルド”“フルーニャルド”“フロンニャルド”。法语“flognarde”的词源是古法语“fleugne（柔软的、蓬松的）”。据说芙纽多是克拉芙蒂的原型。也有人说它是一种使用朗姆酒、樱桃酒的法式布丁挞。还有说法称它形似可丽饼。做法是小麦面粉加糖、蛋、牛奶调成面糊，加入香料和朗姆酒，倒入模具，顶端放小块黄油后烤制。

→克拉芙蒂→可丽饼→甜点→法式布丁挞

フロランタン

佛罗伦萨脆饼

法: florentin

意大利的杏仁风味烤点。又称“florentin sablé”。“florentin”指意大利中部托斯卡纳大区首府佛罗伦萨(Florence)。1533 年，意大利梅第奇家族的凯瑟琳公主(1519—1589)与法国的奥尔良公爵亨利(即后来的法王亨利二世)结婚，佛罗伦萨脆饼就此传入法国。做法是糖、鲜奶油、黄油、糖稀、蜂蜜混合后熬煮，加入杏仁片和橙皮，做成基础面糊(appareil)。小麦面粉加糖、蛋、牛奶、黄油，做成沙布烈面糊，稍稍加热，然后把基础面糊倒在沙布烈上，烤到表面呈金黄色即可。

→蛋糕

ブロンクス

布朗克斯

英: Bronx

美国人钟爱的鸡尾酒，用干型味美思、甜型味美思、干型金酒和橙汁调制。“Bronx” 是纽约的地名。在禁酒法时期，人们偷偷发明了这种酒，用作餐前酒。

→鸡尾酒

文旦（ぶんたん）

文旦

英: shaddock

→文旦(ザボン)

プンパーニケル

粗黑麦面包

德: Pumpernickele

发祥于德国威斯特法伦(Westfalen)的一种黑面包。“Pumpernickele” 的词源存在多种说法，包括拉丁语 “bonum panicum (好黍子)”、由 “bon pour Nicolas (对尼古拉好)” 讹化、德语 “pumpern (放屁)” 和 “Nickel (仆从)” 的合成词等等。美食家奥尔良公爵的第二任妻子是来自德国的巴拉汀郡主伊丽莎白 · 夏洛特(1652—1722)。据说她非常爱吃粗黑麦面包，命人从德国专程送来。17 世纪，粗黑麦面包被用作德军军粮。因外观不太精致被戏称为 “尼古拉斯的屁”。做法是粗黑麦加黑麦面粉和酸性老面进行乳酸发酵，然后直火烘烤。粗黑麦面包是酸味明显的厚重面包。加入葛缕子添香更美味。

→德国面包→黑麦面包

ベアルネーズ

贝亚恩式

法: béarnaise

即 “贝亚恩的”。贝亚恩(Béarn)

是法国西南部的旧省名，位于巴斯克东侧。蛋黄、黄油乳化后以龙蒿增添风味的“贝亚恩酱汁（Sauce Béarnaise）”最为知名。至于酱汁名称的由来，学界众说纷纭。相传1830年，在巴黎西方郊外的圣日耳曼昂莱（Saint-Germain-en-Laye）有一家餐馆，叫“亨利四世馆”。餐馆发明了一种用于牛里脊的酱汁，而第一个品尝到酱汁的人就是贝里斯男爵（Baron Bliss）。也有说法称，酱汁的名字来源于餐馆之前的名字“Le Bearnet”。还有人说酱汁是贝亚恩的厨师发明的，因此得名。贝亚恩酱汁在16世纪的烹饪书籍中已有提及。也有说法称它得名于贝亚恩出身的亨利四世（1589—1610在位）。

→西餐→酱汁

ペイチシカオヤー

北京烤鸭

→北京烤鸭（北京ダック）

ベイリーフ

月桂叶

英: bay leaf

→月桂树

ペカンナッツ

碧根果

英: pecan nuts

胡桃科落叶乔木，原产于北美密西西比河流域。19世纪末开始在美国大规模种植，成为最具代表性的坚果之一。又称“长寿果”。形似核桃，有甜味，风味佳。脂类含量高达70%以上，所以又称“黄油树”。除了生食，还能用于榨油、沙拉、甜点和糕点。二战后在日本普及。

ベーキングパウダー

泡打粉

英: baking powder

一种膨松剂。又称“化学膨松剂”“膨胀剂”“膨剂”“膨胀粉”“BP”。可使面包、蛋糕的面团膨起。拉丁语“levare（变轻）”演变为法语“levre chimique（化学酵母）”。又称“levure en poudre”。泡打粉的历史并不算悠久。约1855年，美国波士顿的商店发明了“酵母粉（yeast powder）”。这种粉能像酵母一样让面团膨胀。1857年出现磷酸盐泡打粉。1867年出现塔塔粉（cream of tartar powder）。1875年，明矾泡打粉登场。日本江户时期的文献中并未提到过“膨らし粉（泡打粉）”。《吾妻果子手制法》(1908/明治四十一年)提到了用“酵母药粉”发面的方法。此书介绍的“古法酒馒头”使用的是重碳酸粉。1914年(大正三年),日本开始从美国进口三星泡打粉。最简单的泡打粉由碳酸氢钠(碱剂)和酒石酸(酸剂)组成。两者发生中和反应,产生二氧化碳气泡,使面包与蛋糕的面团膨胀。可通过调整酸剂的种类和用量调配出适合用铁/铜板烤、蒸、炸等各种加热方式的泡打粉,产生适量的二氧化碳。也能通过调整配方改变中和反应的方式与气体的发生量。可根据酸剂的种类大致分为①酒石酸类、②明矾类、③磷酸类。市面上销售的泡打粉为延长保质期、防止化学反应发生掺有淀粉或小麦面粉。

北京ダック(ぺきん)

北京烤鸭

整只烘烤的鸭子。削下鸭皮,与甜面酱、葱、黄瓜、大蒜一起卷入薄饼享用。明代在朱元璋建国时定都应天府(南京),第三代永乐帝(1402—1424在位)迁都北京。顺便一提,明十三陵中的定陵就是永乐帝之墓。南京周边的江南地区素有天下粮仓的美誉。北京烤鸭是最具代表性的北京美食,历史可追溯到300多年前的明代,基于北京西部玉泉山附近出产的优质肉鸭。如今北京周边共有30多座国营养鸭场。相传人们通过大运河将顶级贡米送到北京时,总有米粒在卸货时掉落。野鸭吃惯了好米,就变成了肉质鲜美的好鸭。鸭子放血,去除内脏,吹入空气,表皮涂抹糖浆,风干后挂进砖块砌成的“挂炉”,整只加热40分钟左右。燃料一般选用不容易冒黑烟,且树液有甜味的枣树、杏树等果树。北京鸭是享誉世界的肉鸭。通过填鸭式喂养法(强喂玉米、小麦、糙米、米糠等饲料),用3个月左右的时间催肥至2至3公斤。饲养方法与取用的鹅肝肥鹅类似。北京鸭并非北京原产。货船的船员随船携带南方的湖鸭用作储备粮,于是湖鸭便来到了北京。顺便一提,全鸭宴的宾客能享用到鸭脑、眼珠、鸭嘴、鸭掌、鸭肠和鸭舌。

→家鸭→中国菜系→薄饼

ぺきんりょうり

北京菜系

中国四大菜系之一,又称“北京菜”。以黄河流域北部为中心逐步发展,由北京、河北、山东、河南的乡土美食和带有宴会美食色彩的鲁菜结合而成。其中的北京菜最为出名。北京是明清两代及现代中国的首都,形成了独特的宫廷美食体系。北京菜系确立于明代,清代第六位皇帝乾隆

（1735—1795 在位）积极任用苏州的厨师。北京菜系有下列特征：①深受满汉民族美食和全国各地的官吏带来的家乡美食的影响；②常用北方游牧民族的食材（牛肉、羊肉、鸭肉），鲤鱼也是受欢迎的食材；③南方广泛种植水稻，以大米为主食，北方则以小麦、杂粮做成的面粉为主；④宫廷美食的食材清淡，但调味较重，大量使用盐、大酱和酱油，但糖的用量少；⑤北京周边冬季寒冷，气候干燥，因此油的用量大、热量高的菜肴较多；⑥以爆、炒等大火加热而成的菜肴见长，如此加热的菜品不会让人觉得油腻；⑦常用葱、蒜、韭菜；⑧菜品普遍柔软，口感佳。最具代表性的北京名吃有北京烤鸭、涮羊肉、烤羊肉等。也有清汤燕窝、红焖熊掌、葱烧海参、红焖鱼翅等为宴会增光添彩的名菜。

→中国菜系

ベークド・アラスカ

烈火阿拉斯加

英：baked Alaska

美国的甜点，火烧冰淇淋。日语中也写作“ベイクド・アラスカ”。又称“Omelette norvégienne（挪威式煎蛋卷）”“Omelette surprise（惊喜蛋卷）”。据说发明者是美国热物理学家本杰明·汤普森（Benjamin Thompson，1753—1814）。将质地较硬的冰淇淋放在切成薄片的海绵蛋糕或生奶酪蛋糕上，整体涂抹蛋白霜，送入烤箱，加热到表面稍有焦痕。冰淇淋之所以不会融化，是因为蛋白霜中的空气起到了隔热的作用。常用于婚宴等喜庆场合。

→美国菜系→甜点

ベークド・ビーンズ

茄汁焗豆

英：baked beans

美国的西红柿味炖菜，一般使用豆、猪肉、香肠和培根。全称为“oven baked beans”。又称“pork and beans”，或简称为“beans”。调味方式多样。使用烤箱焖烤，故称“bake”。约 1620 年，英国清教徒在马萨诸塞州的普利茅斯登陆北美。他们带来的茄汁焗豆成为马萨诸塞州首府波士顿的名菜，人称“波士顿焗豆”。这道菜非常契合美国人的口味，在开拓时代和南北战争时期融入美国人的饮食体系。周六日落后到周日日落前是清教徒的安息日，而茄汁焗豆就是安息日的经典之选。据说从教堂回家后，面包房会把做好的茄汁焗豆送上门来。菜豆最为常用。菜豆形似肾脏，因此在英语中又称“kidney beans”。菜豆有许多变种，如“navy beans（海军豆）”“pea-beans”等。茄汁焗豆富含蛋白质和脂类物质，热量高。日本人不太喜欢。

→美国菜系

ベーグル

贝果

英: bagel

犹太人（以色列）钟爱的传统面包。在犹太人的推动下普及到世界各地。发明经过不详。据说是欧洲阿什肯纳兹犹太人（译注：Ashkenazi Jews 源于中世纪德国莱茵兰一带的犹太人后裔）的传统日常面包。又传 17 世纪初的古代文献中提及贝果是恭贺婴儿诞生的礼品。有说法称贝果的普及始于移居北美的犹太移民。也有说法称贝果是以色列的犹太人所创。贝果在美国也颇受欢迎，十分普及。在日本市场也非常多见。小麦面粉加盐、面包酵母和面，二次发酵后用沸水迅速煮过，极速膨发后送入烤箱。夹烟熏三文鱼、奶油奶酪享用。贝果呈环状，形似甜甜圈，有独特的饼状口感和香味。也有形似辫子面包的贝果。

→美国面包→面包

贝果
资料：《糕点辞典》东京堂出版[275]

ペコリーノ

羊奶酪

意: pecorino

意大利硬质天然奶酪。意大利语“pecorino”的词源是意大利语“pecorn（羊）”。罗马建国神话称，罗马始祖罗慕路斯（Romulus）是吃狼奶长大的，所以用“罗马的羊奶”制作的奶酪被称为“罗马诺羊奶酪”。据说在古罗马时期，罗马近郊的牧场就生产这种羊奶酪。老普林尼的《博物志》也提到了羊奶酪。撒丁岛的萨尔多（sardo）、托斯卡纳、温巴，拉齐奥大区的托斯卡纳、撒丁岛的罗马诺都是出名的羊奶酪品种。常用作餐桌奶酪，可加工成奶酪粉。

→奶酪

ベーコン

培根

英: bacon

猪肋扇肉制品。盐渍猪肉通过烟熏提升风味，延长保质期。英语“bacon”的词源有若干种说法，包括古法语“bacon（猪肋扇肉）”、日耳曼系法兰克语“bakko（火腿）”等。法语“lard”的词源是希腊语“larinos”、拉丁语“lardum（脂肪）”。据说在英国，培根始于半扇猪的加工品。约 14

世纪，英语中出现“bacon”一词。培根有特殊的风味，富含脂肪，更适合为菜品增添风味，而非用作菜品的主要食材。常用于培根煎蛋、德式土豆培根沙拉、培根卷、焗豆、培根黄油等。如果觉得烟熏味太重，可通过水煮去除咸味与烟熏味。培根的具体名称视原料的部位而定：①普通培根用肋扇肉制作，富含脂肪，风味独特；②“back bacon”用猪背肉制成，脂肪较少，又称“加拿大培根（Canadian bacon）”；③“shoulder bacon”用猪肩肉制作，脂肪较少；④“middle bacon”用躯干部分的肉制成；⑤“side bacon”用半扇猪制作。火腿和培根的区别在于：①培根原则上使用肋扇肉，而火腿用的是腿肉；②火腿有水煮的工序，而制作培根没有加热工序。无论是火腿还是培根都有不经过烟熏的产品。

→火腿

ベシャメル

贝夏梅尔酱汁

英：béchamel

用牛奶制作的白酱。又称“white sauce”“sauce béchamel”。用牛奶、黄油和油面酱制成，是西餐的基础酱汁之一。相传奥尔良公爵的征税人路易·德·诺万特尔（Louis de Nointel（Béchamel，1630—1703）在投石党乱期间大赚一笔，成为侯爵，当上了巴黎近郊圣克卢（Saint Cloud）的城主。在路易十四（1643—1715 在位）统治期间，他给厨师发明的酱汁冠上了自己的名字。厨师对大量使用鲜奶油、口感油腻、制作工序复杂的酱汁进行改良，使其变身为清淡的白酱。也有说法称发明者是贝夏梅尔侯爵本人、侯爵之子的厨师。常用于焗菜、贝壳烤菜、奶油炖菜、炸丸子、舒芙蕾。加入西红柿就成了欧尔酱汁（sauce aurore）。

→酱汁

ページュ・メルバ

冰淇淋糖水桃子

法：Péche Melba

→冰淇淋糖水桃子（peach Melba）

ヘーゼルナッツ

榛子

英：hazelnut

桦木科落叶灌木，原产于南欧、西亚。又称“榛（ハシバミ）”“西洋榛（ハシバミ）”。古罗马时期被视作带来幸运的吉祥树，婚礼时要用榛树做火把。日本奈良、平安时期开始食用榛子。可食用部分是坚硬果实中的白色果仁。脂类含量高达60%，易氧化。脂肪酸以油酸、亚油酸为主。既是零食，也是糕点、巧克力的常用装饰。

ペッパー

胡椒

英: pepper

→胡椒（こしょう）

ベトナム料理

越南菜系

英: Vietnamese cuisine

越南年平均气温达22℃，属热带季风气候。与中国和东南亚均有交集，在漫长的历史中受中法两国的影响，同时构筑起了传统的饮食文化。公元前111年，汉武帝（B. C. 141—87在位）灭南越国。在此后的千余年中，越南深受中国的影响。1883年沦为法国殖民地。1945年，越南民主共和国成立，但在1965—1973年遭美国侵略8年之久。越南与日本的关系可追溯到16世纪至17世纪，两国通过中部港口城市会安开展交流。1940年，日军入侵印度支那（越南、老挝、柬埔寨）并完全控制该地。可见越南被统治、侵略、与外敌抗争的历史长达2000年。在此期间，越南在中国、法国、印度、泰国等国家的影响下坚守独特的饮食文化。越南菜系有下列特征：①油的用量比中国菜少，不如泰国菜辣，融入法餐的精致调味；②深受粤菜的影响；③法国巴黎有许多越南餐馆，可见越南菜有独特的魅力与魔力，足以在美食大国立足；④越南鱼酱是不可或缺的调味料，用盐渍竹荚鱼、鲭鱼、沙丁鱼发酵而成；⑤海鲜、蔬菜种类丰富；⑥越南人爱吃香菜；⑦越南与日本一样以大米为主食，经常吃鱼；⑧菜品用大盘、大碗盛放；⑨“Lua Moi”是越南的蒸馏酒，酒精浓度有两种，分别是29%和5%。最具代表性的越南美食有越南酸辣汤（canh chua 有酸味的蔬菜汤）、越南炸春卷（cha gio / 猪肉、蟹肉、虾肉、葱、胡萝卜用米粉做的春卷皮包裹后油炸）、越南煎饼（banh xeo）、越南米粉（pho / 加牛肉、鸡肉的米粉）、甘蔗虾（xao tom / 甘蔗裹虾蓉煎成）、越南咸鱼（goi）。

→鱼酱→越南鱼酱

ペ・ド・ノーヌ

油炸泡芙

法: pet de nonne

泡芙面团油炸后填入自选风味奶油，表面撒糖粉即可。搭配水果酱享用。日语中也写作“ペ・ド・ノンヌ”。“pet”即“屁”，“nonne”即“修女”，合起来就是“修女的屁”。取名的灵感来自泡芙膨起的模样。较文雅的说法是“修女的叹息（soupir de nonne）”。相传18世纪末，临近瑞士的杜河（Doubs）流域的博姆勒达姆修道院的修女在机缘巧合之下发明了这款糕点。在制作用作甜点的泡芙时，修女突然放屁不止，顿时大窘，失手让面团掉进油里，面团瞬间膨胀。在法国，人们把油炸糕点称为“贝奈特饼（beignets）”，油炸后膨胀的糕点称“贝奈特舒芙蕾（beignets soufflés）”。用勺子舀起一小块面团放入油中，就能炸出圆形的泡芙。吃饱肚子的宾客看到这样一道甜点也会不由得食指大动。

→泡芙→甜甜圈

油炸泡芙
资料：《糕点辞典》东京堂出版 275

ベニェ

贝奈特饼

法：beignet

裹面糊油炸而成的法式无孔甜甜圈。对应英语的“fritter”。法语“beignet”的词源是中世纪法语“buignet（瘤子）”。16世纪来到日本的葡萄牙人与西班牙人在斋戒日吃贝奈特饼。有说法称贝奈特饼是日本人发明天妇罗的契机之一。天妇罗也可被归入贝奈特饼的范畴。不过贝奈特饼的面糊不同于天妇罗，用小麦面粉、打发的蛋白、牛奶、蛋黄、色拉油、盐和糖调成。最具代表性的贝奈特饼有贝奈特鱼饼（beignet de poisson）、贝奈特舒芙蕾（beignets soufflés）、贝奈特苹果饼（beignet de pomme）。

→里昂油炸糕

べにばなゆ
紅花油

红花油

英：safflower oil

从菊科二年生草本植物红花（*Carthamus tinctorius*）的种子提取的油脂。红花原产于印度。古希腊人将红花视作药材，用于木乃伊。中国在汉武帝时期（公元前2世纪）开始种植红花。英语“safflower”是“番红花（saffron）”和“花（flower）”的合成词，有“昂贵的番红花的替代品”的意思。不饱和脂肪酸亚油酸的含量高达70%，属于干性油，可用于天妇罗油、色拉油。有易氧化的缺点。美国人对其进行品种改良，如今加利福尼亚已成为红花的主要产地。红花有助于预防动脉硬化，受到各界瞩目。红花油可用作口红、染料的原材料。用红花油的油烟制作的红花墨独具一格。红花是日本山形县的县花。

ベネディクティーヌ

法国廊酒

法: Bénédictine

法国北部诺曼底地区的费康（Fécamp）出产的琥珀色利口酒。1510 年，费康的本笃会修道院修士唐·贝尔纳多·温切利（Dom Bernardo Vincelli）用白兰地和海草调制了一款灵酒。许多患病当地居民靠这种酒恢复如初。据说法王弗朗索瓦一世（1515—1547 在位）也爱喝廊酒。1789 年法国大革命爆发，修道院关闭，修士各奔东西，但大量文献记录得以留存。1863 年，写在羊皮上的配方重见天日，酒商亚历山大·勒·格兰（Alexandre Le Grand）再现灵酒。廊酒是法国品质最优的利口酒，标签上写有拉丁语“D·O·M”，意为“献给至高无上的主”。具体配方为机密，总而言之是白兰地加苦艾、肉桂、丁香、生姜、欧白芷等 20 种植物陈酿而成的药酒。酒精浓度为 40%。常用作餐前酒、餐后酒。

→蒸馏酒→利口酒

ペパーミント

胡椒薄荷

英: peppermint

唇形科多年生草本植物，原产于地中海沿岸。又称“西洋薄荷草”。胡椒薄荷由水薄荷和留兰香杂交而成，有浓烈的清凉香味。爽快的香气源自薄荷脑。叶片可提取胡椒薄荷油（薄荷油）。在各种薄荷中，胡椒薄荷的用途格外广泛，常用于沙拉、嫩煎、羊肉、河海鲜、糕点、利口酒和花草茶。胡椒薄荷也是美国人钟爱的薄荷。

→薄荷→香草

ベビーフード

婴儿食品

英: baby food

---

20 世纪初诞生于美国的婴幼儿辅食（supplementary food）。常有食材种类丰富，包括谷物、肉、鱼、蔬菜、果实、果汁等。多以滤网加工成泥状，直接加热即可。有瓶装、罐装、杀菌软袋等包装形式。

ベーフストロガノフ

斯特罗加诺夫牛肉

俄: Бефстроганов

→斯特罗加诺夫牛肉（ビーフストロガノフ）

ベルガモット

香柠檬夹心糖

法: bergamote

香柠檬风味的夹心糖。法语"bergamote"的词源有两种说法，分别是土耳其语"begarmâcé（领主的洋梨）"和意大利语"bergamotta（洋梨的一种）"。1850年诞生于法国洛林地区的南锡。

→夹心糖

ベルガモット

香柠檬

法: bergamote

柑橘类植物（*Citrus bergamia*），原产于意大利南部。在意大利、法国南部均有种植。据说由酸橙和柠檬或青柠杂交而成。果肉酸味强，有苦味，不适合生食。果皮与叶片有香味。香柠檬油可用作化妆品的香料。

→橙子

ベルギー料理（りょうり）

比利时菜系

英: Belgian cuisine

比利时几乎位于欧洲中央，是日耳曼、拉丁两大民族的文化相互碰撞、融合的地方。欧洲联盟（欧盟EU）和大西洋公约组织（北约NATO）都将总部设在比利时。天主教信徒与传教士众多，有许多和宗教有关的传统活动。比利时菜系有下列特征：①首都布鲁塞尔堪称微缩版巴黎，能找到各种法餐美食；②常用雉鸡、野兔、野猪、鹿等野味；③舌鳎、鲱鱼、鳗鱼、龙虾、螃蟹、生蚝、贻贝资源丰富；④树果、菌类种类繁多；⑤有热咖啡加冰淇淋做成的列日咖啡（café liégeois）；⑥以美味的巧克力著称；⑦有800多种啤酒。最著名的是加有樱桃、树莓、黑醋栗的拉比克啤酒（Lambic）。

ベルギーワッフル

比利时华夫饼

荷: België 英: waffle

发祥于比利时的名点。日语"ベルギーワッフル"是荷兰语"België"和英语"waffle"的合成词，也许是日制英语。英语称"Belgian waffle"。发明经过不详，是著名的比利时糕点。

比利时各地的华夫饼各有特色。列日地区的口感较沙，布鲁塞尔周边的更香脆。美国的华夫饼较软，比利时的相对较硬，有独特的深格纹。有圆形和方形两种。比利时华夫饼深受日本年轻人的喜爱，迅速普及。

→华夫饼

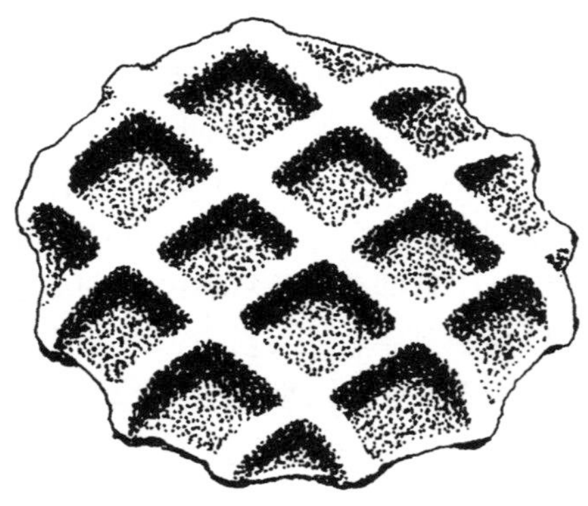

比利时华夫饼
资料:《糕点辞典》东京堂出版[275]

ベル・ムニエール

比目鱼排

法: belle meunière

19世纪，女厨师玛丽·昆顿(Marie Quinton)笑脸迎人，和蔼可亲，人称“美丽的磨坊姑娘(belle meunière)”。她发明的比目鱼排因此得名。将舌鳎和切成薄片的蘑菇置于餐盘，撒面包屑和黄油后送入烤箱慢慢加热而成。玛丽在她的家乡荷雅(Royat)开了一家小餐馆，据说她的主顾之一是著名的布朗热将军(Général Boulanger，1837—1891)。1888年，餐馆进军巴黎。1901年开设“Restaurant belle meunière”，广受好评。

ベルモット

味美思

法: vermouth

以白葡萄酒为基底，加入苦艾等20至30种药草制成的利口酒。法语和英语“vermouth”的词源是德语“Wermut(苦艾)”。日语中又写作“ヴェルモット”“ヴェルムート”。早在古希腊、古埃及、古罗马时期，就出现了在葡萄酒中加香草、药草或蜂蜜的习惯。希腊医学之父希波克拉底(B. C. 460—377)曾用加有锡兰肉桂、蜂蜜的葡萄酒治疗患者。17世纪，德国人尝试在白葡萄酒中加苦艾，增添香味和苦味。1786年，意大利人安东尼奥·贝内德托·卡帕诺(Antonio Benedetto Carpano)开始在都灵酿制味美思。使用的药草包括香菜、番红花、肉豆蔻、鼠尾草、锡兰肉桂、欧白芷、小豆蔻、中国肉桂、茴香、丁香、肉豆蔻衣、杜松子、马郁兰，加入的是过滤后的浸出液。意大利味美思属甜型，法国味美思属干型。甜型加有糖、焦糖。最近在各地诞生了各种各样的甜型、干型味美思。日本明治中期流行的演歌《オッペケペー節》中提到了“啤酒、白兰地和味美思”。酒精含量为18%。有促进消化、净化血液、改善肾功能的功效。常用于餐前酒、鸡尾酒、菜品和糕点。

→苦艾酒→蒸馏酒→餐前酒→仙山露→利口酒

ほ

ポアソン・ダブリール

四月鱼

法: poisson d’avril

“poisson d’avril”指4月1日愚人节。英语称“April fool”，日语称“四月马鹿”。人们可以在那一天搞些程度较轻的恶作剧，说些无伤大雅的小谎。这种习惯始于法国。法语“poisson d’avril”的字面意思是“四月的鱼（鲭鱼）”。这一称法的由来存在多种说法，包括“鲭鱼好骗，容易上钩”“古人将4月1日被骗吃下鲭鱼的人称为‘四月鱼’”“欺骗女性的男性”等。对基督徒而言，鱼有一定的宗教含义。因为教会成立初期，鱼是耶稣基督的象征。受迫害的基督徒以鱼为暗号。四月鱼的历史可追溯到16世纪。1582年，教皇格里高利十三世（1572—1582在位）制定“格里高利历”，将1月1日定为新一年的开始。在那之前，旧历3月25日或复活节才是实质上的新年，在过年时开些小玩笑也无伤大雅。17世纪至18世纪，这种习惯传入英国。在法国，人们把夹心糖、形似小鱼、贝壳的巧克力藏在鱼形巧克力的腹部，迎接期盼已久的春天。

ホイップクリーム

掼奶油

英: whipped cream

→香缇奶油

包丁（ほうちょう）/庖丁（ほうちょう）

菜刀

用于切割食物的工具。

→餐刀

菠薐草（ほうれんそう）

菠菜

英: spinach

藜科一至二年生草本植物，原产于西亚。汉语也称“菠薐”、“菠薐菜”。中期拉丁语“spinachia”演变为古法语“espinage”，最后变成英语“spinach”。也有说法称词源是拉丁语“spina（棱角）”，波斯语“aspanakh”演变为阿拉伯语“isbinakh”，再到西班牙语“espinaca”

和古法语“espinache”，最后变为法语“épinard”。古时中国称菠菜产地波斯为西域菠薐国，故称“菠薐菜”。人类在公元前开始种植菠菜（地点在今天的伊朗一带），穆斯林将其传播至东方的中国和西方的欧洲。唐太宗（626—649 在位）时期，尼泊尔僧人将菠菜带到中国，开始人工种植。10 世纪至 11 世纪经西班牙传入欧洲各地。东方菠菜的叶片薄，边缘有细锯齿，茎为红色，在中国广泛普及。西方菠菜的叶片厚实，锯齿少，边缘圆润。在欧洲北部（尤其是荷兰），人们对菠菜进行品种改良，得出一代杂交 F1。路易十二（1498—1515 在位）的医师尚皮埃大力推荐菠菜，称其为“最具营养价值的蔬菜”。17 世纪在法国广泛流行。17 世纪，东方菠菜从中国传入日本长崎。明治时期，西方菠菜经欧洲、美国传入日本。煮菠菜时加一撮盐，叶片便呈鲜绿色。除了各类日式菜肴，还可以用于浓汤、奶油拌菜、黄油炒菜和焗菜。煮过的菠菜用滤网加工成泥，可为菜品增添营养，添加鲜艳的绿色。在法餐中，人们也经常利用菠菜的叶绿素。市面上还有菠菜泥罐头（purée d'épinard）。中国的翡翠面 / 菠菜面、意面中的“lasagna verdi”“fettuccine verdi”就是加了菠菜的面食。菠菜是最具代表性的黄绿色蔬菜，富含维生素 A、B_1、B_2、C、β- 胡萝卜素、钙和铁，据说可补血、预防血液氧化。不过菠菜叶中的草酸会与人体内的钙结合，形成草酸钙，导致肾结石，此事曾在媒体引发轩然大波。煮透后把水沥干，即可清除草酸。

北欧のパン（ほくおう）

北欧面包

英: Scandinavian bread

北欧各国夏短冬长，冬季严寒，自然环境严苛。当地出产的小麦质地较软，直火烤制的面包占主流。面包是当地人的储备粮，挂在自家天花板储藏。北欧面包有下列特征：①特色美食包括在北欧三国发展起来的开放式三明治、瑞典脆面包搭配各式食材组成的斯堪的纳维亚式自助餐；②丹麦酥是丹麦的甜面包；③神似可丽饼的薄饼“lefse”是挪威特有的节庆面食，小麦面粉、黑麦面粉摊成薄饼，涂抹黄油和砂糖，对折两次享用；④有洞的黑麦酸面包（surbrφd）是芬兰特色美食，受俄罗斯饮食文化的影响。

→开放式三明治→瑞典脆面包→斯堪的纳维亚式自助餐→丹麦酥→面包

北欧料理（ほくおうりょうり）

北欧菜系

→斯堪的纳维亚菜系

ポケットブレッド

口袋面包

英: pocket bread

→皮塔饼

干し海鼠

干海参

海参去除内脏，水煮晾干而成。日语中又称“イリコ”“キンコ”。干货是中国菜系中的一类特殊食材，可大致分为①海味和②山珍。海参和鱼翅、燕窝并称为海八珍中的三大珍馐。有海参的宴席称“海参宴”。明代《五杂俎》曰：“海参，辽东海滨有之，一名海男子，其状如男子势然，淡菜（东海夫人 / 贻贝）之对也。其性温补，足敌人参，故名海参。”海参富含蛋白质、碳水化合物和胶质，味道鲜美，据说有补充元气的功效，是中国菜系的高档食材。明代《食物本草》称海参“主补元气，滋益五脏六腑，去三焦火热，同鸭肉烹制食之，治虚怯虚损诸疾；同鸭肉煮食，治肺虚咳嗽”。有记录显示，1711 年（正德元年 江户中期）日本从长崎出口大量干海参、干鲍鱼和鱼翅送往中国。泡发海参需要 2 至 3 天，反复加热冷却。完全泡发后的海参体积足有干海参的 3 至 4 倍。

→八珍

ポジャルスキー

波扎尔斯基

法: Pojarsky

为沙俄罗曼诺夫王朝服务的厨师。19 世纪在巴黎开设餐厅。沙皇尼古拉一世（1825—1855）前去用餐时，他做了一道用裹有面衣的带骨小牛背肉做成的创意菜。沙皇十分满意，赐名“波扎尔斯基”，即“波扎尔斯基肉排”。用鲑鱼泥制成的“波扎尔斯基鲑鱼排”也非常著名。

→肉排

ボジョレー・ヌーヴォー

博若莱新酒

法: Beaujolais Nouvaeu

法国勃艮第博若莱地区用佳美（Gamay）葡萄酿造的红葡萄酒的新酒。又称“Beaujolais Primeur（第一批博若莱）”。博若莱是马孔以南至索恩河畔里昂近郊的红葡萄酒产地。里昂本地素有在收获葡萄的 1 个月后将酒桶中的新酒灌入酒杯，庆祝丰收的风俗。后来这种风俗传播到了全世界。博若莱新酒在每年 11 月第三个星期四上午 0 点正式上市。日本也有许多红酒爱好者期盼着解禁日的到来。

→新酒→葡萄酒

ホースラディッシュ

辣根

英: horseradish

十字花科多年生草本植物，原产于东欧。在美国、英国、法国、俄罗斯和日本均有种植。日语中又称"西洋山葵（西洋ワサビ）""山葵大根（ワサビダイコン）""阿依努山葵（アイヌワサビ）"。英语"radish"的词源是拉丁语"radix（根）"。形似萝卜。法语"raifort"的词源是古法语"raiz（根）"和"fort（激烈）"的合成词。辣根入药的历史悠久，被用作兴奋剂、防腐剂、镇咳消炎剂和利尿剂。约13世纪，西欧各地开始种植辣根，将其用作香料。明治初年从美国传入日本。根茎部分有神似山葵（*Eutrema japonicum*）的辣味。辣根和原产于东方的山葵同属十字花科，但不是同一种植物，辣根的香味和辣味稍弱。山葵只能在清流周边生长，需精心养护，而辣根能在旱田批量种植。辣根在德国、北欧和俄罗斯广受欢迎，常用于沙拉、汤、酱汁、黄油、肉菜和鱼菜。英国的烤牛肉要用辣根酱增添风味。辣根酱的做法是辣根现磨成泥，加打发的鲜奶油、糖、醋、盐和芥末。其辣味与搭配牛排享用的现磨萝卜泥颇有几分相似。辣根常用作山葵膏（練りワサビ）、山葵粉（粉ワサビ）的原料。在日本常与山葵混用。刺身与欧洲香料的组合着实耐人寻味。辣根的辣味源自芥子苷。在黑芥子酶的作用下水解为烯丙基芥子油，呈现出特有的辣味。黑芥子酶遇到维生素C、柠檬汁、醋、芥末时更易活化。

→烤牛肉

ポタージュ

法式靓汤

法: potage

法餐中对汤类的统称。通俗拉丁语"potus（壶）"演变为"pot（壶）"，最后变为法语"potage"。约13世纪，"potage"是在壶中炖煮肉与蔬菜而成的菜品。当时"一口壶（锅）"是唯一的餐具，因此人们把面包浸入汤中，直接用手拿着面包用餐。到了中世纪，人们为汤壶配备一把汤勺，所有宾客共享。到了16世纪后期，汤勺才广泛普及。在法餐体系中，汤可大致分为①清汤（potage clair）和②浓汤（potages liés）。在日语中，"ポタージュ（potage）"指浓汤，"コンソメ（consommé）"指清汤，这是受了英语的影响。

→法式清汤→圣日耳曼→汤→海鲜浓汤→清汤→高汤→蔬菜肉汤

帆立貝（ほたてがい）

扇贝

英: scallop

扇贝科双壳类软体动物。在欧洲主要分布于法国西北部布列塔尼半岛海域、大西洋和英吉利海峡。日本的扇贝产地为青森至北海道沿岸。法语称“coquilles Saint-Jacques（圣雅各布贝）”。这种贝壳只能在比斯开湾、加利西亚沿岸找到，前往圣雅各布大教堂（Catedral de Santiago de Compostela 圣雅各布之墓的所在地）的巡礼者将其佩戴在身上，视其为圣贝。日本人称其为“帆立贝”，因为民间传说称扇贝将贝肉所在的壳用作船，将没有贝肉的壳用作风帆，可在海上航行千里。人类自有史以来开始食用扇贝。其贝壳被用作货币、宝石、建筑物的装饰甚至十字军的徽章。法餐主要使用瑶柱。最具代表性的扇贝美食有扇贝串（Brochettes de coquilles Saint-Jacques 培根、扇贝用金属扦子串起后烤成）、味美思奶油炖扇贝（coquilles Saint-Jacques au vermouth）。顺便一提，“coquilles”指贝壳烤菜。干贝是中国菜系不可或缺的食材。扇贝常用于头盘、酱汁、黄油煎鱼、汤、葡萄酒蒸菜、贝壳烤菜。

→贝壳烤菜

ホット・クロス・バンズ

热十字包

英: hot cross buns

复活节前的星期五（Good Friday）吃的小面包。发祥于英国苏格兰地区。表面有十字形花纹。趁热吃更美味，所以称“热”十字包。在各种圆面包中，热十字包使用的糖油较多，还要加入葡萄干、无核小葡萄干、柠檬、橙子等水果，风味甘甜。十字可以用刀划，也可以用酥皮条贴成十字形。

→圆面包

ホットケーキ

厚松饼

英: hotcake

一种松饼。松饼和厚松饼本质上都是扁面包，但煎法和吃法略有不同。松软型西点“厚松饼”在日本的百货店食堂首次亮相。1908年（明治四十一年），东京某百货店为吸引顾客，在店内开设食堂。关东大地震后，推出“巴的岌希（ハットケーキ）”。1926年（大正十五年 广播台从前一年开始播出节目）的烹饪节目中介绍了这种蛋糕的做法。小麦面粉、玉米粉、糖、黄油、蛋黄、牛奶、打发的蛋白调成面糊，倒入平底锅，

ほ

两面都要加热。两片相叠，中间放一块四方形的黄油，淋上枫糖浆即可。

→松饼→预拌粉→枫糖

ホットドッグ

热狗

英: hot dog

发祥于美国的“三明治”，小餐包夹维也纳香肠。“hot dog”的字面意思是“热的狗”，因热狗形似腊肠犬。这个诙谐的名称也颇有美国人的风范。关于热狗的趣闻轶事不胜枚举。据说第一个卖热狗的人是费尔特曼（Charles L. Feltman），他在1867年于康尼岛（Coney Island）开设了热狗摊。也有人说哈里·史蒂文斯才是第一个卖热狗的人，他在同一时间于纽约马球广场（Polo Grounds）销售夹着热气腾腾的香肠的面包。另一种说法称，从德国巴伐利亚地区移居美国的安东尼·费奇旺格在19世纪80年代于圣刘易斯率先销售热狗。约1900年，坊间盛传纽约马球赛场卖的香肠是用狗肉做的，久而久之就有了“热狗”这一称呼。又传1904年，奥地利出身的香肠小贩为了方便大家吃烫手的维也纳香肠，就用面包把香肠夹住，于是便有了热狗。1916年，同样在康尼岛卖热狗的内森·汉德韦克（Nathan Handwerker）大幅降价（10美分→ 5美分）。还有说法称热狗的“hot”指的是芥末的辣味。还有一种说法称，漫画家塔德·多尔根（Tad Dorgan）画了一幅图，主角是“夹在细长面包里的腊肠狗”，催生出了“热狗”这一名称。又传地中海东岸的德裔居民习惯将炸鱼排夹在面包里吃，移居美国后也保留了这一习惯。在伊斯坦布尔，夹鱼排的热狗广受欢迎。上世纪20年代，热狗摊开到美国各地，催生出了多种多样的热狗，比如搭配芥末和融化了的奶酪享用的堪萨斯热狗、搭配罂粟籽的芝加哥热狗等。从1957年开始，每年7月都是美国的“热狗月”，因为7月4日是美国的独立纪念日，政府希望通过热狗唤起民众的爱国意识。1938年（昭和十三年），东京日本剧场的地下小卖部率先销售热狗。夹心包括黄油、芥末、番茄酱、白煮蛋、生菜、豆瓣菜、香芹、德国酸菜、酸黄瓜。对比汉堡包的发明经过，更引人浮想联翩。

→美国面包→三明治→汉堡包

ホップ

啤酒花

英: hop

桑科多年生攀援草本植物，原产于欧洲。人称“啤酒的灵魂”“绿色的黄金”。英语“hop”的词源是中世纪荷兰语“hoppe（串）”，意为“有成串的花”。736年，德国哈勒道

(Hallertau) 开始种植啤酒花。约 13 世纪，啤酒的酿造与改良以教会和修道院为中心逐步推进，德国、瑞士开始将啤酒花用于酿酒。以大麦麦芽、啤酒花和水制作麦芽汁，再加入啤酒酵母的方式得以确立，这正是现代啤酒的原型。啤酒的品质也实现了飞跃性的提升。1516 年，巴伐利亚公国的威廉四世大公颁布了《啤酒纯酿法令》，规定啤酒是以大麦、啤酒花和水为原料的饮品。在 500 余年后的今天，这项法令依然有效。15 世纪至 16 世纪，使用啤酒花的技术传入英国。啤酒花适合种植在气候寒冷的高海拔地区，因此在德国、奥地利广泛种植，巴伐利亚地区的啤酒花尤其出名。日本的啤酒花产地是北海道和长野。啤酒花雌雄异株，用于酿酒的是雌株的未受精花，采摘后做干燥处理，再用于酿造。啤酒特有的香味和苦味均来自啤酒花。它能使啤酒产生更多气泡，更耐储藏。有效成分是花瓣上的粉末蛇麻素(lupulin)。有健胃、镇静、利尿的功效。用于面包的发酵是较为特殊的用途。

啤酒花
资料：《植物事典》东京堂出版[251]

→啤酒

ポップコーン

爆米花

英：popcorn

爆裂玉米。日语也称"はじけトゥモロコシ(爆玉米)"。全称为"popped corn"。美国现代小说家约翰·斯坦贝克(John Steinbeck)的头号杰作《愤怒的葡萄》(1939)中提到了"爆米花"。1621 年，搭乘五月花号移居北美的英国人在秋季收获感恩节收到了原住民相赠的爆米花。相传许多移居者多亏了爆米花才得以幸存。19 世纪 80 年代，自动爆米花机问世。在 400 多年后的今天，爆米花在美国依然人气不减。玉米的胚乳部分由硬质淀粉组成，遇热时水分膨胀炸开，体积可达原先的 20 至 30 倍。美国人有边看电影边吃爆米花的习惯。

→玉米

ポテトチップ

薯片

英: potato chips

油炸的土豆薄片。日语中又称“ポテトチップス”“サラトガチップス（Saratoga chips）”。词源是英语“chip（碎片、切片）”。在美国，切成棒状后油炸的土豆称“炸薯条”，切成薄片后油炸的土豆称“薯片”。相传约1853年，在纽约萨拉托加温泉（Saratoga Springs）的月亮湖旅馆有一位客人点了炸薯条，抱怨土豆太厚。厨师乔治・克鲁姆（George Crum）十分不爽，故意把土豆片切得跟纸一样薄，下油锅炸出一份薯片，不料竟大获好评，成为旅馆的招牌菜。后来随着技术的发展，“超薄炸土豆”衍生出了多种多样的创意产品，有的搭配和土豆相得益彰的民族特色风味调味料，有的则先将土豆加工成粉状，再重新成型。

→土豆→炸薯条

ポトフー

蔬菜肉汤

法: pot-au-feu

一种清澄的汤，法式经典家常菜，用肉和蔬菜炖煮而成，简单朴素。日语中也写作“ポト・フ”。“pot-au-feu”意为架在“feu（火）”上的“pot（锅、壶）”。吃蔬菜肉汤的时候要把汤和菜（肉与蔬菜）分开，吃法完全不同于日本的炖锅，体现出了东西饮食文化在这方面的差异。据说蔬菜肉汤的原型是西班牙的“ollapotrida（肉炖锅）”。从中世纪开始成为法国最具代表性的家常菜。在清汤中加入焯过的肉、芜菁等蔬菜炖煮而成。带骨的牛小腿肉、肩肉、洋葱、韭葱、胡萝卜、芜菁、大蒜、西芹、香料包放入锅中，从冷水炖起，文火慢炖。土豆等富含淀粉的食材会使汤变浑，一般不使用。各地蔬菜肉汤使用的食材略有差异，有放鸡肉、鸭肉、火腿、西红柿和番红花的版本。享用时准备汤碟和肉碟，汤可直接饮用，也可以浇在面包上，同时吃另一个碟子里的肉和蔬菜。口味清淡，最适合寒冷的夜晚。尤其适合搭配芥末，颇有“西式关东煮”之感。最佳的选择是法国的第戎芥末。搭配西式腌菜、辣根也很美味。顺便一提，这种汤被归入“清汤（bouillon）”的范畴，常用于汤品提鲜。

→炖牛肉→清汤→法式靓汤

ポートワイン

波特酒

英: port wine

葡萄牙最具代表性的葡萄酒，可简称为“port”。因历史上从葡萄牙北部的港口城市波尔图（Porto）大量出口，故称“vinho do Porto（葡萄牙的葡萄酒）”。只有用杜罗河（Douro）上游所种植的本土葡萄品种发酵酿造的葡萄酒才能使用这一名称。在12世纪之前，葡萄牙为西班牙领地，当地葡萄酒的发展历程也受到了这段历史的影响。1679年［路易十四（1643—1715在位）统治时期］，英国禁止进口法国葡萄酒，葡萄牙葡萄酒的需求量大增。日本人最早品尝到的葡萄酒正是葡萄牙人带来的“南蛮酒”。口味更甜、更易饮的葡萄酒在日本被称为“波特酒”。波特酒发酵途中要加入本地产的白兰地，停止发酵（译注：这种白兰地的酒精含量高达77%，调和后酒精含量为20%左右，酵母菌被杀死，发酵过程终止），于是酒中留有葡萄糖，尝起来有甜味。酒精浓度为18%—20%，在葡萄酒中偏高。陈酿10年以上会变为白波特酒（White Port）、宝石红波特酒（Ruby Port）和茶色波特酒（Tawny Port），更为醇熟。有干型、甜型之分。常用作餐前酒、餐后酒。

→酿造酒→葡萄酒

ポリネシア料理（りょうり）

波利尼西亚菜系

英：Polynesian cuisine

以夏威夷为中心的南太平洋群岛的美食，继承了波利尼西亚人的传统饮食文化。最具代表性的美食有卡鲁瓦烤猪（kaluapig 用滚烫是石头烤整只猪）、芋泥［poi 野芋（*Colocasia antiquorum*）蒸熟剥皮捣成糊状，呈褐紫色］、捞捞菜（lau lau 猪肉、鸡肉、咸鲑鱼用野芋叶包裹后放在烫石块上干蒸）以及用朱蕉（tileaf）的根发酵而成的蒸馏酒夏威夷烧酒（okolehao）等等。常用食材有番薯、甘蔗、椰子、野芋、香蕉、菠萝和芒果。

ボルシチ

红菜汤

俄：борщ

发祥于俄罗斯、乌克兰的炖汤。乌克兰物产丰富，红菜汤使用的也是当地农产品。主要食材为甜菜和西红柿，甜味与酸味形成完美和谐，鲜美爽口。“борщ”的词源是俄语“borsch（猎狗）”，有“扔进去”的意思。红菜汤也的确是把各种食材扔进大锅烹制的菜肴。法国人也爱喝红菜汤。19世纪的近代厨艺宗师安东尼·卡瑞蒙（1784—1833）担任过沙皇、英国皇太子等王公贵族的总厨，是远近闻名的法国名厨。据说红菜汤通过卡瑞蒙传入法国。1917年俄国革命使大批俄国流亡者涌入巴黎，加快了红菜汤的普及。牛肋扇肉、盐渍猪肉、火腿、培根、香肠、肉丸、黄油、鸭肉、鱼、胡萝卜、土豆、洋葱、韭葱、甜菜、卷心菜、西红柿、甜椒、蘑菇、西芹、香芹、莳萝、大蒜和香料包炖成。有乌克兰式、莫斯科式、西伯利亚式等40余种做法，但每一种都加甜菜，成品是鲜红色的浓汤。红菜汤烹饪方法的有趣之处在于“多种多样的食材或炒或煮或煎，最终放进同一口大锅”。充分利用食材原有的味道，体现出了乌克兰菜系的特征。加少许酸奶油，搭配蒜蓉小圆面包（pampushka）享用。日俄战争后，红菜汤通过俄国厨师传入横滨与神户。

→荞麦粥→俄罗斯菜系

ポール・デュ・サリュ

波特萨鲁特奶酪

法：Port du salut

发祥于法国中西部马耶讷省（Mayenne），用牛奶制作的版硬质奶酪。马耶讷河畔的波特萨鲁特圣母院（Notre Dame du Port du Salut）的修士在19世纪所创。1873年在巴黎上市，广受好评，各地竞相仿制。如今在世界各地均有生产，人称“圣宝兰奶酪（Saint-Paulin）”。

→奶酪

ポルトガル料理（りょうり）

葡萄牙菜系

英：Portuguese cuisine

对15世纪至16世纪的日本饮食文化（南蛮果子、长崎蛋糕、天妇罗等）影响最大的莫过于西班牙和葡萄牙的美食。葡萄牙菜系有下列特征：①章鱼、鱿鱼、虾、蟹等海产品丰富，调味不油腻，契合日本人的喜好；②葡萄牙人爱吃鳕鱼干（bacalhau）；③在葡萄牙语中，辣椒称“piripiri”，神似日语中形容辣味的“ピリリ（piriri）”；④大众实惠的沙丁鱼、竹荚鱼和青鱼跟日本一样用炭火烤制；⑤有醋腌章鱼（plove）。最具代表性的美食有绿菜汤（caldo verde 用鳕鱼干、土豆和卷心菜炖成）和炭烤沙丁鱼（sardinha assada）。葡式乱炖（cozido à portuguesa）用牛肋扇肉、猪肉、猪耳、鸡肉、口利左香肠（chorizo）、土豆、胡萝卜、洋葱、卷心菜做成，日语中又称“葡萄牙煮（ポルトガル煮）”。还有酒精度数较高的波特酒。

→口利左香肠→波特酒

ホールトマト

去皮西红柿罐头

英：whole tomato

用去皮后的整颗西红柿加工而成的罐头食品。“water pack”为水浸（盐水），“solid pack”为西红柿汁、番茄泥腌制的罐头。19世纪中期，量产西红柿罐头的方法在美国问世。多亏这项技术，青黄不接时也有彻底熟透的西红柿可用，而且无需再剥皮水煮，省时省力。西红柿罐头已成意大利菜不可或缺的素材。

→西红柿

ボルドーワイン

波尔多葡萄酒

英: Bordeaux wine

在流经法国吉隆德省的加龙河（Garonne）、多尔多涅河（Dordogne）与吉隆河（Gironde）流域酿造的葡萄酒。公元前56年，古罗马人征服了这片土地，开始种植葡萄。后来虽受西哥特族入侵等，教会、修道院仍坚持种植葡萄。中世纪末期，英法百年战争（1337—1453）爆发，当时驻扎在波尔多地区的英军非常爱喝当地的葡萄酒。在中世纪，波尔多曾一度受英国统治，英国人对波尔多葡萄酒的关注比法国人更甚。英王爱德华二世（1307—1327在位）曾要求圣埃美隆（Saint-Emilion）市民用“每年50桶葡萄酒”交换市长选举的投票权。在1337年的葡萄酒展销会上，爱德华三世（1327—1377在位）命人酿制大量的葡萄酒。当时已经出现了人称“朱拉德”的葡萄酒行业工会，手握重权。约17世纪，波旁王朝对波尔多葡萄酒做出高度评价。政治家、美食家黎塞留向路易十四（1643—1715在位）大力推荐苏玳（Sauternes）、格拉夫（Graves）、梅多克（Médoc）等地的优质葡萄酒。18世纪，波尔多葡萄酒的出口量增加，在美国也广受好评。1797年，拉菲酒庄（Château Lafite-Rothschild）尝试在酒瓶中陈酿。在1855年的巴黎世博会上，波尔多葡萄酒建立了分级制度。总而言之，波尔多葡萄酒克服了政治斗争、战争、病虫害等艰难困苦，终于实现了今日的繁荣。红葡萄酒为主，也有干型白葡萄酒。调和葡萄酒的技术尤其出色，更有奥比昂酒庄（Château Haut-Brion 红、白）、欧颂酒庄（Château Ausone 红）、圣埃美隆（Saint-Emilion 红）、滴金酒庄（Chateau d'Yquem 白）等高档酒庄。东有勃艮第，西有波尔多，两大产地撑起了法国葡萄酒，堪称世界顶级葡萄酒产地。勃艮第的葡萄酒更阳刚，波尔多的则偏阴柔，能通过瓶身的轮廓（是“将军肩”还是“溜肩”）区分出两者。

→法国葡萄酒→勃艮第葡萄酒

ポルボロン

西班牙小甜饼

西: polvoron

发祥于西班牙，是当地最具代表性的糕点。原本是安达卢西亚地区的曲奇，在圣诞节期间制作。小麦面粉烤到呈金黄色，防止起筋。香脆的口感是其特征。有加入各种香料的多种款式。

→曲奇

ポレンタ

波伦塔

意: polenta

发祥于意大利北部，用玉米粉做的粥。玉米是意大利北部的主要农作物之一。印欧语“pel（粉）”演变为拉丁语“polenta（大麦粉）”，最后变为意大利语“polenta”。古希腊人的主食是大麦粉。古罗马时期出现了粥状的波伦塔，用大麦粉加麻籽和香菜做成。在中世纪的法国出现了用小麦面粉做的粥。1492 年，哥伦布（1451—1506）航行至圣萨尔瓦多，将玉米、土豆、番薯等原产于新大陆的作物带回欧洲。后来在意大利的威尼斯、伦巴第地区，波伦塔的主要材料从大麦粉变成了玉米粉。也有说法称波伦塔是意面的原型。现代的波伦塔是玉米面加盐炖煮而成的糊（粥），用黄油、奶酪和西红柿调味。常用作肉菜的配菜。

→意大利菜系→意面

ボロニアソーセージ

博洛尼亚香肠

英: bologna sausage

一种就地供销香肠，发祥于意大利中部的博洛尼亚地区。日语中也写作“ボローナソーセージ”“ランチョンソーセージ（luncheon sausage 午宴香肠）”。博洛尼亚的畜牧加工业发达。博洛尼亚香肠尺寸较大，小牛肉和猪肉灌入牛的肠衣制成，富有弹性。

→香肠

ポロ葱

韭葱

英: leek

百合科一至二年生草本植物，原产于中亚。在欧洲广泛种植。日语中又称“韮葱”“西洋葱”“洋葱”“リーキ”“リーク”。法语称“poireau”。早在古埃及、古希腊时期，人类就已经开始种植韭葱了。罗马皇帝尼禄（54—68 在位）非常爱吃韭葱。明治初期传入日本，但几乎没有普及开。叶呈绿色，但并不像日本的葱那样呈管状，扁平且中央有硬棱，尖如剑。叶较硬，不适合食用，一般使用的是粗壮的葱白。煮过后变软，但不会变烂。有甜味和特别的香味。常用于沙拉、汤、酱汁、肉冻、焗菜、奶油炖菜、黄油炒菜。

→葱

珠鶏鳥

珍珠鸡

英: guinea fowl

珠鸡科家禽，原产于非洲西海岸。也有说法称原产地是阿尔及利亚、摩洛哥周边。日语名“ほろほろ鳥”源自珍珠鸡的叫声“嚯咯嚯咯”。法语称“pintada”。在古罗马时期，人类已开始养殖、食用珍珠鸡，称之为“努米底亚（Numidia）鸡”“迦太基（Carthago）鸡”。罗马帝国灭亡后，珍珠鸡也被人遗忘，好在奥斯曼土耳其的穆斯林继续养殖。在英国，珍珠鸡被称为“turkey”。16 世纪初，葡萄牙国王曼努埃尔将其献给罗马教皇，于是珍珠鸡被称为“几内亚鸡”，成为法国人最爱的鸟类食材。肉质柔软，脂肪少，味道鲜美。

ホワチャー

花茶

添加了花香的中国轻发酵茶，有茉莉花茶、兰花茶、菊花茶等。花茶历史悠久。唐代已经出现了将珍果香草加入茶汤的喝法。宋代则出现了将花香转移至茶叶的制茶方法。北宋年间，用中药“龙脑树”制作的有龙脑香的茶成为贡茶。南宋时期，用茉莉花、玫瑰、兰花、栀子花、桂花等制成的花茶广泛流行。据说在 13 世纪已经出现了 9 种花茶。花茶一般用绿茶、乌龙茶或红茶加工。茉莉花是木犀科素馨属的外来物种。晋代《南方草木状》中提到了“耶悉名花”，称它是波斯人从西域带来，后种植在华南的外来花卉。明代李时珍的《本草纲目》中记载：“茉莉花性辛甘温、和中下气、避秽浊、治下痢腹痛。”据说有助于缓解高血压、胆囊炎，有分解脂肪、清热解毒的作用，还能消除大蒜等食材的异味。茉莉花比原产于中国的桂花更香，成为中国花茶的代名词。福建盛产茉莉花。

→中国茶

ポンチ

宾治酒

英: punch

→宾治酒（パンチ）

ポン・ヌフ

新桥挞

法: Pont-Neuf

一种泡芙类糕点。用千层酥皮（派皮）制作的迷你挞。“Pont-Neuf”原指切成条状的土豆。巴黎塞纳河上有许多桥，其中也包括因法国香颂闻名的米拉波桥（Pont Mirabeau）。建于 1578 年至 1606 年的新桥（Pont-Neuf）是巴黎现存最古老的桥，在西岱岛上方形成一个十字形，是巴黎的象征。“Pont”即“桥”，“Neuf”即“新”。巴黎的历史开始于西岱岛。公元前 3 世纪，巴黎希人住在岛上，“巴黎”这一地名由此而来。直到一战时期，新桥两侧还有各类小店，其中有卖炸薯条（pommes frites）的名店。桥墩边有亨利四世（1589—1610在位）骑马雕像，人称“Henri Quatre”。将土豆切成长宽1 cm、高5 cm至6 cm的薯条，油炸而成的零食称“pomme de terre Pont-Neuf”。不过在法语中，苹果也是“pomme”，这着实容易混淆。土豆也称“pomme de terre”。新桥挞中央填入卡仕达酱、树莓酱，表面用十字交叉的酥皮条装饰，最后撒上糖粉，点缀树莓酱（framboise）。塞纳河右岸、左岸的悠久历史蕴藏其中。

→土豆→炸薯条→派

新桥挞
资料：吉田菊次郎《西点世界史》制果实验社 181

ボンボン

夹心糖

法：bonbon

一种软糖，和糖豆、糖果类似的糖衣零食。“bon”有“好（good）”的意思，叠词“bonbon”是幼儿用词，类似于“饭饭”。在14世纪的欧洲，有助于消化的糖衣杏仁、果仁糖广泛流行。其人气在路易十四（1643—1715在位）时期达到巅峰，巴黎伦巴底街（Lombard Street）的糖果店鳞次栉比，大批人患上龋齿。夹心糖的做法是把模具按在玉米淀粉上弄出凹陷，倒入翻糖膏，待其稍稍凝固后倒入威士忌、白兰地等洋酒或果汁糖浆，封口后裹上巧克力外皮。有水果夹心糖、威士忌夹心糖等品种。

→糖果→糖衣杏仁→果仁糖→香柠檬夹心糖

ポンム・スフレ

土豆舒芙蕾

法：pommes soufflées

法语全称为“pomme de terre soufflées”。相传1837年，巴黎-圣日耳曼线路竣工，法王路易·菲利普（1830—1848在位）和政府高官前去参加通车仪式，谁知列车在攀爬圣日耳曼的山丘时花了太多时间，以至于厨师为搭配肉菜制作的炸薯条变凉了。于是厨师便把薯条放回油锅，想重新加热一下，谁知薯条竟膨胀起来，变得美味无比，宾客赞不绝口。将土豆切成3 mm厚，浸入低温的油，再缓缓提升油温。捞出后再次用高温的油炸，使其膨胀，撒盐即刻享用。常用作肉的配菜。

→土豆→舒芙蕾→炸薯条

マオアルトゥオ

猫耳朵

发祥于中国陕西省的传统面食。发明经过不详。因形似猫耳得名。用小麦面粉、荞麦粉、燕麦粉做成面团，分成小块，再用大拇指顶端按薄，便会呈猫耳状。也有将草帽的帽檐剪下，固定在桌上，把小面团放在帽檐上用大拇指撮的做法。做好的猫耳朵下入锅中，和其他配料一起煮。与意大利的贝壳面也有几分相似。对比日本的面食，大致可归入变形面疙瘩、馎饦的范畴。

→中国面

マカダミアナッツ

澳洲坚果

英：macadamia nuts

学名 *Macadamia ternifolia*，山龙眼科常绿乔木，原产于澳大利亚。又称“夏威夷果”“昆士兰栗”。1857 年，英国植物学家费尔南多·冯·缪勒（Ferdinand Von Meuller）和澳洲种植园主管沃特·希尔（Walter Hill）发现了这种植物，以朋友约翰·马克达姆的名字命名。1890 年，乔丹将澳洲坚果从塔斯马尼亚移植到夏威夷的火奴鲁鲁。澳洲坚果非常适应当地的气候环境，当地人开展大规模种植。夏威夷伴手礼巧克力零食中常会用到澳洲坚果。种子富含脂类。用椰子油炒过后撒少许盐，便是绝佳的下酒菜。常用于头盘、糕点。

マーガリン

人造黄油

英：margarine

与黄油相似的乳化脂肪食品。“margarine”词源有多种说法，包括希腊语“márgaron（珍珠贝、珍珠）”、法语“margarine（人造黄油）”、“margarique（珠光子酸）”等。法语拼法相同，发音不同。1869 年普法战争爆发时，法国黄油短缺，因此拿破仑三世悬赏号召人们开发黄油的廉价替代品。法国化学家伊波利特·梅热穆里耶（Hippolyte Mège-Mouriès 1817—1880）在牛油的软质部分中加牛奶，乳化冷却，形成黄油状乳化脂肪食品（油包水型），成功当选。其实在 50 年前的 1819 年，谢弗勒尔（Michel Eugène Chevreul,

1786—1889）就发现了一种组成动物脂肪的脂肪酸，将其命名为珠光子酸（margaric acid）。这种酸的甘油酯（Glyceride）被称为“油珍珠（oleomargarine → margarine）”。后人证明谢弗勒尔发现的珠光子酸是棕榈酸（palmitic acid）和硬脂酸（stearic acid）的混合物。1873 年，人造黄油的发明者梅热穆里耶采用了这个错误的化学名称，沿用至今。据说“油珍珠”得名于珍珠般耀眼的光泽。1872 年，人造黄油投产。在法国不受欢迎，反而在荷兰、英国、丹麦受到关注。1900 年，美国人威森（Wesson）发明油脂真空脱臭法。1902 年，德国人诺曼发明油脂氢化法，用椰子油、棕榈油、大豆油等植物油制造“黄油”成为可能［译注：植物油的最大缺点是主要由不饱和脂肪酸构成，因此室温下不会凝结成固体，但在发现氢化作用（hydrogenation）之后就突破了这个瓶颈。氢化作用利用氢和镍作为催化剂，破坏不饱和脂肪里部分或全部的双键，提高油脂的熔点，并让油脂硬化］。当时科学家发现胆固醇沉积是造成脑卒中和心脏病的重要原因，致使人造黄油作为一种植物性油脂而非“黄油的替代品”在市场上站稳脚跟（译注：植物油制造的人造黄油含有较多不饱和脂肪，且完全不含胆固醇，在某种情况下可能比普通黄油更健康）。1887 年从澳大利亚传入日本。1908 年（明治四十一年），山口八十八在横滨生产出第一批日本国产人造黄油。目前市面上的人造黄油是动植物食用油脂加水、盐、香料、染色剂后乳化，速冻后搅拌融合（或具备可塑性无需搅拌），打造成具有流动性的油脂。人造黄油具有下列特征：①相较于黄油，人造黄油的原料更容易获取，可批量生产；②随着油脂脱色、脱臭、硬化技术的进步，品质进一步提升；③入口即化，口感更佳，且添加了黄油的风味，在味道这一层面也毫不逊色；④有助于降低血液中的胆固醇；⑤人造黄油是乳化性油脂，更易消化吸收；⑥也有低热量版人造黄油；⑦容易添加维生素等物质；⑧除了涂抹面包，还能广泛应用于制作糕点面包与各种菜肴。

→起酥油→黄油

マカロニ

通心粉

英: macaroni

意大利最具代表性的意面之一。“macaroni”的词源众说纷纭，包括意大利语“macare（捣、碾碎）”、“maccherone（骗子）”、“意大利人”的俗称、后期拉丁语“makária（用肉汁和燕麦制作的菜肴）”、“mákar（幸福的）”等等。据说古希腊人习惯在祭祀时吃用清汤烹煮的大麦汤。12 世纪，意大利南部的那不勒斯、西西里岛开始制作意面。17 世纪至 18 世纪，那不勒斯的意面迎来全盛期，人称“马克罗纳”的意面小摊数量激增，遍地皆是。日本的《西洋料理指南》（1872/ 明治五年）一书首次提及通心粉，并配有插图，称通心粉是“形似竹管的中空乌冬面”。之后久久未能在日本普及，直到二战后的 1954 年（昭和二十九年）才首次引进全自动通心粉制造机。近年来，日本的年轻一代开始追求正宗意面，街头巷尾出现了一批正宗感十足的意面美食。日本农林规格（JAS）将通心粉定义为“直径 2.5 mm 以上的管状或其他形状（带状、棒状除外）的面食”。有些通心粉只用粗粒小麦粉（semolina）制成，有的则是粗粒小麦粉和高筋粉混合而成。在实心粉迅速普及的过程中，中央开洞的长面（通心粉）逐渐被人们遗忘，各种形状的短面以“通心粉沙拉”的形式幸存至今。如今最具代表性的意面有贝壳面（conchiglie）、蝴蝶面（farfalle）、字母面（alphabets）、车轮面（ruote）等。常见的特殊意面有千层面（lasagne）、宽面（fettuccine 即丝带）、面卷（cannelloni/ 粗管）等。最具代表性的法国意面美食有那不勒斯通心粉（macaroni à la napolitaine）、尼斯通心粉（macaroni à la niçoise）、米兰通心粉（macaroni à la milanaise）、通心粉可乐饼（macaroni en croquettes）、焗通心粉（macaroni au gratin）和通心粉沙拉。

→实心粉→硬粒小麦→通心粉

マカロン

马卡龙

法: macarons

杏仁捣成细粉，加糖和蛋白搅拌后烤制而成的小糕点。日语中也写作“マコロン”“マカルーン”。法语“ma-carons”和英语“macaroons”的词源是威尼斯方言“maccherone”。据说通心粉（macarone）与马卡龙有着同样的词源。马卡龙是著名的法式糕点，但它是用蜂蜜、杏仁和蛋白制作的传统烤点，据说起源于意大利威尼斯。16 世纪，佛罗伦萨梅第奇家族的凯瑟琳公主与亨利二世结婚时，马卡龙随陪嫁厨师传入法国。传播路径与冰淇淋、果子露相同。各种版本的制作方法由法国各地的修道院传承下来。例如在 17 世纪至 18 世纪，洛林地区的南锡修道院、塞纳河上游城市默伦（Melun）的圣母玛利亚修道院、卢瓦尔地区的科梅希修道院（Abbaye de Cormery）制作的马卡龙都是声名远播。

→蛋糕→奶酪迷你挞

鮪（まぐろ）

金枪鱼

英: tuna

鲭科金枪鱼属鱼类的统称。日语

中又称“シーチキン（sea chicken）”“ツナ（tuna）”。种类繁多，包括东方蓝鳍鲔（*Thunnus orientalis*，ホンマグロ/クロマグロ）、黄鳍金枪鱼（*Thunnus albacares*，キハダ）、大眼金枪鱼（*Thunnus obesus*，メバチ）、长鳍金枪鱼（*Thunnus alalunga*，ビンナガ）等。旗鱼属“旗鱼科旗鱼属”，而非金枪鱼属，上颚如长枪般突出。希腊语“thýnnos”演变为拉丁语“thunnus（金枪鱼）”，再到法语“thon”，最后变成英语“tuna”。“金枪鱼”一般指代东方蓝鳍鲔，这种鱼栖息在世界各地的温暖海域。据说在欧洲，腓尼基人用东方蓝鳍鲔制作咸鱼与熏鱼。古希腊人将其用作阿尔忒弥斯的供品。阿尔忒弥斯是主宰狩猎的女神，也是野兽的守护神。在迦太基，金枪鱼是婚宴等喜庆场合的常用食材。到了中世纪，烤、用橄榄油炸和盐渍成为金枪鱼的基本加工方法。有趣的是，日本人将东方蓝鳍鲔称为“黑鲔（クロマグロ）”，而法国人称之为“thon rouge（红鲔）”。红鲔可在法国地中海沿岸捕捞到，是法餐的常用食材。欧洲人偏爱肉质柔软的白肉金枪鱼（如长鳍金枪鱼），因口感神似鸡肉，又称“sea chicken（海里的鸡肉）”。日本绳文时代的遗迹也有金枪鱼出土。然而直到江户中期的延享年间（1744—1748），盐渍金枪鱼一直是人们眼中的“下等鱼”。金枪鱼常用于沙拉、头盘、三明治、鱼排、炒菜、干蒸、裹面糊的油炸食品、橄榄油浸、罐头。

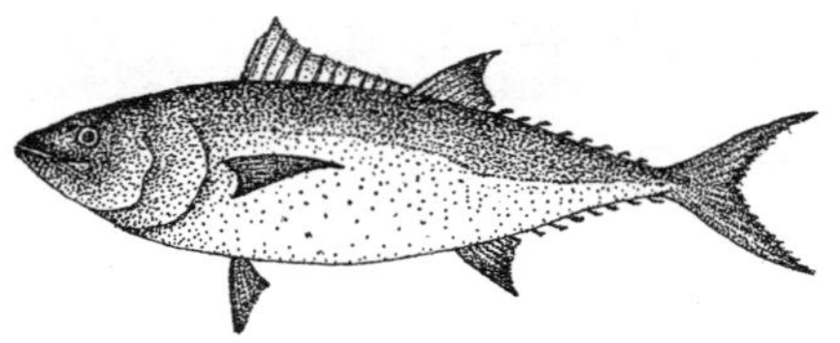

金枪鱼
资料：《动物事典》东京堂出版[249]

マザグラン

马扎格兰咖啡

法：mazagran

特指用高而厚的陶杯盛放的冰咖啡。“马扎格兰”是阿尔及利亚奥兰（Oran）附近的地名。相传1840年，不足百人的法军部队在马扎格兰对阵穆斯林阵营的万人大军，以少胜多。当时法军将士想喝咖啡，却无火可用，只能用冰凉的白兰地制作冷萃咖啡鼓舞士气。

→咖啡

マジパン

杏仁膏

英：almond paste

用于制作糕点的材料。希伯来语“maçah（无酵母面包）”演变为阿拉伯语“mantaban（面团）”，最后变成意大利语“marzapane”和德语

"Marzipan"。日语"マジパン"源自德语。中世纪初期从中东传入欧洲。十字军（1096—1291）东征时期，地中海东部沿岸地区流通着一种装载木盒中的银币，上面刻着阿拉伯语"毛塔班"。13 世纪，用杏仁和砂糖制作的糕点也使用了类似的木盒，而糕点本身则被称为"marzipan"。15 世纪，德国吕贝克（Lübeck）因三十年战争遭遇严重的粮食短缺，于是面包师马克思便用仓库中的蜂蜜和杏仁制作糕点，让人们填饱肚子。另一种说法是：人们在威尼斯的守护神圣马可的节日用蜂蜜和杏仁制作"Marci Panis（马克面包）"，久而久之演变成了"marzapane"。不过杏仁在古时候是价格高昂的食材，直到 18 世纪才逐渐普及。每逢圣诞季，欧洲人便会用杏仁膏制作水果、蔬菜、小猪模样的糕点以示庆祝。杏仁膏的主要原料是杏仁粉末和糖粉，外加用于增加黏稠度的蛋白和翻糖，是一种"可以吃的花式点心"。可用于点缀烤点和巧克力糕点。

マシュマロ

棉花糖

英: marshmallow

蓬松柔软的白色糖果，糖液低温熬煮而成的软糖。日语中也写作"マシマロ"。发祥地有英国、美国两种说法。英语"marshmallow"的词源是古英语"merscmealwe"，由"merse（沼地、低湿地）"和"mealwe（锦葵科的植物）"组合而成。也就是说，"marshmallow"原指"药蜀葵"（Marsh mallow 学名 *Althaea officinalis*），这种植物的根部有黏性，在欧洲常用作药材和糕点的素材。现代棉花糖以砂糖和食用明胶再现了药蜀葵特有的口感。糖与糖稀熬煮后加入打发的明胶、香料和色素，继续轻柔搅拌，防止消泡，即成棉花糖。

→糖果

マジョラム

马郁兰

英: marjoram

唇形科多年生草本植物 *Origanum majorana*，原产于地中海沿岸。在欧洲、美国均有种植。日语中又称"スイートマジョラム（sweet marjoram）""マヨナラ""花薄荷"。拉丁语"major"和"amaracus"的合成词演变为中世纪拉丁语"majorana"，最后变成法语"marjolaine"和英语"marjoram"。在古埃及，马郁兰和茴芹、孜然一样，都是制作木乃伊时使用的防腐剂。在古希腊、古罗马时期，马郁兰被视为奢侈的食材。在中世纪，人们用其净化空气，驱魔除邪。欧洲人自古以来种植马郁兰，视

ま

其为园艺植物。生叶片可用作香草，经干燥处理的叶片可切碎或磨粉制成香料。叶片有特殊的香味和轻微的苦味。香味的主要成分是萜品烯（terpinene）。可有效消除羊肉、羔羊肉和肝脏的腥味，非常适合搭配西红柿使用，是意大利菜系不可或缺的香料。搭配百里香、牛至一起使用效果更佳。常用于汤、沙拉、调味汁、香肠、炖菜、奶酪和煮豆。作为药材，对支气管炎、感冒、哮喘、消化不良、牙疼有一定的疗效。

→香草

鱒（ます）

鳟鱼

英: trout

鲑科鲑亚科鱼类的俗名，取狭义时特指樱鳟（*Oncorhynchus masou* サクラマス）。希腊语“troktes（牙齿锐利的鱼）”演变为后期拉丁语“tructa”，最后变成法语“truite”和英语“trout”。鳟鱼种类繁多，包括栖息在海中的红鳟（*Oncorhynchus nerka*，ベニマス，红鲑）、栖息在淡水河川与湖泊中的河鳟（*Salvelinus fontinalis*，カワマス，美洲红点鲑）、虹鳟、姬鳟（*Oncorhynchus nerka*，ヒメマス即陆封型的红鲑）、琵琶鳟（*Oncorhynchus rhodurus*，ビワマス）等。鲑鱼与鳟鱼难以区分。比如在英语中，无论是鲑鱼还是鳟鱼都称“salmon”，有“银鲑（silver salmon，ギンザケ）”、“粉鲑（pink salmon，カラフトマス）”之类的说法。而“red salmon”则有“红鲑”“红鳟”两种说法，是欧美人钟爱的鳟鱼。也有说法称，沿河川逆流而上产卵，孵化后回到海里长大的是“鲑鱼”，栖息在淡水的河川湖泊，在淡水中产卵长大的是“鳟鱼”。然而鳟鱼既有海产的，也有淡水产的，实在复杂。淡水产的鳟鱼也称“trout”。虹鳟是北美大陆原产的鳟鱼。日本的虹鳟是明治初期从美国引进后人工养殖的产物。欧洲各国都有各具特色的鳟鱼美食，可用纸包烘烤、用葡萄酒、奶油炖煮或加工成炸鱼，一年四季均可享用。

→鲑鱼→虹鳟

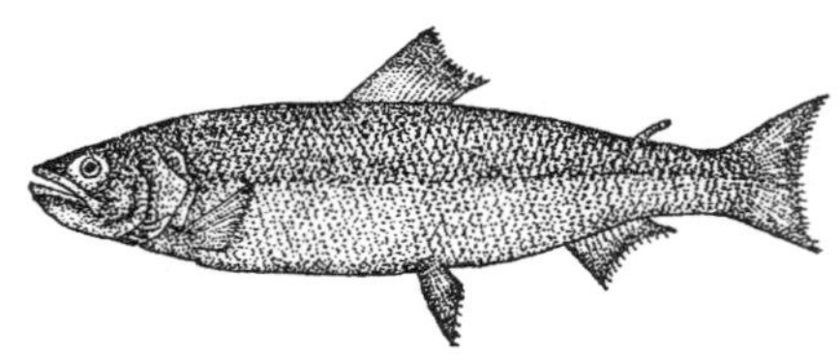

鳟鱼

资料:《动物事典》东京堂出版[249]

マスカット

麝香葡萄

英: muscat

有麝香味的葡萄的统称，共有200余种。在希腊、澳大利亚、南美均有种植。法语和英语“muscat”

的词源有两种说法，分别是古法语“muscat（麝香味）”和英语“muscat grape（有麝香味的葡萄）”的简称。麝香葡萄早在古希腊时期便享有盛名。希腊人将这种葡萄带到马赛，就此传入法国。外形美观，人称“陆地上的珍珠”。欧系品种“亚历山大麝香（Muscat of Alexandria）”呈鲜艳的绿色，颗粒大，有独特的香味和浓烈的甜味。约1783年，英国率先开展温室栽培。明治初年传入日本，在气候温暖的冈山县及其周边开展温室栽培，成为高档葡萄的代名词，直至今日。麝香葡萄的丹宁含量较少，果皮强韧，更耐储藏。“neo muscat”系1925年（大正十四年）由日本人广田盛正用“亚历山大麝香”和美系品种“甲州三尺”杂交而成，果皮偏硬，但香味与风味绝佳。

→葡萄

マスカルポーネ

马斯卡彭奶酪

意: mascarpone

用牛奶制成，无需发酵熟成的鲜奶酪。日语中也写作“マスケルポーネ”。12世纪诞生于意大利的伦巴第地区。意大利语“mascarpone”的词源是米兰近郊洛迪（Lodi）地区的方言“mascherpa（进一步加热）”。关于“马斯卡彭”这一名称的起源还存在若干种说法：其一，1814年弗朗切斯科・凯宾尼的辞典中提到，人们常将其他素材涂抹（masking）在这种奶酪的外侧，因此意大利语“maschere（涂抹）”“màschere（面膜）”就是马斯卡彭的词源。其二，1168年某西班牙提督在品尝过这种奶酪后惊呼“mas quebuenol！（太棒了！）”，因此得名。质感神似掼奶油，固体成分中的乳脂含量高达80%，具有黄油的风味与酸味，常用于提拉米苏与各类甜点。

→奶酪

マスタード

芥末

英: mustard

日语中又称“洋ガラシ（洋芥子）”。

→芥末（からし）

マッシュポテト

土豆泥

英: mushed potatoes

土豆煮熟后捣碎而成。过筛的土豆。法语称“purée de pommes de terre”。“pommes de terre”就是土豆的意思。制作方法与土豆可乐饼类似，刚煮熟的土豆中的淀粉容易变黏，要趁热加入黄油、牛奶、盐和胡椒搅拌均匀。常用作配菜，也适合用作婴幼

儿辅食与老年人食品。1948 年（昭和二十三年），美国出现了只需加热水便可享用的家用即食土豆泥。1950 年（昭和二十五年）爆发的朝鲜战争推高了即食土豆泥的需求量。1951 年，这种食品作为美军的剩余物资流入日本市场。1959 年（昭和三十四年），日本开始生产这种土豆泥，商品名为“ポッテ”。

→土豆

マッシュルーム

洋菇（双孢蘑菇）

英: mushroom

洋菇科栽培蘑菇（*Agaricus bisporus*）。在法国、美国、英国、中国、加拿大均有种植。早在古罗马时期就已登上餐桌。日语中又称“ツクリタケ”“西洋松茸”“パリのキノコ（巴黎的蘑菇）”“马粪蘑菇（馬糞キノコ）”。英语“mushroom”的词源有两种说法，分别是古法语“mousseron（蘑菇 *Agaricus campestris*）”和后期拉丁语“mussirio（蘑菇）”。法语“champignon”的词源则是通俗拉丁语“campaniolus（乡下蘑菇）”。路易十四（1643—1715 在位）时期在法国开始人工种植，农学家拉·昆汀耶（Jean-Baptiste La Quintinye）以马粪为肥料，成功种出高品质的洋菇。在拿破仑时代，人们在巴黎的 15 座赛马场大规模种植洋菇。洋菇有白色、棕色、奶油色三类，白色品种更受喜爱。几乎没有香味，但味道极具魅力，口感特别。法餐的炖兽肉绝对少不了洋菇做的配菜。不可思议的是，洋菇可搭配世界各地的各种美食，唯独不适合搭配日本料理。常用于沙拉、铁丝网烤菜、炖菜、黄油炒菜、汤、奶油炖菜、酱汁和油炸食品。幕末时期传入日本，二战后普及。

マティニョン

马提尼翁

法: matignon

蔬菜切薄切碎，用黄油煮烂的蔬菜。据说是 18 世纪马提尼翁的雅克亲王（Jacques de Matignon）的厨师所创。马提尼翁家族是路易十四（1643—1715 在位）时期的马提尼翁伯爵的后裔。胡萝卜、西芹、洋葱加切成薄片、油脂较少的生火腿烹煮而成。

→西餐

マデイラケーキ

马德拉蛋糕

英: madeira cake

用马德拉酒增添风味的蛋糕。发明经过不详。小麦面粉加足量的糖、蛋、油脂和牛奶调成面糊，倒入枕头蛋糕（loaf cake）模具烤制而成，近似于磅蛋糕。现代的马德拉蛋糕用香荚兰、柠檬添加香味，有时也加杏仁、苏丹娜（Sultana）葡萄、橙皮、无核小葡萄干等。

→蛋糕

マデイラワイン

马德拉酒

英：Madeira wine

产自北非摩洛哥海域的葡属马德拉岛的甜味白葡萄酒。1419 年，若望・贡萨尔维斯・扎尔科（João Gonçalves Zarco）发现了被大片森林覆盖的岛屿。“马德拉”在葡萄牙语中正是“森林”之意。人们想放火烧掉部分森林，谁知大火一起便烧了整整 7 年。树木燃尽后留下的灰成了葡萄树的肥料。1425 年，马德拉岛开始种植葡萄，马德拉的葡萄酒驰名欧洲。1445 年，卡・达・莫斯托（Alrise Cada Mosto）路过马德拉，将马德拉酒誉为“空前的美酒”，使其在英国广泛流行。法王弗朗索瓦一世（1515—1547 在位）与拿破仑也钟爱这种饮品。在俄国，人们将马德拉酒用于宫廷的仪式。马德拉酒是葡萄酒加白兰地后陈酿 2 年以上的酒精型加强葡萄酒，可用作餐前酒、餐后酒，也可用于制作菜品与甜点。法餐中使用的“马德拉酱汁（madeira sauce）”是加有马德拉酒的多明格拉斯酱汁，常用于肉菜。

→酿造酒→葡萄酒

マドレーヌ

玛德莲

法：madeleine

法国的黄油蛋糕。发祥于法国洛林地区孔梅西（Commercy）的传统糕点。小麦面粉加等量的黄油、糖、蛋，再加盐、泡打粉调成面糊，倒入贝壳状的玛德莲模具烤制而成。又称“四合蛋糕（quatre quarl）”，即 4 种材料各占 1/4。关于玛德莲的趣闻轶事数不胜数。相传外交家塔列朗（1753—1838）的糕点师阿比斯将四合蛋糕的面糊倒入果冻模具，烤成一种全新的小糕点，安东尼・卡瑞蒙赞不绝口，将其命名为“玛德莲”。又传法国洛林地区默兹省孔梅西的厨师玛德莲・波米埃（Madeleine Paumier）发明了一种新的甜点，称其为“Madeleine de Commercy”，这种糕点后来发展成了孔梅西名点。还有说法称，玛德莲在 1703 年前后于凡尔赛宫盛极一时，进而风靡巴黎。另一种说法是，1755 年法王路易十五的岳父波兰国王坦尼斯瓦夫・莱什琴斯基（1677—1766）

的女厨师玛德莲·波米埃在国王和文学家伏尔泰的宴会上首次端出这款甜点。国王赞不绝口，命人将其送往凡尔赛宫，给女儿玛丽·莱什琴斯基品尝。王妃也认为这是一款非凡的糕点，便用厨师的名字命名了它，以示赞誉。又传约1830年，巴黎皇家宫殿（Palais-Royal）每天早上都有一位少女售卖新鲜出炉的糕点，人们便用她的名字命名了玛德莲。扇贝形模具来源于前往西班牙的巡礼者随身携带的扇贝形餐具。有说法称传入日本的玛德莲其实是法国糕点吉涅司，不同于正宗的玛德莲。吉涅司意为“热那亚的面包”，相传为意大利热那亚的糕点师所创，后传入法国。

→蛋糕→杰诺瓦士海绵蛋糕→莱什琴斯基

マトン

羊肉

英: mutton

→羊肉（ひつじにく）

マフィン

麦芬

英: muffin

诞生于英国乡村的传统面包，有说法称词源是法语“pain mouffet（柔软的面包）”。后传入美国，演变为高糖油配方。如今在美国已成早餐的经典之选。麦芬可大致分为英式麦芬和美式麦芬。据说“muffin”一词在1703年首次出现在英语文献中。英式麦芬用面包酵母发酵，用麦芬专用的铁板烤成。1880年，英裔移民萨姆尔·巴斯·托马斯在纽约开设面包房，率先推出麦芬。经他改良的麦芬用小麦面粉、大麦面粉、面包酵母、醋、土豆淀粉组合而成，配方比英式更为复杂。美式麦芬一般为小麦面粉加糖、蛋、牛奶、泡打粉调成面糊，倒入麦芬模具送入烤箱，是一种纸杯蛋糕型甜面包。除了小麦面粉，也有混入玉米粉、麦糠的版本。美式麦芬中蕴藏着开拓时代的历史。也有加入葡萄干、蓝莓、火腿、培根的款式。

→美国面包→英国面包→英式麦芬→快餐面包

マーボー豆腐（どうふ）

麻婆豆腐

豆腐、牛肉末加豆瓣酱炒成的川味豆腐美食。亦可用猪肉、鸡肉、羊肉制作。日语中也写作“マーボ豆腐”。相传清同治年间（1862—1875），四川成都有一位麻脸美女，名叫巧巧。后来她嫁进一户姓陈的人家，丈夫是家中的第四子。陈家经营木材生意，有三个铺面。奈何丈夫品行不端，生活十分窘迫。于是巧巧让丈夫去油坊当差，右边的铺面租给卖羊肉的，左边的铺面租给卖豆腐的，自己则发明了一款用羊肉末和豆腐炒的菜，广受成都劳动人民的欢迎。至于麻婆豆腐的具体诞生时间，还有1862年（清同治元年）、100多年前的光绪年间等说法。后来，巧巧的丈夫因事故身亡，30岁的巧巧成为寡妇。因她脸上有麻子，人们便将她发明的菜称为“麻婆豆腐”。直到现在，四川成都还有名叫“陈麻婆豆腐店”的百年老店，生意兴隆。另一个版本的说法称，在清代的成都有一个姓陈的穷官吏。他的妻子脸上有麻子，厨艺了得。一日朋友来家中做客，她便用家中仅有的肉末、豆腐、洋葱、豆酱和辣椒炒了一道菜招待客人，大获好评。在不是陈家人开设的餐馆，一般称“麻辣豆腐”。至于“麻辣”二字的由来，“麻”为“麻木”之意，因为花椒的辣味能让舌头的1/4发麻，“辣”则来源于辣椒。麻婆豆腐本是加花椒、辣椒、大蒜炒成的辣味豆腐美食，两种辣味刺激胃壁，勾起食欲，符合药食同源的思想。二战时期进入日本市场，迅速普及全国各地。但日本的麻婆豆腐只用辣椒打造辣味，极少用花椒。

→中国菜系→豆腐

マーマレード

橘子酱

英: marmalade

橙子、柠檬、夏蜜柑（*Citrus natsudaidai*）等柑橘类水果加糖熬煮而成的胶状物。在美国，水果不留原形的果酱称“jam”，混有果皮的果酱称“marmalade”。在法国，水果加糖熬煮而成的果泥（糖渍水果 compote）称“marmalade”。“marmalade”的词源存在多种说法，包括法语“marmerade”、葡萄牙语“marmelade［榅桲（橙子）的果酱］”、葡萄牙语“marmelo（榅桲的果实）”、希腊语“melimēlon（嫁接在榅桲上的苹果的果实）”、古希腊语“meli（蜜）”和“mēlon（苹果）”的合成词等等。词源之所以和榅桲有关，是因为古人用形似木瓜（榠樝）的榅桲制作果酱。水果的果皮、果汁中的果胶、酸的含量和糖的用量决定了胶质的状态。成品的糖度可达65至70。英国人偏爱用橙子制作、有一定苦味的产品。1917年（大正六年），日本人根据英国的配方尝试制作橘子酱，但日本人不喜欢其特有的苦味，所以未能广泛普及。

→糖渍水果→果酱

マヨネーズ

蛋黄酱

英: mayonnaise

常用于冷盘的一种冷酱汁。名称的由来有两种说法，分别是地中海东部梅诺卡岛首府马翁港（Port of Mahon），以及为纪念黎塞留公爵在1756年占领马翁。法语称“sauce mayonnaise”。在法餐中和褐酱、白汤酱、贝夏梅尔酱汁同属基础酱汁。法餐的发展离不开各种酱汁的发明创造。蛋黄酱为半流体，利用了蛋黄卵磷脂的乳化特性，用蛋黄加植物油、醋混合而成。通过搅拌促进蛋黄软磷脂凝固油脂，再用醋稀释，细微的油粒便会分散到醋中。蛋黄酱的起源众说纷纭。1756年，法国的黎塞留公爵夺回位于地中海的西属梅诺卡岛首府马翁港。他将当地的酱汁“mahonesa”带回巴黎。为纪念这场胜利，“mayonnaise”这一称呼便普及开了。梅诺卡岛盛产高品质的鸡蛋和橄榄油。其他说法包括蛋黄酱起源于黎塞留元帅的厨师发明的乳化酱汁“mahonnaise”；蛋黄酱的发明者是黎塞留元帅本人；蛋黄酱起源于西班牙国境附近的“巴永纳（Bayonne）”诞生的“bayonnaise”；蛋黄酱诞生于普罗旺斯地区的“mayon”，故称“mayonnaise”；蛋黄酱的原型是1589年马耶那公爵（Duke of Mayenne）命人创作的“mayennaise”；名厨卡瑞蒙（1784—1833）用意为“搅拌”的法语“manier”命名了这种酱汁；出身于南法的厨师“Magnon”发明了蛋黄酱；美食家格里蒙·德·拉雷涅（1758—1838）称法语“moyen（蛋黄）”演变成“moyeunnaise”，最后变成“mayonnaise”。蛋黄酱有全蛋版和蛋黄版。制作蛋黄酱的诀窍在于：①单向搅拌；②油逐滴缓缓加入蛋黄；③盐有凝固油脂的作用，所以刚开始就要加入；④搅拌期间，油温要高于蛋黄的温度，保持在16 ℃至18 ℃左右；⑤1个蛋黄最多加1.8分升油，加过量易分离。蛋黄酱不仅能直接用作酱汁，还能和番茄酱、鲜奶油、芥末相混，用于沙拉、头盘、三明治等各类菜品。和蛋黄酱类似的酱汁有油醋汁，用油与醋混合而成，不加蛋黄，又称法式酱汁。蛋黄酱于幕末时期传入日本。1925年（大正十四年），丘比株式会社的前身“中岛商店”的经营者中岛董一郎率先推出国产蛋黄酱。二战后，日本人的饮食日趋西化，蛋黄酱随之迅速普及。

→酱汁→调味汁→黎塞留

マラガ

马拉加酒

英: Malaga

发祥于西班牙南部安达卢西亚地

区马拉加省的褐色甜口葡萄酒。历史可追溯到古希腊、古罗马时期，是一种酒精加强甜酒。在文艺复兴时期，当地继续出产高品质的葡萄酒，但是被撒拉逊人统治之后，葡萄干成为当地的主要农产品，葡萄酒业在日后才重新崛起。酒精含量为15%—20%。用佩德罗·希梅内斯（Pedro Ximenez）、阿依伦（Airen）、麝香葡萄酿制。干型称“mountain”，最干型称“virgin”。

→葡萄酒

マラコフ

马拉科夫蛋糕

德: Malakoff

发祥于奥地利的糕点。在1855年的克里米亚战争中，法军元帅艾马布勒·让·雅克·佩利西耶（Aimable Jean Jacques Pélissier，1794—1864）攻下俄国的马拉科夫（Malakoff）堡垒。为纪念这场胜利，人们发明了多种慕斯与泡芙类糕点。佩利西耶后来被授予马拉科夫公爵（Duc de Malakoff）的头衔。

→蛋糕

マラスキーノ

马拉希奴酒

意: maraschino

用樱桃酿造的甜口浓香利口酒。用原属南联盟的达尔马提亚地区出产的酸味较强的黑樱桃“马拉斯奇诺樱桃（Maraschino cherry）”发酵、蒸馏、陈酿后加糖制成。法语称“marasquin”。1821年，意大利人吉罗拉莫·乐沙度（Girolamo Luxardo）通过蒸馏马拉斯奇诺樱桃制作利口酒。这种酒在拿破仑战争时期风靡一时，之后走向没落。后来人们发明了新型马拉希奴酒。酒精浓度为30%—32%。有红色和无色两种。常用于为糖果、蛋糕增添香味。用马拉希奴酒泡过的黑樱桃称“马拉希奴樱桃”，常用于鸡尾酒、水果宾治和水果蛋糕。

→利口酒

マリガトーニスープ

咖喱肉汤

英: mulligatawny soup

印度风味的咖喱汤。18世纪末，英国首任驻印度孟加拉国总督沃伦·黑斯廷斯（Warren Hastings）将各种香料和印度大米带回英国，同时也让印度咖喱进入了英国人的视野。据说咖喱肉汤也在同一时间传入英国。“mulligatawny”源自泰米尔语“milagutannir”，意为“加有胡椒的辣味水”。用鸡肉、奶酪、酸奶、洋葱、胡萝卜、西芹和大米炖煮而成。

→汤

マリニャン

马里涅蛋糕

法: marignan

在萨瓦兰蛋糕的面糊中加入葡萄干制成的蛋糕。为纪念1859年法军在意大利米兰东南部的马里涅(Marignan)大破奥地利军队所创。

→蛋糕

マルガリータ

玛格丽特

英: Margarita

一种鸡尾酒，用龙舌兰酒、白库拉索酒、柠檬汁摇成。玛格丽特是西班牙的女用名。鸡尾酒杯的边缘撒有象征白雪的盐，称“snow style”。喝法和龙舌兰酒相似，一边舔盐一边享用。倒入木盒的日本酒和盐也是绝配。

→鸡尾酒→酿造酒

マルサラ

玛萨拉酒

英: Marsala

发祥于意大利西西里岛港口城市玛萨拉的酒精加强葡萄酒。1733年，英国人约翰·伍德豪斯(John Woodhouse)发明了玛萨拉酒，意欲将其打造成不输波尔多酒、马德拉酒的名酒。1800年，英国的尼尔森提督十分中意玛萨拉酒，命人将酒运至马耳他岛，使玛萨拉酒一夜成名。玛萨拉酒使用的葡萄品种包括卡塔拉托(Catarratto)、尹卓莉亚(Inzolia)、达马士基诺(Domaschino)、格里洛(Grillo)，葡萄碾碎后发酵，将部分发酵液加热，将糖度提升至60%，或添加葡萄干果汁和白兰地的发酵液提升糖度，陈酿2年以上，便成酒精浓度为17%—19%的甜型葡萄酒。常用作甜点酒，也可用于菜品与甜点。

→意大利葡萄酒→葡萄酒

マルジョレーヌ

莫乔莲蛋糕

法: marjolaine

甘纳许、掼奶油、加有果仁糖的鲜奶油层叠而成的轻型蛋糕，为“金字塔”餐厅的创始人费尔南·普安(1895—1955)所创。

→甘纳许→果仁糖

マルメロ

榅桲

葡: marmelo

蔷薇科落叶乔木(*Cydonia oblonga*)的果实，原产于中近东。在意大利、西班牙、法国均有种植。葡萄牙语"marmelo"的词源有若干种说法，包括拉丁语"melimelum（甜苹果）"、希腊语"melimēlon（嫁接在榅桲上的一种苹果）"等。也有说法称"marmelo"是"meli（蜜）"和"mēlon（苹果）"的合成词。英语称"quince"。人类从古希腊、古罗马时期开始种植榅桲。古希腊人将榅桲的种子挖出，倒入蜂蜜，用小麦面团包裹后烤熟。古罗马人提取榅桲的精油，用于香熏。榅桲在江户前期的1620年（元和六年）前后传入日本长崎。果实有甜味、酸味和特殊的香味。榅桲中有石细胞，质地较硬，不适合生食，常被加工成果酱、果冻、糖煮水果、糖渍水果、果酒。易与木瓜混淆，但也有说法称榅桲与木瓜是同一种植物。

榅桲
资料：《植物事典》东京堂出版[251]

→木瓜

マレー料理（りょうり）

马来菜系

英: Malay cuisine

马来西亚以伊斯兰教为国教，禁止饮酒、吃猪肉，是马来裔、印度裔、华裔等民族共存的多民族国家。民族与宗教信仰的不同催生出了多样的饮食文化。马来菜系有下列特征：①以大米为主食，爱吃海鲜；②深受大量运用香料的印度菜系、充分发挥素材原味的中国菜系的影响，但使用的香料不如印度菜系那般浓烈；③有许多和印度尼西亚菜系共通的美食；④常用椰奶，偏爱柠檬、酸角、阳桃（*Averrhoa carambola*）等食材的酸味；⑤蔬菜的种类有限，常见的有卷心菜、花菜、芥菜和豆芽；⑥也有华裔爱吃的面食，包括面条加牛肉、鸡肉、羊肉煮或炒成的面食。最具代表性的马来美食有沙嗲（satay 马来烤鸡）、罗提（roti 回教徒爱吃的扁面包）、加多加多（gado gado 沙拉）、炒饭（nasi goreng）、马来油饭（nasi minyak 加有洋葱、油脂、香料的炒饭）、乌打（otak-otak 鱼泥加香料，用香蕉叶包裹后烤制的鱼糕）、炖鱼（singgang）、叻沙（laksa 米粉）。

→印度尼西亚菜系→加多加多→沙嗲→印度尼西亚炒饭→娘惹菜系→罗提

マレンゴ風

马伦戈式

法: Marengo

鸡肉、小牛肉煎过后用白葡萄酒炖煮而成的菜肴。日语中也写作"マランゴ"。马伦戈式的起源存在若干种说法，包括发祥于阿尔及利亚的马伦戈、诞生于巴黎蒙马特的餐厅、拿破仑一世（1769—1821）命人临场发挥烹制的野战美食等。相传1800年，拿破仑一世率领的法军在意大利北部米兰近郊的马伦戈村与奥地利军队大战一场，取得胜利。厨师德南将手头仅有的鸡肉切成大块，用橄榄油炸过以后加入西红柿、大蒜和香芹翻炒，呈给饥肠辘辘的拿破仑。这道菜被称为"Poulet Marengo（马伦戈式煎嫩鸡）"。后来人们对这道菜进行了改良，加入了松露、小龙虾（écrevisse）、荷包蛋、洋菇、面包丁等食材。

→西餐

まんかんぜんせき

满汉全席

中国规格最高的宴席。宴席按规格从高到低排列为满汉全席、燕翅全席、海参全席、鸭翅全席、便席。便席即普通的宴席。在各种宴席中，满汉全席的规模最大。满族建立的清朝（1616—1912）统治中国近300年。清朝第六代皇帝乾隆（1735—1795在位）钟爱江南美食。巡幸扬州时，当地富豪以山珍海味款待，被视为满汉全席之始。清代李艾塘所著《扬州画舫录》（1795）中提到清高宗乾隆帝南巡时享用的满汉山珍海味食单，是关于满汉全席的最早记载。满汉全席集满汉美食之精粹，发展为清代顶级宫廷美食。相传慈禧太后（1835—1908）要吃108道菜，连吃三天三夜。宫中通常是每日两次正餐，外加两次点心，每顿正餐均有100多种菜肴上桌。满汉全席使用的食材包括熊掌、骆驼背肉、鹿鼻、象鼻、虎的睾丸、猩唇和猩脑、豹胎、海狗肉、鸭掌、蛙的输卵管、蛇肉、烤乳猪、鱼翅、燕窝、海参、鲍鱼等，符合超高规格宴席的定位。中国古书云"日食万钱，鸣钟列鼎而食"，有钱人梦想着能在有生之年品尝到满汉全席的滋味。昭和三十年（1955）前后，某香港餐馆再现了清朝的宫廷宴席，在日本也引起了轰动。但也有说法称满汉全席并非清朝的宫廷宴席。《中国饮食谈古》（1885）就否定了"宫廷宴席说"。创办于1925年，位于北京北海公园的"仿膳饭庄"是京城有名的宫廷菜馆，以再现宫廷美食著称。

→宴会→中国菜系

マンケ

“manqué”形蛋糕

法: manqué

（译注:“マンケ”在日语中指烤海绵蛋糕时使用的模具。该模具侧面不垂直，上部比底部略扩大，从侧面看是梯形。）巴黎的糕点店发明的“再生糕点”，属于海绵蛋糕的范畴。又称“biscuit manqué”。“manqué”有“次品、失败”的意思。19世纪，巴黎糕点师菲利克斯在制作萨瓦蛋糕时没能成功打发蛋白，惹得店主惊呼:“Le gâteau est manqué！（这个蛋糕是次品！）”于是他将融化的黄油加入次品，送入烤箱，表面以果仁糖点缀，不料成品十分美味，广受好评。价格实惠，又有二次烘烤特有的口感，神似面包干。日本人也会把碎饼干称为“久助”重新销售，或是把卖剩下的蛋糕拆开重新组装。

→蛋糕→海绵糕点

マンゴー

芒果

英: mango

漆树科热带常绿乔木，原产于东南亚。在热带、亚热带地区广泛种植，是一种常见的热带水果。形似生蚝的果实被誉为水果女王。泰米尔语“mânkây（芒果树）”演变为葡萄牙语“manga”，最后变成英语“mango”。据说芒果树是人类最早开始种植的果树，印度人早在6000年前就开始使用芒果了。芒果属于漆树科，因此在树下久留可能会漆中毒。芒果有圆形、长椭圆形等各种形状。大小也各不相同，小的跟鸡蛋一般大，大的足有1公斤左右。颜色更是多样，从黄色到红褐色的各种颜色都有。肉质厚实的核果中心有扁平的大型果核，第一次见到芒果的人定会为造物主的神奇而惊叹。像片鱼一样横向切成三片更易享用。芒果有特殊的香味和甜味，适合搭配草莓。富含维生素A、C、胡萝卜素和柠檬酸。跟香蕉一样在低温环境下易褐变，最好不要放进冰箱。除了生食，还能加工成酱汁、调味汁、汤、果汁、果酱、果冻、慕

芒果

资料:《植物事典》东京堂出版[251]

斯、糕点、果干和罐头。未成熟的嫩果可以跟蔬菜一样用作食材，加工成西式腌菜、酸辣酱等等。印度的芒果酸辣酱非常知名。在日本容易买到的是产自墨西哥的苹果芒果和产自菲律宾的吕宋芒果（Carabao）。前者偏甜，酸味少，后者则是酸酸甜甜。至于哪一种更好吃，取决于个人的喜好。

マンゴスチン

山竹

英: mangosteen

藤黄科常绿小乔木，学名“莽吉柿（*Garcinia mangostana*）”，原产于马来半岛。印度、斯里兰卡、泰国、马来西亚、菲律宾、缅甸、印度尼西亚均有出产，但仅靠采集野生果实难以满足市场需求。果实形似柿子，有绿色的蒂，呈扁平的球形，厚实的黑紫色果皮中有6至8瓤形似蜜橘的白色果肉，其中1至2瓤内含种子。可食用部分较少，但果肉有爽快的香味、酸味和甜味，口感顺滑，堪称“水果女王”。除了生食，还能用糖水炖煮或加工成果冻。

マントウ

馒头

中式蒸包。馒头原为北方民族的日常点心，有馅的称“包子”，无馅的称“馒头”。后汉《四民月令》中提到了“酒溲饼”，被视为馒头在古代文献中的首次登场。馒头以小麦面粉和酒和成的发酵面团制成。宋代（960—1279）的《事物纪原》称，“诸葛武侯（诸葛亮181—234）之征孟获，人曰：‘蛮地多邪术，须祷于神，假阴兵一以助之。然蛮俗必杀人，以其首祭之，神则向之，为出兵也。’武侯不从，因杂用羊豕之肉，而包之以面，象人头，以祠。神亦向焉，而为出兵。后人由此为馒头。”“馒”通“谩”，谩首→馒首→馒头。根据这一典故，中国人用馒头祭祖、庆祝新年。发面的“发”能让人联想到“发”财，因此人们用馒头讨口彩，祈求阖家圆满、财源滚滚、生意兴隆。关于馒头的起源，还有另一种说法，称馒头的发明者是公元前2世纪的秦昭王，“馒”为“用肉覆盖”之意，“头”则是“在宴会之初上桌”，因此有人认为早在公元前就已经出现了肉馅蒸包。晋代（265—420）有“面起饼”，用加入发酵剂的面团蒸成，蓬松柔软，有人认为它就是馒头的原型。宋代《燕翼诒谋录》中则明确记载：“仁宗诞日，赐群臣包子，即馒头别名。今俗屑面发酵，或有馅，或无馅，蒸食者谓之馒头。”传入日本的馒头可分为两支，分别是①1241年（仁治二年），圣一国师从宋国带回日本的酒素馒头和虎屋系酒馒头；②在 100 年后的 1341 年（历应四年），林净因带回日本的非发酵馒头，即日后的盐濑系药馒头。普通的馒头是在小麦面粉中加入老面，发酵后做成圆形，用蒸笼蒸熟。馒头是中国北方民族的日常食品，有①蒸熟即可享用、②营养均衡、③低价实惠、④味道好、百吃不腻等优点，作为点心广泛普及。形似中亚草原游牧民族使用的移动式住宅蒙古包。

→中国面包→包子→麦子美食

蜜柑（みかん）

蜜橘

英: mandarin orange

芸香科柑橘类水果的统称，原产地可能是东南亚一带。据说在 4000 年前传入中国。19 世纪初从中国传入欧洲。“mandarin”有“和清朝官吏（mandarin）的官服同色，即橙色”之意。江户时期日本最具代表性的蜜橘是纪州蜜橘，现在则是温州蜜橘。

→橙子→瓦伦西亚橙

ミシュラン

米其林

法: Michelin

网罗了酒店、餐厅信息的指南书。米其林集团的主营业务是生产轮胎。1900 年，集团开始在加油站等地提供各地酒店、餐厅的信息，作为提供给开车兜风的客户的一项服务。起初只刊登清单，后来开始对硬件设备、服务和菜品质量等方面进行评级。这种源自法国的评级方式也对欧洲各国产生了深远的影响，催生出各种餐厅指南。例如法国的《戈米氏指南（Gault et Millau）》，就是美食评论家亨利·戈（Henri Gault）和克里斯提安·米罗（Christian Millau）联手推出的美食指南。目前米其林指南共有两种，分别是侧重于旅游观光的《米其林绿色指南（Michelin vert）》和侧重于酒店餐厅的《米其林红色指南（Michelin rouge）》。后者用刀叉相交的符号表示氛围的好坏，星号的多少则代表了菜品的质量。氛围分五级，最高为“豪华（5 副刀叉）”，最低为“颇舒适（1 副刀叉）”。红色记号的等级高于黑色。菜品质量分四级，①三星代表“值得专程造访的顶级美味”，②二星代表“烹调卓越，不容错过”，③一星代表“优质烹调，不妨一试”，④无星代表“推荐餐厅”。米其林指南极具权威性，法餐界名厨也无法无视它给出的评价。

→美食家

水種法（みずだねほう）

液种法

英: batter sponge method

一种制作面包的方法，又称“波兰种（Poolish）法”。19世纪初诞生于波兰。19世纪后期到20世纪前期被广泛运用于欧洲各地。英国的圆面包和法国的面包也使用这种方法。提前准备好黏稠的液种，使面包酵母充分发酵，提升其发酵能力。这项技术在美国进一步发展，催生出了“液种面团法”，为面包的连续生产奠定了基础。然而由于用此法制作的面包香味欠佳等原因，如今液种面团法几乎已被弃用。

→面包

ミステル

蜜甜尔

英: mistelle

发祥于北非阿尔及利亚，添加了葡萄汁的果汁。法语和英语“mistelle”的词源是西班牙语“mistela（混合物）”。先像酿造葡萄酒一样榨出葡萄汁，然后在发酵途中加入酒精，浓度达15%—18%，终止发酵过程。也有加白兰地的款式。

→果汁

ミネストローネ

意式蔬菜浓汤

意: minestrone

发祥于意大利西北部伦巴第地区的蔬菜汤。加米、意面享用。拉丁语“ministrare（侍餐）”演变为意大利语“minestra（汤）”，最后变为“minestrone”。意式蔬菜浓汤是一种配料丰富的番茄味乡土美食。在意大利素有“汤品之王”的美誉，历史可追溯到古罗马时期。视情况加米、意面或帕玛森奶酪。黄油、洋葱、胡萝卜、土豆、番茄、卷心菜、蚕豆、豌豆、西芹、大蒜切成同样的大小，加清汤炖煮而成。没有食欲时也能喝下，十分神奇。与俄罗斯的红菜汤相似。

→意大利菜系

ミャンマー料理（りょうり）

缅甸菜系

英: Burmese cuisine

缅甸美食与泰国美食颇为相似。缅甸菜系有下列特征：①经常使用大蒜、辣椒、姜黄；②辣味明显的咖喱类美食较多；③巧妙组合汤与蔬菜；④汤可大致分为两种，分别是口味清淡的汤和酸辣汤；⑤用发酵的淘米水腌制蔬菜，即为缅甸腌菜（チンバツ）。缅甸咖喱（シービャン）用肉、鱼、番茄、大蒜、辣椒、姜黄、鱼酱炖成。

ミュンヘンビーア

慕尼黑啤酒

德: München Bier

发祥于德国慕尼黑的啤酒。英语称“Munich”，德语也称“Münchner”。近年来，黑啤（用焦香麦芽制成）一边倒的情况有所改变，同为下面发酵的淡色比尔森型（Pilsen type）拉格啤酒逐渐受到欢迎。慕尼黑附近有全球知名啤酒花产地哈勒道。日本媒体将“慕尼黑、札幌、密尔沃基”宣传为啤酒三巨头。不过与此同时，黑啤的产量也在上升。

→啤酒

ミラボー風（ふう）

米拉波式

法: Mirabeau

源自法国大革命时期为国民议会的成立而奔走的革命家米拉波伯爵，原名奥诺雷·加百列·里克蒂（Honoré-Gabriel Riqueti，1749—1791）。米拉波伯爵诞生于巴黎近郊勒比尼翁一贵族世家，但因脸上长有麻子备受冷遇，历经坎坷，最终被革命政府处决。一般把米拉波伯爵故乡盛产的黑橄榄、凤尾鱼用作配菜。据说米拉波式的发明者是伯爵的厨师比鲁尔。

→西餐

ミリオン・ダラー

百万美元

英: million dollar

一种鸡尾酒。昭和初期，全球经济萧条，发展陷入停滞。横滨新格兰酒店（Hotel New Grand）为祈求大环境好转发明了这款鸡尾酒。百万美元是用干型金酒、甜型味美思、柠檬汁、菠萝汁和蛋白调成的甜口鸡尾酒。因名字十分吉利普及全世界。

→鸡尾酒

ミルク

奶

英: milk

牛、山羊、绵羊等草食动物的乳汁。一般指牛奶。

→牛奶

ミルフイユ

拿破仑

法: millefeuille

一种派类糕点，由3片千层酥皮叠成，夹心为卡仕达奶油酱，表面用糖粉或翻糖装饰。“millefeuille”是“mille（千的、大量的）”和“feuille（纸、叶）”的合成词，直译是“一千张纸”。酥皮折三折，重复6次，便有729层。发明经过不详。美食家格里蒙·德·拉雷涅（1758—1838）指出这款糕点必定出自天才的巧手，并在《老饕年鉴》(1807）中提到“仿佛层层叠叠的叶片”。拿破仑是法国糕点店Rouge的传统名点。日本人称之为“mille-filles（一千个女孩）”，据说是搞错法语的结果。

→千层酥皮→派

ミルポア

调味蔬菜

法: mirepoix

为酱汁、高汤增添鲜味的蔬菜。蔬菜切丁，加生火腿、培根，用黄油煸炒而成。有“纯蔬菜版”和“加肉版”之分。路易十五（1715—1774在位）时期由米尔普瓦公爵（1699—1757）的主厨所创。“Mirepoix au maigre”是胡萝卜、洋葱、西芹切丁，加入月桂叶和百里香用黄油煸炒而成。常用于甲壳类食材与贝夏梅尔酱汁。“Mirepoix au gras”用胡萝卜、洋葱、西芹、火腿和培根制作，常用于干蒸肉与褐酱。

→西餐

ミンスパイ

碎肉馅派

英: mince pie

发祥于英国的圣诞节庆糕点。加有碎肉馅的小型派。在中世纪的欧洲，圣诞节吃碎肉馅派的风俗始于肉派。起初，人们会在碎肉中加香料和酒，后来增加了水果的用量，肉的用量则相应减少。17世纪初，现代碎肉馅派的原型诞生。将肉馅填入两片抠成圆形的酥皮之间，封口后撒上糖粉，表面刻出划痕后送入烤箱。碎肉馅的做法是牛肉、牛油、果干切碎，加砂糖、香料、柠檬汁后浸泡朗姆酒。各国使用的馅料略有不同。现代也出现了不加肉的款式，馅料用葡萄干、苹果切碎后加糖做成。

→圣诞蛋糕→派

ミント

薄荷

英: mint

→薄荷（はっか）

麦（むぎ）

麦

五谷之一，是仅次于稻米的重要淀粉来源。麦和稻米、玉米并称为世界三大谷物，是支撑全球71亿人口的重要淀粉来源。其中小麦的产量最高，与大麦同为人类最早尝试种植的植物。麦的种类繁多，在日本，人们将大麦、小麦、黑麦、燕麦统称为“麦”或“麦类”。“麦”字有时特指大麦，有时指大麦和小麦。欧美并没有代表“麦”的词语，而是用“barley（大麦）”“wheat（小麦）”“rye（黑麦）”“oats（燕麦）”加以区分。上述称呼的差异象征了各民族在悠久岁月中构筑起来的本族传统饮食文化。以日本为例：日本属于水田稻作农耕文化圈，稻米是谷物的核心，人们习惯就着河海鲜、蔬菜吃米饭。日本人自古以来也种植小麦、大麦，大麦做成颗粒状的麦饭，小麦则加工成面粉。现代日本人依然执着于米饭，却也在同时享受着多种多样的面粉制品，形成了世间罕见的精彩饮食文化。然而大多数欧洲国家放眼望去尽是干燥的牧草地，气候风土条件不适合种植稻米与小麦。在气候寒冷的地区以及山岳地带，小麦产量更是稀缺资源，因此当地人发明了各种加工其他谷物的方法。比如用黑麦面粉制作的黑麦面包（rye bread）在欧洲取得了长足的发展，而燕麦可以加工成燕麦粥（oat meal）。大麦用作酿酒的原料和家畜的饲料，是肉食文化的重要支柱。那么古代中国人对“麦”又有怎样的理解呢？深度剖析“麦”字便知一二。据说早在公元前十多个世纪的殷商时期，汉族就已经发明了汉字。《汉和大字典》（1978）对“麦”字的含义做出了如下描述：“约公元前10世纪，从中亚传入周（今天的中国陕西省）的植物。周人视其为神赐的谷物，倍加珍重，称之为‘来’‘来牟’。‘來（来）’为象形文字，体现了麦穗朝左右两边长出的模样。而‘麥（麦）’则是在‘來’的基础上加上‘夂（足）’的会意兼形声文字，体现麦子是来自远方的人带来的谷物。起初‘來’代表麦，‘麥’则是‘来’的意思，后逐渐对调。与‘赉（带来→受赐）’词源相同，指神灵从遥远的西方带来的多产谷物。”上述文字可总结成3点：①“來”是体现结穗小麦的象形文字。②后演变为“来自远方的人带来的谷物”。③“來”讹化为“麥”。在河南省出土的殷商甲骨文（3000年前）中也有“來”字，可见当时中国北方已经开始种植小麦了。古人坚信小麦是神灵带来的谷物，在4000余年的历史中构筑起了中国人独有的面粉饮食文化。“麦”这一名称为中、日等东亚国家独有。顺便一提，“五谷”在日语中也是谷物的统称，五谷分别是稻、麦、黍、稷、豆。除豆（大豆）外，其余四种均为禾本科作物。蓼科植物荞麦的名字中之所以有“麦”字，据说是因为荞麦的用法和麦类似，被人们归入了麦类的范畴。

→燕麦→二粒小麦→大麦→谷物神→小麦→面包小麦→啤酒小麦→黑麦

麦の料理（むぎ りょうり）

麦子美食

在制粉技术尚不发达的时代，人们只能吃颗粒状的谷物。古人加工谷物的方法有①炒、②做成粥、③按布格麦的做法加工。在这一阶段，大麦的利用价值高于小麦。当时的谷物粥包括颗粒粥、粗磨粉粥、粉粥。燕麦粥也是一种粗磨粉粥。后来，人们发现将谷物加工成粉有助于提升营养价值，还能将粉塑造成各种形状，并引进了“发酵”这一智慧结晶。于是小麦便成了比大麦更易用的谷物。小麦能形成麸质，变身为形形色色的麦子美食。从大麦到小麦，从颗粒到磨粉，麦子的烹饪形态经历了巨变。可根据发酵工序的有无将麦子的吃法分成三类，分别是①非发酵型（印度、巴基斯坦的恰帕提，中国的饼、面条，意大利的意面）、②半发酵型（中国的馒头、地中海东岸至北非的馕）和③完全发酵型（中近东的阿拉伯面包、西欧的面包）。《料理的起源》(1972)中提到，“站在烹饪方法的角度看，人工种植的小麦、大麦从近东地区传入印度、中国（包括西藏）一事发生在炒麦的阶段。后来，这种原始的加工方法在西藏地区保留下来，而中国其他地区的麦子吃法呈现出进化，以馒头、面条为主食。印度则出现了以恰帕提为主食的进化”。在欧洲，人工种植的重心从大麦转移至小麦，烘焙面包逐渐发展起来。

→大麦→燕麦粥→蛋糕→小麦→制粉→恰帕提→中国面→朝鲜面→馕→意面→面包→饼→馒头

ムサカ

木莎卡

土: musakka

发祥于土耳其、希腊的茄子焗菜。在土耳其、希腊、保加利亚、罗马尼亚广受欢迎。洋葱、牛肉糜炒过，与切成薄片的茄子、土豆交替叠放，淋上贝夏梅尔酱汁、番茄酱汁后送入烤箱即可。各国使用的食材略有不同，有用鹰嘴豆、羊肉、羔羊肉的版本。希腊、土耳其偏爱茄子，保加利亚则偏爱土豆。

→希腊菜系→茄子

ムース

慕斯

法: mousse

“mousse”是“苔藓、泡沫”的意思。法语和英语“mousse”的词源有若干种说法，包括拉丁语“mulsus（与蜂蜜混合）”“mel（蜂蜜）”等。通过搅打鲜奶油和蛋白使空气进入其中，形成绵密的泡沫，打造柔软细腻的口感。发明经过不详。有冷热两种。用作菜品的慕斯的做法是鸡肉、火腿、鱼、虾捣碎后加鲜奶油和冻胶，或烤或冰镇。用作甜点的慕斯则用水果、巧克力、奶酪、酸奶、鲜奶油、蛋白、明胶、利口酒做成。慕斯有下列特征：①口感比巴伐露更轻盈；②味道清淡；③易于消化，不会对胃部造成负担。

ムスリーヌ

法式慕斯奶油

法: mousseline

指代如棉纱布（muslin）一般丝滑的酱汁或甜点。法语“mousseline”的词源是盛产棉纱布的美索不达米亚城市摩苏尔（Mossoul）。用打发的鲜奶油和蛋白制作。

→西餐

ムニエール

黄油煎鱼

法: meunière

烹饪方法，鱼裹小麦面粉后用黄油煎。日语中也写作“ムニエル”“バター焼き（用黄油煎）”。法语“meunière”的词源有多种说法，包括法语“à la meunière（按磨坊的做法）”、“meunier（磨坊）”的女性体“meunière”、拉丁语“molinus（磨粉的）”、“mola（面粉磨）”等，意为“磨坊式”，后引申为“在鱼上撒盐和胡椒，裹小麦面粉，用黄油、色拉油煎两面”。发明经过不详。有说法称这种烹饪方法诞生于现代。如不裹面粉，鱼肉容易粘在铁板上，导致鱼肉破碎变形。黄油煎鱼适合脂肪含量较少的鱼，如鲑鱼、比目鱼、舌鳎、河鳟、银鲳（*Pampus argenteus*）、竹荚鱼、小鲷鱼等。搭配黄油、柠檬汁、香芹混合而成的专用酱汁享用。常用的配菜是粉雪土豆（译注：土豆切成大块用盐水煮熟后翻炒，使表面水分蒸发）。

→西餐

無発酵（むはっこう）パン

无发酵面包

英: bread without leavening

没有发酵工序的面包。面包可根

据是否使用膨化剂及其种类大致分为①发酵面包、②无发酵面包和③快餐面包。无发酵面包是不使用膨化剂的面包，将未发酵的面团压薄后烤制而成。又称扁面包。圣经中也提到了无酵饼。古埃及之前的面包就是无发酵面包，古人将粗粉做成的面团压薄，放在热石上烤成硬面包。古埃及发展出了将发酵面团送入烤炉，烤成发酵面包的技术。继承了古代面包传统的扁面包则分化成不发酵的恰帕提和发酵的馕。

→最后的晚餐→恰帕提→面包

ムール貝（がい）

贻贝

法: moule

→贻贝（いがい）

メイラード反応（はんのう）

美拉德反应

英: Maillard reaction

一种发生于食品的非酶棕色化反应。又称羰氨反应（aminocarbonyl reaction）。氨基酸的氨基和还原糖的碳基发生化学反应，生成褐色物质类黑精（melanoidin）色素。常在加工、烹饪、储藏食品的过程中发生。1912年，法国生化学家美拉德（L.C.Maillard）最先发现，故称美拉德反应。食品若发生美拉德反应，便会①产生独特的色泽与诱人的香味，②有助于防止油脂氧化，③提升食品的抗菌性，④但同时会造成香味、营养价值等品质方面的损失，将鱼烤焦时还会生成致癌物质。美拉德现象是频繁发生于食品的现象，与提升味噌、酱油陈酿后的颜色和风味及面包、蛋糕、饼干、咖啡等食品烘烤后的色泽有关。

メキシコ料理（りょうり）

墨西哥菜系

英: Mexican cuisine

墨西哥曾有过繁荣的阿兹特克文明。后来，哥伦布（1451—1506）发现新大陆，西班牙人踏上美洲的土地。这次具有划时代意义的大航海使世界各国的美食加速发展。西班牙人将稻米、洋葱、大蒜、猪肉传入墨西哥，又将墨西哥的玉米、土豆、番薯、南瓜、火鸡、花生、巧克力、可可、香荚兰、牛油果、菠萝、椰子、芒果、甜瓜带回西班牙。意大利的番茄、北欧的土豆、亚洲的辣椒也是因为大航海才在当地扎下根来，谱写了形形色色的饮食文化故事。墨西哥菜系有下列特征：①大量运用番茄、辣椒等食材；②当地盛产玉米，因此玉米是自古以来的传统主食；③印第安人的烹饪方法深受欧洲食材和墨西哥菜系的影响。例如烹饪加热法原本只有煮、炖、蒸，但引进猪油后，发展出了炒和炸；④跟法餐一样有多种多样的酱汁，其中不乏相当辣的，辣味番茄酱、辣椒粉十分常用；⑤有不辣的红酱（salsa roja 番茄酱）、绿酱（salsa verde 也用番茄制成）；⑥每天吃菜豆（frijoles），用猪油、盐炖煮菜豆，加入洋葱捣泥，即为豆泥（frijoles refritos）；⑦广泛种植巧克力和可可的原料可可树。最具代表性的墨西哥美食包括玉米薄饼、包馅料吃的墨西哥玉米卷、玉米薄饼炸成的托斯它达（tostada）、墨西哥三明治（torta）、豆和肉煮成的辣豆酱（Chili con carne）、仙人掌蒸馏酒龙舌兰、加有青柠、龙舌兰酒的鸡尾酒玛格丽特。

→墨西哥玉米卷→辣豆酱→墨西哥三明治→玉米薄饼

芽キャベツ

抱子甘蓝

英: Brussels sprout

十字花科一至二年生草本植物，据称原产地为比利时首都布鲁塞尔，故称“Brussels sprout”。在法国北部、比利时、英国、美国均有种植，是卷心菜的变种。日语中又称“姬甘蓝”“芽玉菜”“子持甘蓝”。法语“chou de Bruxelles”也是“布鲁塞尔的卷心菜”的意思。人类从13世纪开始种植这种卷心菜。也有说法称，抱子甘蓝是16世纪在比利时从结球性卷心菜分化而出。19世纪在欧洲普及。明治初期传入日本。长长的茎部长有腋芽，形成若干个结球的花蕾。抱子甘蓝富含维生素C、胡萝卜素和矿物质。相较于生食，更适合焯过后做成沙拉、黄油炒菜、奶油炖菜和焗菜。

→花菜→卷心菜→西兰花

メース

肉豆蔻衣

英: mace

肉豆蔻科雌雄异株常绿乔木肉豆蔻（*Myristica fragrans*）的假种皮，原产于马鲁古群岛。英语“mace”的词源是拉丁语“macir（有印度香味的树皮）”。肉豆蔻果核外层的橙红色网状组织（假种皮）剥下后做干燥处理，即为肉豆蔻衣。香味成分是蒎烯、莰烯。相较于肉豆蔻，肉豆蔻衣的刺激性气味更少，更易用。常用于汤、酱汁、肉派、鱼菜、西式腌菜、番茄酱、布丁、蛋奶酒、甜甜圈和蛋糕。

→香料→肉豆蔻

メスクラン

杂菜沙拉

法: mesclun

发祥于南法普罗旺斯地区的混合沙拉。通俗拉丁语“misculare（混合）”演变为奥克语（Occitan）“mesclar”，最后变成法语“mesclun”。用阔叶菊苣、菊苣、蒲公英、特拉维索红生菜（Treviso Radicchio）、莴苣缬草（mâche）、细香葱等有苦味的嫩叶加法式调味汁做成。

→沙拉

メニュー

菜单

英: menu

西餐的菜单，日语中也写作“献立表”。法语也称“menu”，但发音不同。英语和法语“menu”的词源有若干种说法，包括拉丁语“minutus（细小）”“minuere（弄小、减少）”。相传1498年，蒙福特公爵（Hugo de Montford）在他举办的宴会上首次将菜名写在羊皮纸上。又传1541年，亨利八世（1509—1547在位）统治英国时，布朗斯威克（Brunswick）制作了菜品一览表，命人按顺序上菜。还有说法称，18世纪末，英国的普雷西比克伯爵在举办宴会时将菜名和上菜顺序写在纸上，分发给宾客，是为菜单的起源。上述说法的共同点是“菜单发祥于15世纪至18世纪欧洲贵族社会的宴会”。现代菜单出现在餐厅诞生之后的法国。1852年，巴黎大众餐馆将菜单贴在入口的门板上，大受好评。高级餐厅也引进了这种方法，将微缩版菜单卡（carte）放在桌上。菜单可分为①套餐（table d’hôte）和②单点（à la carte）。前者是店家提前制定的彩屏组合，后者则是顾客任意选择。法餐的套餐按“前菜→汤→鱼→主菜→冰酒→烤菜→沙拉→奶酪→甜点→水果→咖啡”的顺序上菜。菜品之间有各种葡萄酒上桌，将餐桌点缀得五彩斑斓。菜品的搭配结构是“清淡→浓厚→清淡”。对比中国菜系的菜单，着实耐人寻味。

→菜单

メープルシュガー

枫糖

英: maple sugar

枫科落叶乔木糖枫树（*Acer saccharum*）的树液加工而成的砂糖。糖枫树广泛分布于北美寒冷地带。日语中也称“楓糖（かえでとう）”。英语“maple”的词源是古英语“mapeltreow”。法语称“sucre d’érable”。1965年，枫叶成为加拿大国徽。在加拿大的魁北克、安大略、美国纽约、俄亥俄各州，每年春天都是采集糖枫树液的季节。早在哥伦布（1451—1506）发现美洲新大陆之前，当地原住民就已经将枫糖用作甜味剂了。划伤树皮，采集树液，再将滚烫的石块投入树液中熬煮，反复多次即可浓缩糖分。后来，殖民加拿大东南部的白人学会了这种制糖方法。春季的枫糖节就是每年首次切开树皮的仪式。在近代欧洲，蔗糖广泛普及，因此人们对枫糖的关注度不高。但拿破仑一世（1804—1814 在位）禁止进口蔗糖后，人们立刻将视线投向甜菜糖与枫糖。枫糖的主要成分为蔗糖，浓缩后呈金黄色，有独特的风味。最常见的枫糖是树液熬煮而成的枫糖浆，与厚松饼是绝配。常用于燕麦粥、冰淇淋、面包、蛋糕、咖啡、红茶。

→砂糖→厚松饼

メルバトースト

梅尔巴吐司

英：Melba toast

将餐包切成薄薄的长条状，文火慢烤，但不能烤焦，直到面包变得香脆干燥。梅尔巴即澳大利亚女高音歌唱家内莉·梅尔巴（1861—1931）。相传伦敦萨沃伊酒店经理丽思的妻子玛丽见用作茶点的吐司比较厚，便向总厨奥古斯特·埃斯科菲耶（1846—1935）提议："把面包弄得再薄一些，烤过之后不就能更香脆了吗？"埃斯科菲耶便将吐司切到原先的一半厚，加以烤制，结果广受好评。他本想将这款吐司命名为"玛丽吐司"，但玛丽非常崇拜梅尔巴，"梅尔巴吐司"就此诞生。1892 年，梅尔巴刚好在伦敦表演了瓦格纳的歌剧《罗恩格林（Lohengrin）》。在梅尔巴吐司上涂抹黄油，搭配汤、鹅肝、奶酪享用。加有草莓酱的"冰淇淋糖水桃子"也是梅尔巴的最爱。

→吐司→冰淇淋糖水桃子→面包干

メルルーサ

无须鳕

西：merluza

鳕形目海鱼，分布于南非、南美、新西兰沿岸海域。法语"merlu"、英语"merluza"的词源有多种说法，包括拉丁语"mare（海的）"和"lucius（河里的梭子鱼）"的合成词、意大利语"merluccio（海里的斑鸠）"。在伊比利亚半岛，无须鳕自古以来就是美味的食材。它是一种和黄线狭鳕相似的白肉鱼，风味清淡，常用于慕斯林、炸鱼、鱼条。

メレンゲ

蛋白霜

英：meringue

打发的蛋白加糖制成。法语拼法

相同，念法不同。发明经过不详，存在多种说法：约1720年，瑞士伯尔尼附近的梅罕郡（Meiringen）的糕点师加斯帕尼（Gasparini）开始销售用勺子塑形的蛋白霜；波兰国王坦尼斯瓦夫·莱什琴斯基（1677—1766）的糕点师发明的“marzynka”；发源于法国洛林地区的南锡；瑞士蛋白霜是路易·特留特在巴黎的糕点店所创；发祥于意大利北部马伦戈村。最后一个版本与拿破仑一世（1804—1814在位）有关。1800年，拿破仑一世率领的法军在马伦戈村大破奥军。据说蛋白霜就是厨师为纪念这场胜利发明的食品。蛋白霜的做法多种多样，可大致分为①法式、②瑞式和③意式。①和②的区别在于前者在蛋白中加冷砂糖，后者则加热糖。意式将砂糖和水加热到132℃，做成糖浆，注入打发的蛋白。蛋白霜常用于装饰蛋糕。用裱花袋挤出后烘烤，便成轻盈的糕点，入口即化。

→莱什琴斯基

メロン

甜瓜

英: melon

葫芦科一年生草本植物*Cucumis melo*，原产于中近东。也有说法称原产地是非洲尼罗河流域。甜瓜偏爱温暖干燥的土地，在埃及、法国、意大利、英国广泛种植。法语和英语“melon”的词源有多种说法，包括希腊语“mélopépôn（甜瓜）”“mēlon（苹果）”和“pépon（成熟的）”的合成词等等。据说甜瓜早在古希腊、古埃及、古罗马时代就已存在。古代通过丝绸之路从中近东传入中国。12世纪传入俄罗斯。15世纪，意大利传教士从亚美尼亚带回甜瓜，传入西班牙和法国，在教皇领地坎塔卢坡开始人工种植，发展为日后的罗马甜瓜（cantaloupe）。16世纪，西班牙人将甜瓜传入英国与北美。也有说法称，将甜瓜传入北美的是哥伦布。伊朗是著名的甜瓜产地。古时，伊朗周边为种植香甜的甜瓜，在农田旁边建设吸引鸽子的高塔，以鸟粪为肥料。然而鸽子会糟蹋小麦，导致种甜瓜的农民和种小麦的农民矛盾不断。甜瓜可大致分为①网纹甜瓜：麝香甜瓜（muskmelon）、波斯甜瓜等、②罗马甜瓜、③冬季甜瓜、④杂交甜瓜。种植方法分为：①普通的露天栽培、②温室栽培（如网纹甜瓜、王子甜瓜、夕张甜瓜）。甜瓜特有的香味深受英国等欧洲各国民众的喜爱，人们致力于对甜瓜进行品种改良。英国最具代表性的甜瓜有网纹瓜、水瓜。除了生食，还能用于沙拉、果汁、鸡尾酒、果子露。甜瓜和火腿是绝配。1905年（明治三十八年），温室甜瓜（网纹瓜）从英国传入日本。日本也开始广泛种植甜瓜，并和本地品种真桑瓜

（*Cucumis melo var. makuwa*）杂交，催生出了形形色色的新品种。北海道夕张市特产“夕张国王甜瓜”呈鲜艳的橙色，甜味与香味均十分浓烈。

→罗马甜瓜

綿実油（めんじつゆ）

棉籽油

英: cotton seed oil

锦葵科一年生草本植物“棉”的种子榨取的油。棉在世界各地的温带、热带均有种植。人类种植棉的历史悠久，印度早在公元前 3 世纪便已开始利用棉花，在欧洲以外的其他国家广泛使用。棉籽压榨所得的淡黄色半干性油即为棉籽油，含有不饱和脂肪酸油酸、亚油酸、棕榈酸。用棉籽油油炸的食品口感松脆，风味清爽，没有怪味，且不易氧化，所以棉籽油和玉米油都是最适合加工薯片的油。精制后可用于油炸天妇罗、加工色拉油、蛋黄酱。适用于日本料理、西餐、中国菜等各种菜系。

めんたいこ

明太子

黄线狭鳕的卵巢盐腌保存，再用辣椒腌制而成。从北海道海域到朝鲜半岛东部海域均可捕到黄线狭鳕。这种鱼在朝鲜语中称“明太”，被视为吉祥喜庆之鱼，是喜庆场合的宴席不可或缺的食材。明太鱼的卵称“明卵”，人们自古以来就将其加工成咸鱼子。17 世纪至 18 世纪，加有辣椒的腌制食品诞生于元山地区。19 世纪末普及至朝鲜半岛各地。战后从朝鲜撤回日本的人将明太子传入日本，迅速普及至全国各地。

→朝鲜菜系

麺媽（めんま）

笋干

中国菜系使用的竹笋加工食品。日语中又称“干しタケノコ（干笋）”等。日语“メンマ”的词源存在多种说法，包括“将麻竹笋放在面上＝面麻”、“北京周边将加有各种配料和调料的面条称为面儿，后讹化为面妈”等。“妈”有“帮佣”之意，也许有“笋干能使菜品更美味”的引申义。将中国福建、广东、台湾各省种植的麻竹笋切成细条，蒸后盐渍，乳酸发酵后放在阳光下晾干。用温水泡发后食用。台湾地区将笋干用作储备粮，与猪肉一并炖煮。笋干富含膳食纤维，有预防便秘的功效。调味笋干是绝佳的下酒菜，常用于汤、炒菜和炖菜。至于日本人为何要将笋干用于中式面条，原因不得而知。许是因为笋干是没有肉腥味的中式食材，符合日本人的口味。日本人开始使用笋干的时间也没有定论，有说法称1919年（大正八年）东京浅草的“来来轩”最先使用笋干，也有说法称1937年（昭和十二年）神户的贸易商从台湾进口了大量的麻竹，笋干就此普及。

→中国菜系

麺類（めんるい）

面食

小麦面粉等谷物粉加水和面，加工成面线状，即为面食。普及到世界各地的面食种类繁多，素材、做法、吃法多样。面包是小麦面粉做成发酵面团后烤制而成，而面食则是将面团拉成面线状烹煮而成。面食诞生于中国。在唐代，面是特殊场合的喜庆食品。在宋代，面线状的面食蓬勃发展。将面团加工成面线状的方法有3种：①朝一个方向持续拉伸，面团便会细如绢丝，麸质组织如手撕鱿鱼一般单向整齐排列。手拉面、拉面、手拉挂面均属此类；②先将面团先加工成薄饼状，再用菜刀切成面线，麸质组织便会形成前后左右交错的网状结构。刀切面均属此类，又称“手打面”；③当原料粉性状特殊，无法形成足够的麸质时，需使淀粉糊化，增加黏性，或采用加压压出成型法。米粉、粉丝、冷面、通心粉、意面均属此类。上述制面技术发祥于中国，普及到世界各地，催生出适应各地气候风土的原料选择、制法和吃法。日本也有多种多样的面食，如挂面、乌冬面、荞麦面、拉面、米粉、粉丝和意面。面线状的面食在汉语中称“面条”。中国人的面食吃法包括①汤面、②炒面、③拌面、④凉拌面、⑤煨面。中式冷面（冷やし中華）和酱汁炒面（ソース焼きそば）是日本人的发明。东南亚也有各种各样的面食，如马来西亚、印尼的炒面（mee goreng），马来西亚、新加坡的加压成型米粉叻沙（laksa），印度尼西亚鸡汤面（mi ayam）等。

→蒙古干面→德国面疙瘩→中国面→朝鲜面

モカ

摩卡

英: Mocha

非洲也门出产的一种咖啡豆。因旧时通过红海港口摩卡港（Mokha，现为废港）出口得名。阿拉伯大部分地区为沙漠，只有也门周边出产咖啡，数量极少。当地人在咖啡果成熟后爬上树，摇晃树枝，使果实落下，如此采摘的咖啡豆完全成熟，以芳香和温润的酸味与苦味见长。饮用时加足量砂糖，用小号咖啡杯。又称“Mokha Mattari”。对岸埃塞俄比亚哈拉尔地区出产的摩卡称“Mokha Harar”，加以区分。

→咖啡

モカケーキ

摩卡蛋糕

英: mocha cake

有咖啡风味的蛋糕。法语称“gâteau moka”。咖啡在15世纪传入阿拉伯半岛，通过也门的红海港口摩卡普及至世界各地。使用咖啡的糕点往往被冠以“摩卡”之名，如摩卡蛋糕、摩卡蛋糕卷、摩卡挞等。摩卡蛋糕的做法是小麦面粉加糖粉、蛋、黄油、玉米淀粉、泡打粉、黑咖啡、巧克力搅拌，烤成蛋糕胚，在其中的2至3层中加入馅料即可。馅料用砂糖、黄油、蛋黄、黑咖啡、玉米淀粉、核桃、杏仁制作。纽约摩卡蛋糕以加有榛子的黄油霜为馅料。

→蛋糕

木犀（もくせい）

木樨

木犀科常绿灌木，原产于中国。有金桂、银桂等品种。南宋时期，花茶生产渐入佳境。南宋《调燮类编》称：“诸花开时，摘其半含半放，香气全者，量茶叶多少，摘花为伴。花多则太香，花少则欠香，而不尽美。三停茶叶一停花始称。如木樨花，须去其枝蒂及尘垢、虫蚁，用磁罐，一层茶一层花投间至满，纸箬系固，入锅隔罐汤煮，取出待冷，用纸封裹，置火上焙干收用。”中国人钟爱桂花甜香，常将其加工成桂花酱（用蜜糖熬成），加入葡萄酒便为桂花陈酒，还有享受香味的桂花茶。在中医理论中，桂花有增进食欲、祛痰的效果。

→茉莉花茶→中国茶

モーゼルワイン

摩泽尔葡萄酒

英: Moselle wine

摩泽尔葡萄酒和莱茵葡萄酒是德国最具代表性的葡萄酒。古罗马时期，葡萄通过罗马军队传入莱茵河流域。后来，酿酒技术在领主、修道院的主导下与基督教共同发展传承。据说德国是葡萄种植业的北限。摩泽尔葡萄酒的主要产地为摩泽尔河、萨尔河、卢浮河周边的陡坡，日照条件佳，非常适合种植葡萄。摩泽尔葡萄酒是干型白葡萄酒，有爽快的酸味，绿色的酒瓶是最显眼的特征。

→德国葡萄酒

モッツアレラ

马苏里拉奶酪

意: mozzarella

发祥于意大利南部坎帕尼亚地区的非熟成型软质奶酪。"mozzarella"是意大利语"mozzare（切开）"的派生词。主要素材原为水牛奶，后改用牛奶。风味微酸，口感绝佳，是一种白色的鲜奶酪，意大利菜系必不可少。又称"比萨奶酪"。不加马苏里拉奶酪，就无法打造出正宗的意大利比萨。马苏里拉奶酪不耐储藏，开封后只能在冰箱中存放一周左右。形状多样，有圆形、卵形、方形等。那不勒斯名吃"马苏里拉奶酪三明治（mozzarella in carozza）"是用到这种奶酪的意大利特色美食，面包间夹马苏里拉奶酪，外侧裹牛奶、蛋、面包屑后油炸而成。搭配凤尾鱼酱汁享用。

→奶酪

桃（もも）

桃

英: peach

蔷薇科落叶小乔木，原产地存在多种说法，包括中亚、中国。中文也称"桃子"。也有说法称桃原产于中国，后传入波斯。晋代诗人陶渊明（365—427）著有《桃花源诗》。在古代中国，人们视桃为长生不老的仙果，十分珍重。英语"peach"的词源尚无定论，有说法称拉丁语"persicum（波斯的果实）"演变为通俗拉丁语"persica"，再到意大利语"pesca"，最后在16世纪变成英语"peach"。也有说法称法语"pêche"和英语"peach"的词源都是古法语"pesche/peche"。"peach"有"美女"之意。据说约公元前5世纪，古希腊、古罗马人便已开始种植桃树。据说亚历山大大帝（B. C. 336—323 在位）攻打波斯时，将桃称为"波斯的甜瓜（mēlon persikon）"，可见他认为桃是波斯的水果。1世纪至2世纪从波斯传入欧洲。6世纪，法国开始种植桃树。日本的藤原宫址、平城宫址、登吕遗迹等历史古迹均有古代野生桃核出土。1874年（明治七年），中国桃传入日本，迅速普及。因气候风土适合种植桃树，现今日本各地均有种植。桃可大致分为日本本地桃、中国桃和西洋桃。中国桃的果肉呈白色，西洋桃的果肉较硬，呈黄色。白桃适合生食与加工，黄桃因果肉较硬，一般用于加工。桃除了生食，还可用于酱汁、果肉饮品、果子露和果冻。油桃为普通桃的改良品种。

→油桃

モルタデラ

莫特苔拉香肠

英: mortadella

发祥于意大利博洛尼亚地区的一种半干香肠。猪肉糜、背部油肉加开心果、茴芹，填入牛的大肠制成的大型香肠。意大利语和英语“mortadella”的词源是意大利语“motella（香草名）”。因用香桃木（myrtle）增添香味得名。常用于头盘。

→香肠

モルネーソース

莫纳酱

法: sauce Mornay

一种白酱，特征是加有奶酪，冠以法王亨利四世（1589—1610 在位）的顾问杜浦斯・莫纳（Duplessis-Mornay 1549—1623）之名。名字中带“莫纳”的菜肴均使用了莫纳酱。贝夏梅尔酱汁加鲜奶油、格吕耶尔奶酪、帕玛森奶酪和蛋黄即位莫纳酱。淋在鸡肉、白鱼肉、蛋、焗菜和芦笋上，然后高温上色。

→酱汁

モーレソース

墨西哥混合酱

西: molli sauce

用于墨西哥炖菜的酱汁。在墨西哥菜系的发祥地普埃布拉（Puebla）存在各种各样的混合酱。“molli”有“用辣椒调味的酱汁”的意思，词源是纳瓦特尔语“molli”。相传 16 世纪，某修道院将剩余食材炖煮成酱汁，淋在火鸡上，献给大主教品尝。大主教觉得十分美味，赞不绝口。混合酱的具体做法是洋葱、甜椒、核桃、杏仁、芝麻、番茄、可可、辣椒、大蒜、锡兰肉桂、茴芹、香菜用猪肉煸炒后炖煮。加入火鸡肉或鸡肉炖煮，才能品尝到墨西哥菜系的顶级美味。

→酱汁

モロヘイヤ

王菜

英: molokheiya、Jew's mallow

椴树科一年生草本植物，原产于埃及。历史可追溯到古埃及时代。“molokheiya”有“王室蔬菜”之意，曾登上法老的餐桌。据说埃及艳后（B. C. 51—30 在位）爱吃王菜，因此王菜也被称为“美女的蔬菜”。切碎后有黏性，一如日本的纳豆。黏性源自甘露多糖、粘蛋白等多糖类物质，主要成分为鼠李糖（rhamnose）、葡萄糖醛酸（glucuronic acid）、半乳糖醛酸（galacturonic acid）。据说有降低胆固醇、中性脂肪、血糖的功效。富含维生素A、E、β-胡萝卜素、钙、铁。常用于汤、沙拉、焗菜。干品可用于面包、曲奇和果汁。王菜汤（shurba t mulūkhīya）是埃及名菜，汤中王菜如海藻般口感黏滑，人称“国王的汤”，因为法老曾用这种汤治愈肠胃疾病。日本山形、长野等县也有水培的王菜，是极具人气的美容食材。

→埃及菜系

モンタニェ

蒙田

法：Montagné

普罗斯佩·蒙田（Prosper Montagné，1865—1948）。法国名厨，曾于Grand Hôtel、Pavillon Ledoyen、Sanremo、蒙特卡洛的Hôtel de Paris任职。1922年荣获法国荣誉军团勋章（Légion d'honneur）。专注于研究美食，1938年出版《法国美食百科全书（Larousse Gastronomique）》。

→西餐

モンブラン

蒙布朗

法：mont-blanc

用栗子泥装饰的法国糕点。“mont”即“山”，“blanc”即“白”，合起来就是“白山”。得名于阿尔卑斯山脉的最高峰“勃朗峰”。发明经过不详。外观呈圆形纸杯蛋糕状，用铝箔包裹，将面线状的栗子泥挤在基座（海绵蛋糕）上，比作山脉，再用掼奶油和糖粉点缀，代表山顶的积雪，十分有趣。也有名叫蒙布朗的甜点。

→蛋糕

山羊肉（やぎにく）

山羊肉

英：goat meat

牛科哺乳类动物“山羊”的肉。在穆斯林为主的中近东国家，山羊肉是主要的食用肉。山羊比绵羊强健，在贫瘠的土地也能饲养，自古以来便是人类驯养的家畜。山羊肉在过去是穷人吃的肉。山羊可大致分为奶山羊和毛山羊，前者包括萨能（Saanen）、吐根堡（Toggenburg）、阿尔拜因（Alpine）、努比亚（Nubian）等品种，后者则有安哥拉、开司米（Cashmere）等品种。山羊肉风味清淡，但有特殊的膻味。蛋白质含量高于羊肉，脂肪则较少。

→羊肉

焼肉料理（やきにくりょうり）

烤肉美食

→韩式烤肉（プルコギ）

焼き豚（やきぶた）

烤猪肉

→叉烧

野生動物の家畜化（やせいどうぶつのかちくか）

野生动物的家畜化

据说约公元前1万年，绵羊、山羊在美索不达米亚北部被驯化。约公元前8000年，牛在地中海东部被驯化。公元前3000年，马和水牛分别在俄罗斯南部和印度被驯化。牦牛、骆驼、驯鹿的家畜化发生得更晚。在新石器时代，以中近东为中心的地区开始使用牛、绵羊和山羊的奶。全球畜牧文化的中心位于蒙古、中亚、西亚和北非。伴随着上述动物的家畜化，奶制品和肉加工品蓬勃发展。

飲茶（やむちゃ）

饮茶

在品茶的同时享用自选点心的用餐形式。在广东、香港盛行，据说发祥于广东。唐宋年间，许多阿拉伯商人在航海期间因坏血病身亡。而中国人有喝茶的习惯，茶中的维生素C可有效防止坏血病。茶楼的服务员会将饺子、包子、烧卖等20至30种点心放在小推车上，供顾客随意挑选。饮茶有下列特征：①可与亲朋好友尽情谈笑；②可以点自己想吃的东西，无需顾虑旁人；③可以看着实物随意选择；④价格实惠，无压力；⑤搭配中国茶更是享受。1962年（昭和三十七年），东京赤坂东急酒店的“留园”成为日本最先推出饮茶的餐饮店。

→中国菜系→点心

夕食（ゆうしょく）

晚餐

英：dinner

→正餐（dinner）

ユエピン

月饼

→月饼（げっぺい）

ユーチー

鱼翅

→鱼翅（ふかのひれ）

ユッケ

生拌牛肉

韩: 육회

朝鲜半岛的生牛肉美食。“육회（肉膾）”=“육（肉）”＋“회（刺身）”。广受欢迎的夏季凉菜。中国北部游牧民族鞑靼钟爱的生肉的调味法朝东西两侧传播，催生出鞑靼生肉与生拌牛肉。日本的“膾／鱠（なます）”是醋拌蔬菜加河海鲜。生拌牛肉是朝鲜王朝的宫廷美食。牛肉的红肉切丝后加工成肉糜状，用酱油、麻油、糖、大蒜、辣椒酱、磨碎的芝麻调味，搭配苹果、梨、黄瓜、山药、香芹、奶油生菜、松子、辣椒，顶端点缀蛋黄。朝鲜的肉菜离不开梨。梨能使肉质酥软，为菜品增添甜味，使风味更佳。梨不仅用于祭祀，与肉搭配更是相得益彰。将生拌牛肉搅开拌匀，就更接近鞑靼生肉了。

→鞑靼生肉→朝鲜菜系

ヨウテイヤオ

油条

小麦面粉制作的面团发酵后加工成棒状，下油锅炸成。又称“油炸鬼”“油炸桧”“麻叶油片”“油饼薄脆”“油炸果”，各地的称法五花八门。早晨在小吃摊与食堂点“豆浆加油条”的人不在少数。小麦面粉加明矾、碳酸苏打和盐，发酵一昼夜后用双手拉成30 cm左右的棒状，下锅油炸。可直接享用，用豆浆、粥泡一泡也很美味。南宋高宗（1127—1162在位）年间，宰相秦桧暗通金国，于1141年（南宋绍兴十一年）迫害忠臣岳飞，对内残酷镇压。民众恨之入骨，便用面粉做成秦桧夫妇的人偶，以高温的油施以地狱酷刑，再吃下解恨。“油炸桧”正是“把秦桧炸了吃掉”的意思。早晨去小吃摊要一份松脆的油条，便能融入周遭的氛围。放久了的油条会受潮，口感变差。新鲜出锅的最是美味。

→中国菜系

洋梨（ようなし）

洋梨

英: pear

→梨

ヨークシャープディング

约克郡布丁

英：Yorkshire pudding

一种松饼，发祥于英国北部约克夏、兰开夏郡的乡土美食。常用作烤牛肉的配菜。约克夏地区的约克夏布丁搭配搭果酱、葡萄干、迷迭香、鲜奶油、酸奶享用。英国北部之所以发展出这样的食品，是因为当地气候严苛，缺乏粮食，大块的肉稀缺，于是人们便想出了各种“用少许肉填饱肚子”的方法。在吃肉之前先吃约克夏布丁缓解空腹感，之后再吃少量的烤牛肉即可。德奥的丸子、日本的水团也建立在同样的思路上。1737 年的烹饪书籍中提到“dripping pudding（滴落布丁）”，10 年后才出现“约克夏布丁”这一称呼。小麦面粉加盐、糖、蛋、牛奶调成面糊，倒入烤盘，加入烤牛肉滴落的肉汁，送入烤箱烤成棕黄色。也可以在派盘上刷一层加热融化的牛油（vet），然后再倒面糊。也有将蛋黄加入面团，蛋白另外打发，或是用黄油的版本。

→英国菜系→布丁→烤牛肉

ヨークハム

约克火腿

英：York ham

发祥于英国约克的高级火腿，用猪腿肉做成。原料为英格兰东北部约克夏地区饲养的约克夏猪（白猪）。约克火腿有下列特征：①质地柔软，肉质佳。②用独特的烟熏法打造香味。相传 14 世纪，人们开始建设约克大教堂，工期长达 250 年，产生了大量的橡树木屑。人们便用这些木屑烟熏火腿，竟打造出了吸饱了木材香味、风味独特的火腿。具体做法是将带骨的猪腿肉盐渍 3 周左右，再烟熏 5 天。维尔特郡火腿（Wiltshire ham）的知名度与约克火腿相当，用盐腌制时加啤酒、啤酒花和糖蜜。英国人称之为“Gammon”。

→火腿

ヨーグルト

酸奶

英：yogurt

一种发酵乳。日语中又称“乳腐”“凝乳”“发酵乳”“酸乳”。英语“yogurt”的词源是土耳其语“yoğurt（凝乳）”。也有说法称词源是保加利亚语“jaurt”。酸奶原为保加利亚地区原住民的传统食品，与高加索的羊奶酒（kefir）、中亚的马奶酒（koumiss）同样知名。人们从公元前 4 世纪至 3 世纪开始制作酸奶，后传入土耳其、中亚。约 1542 年，在弗朗索瓦一世（1515—1547 在位）统治时期传入法国。20 世纪初，巴斯德研究院的俄国生物学家梅契尼可夫（Илья Ильич Мечников，1845—1916）发现保加利亚有许多百岁人瑞，推测他们经常吃的酸奶中的乳酸菌是长寿的关键，并发现了两种乳酸菌。酸奶顿时被媒体宣传为长生不老药，风靡一时。一战后传入西欧。梅契尼可夫在72岁时去世后，酸奶的人气一度下降。酸奶是在牛奶、羊奶、山羊奶中加乳酸菌（保加利亚菌）制成的发酵乳，乳酸菌能使酪朊凝固，形成凝乳。常吃酸奶有助于抑制肠道内病原菌、大肠菌的异常繁殖，有调理肠胃的功效。据说苏格兰威士忌厂商欧伯（Old Parr）的创始人托马斯·帕尔（Thomas Parr）非常爱吃酸奶，足足活了192岁（注：原文如此，但据网上检索应为152岁，1483—1635）。有些酸奶将琼脂、食用明胶用作固化剂。目前市面上也有粉碎凝乳后制成的液态酸奶、冰沙状的冻酸奶、加有水果的水果酸奶等产品。酸奶与牛奶一样富含蛋白质和钙质。1908年（明治四十一年）从法国传入日本，从二战后的1950年（昭和二十五年）正式开始在国内生产酸奶。

蓬（よもぎ）

艾草

英：mugwort

菊科多年生草本植物，原产于欧洲、西伯利亚南部。广泛分布于山野，种类多达200种。日语中也称“モチグサ”。希腊语“artemis”演变成拉丁语“artemisia（女神阿尔忒弥斯的草）”，最后变成法语“armoise”。在中国和欧洲，艾草自古以来就是药材，用于健胃、治疗风湿与皮肤病。艾草有特殊的香气和苦味，可为菜品、苦艾酒增添风味。日本人用艾草制作艾草饼，叶片经过干燥处理后即为艾绒。

→苦艾

ライチー

荔枝

英：litchi

无患子科常绿小乔木（*Litchi chinensis*），原产于中国南方。中国、越南、印度、美国（包括夏威夷）、东南亚、地中海沿岸、南非均有种植。日语中又称“れいし”“リーチー”。早在公元前的汉代便已成为珍贵的水果。荔枝为中国南部四川、福建、广东、海南各省的特产。苏东坡（803—852）在诗作《荔枝叹》中提及唐玄宗（712—756在位）为了心爱的杨贵妃（719—756）命人用两昼夜快马加鞭将荔枝送来2000公里外的长安（西安）。荔枝自古以来被视为滋补佳品。

据说杨贵妃当年在长安温泉华清池借助荔枝中的维生素C保养肌肤，维持美貌。球形果实外披茶色龟甲状鳞片，硬而薄，能轻易剥开。果肉（种皮）呈半透明的白色，有强烈的甜味、微弱的酸味和独特的香味，汁水多。除了生吃，还能加工成糖渍水果、果干和罐头。生荔枝易变质，在日本市场有荔枝冻品流通。龙眼与荔枝外形相似。

→龙眼

荔枝
资料：《植物事典》东京堂出版[251]

ライム

青柠

英：lime

芸香科柑橘类植物，与柠檬相似，原产地可能是印度支那半岛。在地中海沿岸、墨西哥、埃及、美国、印度均有种植。波斯语“limun”演变成阿拉伯语“lima”，最后变成法语和英语“lime”。阿拉伯语“lima”还演变成了拉丁语“limònen”，衍生出法语“limon（今指代青柠）”。在法语中，柠檬为“citron”，青柠被视为柠檬的变种。青柠的形状、色调（绿到黄）与香味与柠檬相似，难以区分。有说法称中世纪的十字军（1096—1291）从地中海沿岸将青柠带回了欧洲。也有说法称1493年哥伦布将青柠传入新大陆。切片观察，可知青柠的外皮较薄。近似于菲律宾人钟爱的小青桔（calamansi）。青柠可大致分为①酸青柠（acid lime）和②甜青柠（sweet lime）。前者中最具代表性的是墨西哥青柠。果汁有强烈的香味与酸味。酸味成分为柠檬酸。富含维生素C。青柠汁酸味明显，被认为是预防坏血病的灵药，成为远洋航海的必需品。一战时，人们尚未发现维生素C，因此欧美航线的船只会携带大量瓶装青柠果汁。青柠可用作柠檬的替代品，为菜品增添风味，或加工成盐渍青柠、鸡尾酒（金青柠鸡尾酒Gin & Lime）、果汁、果冻和干果。

→柠檬

ライ麦（むぎ）

黑麦

英：rye

禾本科一至二年生草本植物，

原产于亚洲西南部。在北欧、俄罗斯、德国、荷兰、波兰均有种植。德国、俄罗斯的产量较高。日语中又称“黑麦（くろむぎ）”。英语“rye”的词源是古德语“rokko”。法语“seigle”的词源有若干种说法，包括拉丁语“secale”“Ségala（只能种植黑麦的贫瘠土地）”等。据说人类早在公元前30世纪至25世纪便已开始种植黑麦。1世纪普及至欧洲全境。在制粉技术尚未发达时，黑麦一般加工成粥。黑麦有独特的臭味，据说古希腊人并不爱吃。中世纪在欧洲成为重要的粮食作物。因其耐寒，在大麦、小麦无法生长的寒冷地带成为重要的淀粉来源。黑麦的颗粒比小麦更小、更硬。常用于加工威士忌、伏特加、酱油、味噌与饲料。全麦粉 / 格雷厄姆粉呈黑色，可加工成黑麦面包。明治之后，黑麦与燕麦一同传入日本。在北海道、东北等部分高纬度、气候寒冷的地区种植。近年来作为保健食品受到全社会关注。

→麦→黑麦面包

ライ麦パン

黑麦面包

英: rye bread

加有黑麦面粉的面包，统称“黑面包”。德语称“Schwarzbrot”。“Schwarz”意为“黑色”。

黑麦中的蛋白质是醇溶蛋白（gliadin），不像小麦那样含有谷蛋白（glutenin），因此黑麦面粉做的面团不会形成麸质，用通常的发酵方法不会膨胀。所以制作黑麦面包时要①加入50%以上的小麦面粉，②通过乳酸发酵形成容易膨胀的酸面团（sourdough 老面）。黑面包酸味较强的原因就在于此。也有100%纯黑麦面包，面团不膨胀，口感较硬。酸味鲜明的黑面包在欧洲全境十分普及，在德国尤其常见，因为德国有大面积的山岳地带，冬季严寒，气候条件严峻，不适合种植小麦。然而正因为如此，德国发展出了全球首屈一指的制粉技术，能用极少的原料尽可能生产出更多的小麦面粉。大麦、黑麦、玉米、土豆是德国常用的淀粉源。在当地，黑麦和小麦都是制作面包的主要素材。德国面包擅于灵活运用黑麦和小麦。啤酒也有液体面包的美誉，德国的啤酒和面包的种类之多都是世界第一。面包足有1000多种。德国的黑麦面包可大致分为下列种类：①用黑麦粉制作的黑麦面包（Roggenbrot）、黑麦粗面包（Schrotbrot）。在盛产黑麦的德国北部，黑麦面包（黑面包）非常多见；②小麦面粉和黑麦面粉混合而成的面包，称“混合面包（Mischbrot）”。存在各种混合比例。黑麦面包的膨胀性普遍不佳；③用小麦面粉制作的面包在南方更多见，称“小麦面包（Weizenbrot）”。以小型面包居多，有浓香的硬皮面包、内部柔软的凯撒面包（Kaisersemmel）等；④早餐吃小型小麦面包，午餐吃土豆，晚餐吃黑麦面包。

→德国面包→面包→粗黑麦面包→黑麦

ラインワイン

莱茵葡萄酒

英: Rhine win

发祥于德国莱茵河流域的干型白葡萄酒的统称。又称“hock”。沿莱茵河顺流而下，从美因茨（Mainz）到科布伦茨（Koblenz）风景秀美，罗蕾莱（Loreley）的悬崖峭壁最为壮丽。相传查理大帝（768—814 在位）从英格尔海姆（Ingelheim）宫殿远眺对岸的山丘，见山丘的积雪化得快，便命人在朝南的山坡上种植葡萄。从美因茨周边到北岸斜坡的莱茵高地区（Rheingau）易起雾，光照好，盛产高品质的葡萄。当地也出产贵腐葡萄酒。雷司令（Riesling）葡萄尤其出色。莱茵葡萄酒有清爽的酸味，而摩泽尔葡萄酒相对温润。莱茵葡萄酒有甜味与酸味，以及神似苹果的香味，风味变化多端。酒精度数为 8 度到 10 度。摩泽尔葡萄酒用绿色酒瓶，而莱茵葡萄酒用茶色酒瓶。

→德国葡萄酒

ラオチュウ

老酒

中国最具代表性的酿造酒。黄酒（酿造酒）长期陈酿而成。日语中也写作“ローチュー”。日本、法国等国家偏爱新酒，而中国人钟爱长期储藏陈酿的老酒。黄酒是中国传统酿造酒，有 4000 年至 5000 年的历史。绍兴老酒为浙江特产，最为知名。老酒的原料是江南地区出产的优质糯米，加红曲、陈皮、酒药酿成。香味、风味俱佳，液体呈金黄色，有独特的醇香。微醺的感觉格外美妙，稍稍多喝些也不至于宿醉，着实神奇。福建黄酒和山东黄酒也是著名的老酒。很多日本人习惯在喝老酒时加冰糖，缓和涩味，但中国人不用这种喝法，甚至有人认为只有品质不好的酒才这么喝。在有日本人参加的宴席上，待客周到的主人会专门适合地搭配中国菜享用。在江南地为日本人要冰糖。在老酒区，人们习惯在孩子出生时酿造女儿红，装入瓶中，埋入地下陈酿，等孩子办喜酒时拿出来招待宾客。因酒越陈越香，若是在喜宴上喝到了美味的老酒，宾客们便会玩笑道“今天的新娘子怕是年纪大了”。

→中国酒

ラガービーア

拉格啤酒

德: Lagerbier

通过杀菌处理提升储藏性的啤酒。英语称“lager beer”。德语“Lager”有“储藏处、存货”的意思。因需要二次发酵，储藏时间较长，由此得名，又称“储藏啤酒”。拉格啤酒的历史可追溯到13世纪。勃克啤酒（Bock）是拉格啤酒的原型之一。据说1203—1256年诞生于汉堡港附近的艾恩贝克（Einbeck）。按“大麦麦芽2∶小麦麦芽1”的比例混合后加入啤酒花（量较多），冬季安置在温度低的地下仓库，待春季播种时取出，献给女神。下面发酵后在低温环境下长时间发酵，再放置在低温环境下储藏，二次发酵而成。拉格啤酒是一种黑啤，酒精度数高，耐储藏，因此可出口外国。当年桶装拉格啤酒正是从汉堡港出口到伦敦及地中海沿岸各地。所以拉格啤酒又称“export beer”。近年来，使用微过滤器的防细菌污染技术日渐发达，因此市面上也出现了保质期较长的生啤。下面发酵的生啤（draft beer）若有酵母残留容易变质，因此装瓶后要用60 ℃低温杀菌30分钟，延长保质期。拉格啤酒是啤酒的主流，因充分熟成而美味。而生啤的爽口来源于刚出厂的新鲜感。

→啤酒

ラグー

炖菜

法: ragoût

肉、鱼、蔬菜炖煮而成的菜品。法语“ragoût”的词源是“ragoûter（激活食欲）”。炖是最古老的烹饪方法之一，早在古希腊、古罗马时期就已存在。肉类食材加蔬菜、香草、香料慢炖而成。

→炖菜（stew）

ラクレット

烤奶酪

法: raclette

发祥于瑞士瓦莱州（Valais），用硬质奶酪制成的美食。瑞士也有一种用牛奶制成的奶酪叫“raclette”。法语“raclette”的词源是通俗拉丁语“rasiculare（削、摩擦）”。将奶酪融化的部分削下，抹在煮过的土豆上享用。

→瑞士菜系→奶酪火锅

ラザーニエ

千层面

意: lasagna

意大利最具代表性的手工意

面。发祥于意大利北部艾米利-罗马涅地区的乡土美食。日语中也写作“ラザーニャ”。在意大利有各种叫法。1 cm 至 2 cm 宽的称“lasagnette”，10 cm 宽的称“lasagnone”，具体称法视地区而异。托斯卡纳地区称“pappardelle”，南部称“lagane”，卡拉布里亚地区称“sagne”。一般在家中自制，市面上也有干品。面呈较宽的板状，边缘有波浪状起伏。有说法称千层面早在公元前 10 世纪（古希腊时期）就已存在。千层面是适合用烤箱加热的特殊板状意面，还有加入菠菜汁的绿色款（lasagna verdi）。将面和意面酱、白酱交替相叠，撒上奶酪后送入烤箱，即成独特的千层面。

→意大利菜系→意面

ラシェル風

瑞秋式

法: Rachel

以巴黎歌剧院导演、医师、美食家贝隆（Louis Véron）的情人，女演员瑞秋（Rachel Elisa Félix，1820—1858）命名的菜名。瑞秋生于瑞士，极具表演天赋。1855 年赴美发展，但接连遭遇不幸。她与大仲马也常有来往。被冠以“瑞秋式”的菜品往往用洋蓟芯、芦笋、牛骨髓等食材制成。

→西餐

ラスク

面包干

英: rusk

烤到香脆的面包薄片。英语“rusk”的词源是西班牙语“rosca（螺丝、螺旋）”。法语“biscotte”的词源则是意大利语“bis（两次）”“cotto（烤）”的合成词。德语称“Zwieback（烤两次的面包）”。英语中也称“梅尔巴吐司（Melba toast）”。切成薄片的面包加热烘干，减少水分含量，可延长保质期。据说麦哲伦远航时也携带了这种吐司面包。正因为有这样的历史背景，英国人偏爱吐司面包。也有说法称开胃薄饼、扎库斯卡是面包干的变体。也有将蛋白、糖粉的混合物涂抹在面包上烘烤，或不使用盐的款式。因面包干烘烤过两次，易于消化，非常适合幼儿与病人。

→开胃薄饼→扎库斯卡→面包→梅尔巴吐司→棍形面包干

ラズベリー

覆盆子

英: raspberry

一种蔷薇科树莓，广泛分布于山野，又称“树莓”。法语“framboise”的词源是法兰克语“brambasia（树莓）”。在罗马神话中，仙女伊达想要摘野生的覆盆子给年幼的朱庇特，但树莓丛林的荆棘刺破了她的手指，她的血液让覆盆子永远变成了明亮的红色。有欧洲覆盆子、北美改良品种之分，颜色也有红、白、黄、紫、黑等等。有甜味、酸味和独特的香味，是欧洲人钟爱的莓果。用覆盆子制作的酱汁非常适合搭配雉鸡、鹿肉等野味。除了生食，也常用于果汁、果酱、果冻、酱汁和各种糕点。

ラタトゥイユ

法式炖蔬菜

法: ratatouille

发祥于法国南部普罗旺斯地区尼斯周边的传统炖蔬菜。“ratatouille”是“touiller（搅拌）”的派生词，有“粗糙的餐食、难吃的饭菜”的意思。不费时费力，活用技巧，做出来的饭菜就很难吃。意大利称“caponata”。用橄榄油煸炒洋葱和番茄，加入甜椒、茄子、西葫芦、大蒜、香料包，不加水，用中火炖烂。常用作配菜、头盘。

→西餐

落花生（らっかせい）

花生

英: peanuts

豆科一年生草本植物，原产于巴西、秘鲁。也有说法称原产地为西印度群岛、西非。在印度、中国、美国均有种植。日语中又称“南京豆”“ピーナッツ（peanuts）”。英语“peanuts”的词源有多种说法，包括希腊语“píson/písos（豆）”、古英语“pise（豌豆）”等。“peanuts”有“零钱、小钱”的意思。所以西方媒体在形容洛克希德受贿案时使用了“100 颗花生的贿赂”的描述。希腊语“arákhidna”演变为拉丁语“arachidna”，最后变成法语“arachide”。汉语又称“花生仁”。地上开花，地下结果，十分神奇。茎直立或匍匐。据说公元前 850 年的秘鲁遗址、公元前 200 年的墨西哥遗址有花生出土。16 世纪发现美洲新大陆后，通过葡萄牙奴隶船传入西班牙，普及到南欧全境，成为奴隶的食物，后传入非洲。在非洲又称“goober”。美国乔治亚州起初也被称为“花生州（Goober State）”。南北战争时期（1861—1865）成为士兵的粮食，在战后迅速普及。19 世纪 80 年代，美国马戏团艺人巴特南向观众销售袋装花生。在今天的美国，人们依然习惯在看马戏时吃花生，在看电影时吃爆米花。19 世纪 90 年代，素食者约翰 · 家乐发明花生酱。20 世纪 20 年代，花生酱夹心三明治风靡美国。18 世纪传入中国。也有说法称 16 世纪至 17 世纪的中国文献已有提及，另一种说法称美国的传教士在1889年将其传入中国。江户中期宝永年间（1704—1711）从中国南京传入日本。其实在江户前期的元禄年间（1688—1704），中国商人已将花生传入长崎，但未能普及。花生富含脂类、蛋白质、维生素B_1、B_2，营养价值高。花生油无色透明，有独特的香味，与橄榄油相似。常用于调制色拉油、油炸食品。富含油酸与亚油酸，是常温状态呈液态的不干性油。花生是广受世界各国人民喜爱的坚果类食材，除了加工成炒货直接吃，还可加工成黄油花生、花生酱、各类糕点和菜肴。

→发现美洲新大陆

花生
资料：《植物事典》东京堂出版[251]

ラトン

奶酪迷你挞

法：raton

加有鲜奶酪的小型挞。也有加马卡龙的款式。据说在17世纪诞生于法国弗朗德勒（Flandre）地区的瓦伦谢尔。起初被称为“reston（剩下的东西）”。

→马卡龙→挞→小型挞

ラビオリ

意式方饺

意：ravioli

一种意面，日语中也写作“ラヴィオリ”。相当于意式水饺、意式馄饨。热那亚地区的带馅方形意面，馅料用肉糜等食材做成。在意大利、法国、日本广受欢迎。英语和意大利语“ravioli”的词源是意大利语“rapa（芜菁）”。据说方饺的原型是意大利北部克雷莫纳（Cremona）的名吃，芜菁薄片夹乳清奶酪制成的“rabiola”。另有说法称热那亚船员用剩余的食材发明了方饺，马可·波罗（1254—1324）将中国的馄饨带回了欧洲，催生出了方饺。意面面团擀薄，将肉糜、蔬菜制作的糊状馅料分散挤在上面，馅料之间涂抹蛋黄液后叠加另一张面饼，按压边缘，将馅料封住，再用轮刀切成方形，即为方饺。一锅水加一撮盐，煮开后下饺子。可用于点缀汤品，也能搭配意面酱、奶酪粉做成焗菜。加有鸡蛋的意式方饺称“agnolotti”。

→意大利菜系→意面

ラベンダー

薰衣草

英：lavender

唇形科多年生草本植物，日语中也写作“ラヴェンダー”，原产于地中海沿岸。意大利语“lavanda”和英语“lavender”的词源是意大利语“lavanda（有助于洗涤）”。据说古罗马时期，人们把薰衣草小花放入浴缸。薰衣草有着类似于迷迭香的香味。将小花蒸馏，可制成具有香味的薰衣草精油。常用于糖点、蛋糕、薰衣草醋。加有薰衣草的花草茶有助于舒缓神经。薰衣草也有镇静、除虫的效果。

→香草→花草茶

ラーミエン

拉面

发祥于中国山西、山东、陕西各省周边的传统手拉面。“拉”有“不使用道具，只用手拉伸”的意思。拉面出现于明代（1368—1644），后普及到中国各地。为了不让面线中途断裂，在拉面时加入“捻”的动作，这项技术也被日本拉面继承下来。为了方便拉面，也可以先用猪油将面带裹住。最细的手拉面称“龙须面”。用沸水快煮的龙须面可用作高档宴席的甜点。日本拉面（ラーメン）与汉语“拉面”发音相似，又称“柳面”“拉面”“老面”“中式面条（中華そば）”，二战后人气暴涨，迅速普及至全国各地。

→中国面

ラム

朗姆酒

英：rum

用甘蔗煮成的汤水、糖蜜、提炼蔗糖的废糖液发酵制成的蒸馏酒。陈酿后呈琥珀色。西印度群岛巴巴多斯的原住民喝下朗姆酒后亢奋大叫“rumbullion（大闹）”，“rum”一词因此而来。1493年，哥伦布（1451—1506）将甘蔗引进亚速尔群岛（Azores）。从16世纪初开始在伊斯帕尼奥拉岛（海地）开展大规模种植。据说朗姆酒是英国人的发明，本是提炼蔗糖的副产品。酒精度数较高（70%—80%）的产品广受原住民、水手、加勒比海盗的喜爱。18世纪中期，英国海军的水兵每人每日能领到一合（译注：一升的十分之一）朗

姆酒。然而饮酒过量导致军纪散漫，喝坏身体的人接二连三，以至于厂商只得将酒精度数调低到 30%—40%。1805 年，海军中将纳尔逊（Horatio Nelson）在特拉法尔加海战中牺牲。人们用朗姆酒浸泡他的遗骸，送回祖国，谁知抵达终点一看，桶中的朗姆酒已经蒸发（?）光了。敢情是被船上的水手喝光了。17 世纪，朗姆酒的生产方法传入法国，在当地受到热烈追捧。路易十六（1774—1792 在位）时期几乎威胁到了蒸馏产业。人们将大量的朗姆酒搬上来自非洲的奴隶船，用朗姆酒换奴隶。1871 年（明治四年），日本首次进口朗姆酒。当时啤酒、威士忌、白兰地等洋酒十分稀罕，掀起了一股进口热潮。朗姆酒的通常做法是分离出甘蔗汤水中的砂糖，剩下的糖蜜加水发酵，然后蒸馏。古巴、牙买加、多米尼加、特立尼达、波多黎各、圭亚那盛产朗姆酒。不同的发酵、蒸馏、熟成方式催生出了各种各样的朗姆酒。可按风味强弱分为①浓香（Heavy Rum）、②中间浓度（Medium Rum）和③淡香（Light Rum）。也可按色调分为①黑朗姆酒（Dark Rum）、②金朗姆酒（Gold Rum）和③白朗姆酒（Silver Rum）。可根据各自的特征加以运用。酒精度数高，可达 40%—50%。有独特的香味和醇厚口感。除了掺入可乐、果汁饮用，还能用于鸡尾酒、蛋糕、冰淇淋、巴伐露、布丁、果干。

→格洛格酒→蒸馏酒→餐后酒

ランチ

午餐

英: lunch

午饭、轻食。在早餐（breakfast）和晚餐（supper/dinner）之间享用的轻食。英语又称“tiffin”。原指厚切面包、火腿。关于“lunch”的词源，有说法称是“lump（块）”和“hunch（块、厚切片）”的合成词，也有说法称是由西班牙语“lonja（厚切火腿）”翻译而来。中世纪之前的欧洲人基本是一日两餐。从 15 世纪至 16 世纪开始才出现一日三餐的形式。16 世纪末，西班牙语“lonja”诞生，原意为“切成厚片的食物”。17 世纪演变成“在上午吃的、两餐之间的轻食”。人们的生活习惯随着工业化而改变，而饮食习惯也开始随之变化。19 世纪，“lunch”的含义变为“午餐”。20 世纪，在主要工业国家的城市及其周边，“晚餐是每天最重要的一餐”这一饮食模式逐渐固定。法语“déjeuner”有“停止从晚上开始的斋戒”的意思，原指修道院的修士一天中吃的第一餐。“luncheon”与之类似，有两层意思，分别是①白天的正式餐食 / 午餐、②上午的一盘装简餐、单品菜肴、套餐。

→正餐→早午餐→早餐

ランブータン

红毛丹

英: rambutan

无患子科热带果树（*Nephelium lappaceum*）。原产于马来半岛。果实为红褐色的长圆形，表面长有柔软的毛，外观能让人联想到海胆。马来语“rambut（毛发）”演变为“rambutan（有毛的水果）”，最后变为英语“rambutan”。果肉呈半透明乳白色，富有弹性，酸甜多汁。口感相似的荔枝也属于无患子科。除了生食，还可用于果酱和酒。

り

リキュール

利口酒

英: liquor

洋酒中的混合酒。以蒸馏酒（spirits）为主，加入果实、香草、药草、糖、香料和其他材料，添加独特的风味，以用作药物、滋养身体为目的而制造的酒类。英语“liquor”的词源存在多种说法，包括古法语“licour/licur（酒精饮料）”、拉丁语“liquor（液体）”。利口酒历史悠久，据说早在公元900年前后，阿拉伯人率先开始生产蒸馏酒时，利口酒就已经存在了。在中世纪的欧洲，人们在修道院庭院中种植有药效的草木，用于泡酒，以治疗疾病。加泰罗尼亚物理学家阿诺德·维伦诺夫（Arnaud de Villeneuve，1250—1314）发明了酒精萃取法，可萃取草木的药效成分，被誉为近代利口酒（用蒸馏法生产）之父。当时他制作了加有柠檬、玫瑰、橙花、香料的利口酒。1533年，意大利梅第奇家族的凯瑟琳公主与法国的奥尔良公爵亨利（即后来的法王亨利二世）结婚，将尽得罗马教皇厅真传的利口酒带入巴黎宫廷，利口酒就此传入法国。当时的利口酒是葡萄酒蒸馏后加甜味剂、麝香、琥珀、茴芹籽、锡兰肉桂制成。日本的《平户商馆日记》在关于1618年的章节中提到，平户藩主收到了茴芹酒。顺便一提，烧酒的发明时间被认为是1559年（日本永禄二年）。1871年（明治四年），东京京桥的药种商人泷口仓吉首次模仿西方产品制造出药用利口酒。在欧洲，用葡萄酒的蒸馏酒广受欢迎。甜味、酒精浓度、香味的组合千变万化，种类繁多，视混合的素材和产地而异。酒精浓度高于15%。可大致分为①果酒类（杏子白兰地、樱桃酒、橙色库拉索、黑刺李金酒）、②药草类（金巴利、胡椒薄荷酒、廊酒、人参酒、五加皮酒）和③种子类（可可乳酒、顾美露、茴芹籽酒、梅酒）。常用于餐前酒、餐后酒、药酒、鸡尾酒、甜点、蛋糕和各类菜品。

→茴芹酒→苦艾酒→金巴利→库拉索酒→顾美露→查尔特勒酒→蒸馏酒→餐后酒→茴香酒→法国廊酒→味美思

りくう

陆羽

中国唐代中期的茶学家、美食家（733—804）。得地方长官赏识，潜心学问。8 世纪写就全球现存最古老的茶叶专著《茶经》三篇，详细介绍了茶的起源、效用、制茶工具、制法、茶的泡法、喝法、茶具、茶的产地等等，是后人了解中国茶由来的宝贵史料。饮茶的风俗始于六朝，在唐代已十分普及。陆羽被茶商尊为“茶神”，以“陆羽茶室”为商号。

→中国茶

リコッタ

乳清奶酪

意：ricotta

发祥于意大利的鲜奶酪，没有熟成工序，脂肪含量较少。又称“whey cheese”“albumin cheese”，“ricotta”的词源是意大利语“ricottare（二次加热）”。乳清奶酪是罗马、托斯卡纳地区、撒丁岛、皮埃蒙特省等地的特产。用牛奶、羊奶的乳清（whey）制作。有轻微的酸味和爽快的风味，质地柔软，水分含量高达 70% 左右。常用于三明治、蛋糕和意面。有些地区出产甜味、辣味的乳清奶酪。在西西里地区也有长期熟成的乳清奶酪，人们用其制作西西里卡萨塔。茅屋奶酪、奶油奶酪与乳清奶酪相似。

→奶油

リゴドン

勃艮第面包布丁

法：rigodon

发祥于法国勃艮第地区的乡土糕点。布里欧修用牛奶浸泡，和切碎的核桃、榛子混合后添加锡兰肉桂风味制成的布丁。16 世纪，舞蹈老师利戈发明了一种活泼的舞蹈，称“利戈顿舞（rigaudon）”。据说“rigodon”的词源正是这种舞蹈的名称。

→布丁

リシュリュ

黎塞留

法：Richelieu

三位在法国名垂千史的“黎塞留”也为饮食文化做出了巨大的贡献。枢机主教黎塞留（1585—1642）历任元帅、外交官，被授予公爵的爵位，在路易十三（1610—1643 在位）

统治时期留下了诸多功绩。其侄之子黎塞留元帅（1696—1788）潜心于美食学，向路易十五（1715—1774在位）大力推荐波尔多葡萄酒，使之走入法国宫廷。也有说法称他是蛋黄酱的发明者。黎塞留公爵（1766—1822）则为美食审议会竭尽心力。

→蛋黄酱→西餐

リゾット

意式调味饭

意：risotto

发祥于意大利北部伦巴第地区的米兰，主要原料为稻米。伦巴第西部有着意大利首屈一指的稻米产地韦尔切利（Vercelli）。意大利语“riso（米）”加指小词缀“otto”，便成“risotto”。英语、法语的拼法相同。10世纪，撒拉逊人将稻米传入西西里。14世纪，稻米被引进波河两岸的湿地，稻米种植业在意大利蓬勃发展。调味饭的做法是用清汤炖煮米粒，再用黄油、番茄调味。以黄油煸炒生米，直至呈粥状，但米粒留有少许硬芯，不太合日本人的口味，倒是与意面的“筋道弹牙”有着异曲同工之妙。“米兰式调味饭（risotto alla milanese）”的做法是用黄油煸炒洋葱末，然后加入米、白葡萄酒、番红花，用清汤炖煮，最后加入黄油和帕玛森奶酪。猪肉、鸡肉、墨鱼汁、凤尾鱼、贻贝、小虾、菠菜、洋菇、芦笋也是常用的食材。在意大利，米饭做成的美食跟意面同属“汤品”。欧洲最具代表性的米饭类美食有西班牙海鲜饭、土耳其的杂烩饭和意式调味饭。

→意大利菜系→西班牙海鲜饭→杂烩饭

リャンパンミエン

凉拌面

一种中式点心，在四川、上海广受欢迎的冷面。煮好的面放凉，加入用酱油、醋、芝麻酱、糖、辣油等调料做成芝麻酱制成。常用配料有叉烧、蒸鸡肉、火腿、蟹肉、海蜇、蛋丝、番茄、黄瓜、豆芽等。配料丰富的凉拌面称“什锦凉拌面”。二战后，日本人根据中国的凉拌面创作了“中式冷面（冷やし中華）”。

→中国面

りゅうがん

龙眼

无患子科常绿乔木，原产地可能是中国南部、印度。自古以来在中国南部及台湾省、东南亚等亚洲亚热带地区广泛种植。球形果实中有被薄薄的果肉包裹的黑褐色种子，形似龙的眼睛。据说有缓解用眼疲劳的功效。

味道、形状与荔枝相似，容易混淆。富含糖分、腺嘌呤、胆碱、维生素C、核黄素。果肉甘甜多汁。干燥处理后即为龙眼干，有独特的香味。常用于水果沙拉、鸡尾酒、杏仁豆腐、糖渍水果、果干、罐头、冷点。

緑茶（りょくちゃ）

绿茶

英: green tea

没有发酵工序的茶。全球饮用的茶有80%是红茶，绿茶仅占20%。偏爱绿茶的人集中在中国（包括台湾省）、日本和北非。日本绿茶的历史可追溯到平安初期的805年（日本延历二十四年），天台宗开山鼻祖最澄从大唐带回了茶种。806年（日本大同元年），真言宗始祖空海也带回了茶种，移植到比叡山脚下。在镰仓初期的1191年（日本建久二年），中国的种茶、制茶技术通过临济宗鼻祖荣西传入日本，绿茶种植业在日本各地蓬勃发展，名茶接连诞生，形成了独特的茶汤文化。

→茶→中国茶

緑豆（りょくとう）

绿豆

英: mung beans

豆科一年生草本植物，原产于东方。日语中又称“八重生（やえなり）”。在中国、泰国、缅甸均有种植。中国人认为绿豆为凉性食品，可清热去火，因此将绿豆皮装入高血压患者的枕头，用绿豆粉治疗痤疮。想必这也是中国3000年来的智慧结晶。绿豆形似红小豆，表面呈绿色，常用于制作汤品、发豆芽、加工粉丝和豆沙。也有黄色、黑褐色的绿豆品种。细长的嫩豆荚炒着吃十分美味。容易和大蒜茎混淆，但不像大蒜那样有纵向纤维，内含小豆。中国的粉丝又称“豆面”“唐面”“冻面”。粉丝有独特的弹性和嚼劲。长时间炖煮也不容易烂，因为粉丝中含有3%的半纤维素（hemicellulose）。日本有用马铃薯淀粉制作的粉丝。

リヨネーズ

里昂式

法: lyonnaise

意为“法国里昂的”“里昂风格的”。里昂位于罗讷河（Le Rhône）和索恩河（La Saône）交汇处，是法国第三大城市，自古罗马时期便作为交通要冲发展起来。盛产牛肉、猪肉、鸡肉、蔬菜等食材，是知名的美食之都。尤其盛产高品质的洋葱。因此用到洋葱的名菜常被冠以“里昂式”。最具代表性的美食有里昂式煎蛋卷

（omelette à la lyonnaise，加有用黄油煸炒的洋葱薄片）、里昂式酱汁（sauce lyonnaise）、里昂式炒土豆（pommes de terre à la lyonnaise 大蒜炒土豆和洋葱）。顺便一提，里昂还有用牛肉和猪肉制作的里昂那香肠（lyoner sausage）。

林檎（りんご）

苹果

英: apple

蔷薇科落叶乔木，原产于中亚。全球共有1500余种苹果，也有说法称品种多达2000种。人类种植苹果的历史悠久，世界各地均有种植，品种改良也十分频繁，因此苹果的词源相当错综复杂。英语“apple”的词源是古英语“æppel”。日耳曼语、斯拉夫语、巴尔特语也有来源相同的词语。与哥特语“apel”、立陶宛语“obuolys”、葡萄牙语“macào”、拉丁语“malum”、希腊语“melon”、俄语“jabloko”也有一定的相关性。拉丁语“pomum（果实）”演变为通俗拉丁语“poma”，最后变成法语“pomme”。苹果是人类的老朋友，据说人类早在4000年前就开始种植苹果了。也有说法称嫁接法是伊特鲁里亚人（Etrurians）的发明。在古希腊时期，苹果被视为爱与美的女神阿芙洛狄特之物，成为爱的象征。公元前7世纪至6世纪，制定雅典法律的梭伦（Solon）下达奢侈禁令，禁止民众吃苹果。亚历山大大帝（B. C. 336—323）攻打波斯，带回大量苹果。古罗马宴会有“始于鸡蛋，终于苹果”的待客礼仪。当时人们已经开始致力于苹果的品种改良。公元前2世纪，阿比修斯在《古罗马食谱》介绍了“马提乌斯奶油炖苹果”的做法。博物学家老普林尼则警告民众，未成熟的青苹果对人体有害。苹果从中亚出发，从东西两个方向传播，形成东方苹果和西洋苹果两大分枝，普及至全世界。17世纪传入北美。19世纪从北美传入日本。也就是说，日本的苹果来自东西两侧。10世纪（奈良时期），东方苹果已从中国传入日本。1857年（安政四年），美国总领事哈里斯将3株西洋苹果树苗赠与位于芝的增上寺。1861年至1864年（文久年间），松平春岳将美系苹果树苗带回日本，种植于江户藩邸。1872年（明治五年）从美国大量进口苹果树苗之后，日本才开始大规模种植苹果。除了生食，还可用于制作酱汁、果汁、调味汁、沙拉、派、烤苹果、果酱、果冻、橘子酱、酸辣酱、番茄酱、苹果醋、苹果酒、果干、糕点等，用途广泛。适合搭配猪肉和鸡肉，可用于各种菜肴。此外苹果也是营养价值高的保健食品。爽快的酸味来自苹果酸，甜味

成分为果糖、葡萄糖。富含健胃效果的果胶，容易加工成果酱和果冻。削皮后苹果表面易褐变，因为果肉中的酚类物质会在酚酶（phenolase）的作用下氧化，浸泡盐水或维生素 C 液可有效防止褐变。

→苹果派→卡尔瓦多斯酒

ルイユ

蒜味辣酱

法: rouille

发祥于法国普罗旺斯地区的酱汁，用于海鲜汤。酱汁本身呈粉红色，“rouille”有“锈”的意思。用大蒜、辣椒、橄榄油调成的辣味酱汁。涂抹在搭配海鲜汤的面包与海鲜上享用。

→海鲜汤

ルウ

油面酱

法: roux

小麦面粉加黄油搅拌均匀，用文火缓慢加热熬煮而成。“roux”有“煎粉”的意思，词源是拉丁语“russus（红褐色）”。油面酱是糊状食品的原点，诞生时期、最先使用油面酱的菜品依然成谜。对钟爱美食的法国人而言，油面酱是重要的素材，也是不可或缺的烹饪方法。与汤和酱汁的起源密切相关。在烹饪的最终阶段增加菜品的黏稠度、增添风味的方法可大致分为：①使用洋葱、胡萝卜、土豆等食材（如印度的咖喱）；②加入团粉、淀粉（如中国菜、日本菜）；③使用油面酱（如西餐）。用小麦面粉制作的油面酱不会像淀粉那样发黏，呈稀薄的糊状，口感佳，可使菜品达到恰到好处的浓度。小麦面粉加等量的黄油，用文火缓缓熬煮，防止烧焦。不同的加热温度和时间可打造出不同的油面酱，可大致分为①白油面酱（roux blanc）、②黄油面酱（roux blond）和③褐油面酱（roux brun）。熬煮和使用的诀窍如下：①使用质地厚实的锅；②均匀加热，防止焦煳；③在使用含有淀粉的食材时，要注意油面酱的用量；④不过量使用，以防影响菜品的风味；⑤视目的与菜品选用合适的油面酱。油面酱要选用没有面粉味、具有独特黏稠感、色调与风味的制品。咖喱一般使用褐油面酱。美国家庭经常使用颗粒状小麦面粉（将小麦面粉加工成小米状，质地疏散）快速制作油面酱。将这种面粉直接撒入菜品也不容易结团。但这种制作油面酱的简便方法在日本并不普及。

→颗粒粉→汤→酱汁

ルクルス

卢库鲁斯

法: Lucullus

古罗马将军马库斯·特伦提乌斯·瓦罗·卢库鲁斯(Marcus Terentius Varro Lucullus, B. C. 106—57)。以举办奢侈宴会、钟爱美食著称。现代人用“Lucullan”一词形容奢侈的餐食。卢库鲁斯发明了大量使用鹅肝、松露的经典菜式。

ルタバガ

芜菁甘蓝

英: rutabaga

十字花科二年生草本植物,原产于欧洲。在欧洲、西亚广泛种植。日语中又称“スウエーデンカブ(瑞典芜菁)”“黄カブ(黄芜菁)”“カブカンラン(芜菁甘蓝)”。法语和英语“rutabaga”的词源是瑞典语“rotabaggar(根卷心菜)”。叶片形似卷心菜,但食用的部分是如芜菁般膨大的根部。有黄肉、白肉之分。芜菁甘蓝是一种耐寒、抗病性佳的冬季蔬菜,是北欧的宝贵食材。富含蛋白质、碳水化合物和维生素。常用于沙拉、配菜、炖菜。明治时期作为饲料从瑞典传入日本。

ルバーブ

食用大黄

英: rhubarb

蓼科多年生草本植物,原产于西伯利亚南部,在欧美广泛种植。法语“rabarbaro”、英语“rhubarb”的词源是后期拉丁语“reubarbarum(外国的根)”。人类种植食用大黄的历史可追溯到古希腊、古罗马时期。形似蜂斗菜的红色叶柄有独特的香味和酸味。在美国,食用大黄是派不可缺少的素材。食用大黄是一种用法更偏向水果的蔬菜,常用于沙拉、果酱、糖渍水果、布丁、派和果冻。在中医体系中,其根系称“大黄”,有促进消化、治疗黄疸的功效。

ルリジューズ

修女泡芙

法: religieuse

在填入奶油的大号泡芙上叠放小号泡芙,以咖啡、巧克力翻糖点缀的糕点。“religieuse”有“修女”之意。因为这种泡芙形似修女头戴面纱祈祷的模样。修女泡芙有闪电泡芙形、环形和圆形等形状,成品均叠成圆锥形。据说是巴黎糕点师弗拉斯卡提(Frascati)在1856年所创。

→泡芙

れ

れいし

荔枝

→荔枝（ライチー）

冷凍食品（れいとうしょくひん）

冷冻食品

英: frozen food

人工冷冻食物，维持其鲜度，可长期储藏的食品。日本食品卫生法对冷冻食品做出了各项规定。生产罐头食品时有加热工序，可有效抑制微生物的繁殖，但无法维持生鲜食品的鲜度。将食物存放在低温环境下，使其状态接近生鲜的技术正是“冷冻”。14 世纪至 15 世纪，欧洲列强在殖民地接触到各种生鲜食品，却无法将它们运回本土。1859 年，费迪南德·卡雷（Ferdinand Carré）设计制造了第一台氨水吸收式制冷机。1861 年（日本文久元年），低温储藏牛肉的方法问世，从澳大利亚悉尼港将牛肉运回英国成为可能。1876 年，冷藏冷冻之父查尔斯·泰勒（Charles Tellier）发明了用气体冷却食品实现冷藏、冷冻的方法。人们在船上安装冷冻机，耗时 4 周，将羊腿肉从布宜诺斯艾利斯成功送达目的地。同年，另一支船队从诺曼底鲁昂港出发，耗时 3 个月穿越大西洋，将储藏在 0 ℃环境下的大量牛肉、羊肉、小牛肉、鸡肉成功送往巴西蒙特维奥港。然而，慢速冻结会导致冰晶体膨胀，破坏细胞结构，造成解冻时水分流失，加快组织劣化。长久以来，冷冻技术一直停留在慢速冷冻的阶段，再加上冷链运输体系尚不完善，冷冻食品未能蓬勃发展。1929 年，美国人克拉伦斯·伯兹艾（Clarence Birdseye）发明了用强冷气处理食品的速冻法，使冷冻技术实现质的飞跃。1950 年（昭和二十五年），日本也引进了速冻法，人们试制了各种冷冻食品，为冷冻食品今日的繁荣奠定了基础。

レオロジー

流变学

英: rheology

1929 年，研究物质的变形与流动的流变学会在美国宾汉教授（E. C. Bingham）倡议下成立。从①弹性（在外力撤销后可恢复的变形）和②粘性（不可恢复的流动变形）两方面的表现出发，站在科学角度分析食物的性质。测定时使用流变仪（rheometer），可解析美味面包的弹性、酱汁的粘性等等。英国心理学家斯科特·布莱尔（Scott Blair）将食品的流变学性质和人类的生理感觉、心理判断联系起来，推进对流变学和心理学（psychology）相交的领域的研究。学界将这一学术领域称为流变心理学（psychorheology）。例如，可通过流变心理学分析不同民族对粳稻与籼稻的偏好。

レシチンスキ

莱什琴斯基

法: Leczinski

波兰国王坦尼斯瓦夫·莱什琴斯基（1677—1766）被认为是玛德莲和巴巴（萨瓦兰蛋糕）的发明者之一。而上述糕点推广普及的契机正是莱什琴斯基之女，路易十五（1715—1774在位）的王后玛丽·莱什琴斯基。在父亲的厨师的帮助下，她将巴巴、玛德莲、蛋白霜等糕点传入凡尔赛宫。后来，上述糕点普及至法国各地。

→萨瓦兰蛋糕→玛德莲→梅尔巴吐司→蛋白霜

レシピイ

菜谱

英: recipe

菜品制作方法的记录。内容涉及素材的配比、烹饪方法和装盘方法。日语中也写作“レシピ”。法语“recette”、意大利语“ricetta”和英语“recipe”的词源是拉丁语“recepta（接收的物品）”。原指调配药剂、处方笺。16世纪，意大利文艺复兴运动兴起，欧洲各地都出现了烹饪专著。早期的烹饪著作大多出自医生之手。回溯西方人的饮食思想，便会发现烹饪专著与药物的处方笺有着同样的源头。

→西方饮食思想

レストラン

餐厅

英: restaurant

西餐厅、销售西餐的餐饮店。“rest”有“休息、恢复体力”的意思，词源是拉丁语“restaurer（恢复、改造）”。在16世纪末的烹饪专著中，“restaurant”指牛肉、羊肉、小牛肉、阉鸡、乳鸽、山鹌鹑、洋葱、萝卜、胡萝卜做的乱炖。相传1765年，巴黎餐馆老板布兰杰用白酱烹制了一款加有羊腿的原创汤品。因为这道汤旨在恢复体力，补充营养，滋养身体，老板将其命名为“Restaurant”，受到了巴黎群众的热烈追捧，生意大好。1782年，普罗旺斯伯爵（日后的路易十八）的前任主厨安东尼·包菲利耶（Antoine Beauvilliers，1754—1817）在巴黎开设全球首家正规西餐餐厅［译注：伦敦大饭店（Grande Taverne De

Londres）]，并率先制作菜单展示给顾客，一举成名。也有说法称，约 12 世纪出现在伦敦的“cook shop”是餐厅的雏形。1789 的法国大革命后，人们开始将提供美味餐食的餐饮店统称为“restaurant”。大众化法餐也在同一时间迎来黄金时代。布里亚-萨瓦兰（1755—1826）则指出，餐厅是“一人份的菜品设有定价，根据顾客的要求提供菜品的餐饮店”。法国大革命前，巴黎的餐厅仅有 50 家左右。但在 40 年后的 1827 年，餐厅数量多达 3000 家。而“餐厅”这一称呼也迅速普及至欧美各地。而在 18 世纪的英国，人们把提供顶级菜品和奢华就餐环境的餐饮设施称为“Taverne”。“Taverne”也称得上餐厅的前身。

→服务→汤→餐食外送店→清汤→高汤

レーズンブレッド

葡萄干面包

英：raisin bread

发祥于英国，加有葡萄干的面包。日语中也称“葡萄面包（ブドウパン）”。英语“raisin”的词源有多种说法，包括古法语“rainsin/resin（葡萄）”、拉丁语“racemus（葡萄串）”。制作这种面包时一般使用普通葡萄干、无核小葡萄干、苏丹娜葡萄干等各类葡萄干。英国有许多加水果的面包和蛋糕。对熟透的葡萄果实做干燥处理，即为葡萄干。自古以来在地中海沿岸广受欢迎，也是航海期间不可或缺的储备粮。葡萄干面包是“神赐的水果（面包）”和“神赐的面包（水果）”的完美组合，也是英国最具代表性的水果面包。做法是小麦面粉加糖、油脂、奶粉、盐、面包酵母做成面团，以中种法（译注：又称二次发醒法，是指生产工艺流程中经过二次发酵阶段的方法）发酵，再装入枕形吐司模具，送入烤箱。葡萄干用相当于小麦面粉用量 20%—70% 的水泡发，待面团成型后以低速拌入。

→英国面包→葡萄

レタス

生菜

英：lettuce

菊科一至二年生草本植物，原产于地中海沿岸。在日本，人们将结球的脆头莴苣（crisp head）称为“生菜”，不结球的奶油莴苣（butter head）称为“サラダ菜（沙拉菜）”。法语“laitue”和英语“lettuce”的词源存在多种说法，包括古法语“laitue（莴苣）”、拉丁语“lactuca（莴苣的一种）”、拉丁语“lac（奶）”。因茎叶流出的汁水似乳汁，故称“乳草（チチ草）”。早在古希腊、古罗马时代，人类便已开始种植生菜。1 世纪老普林尼（罗马）

的记录中提到，奥古斯丁皇帝听从侍医的建议服用生菜，死里逃生。早在当时，人们已有食用生蔬菜（沙拉）的习惯。中世纪，生菜从意大利传入法国。有说法称日本人从 8 世纪开始种植生菜。日本安土桃山时期的《日葡辞书》(1598/ 庆长三年）中提到了“チシャ（莴苣）”。江户时期，“荷兰莴苣”传入日本。明治初期，又有各种生菜从美国、法国进入日本市场。目前生菜足有百余种，在世界各地广受欢迎。常用于沙拉、炒菜、菜卷、炖菜。

→奶油生菜→〇〇配生菜

レッドペッパー

红辣椒

英: red pepper

→辣椒

レディー

淑女

英: lady

贵妇人、妇人、斯文高雅的女性。英语“lady”的词源是中世纪英语“ladie/lavedie”，由“揉面包面团的人”演变而来。在古埃及，将小麦加工成面粉的工作是女性的专利。她们的工作是将小麦颗粒放在薄石板上，手持石滚轮将其碾碎。这是一种相当繁重的体力劳动。用如此加工而成的小麦面粉制作面包时，需在面粉中加水，用脚踩踏，用手揉捏。开罗的埃及博物馆中藏有古埃及磨粉女的塑像。英语“lord（君主、领主）”有“面包守护者”的意思。在英语中，“家中的顶梁柱”称“bread winner”。顺便一提，拉丁语“gens（种族）”演变为法语“gentil（亲切的）”，再到“gentilhomme”，最后变为英语“gentleman（绅士）”。

レトルト食品（しょくひん）

杀菌软袋食品

英: retortable pouch food

用杀菌软袋密封包装的常温流通食品。日语中又称“レトルトパウチ食品”。“retort”有“蒸馏器、加压加热杀菌釜”的意思。PE 材料可隔绝空气、水和光照，密闭性佳。搭配铝箔层压加工成软袋，装入食品密封，用 100 ℃以上的高温杀菌，消费者只需加热即可享用，是一种广泛普及的熟食。与罐头食品相比，使用更为便捷。目前市面上也有透明软袋、托盘形容器等各类软袋商品。20 世纪 50 年代，杀菌软袋食品作为美国军用食品和宇航食品诞生。家用杀菌软袋食品是日本人的发明。1968 年（昭和四十三年），因软袋咖喱受到关注。简便易用，有菜肴、米饭、复合调味料、酱汁等各类产品供消费者选择。

レープクーヘン

德国圣诞姜饼

德: Lebkuchen

一种加有蜂蜜的曲奇。在没有砂糖的时代使用蜂蜜，可见这是一种蕴藏着数千年历史的糕点。在14世纪至15世纪的修道院被称为“libm”，是制作频率很高、具有宗教意义的糕点，据说常分发给巡礼者。有说法称它诞生于纽伦堡，是全球最古老的曲奇。作为圣诞季等节庆时期的特殊滋养食品在德国、瑞士广受欢迎。小麦面粉加蜂蜜调匀，放置于阴暗处醒发，再加入泡打粉、锡兰肉桂等香料，烤成厚板状。也有不烘烤，通过拌制使其凝固的款式。面团不仅可以用蜂蜜制作，亦可用糖蜜、砂糖制作。无论使用哪种甜味剂，成品都有强烈的甜味和独特的香味。每逢圣诞季，人们便会在家中装饰用姜饼制作的“糖果屋（Hexen Haus）”，直教人联想到格林童话《糖果屋历险记》。

→圣诞蛋糕→蛋糕→史多伦

レモン

柠檬

英: lemon

芸香科常绿灌木，原产于印度。主要种植地为美国加利福尼亚和意大利西西里岛。在西班牙、希腊、土耳其、阿根廷、巴西也有种植。“lemon”的词源众说纷纭，包括古法语“limon（柠檬）”、意大利语“limone”、波斯语“lîmûn（柑橘类）”、阿拉伯语“leimoûn”。17世纪，“lemon”一词在英语中定型。法语“lime”和英语“lime（青柠）”有同样的词源。在现代法语中，柠檬称“citron”。在古希腊、古罗马时期，柠檬被称为“米底（Media）的苹果”，用于增添菜品的风味、调制药品。约10世纪传入地中海沿岸。约12世纪，柠檬通过穆斯林从北非传入西班牙、加那利群岛，同时通过十字军（1096—1291）传入法国。日本江户时期的文献中也提到了“リモーン”“レモンス”“リムーン”。据称在江户中期的《植学启源》(1833/天保四年）中首次出现“レモン”这一写法。明治初期从美国传入日本。柠檬偏爱气候温暖、降雨量少、冬季不降霜的土地。据说日本之所以种不出高品质的柠檬，是因为天寒的冬季持续时间太长。爽快的酸味来自柠檬酸。柠檬富含维生素C，每个柠檬中足有50 mg。柠檬可美肤养颜，预防色斑、雀斑，激烈运动后吃柠檬有助于缓解疲劳。挑选柠檬时要选择①个头小、形状细长、②皮薄、③香味浓郁的个体。芳醇的香味与酸味受人喜爱，常用于制作柠檬水、柠檬果汁、鸡尾酒、宾治、柠檬茶、柠檬派、柠檬巴伐露，为菜品增添风味。用于肉菜，可有效消除腥味，提升风味。上菜时搭配切片柠檬的日本菜也有所增加。青柠是一种与柠檬相似的水果，但柠檬的黄色果皮内侧有白色的海绵状厚皮。

→青柠

柠檬
资料：《植物事典》东京堂出版[251]

レモングラス

柠檬草

英：lemon grass

禾本科多年生草本植物，原产于印度。广泛分布于热带、亚热带，在危地马拉、海地、巴西、马达加斯加、越南均有种植。日语中又称“レモンガヤ（柠檬香茅）”“レモン草”。有西印度柠檬草、东印度柠檬草等品种。直到20世纪初，人们一直认为东、西印度柠檬草是同一种植物。柠檬草叶片顶部尖锐，一如芒草，茎则有着与柠檬相似的香味。作为香草走进人们的视野。香味来自柠檬醛。茎叶用水蒸气蒸馏可得柠檬草精油，用作柠檬类香料。在东南亚，人们常用柠檬草去除咖喱、鸡肉、河海鲜的异味。泰国名菜冬阴功更是离不开柠檬草。可用于汤、酱汁、炖菜、软饮料、花草茶、糖果和糕点。因香味清爽，也常用于浴盐。

→香草

レモンバーム

香蜂草

英：lemon balm

唇形科多年生香草，原产于地中海东岸。在欧洲各地均有种植。日语中又称“西洋山薄荷”“メリサ草”“香水薄荷”。在人们将蜂蜜用作糖源时，香蜂花便是用于养蜂的植物。嫩绿色的椭圆形叶片有着清爽宜人的柠檬香味。常用于汤、肉菜、沙拉、果冻、果子露、蛋糕和花草茶。据说对失眠、头痛也有一定的疗效。

→香草→花草茶

蓮根（れんこん）

莲藕

英：lotus

莲科多年生草本植物，原产于中

国。日语中又称"蓮（はす）""蓮（はちす）"。在古埃及时期，上埃及国王的象征是莲花，下埃及则是纸莎草，两者均为水生植物。莲是一种与佛教密切相关的植物。佛像以莲花为底座，原因如下：①莲花出淤泥而不染，盛开在极乐世界，是最圣洁的花；②白、红两色的莲花气质高雅；③人们自古以来有在盂兰盆节供奉莲饭的习俗。8世纪（奈良初期），莲花传入日本寺院，起初用于观赏。为取地下茎（莲藕）食用栽种莲花是16世纪之后的事。莲藕富含蛋白质、碳水化合物、维生素C、钙、铁、磷。中医学认为莲藕有助于降血压、缓解肩膀酸痛和风湿。莲花有日本莲、中国莲之分。在日本料理中，莲藕常用于醋拌凉菜、炖菜和天妇罗。中国人格外爱吃莲子，常将其用于月饼与各种菜品。莲子有特殊的甜味和苦味。做好莲藕的诀窍在于：①选择表面无伤痕、形态笔直的莲藕；②铁会使莲藕褐变，加热时需用砂锅而非铁锅；③烹煮时加醋（酸）有助于抑制涩液流出，使藕变白，成品口感更爽脆。2000多年前的大贺莲发芽开花一事引发日本媒体热议（译注：日本著名植物学家大贺一郎博士通过对在中国古船上有超过2000年历史的古莲种子精心培育，使其发出了新芽。这一充分显示生命奇迹的莲花被命名为"大贺莲"）

レンズ豆（まめ）

兵豆

英：lentil

豆科一年生草本植物，原产于西亚至地中海沿岸。日语中又称"ヒラ豆""偏豆"。法语"lentille"、英语"lentil"的词源是拉丁语"lens"。兵豆被认为是人类最早栽培的植物之一，早在史前时代，西亚、埃及、南欧就开始种植兵豆了。据说约公元前20世纪的埃及古墓也有兵豆出土。《旧约圣经》中也提到了炖兵豆。古埃及大量种植兵豆，产量高到可向罗马出口。不知为何，日本几乎不种植兵豆。因兵豆形似望远镜等设备使用的镜片（レンズ），故称"レンズ豆"。兵豆广泛分布于印度、土耳其、叙利亚、埃及等地，品种繁多。在埃及，兵豆是主要食材之一。生兵豆有毒，不可生吃。常用于沙拉、汤、煮豆。富含蛋白质、碳水化合物、磷、铁、维生素，素食者将其用作肉的替代品。

レント・ケーキ

四旬节蛋糕

英：lent cake

→四旬节

ロケットサラダ

芝麻菜

英: rocket salad

油菜花科一年生草本植物，原产于地中海沿岸。在欧亚大陆、北美均有种植。日语中又称“エルカ（eruca）”“ルコラ（rucola）”“キバナスズシロ（黄花萝卜）”。拉丁语“eruca（一种卷心菜）”演变成意大利语“ruchetta（火箭）”，最后变为法语“roquette”和英语“rocket salad”。芝麻菜自古以来就是人工种植的药用蔬菜，有着和豆瓣菜相似的辣味，广泛运用于各种沙拉。

→沙拉

ロシア紅茶

俄罗斯红茶

英: Russian tea

用俄式喝法享用的红茶。16世纪末，蒙古人将中国茶传入俄国。1689年，中俄签订《尼布楚条约》，沙俄开始从中国进口固态砖茶，广泛应用于贵族妇女的社交场合。独特的俄式茶壶“samovar”则象征了之后的俄式红茶文化。“samovar”直译为“自沸罐”，是一种能自动把水烧开的器皿。18世纪初，俄国人在用于制作热饮“蜜汤”的烧水壶的基础上增加了类似于中国元代火锅的桌面加热锅功能，俄式茶壶就此诞生。外观呈壶状，内部有管道，通过炭火加热四周的水。在俄式茶壶的推动下，俄式红茶的喝法在18世纪普及开来。用沸水泡出浓茶，加入伏特加、果酱、橘子酱，百喝不腻。也有说法称果酱与橘子酱不应该直接加入茶汤，边舔边喝才是正宗的喝法。

→红茶

ロシアのパン

俄罗斯面包

英: Russian bread

俄罗斯是幅员辽阔的多民族国家，有着纷繁多样的面包。黑麦面包（黑面包）较多，但乌克兰周边也产高品质的小麦。最具代表性的面包有布利尼（блины 加有荞麦粉的松饼）、乌克兰一带的酸味小面包（Валабункн）和乌克兰黑面包（украинка）、油炸面包皮罗什基（пирожки）、圆筒形调味面包库利奇（кулич）。除此之外，还有用黑麦、小麦制作的各种具有地方特色的面包。

→面包→皮罗什基→布利尼

ロシア料理（りょうり）

俄罗斯菜系

英: Russian cuisine

俄罗斯菜系是一种很难明确定义的菜系。从沙俄时代的宫廷美食，到广泛分布于全国各地的民族特色食品，种类着实多样。俄罗斯菜系有下列共通点：①为熬过漫长的寒冬，有许多富含脂肪的浓厚型菜品；②大量使用黄油、奶酪、酸奶油；③有大量暖胃型炖菜、汤品。包括乌克兰式炖菜红菜汤（борщ），加有酸黄瓜、肉、白肉鱼的拉索林克（рассольник），加有牛肉、洋葱、卷心菜、番茄的俄罗斯杂菜汤（солянка），拉脱维亚地区的酸牛奶、加有大麦的“skaba putra”，用牛肉、洋葱、番茄做成的格鲁吉亚地区炖菜（харчо）等，以大分量的汤品居多；④吃前菜的习惯始于俄国，当地有多种多样的扎库斯卡；⑤常用可长期储藏的酸菜、咸菜、烟熏制品、瓶／罐装罐头；⑥偏爱番茄、辣椒等红色食材，颇具北国风范；⑦有用于战胜严寒的烈酒伏特加。最具代表性的食材有鱼子酱、盐渍鲱鱼、烟熏鳗鱼、西式腌菜。最具代表性的美食有俄式羊肉串（шашлык）、卡普特古夫塔（亚美尼亚美食，用碎麦米和羊肉做成）、中亚马肉香肠卡兹（казы）、斯特罗加诺夫牛肉（беф-строганов）、俄式炸肉饼、荞麦粥（каша）。顺便一提，俄罗斯的用餐习惯对西餐产生了巨大的影响，例如“用小推车将盛放在银质大餐盘中的菜品送到餐桌”原本是俄式服务。

→荞麦粥→扎库斯卡→俄式羊肉串→俄式炸肉饼→斯特罗加诺夫牛肉→皮罗什基→红菜汤→俄式服务

ロシアンサービス

俄式服务

英: Russian service

→服务

ローストビーフ

烤牛肉

英: roast beef

发祥于英国的传统牛肉美食。整块牛肉用烤箱烘烤或直火灼烤而成。“烤”是一种单纯的烹饪法，却也是最能激发食材本味的传统技法。英语“roast”的词源有两种说法，分别是古法语“rostir（灼烤）”、日耳曼系法兰克语“raustjan（烤肉）”。烤箱直到 19 世纪才问世，并投入实际使用，但烤牛肉的历史悠久得多。据说古时候驻扎英国的古罗马士兵在野外用篝火灼烤肥美牧草养育的肉牛，于是便有了烤牛肉。法国 17 世纪末出现“ros de bif（烤牛肉）”这一称法，18

世纪中期出现“rostbeef（烤牛肉）”，18世纪末又出现了“rosbif”。烤牛肉要选用肩腰肉、里脊、臀肉等肉质柔软的部位。用盐与胡椒调味后，用风筝线将整块牛肉扎成适当的形状，顶端放置背部油肉，送入烤箱，调到大火干烤，确保加热均匀。为防止肉质变柴，需将渗出的肉汁浇回到肉块上，同时添加香味蔬菜，将每一面烘烤到位。将形似餐叉的肉叉插入肉中，通过叉子的温度判断火候是否到位。搭配辣根、豆瓣菜、肉汁、苹果酱汁、约克夏布丁、烤土豆享用。烤牛肉是一道非常单纯的菜品，把牛肉送进烤箱即可，但正因为如此，才需要①细心选择合适的部位，②用恰当的火候激发出牛肉原有的美味，③选择大小合适的烤箱，④用对背部油肉，⑤风筝线的系法也要得当，⑥酱汁的做法也很有讲究。放凉的冷牛肉切成薄片，可用于头盘和三明治。英国伦敦有Simpson's in-the-Strand、The King's Arms、The Savoy Grill等烤牛肉名店。

→英国菜系→豆瓣菜→辣根→约克郡布丁

ローズマリー

迷迭香

英: rosemary

唇形科常绿灌木，原产于地中海沿岸。在法国、西班牙、意大利、美国均有种植。日语中又称“万年朗（マンネンロウ）”、“万露草（マンルソウ）”。法语“romarin”和英语“rosemary”的词源是拉丁语“rosmarinus（海之露）”。古希腊人认为迷迭香能提神醒脑，增强记忆力，因此在考试前将其编成花环戴在头上。“记忆”让人联想到“永恒不变的联系”，使迷迭香成为忠贞恋情的象征。在中世纪，人们认为迷迭香只会在贤者的庭园生长，有着驱赶巫婆与恶魔的魔力，催生出种种迷信。“rosemary”这一名称源自“玛丽亚的玫瑰（rose of Mary）”。遭希律王追捕的圣母玛利亚抱着年幼的耶稣逃向埃及，途中露宿野外，将蓝色的斗篷挂在一棵开着白花的树上，结果花朵在一夜之间变为蓝色，于是后人便将那种树称为“rosemary”。形似松叶的迷迭香叶和茎部有独特的甜香和淡而爽快的微弱苦味。香味成分是龙脑（borneol）、桉树脑（cineole）。可有效去除肉腥味，做羊肉时必不可少。用途广泛，除了肉、河海鲜、蔬菜做成的菜肴，还能用于炖菜、意面、酱汁、果冻、糕点、面包等。也可用于加工古龙、香水、生发水等香料，滋养身体，还有防腐、消除口臭的作用。幕末文政年间（1818—1831）通过荷兰商船传入日本。

→香草

ロックフォール

洛克福尔奶酪

英: Roquefort

借助青霉发酵羊奶制成的半硬质奶酪。在法国康巴鲁（Combalou）高原的天然石灰岩洞穴中陈年的奶酪才能使用这一名称。洛克福尔奶酪被誉为奶酪之王。发祥于法国东南部路耶鲁古地区阿韦龙省（Aveyron）的洛克福尔村，有2000多年的悠久历史。相传牧童将吃剩下的羊奶酪留在洞穴中，洞穴特有的青霉附着在奶酪上，在机缘巧合中造就了洛克福尔奶酪。这种奶酪富含脂类物质，口感顺滑，内部有青绿色的大理石纹路。味道咸辣，有强烈的刺激性风味，第一次品尝的人许会大吃一惊。分解脂肪的脂肪酶（lipase）发生化学反应，产生己酸、辛酸、酮，形成特有的臭味。洛克福尔奶酪呈圆筒形。其他地区出产的同类奶酪称“蓝纹奶酪”。常用于沙拉、甜点和下酒菜。切成纸张般的薄片享用。

→蓝纹奶酪→奶酪

ロッシーニ

罗西尼

法: Rossini

意大利作曲家焦阿基诺·罗西尼（Gioacchino Rossini，1792—1868）。创作了《威廉·退尔》、《塞维利亚理发师》、《奥赛罗》等歌剧名曲。罗西尼也是知名的美食家，“吃喝、恋爱、歌唱及消化，是‘人生’这出喜歌剧的四幕”是他的名言。晚年定居巴黎，专注美食，据说体形相当肥胖。他的朋友特奥菲尔·戈蒂埃（Pierre Jules Théophile Gautier，法国诗人、戏剧家和文艺批评家）笑话他说：“你的肚子那么大，怕是都看不到自己的脚吧。”罗西尼厨艺了得，尤其擅长运用松露和鹅肝，发明了罗西尼牛排、罗西尼通心粉、罗西尼鸡胸肉等各种奢侈的菜品。

→西餐→嫩牛肉

ロティ

罗提

英: roti

发祥于印度、巴基斯坦周边的主食类扁面包。印度西北部的旁遮普地区盛产优质小麦。罗提用不发酵的全麦粉面团烤制。恰帕提是偏薄的扁面包，罗提则较厚（1.5 cm 至 2 cm），主要原料为玉米面粉，也有加荞麦面粉等杂粮粉和鸡蛋的款式。搭配酥油，用作咖喱的配菜。新鲜出炉的最美味。

→印度面包→恰帕提→扁面包→马来菜系

ロブスター

龙虾

英: lobster

→龙虾（オマール）

ローリエ

月桂

法: laurier

→月桂树

ロールキャベツ

包菜卷

英: rolled cabbage

包菜卷的发祥地存在若干种说法，包括东欧国家、土耳其等。据说被称为“dolma”“sarma”的包菜卷类食品从阿拉伯国家传入东欧各国，扎下根来。一般用卷心菜叶包裹肉、米、葱或香草。有时也将德国酸菜用作馅料。包菜卷又称“sarmale”，搭配玉米糊（Mămăligă），蘸酸奶油享用。这种吃法与卷心菜的原产地欧洲西南部颇有渊源，耐人寻味。法国佩里戈尔地区的包菜卷称“farci”，馅料是酸模（蓼科多年生草本植物）和切碎的培根，用蔬菜肉汤炖煮。尼斯的“sou-fassum”使用整颗卷心菜。沙朗（Challans）地区也有被称为“farée”的包菜卷。包菜卷的一般做法是卷心菜叶煮熟，包入肉糜、洋葱、鸡蛋做成的馅料，用清汤、番茄泥炖煮。馅料中加入火腿，或在菜叶中铺一层火腿，成品风味更佳。据说包菜卷在1871年（明治四年）传入日本。《女鉴》（1895 / 明治二十八年）中记载了“ロールキャベーヂ”的做法。

→卷心菜→法式包菜卷

ロンゲ

棍形面包干

法: longuet

发祥于法国的一种面包干。发明经过不详。“longuet”一词有“细长小型面包”的意思。小麦面粉加糖、油脂、奶粉、盐、面包酵母揉成面团，发酵后做成棍形，放入有凹槽的棍形面包干专用烤盘，表面刷蛋液后送入烤箱。无需像普通的面包干那样烘烤两次。与意大利的面包棒相似。

→法国面包→面包干

ロンチンチャー

龙井茶

产于浙江杭州西湖山区龙井村

的顶级中国绿茶。杭州临近上海，面朝西湖，风光明媚，气候温暖，自古以来就是苏东坡等各路文人向往的宜居之地。清代美食家袁枚也出生于杭州。连绵的丘陵地带遍布茶园。相传16世纪（明代），人们为防范干旱掘井，不料竟挖出一块龙形石头，于是人们便将这口井命名为“龙井”。龙井茶是通过炒茶使酶失活的非发酵绿茶。以“色绿、香郁、味甘、形美”的“四绝”誉满全球。色、味清淡，香味超绝，品一口满嘴清香。形似钉子，十分神奇。明前茶（嫩芽）等级最高。谷雨（二十四节气之一，阳历4月19日至21日前后）前采摘的嫩芽称“雨前茶”，也非常宝贵。清明节（二十四节气之一，春分后的第15天，阳历4月5日至6日前后）之前采摘的称“明前茶”，为清代贡茶。富含丹宁、维生素C。中国人喝龙井茶的方法是：①茶杯中放一撮茶叶，注入热水，加盖焖几分钟。②揭盖闻香。③品色香味，趁热享用。至于茶碗的拿法等相关礼节就更加复杂了。不过首次到访杭州的日本人并不爱喝这种类型的绿茶。中国的制茶杀青法传入日本后，炒茶变成了蒸茶，日本人也更偏爱风味浓郁的绿茶。用龙井茶和虾仁炒制的“龙井虾仁”是杭州名菜。

→中国茶

ワイルドライス

水生菰

英: wild rice

禾本科菰属一年生草本植物（又名“美洲菰”）。原产于北美五大湖周边，分布于湿地。又称“印第安稻（Indian rice）”。英语“wild rice”的字面意思是“野生的米”，但水生菰并不是“米”。顺便一提，稻是禾本科稻属的植物。水生菰易脱粒，原住民直接划船至水面，在船上击打“稻穗”，收获颗粒。北美原住民自古以来食用水生菰。可填入火鸡用作馅料，或用于点缀汤品。

ワイン

葡萄酒

英: wine

用葡萄果汁发酵而成的酿造酒。日语中也写作“ブドウ酒”。“wine”的词源存在多种说法，包括古英语“wīn（葡萄酒）”、拉丁语“vinum（葡萄酒）”、梵语“Vena（被爱者、神酒）”演变为希腊语“oînos（葡萄酒）”，再通过拉丁语传播到欧洲各地。法语称“vin”，意大利语称“vino”，德语称“Wein”。一颗葡萄落地，在野生酵母的作用下自然发酵，于是便有了葡萄酒。葡萄酒在史前时代就已经存在，被视为神的饮品。也有说法称葡萄酒发祥于古代波斯。在高加索地区的格鲁吉亚共和国，公元前7000年前后的地层出土了葡萄的种子。约公元前2500年的古埃及王室墓穴壁画描绘了种植葡萄、酿制并储藏葡萄酒的场景。约公元前2000年，古巴比伦在底格里斯河、幼发拉底河这两条大河的河口蓬勃发展。在称颂古巴比伦传说中的英雄吉尔伽美什的《吉尔伽美什史诗》(The Epic of Gilgamesh)中，葡萄酒首度登场："很久很久以前，幼发拉底河泛滥，造船木匠痛饮红葡萄酒、油和白葡萄酒，在7天内造成一艘大船。"约公元前1700年的古巴比伦《汉谟拉比法典》中，有关于葡萄酒商人的规定。在耶稣和弟子们享用的"最后的晚餐"中，不使用面包酵母的无酵饼象征耶稣的肉体，而红葡萄酒则象征耶稣的血。在《旧约圣经》中，葡萄酒在诺亚方舟等章节中登场了足足500次。世界各地的天主教堂举办的弥撒（圣餐礼）正是与耶稣共同进餐的重要仪式。古希腊人将葡萄酒视作酒神狄俄尼索斯的血。在罗马，葡萄酒则是献给酒神巴克斯的贡品。据说当时人们喝的是用冷水或热水勾兑的葡萄酒，原液比现代葡萄酒更酸甜。古人用皮袋搬运葡萄酒。《新约圣经》中有一句"新酒装在新皮袋里"，其中的"酒"指的正是葡萄酒。在古罗马时期，最顶级的葡萄酒用玻璃瓶盛放。葡萄酒在瓶中会继续发酵，酒石酸与钾结合后形成沉淀物，沉入到瓶底。将葡萄酒瓶的底部大幅抬高是后人的发明，这是为了阻止沉淀物浮起。古人还会在葡萄酒中加松香、海水，用作防腐剂。约公元前600年，腓尼基人将葡萄酒传入南法马赛。法国酿酒业就此启动。罗马人也将葡萄种植业、酿酒业推广到欧洲各地。4世纪至7世纪，民族大迁徙和伊斯兰军队攻打欧洲使酿酒业陷入停滞，但查理大帝（768—814在

埃及人酿酒图（古埃及第十八王朝　底比斯西岸纳科特之墓）采摘葡萄，用脚踩成果汁，装入壶中发酵。
资料：大津忠彦、藤木裕介《古代中近东饮食史》中近东文化中心[211]

位）在771年统一了法兰克王国，成为西罗马帝国之王（800—814在位），大力保护、鼓励酿酒业的发展。到了中世纪，基督教寺院与修道院开始酿造葡萄酒，本笃会、熙笃会等派系拥有广阔的葡萄园。在王公贵族的保护下，酿酒业发展迅猛。约14世纪，现代欧洲葡萄酒业的基础在法国的波尔多、勃艮第、香槟，德国的莱茵、摩泽尔逐渐形成。15世纪末，大航海时代拉开帷幕。西班牙、葡萄牙将葡萄树苗移栽至南北美。17世纪，以法王路易十四（1643—1715在位）为中心的王公贵族造就了奢华的宫廷美食，而葡萄酒也成为宫廷美食不可或缺的组成部分。葡萄酒从中东出发，经地中海沿岸传播到欧洲各地，成为欧洲人用餐时必不可缺的饮品，世界各地纷纷开始酿制葡萄酒。谁知在19世纪60年代，葡萄根瘤蚜虫肆虐，欧洲的葡萄园受灾严重，几乎全军覆没。后来，人们发明了在美系葡萄上嫁接欧系葡萄的方法，成功克服危机。葡萄酒文化圈由法国、德国、意大利、西班牙、葡萄牙组成，辐射至美国和澳大利亚。这些国家的气候都偏温暖，且降雨量较少。在日本室町时期，葡萄酒随着南蛮文化登陆列岛。以弗朗西斯科·沙勿略为首的众多传教士将葡萄酒带到日本，各路基督徒大名、织田信长、丰臣秀吉、德川家康都爱用玻璃酒杯喝葡萄酒。直到明治以后，酿酒业才在日本正式发展起来。葡萄酒是一种蒸馏酒，先用葡萄果汁进行一次主发酵，再借助酵母菌长期熟成（后发酵）。葡萄酒有多种分类方式。可根据酿造方法分为①平静葡萄酒（still wines）、②高泡葡萄酒（sparkling wines）和③加强型葡萄酒（fortified wine）。也可根据色调大致分为①红、②白、③玫瑰红。酒精浓度为12%左右。不同的酿造方法催生出了各种各样的葡萄酒。例如：①红葡萄酒下料时一并加入果渣，于是葡萄皮中的花青素便会溶出。②香槟在机缘巧合下诞生于法国香槟省，通过葡萄酒的二次发酵酿造。葡萄酒是碱性较强的果酒，最适合搭配肉等酸性食材。可促进消化吸收，富含营养成分，是营养价值高的健康饮品。

→红葡萄酒→美国葡萄酒→意大利葡萄酒→酿造酒→汽酒→西班牙葡萄酒→侍酒师→德国葡萄酒→巴克斯→葡萄→法国葡萄酒→白兰地→博若莱新酒→波特酒→马拉加酒→玛萨拉酒

山葵大根（わさびだいこん）

辣根

→辣根（ホースラディッシェ）

ワッフル

华夫饼

英: waffle

表面有格纹的烤点。搭配黄油

享用。荷兰语“wafel（蜂巢）”演变为中世纪法语“walfre”，最后变成德语“Waffel”和英语“waffle”。在法国称“沃夫饼（gaufre）”、“gaufrette（小型卷状沃夫饼）”。近似于英国的威化（wafers）。据说在13世纪，人们再现了古希腊的薄烤点欧布丽，并将其做成蜂巢状。从那时起，法国人称其为“沃夫饼”。有说法称用于弥撒的圣饼（hostia）是华夫饼的雏形。相传在中世纪，每逢宗教节日，教堂门口就会有卖饼的小贩。饼的表面多有带宗教含义的浮雕图案。将面糊倒入名为“gaufrier”的铁模具中，两面都要加热。享用时涂抹果酱，撒上糖粉。趁热吃最是美味。在15世纪至16世纪的文艺复兴时期，穷人用面粉和盐调成的简单面糊制作华夫饼，而富人阶层的配方更奢侈，还要加蛋黄、糖和葡萄酒。现代华夫饼的做法是小麦面粉加糖、蛋、黄油、牛奶调成面糊，倒入两面都有格纹的华夫饼模具加热。出炉后放上一块黄油，淋上糖浆享用，吃法与厚松饼相同。华夫饼在日本演变成质地较软的蛋糕，先烤制海绵蛋糕，填入果酱、卡仕达酱做的夹心再对折。在饮食习惯西化的明治时期，日本人以英国的华夫饼为基础，发明了更符合日本人口味的日式华夫饼。

→欧布丽→比利时华夫饼

ワンタン

云吞

一种中式点心。在唐宋年间广受欢迎。普通话称“馄饨”，粤语称“云吞”。云吞即“吞食云雾”，豪气万丈。据说古时候的科举考生吃馄饨讨口彩，和日本人吃炸猪排（トンカツ）祈求必胜有着异曲同工之妙。南宋程大昌（1123—1195）在《演繁露》中提到：“世言馄饨，是虏中浑沌氏为之。”上世纪60年代，新疆吐鲁番的阿斯塔那古墓群出土了饺子和馄饨，为“唐代起源说”提供了佐证。在北京，秋冬两季是吃馄饨的最佳时节。馄饨是一种吉利的食品，正月初二要用馄饨祭神，称“元宝汤”，祈求新一年财运滚滚。馄饨的皮加热后会舒展开，让人联想到“开”运。中国幅员辽阔，北方主吃面粉，南方主吃大米。不过日本的云吞来自中国南部的广东省。云吞和面的组合“云吞面”发祥于广东，这样的面食在中国也颇为罕见。小麦面粉加盐和碱水和面，擀薄后即为馄饨皮。馅料用猪肉、虾肉、葱、姜、酱油、芝麻油制成。有汤馄饨、蒸馄饨、炸馄饨等类型。北京的饺子、上海的小笼包和广东的云吞面都是日本人钟爱的中式点心。不仅如此，馄饨（云吞）也是华北、华中和华南最具代表性的面食。

→中国面→点心

中文汉语拼音排序索引

A

B

C

D

E

G

L

M

N

O

P

Q

R

S

T

W

X

Y

其他

参考文献

* 主要外国文献、资料

< 中国、朝鲜半岛 >

l.《檀君神话》，{4300 年前的朝鲜半岛神话}
2. 炎帝神农：《神农本草经》，{神话传说}
3.《孟子》，公元前 4 世纪
4.《论语》，{孔子弟子及再传弟子记录孔子及其弟子言行而编成的语录集}
5. 王褒：《僮约》，公元前 1 世纪
6. 司马迁：《史记》，公元前 1 世纪
7. 吕不韦：《吕氏春秋》，战国时代
8. 韩非等：《韩非子》，战国时代
9. 陈寿：《魏志倭人传（三国志）》，3 世纪
10.《周礼》，周代 {周代官制专著}
11. 孔子编订：《诗经》，公元前 5 ～ 6 世纪 {周～春秋时期的诗歌总集}
12. 东哲：《饼赋》，3 世纪
13. 刘安编：《淮南子》，汉代
14. 班固：《汉书》，东汉
15. 崔寔：《四民月令》，东汉（约 2 世纪）
16. 范晔编撰：《后汉书》（南朝）
17.《礼记》，{周～汉代儒者古礼集}
18. 贾思勰：《齐民要术》，北魏（约 540）
19. 张揖：《广雅》，魏
20.《梁书》，{梁朝史书}
21. 陶弘景：《名医别录》，南北朝
22. 嵇含：《南方草木状》，晋
23. 吴均：《续齐谐记》，梁（6 世纪）
24. 陈藏器：《本草拾遗》，唐
25. 孟诜：《食疗本草》，唐
26. 胡峤：《陷虏记》，五代 {汉人对契丹风俗的记录}
27. 陶谷：《清异录》，五代
28. 苏东坡：《东坡酒经》，11 世纪
29. 周密：《武林旧事》，宋
30. 高丞：《事物起原》，宋
31. 吕原明：《岁时杂记》，宋
32. 孟元老：《东京梦华录》，宋
33. 陆佃：《埤雅》，宋
34. 吴自牧撰：《梦粱录》，南宋
35. 陈元靓编撰：《岁时广记》，南宋
36. 程大昌：《演繁露》，南宋
37. 王柣：《燕翼诒谋录》，南宋
38. 贾铭：《饮食须知》，14 世纪中期 {朝鲜王朝烹饪专著}
39. 李杲：《食物本草》，13 世纪
40. 作者不详：《居家必用事类全集》，元？
41. 陶宗仪：《南村辍耕录》，元
42. 谢肇淛：《五杂俎》，明
43. 阮葵生：《茶余客话》，清
44. 郭崇：《燕京岁时记》，清
45. 作者不详：《朴通事》，元（14 世纪）{高丽朝鲜教科书}

46. 屈大均：《广东新语》，17 世纪
47. 陆羽：《茶经》，约 770
48. 赵希鹄：《调燮类编》，约 1240
49. 鲁明善：《农桑衣食撮要》，1319
50. 田汝成：《熙朝乐事》，约 1526
51. 李时珍：《本草纲目》，1578
52. 李睟光：《芝峰类说》，1613
53. 戴羲：《养余月令》，1633
54. 张氏夫人：《饮食知味方》，朝鲜王朝（约 1670）
55. 洪万选：《山林经济》，1715
56. 赵学敏：《本草纲目拾遗》，1765
57. 洪万选：《增补山林经济》，1765
58. 袁枚：《随园食单》，1792
59. 洪锡谟：《东国岁时记》，1849｛韩国｝
60. 王仁兴：《中国饮食谈古》，1885
61. 田汝成等编撰：《西湖游览志余》，1958
62. 李艾塘：《扬州画舫录》1975
63.《中国名菜谱》中国财政经济出版社，1957～

〈西方国家〉

64. 汉谟拉比：《汉谟拉比法典 / Hammurabi's Code》，约公元前 18 世纪
65.《埃伯斯纸草文稿》，｛公元前 16 世纪埃及最古老的医学著作，埃伯斯（Ebers）于 1862 年发现｝
66. 狄奥弗拉斯图：《植物史 / Historia plantarum》，约公元前 4 世纪
67. 阿切斯特亚图：《美食法 / le gastronomie》，约公元前 4 世纪
68. 荷马：《奥德赛 / Odysseia》，约公元前 800 ～ 700
69. 老普林尼：《博物志 / Historia naturalis》，约 1 世纪
70.《天方夜谭 / Thousand and One nights》，约 8 世纪中期｛阿拉伯语民间故事集｝
71. 泰尔冯：《食谱全集 / le Vianier》，14 世纪
72. 马可 · 波罗：《马可 · 波罗游记 / The Book of Marco Polo》，1298
73. 薄伽丘：《十日谈 / Decameron》，1344 ～ 50
74. 但丁：《神曲 / Divina Comedia》，1307 ～ 21
75. 伊拉斯谟：《礼貌 / Traité de la civilité》，1530
76. 弗朗索瓦 · 拉伯雷：《巨人传 / Gargantua et Pantagruel》，1532 ～ 64
77. 弗朗索瓦 · 拉伯雷：《四书 / Le Quart Livre》，1548
78. 莎士比亚：《亨利四世 / Henry IV》，1598-
79. 莎士比亚：《皆大欢喜 / As You Like It》，1599
80. 米格尔 · 塞万提斯：《堂吉诃德 / El ingenioso hidalgo Don Quijote de la Mancha》，1605
81. 拉瓦瑞：《法国厨师 / le Cuisinier français》，1650
82. 沃尔顿：《垂钓大全 / The complete angler》，1653
83. L.S.R.：《礼仪集 / L'Art de bien traiter》，1674
84. 作者不详：《御厨 / le Cuisinier Royal》，1722
85. 马兰 · 弗朗索瓦：《美食的馈赠，餐桌的欢乐 / les dons de comus，ou les délices de la table》，1739
86. 格罗斯利，《伦敦 / London》，1772
87. 歌德：《少年维特的烦恼 / Die Leiden des Jungen Werthers》，1774
88. 帕蒙蒂埃：《论土豆的化学 / Examen chimique de la pomme de terrel》，1773
89. 埃皮奈夫人：《埃米丽的对话 / Conversations d'Émilie》，1774
90.《普罗旺斯及伯内森地区辞典》，1785
91. 约瑟夫 · 贝尔舒：《美食学与餐桌的田园人 / La gastronomie ou，L'homme des champs a table à table...》，1800
92. 尼古拉 · 阿佩尔：《保存动物与蔬菜食材的技术 / L'Art de conserver les substances animales et végétales》，1804
93. 格里蒙 · 德 · 拉雷涅：《老饕年鉴 / Almanach des gourmands》，1807
94. 华盛顿 · 欧文：《纽约外史 / Knickerbocker's History of New York》，1809

95. 安东尼・卡瑞蒙：《美妙的糕点师 / le Pâtissier pittoreque》，1815
96. 安东尼・卡瑞蒙：《对比古今美食 / le Parallèle de la cuisine》，1822
97. 安东尼・卡瑞蒙：《巴黎的王室糕点师 / Pâtissier royal parisien ancienne et moderne》，1810
98. 布里亚 - 萨瓦兰：《味觉生理学（日本译名《美味礼赞》）/ Physiologie du goût》，1825
99. 安东尼・卡瑞蒙：《19 世纪的法国烹饪技术 / l'Art de la cuisine française au XIXe siècle》，1833
100. 威格曼：《Japan Punch》，1862
101. 大仲马：《烹饪大全 / Grand Dictionnaire de cuisine》，1872
102. 大仲马：《福朗西雍 / Francillon》，1887
103. 埃德蒙・罗斯丹：《大鼻子情圣 / Cyrano de Bergerac》，1897
104. 米其林编：《米其林指南 / Guide Michelin》，1900 ～
105. 奥古斯特・埃斯科菲耶：《美食指南 / le Guide culinaire》，1903
106. 奥古斯特・埃斯科菲耶：《菜单手册 / le Livre des menus》，1912
107. 古农斯基＆马塞尔・鲁夫：《美食在法国 / La France gastronomique》28 册，1921 ～ 26
108. 奥古斯特・埃斯科菲耶：《我的烹调法 / Ma cuisine》，1934
109. 约翰・斯坦贝克：《愤怒的葡萄 / The Grapes of Wrath》，1939
110. 古农斯基：《美食在法国 / le France gastronomilue》未完，20 世纪
111．盖罗德・豪瑟：《朝气蓬勃，健康长寿 / Look Younger Live Longer》，1951
112. 亨利・戈 / 克里斯提安・米罗：《戈米氏指南 / Gault & Millau》，1969 ～
113. 普罗斯佩・蒙田：《法国美食百科全书 / Larousse gastronomique》，1938
114. 阿比修斯 / 米勒–横田宣子译：《阿比修斯・古罗马食谱》柴田书店，1987

＊参考文献

115. 太安万侣等撰：《古事记》，712（和铜 5）
116. 舍人亲王等编撰：《日本书纪》，720（养老 4）
117. 大伴家持等编：《万叶集》，8 世纪
118. 万多亲王等编：《新撰姓氏录》，815 成书（弘仁 6）
119. 源顺：《和名抄》，935（承平 5）以前
120. 吉田兼好：《徒然草》，约 1330（元德 2）
121. 耶稣会传教士编《日葡辞书》，1603（庆长 8）
122. 平野必大：《本朝食鉴》，1695（元禄 8）
123. 贝原益轩：《大和本草》，1708 成（宝永 5）
124. 贝原益轩：《养生训》，1713（正德 3）
125. 寺岛良安：《和汉三才图会》，1713 序（正德 3）
126. 小野兰山述：《本草纲目启蒙》，1718（享保 3）
127. 博望子：《料理珍味集》，1764（宝历 1 4）
128. 杉田公勤编：《和兰医事问答》，1770 成（明和 7）
129（石泰文库抄本）：《卓子调烹法》，1778（安永 7）
130. 大槻玄泽：《兰说弁惑》，1799（宽政 11）
131. 宇田川榕庵：《植学启原》，1833（天保 4 序）
132. 森岛中良著、箕作阮甫补：《改正增补蛮语笺》，1848（嘉永元）
133. 福泽谕吉：《西洋事情》，1866（庆应 2）
134. 片山淳之助：《西洋衣食住》，1867（庆应 3）
135. 服部诚一：《东京新繁昌记》，1874
136. 金子春梦：《东京新繁昌记》，1897
137. 仮名垣鲁文：《西洋料理通》，1872
138. 仮名垣鲁文：《西洋料理指南》，1872
139. 村井弦斋：《食道乐》报知社出版部，1903
140. 梅田矫菓：《吾妻果子手制法》须原屋书店，1908
141. 高村光太郎：《道程》，1914
142. 春山行夫：《餐桌文化史》中央公论社，1956
143. 井上诚：《咖啡入门》社会思想社，1962
144. 杨万里：《香港之味》主妇与生活社，1963
145. 山本直文：《西洋饮食史》三洋出版贸易，1967

146. 露木英男：《食物的历史》德间书房，1967
147. 缔木信太郎：《糕点文化史》光琳书院，1971
148. 春山行夫：《啤酒文化史（上）》东京书房社，1972
149. 中尾佐助：《料理起源》日本放送出版协会，1972
150. 辻料理专科学校编：《简明法餐史》评论社，1973
151. 筱田统：《中国食物史》柴田书店，1974
152. 大冢滋：《食文化史》中央公论社，1975
153. 邱永汉：《象牙箸》中央公论社，1975
154. 邱永汉：《食在广州》中央公论社，1975
155. 春山行夫：《餐桌上的民俗》柴田书店，1975
156. 田中正武：《栽培植物的起源》日本放送出版协会，1975
157. 越后和义：《面包的研究》柴田书店，1976
158. 中尾佐助：《栽培植物的世界》中央公论社，1976
159. 明治制果：《糕点读本》明治制果，1977
160. 筱田统：《中国食物史研究》八坂书房，1978
161. 坂口谨一郎：《古酒新酒》讲谈社，1978
162. 星川清亲：《栽培植物的起源与传播》二宫书店，1978
163. 藤堂明保编：《汉和大字典》学习研究社，1978
164. 郑大声：《朝鲜食物志——探究与日本的关联》柴田书店，1979
165. 雷·塔纳希尔／小野村正敏译：《食物与历史》评论社，1980
166. 缔木信太郎：《面包百科》中央公论社，1980
167. 邱永汉：《食前食后》中央公论社，1980
168. 石毛直道等编：《周刊朝日百科 世界美食》朝日新闻社，1980～
169. 小泽正昭：《饮食与文明的科学》研成社，1981
170. 凯蒂·司徒亚特／木村尚三郎监译：《饮食与烹饪的世界史》学生社，1981（1990）
171. 石毛直道：《饮食文明论》中央公论社，1982
172. 家永泰光：《谷物文化的起源》古今书院，1982
173. A.W. 哈特菲尔德／山中雅也等译：《享受香草》八坂书房，1982
174. 邱永汉：《食指大动》日本经济新闻社，1984
175. 星岛节子：《世界美味地图（欧洲篇）》健友馆，1984
176. 威廉·图雅／中泽久监修：《面包的历史》同朋社出，1985
177. 本田总一郎：《箸之书》日本实业出版社，1985
178. 日清制粉编：《小麦粉博物志》文化出版局，1985
179. 松下智：《中国茶的种类与特性》河原书店，1986
180. 石毛直道：《论集 东亚饮食文化》平凡社，1985
181. 吉田菊次郎：《西点世界史》制果实验社，1986
182. 日清制粉编：《小麦粉博物志 2》文化出版局，1986
183. 石毛直道等编：《食文化论坛 发酵与食文化》domesu 出版 1986
184. 武政三男：《厨艺大师的香料手册》讲谈社，1987
185. 周达生等：《饮食世界地图》淡交社，1987
186. 田中静一：《一衣带水——中国料理传来史》柴田书店，1987
187. 黄慧性等：《韩国饮食》平凡社，1988
188. 叶明城：《横滨中华街的中华食品》三水社，1989
189. 让-弗朗索瓦·鲁维尔／福永淑子等译：《美食文化史 欧洲美食变迁》筑摩书房，1989
190. 周达生：《中国食文化》创元社，1989
191. 一色八郎：《筷子文化史》御茶水书房，1990
192. 布目潮沨：《中国名茶纪行》新潮杜，1991
193. 芭芭拉·威顿／辻美树译：《味觉的历史：法国食文化——从中世纪到大革命》大修馆书店，1991
194. 春山行夫：《红茶文化史》平凡社，1991
195. 石毛直道：《文化面类学入门》Foodeum communication，1991
196. 守屋毅：《喫茶文明史》淡交社，1992
197. 郑大声：《食文化中的日本与朝鲜》讲谈社，1992

198. 饱户弘：《食文化的国际比较》日本经济新闻社，1992
199. 花作手帖编辑部编：《香草——各种芳香植物》诚文堂新光社，1992
200. 田中蓉子：《红茶》西东社，1993
201. 拉尔夫·S·哈多克斯／斋藤富美子等译：《中世纪中东社交饮食的起源 咖啡与咖啡馆》同文馆出版，1993
202. 藤枝国光：《蔬菜的起源与分化》九州大学出版会，1993
203. 冈田哲：《面粉食文化史》朝仓书店，1993
204. 高桥章：《彩色图鉴 香草工艺》成美堂出版，1993
205. 渡部忠世：《稻的大地》小学馆，1993
206. 荒木安正：《红茶的世界》柴田书店，1994
207. 东畑朝子等：《周日玩法 汤的诱惑》雄鸡社，1994
208. 艾德蒙·内兰科／藤井达巳等译：《简明法餐史》同朋社出版，1994
209. 山内昶：《"食"的历史人类学——基于比较文化论》人文书院，1994
210. 吉田菊次郎：《西洋果子彷徨始末 西点日本史》朝文社，1994
211. 大津忠彦、藤木裕介：《古代中近东饮食史》中近东文化中心，1994
212. 吉村作治：《世界食材探险术》集英社，1995
213. 石毛直道：《食文化地理 舌尖上的实地考察》朝日新闻社，1995
214. 尹瑞石：《韩国食文化史》domesu 出版，1995
215. 冢田孝雄：《食悦奇谭》时事通信社，1995
216. 德久球雄编：《食文化的地理学》学文社，1995
217. 让-罗贝尔·比特／千石玲子译：《美食的法国历史与风土》白水社，1996
218. 安东尼·罗利／富坚璎子译：《美食的历史》创元社，1996
219. 安达岩：《物与人的文化史 80 面包》法政大学出版局，1996
220. 山梨大学编：《葡萄酒学入门》山梨日日新闻社，1996
221. 大冢滋／川端晶子等编著：《21 世纪烹调学 1 烹调文化学》建帛社，1996
222. 荒川信彦等监修：《全彩图全国食材图鉴》调理营养教育公社，1996
223. 布目潮等：《中国茶与茶馆之旅》新潮社，1996
224. 大冢滋：《面包、面与日本人》集英社，1997
225. 北山晴一：《美食社会史》朝日新闻社，1991
226. 熊仓功夫／川端晶子等编著：《21 世纪烹调学 2 菜单学》建帛社，1997
227. 增成隆士／川端晶子等编著：《21 世纪烹调学 3 美味学》建帛社，1997
228. 阿比修斯原著／千石玲子译：《古罗马烹饪笔记》小学馆，1997
229. 马格龙·图桑-萨玛／玉村丰男监译：《世界食物百科 起源、历史、文化、美食、符号》原书房，1998
230. 安藤百福监修：《探究拉面的源头 进化的面食文化》Foodeum communication，1998
231. 南直人：《欧洲人的舌头是如何改变的》讲谈社，1998
232. 舟田咏子：《面包文化史》朝日新闻社，1998
233. 内林政夫：《以语言为线索的饮食文化志》八坂书房，1999
234. 马西莫·蒙塔纳利／城户照子等译：《欧洲食文化》平凡社，1999
235. 李盛雨／郑大声等译：《韩国料理文化史》平凡社，1999
236. 服部幸应：《哥伦布的礼物》PHP 研究所，1999
237. 索菲·迈克尔·高／樋口幸子译：《巧克力的历史》河出书房新社，1999
238. 向井由纪子等：《物与人的文化史 102 筷子》法政大学出版局，2001
239. 王仁湘：《中国饮食文化》青土社，2001
240. 城丸悟：《葡萄酒在诉说——葡萄酒编织的秘史》早川书房，2002
241. 马克·潘达格拉斯特／樋口幸子译：《咖啡的历史》河出书房新社，2002
242. 佐佐木道雄：《韩国食文化——与日本、中国在食文化层面的交流》明石书店，2002
243. 菊池俊夫等编：《饮食的世界——思考我们的饮食》二宫书店，2002
244. 冈田哲：《拉面的诞生》筑摩书房，2002
245. 冈田哲：《食文化入门——百问百答》东京堂出版，2003
246. 苏西·瓦德等／难波恒雄 日语版监修：《世界食文化图鉴 食物的起源与传播》东洋书林，2003
247. 谭璐美：《中华料理四千年》文艺春秋，2004
248. 21 世纪研究会编：《饮食世界地图》文艺春秋，2004

＊ 事典、辞典

249. 冈田要监修：《动物事典》东京堂出版，1956
250. 明治屋本社编辑室：《明治屋食品辞典 酒类篇》明治屋本社编辑室，1956
251. 小仓谦监修：《植物事典》东京堂出版，1957
252. 中山全平编：《面包西点百科辞典》Baking 社，1957
253. 明治屋本社编辑室：《明治屋食品辞典 食材篇》明治屋本社编辑室，1963 ～
254. 河部利夫等编：《新版世界人名辞典 西洋篇》东京堂出版，1971
255. 河部利夫等编：《新版世界人名辞典 东洋篇》东京堂出版，1971
256. 每日新闻社编：《食物杂学事典》每日新闻社，1975
257. 藤堂明保编：《汉和大字典》学习研究社，1978
258. 渡边长男等：《制果事典》朝仓书店，1981
259. 伊藤亚人等监修：《了解朝鲜事典》平凡社，1986
260. 斋藤真等监修：《了解美国事典》平凡社，1986
261. 富田仁：《舶来事物起源事典》名著普及会，1887
262. 大贯良夫等监修：《了解拉美事典》平凡社，1987
263. 下中邦彦编：《世界大百科事典》平凡社，1988 ～
264. 食文化研究所编：《饮食百科事典》新人物往来社，1988
265. 中山时子监修：《中国食文化事典》角川书店，1988
266. 川端香男里等监修：《了解俄罗斯 / 苏联事典》平凡社，1989
267. 能势幸雄监修：《鱼类事典》东京堂出版，1989
268. 堀田满等编：《世界有用植物事典》平凡社，1989
269. 辛岛昇等监修：《了解南亚事典》平凡社，1992
270. 池上岑夫等监修：《了解西葡事典》平凡社，1992
271. 杉野宽子监修：《食文化话题事典》行政，1993
272. 石井米雄监修：《泰国事典》同朋舍出版，1993
273. 梶田武俊等编：《烹饪食品学辞典》朝仓书店，1994
274. 主妇之友社编：《料理食材大事典》主妇之友社，1996
275. 山本候充：《糕点辞典》东京堂出版，1997
276. 日本烹饪科学会：《综合烹饪科学事典》光生馆，1997
277. 冈田哲：《世界美味探究事典》东京堂出版，1997
278. 山本博也监修：《葡萄酒事典》产调出版，1997
279. 冈田哲：《饮食文化辞典》东京堂出版，1998
280. 全国烹饪学校协会编：《改订烹饪用语辞典》调理营养教育公社，1986
281. 原田治总监修：《中国料理辞典（上）（下）》同朋舍出版，1999
282. 堀井令以知：《外来语语源辞典》东京堂出版，1999
283. 冈田哲：《面粉料理探究事典》东京堂出版，1999
284. 日法料理协会编：《法国饮食事典》白水社，2000
285. 冈田哲：《小麦饮食文化事典》东京堂出版，2001
286. 服部幸应：《世界四大菜系基本事典》东京堂出版，2001
287. 冈田哲：《食物起源事典》东京堂出版，2003
288. 内林政夫：《西洋食物词源辞典》东京堂出版，2004

图书在版编目(CIP)数据

食物起源事典.世界篇/(日)冈田哲著;曹逸冰译.—上海:上海三联书店,2023.4
ISBN 978-7-5426-7977-2

Ⅰ.①食… Ⅱ.①冈… ②曹… Ⅲ.①饮食-文化史-世界 Ⅳ.①TS971.201

中国版本图书馆CIP数据核字(2022)第235603号

食物起源事典:世界篇

著　　者/[日]冈田哲
译　　者/曹逸冰
责任编辑/张静乔
装帧设计/吴　昉
监　　制/姚　军
责任校对/王凌霄　刘艺姚
出版发行/上海三联书店
(200030)中国上海市漕溪北路331号A座6楼
邮　　箱/sdxsanlian@sina.com
邮购电话/021-22895540
印　　刷/上海展强印刷有限公司
版　　次/2023年4月第1版
印　　次/2023年4月第1版
开　　本/890mm×1240mm　1/32
字　　数/600千字
印　　张/17.75
书　　号/ISBN 978-7-5426-7977-2/TS·57
定　　价/98.00元

敬启读者,如发现本书有印装质量问题,请与印刷厂联系 021-66366565